항공종사자(유인 · 무인조종사)를 위한

항공법규

AVIATION LEGISLATION

책을 시작하며

Drone(초경량비행장치)는 4차 산업혁명이 시작된 지금 전 세계적으로 국가와 기업들의 최고 관심 사업으로서 주목받고 있다. 과연 드론으로 무엇을 할 수 있을까? 가장 흔히 보았던 방제와 촬영에서부터 측량, 택배, 구조, 감시, 기상관측뿐만 아니라 요즘에는 아트(공연) 드론에 이르기까지 그 분야는 매우 방대하다.

우리 모두가 체감하듯 자고 일어나면 드론 관련 신기술이 언론에 보도되고 있다. 드론은 최초 군사용으로 개발되어 활용되었지만, 최근에 멀티콥터형 드론이 출시되면서 현재는 취미 및 상업용 시장이 더욱 빠른 속도로 급성장하고 있다. 국내의 경우 군사용을 중심으로 연평균 22% 급성장하고 있으며, 2022년에 5,500여억 원에 달할 것이라는 분석이며, 18년 12월을 기준으로 조종자증명 취득자는 242배(64명 → 15,492명)로 급격히 증가하고 있다. 향후 다양한 형태의 수많은 드론이 노동력을 대체할 것이고, 기체의 대형화와 더불어 고고도에서 장시간 체공이 가능한 무인비행장치가 개발, 상용화될 것으로 전망된다.

이렇게 드론 국가자격증에 대한 국민적 관심이 급부상하고, 각 대학교별로 앞다투어 드론학과 신설에 매진하고 있지만 초경량비행장치와 관련된 항공법규에 대해 체계적으로 다루고 있는 교재가 부족한 실정이다. 기존의 교재들은 대부분 유인항공기 위주의 항공법규를 다루고 있으며, 이러한 교재들로 각종 교육기관에서 약식으로 가르치고 있을 뿐이다. 이에 저자들은 항공법의 역사로부터 항공법규에서 주로 사용하는 용어, 국제항공업무를 총괄하는 ICAO(국제민간항공기구), 초경량비행장치 업무를 관장하는 항공안전법과 초경량비행장치(특히, 무인비행장치 중 비행기와 멀티콥터)에 영향을 주는 항공법규 요소와 안전성인증에 대해 체계적으로 다룬 교재를 만들고자 하였다.

이 책은 드론 전문교육기관인 "육군정보학교 드론교육원"의 교장 및 전투실험처장 직책, "아세아무인항공교육원"의 원장, 정보사령관, 그리고 자이툰 작전참모 및 PKO 센터장 직책 수행 등의 경험을 토대로 집필하였다. 한국교통안전공단에서 제시한 무인멀티콥터 "항공법규" 파트의 출제범위를 토대로 자격취득을 희망하는 수험생과 대학교에서 드론을 전공하는 학생들이 드론을 운용함에 있어서 반드시 알아야 하는 법규요소에 대해 쉽게 배울 수 있도록 내용을 구성하였다.

끝으로 이 책이 초경량비행장치(드론) 자격 수험생과 드론학과 학생들에게 좋은 수험서 및 대학교재가 되길 기대하면서 항상 묵묵히 내조해 준 사랑하는 가족들과 이 책을 출판하기까지 지도를 해주신 황창근·김재철 교수 그리고 자료 검색 및 편집을 도와준 송석주 교관, 마지막으로 시대고시기획의 박영일 회장님과 임직원분들께 깊이 감사드린다.

저자 일동

contents

contents

PART 03 부록

1

항공기
(유인/무인항공기)

FLIGHT

항공

항공분야 전문가를 위한

법규

(주)시대고시기획
(주)시대교육

www. **sidaegosi** .com

시험정보 · 자료실 · 이벤트
합격을 위한 최고의 선택

시대에듀

www. **sdedu** .co.kr

자격증 · 공무원 · 취업까지
BEST 온라인 강의 제공

1 법의 분류체계

'일반적으로 항공법규를 처음 접하는 대부분의 사람들은 생소한 법률용어, 정확한 법률적 상식의 부재로 어려움을 느낀다.

항공법규를 접하기 전 가볍게 법의 분류와 법률용어를 익힘으로서 항공법규체계를 이해하기 쉽도록 법의 분류부터 시작하여 법적 지식을 간단히 설명하면 다음 표와 같다.

▌법의 분류

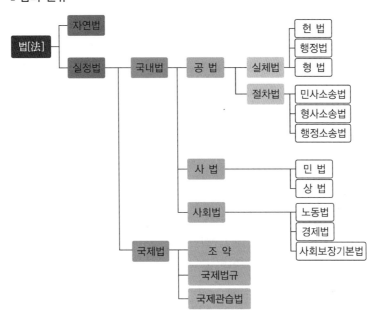

흔히 우리가 법이라고 말하는 것은 정치적 공동체, 사회, 국가 등에서 자연법을 구현하기 위해 인위로 만든 법인 실정법을 의미한다.

자연법(自然法, Natural Law)은 말 그대로 자연적으로 생겨난 사회 질서적 규율과 비슷하다고 볼 수 있다. 예를 들어 과거 고조선 시대의 8조법은 '남을 죽인 사람은 사형에 처한다' '남을 때려 다치게 한 사람은 곡식으로 보상한다' 등의 내용으로 되어 있는데 사람으로서 당연히 지켜야 하는 도덕과 비슷하다고 볼 수 있다.

실정법(實定法, Positive Law)은 사람이 현실적으로 제정하거나 경험적 사실에 의거하여 제정된 법이다. 자연법과는 대조되는 성격이다.

실정법 중 국가 내의 사항에 관하여 제정한 법을 국내법(國內法)이라고 하는데, 이는 관계를 어떻게 규율하느냐에 따라 공법과 사법으로 나누어진다.

공법(公法, Public Law)은 개인과 국가 간 또는 국가 기관 간의 공적인 관계를 규율하는 법으로 수직적인 상하 관계적 성격이다. 공법 내에는 권리와 의무에 대한 실질적인 내용을 다루는 실체법과 실체법을 실현하기 위해 필요한 절차를 명시해둔 절차법이 있다(실체법은 내용, 절차법은 형식).

※ 형법(죄를 다루는 법 – 국가와 개인당사자 간) / 행정법(행정적인 구제절차 등, 정보공개법도 포함 – 공공기관과 공공기관 관계)

사법은 공법과 다르게 사적 생활관계(사인(私人)과 사인(私人)관계)를 규율한 법이며, 민법과 상법(예 기업법 : 법인권한과 절차에 대한 내용)이 있다.

※ 사인은 공인(국가기관)과 구별되는 일반인(혹은 기업)을 의미한다.

마지막으로 국내법엔 사회법이 있다. 사회법은 사인(私人)과 사인(私人)관계의 사안이지만, 문제해결을 위해 공권력이 개입하기 때문에 공법·사법과는 차이가 있다. 20세기에는 국가에 인간답게 살 수 있는 권리(근로, 복지, 사회권(2세대 인권))를 요구하면서 생겨난 법이기 때문에 노동법, 경제법, 사회보장기본법이 포함되어 있다. 최근 최저임금인상, 근로시간 단축, 건강보험료인상 등 사회 이슈들과 관련이 있다.

1 ✈ 헌법(憲法)

헌법은 국민의 기본권을 보장하고 사회질서를 유지하기 위해 만들어진 최고법이다. 따라서 하위 법률들에 대한 직·간접적 구속력 및 강제성의 성격을 지닌다(이하 법률들이 헌법에 귀속된다). 헌법은 권리와 의무의 내용을 다루기 때문에 포괄적, 가치적 성격이 특징이다. 이하 법률들이 이를 구현하는 역할을 하기 때문에 헌법을 사상으로 본다면, 법률 이하의 것들은 제도라고 생각하면 이해하기 쉽다.

(1) 헌법의 내용

국민의 기본권 보장(권리와 의무) + 국가 통치구조

대한민국 헌법은 1948년 7월 12일 국회에서 의결하였고, 7월 17일(제헌절) 공포되었다.

※ 헌법은 정부수립(1948년 8월 15일) 이전에 만들어졌다. 헌법은 국가의 운영원리, 방향성, 가치들을 포함하기 때문에 정부를 수립하기 이전에 만들어진다.

① 헌법 제1조의 상징성

보통 헌법에서 제1조는 가장 큰 상징성을 내포한다고 한다. 해당 국가가 어떤 가치를 우선하느냐를 상징적으로 표현하고 있기 때문이다.

우리나라의 헌법 제1조에는 '대한민국은 민주공화국이다. 주권은 국민에게 있고 모든 권력은 국민으로부터 나온다'고 명시되어 있다. 참고로 대부분의 국가는 헌법 제1조에 기본권을 명시하고 있다.

자유민주주의국가의 대표격인 미국은 성문 헌법 제1조에 표현의 자유(의회는 법률로 언론의 자유 침해불가)를 명시하고 있다. 표현의 자유가 보장되지 않으면 실질적 민주주의 구현이 불가능하다고 생각하기 때문이다.

② 헌법의 기본원리

헌법 전체에 투영된 공동체의 기본적 가치이다. 헌법 원리는 헌법과 이하 법률들을 해석하는 기준이 된다. 현재 헌법의 기본원리는 다음 8가지이다.

㉠ 국민주권주의 : 국가의사를 결정하는 최고의 원동력은 국민에게 있다는 것

㉡ 권력분립주의 : 국가의 권력을 입법권, 사법권, 행정권으로 나누고, 각각 독립된 기관으로 하여금 행사하게 한다.

※ 삼권분립 : 입법권은 국회, 행정권은 정부, 사법권은 법원

㉢ 기본권 보장 : 헌법이 보장하는 국민의 기본적인 권리

㉣ 방어적 민주주의 : 민주주의의 형식논리를 악용하여 민주주의를 파괴하는 것으로부터 민주주의를 지키기 위하여 나타난 개념

㉤ 평화통일주의 : 대한민국은 분단국가로 통일방법에 있어 무력이 아닌 평화적 통일을 추구한다.

㉥ 국제평화주의 : 국제평화유지에 노력하고 침략전쟁을 부인하며, 국제법 질서를 존중하는 주의

㉦ 수정자본주의적 경제 질서 : 자유시장주의를 기본으로 하되 자본주의의 여러 모순을 국가의 개입 등으로 완화하여 사회의 발전을 도모한다.

㉧ 법치주의 : '사람의 지배' 대신 '법의 지배'를 통하여(입법, 사법, 행정이 객관적인 법에 근거를 두고 법에 따라 행해져야 한다) 통치가 행하여지는 주의

③ 헌법의 세부 내용(모든 조항을 다룰 수 없기에 일부만 언급한다)

㉠ 전 문

'유구한 역사와 전통에 빛나는 우리 대한민국은 3·1 운동으로 건립된 대한민국임시정부의 법통과 불의에 항거한 4·19 민주이념을 계승하고, 조국의 민주개혁과 평화적 통일의 … -이하 생략-'

※ 3·1 운동으로 건립된 대한민국임시정부의 법통을 계승한다는 의미는 1919년 건립된 대한민국임시정부의 전통성을 인정하고 따른다는 뜻이다. 불의에 항거한 4·19 민주이념을 계승한다는 의미는 국민의 저항권(자연법), 자유주의, 민주주의적 요소를 추구한다는 뜻이다.

㉡ 제6조 제1항 '헌법에 의하여 체결·공표된 조약과 일반적으로 승인된 국제법규는 국내법과 … - 이하 생략-'

※ 이 조항은 조약과 국제법규의 효력, 외국인의 지위를 규정한 조항이다. 일반적으로 승인된 국제법규로 보는 것은 유엔헌장, 국제사법재판소 규정, 제네바협약 등이 있다.

ⓒ 제12조 제1항 '모든 국민은 신체의 자유를 가진다. 누구든지 법률에 의하지 아니하고는 … – 이하 생략 –'

※ 총 7항으로 구성되어 있으며, 이 부분을 명시하여 신체의 자유, 적법절차의 원칙, 변호인 선임권, 영장제도, 미란다 원칙, 구속적부심 제도, 자백의 증거능력의 제한 등을 규정하였다.

ⓔ 제19조 '모든 국민은 양심의 자유를 가진다.'

※ 신체의 자유와 양심의 자유는 기본권이지만 국가안전·질서유지의 목적인 병역법에서는 제한을 두었다.

ⓜ 제21조 제1항 '모든 국민은 언론·출판의 자유와 집회·결사의 자유를 가진다.'

※ 국가의 개입 없이 다양한 견해의 자유로운 표현을 할 수 있다는 점을 명시하였다. 의견의 자유로운 표명과 전파가 되어야 실질적 민주주의의 실현이 구현된다.
※ 미국은 성문헌법 제1조에 표현의 자유 명시 : 대부분의 선진국에서 언론의 자유를 폭넓게 보장하고 있다.
※ 언론매체는 국민을 위해 정보취득에 있어서 권한을 얻고 자유를 보장받는다. 언론매체의 역할은 '객관적인 정보'를 습득하여 알려야 하는 것이며 정보취득 권한을 국민을 위해 사용해야 한다. 그렇지 않고 기업의 이익, 특정집단의 이익을 위해 프레임을 만드는데 사용한다면 언론이 자유를 보장받는 의미가 퇴색된다. 언론기관에 대한 국가의 보조는 언론사 간의 자유경쟁을 왜곡할 수 있다는 점에서 허용되지 않는다.

ⓑ 제25조 '모든 국민은 법률이 정하는 바에 의하여 공무 담임권을 가진다.'

※ 공무원이 될 수 있는 권리로 공직 취임권은 공무원이 될 수 있는 기회를 보장하는 것이다.

ⓢ 제37조 제1항 '국민의 자유와 권리는 헌법에 열거되지 아니한 이유로 경시되지 아니한다.'

※ 이를 명시함으로써 자유와 권리의 본질적인 내용이 침해될 수 없음을 선언한다. 국민의 자유와 권리 존중, 자유와 권리에 대한 본질적 침해를 금지하는 내용이다.

(2) 실정법상의 법, 법의 우선순위와 법적용의 원칙

① 법의 우선순위(헌법의 하위법률)

법은 다음과 같은 우선순위를 지닌다.

일반적인 적용순위 : 헌법 – 법률 – 명령(시행령) – 규칙 – 조례(자치법규)

※ 하위로 갈수록 구체적이고, 개정이 쉬운 장점이 있다.

㉠ 법률 : 실질적인 모든 법규범(法規範)으로 형식적 의미로는 국회의 의결을 거쳐 대통령이 서명, 공표함으로써 성립되는 법률이라는 이름을 가진 규범이다.

㉡ 명령 : 법의 일부로서의 명령은 행정입법에 의한 명령을 말한다. 명령은 다시 법규명령과 행정명령으로 나뉜다. 법규명령은 일반 국민의 권리, 의무에 관한 사항을 규율하고 국가와 국민 모두에게 구속력을 가진다. 행정명령은 행정규칙이라고도 하며, 행정조직 내부에서만 구속력을 가지는 명령이다. 또한 명령은 발령권자에 따라 대

통령령(大統領令), 총리령(總理令), 부령(部令)으로 나뉜다(헌법 제75조, 제95조). 대통령령을 시행령이라고 하며, 총리령과 부령을 시행규칙 또는 시행세칙이라고 한다.

※ 현행 헌법 제75조, 헌법 제95조 행정입법의 근거 규정
  복잡한 입법절차를 거치지 않고 행정부가 직접 법률에 따라 제정(대통령 결재)
※ 법률안 통과절차는 법안 발의 → 해당 상임위 검토 → 법사위 검토 → 국회 본회의 → 대통령이 법률안 거부권 행사 → 국회 재논의 → 다시 법사위를 통과되면, 대통령의 거부권 불가, 그러나 관행상 대통령이 거부권을 행사하면 다시 상정하는 경우는 거의 없다.

구 분	법규명령(=시행령)	행정명령(=행정규칙)
종속적 성격의 분류	명 령	규 칙
국민의 권리·의무에 관한 사항을 규율	○	×
구속력	국민, 국가 등 모두	행정 조직 내부만
예 시	대통령령	법규의 성질을 지니지 않은 훈령, 지시, 명령

ⓒ 규칙 : 헌법이나 법류에 근거하여 정립되는 성문법의 형식이다. 헌법 또는 법류의 근거가 없더라도 행정기관이 행정목적의 달성을 위해 필요한 한도 내에서 직권으로 제정할 수 있는 행정입법(行政立法)으로서의 행정규칙이 있다.

ⓔ 조례 : 지방자치단체의 의회에서 제정되는 자치법규이다. 법령에 의하여 위임된 경우뿐만 아니라 지방자치단체 자체의 발의에 의한 제정도 가능하기에 지방자치단체의 장에 의해 제정되는 규칙과는 구별된다.

※ 자치법규로서의 조례와 규칙
  • 지방자치제도 분류를 예로 들면, (광역)시/도는 광역자치단체(지방입법 : 광역시의원, 도의원)를 관할한다.
  • (광역시의)구/시/군은 기초자치단체(지방입법 : 구, 시, 군의원)에서 관할한다.

ⓜ 헌법에 모두 규정하지 않고, 법률, 시행령, 규칙, 조례 등에서 구체적인 사항을 결정한다.

※ 각각의 법마다 부여된 권위와 개정절차들을 다르게 적용하지는 않는다.
  • 법적 안정성을 유지하면서(=헌법의 가치, 국가의 이상, 방향을 유지)
  • 사회변화에 유연하게 대응하기 위해서(성문, 불문의 장점을 융합)
※ 헌법은 헌법적 가치, 국가의 이상, 방향을 담기 때문에 법적 안정성이 유지되어야 하고 쉽게 개정되어서는 안 된다(경성적).
※ 헌법을 바꾸는 행위는 개헌(국민투표를 통해 진행) : 국가의 가장 큰 방향을 바꾸는 것
※ 반대로 하위 법률로 갈수록 사회변화에 유연하게 대응하기 위해서 쉽게 개정할 수 있다(연성적).
※ 법률개정 : 국회 / 명령(시행령)개정 : 행정부 – 대통령령, 총리령 등

② 법 적용의 원칙

㉠ 상위법 우선의 원칙은 법 적용순위에 따라 상위법(헌법 → 법률 → 명령 → 규칙 순)을 우선으로 한다. 하위법은 상위법의 내용을 벗어나지 않는 범위에서 유효하다는 의미이다.

ⓛ 신법 우선의 원칙 '법률 개정과정에서 개정 이전의 법과 배치될 경우, 개정법을 따른다.' 즉, 신법(개정법)은 구법(개정 전 법)에 우선함을 의미한다.

ⓒ 특별법 우선의 원칙은 '법이 세세한 부분까지 고려하지 못하는 경우 중요한 부분이면 특별법으로 지정'한다는 것이다. 폭력행위는 형법으로 처벌되지만, 특별히 더 엄하게 처벌해야 할 경우에 폭력행위특별처벌법(폭처법) 등을 시행하고 있다는 것이 대표적 예시이다.

③ **명확성 원칙과 과잉금지의 법칙 : 법류의 타당성 입증**

ⓖ 명확성 원칙이란 법률이 모호하면 범위가 너무 넓어 많은 사람들이 피해를 볼 수 있기 때문에 명확해야 하다는 것으로, 명확성 원칙에 의거 헌법소원이 가능하다는 것을 의미하기도 한다.

ⓛ 과잉금지의 법칙은 기본권을 제한하는 국가작용(입법, 행정, 사법)이 준수해야 할 헌법의 원칙으로 헌법 제37조 제2항에 '국민의 모든 자유와 권리는 국가안전보장·질서 유지 또는 공공복리를 위하여 필요한 경우에 한하여 법률로써 제한할 수 있으며, 제한하는 경우에도 자유와 권리의 본질적인 내용을 침해할 수 없다.'라는 의미이다.

2 ✈ 기타 법률 용어 정리

(1) 일반적 법률 용어 정리

① **유권해석**

국가의 권한 있는 기관에 의하여 법의 의미, 내용이 확장되고 설명되는 것으로, 법은 모호하고 다양한 상황을 포괄할 수 있게 구성되어 있기 때문에 유권해석이 필요하다.

ⓖ 입법적 해석 – 법의 의미, 내용 확정(예 이 법은 ~라 한다)

ⓛ 행정적 해석 – 행정관청이 내리는 해석

ⓒ 사법적 해석 – 판례

② **헌법불합치**

'하위법의 내용이 헌법에 합치되지 않는다.'라는 것. 이때 법조문은 그대로 남겨 두고 입법기관이 새로 법을 개정, 폐지할 때까지 효력을 중지하거나 법 규정을 잠정적으로 존속하게 된다. 즉, 법적 안정성을 유지하고 사회혼란을 방지하기 위해 유예기간을 두는 것이다.

③ **각하** : 소송요건을 갖추지 못하여 거절하는 것으로 통상 절차상 불충족일 때 해당된다.

④ **기각** : 소송요건을 갖추었으나 이유나 증거가 없어 패소판결하는 것. 증거 불충분

⑤ **징역** : 일정기간 교도소 내에 구치하여 징역에 종사하게 하는 형

⑥ **금고** : 강제노동을 과하지 않고 수형자를 교도소에 구금하는 일

(2) 형사소송법에 대한 기본적 단어/의미

기본적인 단어는 입건(수사) – 기소(재판 회부) – 재판 – 확정 – 형 집행 순

① **입건** : 사법기관(경찰서)에서 사건을 접수하여 사건번호를 부여하는 것으로 구속, 불구속 이전의 단계이며, 입건되면 피의자 신분으로 전환되고, 내사(입건하지 않고 내부조사) 시에는 피내사자로 전환된다. 이는 수사권이 경찰에게 없다는 의미이며, 수사개시권은 경찰/검찰 둘 다 있으나 현재 수사종결권은 검찰에게만 있다. 따라서 검찰에게 수사를 종결할 권한이 있기 때문에 실질적으로 경찰은 수사권이 없다고 보는 것이다.

② **송치** : 송치(送致)는 '보낸다'는 뜻으로 수사기관에서 검찰청으로 또는 검찰청과 검찰청 사이에서 피의자와 서류를 보내는 것을 말한다. 한국의 경우 검찰이 기소독점권을 가지고 있기 때문에 수사기관이 검찰에 송치하는 것이 일반적이다. 송치와 구별되는 개념으로는 직수가 있는데, 직접수사를 나타내며 검찰 자체에서 직접 사건을 받는 것을 말한다.

③ **기 소**

ㄱ 기소유예는 죄는 있으나 기소가 되지 않는 것으로, 사건종결을 의미한다.

ㄴ 불구속, 구속기소 존재는 영장발부 후 구속된 사람에게 무죄추정의 원칙에 따라 영장실질심사로 전환하는 것

④ **형**

형벌은 형법상 범죄행위에 대한 물리적 제재로서, 형법에서는 공법(국가와 개인 관계) / 징역(노동과 수감 동시)과 금고(수감만하고 징역은 없음)로 구분한다.

⑤ **이중처벌금지 원칙** : 헌법 제13조는 '동일한 범죄에 대한 거듭된 처벌을 금지한다.'라고 명시되어 있다.

⑥ 징역과 벌금형이 같이 부과되지는 않으나, 과태료/과징금 등 형벌이 아닌 것은 형벌과 함께 처벌가능하다(예 징역 + 과징금).

⑦ 법원 조직도에 따르면 민사, 일반, 가정법원으로 분류되며, 형사사건은 일반법원/각 법원별로 1, 2, 3심이 존재하는데, 1심은 지방법원이, 2심은 고등법원이, 3심은 대법원이 담당한다.

(3) 기타 법률 용어

① **인용** : 주장을 받아들이는 결정을 내리는 것으로, 신청, 청구의 요건 충족 + 내용 심리 주장의 이유가 있다고 인정될 때 사용한다.

② **법실증주의** : 실정법만을 법이라고 생각하는 입장이다.

③ **기소편의주의** : 검사의 기소, 불기소의 재량권을 인정하는 제도

④ **플리바게닝** : 유죄 인정이나 증언의 대가로 형량을 경감 및 조정하는 협상제도

⑤ **확신범** : 종교, 도덕, 정치상의 신념이 결정적 동기가 되어 일어나는 범죄 또는 그러한 범인을 뜻한다.

⑥ **형벌의 종류** : 생명형, 자유형, 재산형, 명예형으로 구분한다.
형법 제41조는 형벌의 종류로 사형, 징역, 금고, 자격상실, 자격정지, 벌금, 구류, 과료, 몰수의 9가지를 규정하고 있으며, 형의 무겁고 가벼움도 이 순서에 의한다.

⑦ **미필적 고의** : 자기의 행위로 인하여 어떤 범죄결과의 발생 가능성을 인식(예견)하였음에도 불구하고, 그 결과의 발생을 인용(認容)한 심리상태

⑧ **위법성 조각사유** : 긴급피난과 정당방위
㉠ 긴급피난 : 급박한 위난을 피하기 위해 부득이 타인에게 손해를 가하는 것
㉡ 정당방위 : 자기 또는 타인의 법익에 대한 현재의 부당한 침해를 방위하기 위한 행위

⑨ **배임죄** : 신임 관계를 위배하여 타인의 재산권을 침해하는 행위를 말한다.

⑩ **죄형법정주의** : 범죄와 형벌은 미리 법률로 규정되어 있어야 한다는 형법상의 원칙, 국가가 자의적으로 형벌권을 확장하여 행사하는 것을 방지하는 형법의 최고원리로서 파생원칙은 다음과 같다.
㉠ 관습형법 금지의 원칙
㉡ 소급입법금지
㉢ 명확성의 원칙 : 범죄의 구성요건과 형벌의 종류와 내용을 누구나 알 수 있도록 명확하게 규정해야 한다는 원칙
㉣ 적정성의 원칙 : 범죄와 형벌 간에는 적정한 균형(비례)이 이루어져야 한다는 원칙
㉤ 유추해석의 금지 : 형법을 해석할 때 피고인에게 불리한 방향으로 지나치게 확대해석하거나 유추해석을 하면 안 되고, 법조문의 문장과 표현대로 엄격하게 해석하여야 한다는 원칙

⑪ **집행유예** : 형의 선고에 대해 정상을 참작할 만한 사유가 있는 경우 집행을 미루는 것

⑫ **선고유예** : 경미한 범죄인에 대하여 일정기간 형의 선고를 유예하고, 그 기간이 지나면 면소된 것으로 간주하는 것

⑬ **일사부재리** : 형사소송법상 어떤 사건에 대하여 판결이 내려지고 그것이 확정되면, 그 사건을 다시 소송으로 심리, 재판하지 않는다는 원칙. 민사소송에서는 확정판결에 일사부재리의 원칙은 적용하지 않는다.

※ 이와 구분되는 원칙으로 일사부재의(一事不再議)가 있는데, 의회의 의사(議事)에 있어서 한 번 부결(否決)된 안건은 같은 회기 중에는 다시 제출할 수 없다는 원칙이다.

❸ ✈ 법의 분류체계 / 요약

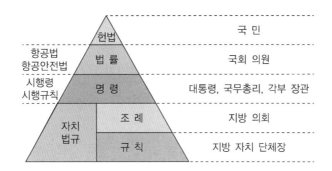

지금까지 설명한 법의 분류체계를 그림으로 만들어 항공법규에 적용하여 본다면 다음과 같이 이해할 수 있다. 사실 항공법규를 처음 접하는 사람들은 어렴풋이 이해를 하면서도 막상 관련 법을 찾아보면 법률, 시행령, 시행규칙 중 어느 것을 보아야 할지 어느 조항을 참조해야 할지 판단하기 쉽지 않을 것이다. 그러나 위의 표를 보면서 법제처 홈페이지에서 여러 번 찾아보다 보면 항공관련 법규를 찾을 때 수월할 것이다.

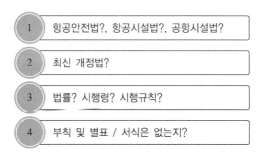

(1) 요 약

① 법의 종류는 가장 최상위인 헌법＞법률＞명령(시행령, 시행규칙)＞자치법규(조례, 규칙)의 순으로 구성된다. 즉, 모든 법의 상위규범은 헌법이다.

② 상위법은 하위법에 우선하며, 하위법은 상위법을 위배할 수 없다.

③ 신법은 구법에 우선한다.

④ 특별법은 일반법에 우선한다.

⑤ 각 법의 제정 주체, 특징 등에 관해 좀 더 자세히 살펴보도록 하자.

　　㉠ 헌법 : 최상위법

　　㉡ 법률 : 입법기관인 국회의 의결을 거쳐 제정되는 법이다. 헌법에서는 국민의 권리의무에 관한 사항은 반드시 법률에 의하여 규정하도록 하고 있다.

　　㉢ 명령 : 헌법/법률의 하위규범으로 국회의 의결을 거치지 않고 각부에 의해서 제정된다.

　　　　ⓐ 시행령 : 일반적으로 대통령령으로 공포된다. 법에서 위임된 사항과 그 시행에 관하여 필요한 사항을 정한다.

　　　　ⓑ 시행규칙 : 국무총리령이나 부령으로 공포된다. 법에서 위임된 사항과 그 시행에 관하여 필요한 사항을 정한다.

　　㉣ 자치법규 : 법령의 범위 안에서 지방자치단체가 제정하는 자치에 관한 규정으로 지방자치단체별로 상이하다.

　　　　ⓐ 조례 : 지자체가 그 법령의 범위 안에서 그 권한에 속하는 사무에 관하여 지방의회의 의결을 거쳐 정립하는 법형식이다.

　　　　ⓑ 규칙 : 지자체의 장이 법령 또는 조례가 위임한 범위 안에서 그 권한에 속하는 사무에 관하여 제정하는 규범이다.

　　㉤ 법령 : 국회에서 제정한 법률과 그 하위규범인 대통령령, 총리령, 부령 등의 시행령 및 시행규칙을 합하여 부르는 말로써, 조례와 규칙 등 모든 규범을 망라하여 부르기도 한다.

2 항공법규 일반

1 ✈ 항공법의 의의

(1) 항공법의 기원과 발전

'최초로 하늘을 난 사람이 누구냐?'라고 물어보면 보통 라이트형제가 반사적으로 튀어나오겠지만 그 이전에도 몽골피에 형제의 기구가 있었다. 또한 몽골피에와 라이트 형제 사이에 독일의 오토 릴리엔탈이라는 사람이 무동력 글라이더를 만들어 하늘을 날았다는 기록이 있다.

그 이전에 우리나라에서는 조선시대 비차 발명가인 정평구에 의해 1592년 10월 임진왜란이 발발하자 진주성 전투에서 그림과 같은 비차를 만들어 사용한 바 있는데, 이는 1903년 라이트 형제가 비행한 '플라이어호'보다 311년 앞선 것으로, 이 비차가 3~4명을 태우고 삼십리를 날았다는 역사적 고증을 확인하고 복원 제작하는 작업이 진행되고 있다.

▌ 조선시대(朝鮮時代) 정평구(鄭平求)의 비차(飛車)

즉, 인간이 하늘을 날아다닌 비행기구의 역사를 훑어보면 우리나라 정평구의 비차(1592) → 프랑스 몽골피에의 열기구(1783) › 독일 릴리엔탈의 글라이더(1891) → 미국 라이트 형제의 동력 비행기(1903)의 순으로 하늘을 날았을 것이다.

몽골피에 형제는 여러 차례 열기구로 2,000m 상공까지 날아올랐고, 1783년에는 오리, 양 등의 가축을 태우고 3km를 날아 무사히 착륙했으며 제작에 참가한 제조업자의 이름을 따서 '리베이용호'라고 하였다.

1) http://www.ohmynews.com/NWS_Web/View/at_pg.aspx?CNTN_CD=A0002474591

■ 조제프 미셸 몽골피에와 자크 에티엔느 몽골피에 / 레베이용(Réveillon) 호

행글라이더를 발명한 항공의 개척자로 알려진 릴리엔탈은 1891년부터 1896년에 걸쳐서 직접 제작한 행글라이더로 무려 2,500번이나 비행 시험을 실시했다.

■ 행글라이더를 발명, 항공의 개척자로 알려진 릴리엔탈과 행글라이더

19세기에는 비행선이나 활공기에 의한 인류의 비행 활동이 있었는데 '공기보다 가벼운 항공기'로는 속도나 비행 범위가 제한을 받을 수밖에 없었다. 그 후 1903년 라이트(Wright) 형제가 발명한 동력추진 항공기의 출현은 인류의 활동 무대가 본격적으로 하늘에까지 확대되고, 육상이나 해상의 운송 수단과는 비교할 수 없는 이동 속도로 인해 국제적인 규제의 필요성도 등장하게 되었다.

즉, 1907년에는 항공기에 의한 영불해협 횡단이 이루어졌는데, 그 횡단비행을 한 자는 여권도 소지하지 않았고 입국 허가도 받지 않았기에 이로 인해 하늘의 법적 지위와 항공의 국제적 성격이 국제사회에서 커다란 관심 사항이 되었다. 이러한 배경 하에 1910년 파리에서 19개국 대표들이 참석한 항공법 회의가 개최되었다.

▌1903년 12월 17일 첫 동력 비행에 성공한 라이트 형제와 비행기

① 그 후 제1차 세계대전에서 항공기가 다방면에서 활용되었고, 항공기 제작 기술도 이 기간에 급속하게 발전함에 따라 1919년 10월 항공 질서의 다자간 기틀 형성을 위한 국제항공회의가 파리에서 개최되어 「항행의 규율에 관한 국제협약」(International Convention Relating to the Regulation of Aerial Navigation ; 이하 「파리협약」이라 한다)이 채택되었다.

이 협약은 무엇보다도 제1조에서 자국 영공에 대한 완전하고 배타적인 주권을 인정함으로써 영공 주권의 원칙을 정착시켰다는 점에서 가장 큰 의미를 찾을 수 있다.

② 1944년 시카고회의(Chicago Conference)에서 채택된 「국제민간항공협약」(Convention on International Civil Aviation ; 이하 「국제민간항공협약」이라 한다)에서도 파리협약 제1조의 규정을 그대로 답습하였다. 이러한 면에서 볼 때, 영공주권의 절대성은 당시에 이미 국제관습법으로 정착되어 있었음을 알 수 있다. 다만, 국가들이 상호주의에 입각하여 그러한 영공주권을 스스로 제한하는 다양한 합의를 할 수 있음은 국가주권의 속성상 당연하다.

③ 오늘날 많은 국가들이 양자 간(Bilateral) 항공협정을 통하여 운수권(Traffic Rights)을 상호 교환하고 있으며 「국제항공운송 자유화에 관한 다자간 협정」(MALIAT ; Multilateral Agreement on the Liberalization of International Air Transport)과 같이 복수의 국가들이 항공협정을 체결하는 경우도 생기고 있다. 한편, 1960년대부터는 "항공보안" 관련 협약들이 채택되기 시작하였다.

④ 또한 국제항공사법의 근간을 이루는 항공 운송인의 책임에 관한 국제법의 발전을 간략히 소개하면 다음과 같다. 제1차 세계대전이 끝난 후 유럽에서는 국제항공의 비약적인 발전을 이루게 되었으며, 1929년에는 당시 막 태동하기 시작한 항공운송산업의 발전을 위하여 운송인의 책임을 제한시키는 「국제항공운송에 관한 일부 규칙의 통일을 위한 협약」(Convention for the Unification of Certain Rules Relating to International Carriage by Air ; 이하 「바르샤바협약」이라 한다)이 채택되었다.

⑤ 그 후 1955년에는 「국제항공운송에 관한 일부 규칙의 통일을 위한 협약을 수정하는 의정서」(Protocol To Amend the Convention for Unification of Certain Rules Relating to International Carriage by Air ; 이하 「헤이그의정서」라 한다)가 채택되었으며, 1960년대에 들어와서는 제트 항공기 시대가 도입되면서 급속한 국제항공의 발전을 보이게 되었으며, 「바르샤바협약」과 「헤이그의정서」를 보완하기 위한 여러 조약들이 채택된 바, 이를 바르샤바체제(Warsaw System)라고 부른다.

⑥ 1999년에는 바르샤바 체제를 대체하고 현대화하기 위한 별도의 조약인 국제항공운송을 위한 규칙의 통일을 위한 협약」(Convention for the Unification of Certain Rules for International Carriage by Air ; 이하 「1999년 몬트리올협약」이라 한다)이 채택되었다. 또한, 지상 제3자에 대해 외국 항공기가 미친 손해와 관련하여, 1933년 이미 로마협약(Convention for the Unification of Certain Rules Relating to Damage Caused to Third Parties on the Surface)이 채택되었고, 1952년 로마에서 새로운 협약(Convention on Damage Caused by Foreign Aircraft to Third Parties on the Surface)이 채택되어 1958년 2월 발효되었다.[2]
그 후 1978년 몬트리올에서 개정(Protocol to Amend the Convention on Damage Caused by Foreign Aircraft to Third Parties on the Surface signed at Rome on 7 October 1958) 되었으나[3], 가입국의 숫자와 선진국의 가입 현황 등을 고려해 볼 때 그 적용은 극히 제한적일 수밖에 없는 실정이었다.

⑦ 2009년에는 「항공기에 의한 제3자 피해배상에 관한 협약」(Convention on Compensation for Damage Caused by Aircraft to Third Parties ; 이하 「제3자 피해 일반 배상 협약」) 및 「항공기와 관련된 불법 간섭 행위로 초래된 제3자 피해에 대한 손해배상에 관한 협약」(Convention on Compensation for Damage to Third Parties, Resulting from Acts of Unlawful Interference Involving Aircraft ; 이하 「불법 간섭 행위 제3자 피해에 대한 손해배상 협약」이라 한다)이 채택되었으며, 지상 및 기타 공간에서의 제3자에 대한 손해배상과 관련하여 이원적(二元的)인 협약들로 발전시켰으나 항공 대국 대부분 서명과 비준을 하고 있지 않으며 아직 발효되지 않고 있다.

⑧ 이와 같은 국제항공법의 발전과 더불어 국내항공법도 발전하기 시작하였다. 항공은 국제성을 띨 수밖에 없으며 이에 따라 국내항공법은 필수적으로 국제적인 성격을 탈피

---

2) 현재 가입국은 48개국이다. 이 협약은 영국 등 상당수의 유럽 선진국들이 가입하고 있다. 그러나 미국, 중국, 일본 등은 가입하고 있지 않다.
3) 2002년 7월 발효하였으며 현재 12개국이 가입하고 있다. 그러나 러시아연방 외에 미국을 비롯한 영국 등 서방 선진국이나 중국, 일본 등이 가입하고 있지 않다. 미국이나 중국, 그리고 우리나라도 1978년 개정 의정서는 물론이고 1952년 협약에도 가입하고 있지 않다. 이러한 면에서 개정 의정서는 사문화(死文化)되었다고 할 수 있다.

하기 어렵다. 물론, 국내항공법은 순수하게 국내항공과 관련되어 있는 규정들도 적지 않지만 국제항공법의 내용을 국내적으로 시행하기 위한 규정들이 대단히 많다. 특히 오늘날의 국제사회가 긴밀화됨에 따라 국내항공법의 상당한 부분이 내용상 유사성을 지니고 있다.

⑨ 1944년 채택된 「국제민간항공협약」(Convention on International Civil Aviation ; 시카고협약)에 192개국이 가입하고 있으며, 국제민간항공기구(ICAO ; International Civil Aviation Organization)가 여러 부속서(Annex)를 채택하고 많은 항공 관련 문서들을 작성하고 있는 바, 많은 국가들이 이를 국내 입법화하는 경향을 보이고 있다. 무엇보다도 항공 안전 및 보안과 관련하여 국제적인 평가 프로그램인 USOAP (Universal Safety Oversight Audit Program)와 USAP(Universal Security Audit Program)의 시행은 항공 안전과 보안과 관련된 개별 국가들의 국내법의 통일화에도 대단히 큰 기여를 하고 있다.

물론, 그러한 국내법의 통일화는 필연적으로 많은 자금과 인적 자원 및 기술이 필요하다는 점에서 개발도상국들의 국내법을 선진국 국내법 수준으로 높이는 것은 한계가 있을 것이다.

한편, 미국이나 유럽연합(European Union) 등 항공대국들의 항공관련법 규정들은 다른 국가들에 많은 영향을 미치고 있다.

미국이나 유럽연합 회원국들이 국제항공에서 차지하는 비중을 살펴볼 때 그 지역에 취항하기 위해서는 이들의 항공법을 참고하여 국내 입법화가 필요한 부분들이 있을 것이다.

미국이나 유럽연합은 각각 자체적인 평가 프로그램인 국제항공안전평가프로그램(IASA ; International Aviation Safety Assessment)과 EU Ramp Inspection Programme을 시행하고 있어서 다른 국가의 항공사들이 이들 지역에 취항하기 위해서는 그 항공안전기준에 부합하도록 할 필요성이 있다.

미국 연방 항공청 FAA(Federal Aviation Administration)와 국제항공안전평가프로그램(IASA ; International Aviation Safety Assessment)에 대한 자세한 내용은 교재의 부록 챕터에서 자세히 설명하도록 하겠다.

(2) 항공법의 개념

① 항공의 개념은 대단히 다의적으로 사용되고 있으나 어떠한 경우에도 항공기의 운항과 관련되어 있으며, 이와 결부된 활동을 규율하는 법령을 항공법이라고 할 수 있다. 항공은 고가의 기기인 항공기가 많은 승객과 물건을 싣고 공중을 항행하는 특성상 무엇보다

도 안전이 강조되지 않을 수 없다.

② 항공기 사고가 발생하면 막대한 인적·재산적 피해가 발생한다는 것은 두말할 나위가 없는 사실이다. 이러한 면에서 안전을 확보하기 위하여 항공기, 항공종사자, 비행 방법, 항공 관련 서비스를 제공하는 공항 등의 시설 등에 국가에 의한 규제가 불가피하게 요구된다고 할 수 있다.

③ 뿐만 아니라, 항공은 대중이 이용하는 교통수단과도 관련되어 있으므로 항공운송 서비스를 제공하는 항공 운송인과 관련하여 다양한 국가 규제가 필요하다. 더 나아가 사람과 물건의 국제적인 신속한 이동을 가능하게 하는 국제적인 교통수단으로서 항공기가 이용되고 있으며, 공항은 중요한 다중이용시설에 속한다.

④ 이러한 특성상 항공기나 공항 등 항공 관련 시설에 대한 공격이나 항공기 납치가 빈번하게 발생하고 있으며, 항공기가 공중을 항행하는 동안에는 국가의 경찰권이나 사법권이 미치지 아니한다는 점에서 항공기 내의 안전과 질서 유지, 더 나아가 항공보안(Aviation Security)을 위한 규제가 필요하다.

⑤ 이와 같이 항공은 영공에서의 완전하고 배타적인 국가주권을 기본 원칙으로 하면서도 그 국제성이 강조되는 양면성을 지니고 있다. 또한, 간략하게 말하면 항공법이란 항공기에 의하여 발생하는 법적 관계를 규율하기 위한 법규의 총체로서, 공중의 비행 그 자체뿐 아니라 그 전제로 지상에 미치는 영향, 항공기 이용 등을 모두 포함한 개념이다. 즉, 항공법은 항공 분야의 특수성을 고려하여 항공 활동 또는 동활동에서 파생되어 나오는 법적 관계와 제도를 규율하는 원칙과 규범의 총체라고 말할 수 있으며, 일반적 항공법 분류 기준인 국내 항공법, 국제 항공법, 항공 공법(Public Air Law), 항공 사법(Private Air Law)을 포함한다.

⑥ 법률적 항공법의 개념

　㉠ 항공법을 영문으로 'Air Law' 또는 'Aviation Law'라고 표현하는 경우가 많은데 이들 표현 역시 항공기의 활동에 초점이 맞추어져 있다. 다만, Air Law는 하늘의 이용으로부터 발생하는 각종 관계를 규율하는 법규의 총체를 의미하는 것으로 엄밀한 의미에서는 라디오나 텔레비전 등 전파를 규율하는 법까지도 포함하고 있다. 반면에 Aeronautical Law는 규제 대상을 항공기와 그 운항에 대한 여러 관계에 한정하는 것이 되어 이를 항공법으로 번역하는 경우가 있는데, 이는 항공기에 초점이 맞추어진 개념이다.

　㉡ 한편 Aviation Act와 같이 Law에 갈음하여 Act라고 표현된 경우가 있다. 이는 입법기관인 의회 등이 제정한 법률을 의미하여, 이를 근거로 행정기관이 제정하는 항공에 관한 행정입법은 제외되는 개념이라고 할 수 있다. 또한, 항공공법과 항공사법이라는 용어는 말 그대로 항공과 관련된 공법과 사법이라는 의미이다.

2 ✈ 항공법의 법원(法源)

(1) 법원의 개념

법원(法源) 즉, Source of Law라는 용어는 다의적으로 사용되고 있으나 통상적으로는 법의 존재 형식 내지 성립 형식을 의미한다. 이러한 의미에서는 성문법과 관습법이 있다. 적어도 우리나라에서 항공 분야의 관습법은 존재하지 않다고 판단되므로 국내법의 법원은 항공 관련 성문법만 존재한다고 할 수 있다. 또한, 국제법의 법원은 조약과 국제관습법이 있다.

법의 일반 원칙(General Principles of Law)의 법원성(法源性)을 인정하는 서방학자들이 많지만 법의 일반 원칙의 연혁을 살펴보면 서방 선진국들의 국내법상의 원칙이라는 점에서 그 법원성을 인정하기가 어렵다. 다만, 어떠한 법률 문서(Legal Instrument) 중에는 법원성 여부를 떠나서 대단히 중요한 의미를 갖는 것들이 있다.

예컨대, 국내법 분야에서의 행정규칙과 국제법 분야에서의 「국제민간항공협약」부속서(Annex), 특히 표준(Standards) 등이 중요한 의미를 갖는다.

(2) 국제항공법의 법원

법원의 의의면에서 국제항공법은 항공에 관한 국제법을 의미하는 것이라고 이해하면 된다. 물론 국제항공에 관한 법이라는 의미로 해석한다면 국제항공 관련 국내법도 포함한다고 할 수 있다.

요컨대, 국제항공은 단순히 국제조약에 의해서만 규율되고 있는 것은 아니며, 국내법에 의해서도 규율된다는 점에 착안하여 국제항공법을 국제항공을 규율하는 총칭으로 보아 국내법의 관련 조항을 포함한다고 해석하기도 한다. 그러나 통상적으로는 전자에서 이야기한 항공에 관한 국제법을 의미한다. 앞서 언급한 바와 같이 오늘날 국제항공이 발달함에 따라 많은 관련 조약들이 체결되고 있다.

(3) 조 약

① 조약의 개념과 유형

조약은 국가와 국가, 국가와 국제조직[예컨대, 국제민간항공기구(International Civil Aviation Organization ; 이하 ICAO라 한다)] 간에 또는 국제조직 상호 간에 체결되는 문서에 의한 합의를 말하는 것으로4), 그 명칭 여하를 불문한다. 그러므로 일반적으로 조약이라고 하면 광의의 조약이라고 할 수 있으며, 이와 대비되는 협의의 조약은 Treaty라는 명칭이 붙은 조약을 의미한다. 국제기구가 주관하여 채택되는 다자간 조약은 Convention이라는 명칭이 붙는 경우가 많고, 이 협약을 모(母)조약으로 하여 이를 보충하기 위한 의정서(Protocol)가 있다. 그 밖에도 Agreement, Change of Notes를 비롯한 다양한 명칭의 관련 조약들이 있다. 다음에서 설명하는 명칭은 외교부 홈페이지에 등록되어 있는 조약의 유형과 명칭이다.5)

㉠ 조약(Treaty) : 정치적으로 중요한 합의를 하는 경우에 사용되는 것으로 예를 들면 「한·미 상호방위조약(Mutual Defense Treaty, 1953)」, 「한·일 기본 관계에 관한 조약(Treaty on Basic Relations, 1965)」 등이 있다.

㉡ 헌장(Charter, Constitution), 규정(Statute) 또는 규약(Covenant) : 주로 국제기구를 구성하거나 특정제도를 규율하는 국제적 합의에 사용되는 것으로, 「국제연합헌장(UN Charter, 1945)」, 「국제원자력기구 규정(Statute of the IAEA, 1956)」, 「국제연맹규약(Covenant of the League of Nations, 1919)」 등이 대표적이다.

㉢ 협정(Agreement) : 전문적 또는 기술적인 문제를 다루는 것으로 양자 조약인 경우가 많으나 반드시 그러한 것은 아니다.

㉣ 협약(Convention) : 흔히 국제기구의 주관 하에 개최된 국제회의에서 채택하는 다자간 조약의 경우 이러한 명칭을 사용한다.

㉤ 의정서(Protocol) : 기본적인 문서에 대한 개정이나 보충적인 성격을 띠는 조약에 주로 사용되나, 최근에는 전문적인 성격의 다자 조약에도 많이 사용된다.

㉥ 각서 교환(Exchange of Notes) : 일국의 대표가 그 국가의 의사를 표시한 각서(Proposing Note)를 타 국가의 대표에 전달하면, 타 국가의 대표는 그 회답 각서(Reply Note)에 전달받은 각서의 전부 또는 중요한 부분을 확인하고 그에 대한 동의를 표시하여 합의를 성립시키는 형태로, 주로 기술적 성격의 사항과 관련된 경우에 많이 사용된다.

㉦ 합의각서(Memorandum of Agreement) & 양해각서(Memorandum of Under-standing)는 이미 합의된 내용 또는 조약 본문에 사용된 용어의 개념들을 명확히 하기 위하여 당사자 간 외교 교섭의 결과 상호 양해된 사항을 확인한 후 기록하는 데 주로 사용되나, 최근에는 독자적인 전문적·기술적 내용의 합의 사항에도 많이 사용된다.

---

4) 「조약법에 관한 비엔나협약」 제2조는 조약을 '…문서 형식으로 국가 간에 체결되며, 또한 국제법에 의하여 규율되는 국제적 합의'라고 규정하고 있어, 동 협약이 국가 간의 조약만을 대상으로 규율하고 있기 때문에 이와 같이 정의한 것이지만, 국가와 국제기구 또는 국제기구 간 등의 문서에 의한 합의도 조약의 범주에서 제외되는 것은 아니다. 1986년 「국가와 국제기구 간 또는 국제기구 상호 간의 조약법에 관한 비엔나협약」이 있으나 현재 발효되지 않고 있다.
5) http://www.mofa.go.kr/www/wpge/m_3830/contents.do

◎ 약정(Arrangement), 합의 의사록(Agreed Minutes), 잠정 약정(Provisional Agreement, Modus Vivendi), 의정서(Act), 최종 의정서(Final Act), 일반 의정서(General Act) 등의 각종 용어가 사용되고 있다.

㉦ 기관 간 약정(Agency to Agency Arrangement) : 정부 기관 간에 체결되는 약정을 의미하며, 국가 또는 정부 간에 체결된 모(母)조약을 시행하기 위한 경우와 모(母)조약의 근거 없이 소관 업무에 관한 기술적 협력사항을 규정하는 경우로 대별된다.

조약에는 흔히 본문과 부속서(Annex)로 구성되는 경우가 많으며, 여기에서 유의하여야 할 문제가 있다. 일반적으로 조약의 부속서는 본문과 동일하게 그 조약과 불가분의 일체를 구성하며, 따라서 부속서를 개정하는 경우 본문의 개정과 동일한 절차를 거치게 된다. 예컨대, 항공협정에서는 통상적으로 부속서가 있으며, 부속서의 내용을 개정하는 경우에는 본문과 동일한 개정 절차를 거쳐야 한다.[6] 그러므로 조약의 본문과 부속서 모두 조약의 구성 부문으로서 법원(法源)에 해당하는 것이다.

대표적으로 「국제민간항공협약」도 부속서(Annex)가 있다. 그런데 그 부속서는 「국제민간항공협약」의 일부를 구성하는 것이 아니라는 점에서 다른 조약의 본문과 부속서의 관계와는 구별된다.

▌「국제민간항공협약」 부속서(Annex)

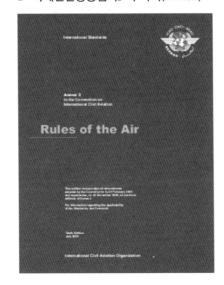

---

6) 예컨대, 1975년 「대한민국과 스위스 간의 정기항공운수에 관한 협정」이 체결된 후, 이 협정의 본문은 개정한 적은 없고, 1984년과 1989년 이 협정의 부속서를 교환 각서(각서 교환으로 번역하기도 한다) 형식으로 개정하였다. 한편 우리나라가 다른 국가들과 체결한 항공협정과 관련하여 해당 협정의 본문을 개정하기 위한 경우, 협정의 본문과 부속서를 모두 개정하기 위한 경우 및 부속서만을 개정하기 위한 경우 모두 교환 각서의 형태를 취하고 있다. 그러므로 기존의 항공협정을 전면적으로 개정하기 위한 경우에는 교환 각서 방식이 아니라 새로운 항공협정을 체결하는 방식을 취하고 있다. 우리나라가 미국, 캐나다 등과 체결한 새로운 항공협정이 그 예이다.

「국제민간항공협약」의 제·개정 절차와[7] 그 부속서의 제·개정 절차가 다르다는 점을 보면 쉽게 이해할 수 있다. 요컨대, 「국제민간항공협약」의 부속서는 통상적인 의미에서의 법원(法源)이 아니다. 다만, 법의 인식자료로서의 의미를 갖는 보조적 법원으로 볼 수 있을 것이다.

따라서 「국제민간항공협약」의 부속서는 「국제민간항공협약」 당사국들이 잘 준수하는지의 여부와는 별개로 국제항공법의 범주에 속하지 아니한다. 그러나 오늘날 「국제민간항공협약」에 못지않게 그 부속서가 갖는 중요한 의미를 고려하여 비중을 두고 다루고자 한다.

② 항공 관련 다자 조약

당사자의 수가 다수인 다자 조약(Multilateral Treaty) 형태의 많은 항공 관련 조약들이 있다. ICAO 홈페이지에는 항공 관련 다자 조약들에 대한 목록(Current Lists of Parties to Multilateral Air Law Treaties)을 수록하고 있다.

여기에서는 1929년 「바르샤바협약」을 비롯한 최근에 채택되어 아직 발효하지 아니한 다자 조약을 포함하여 그 명칭과 약칭, 그리고 채택일 및 발효일(미발효 포함), 조약 규정, 기탁 국가(또는 기탁 기관), 체약국 등을 적시하고 있다.[8] 다자 조약의 국제적인 체결절차는 서명 후 비준서를 특정한 국가 또는 기관에 기탁하게 되며, 일정 수의 국가의 비준서가 기탁된 때 발효하게 된다.

이러한 항공 관련 다자 조약 중 우리나라가 가입한 다자 조약과 양자 조약의 목록과 내용은 외교부 홈페이지에서 찾아볼 수 있는데[9], 「국제민간항공협약」과 「국제항공업무통과협정」(International Air Services Transit Agreement), 국제항공운송에서의 항공 운송인의 책임에 관한 1955년 「헤이그의정서」와 1999년 「몬트리올협약」을

---

7) 「국제민간항공협약」은 개정 의정서라는 조약 형태로 개정되며 이에 관한 비준서를 기탁하여야 한다. 우리나라가 체결한 「국제민간항공협약」 개정 조문에 대한 개정 의정서에 관하여는 http://www.mofa.go.kr/www/wpge/m_3835/contents.do 참조할 것.

8) http : //www.icao.int/secretariat/legal/Lists/Current%20lists%20of%20parties/AllItems.aspx.

9) http://www.mofa.go.kr/www/wpge/m_3835/contents.do

비롯하여 후술하는 5개의 항공 범죄 관련 조약에 모두 가입하고 있다.

③ 항공 관련 양자 조약

항공운송에 관한 조약은 두 국가가 상호 간에 운수권을 교환하는 것이 일반적이다. 우리나라가 체결한 항공 관련 양자 조약의 가장 대표적인 것이 항공업무협정(이를 간략하게 항공협정, 항공운송협정 등 다양한 용어들이 사용되고 있다)이며, 그밖에도 항공업무협정의 개정을 위한 교환 각서, 「항공기 승무원의 입국, 체류 및 출국 절차 간소화에 관한 교환 각서」(러시아와 체결), 「항공안전증진을 위한 협정」(미국과 체결), 「항공기의 지상장비 도입에 관한 상호 면세 협정」(미국과 체결), 「대한민국 외무부와 중화인민공화국 외교부 간의 항공사 자사 직원 및 승무원 사증 발급을 위한 교환각서」 등이 있다.

④ 항공 분야에서의 국제관습법의 존재 여부

조약과 더불어 국제법의 법원에 속하는 또 다른 국제법의 존재 형식인 국제관습법이 항공법 분야에서 존재하는지도 문제가 된다. 영공 주권의 속성을 고려해 볼 때 그 존재 문제에 대해서는 대단히 신중하게 접근할 필요가 있다. 예컨대 어느 나라가 인공위성을 쏘아 올리면 어느 시점에서는 고도의 상공에서 다른 국가의 상공을 통과하게 되는데, 대부분 국가들이 방공식별구역을 설정하고 있지만 현재까지 이러한 경우에 어떠한 국가도 항의하지 않았다. 그러나 이러한 묵인을 국제관습법의 두 가지 성립 요건 중 첫 번째 요건인 지속적인 동일 행위의 반복(Constant and Uniform Practice)과 더불어 두 번째 요건인 동의(Consent)로 볼 수 있을 것인가에 대해서는 회의적인 시각이 많다.

따라서 사실상 항공과 관련해서는 국제관습법의 존재는 부인되어야 하며, 방공식별구역 역시 국제관습법상의 제도로 보기는 어렵다.

한 가지 주목할 만한 점은 국제항공법 자체에는 국제관습법이 존재하기 어렵다 하더라도, 항공과 관련된 문제들에 대해서 경우에 따라서는 일반적인 국제관습법이 적용될 수 있다는 것이다.

⑤ 보조적인 법원

보조적인 법원이라 함은 통상적인 의미에서의 법원은 아니지만 법의 내용을 확인하는 데 도움이 되는 법률 문서를 말한다. 「국제민간항공협약」의 부속서에는 표준(Standards)과 권고되는 방식(Recommended Practices)이 있으며, 또한 Appendix와 Attach-ment[10]가 있다. 여기에서 보조법원으로서의 문제가 되는 것은 표준과 권고

---

10) 「국제민간항공협약」과 그 부속서의 법적 성격이 다르듯이 「국제민간항공협약」 부속서의 Standards and Recommended Practices)와 부속서상의 Attachment 및 Appendix도 그 성격상 차이가 있다. 이에 관하여는 다음과 같은 판례를 참고할 필요가 있다 : 국제민간항공조약 제54조에 의하여 국제민간항공기구가 채택한 부속서 13 항공기 사고조사(Annex 13 Aircraft Accident Investigation)의 5.12조는, 항공기 사고조사 실시국은 그

방식이다. 우리나라 「항공안전법」 제1조는 '이 법은 「국제민간항공협약」 및 같은 협약의 부속서에서 채택된 표준과 권고되는 방식에 따라 항공기, 경량항공기 또는 초경량비행장치의 안전하고 효율적인 항행을 위한 방법과 국가, 항공사업자 및 항공종사자 등의 의무 등에 관한 사항을 규정함을 목적으로 한다.'라고 표현하고 있다.

「항공안전법」에서 '이 법은 「국제민간항공협약」 및 같은 협약의 부속서에서 채택된 표준과 권고되는 방식에 따라'라는 구절이 표준과 권고되는 방식의 법적 구속력을 직접 인정한 것이라고 해석할 수는 없다. 즉, 표준과 권고되는 방식을 존중하여 국내 사정에 맞추어 이를 국내 입법화하여 시행한다는 것이지 표준과 권고되는 방식의 국제항공법의 법원으로서 인정한다는 의미는 아니다.

3 ✈ 국내항공법의 법원

국내항공법의 법원 의의면에서 항공이 어느 국가의 영역 내에서만 이루어지고 그 법률 관계가 그 영역 내로 한정되는 경우(국내항공) 국내항공법이 적용되겠지만, 항공 그 자체가 본질적으로 국제성을 띠기 때문에 개별 국가들의 국내항공법도 국제화 추세에 있다.

즉, 국제항공 관련 조약의 국내 입법화 경향 및 「국제민간항공협약」 부속서의 표준과 권고방식(SARPs ; Standards and Recommended Practices) 등의 국내법 반영 등으로 인해 국가 간에 상당한 정도의 국내항공법 통일화 현상이 전개되고 있다. 다만, 국가별로 국제적인 항공 규범이 국내 입법화되어 있는 형태나 내용면에서 차이가 있다.

형식적인 의미의 항공법은 「항공법」이라는 명칭이 붙은 법을 말하며, 실질적인 의미의 항공법은 항공 관련 내용이 포함되어 있는 법령과 규정을 의미한다.

조항에 열거된 기록 사항의 공개가 해당 항공기사고에 대한 조사 및 미래의 조사에 있어서 정보 입수에 불리한 영향을 미친다고 판단할 경우, 그 기록 사항이 사고조사 이외의 목적으로 이용되지 않도록 하여야 한다고 규정하고 있는 바, 이는 항공기 사고조사 실시국에 대하여 일정한 의무를 부담시키는 규정일 뿐, 그 이외의 국가에 대하여 어떠한 의무를 부담시키는 규정이 아니어서 항공기 사고의 조사 실시국이 아닌 나라가 항공기 사고와 관련하여 위 5.12조에 의한 의무를 부담하게 되는 것이 아니며, 위 부속서의 부록(Attachment) D는 위 부속서 내용의 일부를 구성하는 것이 아니라 위 부속서의 적용에 관한 참고 사항에 불과할 뿐이어서, 부록 D에 기재된 내용은 국제표준(International Standards)으로서의 효력이 있는 것이 아니다(출처 : 대법원 1993. 10. 12. 선고 92도373 판결[업무상 과실치상, 항공법 위반] 종합법률정보 판례).

(1) 항공법의 제정과 적용 과정

우리나라는 1945년 8월 15일 일본으로부터 주권을 회복하였고, 3년간의 미군정 시대를 거쳐 1948년 8월 15일 대한민국 정부가 수립되었으며, 「항공법」은 1961년 3월 7일에 제정되었다. 항공법이 제정되기 이전 기간에는 1945년 11월 2일의 미군정청령 제21호 「제(諸)법령 존속령」 및 1948년 7월 12일의 제정 헌법 제100조에 의하여 일본의 「항공법」과 시행령 및 시행규칙이 지속 실시되었다.[11]

1952년 12월 11일에 ICAO에 가입한 이후 1961년에 우리나라 최초의 「항공법」이 제정·공포되었고 뒤이어 시행령과 시행규칙이 제정되었는데, 이들 항공법령은 수많은 개정을 거쳐 왔다.

(2) 형식적인 의미의 「항공법」의 분법화

1961년 제정된 「항공법」은 항공사업, 항공안전, 공항시설 등 항공 관련 분야를 망라하고 있어 국제기준 변화에 따른 신속한 대응에 미흡한 측면이 있다. 또한 여러 차례의 개정으로 법 체계가 복잡하여 국민이 이해하기가 어렵다는 점을 감안하여, 2011년부터 항공 관련 법규의 체계와 내용을 알기 쉽도록 분법화가 검토되었다.

그 결과, 2016년 3월 29일 「항공법」을 「항공사업법」, 「항공안전법」 및 「공항시설법」으로 분법하여 국제기준 변화에 탄력적으로 대응하고, 국민이 이해하기 쉽도록 하는 한편, 「공항시설법」에서는 공항개발, 항행 안전시설 설치 등 공항시설에 관한 분야와 「수도권 신공항건설촉진법」을 통합하고, 개발사업 시행자에 대한 재정지원 및 토지수용 근거를 마련하며, 비행장 개발예정지역 내의 행위제한 근거를 마련하고, 개발사업 실시계획 승인 시 관계 행정기관의 장과의 협의 기간을 단축하는 등 현행 제도의 운영상 나타난 일부 미비점을 개선·보완하게 되었는데, 그 결과로 분법화된 「항공사업법」, 「항공안전법」 및 「공항시설법」은 그 하위 법령의 제정과 더불어 2017년 3월 30일부터 시행되고 있다.

(3) 실질적인 의미의 항공법

실질적인 의미의 항공법은 대단히 많은데, 「항공인진법」, 「공항시설법」, 「항공사업법」, 「항공보안법」, 「공항소음방지 및 소음대책지역 지원에 관한 법률」, 「국제항공 운수권 및 영공통과이용권 배분 등에 관한 규칙」, 「항공기 등록령」, 「항공기 등록규칙」 등 항공 관련 사항만을 다룬 법령이 있으며, 항공 외의 다른 분야도 같이 포함하고 있는 「항공·철도

---

11) 이에 관하여는 김맹선·김칠영·양한모·홍순길(공저) 항공법(2012년) p.2 및 p.6 참조.

사고조사위원회법」, 「항공우주산업개발 촉진법」을 비롯한 다른 법령의 항공 관련 규정 또한 모두 실질적 의미의 항공법이라고 할 수 있다.

또한, 「상법」 항공운송편도 이에 해당한다고 할 수 있는데, 이러한 실질적인 의미의 항공법은 크게 항공공법과 항공사법으로 분류할 수 있으며, 상법 항공운송편 외에는 모두 항공공법이라고 할 수 있다.

위에서는 편의상 국회가 제정한 법률만을 열거한 것들도 있지만 이러한 법률과 더불어 그 시행령 및 시행규칙도 모두 실질적인 의미의 항공법에 속한다고 할 수 있다.

(4) 항공 관련 행정규칙

법령은 아니지만 항공 관련 법령을 이해하는 데는 이 밖에도 항공에 관련된 다양한 분야별 행정 규칙에 대한 숙지가 필수적으로 요구된다. 특히 항공 실무자들에게는 더욱 그러한데 이러한 면에서 이들 행정규칙은 보조적 법원(Sources of Law)이라고 할 수 있다.

그러나, 실질적 실무에서는 행정규칙이 법령과 큰 구별 없이 시행되고, 수범자(受範者)를 규율하기 때문에 그 법규성 여부와 관계없이 자세한 내용을 숙지하고 준수하여야 한다.

(5) 국내항공법과 국제항공법의 관계

「헌법」 제6조 제1항에는 '이 헌법에 의하여 체결·공포된 조약과 일반적으로 승인된 국제법규는 국내법과 동일한 효력을 가진다.'라고 하고 있다. 이 규정은 국제법의 국내적 효력을 인정한 것으로서, 우리나라가 체결된 항공 관련 국제조약이나 일반적으로 승인된 항공 관련 국제법규는 국내적으로 적용되므로 행정기관이나 사법부 모두 그러한 국제조약이나 국제법규의 국내 입법화 여부와 관계없이 적용하여야 한다. 따라서 그러한 국제조약이나 국제법규를 원용할 수 있고 재판 규범이 될 수 있다.

3 주요 국제항공법

1 ✈ ICAO

(1) 국제항공법의 형성과 ICAO의 설립

ICAO는 국제민간항공기구(ICOA ; International Civil Aviation Organization)로서 세계 항공업계의 정책과 질서를 총괄하는 기구로서 UN 산하 전문기구이다.

ICAO는 국제민간항공이 안전하고 질서 있게 발전할 수 있도록 도모하며, 국제항공운송업무가 기회균등주의를 기초로 하여 건전하고 경제적으로 운영하기 위해 설립되었다.

(2) 시카고회의 이전의 국제항공법 형성

앞서 언급한 바와 같이 1783년 열기구 비동력 장치에 의한 최초의 비행이 이루어졌으나, 그 특성상 비행의 활동 범위는 매우 좁을 수밖에 없었다. 또한 인간이 마음대로 조종히는 것에도 한계가 있었지만, 이를 계기로 하늘은 인간의 활동 영역에 들어오기 시작하여 비행에 대한 규제의 필요성도 등장하게 되었다. 그 이듬해인 1784년에 프랑스에서는 허가받지 아니하고 기구로 비행하는 것을 금지하는 법령을 공포했는데, 이것이 국내항공법의 시초(시원)라고 할 수 있다. 그 후 차츰 항공 안전에 관한 관심도 높아져 1819년 프랑스는 기구에 반드시 낙하산을 갖추어야 한다는 국내법 규정을 두었다. 그러나, 당시 기술상황으로는 국제적인 비행을 할 정도의 수준은 아니어서 여러 국가들도 그러한 활동을 국제적으로 규제하여야 한다는 인식은 하지 못하였다.

그 후 1903년 라이트(Wright) 형제에 의한 동력 추진 항공기가 출현하게 되었으며, 불과 6년 후인 1909년에 영·프 해협 횡단비행이 성공하면서 항공의 국제성 문제가 등장하게 되었다. 이에 따라 1910년 국제항공법회의(19개국 참가)가 개최되었다.

이때에도 하늘은 누구에게나 개방되어 하늘의 자유(Freedom of the Air)가 인정되는 것인가, 아니면 국가의 주권(States Sovereignty)이 인정되는가의 문제를 둘러싸고 열띤 대립 양상을 보였다.

그동안 해양 분야에서는 공해 자유의 원칙이 국제관습법으로 형성되어 공해 자유를 광범위하게 인정하고 있었다. 즉, 공해는 어떠한 국가의 영역에도 속하지 않는 귀속으로부터의 자유가 인정되었고, 또한, 공해는 누구나 이용할 수 있다는 공해 이용의 자유가 인정되어 왔었기 때문이다. 결국, 새로운 인간의 활동 영역으로서 공역(Airspace)의 법적 지위가 문제가 되었던 것이다.

더구나 제1차 세계대전 당시에 항공기가 군사적으로 이용되기도 하였고, 1919년 3월(제1차 세계대전 종료 직후)에는 최초로 파리와 브뤼셀 간 국제 정기 항공운송 업무가 시작되었으며, 1919년 6월 아일랜드의 올콕과 브라운이 최초로 항공기를 이용해 대서양 횡단에 성공하였다.

이러한 배경하에서 채택된 1919년 「파리협약」은 당시 38개국이 가입하고 있으며, 국가 간에 항공기의 사용과 비행에 관한 국제항공의 기본 질서를 수립하고, 민간항공을 위해 세계적으로 통일된 국제항공사법을 제정하려는 목적을 갖고 있었으며, 국제항공법의 기초가 되는 여러 원칙을 성문화하였다고 할 수 있다. 특히 제1조는 국가의 영역 상부 공역에서의 완전하고도 배타적 주권(Complete and Exclusive Sovereignty)을 인정함으로써 절대적 영공 주권 원칙을 최초로 성문화하였다는데 가장 큰 의미를 부여할 수 있을 것이다.

이 당시 상부 공역은 해당 국가의 천연자원이며 해당 국가의 통제하에 운영되어야 한다는 인식이 지배적이었기 때문에 항공기의 외국 영공 통과 문제는 이에 대한 그 국가의 특별한 허가가 있거나 양국 간 또는 다자간 국제항공협정에 의해서만 가능하다는 점이 확인되었다.

그 밖에도 제2차 세계대전 전까지 1926년 「이베로아메리칸 상업항공협약」, 1928년 「팬 아메리칸 상업항공에 관한 아바나협약」, 또한 1933년 「국제항공 위생협약」, 1934년 「국제항공 연료협약」 등이 체결되었으며, 국제항공법 전문가위원회(CITEJA ; Comite International Technique D' Experts Juridiques Aerienne)가 설립되어 이 기구에 의해 1929년 「바르샤바협약」, 1933년 「외국 항공기에 의한 지상 제3자에 대한 손해에 관한 로마협약」(미발효), 1938년 「브뤼셀협약」 등이 채택되었다.

이와 같이 1944년「국제민간항공협약」이전에도, 산발적이지만 상당한 기초 질서를 형성하였으며, 특히 1929년「바르샤바협약」은 그 후속 조약과 더불어 이른바 바르샤바 체제(Warsaw System)를 형성하여 최근까지도 항공 운송인의 책임에 관한 근간을 이루는 국제항공사법 관련 협약이 되고 있다.

(3) 시카고회의에서 채택된 법률 문서(Legalinstruments) 및 ICAO 설립

① 시카고회의의 배경과 경과

1944년 11월 1일부터 12월 7일까지 제2차 세계대전 후의 국제항공 발전을 위한 법적 기틀을 마련하기 위하여 미국이 초청한 52개국이 참석한 시카고회의가 개최되었다. 그 배경을 설명하면 다음과 같다. 제2차 세계대전 중 개발된 군용 항공기가 전후 민간 상업용으로 전환되면서 민간항공의 비약적인 발전을 가져왔다. 특히 항공 기술의 발전과 더불어 항공기 대형화·상업화의 비약적인 진전을 보게 되었고, 그 결과 제(諸) 항공노선의 확대가 이루어졌다.

이러한 변화는 필연적으로 국제민간항공에 관한 새로운 법질서의 출현을 수반하게 되었다. 한편, 민간항공을 위한 국제기구 설립은 1944년 시카고회의 의제 중의 하나였으며, 그 국제기구의 성격과 권한 범위와 관련해서는 회의 참가국들 간 극심한 의견 차이를 보였으며, 특히 미국과 영국의 의견 대립이 두드러졌다.

이 회의에서는 국가별(미국, 영국, 오스트레일리아와 뉴질랜드, 캐나다)로 다음과 같은 4가지 주요 제안이 제출되었다.

ㄱ 미국의 제안

  ⓐ 하늘의 자유(Freedom of the Air) 및 친경쟁적 환경(Pro-competitive Environment)이 달성되어야 한다.

  ⓑ 기술 표준 설정 분야에서 임무를 수행하는 국제항공총회(International Aviation Assembly)가 설립되어야 한다.

ㄴ 영국(the United Kingdom)의 제안

  ⓐ 경제적 및 기술적 문제에 대한 광범위한 규제권한을 가진 국제항공기구(International Air Authority)를 설립하여야 한다.

ㄷ 오스트레일리아와 뉴질랜드(Australia and New Zealand)의 제안

  ⓐ 국내 노선을 제외한 모든 민간항공의 국제화(Internationalization of all Civil Aviation)를 이루어야 한다.

  ⓑ 단일의 국제적인 범세계적 항공사(International Global Airline) 및 이를 규율하고 감독할 국제항공기구(International Air Authority)를 설립하여야 한다.

ㄹ 캐나다(Canada)의 제안

ⓐ 경제적 규제(Economic Regulation) 권한을 가진 국제항공기구(International Aviation Authority)를 설립하여야 한다.

ⓑ 지역별 이사회들(Regional Councils)이 국제항공 업무(International Air Services)와 관련한 인증서(Certificates) 발급 및 규제 업무를 수행하여야 한다.

시카고회의에서의 미국과 영국 등의 입장 차이는 제2차 세계대전 전후 양측의 경제 사정을 반영한 것이다. 미국은 기업의 자유 존중 사상에 바탕을 두고 자국의 막대한 경제력을 발휘할 수 있도록 하기 위하여 강력한 관리기구의 설립에 반대하고, 자유경쟁을 위한 다자간 협정을 선호하였다. 반면에, 영국 등은 미국에 의한 민간항공 독점에 대한 우려와, 전쟁으로 피폐해진 자국의 민간항공을 보호하기 위하여 운임 등 민간항공의 중요 부분을 관리·감독하는 국제기구의 설립을 주장하면서, 항공기업의 자주성을 존중하면서 과도한 경쟁을 배제하기 위한 운송력(Capacity)을 할당할 수 있도록 하는 협정을 선호하였다.

시카고회의에서는 상기 4개 국가의 제안에 대한 타협안을 채택하고, 국제민간 항공기구(International Civil Aviation Organization ; 이하 ICAO라 한다)를 설립하여 주로 기술적인 표준 확립의 책임과 일반적인 감독(Supervisory) 기능을 수행하도록 하되, 경제적 규제(Economic Regulation)는 국가들이 쌍무적인 규제(Bilateral Regulation)에 의하도록 하였다.

② 채택된 법률 문서(Legal Instruments)

㉠ 「국제민간항공협약」

시카고회의의 결과 상기 4개 국가의 제안에 대한 타협안이 채택되면서 미국의 입장이 크게 반영된 「국제민간항공협약」(시카고협약이라고도 한다)이 채택되었는 데, 여기에서 ICAO의 설립에 대해서도 규정하였고,[12] 제2부에서는 ICAO의 설립, 조직 및 임무에 관하여 규정하고 있다.

이에 따라 1947년 4월 4일 PICAO를 승계한 ICAO가 설립되었으며, ICAO는 주로 기술적인 표준(Technical Standards) 설정과 일반적인 감독(Supervisory) 기능을 수행하며, 경제적 규율(Economic Regulation)은 국가 간에 쌍무적 차원에서 이루어지고 있다.

---

12) Interim Agreement on International Civil Aviation 제1조 내지 제7조에 따라 Provisional International Civil Aviation Organization(PICO) 설립(본부는 캐나다 몬트리올 소재) : 잠정총회(Interim Assembly), 잠정이사회(Interim Council) 및 사무국(Secretary General)을 두되, 1947년 4월 4일 「국제민간항공협약」(Convention)의 발효 시까지만 존속함

(4) 「국제항공업무통과협정」

① 의 의

「국제항공업무통과협정」(International Air Services Transit Agreement)은 '두 개의 자유협정'(Two Freedoms Agreement) 또는 '통과협정'(Transit Agreement)이라고도 하며, 통과권(Transit Rights)의 다자간 교환에 관한 것으로 발효하여 현재 131개국이 가입하고 있다.[13] 이 협정은 체약국 간의 정기 국제항공업무(Scheduled International Air)에 대한 다음 두 가지 특권, 즉 하늘의 자유 중 제1의 자유와 제2의 자유를 인정하고 있다.

첫째, 자국 영공의 무착륙 횡단비행(영공 통과)의 특권, 둘째, 운수 외의 목적으로 착륙하는 특권이다. 여기에서 말하는 특권이라는 개념은 영공 주권의 제한에 의해 생기는 이익이라는 의미를 갖는다.

② 특권의 제약

첫째, 군사전용 공항에는 비적용한다.

둘째, 적대 행위가 현실적으로 행하여지고 있거나 군사점령하에 있는 지역에 대해서는 군당국의 승인을 받을 것(제1조 제1항 후단)

③ 행사 요건

첫째, 당사국의(국내법에 따른) 허가 또는 면허를 얻을 것

둘째, 허가 또는 면허를 받는 항공사가 체약국의 국민에 속할 것[14]

셋째, 상공을 운항하는 국가의 법령을 준수하고 「국제항공업무통과협정」의 의무를 이행할 것(제1조 제5항)

넷째, 착륙 지점에서의 합리적인 상업적 업무 제공(다음 요건에 따른) 요구에 응할 것 → 사실상 사문화(死文化)된 조항

　　　㉠ 동일 노선 운항 항공기업 간 무차별

　　　㉡ 항공기 적재량 고려

　　　㉢ 관련 국제항공 업무의 통상적인 운영이나 협정 당사국의 권리와 의무를 손상시키지 아니할 것

④ 항공로 설정 및 사용 공항 지정

당사국의 영공 통과에 기술직 착륙의 질서 유지와 항공기 안전을 위하여 당사국은 항공로를 설정하고 사용 공항을 지정할 수 있다.

---

13) 우리나라(1960), 북한(1995)도 가입하였으나, 영역이 큰 국가들 중에서 중국, 러시아 및 브라질 미가입함
14) 해당 항공기업에 대한 체약국 국민에 의한 실질적 소유 및 실효적 지배를 의미한다.

⑤ 당사국의 조치에 대한 ICAO의 관여
　㉠ 공정하고 합리적인 요금 부과

영공 통과 및 이착륙에는 지상으로부터의 유도 및 공항 시설 사용이 필수적이므로, 이러한 서비스에 대해서는 공정하고 합리적 요금을 부과할 수 있다. 다만, 유사한 국제 업무에 종사하는 자국 항공기보다 높은 요금을 부과할 수 없다.

이러한 점을 고려하여 ICAO 이사회는 관계 당사국의 신청이 있는 경우 이러한 요금을 심사, 권고할 수 있다.

　㉡ 다른 당사국의 협정상 조치에 대한 이의 제기

당사국은 이 협정에 의거한 당사국의 조치가 자국에 대하여 불공정하거나 지장을 초래할 수 있다고 판단하는 경우, ICAO 이사회에 대하여 그 원인을 조사하도록 요구할 수 있다. 이 경우 이사회는 그 원인을 조사하고 관계국과 협의하도록 하며, 협의에 의하여 해결하지 못한 때에는 관계 당사국에 적절한 인정 또는 권고를 할 수 있다. 즉, 관계 당사국이 적절한 시정 조치를 취하지 아니한 경우, 이사회는 관계 당사국이 그러한 조치를 취할 때까지 협정상의 권리와 특권을 정지시키도록 총회에 권고할 수 있다. 총회는 3분의 2 찬성 투표에 의해 적당하다고 판단하는 기간 또는 시정 조치를 취하였다고 이사회가 인정할 때까지 이 협정상의 권리 및 특권을 정지시킬 수 있다.

이상은 「국제항공업무통과협정」의 분쟁해결 절차에 관한 규정을 설명한 것이다.

　㉢ 협정의 해석 또는 적용에 관한 의견 차이

이 협정의 해석 또는 적용에 관한 당사국 간의 의견 차이가 교섭에 의해 해결되지 못한 경우, 「국제민간항공협약」 제18장 분쟁 및 위약에 관한 조항에 따라 처리한다.

(5) 「국제항공운송협정」

「국제항공운송협정」(International Air Transport Agreement)은 5개의 자유협정(Five Freedoms Agreement) 또는 운송협정(Transport Agreement)이라고도 한다. 운수권(Traffic Rights)의 다자간 교환에 관한 것으로 상기 두 가지 자유를 포함한 5가지 자유(제1의 자유부터 제5의 자유)를 특권으로 인정하고 있다. 그러나 이 협정은 발효되었으나 미국 등 주요 국가의 탈퇴로 실효성이 없어졌으며, 현재 11개국만 가입하고 있어 사실상 사문화(Dead Letter) 되었다.

이로써 다섯 가지의 자유를 전 세계 대부분의 국가에 보편적으로 적용하는 시스템 구축은 실패하였고, 현재 3 및 4의 자유와 제5의 자유는 양자 간 항공협정에서 다루고 있다.

(6) 양자 간 협정표준문안

양자 간 항공협정의 모델이 될 수 있는 양자 간 협정표준문안(Standard Text of Bilateralism)인 「Standard Form of Agreement for Provisional Air Routes」도 채택되었다. 이는 하나의 참고 자료일 뿐 법적 구속력이 있는 문서인 협정의 성격을 갖는 것은 아니다.

(7) ICAO의 설립과 기능

① 설립 목적과 원칙

㉠ 역사적인 관점에서 볼 때 ICAO의 전체적인 임무는 제2차 세계대전 기간 중 정체 상태에 있던 국제민간항공의 재건에 초점이 맞추어져 있다. 협약 채택 당시 전쟁이 진행 중이었고, 이러한 상황은 서문, 제4조, 제92조 및 제93조에도 반영되어 있다. 「국제민간항공협약」 제2부는 ICAO의 설립 및 운영에 관하여 규정하고 있다.

ICAO의 특징을 요약하면 다음과 같다.

첫째, 「국제민간항공협약」의 ICAO 관련 규정과 다른 규정은 불가분의 관계에 있다. ICAO의 가입 탈퇴는 「국제민간항공협약」의 가입 탈퇴를 의미한다.[15] 국제민간항공의 질서 유지와 발전을 위해서는 ICAO 협약의 제(諸) 원칙의 준수가 불가피하고, 따라서 ICAO 회원국은 이를 준수할 의무가 있다.

둘째, ICAO는 그때까지 존재하고 있던 국제항공에 관한 국제단체를 흡수하는 범세계적 기구로서 설립되었다. ICAO는 기술(Technical) 분야 외에도 법률(Legal) 및 경제적(Economic) 분야와 관련된 기능을 수행하도록 의도되었으며[16], 1925년 제1차 국제항공사법 회의에 의해 설립되어 법률 분야와 관련하여 과거 큰 공헌을 해 온 국제항공법 전문가위원회(CITEJA)는 해체되어 ICAO의 하부 기관인 법률위원회(Legal Committee)로 넘겨져 승계되었다.

셋째, 시카고회의 당시 국제연합은 아직 설립되지 않았지만, 전/후 국제연합이라는 일반적 국제기구의 설립이 예정되어 있었기 때문에 국제연합과의 연대가 고려되었다. ICAO는 국제연합 설립 후 국제연합의 전문기구(Specialized Agency)가 되었다.

㉡ 「국제민간항공협약」 제44조는 ICAO가 다음과 같은 목적을 위하여 국제항공의 원칙 및 기술을 발전시키고, 국제항공운송의 계획 및 발달을 조장한다는 취지를 규정

---

15) 제21장(비준, 가입, 개정 및 탈퇴)에서 그 절차를 규정하고 있다.

16) 제44조의 "to develop the principles and techniques of international air navigation" - ICAO의 임무의 기술적 성격을 강조한 규정이며, "to foster the planning and development of international air transport"에서 보듯이 국제항공운송의 기획과 발전 촉진도 ICAO의 광범위한 임무 중의 일부임을 보여 주고 있다.

하고 있다.

ⓐ 전 세계적으로 국제민간항공의 안전하고도 질서 있는 성장과 발전을 보장

ⓑ 평화적 목적을 위하여 항공기 설계 및 운항의 기술을 장려

ⓒ 국제민간항공을 위한 항공로, 공항 및 항행안전시설의 발달을 장려

ⓓ 안전하고 정규적이고 능률적, 경제적인 항공수송에 대한 세계 국민들의 요구에 응하는 것

ⓔ 불합리한 경쟁으로 초래되는 경제적 낭비를 방지

ⓕ 체약국의 권리가 충분히 존중되는 것 및 체약국이 모든 국제항공사를 운영하는 공정한 기회를 갖는 것을 보장

ⓖ 체약국 간의 차별 대우를 회피

ⓗ 국제항공에 있어서 비행의 안전을 증진

ⓘ 국제민간항공의 모든 부문의 발달을 일반적으로 촉진

② 법적 지위

협약 제13장은 ICAO는 일정한 조약안 채택 권한을 부여하고 있으며, 특히 제64조는 국제연합과 적절한 약정(arrangements) 체결 권한을 부여하고 있다. 이에 따라 1947년 5월 13일 국제연합과 ICAO 간의 협력과 지원에 관한 공식적인 협정이 체결되었다. 또한, 제65조는 다른 국제기구와의 약정 체결 권한을 부여하여 많은 협정들이 실제로 체결되었다.

ICAO는 UN의 전문기구(Specialized Agency)이며[17] 국제연합과는 「Agreement-between the United Nations and ICAO of 1947」을 체결하여 「전문기구의 특권과 면제에 관한 협약」(Convention on the Privileges and Immunities of the Specialized Agencies of 21 November 1947) 제3조에 따라 ICAO는 외교적 특권과 면제(Diplomatic Privilege and Immunities)를 향유한다.

또한, 캐나다 몬트리올에 있는 본부는 Headquarters Agreement between ICAO and Canada(1990년 10월 체결) 및 그 부속 협정(1999년 3월 28일)에 규정된 바에 따라 캐나다에서 특권과 면제를 향유한다.[18] ICAO 본부 내의 재산(Property)과 자산(Assets)은 면제와 불가침성(Inviolability)을 향유한다.

ICAO는 상기 국제법상(1947년 Agreement 제2조) 또한 국내법상(「국제민간항공협약」 제47조) 법인격(Legal Personality)을 가진다.

---

17) 「국제연합헌장」 제7조 참조.
18) 항구적 소재지(Permanent Seat)는 다음과 같이 설명할 수 있다. 본부는 캐나다 몬트리올에 소재하고 있다. 다만, 이사회에 결정에 따라 소재지를 일시적으로 다른 장소로 이전할 수 있게 되었으며(제45조), 1954년 동 제45조의 개정 의정서가 총회에서 채택되어 총회가 정하는 5분의 3 이상의 찬성으로 항구적 소재지를 옮길 수 있다(제45조 개정 조항 : 1958년 5월 16일 발효).

「국제민간항공협약」 제47조는 '각 체약국의 영역 내에서 임무 수행에 필요한 법률상의 행위 능력을 향유하며, 관계국의[19] 헌법 및 법률과 양립하는 한 완전한 법인격을 가진 다고 한다.'라고 규정하고 있다. 따라서 ICAO는 계약 체결, 동산 및 부동산의 취득·처분, 소송 제기 등을 할 수 있다.

▌ICAO 조직도

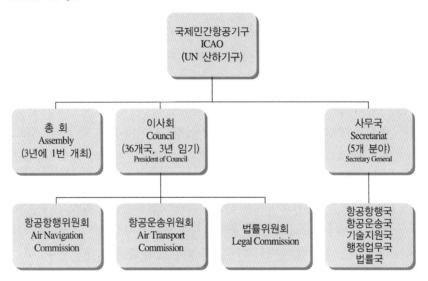

ICAO는 국제연합 전문기구이므로 법인격을 가짐과 동시에 국가나 외교기관에 준하는 특권과 면제가 부여된다. 「전문기구의 특권과 면제에 관한 협약」의 적용을 받기 때문에 동협약 제2조에 따라 법인격을 가지며 제3조 및 제4조에 따라 자신의 재산과 관련하여 모든 형태의 법적 절차로부터의 면제(Immunity)를 향유한다.

우리나라는 1952년 ICAO에 가입하였는 데, 당시 대한민국 항공사는 서울과 부산을 1일 1회 왕복하는 수준이었으며, 1969년 대한항공으로 민영화되었다.

현재 몬트리올 총영사관을 몬트리올 총영사관겸 ICAO 상주 대표부로 승격시켜 특명전권대사가 ICAO의 한국 대표로 활동하고 있다. ICAO 상주 대표부에서는 항공 관련업무를 전담하고 있다. 북한도 ICAO에 가입하고 있다.

(8) ICAO의 기관과 기능

① 개 요

ICAO는 총회, 이사회 및 이사회를 보좌하는 전문위원회 및 사무국으로 구성되어 있다.

---

19) 여기에서의 관계국이라 함은 반드시 「국제민간항공협약」 가입국이어야 하는 것은 아니며, ICAO의 활동에 관여하는 모든 국가를 의미한다.

국제민간항공협약 Part 2는 기구의 목적(제44조), 총회의 권한과 임무(제49조), 이사회의 의무적·임의적 권한(제54조 및 제55조)을 포함하여 기구의 제도적 틀을 정하고 있다(제44조). 항행위원회의 임무(제57조) 및 기구의 각 기관들의 권능과 관련된 기타 조항들도 두고 있다. 「국제민간항공협약」 Part 3(International Air Transport) 및 Part 4(Final Provisions)의 일부 조항도, 특히 항행 안전시설(Air Navigation Facilities)(Chapter 15)의 개선(Improvement)과 자금조달(Financing) 및 이사회의 사법적 및 준(準)사법적 기능(Judicial and Quasi- judicial Functions)(Chapter 180)에 관한 특정한 임무와 권한을 이사회에 부여하는 규칙을 포함하고 있다.

② 총회(Assembly)

　㉠ 권한과 임무(협약 제49조)

　　총회는 ICAO의 최고기관이자 주요 결정기관이며 모든 당사국의 대표로 구성된다. 정기총회는 이사회가 적어도 3년에 한 번 적당한 시기와 장소에서 소집되며 임시총회는 이사회의 소집 또는 총수 5분의 1 이상의 당사국으로부터 요청이 있는 경우 개최된다. 다음의 협약 제49ⓐ부터 ⓘ에서는 총회의 권한을 상세히 규정하고 있고, 제49조ⓚ에서는 총회는 이사회에 특정하여 맡겨진 것이 아닌 ICAO의 행동 범위 내에 있는 어떠한 문제도 다루도록 하는 임무를 부여받고 있다. 즉, 기구의 행동 범위 내의 사항에서 특히 이사회의 임무가 아닌 사항들을 처리한다. 이러한 광범위한 권한 때문에 ICAO는 '묵시적 권한'(Implied Power)[20] 이론을 원용할 필요가 없으며, 협약에 규정된 명시적 권한에 근거하여 기능을 수행하고 있다.

　　다음은 제49조에 명시된 총회의 권한이다.

　ⓐ 회의 때마다 그 의장 및 기타 임원(Officers)을 선출

　ⓑ 제9장의 규정에 따라 이사회에 대표자가 파견될 체약국을 선출

　ⓒ 이사회의 보고서를 심사하고 적당한 조치를 취하는 것 및 이사회가 총회에 회부한 어떠한 사항을 결정

　ⓓ 총회 자체의 절차 규칙을 결정하고 총회가 필요하거나 바람직하다고 판단하는 보조위원회를 설치

　ⓔ 제12장의 규정에 따라 ICAO의 연간 예산을 표결하고 재정적 배분을 결정

　ⓕ ICAO의 지출을 심사하고 회계(Accounts)를 승인

　ⓖ 총회의 활동 범위 내의 사항을 총회의 재량으로 이사회, 보조위원회 또는 다른 기관에 회부

　ⓗ 기구의 임무를 이행하기 위하여 필요하거나 바람직한 권능과 권한을 이사회에

---

20) 묵시적 권한(implied power)이란 조약에 명시되어 있으나 해당 국제조직의 설립 조약상의 목적과 권한을 감안할 때 그 국제조직 또는 그 기관이 행사하는 것이 타당하다고 판단되는 권한을 말한다.

위임하고 언제든지 권한의 위임을 취소 또는 변경
- ⓘ 제13장의 적절한 규정을 실행하는 것
- ⓙ 이 협약의 규정 변경 또는 개정을 위한 제안을 심의하고 또한 그 제안을 승인하는 경우에는 제21장의 규정에 의하여 이를 체약국에 권고
- ⓚ 이사회에 특정하여 배정된 것이 아닌 ICAO의 활동 범위 내의 어떠한 문제를 처리

ⓛ 보조기관

총회의 책임을 수행하기 위하여 정기 3년 회기의 기간(for the Duration of its Ordinary Triennial Session)에 활동할 보조기관(Subsidiary Bodies), 특히 보조기관을 총회 절차 규칙(Standing Rule of Procedure for the Assembly)의 규칙 14(Rule 14) 내지 규칙 22(Rule 22)에 의거하여 설치할 수 있다.

다음에 그 보조기관과 업무를 예시하였다. 이 보조기관들은 항구적인 것은 아니며, 총회가 필요에 따라 폐지할 수 있다.

- ⓐ 집행위원회(Executive Committee) : 총회의 다른 보조기관의 업무 조정 및 전체 회의 (Plenary)에서 주요 정책 결정안을 마련
- ⓑ 기술위원회(Technical Commission) : 항행(Air Navigation) 및 그와 관련된 주제에 관하여 보조
- ⓒ 경제위원회(Economic Commission) : 항공운송(Air Transport) 문제에 관하여 보조
- ⓓ 법률위원회(Legal Commission)[21] : 법률문제에 관하여 보조
- ⓔ 행정위원회(Administrative Commission) : 예산, 재정 및 그 관련 문제에 관하여 보조[22]

이 중 ⓑ부터 ⓔ 위원회들은 총회 전체 회의(the Plenary of the Assembly)에 직접, 또는 조정이 필요한 경우에는 상기의 집행위원회를 통하여, 또는 조정위원회(Co-ordination Committee)가 설치된 경우에는 조정위원회를 통하여 총회를 지원한다.

ⓒ 의 결

「국제민간항공협약」에의 가입, 동협약의 개정과 같이 특별히 정한 경우 외에는 당사국 과반수의 정족수(의사정족수)를 채워야 결정을 내릴 수 있다(제48조). 각 회원국은 총회에서 1표의 표결권을 가지며, 결정은 단순 과반수 찬성을 요한다(통상적인 의결정족수). 그러나 ICAO의 후원하에 소집되는 항공법에 관한 국제회의(외교회의 : Diplomatic Conference)에서의 조약안 채택에 관한 결정을 위해서는 3분의 2

21) 후술하는 Legal Committee와는 구별된다는 점에 유의하여야 한다.
22) 행정위원회는 통상적으로 예산실무단(a Budget Working Group)의 도움을 받으며, 후자는 전자에 보고를 한다.

이상의 찬성을 요한다(특별 의결정족수).

그러나 이러한 공식적인 표결(Formal Vote)은 극히 드물다. 실제로 대부분의 총회의 결정은 합의(Consensus) 방식으로 채택된다(In practice, Most Decisions of the Assembly are taken by Consensus).

총회의 결의는 이사회 등 ICAO 내 기관들에 대한 것뿐만 아니라 회원국들에 대한 세부적인 정책수립문서(Policy-setting Document)를 채택하는 것이다.

여기에서는 이사회, 사무국, 기타 기관들에 대한 지시(Instructions) 외에도 회원국이 따라야 할 원칙, 정책 또는 지침을 포함한다.

총회 결의의 법적 구속력 여부에 대해서는 논란이 있으나, 연성법(Soft Law)으로서 그 내용의 설득력 있는 성격(Persuasive Nature)에 유의할 필요가 있는 데, 그 결의는 상당한 수준의 전문 지식(Expertise)에 입각한 것이기 때문이다. 총회의 결의 형태의 결정은 매 회기가 끝난 후 공표되고 모든 회원국에게 배포된다. 이러한 공표 대상에는 새로운 결의 외에도 효력이 있는 기존의 모든 총회 결의가 포함된다. 총회가 별도로 정하지 않는 경우 전체회의와 집행위원회 회의의 의사록은 그 회의가 끝난 후 가급적이면 빨리 해당 기관(즉, 총회 또는 집행위원회)이 결정하는 형태로 배포된다.

③ 이사회(Council)

㉠ 권한과 임무

이사회는 총회에 대하여 책임을 지는 상설적인 집행기관(Executive Governing Body)이며, 총회가 선출하는 36개 당사국 대표[23])로 구성된다(이사국의 선거는 3년마다 개최 ; 「국제민간항공협약」 제50조 (a)).

2016년 10월 6일 제39차 총회에서 이사국 수를 40개로 늘리는 「국제민간항공협약」 제50조 (a)의 개정안이 채택되었으나, 현재 발효되지 않았다. 「국제민간항공협약」 제44조에 규정된 기구의 광범위한 목적을 살펴볼 때, 이사회 기관의 권한과 임무는 대단히 광범위하다. 특히 제54조와 제55조는 이사회의 권한에 대하여 광범위한 권한을 부여하고 있다.

제54조는 수임적 기능(Mandatory Functions)을, 제55조는 임의적 기능(Permissive Functions)을 규정하고 있다. 내용면으로는 입법적 기능(Legislative Functions), 행정적 기능(Administrative Functions) 및 사법적 기능(Judicial Functions)으로 구분할 수 있다.

또한 「국제민간항공협약」 제15장(공항과 기타 항행 안전시설 ; 제68조부터 제76조)과 제18장(분쟁과 위반 ; 제84조부터 제88조)에서 추가적인 권한을 이사회에 부여

---

23) 2003년 33개국에서 36개국으로 확대되었다.

하고 있다.

ⓐ 입법적 기능

입법적 기능에 속하는 것으로는 특히 협약부속서 형태에 의한 국제표준과 권고되는 방식(SARPs ; International Standards and Recommended Practices)과 그 개정안의 채택이다(제90조, 제54조 (l)). 이에 관하여는 뒷부분에서 다시 다루기로 한다.

ⓑ 행정적 기능

• 이사회는 ICAO의 재정을 관리한다(제54조 (f)).

• 사무총장 임명 및 필요한 경우 사무국 기타 직원 임명 규정을 마련한다(제54조 (h)).

• 항행과 항공운송에 관한 정보를 수입하고 보급한다(제54조 (i)).

• 협약의 위배에 대해 통보한다(제54조 (j) and (k)).

• 총회에 연차 보고서를 제출하고 총회의 지시를 수행한다(제54조 (a) and (b)).

마지막 언급한 기능과 관련하여 이사회는 USOAP(Universal Safety Oversight Audit Programme) 및 USAP(Universal Security Audit Programme)의 관리 및 감독이라는 중요한 기능을 수행한다. 이들 프로그램의 단계적 도입은 이사회의 많은 시간과 노력을 요구하였으며 성공적이었다고 평가되고 있다.

ⓒ 사법적 기능(Judicial Functions)

「국제민간항공협약」 Chapter 18(Disputes and Default)은 체약국 간의 분쟁 관련 이사회의 사법적 기능에 관하여 규정하고 있고, 일부 다자간 협정과[24] 많은 양자 간 항공협정에서도 이사회의 사법적 기능 규정을 포함하고 있다. 이사회는 「국제민간항공협약」과 부속서의 해석 또는 적용에 관한 체약국 간의 분쟁에 대해 평결한다(제54조 (b) 및 제84조 내지 제88조).[25]

> ◆참고◆ ※ 협약 제84조의 규정
> 이 협약과 부속서의 해석 또는 적용에 관하여 둘 이상의 체약국 간의 의견 불일치 (Disagreement)가 교섭에 의하여 해결되지 않은 경우, 그 의견 불일치는 그 관련 국가의 신청에 따라 이사회가 결정한다. 이사회의 구성원은 자국이 당사자인 분쟁에 관하여 이사회의 심의에 표결하여서는 아니 된다. 어느 체약국도 제85조에 의거하여 이사회의 결정에 대하여 다른 분쟁 당사국과 합의한 수시적 중재재판소(Ad Hoc Arbitral Tribunal) 또는 상설국제사법재판소에 항소할 수 있다. 그러한 항소는 이사회의 결정 통고를 받은 날로부터 60일 이내에 이사회에 통지하여야 한다.

---

24) 「국제항공업무통과협정」(International Air Services Transit Agreement)의 해석 또는 적용에 관한 분쟁도 이사회가 평결한다(협약 제66조, 상기 TransitAgreement 제2조 및 ICAO Rules for the Settlement of Differences). 그 밖에도 International Air Transport Agreement 제4조 참조

25) 제54조 (b) : 총회의 지시를 이행하고 이 협약에서 이사회에 부과한 임무와 의무를 수행(carry out the directions of the Assembly and discharge the duties and obligations which are laid on it by this Convention)

상기 Rules에 의하면 실무상 이사회는 가능한 이사회에 분쟁을 제기한 당사자들 간의 중개인(Mediator)으로 행동한다. 따라서 이사회에 제기된 사실상 모든 사건의 경우 당사자 간의 합의에 따라 해결하도록 한다. 다만, 이사회가 필요한 경우 사건의 관할에 관한 명확한 절차적 결정을 내리기도 한다. 이사회의 분쟁 심리 시에 적용할 절차는 「Rules of Procedure for the Settlement of Differences」이다.

또한, 이사회는 판정을 내리기에 앞서 당사자 간의 해결을 도모한다. 직접 교섭을 유도하거나 조정(Conciliation)을 한다. 조정의 경우 이사회는 조정인(Conciliator) 을 임명할 수 있다.

이러한 절차가 실패한 경우 비로소 분쟁에 대한 ICAO 판정 절차를 진행한다. 이 절차에서는 당사자들이 제출한 서면(Memorials와 Counter-memorials) 및 구두심리에 기초하여 판정한다.

이사회의 판정은 수시적 중재재판소(Ad Hoc Arbitral Tribunal) 또는 국제사법 재판소(ICJ ; International Court of Justice)[26]에 항소할 수 있다.

수시적 중재재판소에 관한 합의 또는 ICJ 관할권에 대한 수락이 없는 경우, 제85조에 의해 설치되는 특별 수시적 중재재판소(Special Ad Hoc Arbitration Tribunal)가 항소 사건을 심리한다. 상기 두 중재재판소와 ICJ의 결정은 종국적 이고 구속력을 갖는다(Final and Binding).

> ◆참고◆ ※ 이상의 규정에 따라 이사회가 「국제민간항공협약」 제18장에 의거하여 다룬 분쟁의 예
> • India v. Pakistan(1952) : 「국제민간항공협약」 제5, 6 및 제9조에 의거하여 파키스탄이 설정한 비행금지구역(Prohibited Zone)의 합법성 여부에 관한 분쟁으로서, 이사회의 유도에 따라 당사자 간 직접 교섭으로 해결되었다.
> • UK v. Spain(1967) : 「국제민간항공협약」 제9조 (a)에 의거하여 스페인이 Gibraltar 공항 부근에 설정한 비행금지구역의 합법성 여부에 관한 분쟁이었으며, 분쟁이 지속되다 가 직접 교섭으로 해결되었다.
> • Pakistan v. India(1971) : 「국제민간항공협약」 제5조에 근거하여 파키스탄 항공기의 인디아 상공 비행을 중지시킨 조치에 관한 분쟁이었는 데, 인디아가 이사회에 관할권에 대한 선결적 항변(Preliminary Objection)을 제출하였으나, 이사회가 이를 기각하였고, 이에 인디아는 ICJ에 항소하였으나 ICJ는 이사회의 결정을 재확인하였다. 그 후 당사자들 은 이사회의 절차를 공동으로 중지하고 직접 교섭을 통하여 분쟁을 해결하였다.
> • Cuba v. United States(1996) : 쿠바와 캐나다 간의 정기항공업무에 종사하는 쿠바 항공기에 대한 상공 비행권(Right of Over-flight)을 미국이 거부함으로써 발생한 분쟁에서 이사회는 당사자들의 제출 서면을 심리한 후 이사회 의장을 조정인(Conciliator)으로 임명하였다. 이 조정(Conciliation)의 결과 당사자들은 합의에 도달하고 이를 이사회에 등록하였고, 이에 일정한 제한(Restrictions)에 따라 쿠바 항공기의 영공 통과(Over-flight) 를 인정하였다.

---

26) 여기에서 1944년 시카고회의 개최 당시 국제연맹 체제하에서 설치되어 있던 상설국제사법재판소(the Permanent Court of International Justice)라는 용어는 1945년 국제연합이 창설이 되었기 때문에 그 주요 기관의 하나인 국제사법재판소(International Court of Justice)를 의미하는 것으로 해석되어야 한다.

◆참고◆ • United States v. 15 Member States of the European Union(2000) : EU의 소위 'Hushkit' Regulation의 「국제민간항공협약」과 관련 규정하의 적법성에 관한 분쟁이 발생하였고, EU의 15개 회원국들은 이사회의 관할권에 대한 선결적 항변을 제출하였으나, 이사회가 이를 기각하였다. 본안에 대하여 당사자들을 심리한 후 이사회는 이사회 의장을 조정인으로 임명하였다. 조정의 결과 EU의 'Hushkit' Regulation은 폐지되고, 당사자들이 수락할 수 있는 EC Council Directive로 대체됨으로써 이 사건은 해결되었으며, 그 해결안은 이사회에 등록되었다.

ⓓ 준사법적 기능(Quasi-judicial Function)

준사법적인 기능은 상기의 사법적 기능과는 구별되어야 한다. 이사회의 준사법적 기능의 근거는 제54조(n), (j) 및 (k)에서 찾을 수 있다.

제54조(n)에서 이사회는 '체약국이 회부한 「국제민간항공협약」 관련 문제를 심의한다.'라고 하여, 이에 따라 체약국은 언제든지 다른 체약국(들)에 대해 이의가 있는 경우 이를 기재한 서면을 이사회에 제출하고, 이사회에 그 분쟁 또는 의견 불일치(Differences)를 해결하여 주도록 요청할 수 있다.

이러한 이의가 제84조에 의한 것임을 명시하지 않거나 또한 「Rules for the Settlement of Differences」의 격식(Formalities)에 따르지 않은 경우에는 통상적으로 제54조(n)에 의거한 부탁으로 다루어지고, 이러한 경우에는 「이사회 절차 규칙」(Rules of Procedure of the Council)이 적용된다. 즉, 상기의 '의견 차이의 해결을 위한 규칙'에서 상정하고 있는 절차나 법적 격식(Legal Formalities)에 의하지 않는다는 뜻으로 해석할 수 있다.

이사회는 당사국들이 이사회에 출두하여 서면 또는 구두 진술을 해 주도록 초청하며, 당사국들의 출석하에 그 문제를 논의한다.[27] 이사회는 절차 규칙에 따라 논의 결과로서 의견을 표명하거나 성명(Statement)을 내거나 권고 또는 적절한 경우에 이사회 결의 형태로 결정한다. 이사회는 이러한 준사법적 권능으로 많은 이의를 다루어 왔다.

그 실례를 보면, 이사회에 제기된 대부분의 사건들은[28] 다른 체약국이 「국제민간항공협약」의 규정을 중시하지 않는다고 주장하는 불만(Complaints)에 관한 것이었다. ICAO의 실무를 보더라도 제54조 (n)에 규정된 사건들은 공식적 평결(Formal Adjudication)의 대상으로 간주하지 않았고, 따라서 앞서 언급한 '의견

---

27) 즉, 원고와 피고는 「국제민간항공협약」 제53조상의 초청받은 옵서버(observer)로서 참석하도록 이사회로부터 초청을 받으며(그들이 이사회의 이사국이 아닌 경우에 한한다), 이사회에서 자신들의 입장을 피력할 기회를 제공받는다. 이 경우 「이사회의 절차 규칙」이 적용된다(제53조 참조).

28) Republic of the Congo v. Rwanda and Uganda(국가에 의한 민간항공기 납치 및 기타 문제), PLO v. Israel(Gaza 공항의 파괴) ; Cuba v. US(쿠바 공역의 침입), Samoa and Tonga v. Fiji(Nadi/Aucjland 해양의 FIR 경계) 등

차이의 해결을 위한 규칙'이 적용되지 않았다.

이사회는 대체적으로 당사자들 간의 협상에 의한 해결을 선호하지만, 필요한 경우에는 당사자들에게 권고와 제안을 하기도 한다. 즉, 적절하다고 판단하는 경우 이사회는 해당 문제에 대한 결정을 내리기 위한 절차를 진행한다. 이러한 의미에서 제54조 (n)의 절차는 준사법적인(Quasi-judiciary) 것으로 볼 수 있을 것이다.

다음의 경우에는 제54조 (j) 또는 제54조 (k)에 의거해 이의를 제기할 수 있다.

• 어떠한 체약국이 「국제민간항공협약」에 대한 중대한 위반(Infraction)을 한 경우

• 이사회의 권고 또는 결정을 이행하지 아니한 경우

• 이사회의 통지 후에도 중대한 위반(Infraction)을 시정하지 아니한 경우

다만, 그동안 이 규정들은 ICAO 회원국들이 거의 원용하지 않고 있다. 최근에는 USOAP 평가의 결과 중대한 결함이 발견되고 이러한 결함을 제거하도록 후속적인 요청이 있었으나, 아무런 조치를 취하지 않은 국가에 대해 제54조 (j)의 적용 가능성을 검토하여 왔다.

ⓔ 기타 권한

• 제66조 : ICAO는 「국제항공업무통과협정」 및 「국제항공운송협정」에서도 그러한 협정들에[29] 의해 맡겨진 기능들을 수행하도록 규정하고 있다. 그 기능들은 체약국들이 자국 공항과 항행 시설 서비스의 이용과 관련하여 외국 항공기에 부과하는 부과금(Charges)에 관한 이사회의 감독 기능과 분쟁 해결 기능과 본질적으로 관련되어 있다.

• 제67조 : 체약국들로부터 그들의 국제 항공기에 관한 운수 보고서(Traffic Reports), 비용통계 및 재무제표를 수집할 권한을 이사회에 부여하고 있다.

• ICAO는 국제항공 서비스 운항에 관한 많은 통계 자료를 수집·처리하여 매년 공표한다.

• 제54조 (i) : 그러한 자료의 수집, 처리 및 공표는 항행(Air Navigation)의 발전 및 국제항공 업무(International Air Services)의 운항과 관련되어 있으면 제54조 (i)와 관련되어 있고, 이에 근거하게 된다.

• 제55조 (e) : 이사회는 체약국의 요청에 따라 국제항행의 발전에 대한 회피할 수 있는 장애가 된다고 판단되는 상황에 대하여 조사할 수 있으며, 실제로 많은 조사 사례가 있다(특히 민간항공기 격추 사건에 대한 조사).[30]

---

29) 국제항공운송협정은 사문화되었음을 이미 앞절에서 밝힌 바 있다.
30) 1983년 9월 1일 소련 군용기에 의한 KAL 007기의 격추 사건 및 쿠바 군용기에 의한 2대의 미국 항공기 격추 사건이 대표적 사례이다.

- 제55조 (c) 및 (d) : 이사회는 국제적인 중요성이 있는 항공운송 및 항행의 모든 측면에 대한 연구(Research)를 수행하고 그 결과를 체약국에 제공하는 권한을 가지고 있다. 또한, 국제적인 간선항공로(Trunk Route)상의 국제항공 서비스의 국제적인 소유권 및 운항을 포함하여 국제항공운송의 조직 및 운영에 영향을 미치는 문제들에 대한 연구를 하는 권한을 가지고 있다.

ⓛ 이사국 선출

ⓐ 이사국 선출의 배분 원칙(50조 (b))

이사국 선출 시 다음의 그룹에 적절한 대표권을 부여한다.

- 항공운송에서 가장 중요한 국가(the States of Chief Importance in Air Transport(so-called Part 1, 11 States)
- 국제민간 항공을 위한 시설의 설치에 가장 큰 공헌을 한 국가(the States which make the largest contribution to the provision of international air navigation facilities(so-called Part 2, 12 States)
- 이사회의 구성을 지역적으로 망라하기 위한 특정 지역을 대표하는 국가(the States whose designation will ensure that all the major geographic areas of the world are represented on the Council(so-called Part 3, 13 States)

ⓑ 우리나라의 이사국 연임

우리나라는 2001년 10월 2일 제33차 총회에서 이사국이 되었고, 현재 6차례 연속하여 이사국으로 선출되었다. 이는 모두 Part 3 국가인 지역을 대표하는 국가로서 선출된 것으로, Part 1 국가인 항공운송에서 가장 중요한 국가로 선출되거나 Part 2 국가인 국제민간항공을 위한 시설 설치에 가장 큰 공헌을 한 국가로 선출된 것은 아니다.

ⓒ 의결 정족수

ⓐ 「국제민간항공협약」 제52조에 규정된 사항에 관한 결정은 전체 이사국의 과반수 찬성(Absolute Majority)을 요함

ⓑ 일정한 절차 문제(Procedural Nature)의 결정에는 「국제민간항공협약」 제52조의 규정에도 불구하고 단순 다수결(Simple Majority)[31]

ⓒ 다만, Annex 또는 그 개정안 채택은 3분의 2(즉, 25표) 찬성 필요[32]

> ◆참고◆ 협약 제52조와 절차 규칙의 상기 조항 간의 저촉 문제
> 이사회의 절차 규칙에서 단순 다수결이 적용되는 결정은 주로 절차적인 것이며, 실체적인 것은 아니다. 실무상 이사회는 사실상 모든 문제에 대해 컨센서스 방식에 의한 결정 방식을 채택하고 있다(다만, 앞서 언급한 부속서와 그 개정안의 채택의 경우는 예외이다). 그러므로 이러한 「국제민간항공협약」 제52조의 규정은 실무와는 다소 동떨어져 있다.

---

31) Article 37, second sentence 및 Article 42 para. (b) of the Rules of Procedure for the Council
32) 「국제민간항공협약」 제90조 및 제54조 para.(1)

ⓔ 이사회 의장

ⓐ 이사회 의장은 3년 임기로 선출되며 재임이 가능하다(제5조).

ⓑ 체약국과의 고용 관계가 아니라 ICAO로부터 보수를 받는 ICAO의 국제공무원 (International Civil Servant)이다. 의장은 이사회의 대표로서 이사회가 자신에 위임한 업무를 수행하는 것이며, 실무상 많은 업무가(특히 이사회의 회기 중이 아닌 기간에는) 의장에게 위임되고 있다. 한편「국제민간항공협약」제59조는 이사회 의장의 정치적 중립성을 강조하고 있어, 의장의 출신 국가는 의장의 임무수행에 압력을 행사할 수 없고, 의장은 표결권이 없다.

- 의장은 이사회, 항공운송위원회(Air Transport Committee) 및 항행위원회 (Air Navigation Commission)를 소집한다.

④ 전문위원회

㉠ 설치 근거

「국제민간항공협약」에서는 항행위원회와 항공운송위원회만 규정하고 있으나, 총회의 결의에 따라 기타 위원회를 설치할 수 있다(협약 제49조 (d)).

그 밖에도「국제민간항공협약」제54조 (c)에 근거하여 이사회 절차 규칙(Rules of Procedure for the Council)에 따라 이사회의 보조기관으로 설치된 위원회들도 있다.

㉡ 항행위원회

항행위원회는「국제민간항공협약」제54조 (e)와 제10장에 근거하여 이사회가 설치하며, 주요 업무는 기술적인 사항으로, 부속서의 채택 또는 개정을 검토하고 이를 이사회에 권고하는 것을 주된 기능으로 하고 있다(협약 제57조 (a)).

항행위원회의 절차에 관하여는 항행위원회 절차 규칙(Rules of Procedure for the Air Navigation Commission)이 마련되어 있다.

또한 동위원회는 항행의 발전(Advancement of Air Navigation)을 위해 필요하거나 바람직하다고 생각하는 유용한 정보의 수집 및 보급에 대해 이사회에 조언할 수 있다(협약 제57조 (c)).

ⓐ 구성 : 항행위원회는 이사회가 체약국이 지명하는 자들 중에서 전문가(즉, 지명한 체약국의 대표(Representative)로서가 아닌)로서의 개인적 능력(Personal Capacity)을 감안하여 임명한 19인으로 구성된다.[33]

2016년 10월 6일 제39차 총회에서 항행위원의 수를 21인으로 늘리는「국제민간항공협약」개정안이 채택되었으나, 2018년 2월 28일 현재 발효하지 않았다. 위원은 항공 이론 및 실무에 대하여 적절한 자격 및 경험을 가진 자여야 한다(협

---

[33] 2005년 4월 발효한「국제민간항공협약」개정 제56조에 따라 동위원회의 위원의 수는 15인에서 19인으로 증가하였다.

약 제56조).[34)]

항행위원회의 의장은 이사회가 대체적으로 1년 임기로 임명하되 재임 가능하며, 의원의 임기는 임명된 때로부터 그 지명 국가가 그 지명을 철회할 때까지이다.

ⓑ 실무 : 항행위원회의 실무를 보면, 상세하고 정교한 절차를 통하여 「국제민간항공협약」 부속서(Annex)의 개정안을 개발하고 준비한다. 이를 통하여 개정안에 대한 체약국들의 컨센서스와 지지가 가능하다. 항행위원회는 이에 관련된 모든 문제를 이사회에 보고하며, 이사회는 「국제민간항공협약」 제55조 (b)에 의거하여 동협약에서 정한 임무에 추가하여 다른 임무를 항행위원회에 위임할 수 있다.[35)] 바람직하다고 판단되는 경우 전문 부회를 설치할 수 있다.

ⓒ 항공운송위원회(Air Transport Committee)

항공운송위원회는 「국제민간항공협약」 제54조(d)에 의거하여 설치된 것으로서, 「국제민간항공협약」에 명시된 유일한 이사회의 위원회이다. 따라서 그 설치가 의무화되어 있는 위원회(Mandatory Committee)로서의 지위를 가지며, 12명으로 구성된다. 항공운송위원회는 국제항공의 경제적 측면을 담당하며 그 임무는 이사회가 결정한다.

이 위원회의 하부 기관으로서(Division이라는 명칭을 가진) 기술소위원회 또는 실무단이라 할 수 있는 통계부(STA ; Statistics), 출입국절차 간소화부(FAL ; Facilitation of International Air Transport)가 있고, 1977년, 1980년, 1985년, 1994년, 2003년 및 2013년에 개최된 ICAO의 범세계 항공운송회의(Worldwide Air Transport Conference)에서는 국제항공운송의 제도적인 틀의 검토에 관하여 이사회를 보좌하였다.

ⓓ 법률위원회(Legal Committee)

ICAO 제1차 총회의 결의(Assembly Resolution A1-46)[36)]에 따라 1947년 설치된 항구적인 위원회이며, 모든 당사국에 개방되어 각 회원국이 1명씩 지명하는 법률가들로 구성된다.

ⓐ 법률위원회는 1925년 이래 국제항공법의 법전화에 공헌한 국제항공법 전문가위원회(CITEJA)의 기능을 계승하여 국제항공에 관한 법무 일반을 담당하고 있다. 법률위원회에서는 「국제민간항공협약」의 해석 및 개정에 관하여 이사회에 조언하고, 이사회나 총회가 위임하는 국제항공법에 관한 기타 사항에 대한 심의 · 권고를 한다. 또한 총회, 이사회의 지시 또는 이사회가 사전 승인한 위원회의

---

34) The members of this Commission 'shall have suitable qualifications and experience in the science and practice of aeronautics.

35) 그러나 이사회가 이와 같이 위임하는 경우는 거의 없었다.

36) 이 결의는 효력이 상실되었으며, 현재는 A31-15 : consolidated Statement of Continuing ICAO Policies in the Legal Field, Appendix A-D가 유효한 법률 문서이다.

발의로 국제민간항공에 관한 항공사법(私法)의 문제를 심의하고, 국제항공법에 관한 조약의 초안을 준비하며, 그에 관한 보고 및 권고를 제출한다.

ⓑ 1997년 4월 몬트리올에서 제30차 법률위원회를 개최하여 항공운송인의 책임에 관한「바르샤바협약」을 대체하는 새로운 조약 초안을 준비하고 이를 가다듬어 1999년「몬트리올협약」을 채택하도록 하였다.

ⓒ 이와 같이 법률위원회는 법률문제에 대하여 총회와 이사회에 조언하고, 항공법 분야의 국제협약과 의정서 초안을 마련한다. 의결정족수는 단순다수결 방식에 의하며, 국제항공법 초안 문서를 이사회에 제출하기 위하여 그 초안을 작성하는 때의 결정도 역시 단순 다수결 방식에 의한다. 그러나 ICAO의 후원하에 소집되는 항공법에 관한 국제회의(외교회의)에서 문안을 채택하는 결정에는 3분의 2 다수결을 요구한다. 소위원회가 논의의 기초로서 작성한 문안을 수락하지 않는 경우에도 3분의 2 다수결로 같다. 그러나 실무상으로 법률위원회 대부분의 결정은 표결(Voting)이 아니라 합의(Consensus) 방식으로 내려진다.

㉤ 항행공동지원위원회(Committee on Joint Support of Air Navigation)
제1차 총회의 결의에 따라 설치되었으며, 항공보안시설의 유지를 위한 기술적이고 재정적인 지원에 관하여 이사회를 보좌한다. 이사회가 매년 선출하는 9명의 위원으로 구성되며, 의제에 이해관계가 많은 당사국은 이사회 의장의 초청에 따라 투표권 없이 위원회에 참석한다.

㉥ 기술협력위원회(Technical Cooperation Committee)
다양한 항공 관련 프로젝트에 국가들을 지원하는 ICAO의 기술지원 프로그램에 따라 수행되는 작업에 대하여 이사회의 감독을 지원한다.

㉦ 항공환경보호위원회(Committee on Aviation Environmental Protection)
이 위원회는 1984년에 설치되었으며, 22개 구성국의 대표자와 11개 국제단체의 옵서버(Observers)로 구성된다. 설치 목적은 제16부속서를 새로운 내용으로 유지하는 것과 항공기의 소음 증명에 영향을 미치는 발전에 관하여 끊임없이 검토하고 개량된 소음경감기술의 개발을 촉진하는 것이다.

㉧ 재정위원회(Financial Committee)
제1차 총회의 결의로 설치되었으며, 이사회가 선출하는 7명의 이사국 대표로 구성된다. ICAO 재정에 대하여 이사회를 보좌한다.

㉨ 국제민간항공 및 그 시설에 대한 불법 방해에 관한 위원회(Committee on Unlawful Interference with International Civil Aviation and its Facilities) 항공보안과 관련된 이사회의 모든 활동에 대하여 지원하고 조언한다.

ⓩ 미래항행시스템위원회(FANS ; Future Air Navigation Systems Committee)

1983년부터 항행(Air Navigation) 문제와 관련된 활동을 하여 왔으며, 통신, 항행
과 관제(Air Navigation and Control)를 목적으로 위성을 활용하는 것에 대해 연구
한다.

ⓚ 에드워드워너위원회(Edward Warner Committee)

특별위원회로서, 이사회의 초대 의장을 기념하기 위한 에드워드 워너상(Edward
Warner Award)에 관한 이사회의 결정을 준비하기 위하여 이사회가 설치한 위원회
이며, 그 업무는 Rules of Procedure of the Edward Warner Fund에 의하여 정해
진다. 이 Fund의 목적은 국제민간항공의 발전에 두드러진 공헌을 한 사람에게 금메
달과 상장(Award Certificate)으로 구성되는 Edward Warner Award를 3년마다
수여하기 위한 것이다.

⑤ 사무국(Secretariat)

㉠ ICAO의 사무국은 항행국(Air Navigation Bureau), 항공운송국(Transport Bureau),
기술협력국(Technical Co-operation Bureau), 법률 업무와 대외 관계국(Legal Affairs
and External Relations Bureau) 및 행정 및 서비스국(Bureau of Administration and
Services) 등 5개의 국으로 구성되어 있다.[37] 사무국은 사무총장을 수장으로 하며 사무총
장과 기타 직원으로 구성되어 있다.

㉡ 사무총장은 최고행정임원(the Chief Executive Officer)으로 이사회에서 임명하
며, 이사회는 「국제민간항공협약」 제11장의 규정에 따라 필요한 경우 다른 직원의
임명에 관한 규정을 마련할 수 있다(제54조 (h)).

「국제민간항공협약」 제11장은 사무총장과 다른 직원들의 임명과 임명 종료의 방법,
훈련 및 급여, 수단 및 근무 조건을 이사회가 결정하도록 일임하고 있다. 따라서
사무총장과 기타 직원의 임면, 훈련 및 급여, 기타 수당이나 근무 조건은 이사회가
총회에서 정한 규칙 및 「국제민간항공협약」의 규정에 따라 결정한다.[38]

㉢ 그러나 임무 수행 시에 어떠한 외부의 지시도 받지 않으며, 업무의 중립성이 보장된
다. 「국제민간항공협약」 제59조는 ICAO 직원의 국제적 성격을 규정하고, 제60조
는 그들의 특권과 면제의 근거를 규정하고 있다. 「전문기구의 특권 및 면제에 관한

---

[37] 사무총장실(Office)은 External Affairs and Public Relations Office, Financial Branch, Internal Audit Office,
Regional Affairs Office 및 Safety and Security Audit Branch를 두고 있었으나, 2010년 1월 1일 이후 Regional
Coordination and Communications Office, Financial Branch 및 Evaluation and Internal Audit Office로
개편되었다.

[38] 이사회는 제58조 및 제59조에 따라 Staff Regulations(ICAO Service Code)를 채택하여 ICAO 직원의 근무
조건을 규율하고 있다. ICAO는 UN Common System의 일부이기 때문에 ICAO Service Code는 UN Service
Code를 모델로 하고 있다. ICAO service Code는 특히 임면, 급여 및 근무 조건과 관련하여 UN Common
Code의 규칙과 관례를 따르게 된다.

협약」 제6조, 제8조 등에서 직원의 재판, 출입국 규제, 외국인 등록, 과세 등에 관한 면제가 규정되어 있다.

⑥ 기타 수시적으로 개최·설치되는 회의와 기관

　㉠ 항행 회의(Air Navigation Conferences)와 전문 부회(Divisional Meetings)

　　ⓐ 항행 회의

이사회가 필요한 경우 수시로 항행 회의를 소집할 수 있다. 대개는 그 작업이 몇 가지 항행(Air Navigation) 분야에 속하는 범세계적 범위의 상호 관련된 상당히 많은 주제를 망라하거나, 항행의 발전을 위해 새로운 기술(Techniques and Technology) 또는 새로운 절차(Procedures)를 논의·권고하기 위해 소집된다. 모든 체약국이 이 회의에 참여할 자격이 있으며, Directive to Divisional-type Air Navigation Meetings and Rules of Procedure for their Conduct에 따라 1국 1표주의가 채택되어 있다.

다만, 통상적으로는 권고와 결정은 합의(Consensus) 방식에 의하여 채택되며, 필요한 경우에는 그 아래에 위원회와 소위원회를 둘수 있다. 대체적으로 회의는 항공 과학과 기술(Aeronautical Science and Technology)을 고려한 권고와 결론 및 기술 또는 절차(Techniques, Technology or Procedures)의 개선에 대해 다루며, 이들 문제에 대해서는 이사회의 결정이 필요하다.

예컨대, 1991년 제10차 항행 회의에서는 국제항행을 위한 새로운 위성 기반 CNS / ATM 개념의 도입과 지상파 항행 서비스(Terrestrial Air Navigation Services)의 단계적 폐지를 권고하였다.

또한, 2003년 제11차 항행 회의는 CNS / ATM 시스템의 시행을 검토하고 범세계적 항공교통 관리 운영 개념(GlobalAir Traffic Management(ATM) Operational Concept)의 개발을 지지하였다.

항행회의의 결론과 권고는 항행의 발전에 광범위한 영향을 미칠 수 있다. 현재 13번의 회의가 개최되었다.

　　ⓑ 전문 부회(Divisional Meetings)

이사회가 Annex 개정안 및 기타 항행 또는 항공운송 분야의 기본적인 문서들을 개발 등 범세계적 중요성을 갖는 문제에 대한 의결을 하기에 앞서 항행 또는 항공운송 분야의 특정한 문제, 예를 들면, 항공기 사고 조사, 항공기상(Aviation Meteorology), 절차 촉진(Facilitation) 등을 다루는 전문 부회를 소집할 수 있다.

모든 체약국들은 평등하게 이 회의에 참석할 수 있다. 다만, 전문 부회는 다루어야 할 문제의 숫자 및 중요성을 감안하여 소집이 정당화되고 이 문제들에 대한

건설적 조치(Action)의 가능성이 있을 때에만 소집된다.

이러한 토대하에서 소집된 전문 부회는 확정적인 조치를 취하기에는 아직 성숙하지 않은 문제에 대한 탐구적 논의를 수행하도록 요청받을 수도 있다.

전문 부회의 권고와 결론은 이사회에 제출되며, 이사회가 이를 – 특히 「국제민간 항공협약」 부속서의 개정안이 검토 중인 경우 – 항행위원회 또는 기타 관련 기관들로 하여금 검토하도록 결정할 수도 있다.

ⓛ 패널과 실무단

　ⓐ 패널(Panel)

　　패널이란 항행위원회 또는 이사회가 구성하는 제한된 규모의 전문가 집단을 말한다. 항행위원회가 기존에 설치된 다른 기관을 통해서는 적절하게 또는 신속하게 해결할 수 없는 특별한 기술적 문제 등 전문가의 조언이 필요한 특별한 문제들의 해결을 촉진하기 위하여 필요한 때 설치한다.

　　패널의 구성원은 출신국의 대표가 아니라 전문가로서 개인 자격으로 참석한다. 실무상 패널은 「국제민간항공협약」 부속서들과 항행위원회의 업무를 진전시키는 데 중요한 기능을 수행한다.

　　패널의 참가자들은 전문가로서 조언을 제공한다. 따라서 그들의 보고서는 항행위원회 또는 해당 패널을 설치한 기관에게 전문가 집단의 조언으로서 제출된다.[39)]

　　그러한 조언은 체약국의 입장을 대표하는 것으로 간주될 수 없다.

　ⓑ 실무단(Working Groups)

　　패널은 다른 보조기관들(Subsidiary Bodies)과 마찬가지로 그들의 업무를 진전시키기 위해 절차 규칙(Rules of Procedure)에 따라 실무단을 설치할 수 있다.

　　실무단은 맡겨진 특정한 과업을 수행하며 제한된 인원으로 구성되며, 실무단은 앞에서 설명한 사무국 연구 그룹(Secretariat Study Groups)과는 구별되어야 한다.

　　사무국 연구 그룹은 사무국에서 설치하며 체약국의 전문가들로 구성되고, 사무국 임원이 주도하며 그 업무는 대체적으로 사무국의 제안 또는 초안(Draft Text)을 진전시키는 것을 지원하는 것이다.

⑦ 지역사무소

ICAO는 몬트리올에 있는 사무국 본부 외에 다음과 같은 지역사무소(Regional Offices)를 두고 있다.

---

39) the Operational Panel; the Obstacle Clearance Panel; the Airworthiness Panel; the Aviation Security Panel 등

    ㉠ Bangkok : Asia and Pacific(APAC) Office

    ㉡ Cairo : Middle East(MID) Office

    ㉢ Dakar : Western and Central African(WACAF) Office

    ㉣ Lima : South American(SAM) Office

    ㉤ Mexico : North American, Central American and Caribbean(NACC) Office

    ㉥ Nairobi : Eastern and Southern African(ESAF) Office

    ㉦ Paris : European and North Atlantic(EUR/NAT) Office

이상 7개의 지역사무소들은 Regional Coordination and Communication Office(종전의 Regional Affairs Office)를 통하여 사무총장에게 보고한다.

(9) 국제협약 채택과정에서의 ICAO 기관들의 역할

① 법률위원회가 국제항공법 문서 초안을 작성하는 때에 적용하는 절차는 Procedure for Approval of Draft Conventions on International Air Law(Assembly Resolution A31-15, Appendix B) 및 이에 추가하여 Organization and Working Methods of the Legal Committee라는 명칭의 Appendix to the Rules of Procedure for the Legal Committee에 규정되어 있다.

이러한 초안을 가다듬는 업무는 먼저 사무국(Secretariat) 또는 법률위원회의 소위원회에 맡겨진다. 소위원회(또는 a Secretariat Study Group의 도움을 받는 사무국)가 제1초안 작성 작업을 끝내면 이 초안은 법률위원회에 회부되며, 법률위원회는 대체적으로 190명 위원들의 견해를 고려하여 이 초안을 수정하게 되고, 이 작업을 끝낸 후에는 법률위원회가 채택한 다음, 이에 대한 보고서와 더불어 초안을 검토하기 위하여 이사회에 회부한다.

② 이사회는 그에 관한 논평(그 기간이 4개월 이상이 되어야 함)을 얻기 위하여 체약국과 국제기구들에 초안을 회람시키는 등 적절하다고 판단하는 조치를 취할 수 있으며[40], 이사회가 문안(Text)이 충분히 아직 완성되지 아니하였다고 판단하는 경우에는 추가적인 검토를 위하여 다시 법률위원회 또는 특별 그룹(Special Group)에 반송한다. 문안이 충분히 성숙하였다고 판단하는 경우에는 새로운 문서에 대한 공식적인 채택과 서명을 위하여 외교 회의(Diplomatic Conference)를 소집한다.[41]

또한, 보다 최근에는 이러한 업무(국제항공법 문서 초안 작성)가 몇 가지 사례에서 사무국 연구 그룹(Secretariat Study Group)의 도움을 받는 사무국에서 전담하여 왔다.

---

40) Assembly Resolution A31-15, Appendix B
41) 이러한 정교한 절차를 통하여 사실상 ICAO 법률위원회가 개발한 거의 모든 국제항공법 문서들은 외교회의에서 채택되어 서명을 위해 개방되고 있다.

「바르샤바협약」체제의 현대화를 위한 1999년 「몬트리올협약」도 그 대표적인 예이다. 그 밖에도 지상 제3자의 손해에 대한 배상 문제를 다룬 「로마협약」(Rome Convention)의 근대화를 위한 제3자의 손해에 대한 2개의 협약인 「일반위험협약」(Convention on Compensation for Damage Caused by Aircraft to Third Parties) 및 「불법방해보상협약」(Convention on Compensation for Damage to Third Parties, Resulting from Acts of Unlawful Interference Involving Aircraft)은 사무국이 사무국 연구 그룹의 지원을 받아 그 문안을 작성하였다.

③ 국제 협약과 의정서의 작성 등 국제조약의 마련에 대해서는 「국제민간항공협약」에 명시적 규정은 없다. 엄격한 법률적 관점에서 볼 때 협약이나 의정서 등 조약의 채택은 참여하는 국가들의 행위이지 ICAO 기관들의 행위가 아니다.

그러나 협약이나 의정서를 채택하는 외교 회의는 ICAO의 후원하에 소집되는 것이다. 채택된 협약과 의정서는 그 후 참여회원국들이 서명·비준한다.

ICAO의 역할은 ICAO에 그러한 기능을 맡긴 해당 협약이나 의정서의 종결 조항(Final Clause)에 의거하여 통상적으로 그러한 협약이나 의정서의 기탁 기관(Depository)의 기능에 한정된다. ICAO의 관행을 보면, 외교 회의에 회부하기에 앞서 적극적으로 국제항공법 조약안을 마련한다.

④ 1947년 제1차 총회 결의 Assembly Resolution A1-46에 따라 상설적 기관으로서 법률위원회(Legal Committee)가 창설되어 ICAO와 그 기관들에 법률 자문 및 국제항공법의 개발을 그 업무로 하고 있다. 법률위원회의 정관(Constitution)은 상기 결의에 별첨되어 있으며, 1953년 총회 결의(Assembly Resolution A7-5)로 개정되었다.

⑤ 협약 초안에 관한 승인 절차의 각 단계

　㉠ 사무국이 관여하는 문제들에 대한 연구(필요한 경우에는 사무국 연구 그룹(a Secretariat Study Group)의 도움을 받음)

　㉡ 사무국의 보고서 제출(가능한 경우에는 법률위원회 또는 보고자(Rapporteur)에 초안 제출을 포함)

　㉢ 법률위원회에서 사무국 보고서에 대한 토론을 하며 법률위원회가 그 초안이 충분히 완성되었다고 판단하는 경우에는 법률위원회 보고서를 이사회에 제출

　㉣ 이사회에서 법률위원회의 보고서에 대한 토론을 하고 이사회는 그 초안을 체약국들과 국제기구들에 배포하여 4개월 이내의 기간에 논평을 받는 등 이사회가 필요하다고 판단하는 조치를 취할 수 있음

　㉤ 이사회는 필요한 경우 회의를 소집하며, 그 개최는 체약국들에게 초안을 송부한 날로부터 6개월을 초과하여서는 아니 됨

ⓗ 외교 회의에서 초안의 채택을 위해서는 「외교회의 절차 규칙」(the Rules of Procedure for Diplomatic Conferences)에 의거하여 3분의 2 찬성을 요함

(10) ICAO의 가입과 회원 자격(Membership)

① 가입 절차로 본 회원국의 유형

ⓐ 제1유형(Adherence) : 제92조 (a)

제2차 세계대전 당시 연합국은 「국제민간항공협약」에 참여(Adherence)함으로서 가입할 수 있다. 시카고회의에서 서명한 「국제민간항공협약」의 원서명국(Original Signatories)은 「국제민간항공협약」 제91조에 의하여 비준서를 미국에 기탁함으로서 가입이 완료된다. 원서명국 외의 연합국 및 중립국은 미국에 통지(Notification)하고, 미국 정부가 그 통지를 수령한 후 30일이 경과하면 효력이 발생하며, 미국은 ICAO와 모든 체약국에 그 사실을 통지(제92조 (b))한다. 이 규칙은 연합국에 연합(Associated)한 국가 및 중립국에도 적용된다.

ⓑ 제2유형(Admission) : 제93조

제92조 (a)에 해당하지 아니하는 국가들, 즉 제2차 세계대전 패전국 및 신생독립국가는 국제연합(United Nations)의 승인을 조건으로 총회에서 5분의 4의 찬성과 총회가 정하는 조건에 따라 가입할 수 있다(제93조). 다만, 이 경우에도 가입희망국으로부터 침략이나 공격을 받은 국가의 동의(Assent)가 필요하며, 제2차 세계대전 당시의 Enemy States를 염두에 둔 규정이다. 다만, 현재는 제2유형은 큰 의미가 없다.

ⓒ 제3유형(서명과 비준) : 제91조

제91조는 어떤 국가가 「국제민간항공협약」에 서명·비준함으로써 ICAO 회원국 자격을 얻을 수 있다고 해석될 수 있다. 최종 조항(Final Clause)은 「국제민간항공협약」의 서명을 개방하고 있고, 제91조에 의하여 비준은 서명국에 개방되어 있기 때문이다. 그러나 실제로 제91조는 원서명국인 26개국에게만 적용되는 것이라고 일반적으로 해석되어 왔다. 따라서 「국제민간항공협약」 발효일인 1947년 4월 4일 후에 가입하고자 하는 국가에 대해서는 제92조의 Adherence의 방식에 의한다.

② 회원국 자격의 정지 및 종료

제49조 (k)에 따라 총회는 회원국 자격을 정지 또는 종료시킬 수 있는 권한을 가진다. 제93조 bis(c)에 의하면 어떤 국가가 UN 회원국 자격이 정지되고 UN이 ICAO 회원국 자격 정지를 요청한 경우, 해당 국가는 ICAO 회원국의 자격이 정지된다.

그러나 회원국 자격 정지 기간 중에도 회원국 자격은 유지되므로 연간 기여금(Yearly

Contribution) 납부 등 회원국의 의무는 준수하여야 한다(회원국의 권리와 특권은 정지).
회원국의 자격 정지와 다음에 설명하는 표결권의 정지는 구별되어야 한다. 표결권의 정지
는 총회 및 이사회(이사국인 경우에 한함)에서 표결권이 정지될 뿐이며, 회원 자격과 결부
된 다른 모든 권리, 특권 및 의무는 영향을 받지 않는다(전자보다 좁은 영향을 미친다).
다음 조치 중 하나가 있는 경우 회원국 자격이 종료될 수 있다.[42]

㉠ UN 총회가 해당 국가의 UN Agency에서의 회원국 자격 종료를 권고한 경우 자동적
　으로 종료된다(제93조 bis (a) 1.).

㉡ UN으로부터 회원 자격이 박탈된 경우(UN 총회가 달리 권고하지 아니하는 한) 자동적
　으로 종료된다(제93조 bis (a) 2.).

㉢ 또한, ICAO 총회가 「국제민간항공협약」 개정안 채택 결의안에서 소정의 기간 내에
　비준하도록 요구하였음에도 그 개정안을 비준하지 아니한 경우(제93조 bis (b)),
　비준서 기탁국인 미국에 탈퇴(Denunciation)를 통지한 후 1년이 경과한 경우(제95
　조)에도 회원국 자격이 종료될 수 있다.

　그러나 회원국의 자격 종료 사례는 극히 드물다. 예를 들면, 종전의 Yugoslavia에
대한 Assembly Resolution A29-2에서 총회는 유고슬라비아 연방공화국(Federal
Republic of Yugoslavia : Serbia and Montenegro)은 자동적으로 종전의
Yugoslavia의 회원국 자격을 승계하는 것은 아니며, 따라서 유고슬라비아 연방
공화국은 신규로 가입하여야 한다고 명시하고 있다.

③ 표결권의 정지

　제88조는 '제18장(Disputes and Default)에 따라 불이행하고 있다고 판단되는 체약국
에 대해 총회는 총회와 이사회에서의 표결권을 정지시킨다.'라고 규정하고 있다.
　표결권의 정지는 3년 이상 연속하여 ICAO 재정적 의무(Financial Obligation)를 불이행
한 경우 및 자신의 채무(Indebtedness)의 청산을 위해 이사회와 협정을 체결하지 않은
경우(협약 제62조에 의하여 채택된 Assembly Resolution 31-26) 등에 이루어진다.
재정적 의무 불이행으로 인한 표결권 정지 사례는 대단히 많다. 상기 Assembly
Resolution 31-26 채택 이후에도 매우 빈번하게 발생하였다.
　2004년 35차 총회 전까지의 통계에 따르면 28개국이 표결권 정지(3년을 초과하는
기간 연간 기여금의 미납 때문이었다)를 당한 적이 있고, 이들 국가의 미납부 기여금은
명목 금액으로 890만 달러이며, ICAO 연간 예산의 16%에 달하였다. ICAO의 운영을
위한 재정 분담은 회원국 각각의 국민소득에 의하여 표시되는 분담 능력과 민간항공사
의 이해관계 및 중요성을 주요 요소로 하여 결정한다.

---

42) ① 국제연합총회에서 ICAO 제명의 권고를 받은 국가
　② 국제연합으로부터 제명된 국가로서 국제연합총회가 제명하지 않도록 하는 권고를 받지 않은 국가는 자동적으로
　ICAO에서 제명된다(협약 제93조 bis (a) ; 1961년 발효).

④ 회원 자격(Membership)과 관련된 특별한 문제

㉠ 고도의 자치권을 가진 비국가적 실체

협약에는 Membership에 관한 명확한 규정이 없다. 다만, 제91조~제93조 bis의 규정을 통해 주권국가만이 「국제민간항공협약」에 가입하여 ICAO 회원국이 될 수 있다는 추론이 가능하다.

즉, ICAO에 가입하여 회원국이 될 수 있는 자격을 갖는 실체는 주권국가에 한정된다(Membership open to Sovereign States only). 어떤 주권국가의 일부 영역 단위(Territorial Unit)가 높은 수준의 자치권(Autonomy)을 가진다 하더라도 가입은 불가능하다.[43] 대만에도 이 규칙이 적용되었으며(중화인민공화국 정부의 One-China 정책), 중국의 특별 행정구로서의 지위를 가지는 홍콩, 마카오 등도 고도의 자치권을 가지고 있지만 ICAO에는 가입하지 못한다.

㉡ 국제기구(International Organization)

유럽공동체(EC ; European Community)가 2003년 ICAO의 회원(Member)이 되고자 하면서 국제기구의 「국제민간항공협약」 가입 및 ICAO 회원 자격 문제가 관심을 끌게 되었다. EC 회원국들은 민간항공에 관한 자신들의 주권적 기능과 권한의 일부를 EC에 양도하고 있으며, 이와 관련하여 EC가 EC 회원국과 더불어 ICAO 회원이 되어 ICAO의 활동과 결정 과정에 참여할 수 있는가의 문제가 제기되었는데, 이미 모든 EC 회원국들은 ICAO의 회원국 자격을 가지고 있다.

「국제민간항공협약」의 구조와 제91조~제93조의2(Article 93 bis)의 규정을 고려해 볼 때, 「국제민간항공협약」의 개정 없이는 EC 자체가 ICAO에 가입하는 것은 불가능하다고 볼 수 있다.[44]

EC가 회원자격(Membership)을 얻으려는 것보다 상주 옵서버(Resident Observer)를 통하여 ICAO 활동에 참여하는 것이 보다 현실적이라는 지적이 제시되어 왔다. 즉, 「국제민간항공협약」 제94조에 의하여 모든 체약국 3분의 2의 찬성(190개국 중 127개국 찬성)이 필요하며, 이 절차로 개정안이 채택된다 해도 발효까지는 최소한 15년~20년이 소요된다. 「국제민간항공협약」 개정에 관한 동협약 제94조(b)에 의하면 「국제민간항공협약」의 개정은 ICAO 총회의 결의를 할 때 개정의 성질상 정당하다고 판단되는 경우에는 그 채택을 권고하는 결의가 효력을 발생한 후 소정의 기간 내에 비준하지 않은 국가는 바로 ICAO의 회원국 및 「국제민간항공협약」의 당사국이 되지 아니한다는 것으로 규정할 수 있다. 다만, 이 조항은 ICAO가 원용하지 아니하였던 선례가 있어 그 실효성에는 의문이 있다.

---

43) 이 문제는 이미 1948년 제기되었다. Trieste가 주권국가가 아니라는 이유로 가입할 수 없다고 하였다.

44) Montreal Convention of 1999 제52조 para. 2 및 Convention on International Interests in Mobile Equipment of 2001 제48조에서는 EC가 이들 협약에 가입할 수 있도록 "Regional Economic Integration Organization"(REIO)라는 용어를 사용하고 있다.

(11) ICAO와 국제적 협력

① 체약국과의 관계

제1차 총회에서는 체약국 간의 연락을 용이하게 하기 위해(민간항공) 행정기관 내에 ICAO와 연락하고 책임을 지는 공무원을 공식 지명하고 그러한 기관의 직원을 훈련과 경험을 할 수 있도록 ICAO에 파견하도록 권고하는 결의를 채택하였다. 대부분 국가는 연락 담당 직원을 지명하고 있으며 이들은 문서(Hard Copy) 또는 이메일(E-mail)의 형태로 ICAO의 정보, 보고서, 문서, 회의 초청장 및 국서(State Letters)를 가장 먼저 받게 된다. 단기 파견은 ICAO가 상당히 빈번하게 받아들이고 있으며, 중장기의 경우에는 신중을 기하고 있다.

체약국에서 파견된 직원은 파견되지 아니한 직원보다 중립성을 훼손시킬 가능성이 있으므로, 파견은 원칙적으로 전문가의 단기적 임무를 위해서만 일정한 조건하에 수락한다는 방침을 수립(Resolution A1-51)하였다.

② 다른 국제기구 및 국제단체와의 관계

ICAO는 1947년 10월 3일 국제연합의 전문기구가 되었으며, 이에 따라 국제연합 경제사회이사회와 협력하여 항공 분야에서의 전문적인 활동을 수행하고 있다.

ICAO는 현재 세계기상기구(World Meteorological Organization), 국제전기통신연합(ITU ; International Telecommunications Union), 만국우편연합(UPU ; Universal Postal Union), 세계보건기구(WHO ; World Health Union), 국제해사기구(IMO ; International Maritime Organization) 등 UN Family 구성원들과 밀접한 협력을 하고 있다.

「국제민간항공협약」 제65조는 국제연합 외에 다른 국제단체(International Bodies)와의 협력에 대하여 규정하고 있다. ICAO의 작업에 참여하고 있는 비정부 간 기구로는 국제항공운송협회(International Air Transport Association), 공항 국제이사회(Airports Council International), 항공사 국제조종사협회연맹(International Federation of Air Line Pilots' Associations) 및 항공기 소유인 및 조종사협회들의 국제이사회(International Council of Aircraft Owner and Pilot Associations) 등이 있다. 특히 항공사들의 단체인 국제항공운송협회(IATA ; International Air Transport Association)와는[45] 항공운송에 관한 각종 분야에서 긴밀한 협력 관계를 유지하고 있다.

---

45) International Air Transport Association(IATA)은 Cuba의 Havana에서 개최된 국제항공사 간의 국제항공운송회의(International Air Transport Conference) 기간 중에 설립(1945년 4월 19일) 되었으며, new IATA이고, 반면 1919~1945년까지 존속하던 International Air Traffic Association은 'old IATA'이다. IATA는 캐나다 법률에 의한 비영리(Non-profit)협회로서 법인으로 설립되었다.

③ **지역적인 국제기구 및 국제단체와의 협력**

ICAO는 지역적인 국제기구 및 국제단체와도 긴밀한 협력을 하고 있다.

㉠ 지역적 국제기구

ⓐ 유럽연합(EU ; European Union)

ⓑ 유럽 민간항공회의(ECAC ; European Civil Aviation Conference)

ⓒ 아랍 민간항공이사회(ACAC ; Arab Civil Aviation Council)

ⓓ 라틴아메리카 민간항공위원회(LACAC ; Latin American Civil Aviation Commission)

ⓔ 아프리카 민간항공위원회(AFCAC ; African Civil Aviation Commission)

ⓕ EUROCONTROL(European Organization for the Safety of Air Navigation)

ICAO 설립 당시에도 범세계적인 정부 간 민간항공기구(Global All-compassing Intergovernmental Agency for Civil Aviation)를 상정하고 있었는데, 제44조 (d)와 (i) 및 제55조 (a)에 의하여 ICAO는 지역적 필요성(Regional Needs)에 부응하기 위하여 지역적 차원의 하부 항공운송위원회들(Subordinate Air Transport Commissions)을 설치할 수 있었다.

그러나 그동안 제55조 (a)가 활용된 적이 없고, 그 대신「국제민간항공협약」제55조 (a) 밖에서 민간항공을 위한 몇 개의 지역적 정부 간 기구(Regional Intergovern-mental Body)가 설립되었는 데, 위에서 언급한 ECAC, AFCAC, LACAC, ACAC가 설립되었다.이들 중 ECAC, AFCAC 및 LACAC(ACAC는 제외)는 ICAO 의 일부도 아니면서 ICAO로부터 완전히 독립되어 있지도 않다. 따라서 중간적 지위(Intermediate Status)를 향유한다.

ICAO의 각 지역사무소(Regional Office)의 건물(Premise)에서 그들의 본부를 운영하고, ICAO의 산하에 그 직원을 관리하며 ICAO와 그들의 프로그램을 적절하게 조정하고 있다. 또한, 상기 3개와는 달리 ACAC는 이러한 기관연계 (Institutional Links) 없이 사실상 ICAO와 협력하고 있다. 그러므로 이러한 중간적 지위를 갖는 지역적 정부 간 기구의 설립은「국제민간항공협약」제55조 (a)를 고려해 볼 때 다소간 논란이 되어 왔었지만, 이들 활동은 ICAO의 업무와 중첩, 중복 또는 저해하지 않으면서「국제민간항공협약」에 부합되어 있다고 보여진다.

㉡ 지역적 국제단체 등

ⓐ 정기항공회사의 국제단체

• 유럽항공사협회(AEA ; Association of European Airlines)

• 아시아·태평양항공사협회(AAPA ; Association of Asia Pacific Airlines)

- 아랍항공사기구(AACO ; Arab Air Carrier's Organization)
- 아프리카항공사협회(AAFRA ; Association of African Airlines)
- 미국항공운송협회(Air Transport Association of America) 등이 있다.
  ⓑ 부정기항공회사 간 국제단체
- 국제항공운송인협회(IACA ; International Air Carrier Association)[46]
- 미국항공운송인협회(National Air Carrier Association)[47] 등이 있다.

(12) ICAO의 안전과 보안 평가

① 항공 안전의 촉진

ICAO 설립 당시에는 항공 안전에 중점을 두고 있었다. 항공 안전이라는 용어는 비행의 기술상·운항상의 안전과 관련되어 있다.[48] 그러므로 여기서 말하는 비행의 안전은 상업 항공, 비상업 항공, 일반 항공 기타 모든 비행 활동의 기본이라고 할 수 있다. ICAO의 안전 촉진은 각종 부속서(Annex)에서 정하는 광범위한 국제표준과 권고되는 방식의 채택 및 개정을 통하여 수행되고 있다.

최근에는 회원국에 의한 기술적인 안전 기준의 시행을 모니터링하기 위한 포괄적인 (Comprehensive) 감사시스템으로 항공안전종합평가(USOAP ; Universal Safety Oversight Audit Programme) 및 종합적인 Global Aviation Safety Plan(GASP)에 의해 보완되어 왔다.

ICAO의 회원국들에 대한 항공안전평가프로그램은 단계별로 많은 발전을 이룩해 왔으며, 그 과정을 간략히 소개하면 다음과 같다.

㉠ 이사회의 결의에 의거한 SOP(Safety Oversight Program)은 자발적인 참여국에 대해 1995년부터 1998년까지 실시되었고, 3개의 부속서(1, 6, 8)상의 국제 표준과 권고되는 방식의 이행을 점검하는 방식이었다.

㉡ 1995년 총회 결의(A32-11)에 의거한 Universal Safety Oversight Audit Program 은 회원국에 의무적인 것으로 전환되어 모든 회원국들을 대상으로 Annex-by-Annex Approach에 의해 1999년부터 2004년까지 실시되었다. 이때에도 SOP와 마찬가지로 Annex 1, 6, 8의 국제표준과 권고되는 방식 이행 여부가 중심이 되었다.

㉢ USOAP 활동은 초기에는 회원국들의 안전감독시스템(Safety Oversight System)

---

46) 1972년 설립된 차터(Charter) 전문항공회사들의 단체이며, 정기항공회사도 차터항공을 운영하면 회원이 될 수 있다.
47) 미국 부정기항공사 간의 협회
48) 서문, 제44조 (a), (d) 및 (h)에도 이러한 점이 반영되어 있을 뿐만 아니라, ICAO의 활동에서 항공 안전에서도 최우선 순위를 두고 있다.

에 대한 정규적이고 의무적인 평가를 위한 것이었다. USOAP 평가는 ICAO의 안전 관련 표준과 권고되는 방식 및 관련 절차와 지침 자료를 이행할 수 있도록 해 주는 안전감독시스템의 핵심 요소들(Critical Elements)을 국가가 효과적, 지속적으로 이행하고 있는지의 여부를 평가함으로써, 해당 국가의 안전감독능력에 초점이 맞추어져 있었다.

㉣ 2004년 총회 결의(A35-6)에 의거해 USOAP Comprehensive Systems Approach (CSA)로 확대되어「국제민간항공협약」의 안전 관련 모든 부속서상의 안전 관련 규정들을 포함하게 되었다. 즉, 18개 부속서 중 제9부속서(Facilitation)와 제17부속서(Security)를 제외한 나머지 안전 관련 16개 부속서상의 안전 관련 규정들이 점검대상이었으며, 2005년부터 2010년까지 실시되었다.

㉤ 2007년 제36차 총회는 이사회로 하여금 안전 리스크 요소들의 분석에 대한 지속적인 모니터링과 반영이라는 개념에 입각한 새로운 접근 방식의 타당성을 포함하여, 2010년 이후의 USOAP의 지속을 위한 다양한 선택 방안들을 검토하도록 지시하는 결의(A36-4)를 채택하였다. 체계적이고 더욱 사전 예방적인 감시활동의 수행으로, ICAO의 자원을 보다 효과적이고 효율적으로 이행할 수 있게 되고, 반복되는 평가로부터 초래되는 회원국들에 대한 부담도 줄여 줄 것이라는 것이 새로운 상시평가제도(USOAP Continuous Monitoring Approach, CMA)의 출발점이었다.

㉥ 2010년 제37차 총회는 결의(A37-5)로 회원국의 안전 수행에 관한 정보가 다른 회원국들과 여행하는 대중에게 지속적으로 제공되는 것을 보장하기 위하여 USOAP를 CMA로 진화시키는 것이 지속적으로 ICAO의 최우선 순위가 되어야 한다는 점을 확인하였으며, 이에 따라 2011년과 2012년 과도기적인 시행을 거쳐 2013년부터 USOAP CMA가 전면 시행되고 있다.

CMA의 목적은 다음 사항을 포함한다.

ⓐ 국가들의 안전감독 시스템을 웹(Web) 기반 플랫폼(Online Framework)을 이용하여 모니터링한다.

ⓑ 현장 및 현장 밖의 다양한 확인 활동을 통하여 국가들의 진전 동향을 확인한다.

ⓒ 국가들의 안전감독시스템의 효과와 지속 가능성을 평가를 통하여 지속적으로 진단한다.

㉦ USOAP CMA라 함은 ICAO 회원국을 대상으로 국가의 항공 안전도를 다양한 위험 지표를 활용, 상시 모니터링하고 취약하다고 판단되는 국가들을 우선 점검 대상국으로 지정, 점검하는 제도이다. 기존의 ICAO 항공안전평가는 순간 포착(Snap-shop) 방식으로 평가하였으나, 상시평가제도는 항공 안전도를 상시 모니터링하고 주의 국가는 우선 점검대상국으로 선정하여, 평가 120일 전에 관련 계획을 당사국에 통보

하고 현지에 방문하여 평가를 실시하는 제도이다. 또한, ICAO는 각국의 항공 안전도 정보를 전 세계 회원국에 온라인으로 공개하는 등 투명성을 높여 나가고 있다.

◎ USOAP는 CMA의 도입으로 비용 대비 높은 효과, 역동성 및 탄력성을 얻고 있다. USOAP는 국가 안전 프로그램(SSP ; State Safety Program)의 시행을 위한 국가들의 노력을 지원하기 위하여 향후 몇 년 동안 지속적으로 진화의 과정을 거치게 될 것으로 전망하였으며, 2014년 ICAO는 USOAP CMA에 의거하여 수행되는 평가와 지속적 모니터링(Continuous Monitering) 활동을 위하여 사용될 new Protocol Questions(PQs) on Safety Management를 공표하였다. 이 PQs는 ICAO 회원국들의 요청이 있으면 해당 회원국들의 SSP 시행에 대한 비밀 평가를 수행하는 데 사용되고 있다.

② 항공 보안의 촉진

1960년대부터 항공 보안에 대해 관심을 갖기 시작했다. 항공 보안이라는 용어는 민간항공을 불법방해(Unlawful Interference) 행위로부터 보호하는 것과 관련되어 있다. 1960년대 이후 항공기 불법 납치, 파괴(Sabotage) 행위와 민간항공기에 대한 테러 공격이 증가함에 따라 항공 보안의 확보와 감시에 대해 안전 못지않게 높은 우선순위를 부여하였다. 「국제민간항공협약」의 채택 당시에는 불법방해 현상은 사실상 우려할 정도가 아니었으므로 불법방해에 대해 「국제민간항공협약」 제44조에서는 명시적으로 언급되어 있지 않다. 그러나 항공 안전과 항공 보안은 실무적으로는 동전의 양면(Two Sides of the Same Coin)처럼 간주되어 왔다.

항공 보안 분야에서의 표준의 확립 활동 역시 회원국에 의한 항공 보안 기준의 시행을 모니터링하기 위한 시스템(USAP ; Universal Security Audit Programme) 및 Aviation Security Action Plan에 의하여 보완되고 있다.

USAP는 Aviation Security Action Plan의 일환으로 2002년 개시되었다.

(13) ICAO의 업적에 대한 평가

ICAO는 그동안 기술적인 면에서는 현저한 업적을 이루었다. 다만, 경제적·상업적 측면에서는 각국의 이해관계 대립으로 그 기능 수행에서 많은 제약을 받아왔다. 그러나 1977년, 1980년, 1985년 및 1994년, 2003년 및 2013년, 6자례에 걸쳐 세계 항공운송 회의를 개최하여 국제항공운송의 법적 틀을 수립하는 것에 대하여 논의한 바 있다. 특히 1994년 11월 23일부터 12월 6일까지 캐나다 몬트리올에서 개최한 항공운송 회의에서는 사무국이 작성한 국제항공운송의 자유에 관한 제안을 검토한 후 국제항공운송의 새로운 방향을 제시하였는데, 그것이 1994년 발의된 항공 자유화 제안이다.

2 ✈ 「국제민간항공협약」과 그 부속서

(1) 전문과 본문의 주요 구성

① 전 문

　㉠ 국제민간항공의 장래의 발달은 세계의 각국과 각 국민 사이의 우호와 이해 조성과 유지에 크게 도움을 줄 수 있으나, 그 남용은 일반적 안전에 대한 위협이 될 수 있다.

　㉡ 국가 간 그리고 국민 간의 마찰을 회피하고 세계 평화의 기초인 국가들 간 그리고 국민 간의 협력을 촉진하는 것이 바람직하다.

　㉢ 이에 따라 국제민간항공이 안전하고 질서 있게 발전할 수 있도록 하기 위하여 또한 국제항공운송 업무가 기회균등주의를 기초로 하여 확립되고 건전하고 경제적으로 운영되도록 하기 위하여 일정한 원칙과 약정에 합의한 다음에 서명한 정부들은 이 협약을 체결하였다.

② 본문의 구성

　㉠ 제1부 항공

　　ⓐ 체약국의 영공 주권(제1장)

　　ⓑ 체약국의 영공 비행(제2장)

　　ⓒ 항공기 국적(제3장)

　　ⓓ 항공을 용이하게 하기 위한 조치(제4장)

　　ⓔ 항공기가 구비하여야 할 요건(제5장)

　　ⓕ 국제 표준 및 권고 방식(제6장)

　㉡ 제2부 : ICAO의 설립, 조직 및 임무

　㉢ 제3부 : 국제항공운송을 원활하게 하기 위하여 필요한 조치(정보 및 권고, 공항 기타 항행 시설, 공동운영조직 및 공동계산업무)

　㉣ 제4부 최종 규정 : 비준, 가입, 개정 및 폐기 등

(2) 영공 주권 원칙과 외국 항공기의 영공 침범

① 영공 주권 원칙과 그 제약의 필요성

　㉠ 국가의 영공 주권에 대해서는 20세기 초부터 10년 동안 하늘의 "자유설"과 "주권설" 간의 학설 대립이 있었으나, 항공 비행이 영토국의 안전 및 기타 이해관계에 미치는 영향이 중시되어 주권설이 차츰 정착하게 되었다.

　㉡ 또한, 제1, 2차 세계대전 중에 중립국이 교전국의 군용기의 침입을 받고 그 상공에서의 공중전이나 오폭 등으로 인하여 피해를 입게 되자, 중립국은 대체적으로 의견

일치하여 자국 영공에 대한 영유권을 주장하고 외국 항공기의 침입에 항의하였다. 그 결과 교전국도 중립국의 주장을 인정하고 그 상공 침입 사건에 대하여 유감을 표시하게 되었다.

ⓒ 이러한 두 번에 걸친 세계대전의 국가 관행을 토대로 1919년 「파리 국제항공조약」 제1조 및 1944년 「국제민간항공협약」 제1조는 영공권을 다음과 같이 규정하고 있다.

　ⓐ '체약국은 모든 국가가 그 영역 상공에서 완전하고 배타적(Complete and Exclusive) 주권을 가짐을 승인한다.' 이와 같이 제1조는 영공에 대한 국가의 완전하고 배타적인 주권을 인정하고 있으며, 이러한 영공 주권을 제한한다는 데 국가들이 동의하지 않는 한, 국제항공은 불가능하다.

　ⓑ 따라서 영공 주권을 제한할 필요성이 있으며, 그러한 제한은 상호주의(Reciprocity)에 따라 이루어진다.

② 영공 주권과 외국 항공기의 영공 침범

　㉠ 영공 침범의 유형

　영공 침범이 어떠한 상황에서 이루어졌는가는 피침범국의 대응 조치 및 사건의 처리와 깊은 관련이 있다. 영공 침범의 유형은 다음과 같이 구분할 수 있다.

　첫째, 군용기의 경우 스파이 행위를 목적으로 한 경우

　둘째, 특히 냉전 체제하에서 정치적 망명을 위한 경우

　셋째, 악천후 또는 기관 고장(즉, 불가항력) 등의 이유 또는 과실로 인한 경우

　㉡ 영공 침범에 대한 대응 조치

　영공 침범에 관한 국제법규는 오늘날 필요한 사항을 완전히 규율하고 있지 못함으로써 한계를 보이고 있다. 제2차 세계대전 전까지의 국제 관행은 민간기와 군용기를 구별하여 대응 조치를 취하였으나, 제2차 세계대전 후 초음속기의 등장 등 항공기의 속도가 빨라지고 비행기의 수가 증가함에 따라 영공침범의 기회가 많아지게 되었고, 핵무기 등의 개발로 군용기에 의한 기습 공격의 위험이 증가하면서, 군용기와 민간기를 구별하지 않는 관행이 증가하였다. 따라서 국가의 영공에서는 영해에서의 외국 선박의 무해통항권(Right of Innocent Passage)과 같은 외국 항공기의 무해통항권은 인정되지 않는다. 그러므로 자국의 영공에서 외국 항공기의 비행을 허용할 것인지의 여부는 개개의 국가가 자유롭게 결정할 문제이다.

　ⓐ 외국 항공기는 영역국의 허가를 받아 그 국가의 영공을 비행하고 또한 그 영역에 착륙이 가능하지만, 허가를 받지 아니한 외국 비행기가 영공을 진입하는 경우 영공 침범이라는 국제적 불법행위를 범한 것으로 취급된다.

　반면 정치적 망명을 위한 영공 침범 사건에서는 「인도적 배려」에 의한 본인의 망명을 허용하고 기체를 반환하는 경우도 있었으며, 대표적인 사례가 1983년 중국 민항기 사건이다.

ⓑ 한편, 「국제민간항공협약」 제3조는 군·세관 및 경찰의 업무 등에 종사하는 국가 항공기(State Aircraft)에 대하여 '특별 협정 또는 기타의 방법에 의한 허가를 받고 또한 그 조건에 따르지 아니하고는 타국의 상공을 비행하거나 또는 그 영역에 착륙하여서는 아니 된다.'라고 규정하고 있다. 다만, 일반 국제법상 국가 항공기가 허가받지 아니하고 외국의 상공을 비행하는 경우는 직접적으로 그 외국의 주권을 침해하는 것으로 보는 것이 국가들의 관례이다.

ⓒ 제2차 세계대전 후 스파이 행위를 목적으로 한 군용기의 영공 침범 사건 발생이 빈번해지자 '침범기가 영공으로부터 퇴거 또는 착륙 명령을 받고도 이에 따르지 아니한 경우에는 사전 경고 후 무력을 사용한다.'라는 관행이 인정을 받게 되었다. 스파이 비행을 하는 것이 명백한 영공 침범기가 무경고로 격추된 사건도 적지 않았다. 이 경우 격추된 후 승무원의 처벌, 기체의 몰수 등이 이루어졌는데, 대표적 사례가 1960년에 발생한 U2기 사건이다.

ⓓ 이상기후 및 기관의 고장 또는 과실로 인한 긴급한 상태에서 타국의 영공을 침범한 군용기는 강제착륙시키고 조사하여 사정에 따라 승무원을 처벌하거나 석방하고 기체를 반환하거나 몰수하는 것은 현행 국제법의 원칙에 위배되지 않는다고 보아야 한다. 다만, 민간 항공기의 외국 영공 침범에 대해서는 국가 항공기와는 구분해서 처리하는 것이 국제법의 원칙에 부합될 것이다.

ⓔ 영공을 침해당한 국가는 통상적으로 다음과 같은 순서에 따라 대응한다.
침범기에 영공으로부터의 퇴거를 요구 → 무선 연락과 국제적 신호로 침범기의 착륙을 강제 → 그 명령에 따르지 않는 경우, 경고를 위한 사격을 하고 이러한 조치에도 불구하고 거부하는 때에는 필요한 최소한의 무력을 사용하여 명령을 수행하고 강제착륙을 시킨다. → 사건 조사 후에 승무원의 처벌·석방, 기체의 몰수 또는 반환 등의 처리

ⓕ 민간항공기에 대해 어떠한 경우에도 무력 사용을 해서는 안 되는가에 대해서는 「국제민간항공협약」 등 국제조약에서 명확히 규정된 것이 없었다. 다만, 강제로 착륙시키는 이상의 무력행사는, 인도주의적인 차원 및 국제민간항공의 안전 확보라는 법익을 위해 허용되지 않는다는 주장이 강하였다. 야간에도 자동관성항법장치로 비행한다고 해도 과실 또는 기타의 이유로 외국 영공을 침범할 가능성은 적지 않다. 이와 관련하여 1983년 구소련에 의한 KAL 007기 격추 사건은 민간항공기에 대한 무력 사용이 허용되는가를 둘러싸고 큰 논란이 빚어졌으며, 이 사건을 계기로 「국제민간항공협약」 제3조의 2를 추가하는 협약 개정안이 채택되었다.

> ◆참고◆ 1983년 9월 1일 미명 앵커리지를 떠나 서울로 비행하던 KAL 007기가 두 차례의 소련 영공 침범(사할린도 및 캄차카 반도 상공)으로 인하여 소련 전투기의 열 추적 미사일 공격을 받아 해상에 추락한 사건이 발생하였는데, 문제의 KAL기가 과실로 소련 영공을 침범하였고 민간 정기 항공기였으며, 전시가 아닌 평시에 격추되었다는 점 외에도 민간항공기 사상 최대의 인명 피해인 269명(승무원 29명, 승객 240명)의 사망자가 발생하였던 것이다(사망자 국적 15개국).
> 이때 많은 국가에서 소련의 비인도주의적 행위에 규탄 성명을 발표하고 소련에 대한 제재 조치를 취하였으며, 국제연합 안전보장이사회와 총회에서도 토의하여, 국제민간항공기구(ICAO) 이사회에서 「국제민간항공협약」의 관련규정을 개정하였다.

ⓖ KAL기 격추 사건과 관련하여 가장 큰 법적 쟁점은 과실로 타국의 영공을 침범한 민간항공기, 특히 영공을 침범당한 국가가 많은 승객이 탑승한 정기항공기(Airliner)를 격추시키는 것이 정당화될 수 있느냐의 문제였다.

당시 구소련 정부는 KAL기가 미국을 위한 첩보임무 수행을 위하여 두 차례 영공을 침범하였으며, 신호 및 무선통신에 응하지 않았고 강제착륙을 무시하고 예광탄에 의한 사전 위협사격에도 불구하고 여전히 비행을 계속하여 구소련 국경 수비를 위한 주권 행사의 일환으로 격추시켰다고 주장하였다.

ⓗ 영공 주권의 무제약성, KAL기의 첩보 행위를 위한 영공 침범은 고의성이 있다는 것, 사전에 충분한 요격 절차 및 강제착륙 요구 절차를 행하였으나 불응하였다는 것으로 격추 행위를 정당화하고자 하였다. 당시 침범당한 영공 주변이 미국 정찰기 135에 의하여 수시로 정찰을 받아 왔으며, 무고한 사람을 사망게 한 것에 대해서는 애도한다는 표현도 구소련 정부의 성명에 나타났다.

「국제민간항공협약」 제3조 (d)는 '체약국은 항공기에 대한 규제 설정 시에 민간항공기 항행의 안전에 대하여 타당한 고려를 할 것을 약속한다.'라고 규정하고 있으나 명문으로 민간항공기에 대한 무기 사용을 금지하는 규정이 없었다.

ⓘ ICAO는 1984년 4월 24일 몬트리올에서 임시총회를 개최하여 5월 10일 제3조의 2 (Article 3 bis)를 추가하는 개정 의정서를 채택하였으며, 이 개정 조항은 1998년 10월 1일 발효하였다.[49] 다만, 이 개정 조항의 표현을 면밀히 살펴보면 그 실효성에 대해서는 논란의 여지가 있다.

---

49) 한 가지 주목할 것은 이 조항의 개정 의정서 비준서를 기탁하지 아니한 국가에 대해서는 이 개정 조항이 적용되지 않는다는 점이다. 조항 개정 의정서는 현재 154개국만이 비준서를 기탁하여 이들 국가에게만 효력이 있다. http : //www.icao.int/secretariat/legal/List%20of%20Parties/3bis_EN.pdf

(3) 영공 통과의 자유 및 비(非)운수 목적의 착륙

① 부정기비행의 권리(Right of Non-scheduled Flight)

　　㉠ 「국제민간항공협약」은 국제항공을 정기항공(Scheduled Air Service)과 부정기항공 (Non-scheduled Flight)으로 구분하고 있다. 이는 해당 항공의 정시성(Regularity) 유무에 따른 것이라 할 수 있다. 부정기항공은 정기국제항공 업무에 종사하지 않는 항공기의 비행을 의미한다. 항공운송사업은 정기항공운송사업과 부정기항공운송 사업으로 대별되는 데, 부정기운송은 공표된 스케줄(Published Schedule)에 따라 특정 구간을 정기적으로 운항하는 정기편 항공운송과 달리 운항 구간, 운항 시기, 운항 스케줄 등이 부정기적인 항공운송 형태이다.

　　㉡ 협약 제2장(체약국 영역 상공 비행)의 제5조는 '각 체약국은 타 체약국의 모든 항공 기로서 정기국제항공 업무에 종사하지 아니하는 항공기가 사전의 허가를 받을 필요 없이 피(被)비행국의 착륙 요구에 따를 것을 조건으로, 체약국의 영역 내의 비행 또는 그 영역을 무착륙으로 횡단비행하는 권리와 또 운수 이외의 목적으로 착륙 (Stops for Non-traffic Purposes)하는 권리를 이 협약 조항을 준수하는 것을 조건으로 향유하는 것에 동의한다.'라고 규정하고 있다.

이 규정은 부정기국제항공과 관련하여 이른바 제1의 자유와 제2의 자유를 규정한 것이다.

여기에서는 다음의 사항들을 조건으로 한다는 것을 명시하고 있다(제1항 전단).

ⓐ 피비행국의 사전 허가를 받을 필요가 없다는 것

ⓑ 다만, 피비행국의 착륙 요구가 있는 경우에는 이를 따를 것

ⓒ 협약의 조항을 준수할 것

이러한 규정에도 불구하고 각 체약국은 비행 안전을 이유로 다음과 같은 권리를 보유한다는 점을 인정하고 있다(동 제1항 후단).

즉, 접근할 수 없거나 항행 안전시설이 없는 지역을 진행하는 항공기로 하여금 소정 의 항로를 따르거나 그러한 비행에 특별한 허가를 얻도록 요구할 수 있는 권리이다. 또한, 그러한 항공기가 유상으로 또는 임차되어 여객, 화물 또는 우편을 운송하는 경우에도 제7조의 규정을 조건으로 여객, 화물 또는 우편물을 싣거나 내릴 수 있는 특권도 인정하지만, 이 경우 해당 국가가 바람직하다고 인정하는 규제, 조건 또는 제한을 부과할 수 있는 권리가 인정된다는 점을 명시하고 있다(제2항).[50]

---

50) 이는 사실상 체약국의 무제한 부정기항공 제약의 권리를 인정한 것이라 할 수 있다.

ⓒ 협약 제5조의 규정은 부정기항공교통(Air Traffic)의 자유와 탄력성을 보장하기 위한 것이었으나,[51] 실제로는 국가들이 이러한 자유에 일정한 제한을 하여 왔다. 더구나 현실적으로는 항공기 국적국과 착륙국 간에 앞서 언급한 통과 협정이 체결되어 있지 아니하면 부정기항공이라 할지라도 그러한 특권이 인정되지 아니한다는 점에서 사실상 큰 의미를 찾기 어렵다.

ⓓ 국내외적으로도 공공성이 강한 운송 수단인 정기항공의 유지 및 발전을 저해하지 않도록 여러 가지 규제와 제한이 가해진다. 특히 국제선의 경우에는 정기편의 보호를 위하여 이용 자격, 편수, 구간, 시간대 및 사용 공항 등에 대하여 각국 정부로부터 많은 제한이 있다.

② 정기 항공 업무(Scheduled Air Services)

협약 제6조는 정기국제항공 업무는 어떠한 체약국의 영역 상공을 운항하거나 그 영역에 착륙하는 것은 그 체약국의 특별한 허가 또는 다른 인가를 받아야 하고, 그러한 허가 또는 인가의 조건에 따라야 함을 명시하고 있다.

1952년 3월 28일 ICAO 이사회가 채택한 정기국제항공 업무에 대한 정의는 다음과 같이 요약할 수 있다.

㉠ 운송 수요의 유무에 따라 사전에 정해진 지점 간을 미리 정해진 운항 스케줄에 따라 정기적·규칙적으로 승객, 화물 또는 우편물을 국제적으로 운송하는 업무를 말한다.[52]

㉡ 그 채택된 정의를 보다 구체적으로 설명하면 다음과 같다.

ⓐ Scheduled International Air Service라 함은 다음의 모든 특징을 포함하는 일련의 비행(a Series of Flights)이다.
- 2개 이상 국가의 영공 통과
- 승객, 우편 또는 화물을 유상으로 운송하는 항공기에 의해 수행–각 항공편은 많은 일반 대중에 의한 이용에 개방되어야 함(Public Transportation)
- 공표된 일정(Published Timetable)에 따라 또는 인식 가능한 체계적 계열(Recognizable Systematic Series)을 구성할 정도로 정규적(Regular)이거나 빈번한(Frequent) 비행편으로 동일한 2국 또는 그 이상의 지점 간 운항이다.

ⓑ 이 지점 간 운항을 요약하면 다음과 같다.

첫째, 일정한 노선에 따라 2국(출발국과 도착국) 이상의 영역을 비행

---

51) 제트 시대가 도래한 1960년대에는 미국과 유럽에서 차터 항공기에 대한 수요가 크게 증가하고 더 나아가, 외국으로의 Holiday Traffic이 크게 늘어나게 되었다. 특히 a Single Package Deal에 운송 수단과 숙박을 제공하는 'Inclusive Tour' 현상이 두드러졌다. 이에 따라 차터 항공편의 이용 증가는 정기와 부정기항공 운송 간에 완전히 새로운 관계를 정립해야 할 정도로 정기항공 업무에 대한 커다란 위협이 되었다.
52) ICAO Doc.7278–C/841

둘째, 모든 대중에게 유상으로 개방

셋째, 발행된 스케줄에 따른 일련의 운항(Series Flight)이 이루어지는 정기 국제항공운송 업무 등으로, 정기항공업무의 공공성을 고려하여 많은 항공안전 관련 제약과 요금에 대한 제약 등이 수반된다.

ⓒ 또한, 사업 및 수송력의 유지에 대한 제약도 유의하여야 한다. 즉, 정기항공운송 기업은 경영 사정에 의해 사업을 임의로 중지하거나 휴업할 수 없으며, 사업 계획에 임의 변경을 할 수 없다. 반면에 각종의 보조나 지원 조치를 받는다.

③ 항공기 국적

협약 제18조 내지 제21조는 항공기의 국적에 관하여 규정하고 있다.

㉠ 항공기는 하나의 국가에 등록되어야 하며(제18조) 등록국의 국적을 가진다.

등록이나 등록 변경은 그 국가의 규칙에 의한다(제19조).

㉡ 항공기는 국적과 등록의 기호를 표시하여야 한다(제20조).

㉢ 항공기의 등록 및 소유권에 관한 정보의 국제적 교환이 필요하며, 「국제 민간항공협약」 당사국은 요구가 있으면 다른 당사국 또는 ICAO에게 자국에 등록된 항공기의 등록 및 소유권에 관한 정보 제공 의무가 있다.

특히 자국에 등록된 통상적으로 국제항공에 종사하는 항공기의 소유 및 관리에 관한 보고서를 ICAO에 제공할 의무가 있다(제21조).

㉣ 항공기 국적의 법적 의미는 다음과 같다.

항공기는 소유자의 국적국이 아닌 등록국의 관할권에 복종하게 되므로 등록국의 권리와 의무를 따르게 된다. 그런데 항공기, 리스, 차터(Charter ; 항공기나 배를 전세) 또는 교환 등으로 인해 운송인의 국가와 항공기 등록국이 달라지는 경우의 문제가 있어 「국제민간항공협약」이 개정되었다(제83조 bis).

④ 국가항공기

㉠ 국가항공기는 「국제민간항공협약」의 적용 대상이 아니다(제3조).

국가항공기가 아니면 민간항공기(이러한 면에서 그 정의와 범주는 중요한 의미를 가짐)라고 할 수 있다.

㉡ 협약 제3조 제3항에 의하면 국가항공기라 함은 군용항공기, 세관용항공기, 경찰용 항공기 등을 포함하여 국가기관에 소속된 항공기를 말한다. 다만, 협약상 정의의 구체성이 결여되어 있어 국가항공기와 민간항공기의 구분에 불확정성을 초래하고 있다. 이러한 점이 입법상의 흠결이라 할 수 있다.

ⓐ 실례로 군에 동원되어 군수품을 수송하는 민간항공기는 군용항공기에 속하는 문제 등과 관련하여 다른 견해가 있을 수 있으며, 어떤 학자에 따르면 미국 등 소수 국가를 제외하고는 세계 절대 다수의 국가들이 항공사(항공기업)를 소유하

거나 지분의 과반수를 보유한다고 발표하였다.

  ⓑ 이러한 항공기는 기본적으로 국가 소유라고 할 수 있으나, 항공법상으로 모두 민간항공기의 범주에 속한다.

  ⓒ 이러한 면에서 민간항공기와 국가항공기의 구분 표준은 소유권이 아니라 기능(Function)이라 할 수 있을 것이다. 즉, 국가항공기는 국가의 통제하에 있고 오직 국가에 의하여 배타적으로 국가적 업무 수행의 목적을 가진 항공기라고 할 수 있다.

(4) 외국 공항에의 착륙과 국내 운수권

① 외국 항공기의 착륙 공항

외국 항공기는 특별한 허가를 받지 아니하는 한 체약국이 지정한 세관 공항에만 이착륙할 수 있다(협약 제10조).

② 국내 운수권(Cabotage)

어느 체약국 항공기의 다른 체약국의 국내 지점 간의 유상 운송 목적의 운항을 Cabotage라고 하며, 「국제민간항공협약」 제7조는 체약국의 Cabotage 금지 권한을 인정하고 있다. 즉, 무조건 외국 항공기에 의한 국내 운송을 금지하는 것이 아니라, 국내 운송에 대한 허가를 거부할 권리(Right to Refuse to Permit Cabotage)를 강조한 것일 뿐이다. 다만, 협약 제7조는 그러한 Cabotage의 특권(Privilege)을 부여하거나 얻는 것을 어떠한 국가에 특정하여 배타적으로(Specifically …on an Exclusive Basis) 하지 아니하도록 하는 조건을 부과하고 있다. 그동안 ICAO에서 두 차례, 이러한 조건을 삭제하려는 시도가 있었으나 실패하였다.

  ㉠ Cabotage의 연혁을 살펴보면 다음과 같다.

    ⓐ Cabotage는 해양법상의 개념에서 출발하였으며, 국가가 자국의 동일한 해안선 상에 있는 두 항구 간의 운송은 자국의 선박이 운영하도록 하는 것이다. 그 법적 근거는 국가의 영수(Territorial Waters)에 대한 관할권에 있다. 그 후 미국과 포르투갈 등 일부 국가들이 이 개념을 같은 해안선에 있지 않은 항구 간의 운송에도 확대 적용하였다.[53] 이러한 광의의 개념은 국제적으로 보편적 수락을 얻지 못하여 논란이 되기도 하였다.

    ⓑ 1944년 시카고회의에서 미국이 항공 분야에서의 Cabotage 도입을 적극적으로 주장하였는 데, 그 논거로서 항공은 해운과 다르다는 것으로, 해운은 연안에 한정되지만 항공은 국내의 모든 상업 중심지도 통과한다는 것이었다. 이에 따라

---

53) 예를 들어, 대서양 연안의 뉴욕에서 공해를 통과하여 태평양 연안의 샌프란시스코로 운송하는 경우

협약 제7조에서 금지할 수 있는 권리를 인정하게 되었다.

ⓛ 제7조의 해석과 실제는 다음과 같다.

협약 제7조에서의 Specifically 부여(Grant ; 즉, 허가)와 on an Exclusive Basis(배타적 토대 하에)에 대해서는 국제적으로 두 가지 상이한 해석이 가능하다.

ⓐ 제1의 해석 : 어떠한 국가의 국내 운수권은 비(非)배타적인 토대하에서만 외국 항공 운송인에게 허용되는 것이며, 차별 대우를 해서는 아니 된다.

ⓑ 제2의 해석 : Specifically Grant는 배타적 토대하에서 약정한 것이 아니라면 제3국이 그와 유사한 요구를 하는 것을 방해하지 아니하므로 허용된다.

ⓒ 스칸디나비아 3국 간에도 Cabotage를 서로 인정하는 협정을 체결하면서 '제3국이 「국제민간항공협약」 제7조에 의거하여 동일한 요구를 한 때에는 이 협정은 즉시 종료된다'라는 일종의 보험성 규정을 포함하였다.

ⓔ 미국 연방항공법에서도 '특수한 상황에서는 단기적으로 외국 항공기가 미국 국내 운수를 담당하는 것을 허용한다'는 규정을 두고 있다.

ⓜ 우리나라 「항공사업법」 제56조(외국 항공기의 국내 유상 운송 금지)는 '유상으로 국내 각 지역 간의 여객 또는 화물을 운송해서는 아니 된다.'라고 규정함으로써 외국 항공기의 국내 유상 운송을 금지하고 있다.

현행 「항공사업법」의 규정상으로는 외국 항공기는 어떠한 경우에도 유상으로 국내 운송을 할 수 없다고 말할 수 있다. 다만, 제56조는 국내 무상 운송은 명시적으로 금지하고 있지 않다.

(5) 항공 규칙

① 자국 영공을 비행하는 모든 항공기 및 자국 국적을 가진 항공기가 자국 영역 밖에서 비행하는 경우, 그 지역에서 시행되는 각종 규칙 및 규제를 준수하도록 하기 위하여 필요한 조치를 취할 것이 요구된다(협약 제12조). 다만, 그러한 규칙은 가능한 한 ICAO 국제표준에 부합되어야 한다.

② 「국제민간항공협약」 제2부속서(Rules of the Air)에서는 항공규칙에 관한 국제표준을 정하고 있다. 공해 또는 배타적 경제수역 상공에서는 제2부속서가 적용된다.

(6) 기타 문제

① 조종사 없는 항공기(Pilotless Aircraft)

㉠ 협약 제8조는 다음과 같이 규정하고 있다.

ⓐ 조종사 없이 비행할 수 있는 항공기는 체약국의 특별한 허가 없이, 또한 그 허가의 조건에 따르지 아니하고는 체약국의 영역의 상공을 조종사 없이 비행하여서는 아니 된다.

ⓑ 각 체약국은 민간항공기에 개방되어 있는 지역에 있어서 무인항공기의 비행이 민간항공기에 미치는 위험을 예방하도록 통제하는 것에 대한 보장을 약속한다. 대부분 외국의 국경을 넘나드는 무인항공기는 현재 군사적으로 이용되고 있으며, 감시(Surveillance) 또는 전투(Combat)를 위한 임무를 수행하고 있지만, 국가 항공기의 외국 영토의 상공 비행 또는 착륙은 협약 제3조 (c)에 의해 특별협정 등에 의하여 허가받은 경우 외에는 금지되고 있다.

㉡ 민간무인항공기도 만약 효과적으로 관제되지 못한다면 다른 항공기와 충돌할 위험이 존재한다.

㉢ 이에 앞서 냉전 시대였던 1960년 6월 13일 ICAO 이사회 제40차 회기 제6차 회의에서 무통제 기구(Uncontrolled Balloons), 즉 자유기구의 비행에 관한 결의를 채택하여 그러한 기구는 항행의 안전에 명백한 위험(a Definite Hazard to Safety of Air Navigation)을 구성한다고 선언하고, 체약국으로 하여금 적절하거나 필요하다고 판단되는 조치를 취하도록 촉구하였다.[54]

② 비행금지구역(Prohibited Area)

㉠ 설정 요건

비행금지구역을 설정하는 목적은 군사적 필요 또는 공공 안전이다. 비행금지구역을 설정할 수 있는 영공에 대한 권리는 완전하고 배타적인 국가주권에서 그 근거를 찾을 수 있다. 이에 관하여는 협약 제9조에서 규정하고 있는 바, 그 요건을 설명하면 다음과 같다.

ⓐ 국적을 불문하고 모든 항공기에 대한 무차별(외국 간의 차별이나 자국과 외국 간의 차별도 금지)

ⓑ 합리적인 범위와 위치(Reasonable Extent and Location)에 설정

ⓒ 이 요건은 항행에 불필요한 방해를 방지하기 위한 목적을 가짐

ⓓ 설정과 관련된 세부 사항을 다른 체약국과 ICAO에 통보

---

54) 당시 냉전이 절정에 달하던 때였으며, 동유럽 국가들은 서유럽 국가들이 자국 공역으로 선전용 기구(Propaganda Balloons)를 보내고 있다고 항의를 제기하여 이 상황이 이러한 결의에 반영되었다.

ⓔ 예외적인 상황에서 또는 긴급한 기간, 또는 공공 안전을 위하여, 즉각적인 효과를 거두기 위하여 자국 영공의 전부 또는 일부 상공 비행을 제한 또는 금지할 수 있음

ⓕ 금지구역 또는 제한구역으로 진입하는 항공기에 대해 지정된 공항에 착륙하도록 요구할 수 있음

이러한 요건은 불분명하여 불필요한 국가 간의 불화를 초래하여 왔다.

ⓛ 분쟁 사례와 ICAO 이사회

ⓐ 1967년 영국은 Gibraltar해협 부근의 Algeciras만에 비행금지구역을 설정한 스페인을 상대로 ICAO 이사회에 분쟁 해결 절차를 제기하였으며, 영국은 스페인의 금지구역 설정이 합리적인 범위와 위치(Reasonable Extent and Location)요건과 불필요하게 방해하지 아니할 것(not Interfere Unnecessarily)이라는 요건에 위배된다고 주장하였다. 이사회는 이 문제에 대해 어떠한 결정도 내리지 아니하였다. 즉, ICAO 이사회는 국가 간의 정치적인 분쟁에 휘말리고 싶어하지 않았다.

ⓑ 일부 국가들이 군사훈련, 미사일 실험 또는 핵 실험을 위해 공해 상공의 항공기 비행을 제한하고자 함으로써 국제적 마찰이 발생한 경우에도 이사회는 이러한 상황의 정치적 영향을 고려하여 이 문제에 대해 침묵하였다.

ⓒ ICAO 이사회에 의한 부속서상의 정의

제9조의 의미를 명확히 하기 위하여 ICAO 이사회는 Annex 2(Rules of the Air)와 Annex 4(Aeronautical Charters) 및 Annex 15(Aeronautical Information Service)에 다음과 같이 용어에 대해 정의하였다.

ⓐ 금지 구역 : 항공기의 비행이 금지되는 어떠한 국가의 육지 구역 또는 영수(領水)[55]상의 한정된 범위의 공역(Prohibited Area : An air space of defined dimensions above the land area or territorial waters of a state, within which the flight of aircraft is prohibited)

ⓑ 제한 구역 : 일정한 특정 조건에 따라 항공기의 비행이 제한을 받는 육지 구역 또는 영수 상공의 한정된 범위의 공역 (Restricted Area : An air space of defined dimensions above the land areas or territorial waters, within which the flight of aircraft is restricted in accordance with certain specified conditions)

ⓒ 위험 구역 : 비행을 위태롭게 하는 활동이 특정 시간에 존재할 수 있는 특정한 구역(Danger Area ; A specified area within activities dangerous to flight may exist at specified times)

---

55) 영수(領水)라 함은 영해와 영해를 측정하는 기선(Baseline) 안쪽의 내수(內水)를 말한다.

③ 항공협정과 약정의 등록 및 공개

협약 제8조에 의해 ICAO(보다 구체적으로는 ICAO 이사회)는 체약국이 제출한 모든 항공협정과 약정을 등록하고 공개하는 업무를 맡고 있다. 체약국은 양자 간이든 다자간이든 그들이 체결한 모든 항공협정 또는 약정을 등록을 위하여 ICAO에 제출하여야 하며(제81조 및 제83조), 이러한 협정이나 약정이 「국제민간항공협약」과 양립되어야 한다. 더 나아가 제83조의 2(Article 83 bis)에 의하여 항공기의 리스, 차터(Charter ; 항공기나 배를 전세) 또는 교환과 관련하여 어떠한 기능이나 의무 양도에 관한 협정 또는 약정은 ICAO에 등록되어 공개되기 전에는 효력이 발생하지 않는다. 현재 ICAO는 수많은 협정과 약정을 등록하였으며, 새롭게 등록된 협정 목록을 수시로 공개하고 그 웹 사이트에 공표하고 있다.

④ 협약의 개정

㉠ 협약의 개정과 관련하여 총회는 초기부터 제한적 접근 방법을 채택하여 왔으며, 제4차 총회의 결의(Resolution A4-3)에서 다음과 같은 개정 조건 중 어느 하나 또는 양자 모두를 충족하도록 하였다.
ⓐ 경험상 필요한 것으로 증명되었을 것
ⓑ 바람직하거나 유용하다고 판단될 것

㉡ 총회는 이사회가 개정의 성격상 긴급하다고 판단하지 않는 한, 이사회 자체가 총회에 제출하기 위하여 협약개정안을 발의하지 않도록 하였는 데, 개정안의 제안은 기본적으로 총회의 업무로 보기 때문이다.

㉢ 따라서 개정안을 제안하고자 하는 체약국은 이사회에 그 제안을 제출하고 이사회가 이를 검토한 후 늦어도 차기 총회 개회일 3개월 전에 그 심사를 위해 모든 체약국들에게 전달하여야 한다.

※ 협약의 모든 개정과 관련한 실무상의 절차
ⓐ 협약 개정은 제94조의 절차적 요건을 충족해야 하며, 개정안은 총회의 표결에서 3분의 2 이상 찬성으로 승인되고 총회가 지정한 수의 체약국(전체 체약국의 3분의 2 이상)이 비준한 때 발효한다.
ⓑ 개정안은 비준한 국가에 대해서만 효력이 발생한다.[56] 대부분의 경우 총회의 개정안승인 결의는 그 최종 조항을 포함하여 개정 의정서의 문장을 그 내용으로 한다. 개정 의정서에 서명하는 자가 신임장을 제출한 전권대표(Plenipotentiaries)가 아니라 총회 결의에서 부여된 권한의 위임에 입각하여 총회의 의장과 사무총장이라

---

56) 통상적으로 협약의 개정 의정서는 총회 의장과 그 사무총장이 서명하고 발효를 위해 요구되는 비준의 수(3분의 2)를 결정한다. 협약 제94조(a) : 총회에서 3분의 2 이상의 찬성과 그 후 ICAO 총회원국 수의 3분의 2 이상의 비준이 있어야 한다. 현재 192개국인 ICAO 회원국 수를 감안해 볼 때 향후 개정안 채택이 되더라도 20년 이상이 경과하여야 127개국의 비준을 얻어 발효할 가능성이 크다.

는 점에서[57] 이러한 절차는 국제조약법의 관점에서 보았을 때 보기 드문(Unusual) 경우에 속한다.

ⓒ 개정 문안의 채택은 공식적인 외교 회의가 아니라 총회에서 이루어진다. 그동안 18번의 개정이 이루어졌으며, 그 중 2번만이 실체적 개정(제3조의2 및 제83조의2)에 해당하고, 16번은 그 성격상 제도 또는 절차(Institutional and Procedural)에 관한 개정이었다.

◆참고◆ ※ 개정 현황

ⓐ 실체적(Substantive) 개정 : Article 3 bis 및 Article 83 bis
- Article 83 bis(1980년) : 항공기의 Lease, Charter 및 Interchange에 관한 새로운 조항 추가
- 제12조, 제30조, 제31조 및 제32조 (a)하의 책임을 항공기 등록국으로부터 운항인(Operator) 국가로 이전하는 것을 허용(대세적(Erga Omnes) 효력 인정) : 1998년 발효
- Article 3 bis(1984년) : 1983년 소련 전투기에 의한 KAL 007기 격추 사건 후 UN 헌장 제51조에 의한 자위(自衛, Self-defence)의 경우를 제외하고는 비행 중인 민간항공기에 대한 무력 사용을 금지[58]

ⓑ 제도적 및 절차적(Institutional and Procedural) 규정 14차례 개정
- 제93 bis 추가 : 제1차 개정(1947년 3월) : UN 총회의 조치에 의한 ICAO 회원국의 제명과 추방
- 제45조 개정(1954년) : 항구적 소재지(Permanent Seat)에 관한 ICAO 총회 결정에는 5분의 3(Three-Fifths) 찬성 필요
- 제48조 (a), 제49조 (e) 및 제61조 개정(1954년) : 총회 1년이 아니라 최소 3년에 1회 개최하고, 1년 예산이 아닌 3년 예산(Triennial Budgets) 제도 채택
- 제50조 (a) 5차례 개정 : 이사국의 수를 21개국에서 27개국으로(1961년), 27개국에서 30개국으로(1971년), 30개국에서 33개국으로(1974년), 33개국에서 36개국으로(1990년), 36개국에서 40개국으로 확대
- 제56조 3차례 개정 : Air Navigation Commission의 위원수를 12명에서 15명으로(1971년), 15명에서 19명으로(1989년), 19명에서 21명으로(2016년) 확대
- 제48조 개정(1962년) : 특별 총회의 개최를 요구할 수 있는 최소 회원국 수를 10개국에서 전체 회원국 수의 5분의 1(회원국의 증가에 따른 조정)로 확대
- 최종 조항(Final Clause) 개정 : 협약 채택 당시 정본(Authentic Text) 용어는 영어, 프랑스어, 스페인어였으며, 그 후 러시아어(1977), 아랍어(1995), 중국어(1998) 추가[59]

---

57) Assembly Resolution A13-1, operating clause 3(a) : The Protocol shall be singed by the President of the Assembly and its Secretary General.
58) 그 이전에도 정기비행항로를 부주의로 이탈한 민간항공기에 대한 격추 사건이 수차례 있었다.
59) 그러나 아랍어본 협약문과 중국어본 협약문을 정본(Authentic Copy)으로 하려는 1995년 및 1998년의 개정 의정서는 아직 발효하지 않았다. 따라서 현재 4개의 정본(Quadrilingual Text)이 존재한다.

(7) 부속서의 표준과 권고되는 방식

① 부속서의 채택

㉠ 협약의 관련 규정

협약 제6장은 국제 표준과 권고되는 방식이라는 명칭 하에 Article 37(Adoption of International Standards and Procedures), Article 38(Departures from International Standards and Procedures), Article 39(Endorsement of Certificates and Licenses), Article 40(Validity of Endorsed Certificates and Licenses), Article 41(Recognition of Existing Standards of Airworthiness) 및 Article 42(Recognition of Existing Standards of Competency of Personnel) 등으로 구성되어 있다.

㉡ 국제 표준 및 절차의 채택

협약 제37조는 '각 체약국은 항공종사자, 항공로 및 부속 업무에 관한 규칙, 표준절차와 조직에서 실행 가능한 가장 높은 수준의 통일성을 확보하는 데 협력할 것을 약속하며, 이러한 통일성으로 운항이 촉진되고 개선되도록 한다.'라고 하였으며, 이를 위하여 다음의 사항에 대해 국제표준과 권고되는 방식과 절차를 수시로 채택하고 개정한다.

ⓐ 통신 조직과 항공보안시설

ⓑ 공항과 이착륙의 성질

ⓒ 항공 규칙과 항공교통 관리 방식

ⓓ 운항 관계 및 정비 관계 종사자의 면허

ⓔ 항공기의 감항성

ⓕ 항공기의 등록과 식별

ⓖ 기상정보의 수집과 교환

ⓗ 항공 일지

ⓘ 세관과 출입국 절차

ⓙ 조난 항공기 및 사고의 조사

㉢ 국제표준 및 절차의 일탈

협약 제38조는 다음과 같이 규정하고 있다.

국제표준 또는 설자를 모든 측면에서 준수하는 것 또는 자국의 규칙 또는 관행을 국제표준 또는 절차에 완전히 조화시키는 것이 실행 불가능하다고 판단하는 국가, 또는 국제표준에 의하여 확립된 규칙 또는 관행과 어떤 특정한 측면에서 다른 규칙 또는 관행을 채택할 필요가 있다고 판단하는 국가는 자신의 관행과 국제표준으로 확립한 관행 간의 차이를 ICAO에 즉시 통보하여야 한다.

국제표준이 개정된 경우, 자신의 규칙 또는 관행을 적절하게 개정을 하지 아니하는 국가는 그 국제표준 채택 후 60일 이내에 이사회에 통지하거나 또는 자신이 취하고자 하는 조치를 제시하여야 한다. 이 경우 이사회는 국제표준과 이에 상응하는 해당 국가 관행의 하나 또는 그 이상의 특징(Features) 간에 존재하는 차이점을 다른 모든 국가에 즉시 통지하여야 한다.

이와 같이 제37조와 제38조는 두 가지 선택만을 국가에 남겨 두고 있다.

첫째, 국제표준 또는 절차의 준수

둘째, 일단 그 표준이나 절차가 발효되면 그 차이점을 즉각 제출하여야 한다. 그러나, 이러한 조항은 국가의 관행으로 살펴볼 때 사문화(死文化)되었다고 보이며, 선진국들도 이 조항들을 잘 준수하지 아니한다.

ㄹ) 국제표준과 절차의 비교

국제절차(International Procedures)는 ICAO가 특히 항행 업무(Air Navigation Services)에 관하여 작성하여 왔다.[60]

국제절차는 국제표준 및 권고되는 방식(SARPs)과 별개로 공표되고 있으며, 다만 실무상으로는 표준과 동일선상에서 다루어지고 있다. SARPs와 PANS(Procedures for Air Navigation Services)는 ICAO와 체약국의 범세계적 또는 지역적 차원의 계획 수립 절차(Planning Processes)에서 필수적 수단이 되고 있다.

ICAO 체약국들이 자국의 항공규칙의 안정성을 유지할 수 있도록 하기 위해서는 SARPs와 PANS가 높은 정도의 안정성이 유지되어야 한다.

ICAO Resolution A35-14, Appendix A의 각 조항에 의하면, 개정은 안전(Safety), 규칙성(Regularity) 및 효율성(Efficiency)등 중요한 것에 한정하며 반드시 해야 할 것 외에는 편집상의 개정(Editorial Amendment)도 하지 아니한다.

ㅁ) 부속서의 채택 등에 관한 이사회의 권능

ⓐ 제54조(1)

- 제6장(제37조 ~ 제42조)에 따라 SARPs 채택
- 편의상 부속서로 지정
- 이러한 각각의 경우 취해진 조치를 모든 체약국에 통지하는 권능

ⓑ 제54(m) : 부속서의 개정을 위하여 항행위원회(Air Navigation Commission)의 권고를 검토하고 제20장 제90조에 따라 조치를 취할 수 있는 권능[61]

---

60) Procedures for Air Navigation Services- PANS : PANS-OPS, Doc. 8168; PANS/ATM, Doc.4444; PANS/ABC Doc.8400; SUPPS. Doc.7030 참조

61) 제54조(m)에 따라 Chapter 20에 정해진 절차에 따라 수시로 개정안을 채택하여 현재 19개의 부속서를 유지하고 있다.

※ 국제표준과 권고 방식의 채택 : 모든 회원국의 전문 기술 대표로 구성되는 기술부 회의에서 토의한 결과를 안으로 작성하여 회원국 간의 조정 → ICAO 항행위원회 심의 후 이사회 제출 → 이사회가 「국제민간항공협약」 부속서로 채택

② 부속서의 법적 성격

부속서는 주로 기술적인 사항에 관한 통일을 용이하게 하기 위한 것이며, 그 자체가 직접 법적 구속력이 있는 것은 아니다. 즉, 조약 본문의 개정 절차와 부속서의 제정 또는 개정 절차가 다르다.

국제표준 및 권고되는 방식은 통일되는 것이 국제항공의 안전이나 정확성을 위하여 필요(국제표준)하거나 바람직한(권고되는 방식) 사항에 관한 것이다.

㉠ 국제표준 : 물질적 특성, 형상, 시설, 성능, 종사자, 절차 등을 규정하며, 체약국은 이를 준수하되, 준수할 수 없는 경우 이사회에 통보할 의무(제38조)가 있다. 통보된 경우 이사회는 이를 다른 모든 체약국에 통보하게 된다.

㉡ 권고방식 : 국제표준과 달리 권고방식과 자국방식의 차이를 ICAO에 통보할 의무가 없다. 다만, 중대한 차이에 대해서만 통보를 권장한다. 세계 각국 정부도 ICAO의 권고나 미국 연방항공청(FAA ; Federal Aviation Authority)이 설정한 기준을 받아들이고 있으며, 우리나라의 항공관련법에 규정된 공항 및 항로, 항행 시설, 안전에 관한 각종 규격, 규제, 제한이나 표지판, 장비에서 사용하는 용어에 이르기 까지 모두 ICAO의 권고 및 FAA의 표준을 근간으로 하고 있다.

ICAO Annexes

- ICAO SARPS (Standards and Recommended Practices) for each area of ICAO responsibility are contained in 18 Annexes.

- Annex 1 - Personnel Licensing
- Annex 2 - Rules of the Air
- Annex 3 - Meteorological Services
- Annex 4 - Aeronautical Charts
- Annex 5 - Units of Measurement
- Annex 6 - Operation of Aircraft
- Annex 7 - Aircraft Nationality and Registration Marks
- Annex 8 - Airworthiness of Aircraft
- Annex 9 - Facilitation
- Annex 10 - Aeronautical Telecommunications
- Annex 11 - Air Traffic Services
- Annex 12 - Search and Rescue
- Annex 13 - Aircraft Accident and Incident Investigation
- Annex 14 - Aerodromes
- Annex 15 - Aeronautical Information Services
- Annex 16 - Environmental Protection
- Annex 17 - Security
- Annex 18 - The Safe Transportation of Dangerous Goods by Air

8   Aug-15

③ 부속서의 종류와 주요 내용

  ㉠ 제1부속서 : 항공종사자의 자격 증명(Personnel Licensing)

    ⓐ 조종사의 자격 증명 및 한정

    ⓑ 항공사, 항공기관사, 항공통신사 등의 자격증명

    ⓒ 항공기 정비사, 항공교통관제사 등에 대한 자격 증명 및 한정, 조종사의 신체 및 정신적 요건

  ㉡ 제2부속서 : 항공규칙(Rule of the Air)

    항공규칙의 적용 범위, 충돌의 회피, 비행정보, 불법 방해 행위, 시계비행규칙, 계기비행규칙, 신호, 항공기 등화, 순항고도, 민간항공기의 요격(Interception)

  ㉢ 제3부속서 : 국제항공을 위한 기상 업무(Meteorological Service for International Navigation)

    기상대, 기상관측, 기상 보고, 공항 등의 항공기상정보, 항공기상도, 통신에 대한 요건과 이용

  ㉣ 제4부속서 : 항공도(Aeronautical Charts)

    항공도에 관한 세칙, 진입도, 착륙도, 비행장도

  ㉤ 제5부속서 : 공·지(空地) 통신에서 사용되어야 할 측정 단위(Units of Measurement to be Used in Air and Ground Operations)

    측정 단위의 국제화 촉진, 고도, 거리, 경도, 위도, 시계 풍속, 기압, 속도, 조명도, 음량 등의 표준과 기호

  ㉥ 제6부속서 : 항공기 운항(Operation of Aircraft)

    기장의 직무, 항공기 운항 한계, 비행기의 계기 및 장비품과 비행 기록, 비행기의 정비, 항공기 승무원, 운항 관리자, 운항 안내서와 기록류, 객실 승무원, 보안

  ㉦ 제7부속서 : 항공기의 국적 및 등록 기호(Aircraft Nationality and Registration Mark)

    항공기의 국적, 등록, 등록의 공동 기호, 기호의 명시 장소 및 등록 증명서

  ㉧ 제8부속서 : 항공기의 감항성(Airworthiness of Aircraft)

    항공기의 감항 증명과 그 표준 방식, 항공기 및 부품의 감항성 기준

  ㉨ 제9부속서 : 출입국 간소화(Facilitation)

    항공기, 여객, 승무원, 화물의 출입국 및 통과 수속의 간소화

  ㉩ 제10부속서 : 항공통신(Aeronautical Telecommunication)

    무선항법 원조 시설, 통신 장치 및 무선주파수 등

  ㉪ 제11부속서 : 항공교통 업무(Air Traffic Services)

    항공교통관제 업무, 비행 정보 업무 및 구난의 경우 긴급 업무

ⓣ 제12부속서 : 수색 및 구조(Search and Risk)

　항공기의 수색 및 구난에 관한 조직 및 절차 등

ⓟ 제13부속서 : 항공기 사고 조사(Aircraft Accident Investigation)

　항공기 사고에 관하여 통보, 조사에 대한 관할, 조사의 절차, 조사 보고서 등

ⓗ 제14부속서 : 비행장(Aerodromes)

　표점, 표고 및 온도 등의 비행장 자료와 활주로(Runway) - 숄더(Shoulder : 타이어
의 어깨 부분으로, 트레드와 사이드 월의 경계 부분을 말하며, 주행 중 내부 발생
열을 쉽게 발산시키는 구조로 설계되어 있다) 및 착륙대(Landing Area) 등의 물리
적 특성, 장애물의 제한과 제거, 시각 원조 시설, 비행장 설비, 항공등화 등

㉮ 제15부속서 : 항공 정보 업무(Aeronautical Information Services)

　항공로, 항행에 관한 시설, 상황, 서비스, 수속 및 장애 등의 정보(NOTAM)과 항공
정보 통보(Circular), 전기통신 요건 등

㉯ 제16부속서 : 환경보호(Environmental Protection)

　비행기의 소음 제한, 그 기준이 되는 평가 단위 소음 측정점 및 시험 수속 등

㉰ 제17부속서 : 보안(Security)

　항공기 납치 등 항공기에 대한 불법행위에 대응하기 위한 조직과 협력, 비행장 및
운항인에 관한 정보와 보고 등

㉱ 제18부속서 : 위험물의 안전 운송(Safe Transport of Dangerous Goods)

　위험물의 정의, 구분, 포장, 표시, 수송의 제한 등

㉲ 제19부속서 : 안전 관리(Safety Management)

　상기 부속서들과 관련된 업무는 항행위원회가 담당한다. 다만, 제9부속서는 항공운
송위원회가 제17부속서는 불법방해위원회(Committee on Unlawful Interference)
가 담당한다.

CHAPTER

4 국제항공 보안 관련 협약

1 ✈ 국제항공 보안 관련 협약

(1) 의 의

국제항공 보안은 항공기 내의 불법행위, 항공기납치, 항공기 폭파, 공항 및 항행 안전시설의 파괴, 그 밖의 항공 안전을 위태롭게 하는 행위와 관련되어 있다. 국제사회가 항공보안 문제에 관심을 갖게 된 것은 1960년대부터라고 할 수 있지만, 「국제민간항공협약」에서는 보안에 관한 구체적인 내용은 찾아볼 수 없다.

이 협약의 기초자들도 보안 문제에 대해서는 크게 관심을 갖지 않았으며, 적지 않은 항공보안 문제들은 방어하려는 자와 이를 공격하려는 자 간의 상상력(Imagination)의 싸움이라고 할 수 있다.

그동안 국제사회에서 제기되었던 항공보안 문제는 사건 발생 후에 따른 새로운 조치의 추가라는 경향을 보여 온 것도 사실이다. 최근에는 향후 발생할 수 있는 새로운 형태의 항공 보안 침해 행위에 대응하기 위한 국제항공 보안 관련 협약들이 개정되기도 하였다. 이들 협약과 개정을 위한 협약 및 의정서에 대해서는 다음에 자세히 살펴보기로 한다.

(2) 「동경협약」

① 채택 배경과 목적

1963년 「항공기 내에서 행한 범죄 및 기타 행위에 관한 협약」(Convention on Offences and Certain Other Acts Committed on Board Aircraft ; 이하 「동경협약」이라 한다)은 당시 증가하는 항공 범죄에 신속히 대응할 국제협약의 필요성에 따라 채택되었다.

「동경협약」은 제7장, 26개 조문으로 구성되어 있으며, 제7장의 최종 규정을 제외하면 항공기 내 범죄의 정의, 항공기 내 범죄에 대한 재판관할권, 기장의 권한과 체약국의 권리와 의무를 주된 내용으로 하고 있다.

동경협약은 항공기 납치에 관한 규정을 둔 최초의 국제조약이다. 그러나 「동경협약」의 원래의 목적은 항공기 납치를 규율하는 것은 아니었다. 동경협약 채택 당시 항공기 납치 사건은 일부 지역에서 발생하는 우발적인 것으로 국제사회의 큰 관심 대상이 아니었기 때문이다.

「동경협약」의 초기의 문안들은 항공기 납치 문제를 다루는 규정을 두고 있지 않았으나, 미국 등의 요구에 따라 협약에서 제3장을 두어 항공기 납치의 불법성을 명확히 하였다. 그러나 「동경협약」에 규정된 범죄행위는 대단히 불명확한 개념이었으며 협약 적용의 구체적인 조건을 제시하거나 항공기 납치 범죄에 대하여 규범적인 정의를 두지 않았다. 이러한 배경하에 「동경협약」은 항공기 내의 범죄에 대한 형사관할권, 기장의 책임 및 각 체약국 간의 상호 협력의 책임 등에 관한 문제를 다루고 있다.

「동경협약」의 목적은 다음과 같다.

첫째, 공해 상공에서 범죄가 발생했거나 어느 나라 영공인지 구분이 안 되는 곳에서 발생한 범죄에 대하여 적용할 형법을 결정하고

둘째, 항공기의 안전을 저해하는 지상에서의 범죄와 행위에 대한 기장의 권리와 의무를 명확히 하고

셋째, 항공기의 안전을 저해하는 범죄와 행위가 발생한 후 항공기가 착륙하는 지역 당국의 권리와 의무를 명확히 하는 것이다.[62]

② 적용 대상

　㉠ 적용 대상이 되는 항공기 내 범죄의 정의(제1조 제1항)

　　ⓐ 형법상의 범죄(Offences against Penal Law)

　　ⓑ 범죄의 구성 여부를 불문하고 항공기와 기내의 인명 및 재산의 안전을 위태롭게 하거나 그러한 우려가 있는 행위, 또는 기내의 질서 및 규율을 위협하는 행위

위 ⓐ의 '형법상 범죄'의 범주에는 모든 형법상의 범죄를 의미하는 것은 아니다. 즉, 세관, 위생, 기타 행정상의 모든 범죄를 포함하는 것인가?에 대해 항공기가 비행 중인 상황에서의 범죄라는 점을 감안하면 소극적으로 해석하여야 할 것이다. 또한 상기 ⓑ와 관련하여서는 항공기 안전의 침해이거나 침해의 위험성 유무, 또는 항공기 내의 질서 및 규율의 침해 여부가 기준이 되어야 한다. 따라서 반드시 형법상의 범죄이어야 하는가에 대해서는 논란이 있을 수 있다. 그러나 이와 반대로 밀수 또는 스파이 행위 등은 항공기 내의 질서 등에 직접 관련이 없으므로 적용 범위에서 제외된다고 볼 수 있으며, ⓑ의 범주에 대해서는 관할 법원이 판단하게 될 것이다.

　㉡ 적용 대상 항공기

「동경협약」은 모든 항공기에 대해 적용되는 것은 아니며, 민간항공기가 그 적용 대상이 된다. 세1소 제4항에 따라 군용·세관 또는 경찰용으로 사용되는 항공기에는 적용되지 않으며, 이러한 항공기는 「국제민간항공협약」에서 대표적인 국가항공기에 해당되기 때문이다.

---

62) 홍순길·신홍균, 신(新)국제항공우주법 강의, 1999, 한국항공대학교출판부, pp. 121-124.

③ 장소적·시간적 적용 범위(제1조 제2항)

　㉠ 장소적 적용 범위

　　「동경협약」이 적용되는 것은 기장의 권한을 제외하고는

　　첫째, 항공기가 비행 중이거나

　　둘째, 어떤 국가의 영역에도 속하지 아니하는 지역(어떤 국가의 배타적 경제수역, 공해 및 남극)에 있는 동안 기내에서 행하여진 행위로서(제1조 제2항) 제1조 제1항 각 호의 범주에 속하여야 한다.

　　비행 중(in Flight)이라 함은 항공기가 이륙의 목적을 위하여 동력이 시동을 건 때부터 착륙을 위한 활주가 끝난 때까지의 기간을 말한다(제1조 제3항).

　㉡ 기장이 권한을 행사할 수 있는 시간적 범위

　　기장이 기내 범죄행위에 대하여 권한을 행사할 수 있는 시간적 범위는 승객이 탑승한 후 외부로 통하는 모든 문이 폐쇄된 때로부터 승객이 내리기 위하여 문이 열릴 때까지이다. 다만, 강제착륙의 경우에는 해당 국가 직원이 도착하여 책임을 인계받을 때까지이다.

④ 재판관할권

　첫째, 항공기의 등록국은 동 항공기 내에서 범하여진 범죄나 행위에 대한 재판 관할권을 행사할 권한을 가진다(제3조 제1항). 요컨대, 원칙적으로 항공기 등록국이 재판 관할권을 행사한다고 할 수 있다. 이를 위하여 등록국은 기내 범죄에 대한 처벌을 위한 재판 관할권을 확립하여야 한다(제3조 제2항).

　둘째, 예외적으로 항공기 등록국이 아닌 국가도 형사재판 관할권을 행사할 수 있다. 제4조는 '체약국으로서 등록국이 아닌 국가는 다음의 경우를 제외하고는 기내에서의 범죄에 관한 형사재판 관할권의 행사를 위하여 비행 중인 항공기에 간섭(Interference with an Aircraft in Flight)하지 아니하여야 한다.'라고 규정하고 있다.

　그러나 제4조의 제외 사항의 경우 이를 반대로 해석하면 다음의 경우에는 형사재판 관할권 행사를 위해 비행 중인 항공기에 간섭할 수 있다.

　㉠ 범죄가 그 국가의 영역에 영향을 미치는 경우

　㉡ 범죄가 그 국가의 국민이나 또는 영주자(a National or Permanent Resident)에 의하여, 또는 이들에 대하여 행하여진 경우

　㉢ 범죄가 그 국가의 안전(Security)에 반하는 경우

　㉣ 범죄가 그 국가에서 시행 중인 항공기의 비행 및 기동(Flight or Manoeuvre)에 관한 규칙의 위반을 구성하는 경우

　㉤ 관할권의 행사가 그 국가의 다자간 국제협정상의 의무 이행을 보장하기 위하여 필요한 경우이다.

즉, '비행 중인 항공기에 간섭'이라 함은 항공기를 착륙시키거나 비행을 지연시킬 수 있다는 것이다. 그러나, 자국 영공을 비행 중인 항공기가 아닌 한, 상기의 목적을 위해 간섭한다는 것이 사실상 힘들다는 점에 주목할 필요가 있다.

⑤ 기장의 권한과 의무

   ㉠ 기장의 의의

     「동경협약」에서의 기장이라 함은 다음 세 번째의 의미를 갖는다.

     첫째, 항공기에 탑승하여 조종할 수 있는 자(기장 자격이 있는 자)

     둘째, 항공기에 탑승하여 조종을 담당하는 자

     셋째, 항공기에 탑승하여 그 운항과 안전에 대한 책임을 지는 조종사

   ㉡ 권한과 의무

     기장은 제1항 제1호에 범죄행위를 하였거나, 할 우려가 있다고 믿을 만한 상당한 이유가 있는 자에 대해서는 다음의 목적을 위하여 감금을 포함한 필요한 조치를 취할 수 있다(제6조 제1항).

     ⓐ 항공기 또는 기내의 인명과 재산의 안전보장

     ⓑ 기내의 질서와 규율 유지

     ⓒ 그러한 자를 관계 당국에 인도하거나 또는 항공기에서 하기 조치(Disembarkation)를 취할 수 있는 기장의 권한 확보

   ㉢ 기장은 자신이 감금할 권한이 있는 자를 감금하기 위하여 다른 승무원의 도움을 요구하거나 권한을 부여할 수 있으며, 승객의 도움을 요청하거나 권한을 부여할 수 있으나 이를 요구할 수는 없다.

     승무원이나 승객도 누구를 막론하고 항공기와 기내의 인명 및 재산의 안전을 보호하기 위하여 합리적인 예방 조치가 필요하다고 믿을 만한 상당한 이유가 있는 경우에는 기장의 권한 부여가 없어도 즉각적으로 상기 조치를 취할 수 있다(제6조 제2항). 이는 항공 안전을 위한 '긴급피난'의 법리를 규정한 것이라 할 수 있다.

     어떠한 자에 행하여진 감금 조치는 다음 경우를 제외하고는 항공기가 착륙하는 지점을 넘어서까지 계속되어서는 아니 된다(제7조 제1항).

     ⓐ 착륙 지점이 비체약국의 영토 내에 있으며, 그 국가의 당국이 이러한 자의 상륙을 불허하는 경우이거나, 혹은 관계 당국에 인도하거나 항공기에서 하기 조치(Disembarkation)를 취할 수 있는 기장의 권한 확보(제6조 제1항 ⓒ)를 위한 목적으로 관계 당국에 그 자의 인도를 가능하게 하기 위하여 그러한 조치가 취하여진 경우

     ⓑ 항공기가 불시착하여 기장이 그 자를 관계 당국에 인도할 수 없는 경우

ⓒ 그 자가 감금 상태 하에서 계속 비행하는 것에 동의하는 경우 기장은 제6조의 규정에 따라 기내에 특정인을 감금한 상태로 착륙하는 경우 가급적 조속히, 그리고 가능한 한 착륙 전에 기내에 특정인이 감금되어 있다는 사실과 그 사유를 해당국의 당국에 통보하여야 한다(제7조 제2항).

ⓔ 기장은 항공기 또는 기내의 인명과 재산의 안전보장(제6조 제1항 ⓐ) 또는 기내의 질서와 규율 유지(제6조 제1항 ⓑ)의 목적을 위하여 필요한 경우에는 기내에서 제1조 제1항 ⓑ의 행위를 범하였거나 범하려고 한다는 믿을 만한 상당한 이유가 있는 자에 대하여 누구임을 막론하고 항공기가 착륙하는 국가의 영토에 그 자를 하기시킬 수 있다(제8조 제1항). 이러한 자를 하기시킨 국가의 당국에게 하기시킨 사실과 그 사유를 통보하여야 한다(제8조 제2항).

ⓜ 기장은 자신의 판단에 따라 항공기의 등록국의 형사법에 규정된 중대한 범죄를 기내에서 범하였다고 믿을 만한 상당한 이유가 있는 자를 항공기가 착륙하는 영토국인 체약국의 관계 당국에 인도할 수 있다. 기장이 인도하려고 하는 자를 탑승시킨 채로 착륙하는 경우에는 가급적 조속히, 그리고 가능하면 착륙 전에 동 특정인을 인도하겠다는 의도와 그 사유를 동 체약국의 관계 당국에 통보하여야 한다.

또한 범죄인 혐의자를 인수하는 당국에게 항공기 등록국의 법률에 따라 기장이 합법적으로 소지하는 증거와 정보를 제공하여야 한다(제9조 제1항, 제2항 및 제3항).

ⓗ 이 협약에 따라 제기되는 소송에서 기장이나 기타 승무원, 승객, 항공기의 소유자나 운항자 등은 피소자가 받은 처우로 인한 책임을 지지 아니한다(제10조). 다만, 남용한 경우에는 위법성이 조각(阻却)되지 아니한다.

⑥ 항공기의 불법 납치 관련 조항

비행 중인 항공기 내에 있는 자가 폭력(Force) 또는 폭력에 의한 협박(Threat)에 의하여 항공기에 대하여 불법적으로(Unlawfully), 간섭(Interference), 탈취(Seizure), 기타 부당한 통제 행사(other Wrongful Exercise of Control)를 행하거나 행하고자 하는(is about to Committed) 경우, 체약국은 그 항공기의 관리를 기장에게 회복하게 하거나 유지하게 하기 위하여 적당한 조치를 취하여야 한다(제11조 제1항).

그러한 사태로 인하여 항공기가 착륙하는 체약국은 승객과 승무원이 가급적 조속히 여행을 계속하도록 허가하여야 하며, 또한 항공기와 화물을 각각 합법적인 소유자에게 반환하여야 한다(제11조 제2항).

제11조 제2항은 항공기 납치의 방지보다는 그러한 행위가 발생한 경우의 기장 등에 대한 체약국의 협력에 중점을 두고 있다.

⑦ 체약국의 권리와 의무

체약국의 권한과 의무에 관한 사항은 제12조부터 제15조까지 규정하고 있다. 체약국은 어느 국가를 막론하고 항공기의 기장에게 제8조 1항에 따른 특정인의 하기(下機) 조치를 인정하여야 한다. 사정이 정당하다고 인정하는 경우에는 체약국은 제11조 제1항에 규정된 행위를 범한 피의자와 해당 체약국이 인수한 자의 신병을 확보하기 위하여 구금과 기타 조치를 취하여야 한다. 그러한 구금과 기타 조치는 해당 체약국의 법률이 규정한 바에 따라야 하나, 형사적 절차와 범죄인 인도에 따른 절차와 착수를 가능하게 하는데 합리적으로 필요한 기간에만 계속되어야 한다. 구금되고 있는 어떠한 자도 최소 거리에 있는 본국의 적절한 대표와 연락을 취할 수 있도록 도움을 받아야 한다.

특정 인물을 인수한 체약국은 사실에 대한 예비 조사를 즉시 행하여야 한다. 특정인을 구금한 국가는 항공기 등록국 및 피구금자의 국적 국가에 대하여 특정인이 구금되어 있다는 사실과 그의 구금을 정당화하는 사정 등에 관한 사실을 즉시 통보하여야 한다. 예비 조사를 행하는 국가는 이들 국가에 대하여 조사 결과를 즉시 통고해야 하며, 그 관할권을 행사할 의도가 있는지의 여부를 명확히 해야 한다(제13조 제1항 내지 제5항 참조).

⑧ 임차 항공기와 관련된 문제

「동경협약」은 등록국주의를 채택하고 있기 때문에 임차하고 있는 항공기 내에서 임차국의 기장은 등록국의 형법에 관한 지식을 가져야 한다. 다만, 현실적으로 충분한 지식을 가진다는 것은 불가능하기 때문에 기장의 일반적인 법의식(Legal Consciousness)에 의하게 되며, 이러한 이유 때문에 어떠한 자가 기내에서 받은 처우에 대하여 기장 등에게 책임을 묻지 아니한다(제10조). 다만, 남용의 경우는 예외이다.

(3) 1970년 「헤이그협약」

① 채택 배경

「동경조약」이 국제사회에서 가입이 개방된 이후 특히 1960년대 말 항공기 납치 사건이 크게 증가하게 되었다. 1968년 한 해에만 30회가 발생하였고, 1969년에는 91건이 발생하였는 데, 그 중에서 테러주의와 관련 있는 사건은 3분의 1에 해당하였다. 이에 따라 국제사회의 관심을 끌게 되었다.

세계 각국은 모두 「동경협약」으로는 항공기 납치에 대처할 수 없음을 인식하였고, 1969년 국제연합은 항공기 납치 문제를 총회의 의사 일정에 상정하였다. 동년 ICAO는 특별위원회를 조직하여 민간항공기 납치 문제를 전문적으로 검토하게 되었다.

국제연합의 촉구에 따라 1970년 12월 1일 ICAO가 77개국 대표가 모인 가운데 회의를 개최하여 12월 16일 「항공기의 불법 납치 억제를 위한 협약」(Convention for the Suppression of Unlawful Seizure of Aircraft ; 이하 「헤이그협약」이라 한다)을 채택하였다. 「헤이그협약」은 14개 조문으로 구성되어 있으며 항공기 불법 납치에 대해서만 규정하고 있다.

이 협약이 필요한 이유를 설명하면 다음과 같다.

첫째, 승무원과 항공기 납치범들과의 싸움은 항공기의 통제를 불가능하게 하며,

둘째, 조종실에서 무기가 사용되면 큰 손상이 발생하며,

셋째, 항공교통 규칙을 따르지 못해 항공기 충돌이 발생하며,

넷째, 연료 부족도 발생할 수 있고,

다섯째, 특정 공항에 대하여는 승무원들이 익숙하지 못하여 착륙 절차도 모를 수 있다.

한편, 국제법상 이른바 항공기 불법 납치 행위는 다양한 이유로 이루어지고 시대에 따라 다음과 같이 다른 양상을 보여 왔다.

냉전 체제하에서는 자신이 원하는 체제 국가로 가기 위한 목적이거나, 1960년대 중동 사태 이후에는 일정한 정치적 요구를 관철시키기 위한 목적(정치적 자금 조달, 또는 구속된 동료 석방 등 반(反)이스라엘 정치적 구호)인 경우가 많았다. 최근에는 미국 등 서방 국가들의 친(親)이스라엘 정책에 대한 반감으로 항공기를 납치하는 사례가 나타났고, 2001년 알카에다에 의한 911테러 이후에는 이슬람 극단주의 세력(IS테러단체 등)에 의한 항공기 납치 등 종교적인 성격의 테러 양상으로 변하고 있다.

그 밖에도 특정한 국가에서 소수 민족들이나 반정부군이 분리 독립 등을 요구하거나 정부를 전복시키기 위하여 항공기를 납치하는 경우도 발생하고 있다. 이와 같이 다양한 이유로 항공기 납치가 발생하고 있으며, 항공기 납치 행위(Hijacking)의 성격에 대한 규명이 필요하다. 즉, 정치범 또는 정치적 난민(Refugee)인지의 여부가 관건이 된다.

② 주요 내용

㉠ 전 문

「헤이그협약」은 전문에서 그 취지를 다음과 같이 잘 설명하고 있다. 이 협약에서 당사국들은 비행 중에 있는 항공기의 불법적인 납치 또는 점거행위가 인명 및 재산의 위해를 가하고 항공 업무의 수행에 중대한 영향을 미치며, 또한 민간항공의 안전에 대한 세계 인민의 신뢰를 저해하는 것임을 고려하고, 그와 같은 행위를 방지하기 위하여 범인들이 처벌에 관한 적절한 조치를 규정하기 위한 긴박한 필요성이 있음을 고려하여 다음과 같이 합의를 하였다.

㉡ 적용 대상이 되는 범죄행위

범죄(Offence)의 개념에 대하여 제1조에서 다음과 같이 정의하고 있다.

비행 중에 있는(in Flight) 항공기에 탑승한 어떠한 자도

ⓐ 폭력 또는 위협에 의하여 또는 그 밖의 어떠한 다른 형태의 협박에 의하여 불법적으로 항공기를 납치 또는 점거하거나 또는 그와 같은 행위를 하고자 시도하는 경우

ⓑ 그와 같은 행위를 하거나, 하고자 시도하는 자의 공범자의 경우에도 죄를 범한 것으로 한다.

상기 ⓐ에서 그러한 시도를 한 경우라 함은 미수범을 의미하는 것으로, 따라서 범죄 행위의 착수가 필요하다.

상기 ⓑ의 공범(Accomplice)은 방조 및 교사(敎唆) 행위를 한 자라고 할 수 있다. 다만, 이러한 행위가 기내에서 이루어져야 하기 때문에 지상에서의 행위는 이 협약 상의 범죄가 아니며, 협약상의 범죄행위는 재판권을 행사하는 국가의 국내법이 기준이 된다.

「헤이그협약」의 제1조의 주요 내용을 분석·요약하면 범죄는

첫째, 비행 중인 항공기 내에서 행해져야 하며

둘째, 그 행위가 불법이어야 하며

셋째, 무력의 사용이나 위협이 있어야 하며

넷째, 그 행위는 항공기를 조치 또는 점거하거나 이를 시도하는 것까지도 포함하고 있다.

또한, 「헤이그협약」은 제2조에서 각 체약국은 범죄를 엄중한 형벌(Severe Penalties)로 처벌할 수 있도록 의무를 가진다는 면에서 「동경협약」보다 진일보했다고 볼 수 있다.[63]

③ 시간적 적용 범위

「헤이그협약」은 비행 중(in Flight)이라는 개념에 대하여 「동경협약」과는 달리, 탑승 (Embarkation) 후 모든 외부의 문이 닫힌 순간부터 하기(Disembarkation)를 위하여 문이 열리는 순간까지의 어떠한 시간도 비행 중에 있는 것으로 본다. 강제착륙을 한 경우 비행은 관할 당국이 그 항공기와 기내의 사람 및 재산에 대한 책임을 인수할 때까지 지속되는 것으로 본다(제3조 제1항).[64] 또한, 「헤이그협약」은 항공기가 국내 비행이나 국제 비행에 관계없이 적용된다(제3조 3항).

④ 재판관할권과 범죄인 인도

㉠ 경합적 재판관할권

체약국은 범죄행위 및 범죄와 관련하여 승객 또는 승무원에 대해 범죄 혐의자가 행한 기타 폭력에 관하여 다음과 같은 경우에 자국의 재판 관할권을 행사하기 위해 필요한 조치를 취해야 한다.

---

63) 홍순길·신홍균, 신(新)국제항공우주법 강의, 1999, 한국항공대학교 출판부, ., pp.129-130.

64) ...... an aircraft is considered to be in flight at any time from the moment when all its external doors are closed following embarkation until the moment when any such door is opened for disembarkation. In the case of a forced landing, the flight shall be deemed to continue until the competent authorities take over the responsibility for the aircraft and for persons and property on board.

첫째, 범죄행위가 해당국에 등록된 항공기 내에서 행하여진 경우 항공기 등록국이 재판 관할권을 행사하여야 한다.

둘째, 기내에서 범죄가 행하여진 항공기가 아직 기내에 범죄 혐의자를 싣고 그 영토에 착륙한 경우에는 항공기 착륙국이 재판 관할권을 행사하여야 한다.

셋째, 승무원 없이 임차된 항공기(Aircraft Leased without Crew) 내에서[65] 범죄가 행하여진 경우에는 임차인의 주된 영업소 소재지국 또는 주소지국, 즉 항공기 임차국이 재판 관할권을 행사하여야 한다(이상 제4조 제1항).

넷째, 각 체약국은 범죄 혐의자가 그 영역 내에 존재하고 있고 제8조에 따라 제4조 제1항에 언급된 어떠한 국가에도 이를 인도하지 아니할 경우 해당 범죄에 대하여 자국의 재판 관할권을 확립하기 위해 필요한 조치를 취해야 한다(제4조 제2항).

이와 같이 「헤이그협약」은 항공기의 등록국, 착륙국 및 임차국 가운데 우선순위를 정하고 있지는 않다. 그러므로 경합적 재판 관할권을 인정하였다고 볼 수 있으며, 또한 「헤이그협약」은 국내법에 의거하여 행사되는 어떠한 형사 관할권도 배제하지 아니하고 있다(제4조 제3항).

ⓛ 범죄인 인도(제8조)

「헤이그협약」상의 범죄행위는 체약국 간에 존재하는 범죄인 인도 조약상의 인도 범죄로 간주되고, 새로운 범죄인 인도 조약을 체결하는 경우 인도 범죄에 이를 포함시켜야 한다. 이는 항공기 납치범을 정치범 또는 정치적 난민이라는 이유로 범죄인 인도 조약의 불인도 대상으로 하여서는 안 된다는 것을 의미한다.

ⓐ 범죄인 인도를 위해서는 범죄인 인도조약이 체결되어 있을 것을 전제로 하는 체약국이 그와 그러한 조약을 체결하지 아니한 다른 체약국으로부터 인도 요청을 받은 경우 그 선택에 따라 이 조약을 범죄인 인도의 법적 근거로 간주할 수 있다.

ⓑ 범죄인 인도와 관련하여 범죄 행위지국은 실제로 그러한 행위가 발생한 국가 외에도 등록국, 착륙국 및 임차국도 포함된다(제8조).

---

65) Aircraft Lease without Crew라 함은 소위 'Dry lease'에 의한 항공기를 말한다. 오늘날 항공업계에서 절세 또는 항공기의 탄력적 운용 등의 목적으로 승무원 없이 항공기만을 임차하는 경우가 빈번하게 행해지고 있는 상황에서 용의자들이 도피할 가능성을 차단하기 위하여 IATA(국제항공운송협회)의 의견을 받아들여 이 규정이 추가되었다.

(4) 1971년 「몬트리올협약」

① 채택 배경

「동경협약」과 「헤이그협약」은 전적으로 기내에서 행한 범죄의 억제와 관련되어 있었다. 그러나 민간항공에 대하여 심지어 비행장을 목표로 한다거나 그 지상에서 사용 중인 항공기 및 항행 안전시설을 파괴하기도 하는 등 여타 불법행위를 규제할 다른 협약이 필요하게 되었다. 1970년 2월 초 ICAO 법률위원회(Legal Committee)는 제17차 회의를 개최하여 「헤이그협약」 초안에 대하여 토론을 하고 있을 때, 동월 21일 항공기상에 몰래 폭발물을 장치하여 공중 폭파를 한 테러 공격 사건이 연이어 두 번이나 발생하여 국제사회에 충격을 주었다.

이러한 범죄들은 「헤이그협약」이 체결된 다음 해인 1971년 체결된 「민간항공의 안전에 대한 불법적 행위의 억제를 위한 협약」(Convention for the Suppression of Unlawful Acts against the Safety of Civil Aviation ; 이하 1.2.3 국제항공 보안 관련 협약에서는 「몬트리올협약」이라 한다)에서 다루어졌다.

결국 민간항공 안전 관련 범죄행위의 다양성을 감안했을 때, 「헤이그협약」은 국제민간항공 운송의 안전을 효과적으로 확보하기에는 역부족이므로 ICAO는 국제민간항공을 불법적으로 간섭하는 행위를 규제하는 「몬트리올협약」을 채택한 것이다.

이 협약의 목적은 국제 협력을 통하여 지상에서 항공기 안전 운송을 파괴하는 범죄행위를 처벌함으로써 「헤이그협약」의 흠결을 치유하는 것이었다. 제1조에서 상세하고 구체적으로 범죄의 행위 방식을 규정함으로써, 「동경협약」과 「헤이그협약」의 불충분한 법조항을 보충하고 비행 중인 항공기를 직접 파괴하는 범죄 및 비행장 지상에서 사용 중인 항공기와 그 항행 안전시설 등을 파괴하는 범죄를 최초로 다루었다는 데 큰 의의가 있다.

② 적용 대상 범죄

㉠ 제1조 제1항의 범죄

불법적으로 또는 고의로 행하는 다음 행위는 범죄를 구성한다.

ⓐ 비행 중인 항공기 내에 탑승한 자에 대하여 폭력을 행사하고 그 행위가 그 항공기의 안전에 위해를 줄 가능성이 있는 경우

ⓑ 업무 중인(in Service) 항공기를 파괴하는 경우 또는 그러한 비행기를 훼손하여 비행을 불가능하게 하거나 또는 비행의 안전에 위해를 줄 가능성이 있는 경우

ⓒ 여하한 방법에 의한 것이든 운항 중인 항공기 내에 그 항공기를 파괴할 가능성이 있거나 또는 그 항공기를 훼손하여 비행을 불가능하게 하거나 비행의 안전에 위해를 줄 가능성이 있는 장치나 물질을 설치하거나, 설치되도록 하는 경우

ⓓ 공항 시설을 파기 또는 손상시키거나 그 운영을 방해하고 그러한 행위가 비행 중인 항공기의 안전에 위해를 줄 가능성이 있는 경우

ⓔ 어떠한 정보가 허위임을 알면서도 그러한 정보를 교신하여 비행 중인 항공기의 안전에 위해를 주는 경우

ⓛ 제1조 제2항의 범죄

다음의 행위도 범죄로 인정된다.

ⓐ 상기 제1항에 규정된 범죄행위의 미수

ⓑ 상기 제1항에 규정된 범죄행위(미수도 포함)에 가담하는 행위

이 협약에서는 불법성(Unlawfully)과 고의성(Intentionally)이 있는 행위를, 즉 고의범을 대상으로 하고 있다. 이 협약은 위법성을 전제로 하기 때문에 적법한 행위는 제1조 제1항에 해당할지라도 범죄가 되지 아니한다.

ⓒ 범죄행위에 대한 해설

ⓐ 제1항 ⓐ호

제1항 ⓐ의 범죄행위는 「헤이그협약」이 항공기의 불법적인 탈취 또는 통제를 하는 행위를 규제한다는 점에서 「헤이그협약」보다 훨씬 광범위하게 다루고 있으며, 여객 간의 단순한 싸움, 폭력행위도 비행 중의 항공기의 안전을 위태롭게 할 위험성이 없는 경우에는 이 협약의 적용 대상이 아니다.

비행 중이라는 의미는 「헤이그협약」과 동일한데, 항공기의 모든 승강구가 폐쇄된 때로부터 착륙 후 승강구 중 어느 하나의 문이 승객이 내리기 위하여 열릴 때까지이다. 불시착의 경우도 또한 같다.

ⓑ 제1항 ⓑ호

업무 중(in Service)이라 함은 비행 중 개념보다 넓다. 즉, 지상 종업원 또는 승무원에 의하여 항공기의 비행 전 준비(Preflight Preparation)가 개시된 때부터 착륙 후(after the Landing) 24시간을 경과한 때까지(제2조 제2호)를 말한다. 항공기를 파괴(Destroy)한다는 것은 항공기에 실질적인 위해를 가하여 항공기의 용도의 전부 또는 일부를 불능케 하는 손괴(Damage)를 말한다. 항공기가 파괴에 이르지 않은 경우에도 항공기의 일부에 세공을 가하는 등으로 항공기의 안전 비행이 어려워지게 하는 손괴도 이러한 손괴에 포함된다.

즉, 비행 중의 안전을 해할 위험이 있는 손괴라 함은 항공기의 비행 자체는 가능하지만 그로 인하여 안전이 위태로울 가능성이 있는 손괴를 말한다. 이러한 손괴에는 계기판을 조작하여 계기 작동이상을 일으키게 하는 행위 등도 포함된다.

ⓒ 제1항 ⓒ호

ⓒ는 장치 또는 물자를 사용하여 발생한 범죄행위에 관한 규정에서의 장치라

함은 시한폭탄과 같은 인간이 만든 것을 말하고, 자연의 석괴 등 물질(Substance)과는 다르다.

그러나 자신이 비행기에 두지 않더라도 항공기 내에 반입시키는 것도 가능하다는 점에 주목할 필요가 있다(비(非)휴대 수하물의 탑재는 본인이 아니님). 또한 타인을 도구로 이용하는 행위도 가능하다. 뿐만 아니라 항공기에 폭약을 설치하여 폭파하거나, 엔진에 이물질을 투입하여 비행을 불가능하게 하거나, 항공기에 시한폭탄을 설치하여 비행 중 폭파시키거나, 수하물에 시한폭탄을 넣어 운송을 위탁 또는 탑재시켜 폭파할 수도 있기 때문이다.

ⓓ 제1항 ⓓ호

최근 항공기의 운항은 지상 종속성이 있기 때문에 지상의 항행 안전시설의 도움을 받으면서 이착륙하게 된다. 따라서 이러한 시설을 폭파하거나 손상시키는 것은 비행의 안전과 관련이 있기 때문에 이를 범죄행위로 규정하고 있다.

항행 안전시설(Air Navigation Facilities)은 항공기의 운항을 원조하기 위하여 필요한 모든 시설을 말하며, 그 운영을 방해(Interference with their Operation)한다는 것은 항공기에 대한 원조 작용을 불가능하게 하는 것이다. 예를 들면, 관제탑을 파괴 또는 점거하여 사용을 불가능하게 하는 행위 등이다.

ⓔ 제1항 ⓔ호

허위 제보를 통해 항행안전에 영향을 주는 행위에 대한 조항이며, 이에 해당하는 예로는 폭약이 탑재되어 있다고 거짓 통보를 하여 항공기를 긴급 착륙시키는 등의 행위이다. 협약 작성 과정에서 공항에서 여객 또는 승무원에 대한 무력 공격 및 무단으로 무기 또는 탄약을 기내에 반입하는 행위도 적용 대상이 되도록 해야 한다는 주장이 있었지만, 국내법으로 처리하도록 할 수 있다는 이유로 포함시키지 않았다.

③ 적용 범위(제4조 : 범죄행위의 종류에 따라 조약 적용이 다른 경우를 상정)

이 협약은 항공기 이착륙 지점 등 하나 또는 모두가 항공기 등록 국가 외에 위치하였거나 범죄가 항공기 등록 국외 영공에서 행하여졌다면, 국내선 및 국제선 비행에 공히 적용된다(제4조 2항).

'비행 중'의 개념에 대하여 이 협약은 항공기가 탑승 후 모든 외부의 문이 닫힌 순간부터 히기(Disembarkation)를 위하여 문이 열려지는 순간까지의 어떠한 시도도 비행 중에 있는 것으로 간주한다고 정의하고 있다. 강제착륙의 경우 비행은 관계 당국이 항공기와 기상의 인원 및 재산에 대한 책임을 인수할 때까지 계속되는 것으로 본다(제2조 1항). 특히 이 협약에서는 처음으로 업무 중(in Service)이라는 개념을 도입하였는데, 그 이유는 이 협약이 국내 및 국제적으로 모두 확대 적용되기 때문이다.

'업무 중'의 개념은 항공기가 일정 비행을 위하여 지상 요원 또는 승무원에 의하여 항공기의 비행 전 준비가 시작된 때부터 착륙 후 24시간까지를 업무 중인 것으로 본다 (제2조 2항). '업무 중'에는 제2조 제1항의 '비행 중'도 그 범주에 당연히 포함된다.[66] 제1조 제1항 ⓐ, ⓑ, ⓒ 및 ⓔ에 정한 행위는 항공기의 실제 또는 예정된 이륙지 또는 착륙지가 등록국인 경우와, 범죄 행위지가 등록국 밖인 경우에도 협약이 적용된다. 또한, 범인 또는 용의자가 등록국 밖에서 발견된 경우에도 적용된다.

제1조 제1항 ⓓ호는 범죄행위의 대상이 된 항공시설이 국제항공(International Airnavigation)에 사용된 경우에 한하여 협약이 적용된다.

④ 재판관할권

처벌은 「헤이그협약」 등과 마찬가지로 국내법에 의한다(Severe Penalties). 범죄 행위지, 항공기 등록국, 임차국 및 착륙국도 재판권을 행사할 수 있으며, 또한, 범죄인 소재지국이나 재판권 있는 기타 국가도 인도하지 않는 경우에는 항행 안전시설에 대한 범죄 및 허위 통보 범죄 외에는 재판권을 행사해야 한다.

⑤ 기타 사항

「몬트리올협약」 체약 국가들은 제1조에 수록된 범죄들이 예측될 만한 사유가 발생할 경우에 모든 관련 정보를 다른 국가들에게도 제공해야 한다(제12조).

「몬트리올협약」의 몇 가지 조항들은 「헤이그협약」의 내용과 동일한데, 그 예를 들면 다음과 같다.

첫째, 군·세관 및 경찰항공기는 적용 대상에서 제외된다(제4조).

둘째, '비행 중'의 정의(제2조 제1항)

셋째, 공동 및 국제 운항 기관에 의한 운항(제9조)

넷째, 분쟁의 해결을 포함한 최종 조항들(제13조~제16조)

㉠ 1988년 「몬트리올협약 보충 의정서」

「몬트리올협약 보충 의정서」(Protocol for the Suppression of Unlawful Acts of Violence at Airports Serving International Civil Aviation, Supplementary to the Convention for the Suppression of Unlawful Acts against the Safety of Civil Aviation, Done at Montreal on 23 September 1971)는 1971년 몬트리올 협약을 보완할 목적으로 채택되었다.

이 의정서는 국제사회가 항공기에 대한 테러를 방지하기 위해 앞에서 살펴보았던 「동경협약」, 「헤이그협약」, 「몬트리올협약」 등을 채택하면서 민간항공의 안전도모 를 위해 노력하였지만, 테러 단체들이 표적을 항공기가 아닌 공항으로 바꾸며, 테러 행위가 진화하자 이를 규율할 필요성을 공감했기 때문이다.

---

66) 홍순길·신홍균, 신(新)국제항공우주법 강의, p.135.

「몬트리올협약」은 적용범위에 있어서 불법적 또는 고의적으로 비행 중 및 업무 중의 항공기 및 항행 시설에서 발생한 행위로 국한시키고 있기 때문에 이를 공항으로까지 확대하기 위하여 이 의정서가 채택되었다.

즉, 항공안전을 위태롭게 하는 범죄는 항행 안전시설 외의 공항시설에서도 발생할 수 있다. 「몬트리올협약」은 지상 비행장 내 근무하는 요원과 시설에 대한 범죄 행위 및 공항에서 미사용 중인 항공기를 파괴하는 범죄에 대해서 다루지 않았다. 이러한 점을 보완하고 이러한 범죄행위를 방지, 억제 및 처벌하기 위하여 이 의정서가 채택된 것이다.

주요 내용으로는 국제공항에 근무 중인 자 및 공항 시설에 대한 테러 행위, 국제공항에 주기해 있는 항공기에 대한 파괴 또는 공항 업무 방해 행위 등을 규율하고 있다. 국제공항에서 발생하는 테러 사건에 대응하기 위한 것으로 사보타주(Sabotage)에 대한 내용만을 다루고 있다고 볼 수 있다.

ⓒ 1991년 「플라스틱 폭약 표시에 관한 협약」

1991년 「플라스틱 폭약 표시에 관한 협약」(Convention on the Marking of Plastic Explosives for the Purpose of Detection, done at Montreal on 1st March 1991)이다. 1988년 12월 21일, 리비아의 테러 집단에 의해 미국의 팬암(Pan Am) 항공사 소속 B747 항공기가 스코틀랜드 로커비(Lockerbie)에서 폭발 추락하여 탑승자 전원과 지상 주민이 사망하는 사고가 발생하였다.

당시 폭발 사고의 원인은 카세트 녹음기에 장착된 폭탄으로 밝혀졌으며, 이후 탐지가 어려운 플라스틱 폭약으로 동일한 범죄가 발생할 경우에 대비하여 국제사회는 플라스틱 폭약에 탐지가 가능한 표시(Marking)를 하도록 규정하는 동협약을 몬트리올에서 채택하였다. 이 협약은 플라스틱 폭발물을 제조하는 모든 체약국에 적용된다. 협약 당사국들이 자국 내에서 표지 없는 폭발물의 이동을 금지하고, 현재 저장 중인 비표지 플라스틱 폭발물은 제거하도록 규정하였다. 이와 더불어 폭발물 관련 제반 기술의 발전을 평가하고 보고하도록 하고, 협약의 기술 부속서 개정을 위한 국제폭약기술위원회를 설치하는 데 합의하였다.

CHAPTER

5 기존 국제항공 보안 관련 협약의 최근 개정

1 ✈ 2010년 「북경협약」과 「북경의정서」

(1) 북경협약과 북경의정서의 채택 배경

앞에서 설명한 1963년 「동경협약」, 1970년 「헤이그협약」, 「몬트리올협약」 등 일련의 항공 보안 관련 조약들은 40여 년이라는 시간이 지나면서 날로 치밀해지고 지능화·조직화되는 항공 범죄에 대처하는 것이 충분하지 못하게 되었다.

2001년 9월 11일 무슬림 과격 단체의 알카에다의 항공기를 이용한 테러, 2006년 8월 액체 폭탄을 이용한 영국의 테러 미수 사건을 비롯하여, 최근 2010년 11월에는 우편물 폭발 사건 등 새로운 유형의 테러들이 발생하였다.

액체 폭탄에 이어 종이 폭탄이라는 신종 폭발물의 출현은 다시 한 번 테러의 위협에 대한 경각심을 불러일으키기에 충분하였다.

이에 ICAO에서는 이와 같이 지능적으로 발전하고 있는 항공기 테러를 방지하기 위해 적극적인 대처가 필요하게 되었다. 2002년 9·11테러 이후 ICAO 이사회에 민간항공 안전에 대한 새로운 위협에 대처할 것을 요구하는 ICAO 총회 결의안(A33-1)이 채택되었고, 2009년에는 「헤이그협약」 및 「몬트리올협약」 개정안 마련을 위한 제34차 법률위원회가 개최되었다. 그 후속 절차로 2010년 중국 베이징에서 ICAO 북경 외교회의 (2010.8.30~9.10)가 우리나라를 포함한 ICAO 회원국 80개국에서 약 400명의 관계자들이 참석한 가운데 개최되었고, 이 항공 보안 외교회의(Diplomatic Conference on Aviation Security)의 핵심 주제는 당연히 항공 보안 강화 문제였다.

즉, 2010년 채택된 북경협약에서는 21세기 글로벌 항공 산업이 직면한 테러에 대응하기 위해 1971년 「몬트리올협약」과 1988년 보충 의정서를 개정·보완하는 「국제민간항공과 관련된 불법적 행위의 억제를 위한 협약」(Convention on the Suppression of Unlawful Acts Relating to International Civil Aviation ; 이하 「북경협약」이라 한다) 및 1970년 「헤이그협약」을 개정하는 「항공기의 불법 납치 억제를 위한 협약 보충 의정서」(Protocol Supplementary to the Convention for the Suppression of Unlawful Seizure of Aircraft ; 이하 「북경의정서」라 한다) 등 2건의 항공 보안 관련 조약이 채택되었다.

「북경협약」과 「북경의정서」에서는 공통적으로 만약 어떤 사람이 위협하여 범죄를 저지르거나, 불법적으로 또는 고의로 위협을 가할 경우 또한 정황상으로 위협을 가했다는 것이 입증될 때에는 규제 대상의 범죄로 보고 있다. 이외에도 범죄준비에 참여한 사람은 공모한 것이 밝혀진 경우라면 설사 범죄행위에 참여하지는 않았다 하더라도 처벌하게 된다는 새로운 내용이 추가되었다.

(2) 「북경협약」

「북경협약」은 채택된 즉시 18개국 국가 대표가 서명했을 정도로 이에 대한 관심도와 기대치는 높았으며, 북경 외교 회의에 참석한 우리 대표단 역시 동협약에 적극 기여하였고 동협약에 서명하였다.

① 「북경협약」의 주요 내용

첫째, 민간항공기를 무기로 사용하거나 다른 항공기 또는 지상의 표적을 공격하기 위해 사용하는 행위도 범죄행위로 규정하고 있다.

민간항공기를 납치하여 무기로 사용하는 행위, 민간항공기 내에서 무기를 사용하는 행위, 민간항공기에 대해 무기 공격 행위를 신규 항공 범죄로 규정하여 민간항공기에 대한 공격 행위를 억제하며, 해당 국가들에게 이를 처벌할 의무를 부여하고 있다.

둘째, 생화학 무기 및 이와 관련된 물질의 민간항공기를 활용한 불법 운송 역시 범죄행위로 간주하여 처벌을 강조하고 있다.

셋째, 군사적 활동 적용을 배제하여 무력 충돌 시 군대의 활동에 대해서는 동협약이 적용되지 않고, 국제인도법을 적용하도록 하였다. 이와 함께 국가 관할권의 확대와 협약의 적용 범위 확대로 인하여 범죄가 발생한 영토의 국가 또는 항공기의 등록국가, 범인이 발견된 영토의 국가뿐만 아니라 범죄자 국적국가, 피해자의 국적국가 및 무국적자가 주소지를 둔 국가도 관할권 행사를 가능하게 함으로서 신종 항공 범죄에 대항할 수 있으며, 나아가 항공기와 공항을 공격하려는 세력들에 대한 피난처가 제공되면 안 된다는 점을 명시하고 있다.

넷째, 협약의 적용 범위를 비행 시에서 서비스 범위 내로 확대하였다. 이 협약의 특징은 궁극적으로 민간항공 안전의 확보 및 테러 행위 억제에 기여하는 내용이다.

② 인적 적용 범위의 확대

첫째, 공범의 개념을 확대하였다. 이전에는 테러활동의 배후에 대한 처벌 규정이나 범위에 대해서는 명확하지 않았다. 예를 들어 9·11테러 사건에서 항공기 납치범들은 이미 사망했고, 그들의 배후에 있는 기획자와 조직자를 어떻게 처벌할 것인가와 관련한 문제에서 「헤이그협약」, 「몬트리올협약」 등 국제조약의 규율 내용이 명확하지 않았다.

이러한 점을 시정하기 위하여 북경협약에서 ICAO는 사람들을 조직하거나 지휘해서 범죄를 저지르거나 공범으로 범죄 또는 불법행위에 참여하거나, 의도를 가지고 범죄자의 도피 조사, 기소 및 처벌을 돕는 사람들까지도 범죄자로 본다고 하였다.

북경협약의 효력이 발생한 후 범죄행위의 배후 조직자 및 지도자도 범죄자로 규정되어 민간항공의 안전을 방해하는 범죄 활동 억제를 효과적으로 강화하게 되었다. 이는 민간항공 영역의 특수성을 충분히 고려한 것으로 보인다.

민간항공 영역에서 범죄자는 구체적인 범죄행위를 하지 않고 단지 범죄의 위협만을 가했다 하더라도 심각한 파괴를 가져올 수 있다. 그러므로 새롭게 늘어난 조약은 이러한 행위를 범죄 척결 대상에 포함시켜 효과적으로 범죄 준비의 문제를 해결하고 보호 범위를 확대하게 되어 이는 민항업계의 안전, 질서, 정상적인 발전에 도움이 될 뿐만 아니라 승객들에게도 보다 안전한 환경을 제공하게 된다.

둘째, 항공기를 이용한 범죄를 추가하였다. 「북경협약」과 「북경의정서」에서는 민간항공기를 이용하여 지상의 목표에 대해 공격하는 행위를 새로운 범죄 행위로 별도로 열거하였다. 항공기 납치범 또는 혐의자가 항공기를 공격 무기로 사용하여 지상의 목표를 공격하는 경우 심각한 인적·물적 피해를 초래할 수 있기 때문이다. 「북경협약」에서 누구든지 비행 중인 항공기를 이용하여 인명 사망, 심각한 상해 또는 재산 및 환경에 심각한 손상을 초래한 경우 범죄자로 본다는 내용이 추가되었다. 그 밖에도 생물무기, 화학무기 및 핵무기의 항공 테러를 위한 사용 억제를 강화하기 위해 「북경협약」에서는 생물, 화학, 핵 물질을 사용하여 민간항공에 공격을 가하는 것과 민간항공기를 이용하여 불법적으로 생물, 화학, 핵 물질을 운반하는데 대한 내용을 신설하였다. 생물무기, 화학무기 및 핵무기를 이용해 항공기에 공격을 가하는 행위를 규제함과 동시에, 이러한 무기가 테러리스트들의 수중에 들어가는 것을 효과적으로 막기 위해서이다.

셋째, 테러범의 정치범으로서의 지위를 부정하였다. 민간항공기 납치 및 공항·항행 안전시설의 파괴 등 민간항공에 대한 방해 행위가 정치범죄의 성격을 갖는지에 대해 보다 명확히 할 필요가 있었다.

「북경협약」은 이러한 성격의 범죄를 정치범죄로 보지 않는 것으로 하였으며, 각국도 정치범죄를 범죄인 인도 및 국제사법 공조를 거절하는 이유로 사용하지 못하도록 하고, 여객기 납치 등을 꾀한 테러리스트들이 정치범으로서의 대우를 받지 못하도록 하였다.

넷째, 민간항공기를 무기로 사용하거나 다른 항공기 또는 지상의 표적을 공격하기 위해 사용하는 행위도 범죄행위로 규정하고, 조약 당사국들에게 이를 처벌할 의무를 부여하고 있다.

다섯째, 생물, 화학, 핵무기, 방사능 물질 등과 같은 위험 물질을 민간항공기를 이용하여 불법 운송하는 행위 역시 범죄행위로 간주하고 있다.

여섯째, 관할권의 확대로 범죄 발생국, 항공기 등록국, 범인 국적국가, 피해자 국적국가 등도 관할권을 행사할 수 있도록 하여 다양한 항공 범죄에 대처할 수 있도록 하였다.

일곱째, 불법방해행위규제 관련 규정의 적용 범위를 비행 중(in Flight)에서 서비스 중(in Service)으로 확대하였다.

여덟째, 범죄를 직접 행한 범인뿐만 아니라 범인을 돕는 행위 또한 범죄로 규정하여 범죄행위의 배후 세력까지 처벌할 수 있는 법적 기반을 마련하였다.

(3) 「북경의정서」

「북경협약」과 많은 부분이 중복되는 「북경의정서」의 주요 내용을 살펴보면 다음과 같다.

첫째, 기존 「헤이그협약」에 비해 범죄 구성 요소를 확대하고 범죄를 직접 기도하고 조직하여 행한 범인뿐만 아니라 이를 조력한 사람 또한 범죄자로 규정하고 있다.

둘째, 기존의 관할권 행사 범위에 추가하여 자국영토상 범죄, 자국민에 의한 범죄, 무국적자 범죄, 무국적자의 상주국, 범인이 발견되었으나 인도하지 아니한 당사국 등의 경우도 관할권을 행사할 수 있도록 하였다.

셋째, 범죄의 예방을 위해 범죄 발생이 예상될 경우 모든 적절한 조치를 취하도록 의무를 부과하였다.

2 ✈ 2014년 「동경협약 개정 의정서」

(1) 채택 배경

2014년 항공기 내에서 행하여진 범죄 및 기타 행위에 관한 협약의 개정 의정서」(Protocol to amend the convention on offences and certain other acts committed on board aircraft ; 「2014년 동경협약 개정 의정서」)는 1963년 「동경협약」을 개정하기 위한 것이다.

(2) 범위의 확대

이 의정서는 최근에 정기 상업용 항공기에 기내 난동 승객(Disruptive and Unruly Passengers)과 관련된 사건의 빈번한 발생에 대처하기 위한 목적을 가진 것으로, 관련 범죄행위에 대한 관할권을 운항 국가와 착륙국에까지 확대하고, 법적 인정과 보호를 기내보안관(IFSOs ; In-Flight Security Officers)에 대해서까지 확대함으로써, 범세계적인 항공 보안을 개선하는 데 기여할 것으로 평가되고 있다. 기내보안관의 도입은 개별 국가들이 선택적으로 하되, 그 지위는 승객과 동일하게 하였다.

CHAPTER

6 항공협정

1 ✈ 양자 간 항공협정

(1) 의의

영공 주권에 기초하여 각국은 자국의 안전 보장과 경제적 이유 등을 고려하여 타국 항공기가 자국에 비행하는 것을 통제할 수 있는 권리를 갖는다.

다국간 협약에 의하여 당사국들의 영공이 다른 당사국의 항공기에 완전히 개방되는 체제는 1944년 시카고회의에서 수립되지 못하였다.

다섯 가지 자유협정과 두 가지 자유협정 중 후자만 실효적인 협정이 되었음은 앞에서 설명하였다. 결국 국가 간의 운수권의 교환은 시카고협약이 아닌 다른 다자간 협약이나 양자 간 협정을 통하여 해결하여야 한다. 이러한 양국 간 항공협정들은 시카고협약과 더불어 국제항공을 뒷받침해 주는 기본적인 문서가 되고 있다.

또한, 미국의 1978년 「항공규제완화법」 및 「국제항공운송경쟁법」(1980), 1992년 유럽의 시장 통합(EU)에 따른 지역 내 항공 자유화 추진은 국제항공의 기존 질서와 경영 환경의 변화와 더불어 국제항공 전반에 걸쳐 일대 변혁을 초래하였다.

미국은 강력한 항공력과 방대한 항공 시장을 배경으로 국제항공의 자유화라는 입장을 고수하고 있는 데, 국제항공 시장의 완전 경쟁을 전제로 한 노선권, 운임. 수송력 등에 대한 자유화를 주장하고 있다. 반면에 기타 대부분의 국가는 보호주의적 항공 정책을 옹호하고 있다.

오늘날 항공의 자유화는 시대적인 흐름이며 이러한 흐름에는 두 가지 의미가 있다.

첫째, 국가의 이익을 중시하는 항공 시스템이 후퇴하고, 소비자의 이익을 중시하는 새로운 시스템이 대세가 되고 있으며, 또한 세계 경제의 글로벌화에 따라 항공운송의 구조도 노선형에서 네트워크형으로 전환되고 있다.

둘째, 이에 따라 항공 기업의 경영과 경쟁이 종래의 단독 기업 방식에서 전략적 제휴에 의한 글로벌 얼라이언스(Global Alliance)의 형성을 통한 집합적 기업 방식으로 변화되어 가고 있다.

(2) 항공 자유화

① 미국의 항공 자유화 정책

1946년 미국과 영국 간에 체결된 항공협정인 「버뮤다협정」은 그 후에 체결되는 양국 간 항공협정의 모델이 되었다. 그러나 제1버뮤다 협정은 미국의 입장이 많이 반영된 것이었으며, 영국은 1976년 미국 항공사들의 운수력이 과다하다고 판단하였고 미국 항공사들과 영국 항공사들의 수입 격차도 현저하여 1976년 그 폐기를 통보하였다. 양국은 새로운 항공협정을 교섭하여 1977년 7월 23일 새로운 협정이 체결되었다. 그러나 오히려 양국 간 항공에 대한 규제적 성격이 제1버뮤다협정보다 강화되어 미국 내에 서는 이에 대한 반대의 기류가 극심하였다. 이를 계기로 미국에서는 항공 분야에 대한 규제 완화의 움직임이 시작되어 국제항공 정책도 자유화방향으로 기울어지게 되었다. 이러한 배경 하에 1978년 Airline Deregulation Act가 제정되었고, 이에 따라 항공 기업에 대한 각종 규제가 폐지되어 미국뿐만 아니라 전 세계 민간항공에 큰 변혁을 가져왔다. 1980년에는 「국제항공운송경쟁법」(International Air Transportation Competition Act)이 발효되어 국제항공 정책에서의 항공 시장 자유화(Open Skies) 정책을 표방하게 되었다. 1995년 4월 새로운 국제항공 정책을 공표(소비자 이익의 증진을 목적으로 한 글로벌 네트워크의 형성과 시장 원리에 의한 항공 기업 간의 경쟁 촉진을 주된 내용으로 한다)하였다. 이 정책이 지향하는 것은 범세계적 항공 자유화이 며, 이는 미국이 체결하는 양국 간 항공협정을 통하여 실현하는 것이었다.

미국은 이미 1992년 네덜란드와의 항공협정 체결을 필두로 각국과 항공자유화(Open Skies) 협정을 지속적으로 체결하여 항공 자유화가 가속화되었으며, 미국 자신이 마련한 Model Open Skies Agreement에 따라[67] 항공협정을 체결하고 있었으며, 이러한 협정을 Open Skies Agreement라 부른다. 우리나라와도 1998년 항공자유화협정이 체결되었다.

② EU의 항공 자유화

EU는 미국의 규제 완화에 자극을 받아 역내 항공 자유화에 대한 검토를 시작하였다. EU는 그 활동 기반으로 1957년 채택된 로마조약(Treaty Establishing the European Community, EC 설립 조약)이 있었으며, 경쟁 촉진을 위한 경제적 자유화가 그 방침이 었다. 그러나 오랫동안 항공운송 분야는 동조약 제84조 제2항에 의하여 제외된다고 해석되어 왔다.

그 후 유럽재판소의 1986년의 판결에서 로마조약의 항공운송에의 적용을 인정함에 따라 EU 역내 자유화는 가속화되었고, EU 이사회는 역내 항공 자유화를 세 단계로 나누어 시행하였다.

---

67) 미국의 현재의 Model Open Skies Agreement의 텍스트(Text)에 대해서는 http : //www.state.gov/e /eb/rls /othr/ata/114866.htm 참조

1987년 12월 제1단계(Package 1)부터 시작되어 1992년 6월 제3단계(Package 3 ; 1993년 1월 1일부터 시행)를 거쳐, 1997년 4월 1일 EU 이사회의 규정(Regulation)에 따른[68] 역내 항공의 완전한 자유화가 이루어졌다.

이를 개략적으로 설명하면 다음과 같다.

첫째, EU 항공 기업의 설립으로 국적과 관계없이 역내에서의 자유로운 항공 운항과 제한 없는 자본이동이 가능하게 되었다.

둘째, 노선권과 운수권의 수송력이 자유화되고, Cabotage 운송과 제7의 자유도 포함되었다.

셋째, 운임의 자유로운 설정이 가능해졌다. 다만, 회원국은 공익적 고려에 의하여 세이프가드(Safe Guard)를 인정하였다.[69] 이러한 EU의 항공 자유화는 미국의 Open Skies 정책과 더불어 세계적인 항공 자유화 조류를 가속화하였다.

③ ICAO의 1994년 항공 자유화 제안

ICAO는 항공을 둘러싼 국제 환경의 변화에 대응하여 1994년 11월 캐나다 몬트리올에서 항공운송회의(Conference on Air Transport)를 개최하였으며, 이 회의에서 새로운 항공운송 시스템의 자유화를 제안하였다.

이 제안의 배경에는 미국과 EU의 항공 자유화와 더불어 당시 GATT의 우루과이라운드 합의에 따른 다각적 자유 체제의 확립에 있었다. 그 내용은 항공협정이 규정하는 항공운송 구조를 자유화하는 것으로 이 회의에서 실질적인 결론은 없었지만, 항공 자유화의 내용과 그 필요성에 대하여 인식시켰다는 점에서 큰 의미가 있었다.

그 내용은 다음과 같다.

㉠ 시장 접근의 자유

㉡ 항공 기업의 소유와 지배에 대한 요건의 완화

㉢ 반경쟁적 행위의 배제

㉣ 환경보호

㉤ 조세의 면제 및 공평한 과세

㉥ GATS와의 관계 조정

항공운송회의에서 구체적인 결론을 내려지는 못했지만, 참가국에 항공 자유화의 구체적인 내용을 알린 것은 중요한 의의가 있었고, 이 회의를 계기로 항공 자유화의 흐름이 세계적으로 크게 확대되었다.

---

68) 이 EU 이사회 규정은 EU의 법 형식의 하나이지만, 내용적으로 다국 간 항공협정과 유사하다.
69) Safeguard 조치는 원래는 국제무역에 있어서 특정 상품의 수입 급증으로 인한 국내 산업을 보호하기 위한 긴급수입제한 조치를 말한다. 즉, 관세 및 무역에 관한 일반 협정 제19조에 해당하며, Escape 조항이라고도 한다. 우리는 긴급수입제한 조치라고 한다.

(3) 세계 경제의 구조적 변화

1994년 4월 상품 서비스 무역을 위한 GATT의 우루과이라운드 최종 합의서에서는 GATS(General Agreement on Trade in Services)가 포함되어 1995년 WTO가 출범하였다. GATS는 항공운송 서비스에 대해서는 적용되지 않지만, 그 부속서는 항공기 수리·정비 업무, 항공운송 서비스의 판매업무 및 CRS 등 연성적 권리(Soft Rights)는 GATS의 적용 대상임을 명시하고 있다.

(4) 새로운 미국·EU의 항공협정

① 새로운 협정의 권한

2007년 미국·EU 항공협정은 미국과 EU 멤버들 사이에 체결된 모든 양자 간 항공협정을 대체하였다. 새로운 협정은 유럽을 단일 시장으로 인정하고 미국과 유럽의 모든 항공사들에 다음과 같은 권한을 부여하였다.

㉠ EU 내의 모든 도시와 미국 내의 모든 도시 운항(노선의 자유)

㉡ 항공편, 노선, 비행기에 대한 제한 없이 운항

㉢ 정부의 관여 없이 시장의 수요와 공급에 의한 가격 설정

㉣ 운항하는 국가를 불문하고 항공사들 간에 협력을 위한 협정 체결

미국과 EU 국가들 간의 개별적인 양자 협정을 폐기함에 따라 유럽의 모든 항공사들은 항공기의 등록국과 관련 없이 유럽의 어떤 도시에서든 미국의 모든 도시로의 운항이 가능해졌다.

② 새로운 협정의 주요 쟁점

2010년 협상에서 미국과 유럽연합은 주요 쟁점에 직면하게 되었다. EU는 미국과 EU의 국민들이 상대방 국가에 설립된 항공사를 소유하고 지배하는데 있어 제한 없는 권리를 가질 수 있는 항공 분야의 개방을 요구하였다. 항공사의 소유와 지배의 문제는 미국과 EU에 있어서 1단계 협상에서처럼 2단계 협상에서도 어려운 문제였다.

㉠ 미국에서는 항공사가 미국 국적기로서 공공의 편의와 필요에 대한 증명서를 받기 위해서는 미국의 주 또는 미국령 영토 내에 설립되고 운영되어야 하며, 회장과 이사회의 2/3 이상, 그리고 관리 임원들이 미국인이어야 하고, 회사는 미국인의 지배하에 있어야 하며, 의결권의 75% 이상이 미국인에 의해 소유되고 지배되어야 한다는 것이다.

미국 국적기로서 운항하고 증명서를 보유할 수 있는 적격성을 유지하기 위해 각각의 기준들을 모두 항상 충족되어야만 한다.

ⓛ 반면에 EU의 항공사 소유와 지배 요건은 사실상 미국의 요건만큼 엄격하지는 않았다. 만약 주된 영업지가 EU 회원국 내에 위치하고 있으며, 회원국 국민이 항공사의 과반수를 소유하고 회원국 국민이 항공사에 직·간접적인 영향력(예를 들어 항공사 자산의 전부 또는 일부를 사용하거나, 표결이나 결정에 영향력을 행사하거나, 항공사 경영을 관리할 수 있는 경우)을 행사하는 권한을 가짐으로써 항공사를 지배할 수 있으면, 이는 EU의 소유와 관련된 요건을 충족시키는 기업이라고 할 수 있다. 그러나 소유권과 지배 요건이 비록 개별적인 사안별로 평가되는 것이라 할지라도, 과반수 소유(Majority Ownership) 요건은 충족되어야 한다. 예를 들어, 항공사 자기자본 또는 주식의 51%는 항상 EU 회원국이 가지고 있어야 한다. 결론적으로 EU 비당사국들은 항공사 표결권 또는 자기자본의 49%를 보유할 수 있고, 이 항공사는 EU의 소유권 요건을 충족시킬 수 있다. 이러한 EU의 요건은 미국의 소유권과 통제에 대한 규제에서 제시한 표결권의 25% 제한에 비하면 한층 자유로운 것이다. 2010년 협정에서는 항공사의 소유권과 지배에 관한 규정의 수정이라는 핵심 쟁점을 직접적으로 다루는 대신에, 시장 접근 장벽을 제거하고 글로벌 자본시장에 대한 항공사들의 접근을 강화할 수 있도록 하겠다는 약속이 포함되었다.

ⓒ EU는 투자와 지배에서 미국 의회의 입법이 필요한 사항이며, 그러한 변화를 위해서는 시간이 필요하다는 것을 인식하게 되었다. 그 결과, 2010년 협정은 개혁을 촉진하는 인센티브를 설정하게 되었다. 예를 들어, 미국이 미국의 법령을 개정하여 EU 투자자로 하여금 미국 항공기에 대한 과반수 소유를 허용하게 되면, EU는 반대급부로 미국 항공사의 과반수 소유를 인정하게 될 것이다.

이러한 개혁이 이루어진다면, 미국의 항공사들은 EU로부터 그리고 EU로의 추가적인 시장 접근 권한을 갖게 됨으로써 혜택을 보게 될 것이다. 또한, 양측은 이 목표를 위한 과정에 대해 정기적으로 검토하기로 합의하였다.

(5) 항공 자유화 수준

항공자유화협정은 항공 시장 개방의 정도에 따라 1~4수준으로 나뉜다.

① 1레벨 : 제3, 4자유 무제한 설정 및 목적 지점 선택 자유
　ⓐ 상대국 내 이떠한 지점으로노 운항이 가능함
　ⓑ 수송력(운항 횟수 등)을 무제한으로 함으로써 제한은 없음
　ⓒ 레벨 1은 항공 자유화의 핵심이자 기본인 3, 4 자유 운수권을 행사하도록 함
② 2레벨 : 제5자유 허용
　ⓐ 상대국 간 제3국의 도시(중간 또는 이원 지점) 간 운항

ⓛ 제5자유 운수권이 추가되면 항공 자유화는 더욱 진전됨

예컨대, 우리나라 항공사가 인천–미국 시애틀–캐나다 토론토의 항공 노선을 취항할 때, 모든 구간에서 항공권을 판매할 수 있게 됨

※ 우리나라가 맺은 미국, 캐나다와의 협정이 여기에 해당

③ 3레벨 : 제7자유 허용

ⓐ 상대국 내 공항에 항공기를 두고 제3국 간 운항 가능

ⓛ 기종 변경[스타버스트 기종 변경(Starburst Change of Gauge) 포함] 허용

※ 구간별 기종 변경(Change of Gauge) : 편명 변경 없이 항공기 기종을 변경하는 것
※ Y형태 기종 변경(Y-type Change of Gauge) : 1개 노선이 2개로 연결될 때의 기존 변경
※ 스타버스트 기종 변경(Starbusrt Change of Gauge) : 1개 노선이 3개 이상의 노선으로 연결될 때의 기종 변경

2001년 기준으로 미국에서는 5개의 항공사만이 구간별 기종 변경 노선을 운영하였다 (아메리칸 항공, 콘티넨탈 항공, 델타 항공, 노스웨스트 항공, 유나이티드 항공). 한편, Y형태의 기종 변경이나 스타버스트의 경우에는 7의 자유가 허용되어야 한다. 외국에 주기가 필요하기 때문이다. 7의 자유는 제한 없는 5의 자유로서의 성격도 갖는 다. 레벨 3은 허브 앤 스포크(Hub and Spokes) 시스템과 연관이 있다.

상대방 국가의 공항을 하나의 지역 본부로 만들어서 그곳에서 다른 나라로 연결되는 여러 노선을 운영하는 것. 미국, 캐나다, 호주 등은 7의 자유가 포함된 항공 자유화 정책을 옹호한다.

④ 4레벨 : 제8자유 또는 제9자유 허용

ⓐ 상대국 내 국내 2개 지점 이상 상품 판매 가능(8자유)

ⓛ 상대국 내 국내 항공사 설립 또는 이에 준한 운항(9자유)

4레벨의 예는 영국이 2007년 항공자유화협정을 통해 싱가포르에게 9자유를 부여한 것인데, 싱가포르 항공은 원하면 언제든지 영국의 국내선 항공사처럼 운항할 수가 있 다. 이와 같이 항공자유화협정은 나라별로 다르다.

또한, 공항 슬롯이나 자국의 정책(호주의 제9자유의 일방적 개방)에 따라 차이가 나게 된다. 한편 우리나라의 무안공항의 경우 우리가 일방적으로 어떤 국가의 항공기도 취항 할 수 있도록 하였다(자유공항).

(6) 우리나라의 항공협정

① 항공협정 체결 현황

외교부의 홈페이지에 게재된 바에 따르면 2019년 10월 기준 총 87개국 체결(발효 82,

미발효 5)하였다.[70] 우리나라가 체결한 항공협정 내용을 살펴보면 항공 자유화의 국제적인 추세에 따라 지정항공사를 복수제로 하는 경우가 대단히 많으며, 화물 운송 자유화의 수준이 승객의 운송 자유화 수준보다는 다소 높은 것으로 보인다.

또한 자유화의 수준도 각기 다르지만 많은 국가들과 제5의 자유까지 보장하는 항공협정을 체결하고 있으며 일부 국가와의 항공협정에서는 제3, 4의 자유만을 보장하고 있다. 항공협정을 체결한 후 항공 회담을 통하여 운항 횟수(Frequency), 운송량(Capacity) 등에 대해 합의하는 경향을 보이고 있기 때문에 항공협정만으로는 그 세부적인 상황을 확인하기가 어렵다.

② 미국과의 1998년 항공협정의 주요 내용

　㉠ 전문 : 항공 기업의 자유경쟁, 국제항공운송의 기회 확대, 여객 및 하주(荷主)에 대한 저운임, 다양한 서비스 제공, 안전과 보안

　㉡ 본문 : 정의, 권리 부여, 항공 기업의 지정과 운영 허가 및 허가 취소, 출입국에 대한 사항

　㉢ 국내법 적용, 보안, 상업상의 기회, 관세와 부과금, 사용료, 공정한 경쟁, 운임, 협의, 분쟁 해결, 협정 폐기, 협정의 등록, 협정의 발효

　㉣ 부속서 : 제1부속서는 정기 항공의 노선권과 운항권, 제2부속서는 차터(Charter ; 항공기나 배를 전세) 항공에 관한 규칙, 제3부속서 컴퓨터 예약 시스템(CRS ; Computer Reservations System)에 관한 내용이다.

　이 중 몇 가지 주요 사항을 간략히 설명하면 다음과 같다.

　ⓐ 안전과 보안 : 안전과 보안에 관하여 상세하게 규정하고 있다.

　ⓑ 운항권 : 정기 항공에 관하여 운항 방향, 편명, 지점의 결합, 운항 지점의 순서, 지점 생략, 항공기 변경(Change of Aircraft)의 자유로 인정하고 있다.

　ⓒ 코드셰어링(Codesharing), 스페이스 블록(Blocked Space), 리스 약정(Leasing Arrangements) 등을 항공 기업 간의 제휴 내용으로 인정하고 있다.

　ⓓ 수송력(Capacity) : 공정한 경쟁, 수송력의 결정은 항공 기업의 자유로운 판단에 일임하고 있다.

　ⓔ 운임 : 상업적 고려에 기초하여 각 항공 기업이 결정(다만, 일정한 경우 당사국이 개입할 수 있다)한다.

　ⓕ 컴퓨터 예약 시스템(CRS ; Computer Reservation System) 항공 기업과 항공 대리점 및 소비자를 잇는 중요한 매체로서 항공 기업의 현대적 경영에 불가결한 수단, CRS의 이용 기반이 편중된 경우, 항공사 간의 공정한 경쟁을 손상시킨다고 판단하고 있다.

---

70) http : //www.mofa.go.kr/www/brd/m_4059/view.do?seq=364399&srchFr=&srchTo=&srchWord

이러한 이유 때문에 CRS의 적정한 이용과 CRS 간의 공정한 경쟁을 확보하기 위하여 제3부속서에 상세히 규정하고 있다.

③ EU 회원국과의 항공협정

EU 역내 항공 시장 통합에 따라 역외 국가들은 역내 회원국들과의 항공협정을 새로운 EU와의 항공협정으로 대체하거나(이 경우 종전의 역내 회원국들과의 항공협정을 대체)[71], 또는 역내 회원국들과의 기존의 항공협정을 유지하지만 EU Clause가[72] 추가되도록 하여야 한다. 후자의 예로서 2008년 한국-프랑스 항공협정 개정 의정서 제3조에서 다음과 같이 규정하고 있다.

ⓖ 프랑스공화국에 의하여 지정되는 항공사의 경우

ⓐ 항공사는 유럽공동체 설립 조약에 따라 프랑스공화국 영역 내에 설립되고 유럽공동체법에 따라 유효한 운항 면허를 가지며,

ⓑ 그 항공사의 운항 증명을 발급할 책임이 있는 유럽공동체 회원국의 그 항공사에 대한 실효적 규제가 행사·유지되고, 관련 항공 당국에 의해 명확히 확인될 것

▌**유럽연합의 설립조약(Treaties of the European Union)**

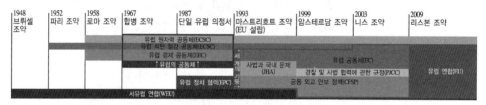

---

71) 앞서 설명한 바와 같이 미국과 EU는 이러한 방식을 채택하였다.

72) EU 회원국 항공사(예 : 에어프랑스)가 다른 EU 회원국(예 : 독일)에 영업소를 설치한 경우, 해당 회원국(독일)과 역외 제3국(예 : 한국) 간 운항이 가능한 항공사로 지정될 수 있도록 하는 조항을 말한다.

CHAPTER

7 국내 항공법

1 ✈ 「항공안전법」

(1) 특 성

「항공안전법」제1조 '이 법은「국제민간항공협약」및 같은 협약의 부속서에서 채택된 표준과 권고되는 방식에 따라 항공기, 경량항공기 또는 초경량비행장치의 안전하고 효율적인 항행을 위한 방법과 국가, 항공사업자 및 항공종사자 등의 의무 등에 관한 사항을 규정함을 목적으로 한다.'라고 규정하고 있다.

① 항행 안전의 강조

이 목적 조항으로부터 확인할 수 있는 것은「항공안전법」이 안전한 항행을 강조하고 있다는 점과 항공의 국제적 성격을 주목하고 있다는 점이다.「항공안전법」은 그 명칭이 시사하듯 목적 조항에 부합하는 안전에 관한 내용들로 구성되어 있다.

② 국제적 성질

항공기는 국제운송의 중요 수단으로서 타국의 영공을 통과하거나 그 영역을 비행 및 타국의 공항에 이착륙하여 사람, 화물 등을 운송한다. 최근의 국제화·글로벌화 상황에서는 더욱 빈번하다. 이러한 맥락에서 안전한 항행 방법, 항공 시설의 효율적 설치·관리, 항공운송사업의 질서 확립을 위한 통일적인 규범이 필요하다.

즉, '「국제민간항공협약」및 같은 협약의 부속서에서 채택된 표준과 권고되는 방식에 따라'라는 문구를「항공안전법」제1조에 명시하고 있는 이유이기도 하다. 이에 따라 국내 항공법은「국제민간항공협약」그리고 그 부속서에서 정하는 표준과 권고되는 방식이 충분히 반영되어야 한다.

2 ✈ 「항공안전법」상의 항공기의 정의

「항공안전법」제2조 제1호과 그 시행령 및 시행규칙의 관련 조항을 분석하여 살펴본 항공기의 정의는 다음과 같다.

(1) 항공기의 정의

① 국토교통부령 기준

항공기란 공기의 반작용(지표면 또는 수면에 대한 공기의 반작용은 제외한다)으로 뜰 수 있는 기기로서 최대 이륙 중량, 좌석 수 등 국토교통부령으로 정하는 기준에 해당하는 다음의 기기와 그밖에 대통령령으로 정하는 기기(「항공안전법」 제2조 제1호)
- ㉠ 비행기
- ㉡ 헬리콥터
- ㉢ 비행선
- ㉣ 활공기

② 대통령령 기준

대통령령인 「항공안전법」 시행령에서 정하는 항공기는 다음과 같다(시행령 제2조 제1호 및 제2호).
- ㉠ 최대 이륙 중량, 좌석 수, 속도 또는 자체중량 등이 국토교통부령으로 정하는 기준을 초과하는 기기
- ㉡ 지구 대기권 내외를 비행할 수 있는 항공 우주선

(2) 항공기기준(5가지)

국토교통부령인 「항공안전법 시행규칙」에 따른 상기 「항공안전법」과 시행령에서 정하는 5가지(총 6개의 유형 중 항공 우주선에 대해서는 구체적인 정의가 없다)의 항공기 기준은 다음과 같다.

① 비행기와 헬리콥터
- ㉠ 사람이 탑승하는 경우
    - ⓐ 최대 이륙 중량이 600kg(수상 비행에 사용하는 경우에는 650kg)을 초과하고
    - ⓑ 조종사 좌석을 포함한 탑승 좌석 수가 1개 이상이고
    - ⓒ 동력을 일으키는 기계장치(이하 발동기라 한다)가 1개 이상일 것
- ㉡ 사람이 탑승하지 아니하고 원격조종 등의 방법으로 비행하는 경우
    - ⓐ 연료의 중량을 제외한 자체 중량이 150kg을 초과할 것
    - ⓑ 발동기가 1개 이상일 것

② 비행선
- ㉠ 사람이 탑승하는 경우
    - ⓐ 발동기가 1개 이상일 것

ⓑ 조종사 좌석을 포함한 탑승 좌석 수가 1개 이상일 것

ⓛ 사람이 탑승하지 아니하고 원격조종 등의 방법으로 비행하는 경우

ⓐ 발동기가 1개 이상이고

ⓑ 연료를 제외한 자체 중량이 180kg을 초과하거나 비행선의 길이가 20m를 초과할 것

③ 활공기

자체 중량이 70kg을 초과할 것

④ 다음 요건을 갖춘 경량 항공기

㉠ 최대 이륙 중량이 600kg(수상 비행에 사용하는 경우에는 650kg)을 초과하거나

㉡ 최대 실속 속도 또는 최소 정상 비행 속도가 45kn(노트)를 초과하거나

㉢ 조종사 좌석을 포함한 탑승 좌석이 2개를 초과하거나

㉣ 쌍발 이상의 왕복 발동기를 장착하거나

㉤ 조종석이 여압이 되거나

㉥ 비행 중에 프로펠러의 각도를 조정할 수 있거나

㉦ 또는 착륙장치가 고정되지 않은 것

3 ✈ 「항공안전법」의 적용 대상과 범위

(1) 적용 대상과 특례

① 「항공안전법」은 민간 항공기와 이에 관련된 항공 업무에 종사하는 사람에 대하여 적용된다.

② 「항공안전법」은 군용 항공기와 이에 관련된 항공 업무에 종사하는 사람에 대해서는 비(非)적용된다(「항공안전법」 제3조 제1항). 단, 절대적으로 적용되지 않는다고 말할 수 있다.

③ 세관 업무 또는 경찰 업무에 사용하는 항공기와 이에 관련된 항공 업무에 종사하는 사람에 대하여는 원칙적으로 비적용된다(「항공안전법」 제2항 본문).

㉠ 예외 : 공중 충돌 등 항공기 사고의 예방을 위하여 제51조, 제67조, 제68조 제5호, 제79조 및 제84조 제1항은 적용된다(제2항 단서). 이들 관련 규정을 설명하면 다음과 같다.

ⓐ 제51조에 따라 비상 위치 무선표지 설비, 2차 감시레이더용 트랜스폰더 등 국토교통부령으로 정하는 무선설비를 설치・운용하여야 한다.

ⓑ 제67조에 따라 국토교통부령으로 정하는 비행에 관한 기준·절차·방식 등(이하 비행 규칙이라 한다)에 따라 비행하여야 한다(비행 규칙은 재산 및 인명을 보호하기 위한 비행 절차 등 일반적인 사항에 관한 규칙, 시계 비행에 관한 규칙, 계기비행에 관한 규칙, 비행 계획의 작성·제출·접수 및 통보 등에 관한 규칙 및 그 밖에 비행 안전을 위하여 필요한 사항에 관한 규칙으로 구분됨).

ⓒ 제68조에서 국토교통부 장관의 허가를 받지 아니하고는 비행 중 금지되는 다섯 가지 유형의 행위로서 최저 비행고도(最低飛行高度) 아래에서의 비행, 물건의 투하 또는 살포, 낙하산의 강하, 곡예비행, 무인항공기의 비행이 열거되어 있으며, 이 중에서 제68조 제5호인 무인항공기의 비행은 국토교통부 장관의 허가를 받지 아니하고는 세관용 또는 경찰용 항공기에 대해서도 금지된다고 해석할 수 있다.

ⓓ 제79조에 따라 비관제공역 또는 주의 공역에서 항공기를 운항하려면 그 공역에 대하여 국토교통부 장관이 정하여 공고하는 비행의 방식 및 절차에 따라야 한다. 또한 국토교통부 장관의 허가를 받아 그 공역에 대하여 국토교통부 장관이 정하는 비행의 방식 및 절차에 따라 비행하는 경우가 아니면, 통제 공역에서 비행해서는 아니 된다.

ⓔ 제84조 제1항에 따라 비행장, 공항, 관제권 또는 관제구에서 항공기를 이동·이륙·착륙시키거나 비행하는 경우, 국토교통부 장관 또는 항공교통 업무 증명을 받은 자가 지시하는 이동·이륙·착륙의 순서 및 시기와 비행의 방법에 따라야 한다.

④ 「대한민국과 아메리카합중국 간의 상호방위 조약」 제4조에[73] 따라 아메리카합중국이 사용하는 항공기와 이에 관련된 항공 업무에 종사하는 사람에 대하여는 제2항을 준용한다. 즉, 「항공안전법」을 적용하지 아니하되, 공중 충돌 등 항공기 사고의 예방을 위하여 제51조, 제67조, 제68조 제5호, 제79조 및 제84조 제1항을 적용하는 것이다.

그러므로 세관 업무 또는 경찰 업무에 사용하는 항공기와 이에 관련된 항공 업무에 종사하는 사람의 경우와 동일하게 「항공안전법」을 적용한다. 「항공안전법」 제3조 제1항에 규정된 군용 항공기와 이에 관련된 항공 업무에 종사하는 사람에 대해서는 「항공안전법」이 절대적으로 적용되지 아니하는 것과는 대비된다.

---

73) 대한민국과 아메리카합중국 간의 상호방위조약」 제4조는 "The Republic of Korea grants, and the United States of America accepts, the right to dispose United States land, air and sea forces in and about the territory of the Republic of Korea as determined by mutual agreement"라고 규정하고 있다.

(2) 국가기관 등 항공기 적용 특례(「항공안전법」 제4조)

① 「항공안전법」상의 국가 기관 등 항공기 개념(항공안전법 제2조)

국가, 지방자치단체, 그 밖에 「공공 기관의 운영에 관한 법률」에 따른 공공 기관으로서 대통령령으로 정하는 공공 기관(이하 국가기관 등이라 한다)이 소유하거나 임차한 항공기로서 다음 어느 하나에 해당하는 업무를 수행하기 위하여 사용되는 항공기를 말한다. 다만, 군용·경찰용·세관용 항공기는 「항공안전법」상의 국가기관 등 항공기의 범주에서는 제외된다.

㉠ 재난·재해 등으로 인한 수색·구조

㉡ 산불의 진화 및 예방

㉢ 응급 환자의 후송 등 구조·구급 활동

㉣ 그 밖에 공공의 안녕과 질서 유지를 위하여 필요한 업무

② 「항공안전법」의 적용 범위

국가기관 등 항공기와 이에 관련된 항공 업무에 종사하는 사람에 대해서는 이 법(제66조, 제69조부터 제73조까지 그리고 제132조는 제외한다)을 적용한다. 따라서 적용되지 아니한 조항의 설명은 다음과 같다.

㉠ 항공기의 이륙·착륙의 장소의 제한에 관한 제66조, 긴급 항공기의 지정 등에 관한 제69조, 그 밖에도 제70조(위험물 운송 등), 제71조(위험물 포장 및 용기의 검사 등), 제72조(위험물 취급에 관한 교육 등), 제73조(전자기기의 사용 제한) 및 제132조(항공 안전의 확보를 위한 국토교통부 장관의 업무 보고 등의 요구)의 적용을 받지 아니한다(제4조 제1항).

㉡ 재해·재난 등으로 인한 수색·구조, 화재의 진화, 응급 환자 후송, 그 밖에 국토교통부령으로 정하는 공공 목적으로 긴급히 운항(훈련을 포함한다)하는 경우에는 상기 제4조 제1항에서 적용을 배제한 조항들을 당연히 적용하지 아니할 뿐만 아니라, 제53조, 제67조, 제68조 제1호부터 제3호까지, 제77조 제1항 제7호, 제79조 및 제84조 제1항도 적용하지 아니한다(제4조 제2항).

이를 요약하면 다음과 같다.

ⓐ 국토교통부령으로 정하는 양의 연료를 싣고 운항하도록 한 제53조, 비행 규칙을 준수하도록 한 제67조, 최저비행고도(最低飛行高度) 아래에서이 비행, 물건의 투하 또는 살포, 낙하산의 강하를 하지 아니하도록 한 제68조(제1호부터 제3호까지), 항공기 운항기술 기준의 항공기 운항에 관한 규정을 준수하도록 한 제77조 제1항 제7호, 비(非)관제공역 또는 주의 공역에서 국토교통부 장관이 정하여 공고하는 비행의 방식 및 절차에 따르도록 하고, 국토교통부장관의 허가를 받아 국토교통부장관이 정하는 비행의 방식 및 절차에 따라 비행하는 경우가 아니면

통제 공역에서 비행해서는 아니 하도록 한 제79조 및, 비행장, 공항, 관제권 또는 관제구에서 항공기를 이동·이륙·착륙시키거나 비행하려는 자는 국토교통부 장관 또는 항공교통 업무 증명을 받은 자가 지시하는 이동·이륙·착륙의 순서 및 시기와 비행의 방법에 따르도록 한 제84조 제1항은 적용되지 아니한다.

※ 관제권은 비행정보구역 내 B, C, D 공역 중 시계 및 계기비행하는 항공기에 항공교통관제업무를 제공하는 공역이다. 관제권은 관제구를 포함하지 않고 Instrument 기상 상태 때 사용되는 공항으로 Arriving하고 Departing하는 IFR Flight Paths를 포함한다. 관제권이란 비행장 또는 공항과 그 주변의 공역으로 항공교통 안전을 위해 국토부장관이 지정 공고한 공역이다.

※ 관제구는 항공로 및 Terminal Control Area와 ATS Routes를 포함하며 비행정보구역 내 A, B, C, D, E 공역에서 시계 및 계기비행하는 항공기에 항공교통관제업무를 제공하는 공역이다. 이 구역을 정할 때 이 지역 내에서 통상 항행안전 시설의 범위가 고려되어 저고도 비행을 위한 Flight Path(비행로, 飛行路) 혹은 ATC(Air Traffic Control ; 항공교통관제, 航空交通管制) 서비스의 적용을 원하는 부분으로, 보통 이 지역에서는 NAV AID(항해용 기기 ; 항법(航法) 지원 장치)가 통상 사용 가능하다. 관제구란 지표면 또는 수면으로 부터 200m 이상 높이의 공역으로 항공교통의 안전을 위해 국토부 장관이 지정 공고한 공역이다.

8 항공기 등록과 국적

1 ✈ 항공기 등록

(1) 등록 제도의 취지

등록 제도의 취지는 항공기의 재산 소유자와 권리 의무 관계를 확인하기 위한 것이다. 항공기의 사용을 본래의 소유자가 하고 있는지를 확인하고 항공기의 등록은 국적의 부여를 의미하므로 국가로부터 감항증명을 받아야 하는 등 법적인 책임과 의무가 발생하므로 그 책임 및 의무를 지는 사람을 확인하고 관리하게 된다.

(2) 항공기 등록 의무

등록은 의무적이지만 국가는 등록하여야 할 의무가 없다. 등록 의무자는 항공기를 소유하거나 임차하여 항공기를 사용할 수 있는 권리가 있는 자(이하 소유자 등이라 한다)는 국토교통부 장관에게 등록하여야 한다(「항공안전법」 제7조).

다음의 항공기는 「항공안전법 시행령」 제4조에 의한 등록을 필요로 하지 아니한다.

① 군 또는 세관에서 사용하거나 경찰 업무에 사용하는 항공기

② 외국에 임대할 목적으로 도입한 항공기로서 외국 국적을 취득할 항공기

③ 국내에서 제작한 항공기로서 제작자 외의 소유자가 결정되지 아니한 항공기

④ 외국에 등록된 항공기를 임차하여 운영하는 경우 그 항공기

(3) 등록의 효력

등록된 항공기는 대한민국의 국적을 취득하고, 이에 따른 권리와 의무를 가진다. 항공기 소유권의 취득·상실·변경은 등록해야 효력이 발생하며, 항공기 임차권도 등록해야 제3자에 대하여 그 효력이 발생한다(이상 「항공안전법」 제9조).

(4) 등록할 수 없는 항공기

① 다음에 해당하는 자가 소유하거나 임차하는 항공기(다만, 대한민국의 국민 또는 법인이 임차하거나 그 밖에 항공기를 사용할 수 있는 권리를 가진 자가 임차한 항공기는 등록 가능)(「항공안전법」 제10조)

　　㉠ 대한민국 국민이 아닌 사람(제1호)

　　㉡ 외국 정부 또는 외국의 공공단체(제2호)

　　㉢ 외국의 법인 또는 단체(제3호)

　　㉣ 제1호부터 제3호까지의 어느 하나에 해당하는 자가 주식이나 지분의 2분의 1 이상을 소유하거나 그 사업을 사실상 지배하는 법인(제4호)

　　㉤ 외국인이 법인 등기부상의 대표자이거나 외국인이 법인 등기부상의 임원 수의 2분의 1 이상을 차지하는 법인(제5호)

② 외국 국적을 가진 항공기

(5) 등록 사항

국토교통부 장관은 항공기 등록원부에 다음 각 호의 사항을 기록하여야 함.

① 항공기의 형식

② 항공기의 제작자

③ 항공기의 제작 번호

④ 항공기의 정치장(定置場)

⑤ 소유자 또는 임차인·임대인의 성명 또는 명칭과 주소 및 국적

⑥ 등록 연월일

⑦ 등록 기호(「항공안전법」 제11조 제1항)

(6) 등록 사항의 변경과 등록

① 변경 등록

항공기의 정치장이 변경되었을 때에는 사유 발생일로부터 15일 이내에 변경 등록을 신청하여야 한다(「항공안전법」 제13조).

② 이전 등록

항공기의 소유권 또는 임차권을 이전하는 경우에는 소유자, 양수인 또는 임차인은 국토교통부장관에게 이전 등록을 신청하여야 한다(「항공안전법」 제14조).

③ 말소 등록

다음의 경우에는 사유 발생일로부터 15일 이내에 말소 등록을 신청하여야 한다(「항공안전법」 제15조).

㉠ 항공기가 멸실되었거나 항공기를 해체(정비, 개조, 수송 또는 보관을 위하여 하는 해체는 제외한다)한 경우

㉡ 항공기의 존재 여부가 1개월 이상 불분명한 경우(항공기 사고 등으로 항공기의 위치를 1개월 이내에 확인할 수 없는 경우에는 2개월)

㉢ 제10조 제1항 각 호의 어느 하나에 해당하는 자에게 항공기를 양도하거나 임대(외국 국적을 취득하는 경우만 해당한다)한 경우

㉣ 임차 기간의 만료 등으로 항공기를 사용할 수 있는 권리가 상실된 경우

CHAPTER 9 감항 증명, 감항성 유지 및 감항 승인

1✈ 감항 증명

(1) 의 의

1944년 시카고회의에서는 국제감항성표준법으로 하고자 하였으나 실현되지 못하였으며, 이에 따라 개별 국가가 감항성 규칙을 정하도록 하였다. 부품과 전체의 조합이 안전 기준에 부합되는가는 고급 과학기술 전문가만이 시험비행의 각종 데이터를 참고하여 판단을 내릴 수 있으므로, 이러한 항공기 기술 성능의 감정에 대해서는 정부가 법적 책임을 지게 된다.

항공기 사고가 발생하게 되면 만약 제품의 기술 성능을 조사한 정부가 감항 증명을 발급할 때 이러한 결함을 바로잡지 못했거나 실수한 경우 정부가 민사 책임을 져야 한다.[74]

(2) 감항 증명과 감항성 유지

① 감항 증명
  ㉠ 항공기의 안전한 비행을 위한 성능(감항성)이 있다는 증명을 감항 증명이라고 하며, 감항 증명을 갖지 아니한 항공기는 항공에 사용할 수 없다.[75]
  ㉡ 검사의 기준은 당시의 기술 수준에서 실현 가능한 범위 내의 것이어야 하고, 최소한의 안전 요건이라고 보아도 무방할 것이다. 항공기의 안전 여부를 판단하는 기준은 사전에 고시되어야 하며, 이러한 판단에 주관적인 판단의 개입을 배제하기 위한 것이다.
  ㉢ 감항 증명은 항공기가 안전하다는 보증이 아니라 항공기의 사용을 위한 법령상의 조건을 이행하였다는 의미이다.
  ㉣ 감항 증명은 표준 감항 증명과 특별 감항 증명으로 구분된다.
    ⓐ 표준 감항 증명은 형식 증명 또는 형식 증명 승인에 따라 인가된 설계에 일치하게

---

74) 이상은 김맹선·김칠영·양한모·홍순길(공저) 항공법(2012년)
75) 항공기를 소유하거나 임차하는 자는 항공기를 사용하는 과정에서 안전성이 확보되지 아니한다면 국내외 항공운송의 발전이 저해될 수밖에 없으며, 한편으로 국가의 입장에서도 운송 산업의 대외적 경쟁력도 약화될 것이다. 또한, 항공기를 이용하는 자들의 입장에서도 항공기의 제작, 운항 및 정비 등은 고도의 기술을 요하는 안전과 관련된 사항에 대해 전문가로서의 지식을 가지고 있지 않다. 바로 이러한 점에서 국가가 전문적인 검사를 통하여 안전성 유무를 판단하는 제도가 필요하며, 감항증명제도가 대한민국 국적을 가진 항공기는 모두를 그 대상으로 한 것도 이러한 이유에서이다(이상은 김맹선·김칠영·양한모·홍순길(공저) 항공법(2012년) p.37 참조).

제작되고 안전하게 운항할 수 있다고 판단되는 경우에 발급하는 증명이다(「항공 안전법」 제23조 제3항 제1호).

ⓑ 특별 감항 증명은 해당 항공기가 제한 형식 증명을 받았거나 항공기가 연구, 개발 등 국토교통부령으로 정하는 경우로서 항공기 제작자 또는 소유자 등이 제시한 운용 범위를 검토하여 안전하게 비행할 수 있다고 판단되는 경우 발급하는 증명이다(「항공안전법」 제23조 제3항 제2호).

ⓜ 이와 관련하여 「항공안전법 시행규칙」 제37조(특별 감항 증명 대상)에서는 법 제23조 제3항 제2호에서 항공기의 연구, 개발 등 국토교통부령으로 정하는 경우로서 다음을 열거하고 있다.

ⓐ 항공기 및 관련 기기의 개발과 관련된 다음 어느 하나에 해당하는 경우
- 항공기 제작자, 연구 기관 등에서 연구 및 개발 중인 경우
- 판매 등을 위한 전시 또는 시장 조사에 활용하는 경우
- 조종사 양성을 위하여 조종 연습에 사용하는 경우

ⓑ 항공기의 제작·정비·수리·개조 및 수입·수출 등과 관련한 다음 어느 하나에 해당하는 경우
- 제작·정비·수리 또는 개조 후 시험비행을 하는 경우
- 정비·수리 또는 개조(이하 정비 등이라 한다)를 위한 장소까지 승객·화물을 싣지 아니하고 비행하는 경우
- 수입하거나 수출하기 위하여 승객·화물을 싣지 아니하고 비행하는 경우
- 설계에 관한 형식 증명을 변경하기 위하여 운용 한계를 초과하는 시험비행을 하는 경우
- 기상관측, 기상 조절 실험 등에 사용되는 경우

ⓒ 무인항공기를 운항하는 경우

ⓓ 특정한 업무를 수행하기 위하여 사용되는 다음 각 목의 어느 하나에 해당하는 경우
- 재난·재해 등으로 인한 수색·구조에 사용되는 경우
- 산불의 진화 및 예방에 사용되는 경우
- 응급 환자의 수송 등 구조·구급 활동에 사용되는 경우
- 씨앗 파종, 농약 살포 또는 어군(魚群)의 탐지 등 농·수산업에 사용되는 경우

ⓔ ⓐ부터 ⓓ까지 외에 공공의 안녕과 질서 유지를 위한 업무를 수행하는 경우로서 국토교통부 장관이 인정하는 경우

ⓗ 국토교통부 장관은 표준 감항 증명 또는 특별 감항 증명을 하는 경우 해당 항공기의 설계, 제작 과정, 완성 후의 상태와 비행성능에 대하여 검사하고, 항공기 기술 기준

에서 정한 항공기의 감항 분류에 따라 판단한다.

ⓐ 다음의 사항에 대하여 해당 항공기의 운용 한계(運用限界)를 지정하여야 한다.

- 속도에 관한 사항
- 발동기 운용 성능에 관한 사항
- 중량 및 무게중심에 관한 사항
- 고도에 관한 사항
- 그 밖에 성능 한계에 관한 사항

ⓑ 다음의 어느 하나에 해당하는 항공기의 경우에는 검사의 일부를 생략할 수 있다.

- 형식 증명, 제한 형식 증명, 또는 형식 증명 승인을 받은 항공기
- 제작 증명을 받은 자가 제작한 항공기
- 항공기를 수출하는 외국 정부로부터 감항성이 있다는 승인을 받아 수입한 항공기

Ⓐ 항공기가 감항성이 있다는 증명, 즉 감항 증명은 국토교통부 장관에게 신청하여야 하며(「항공안전법」 제23조 제1항), 원칙적으로 그 대상은 대한민국 국적을 가진 항공기로서, 「국제민간항공협약」 제31조에 따른 국제적 의무 이행을 위해서이다.

Ⓞ 다만, 예외적으로 국토교통부령으로 정하는 항공기의[76] 경우에는 대한민국 국적을 가지고 있지 아니하지만 감항 증명 검사 대상이 된다.

「항공안전법 시행령」에서 국토교통부장관은

ⓐ 법 제20조에 따른 형식 증명을 받은 항공기에 대한 최초의 표준 감항 증명과, 제작 증명을 받아 제작한 항공기에 대한 최초의 표준 감항 증명을 제외한 표준 감항 증명과 더불어,

ⓑ 다음에 해당하는 특별 감항 증명에 관한 증명을 지방항공청장에게 위임하고 있다(「항공안전법 시행령」 제26조 참조).

- 항공기를 정비·수리 또는 개조(이하 정비 등이라 한다) 후 시험비행을 하는 항공기

---

76) 법 제101조 단서에 따라 국토교통부장관의 허가를 받아 대한민국 각 지역 간을 운항하는 외국 국적의 항공기(「항공사업법」 제54조 및 제55조에 따른 허가를 받은 자가 해당 운송에 사용하는 항공기는 제외한다) ② 국내에서 수리·개조 또는 제작한 후 수출할 항공기, ③ 국내에서 제작되거나 외국으로부터 수입하는 항공기로서 대한민국의 국적을 취득하기 전에 감항증명을 신청한 항공기 등이다. 이 중에서 ①의 항공기는 외국의 국적을 가지고 있지만 ②와 ③의 항공기는 아직 아무런 국적도 가지고 있지 아니한 상태이다.
① 법 제145조 단서에 따라 허가를 받은 항공기 : 국토교통부 장관의 허가를 받아 국내 사용 허가를 받은 외국 국적의 항공기(외국인 국제 항공운송사업자가 해당 사업에 사용하는 외국 국적의 항공기 및 제148조에 따라 허가받은 자가 해당 운송에 사용하는 외국 국적의 항공기는 제외) ② 국내에서 수리·개조 또는 제작한 후 수출할 항공기, ③ 국내에서 제작되거나 외국으로부터 수입하는 항공기로서 대한민국의 국적을 취득하기 전에 감항 증명을 위한 검사를 신청한 항공기 등이다. 이 중에서 ①의 항공기는 외국의 국적을 가지고 있지만 ②와 ③의 항공기는 아직 아무런 국적도 가지고 있지 아니한 상태이다.

- 항공기의 정비 등을 위한 장소까지 승객·화물을 싣지 아니하고 비행하는 항공기
- 항공기를 수입하거나 수출하기 위하여 승객·화물을 싣지 아니하고 비행하는 항공기
- 재난·재해 등으로 인한 수색·구조에 사용하는 항공기
- 산불 진화 및 예방에 사용하는 항공기
- 응급 환자의 수송 등 구조·구급 활동에 사용하는 항공기
- 씨앗 파종, 농약 살포 또는 어군(魚群) 탐지 등 농수산업에 사용하는 항공기
- 기상관측 또는 기상 조절 실험 등에 사용되는 항공기

ⓩ 항공우주산업개발촉진법 제10조(성능 검사 및 품질 검사) 제1항은 '항공우주산업 사업자가 항공기·우주 비행체·기기류 또는 소재류의 생산을 한 때에는 산업통상자원부 장관의 성능 검사 및 품질 검사를 받아야 한다. 다만, 수출을 목적으로 생산한 품목으로서 산업통상자원부 장관이 따로 지정하는 품목에 대하여는 성능 검사 및 품질 검사의 전부 또는 일부를 면제할 수 있다.'라고 규정하고 있다.

동법 제11조 제2항은 '관계 행정기관의 장은 항공기·우주 비행체·기기류 또는 소재류를 시험비행 등의 용도로 사용할 필요가 있다고 인정할 때에는 이를 국토교통부 장관에게 요청하여야 한다. 이 경우 국토교통부 장관은 특별한 사유가 없으면 「항공안전법」 제23조 제3항 제2호에 따른 특별 감항 증명을 하여야 한다.'라고 규정하고 있다.

ⓩ 감항 증명의 유효기간은 원칙적으로 1년이다(「항공안전법」 제23조 제5항). 다만, 항공기의 형식 및 소유자 등의 정비 능력(정비 등을 위탁하는 경우에는 정비 조직 인증을 받은 자의 정비 능력을 의미)을 고려하여 국토교통부령이 정하는 바에 따라 연장 가능하다. 즉, 항공기의 감항성을 지속적으로 유지하기 위하여 국토교통부 장관이 정하여 고시하는[77] 정비 방법에 따라 정비 등이 행하여지는 항공기의 경우에는 그 기간이 연장된다.

이와 달리, 항공기의 소유자 및 임차인 등이 항공기를 수리 또는 개조하는 경우에는 이미 감항 증명을 받은 항공기의 감항성에 대해 후술하는 수리, 개조 승인을 받아야

---

[77] 「항공기 기술기준」 관련 규정, 「항공안전법 시행규칙」에 따라 항공기의 감항성을 지속적으로 유지하기 위한 부록 C 또는 부록 D에 따라 항공기 정비 프로그램 또는 항공기 검사 프로그램을 인가받아 정비 등이 이루어지는 항공기의 경우에는 유효기간이 자동 연장되는 표준감항증명서를 발급할 수 있다.
  - 부록 C. 항공운송사업자용 정비 프로그램 기준 : 국제 항공운송사업자, 국내 항공운송사업자 또는 소형 항공운송사업자
  - 부록 D. 항공기 검사 프로그램 기준 : 부록 C에 따른 항공운송사업자용 정비 프로그램 기준을 적용하기 어려운 항공기 소유자 등 — 소형 항공운송사업자, 항공기 사용 사업자, 자가용 항공기 운영자, 국가기관 등 항공기를 운영하는 국가, 지방자치단체 및 공공 기관

하는 데, 수리, 개조된 항공기는 국토교통부 장관의 승인을 받지 않고는 항공에 사용될 수 없으며, 그 검사 결과 항공기의 감항성이 유지되지 않으면 「항공안전법」 제23조 제7항에 따라 감항 증명의 효력이 정지되거나 유효기간이 단축된다.

② 감항성 유지

항공기를 운항하려는 소유자 등은 다음의 방법에 따라 그 항공기의 감항성을 유지하여 야 한다.

㉠ 해당 항공기의 운용 한계 범위에서 운항할 것

㉡ 제작사에서 제공하는 정비 교범, 기술 문서 또는 국토교통부 장관이 정하여 고시하 는 정비 방법에 따라 정비 등을 수행할 것

㉢ 감항성 개선 또는 그 밖의 검사·정비 등의 명령에 따른 정비 등을 수행할 것

국토교통부 장관은 소유자 등이 해당 항공기의 감항성을 유지하는지를 수시로 검사하 여야 하며, 항공기의 감항성 유지를 위하여 소유자 등에게 항공기 등 장비품 또는 부품 에 대한 정비 등에 관한 감항성 개선 또는 그 밖의 검사·정비 등을 명할 수 있다.

(3) 감항 승인

우리나라에서 제작, 운항 또는 정비 등을 한 항공기 등 장비품 또는 부품을 타인에게 제공 하려는 자는 국토교통부 장관의 감항 승인을 받을 수 있다. 국토교통부 장관이 감항 승인을 할 때에는 해당 항공기 등 장비품 또는 부품이 항공기기술기준 또는 기술 표준품의 형식 승인 기준에 적합하고 안전하게 운용할 수 있다고 판단하는 경우에는 감항 승인을 하여야 한다.

(4) 수리·개조 승인

감항 증명이 발급된 항공기의 감항성은 시간과 운항 횟수에 따라 점차적으로 저하될 수밖 에 없다. 감항성을 유지하기 위해서는 항공기 소유자 또는 사용자가 자주적으로 정비하는 것을 통례로 한다. 이는 항공기의 안전 운항이 항공기 소유자의 이익과도 합치되는 것이기 도 하지만, 정비가 기존의 감항 증명의 기초가 된 설계 또는 완성 후의 상태에 영향이 있는 것이라면 감항 증명에 대한 검사 차원에서 행정 당국의 개입이 필요하게 된다. 이 경우 감항성에 영향이 없는 것으로 상정될 수 있는 경우에는 행정 당국이 직접 관여하지 않고 자격 있는 자에게 일정 업무를 위탁함으로써 감항 검사 업무를 효율적으로 수행하게 된다. 즉, 감항성에는 영향이 없고 단지 감항성의 유지만을 위한 것이라고 객관적으로 인정되는 경우 관할 당국의 검사절차는 불필요하다.

단지 항공기의 안전성 확보라는 「항공안전법」의 취지에서 볼 때 감항성에 영향이 없는 활동과 관할 당국의 검사가 불필요한 것에 대해서는 명확히 규정할 필요가 있으며, 이것이 경미한 정비의 경우이다.

「항공안전법」은 이러한 취지에서 국토교통부 장관의 검사를 받아야 하는 항공기의 수리, 개조의 범위와 이에 대한 검사 절차를 규정하고 있으며, 수리, 개조에는 해당하지 아니하여 국토교통부 장관의 검사가 아닌 일정한 자격 소유자에 의한 확인을 받아야 하는 정비, 수리, 개조의 범위를 규정하고 있다(「항공안전법」 제30조 참조).

(5) 항공기 등의 검사

「항공안전법」 제31조는 국토교통부 장관은 제20조부터 제25조까지, 제27조, 제28조, 제30조 및 제97조에 따른 증명·승인 또는 정비 조직 인증을 할 때에는 미리 해당 항공기 등의 장비품을 검사하거나 이를 제작 또는 정비하려는 조직, 시설 및 인력 등을 검사하도록 하고 있다.

(6) 항공기 등 정비 등의 확인

「항공안전법」 제32조 제1항은 '소유자 등은 항공기 등 장비품 또는 부품에 대하여 정비 등(경미한 정비 및 제30조 제1항에 따른 수리·개조 제외)을 한 경우에는 항공 정비사 자격 증명을 받은 사람으로서 국토교통부령으로 정하는 자격 요건을 갖춘 사람으로부터 그 항공기 등 장비품 또는 부품에 대하여 국토교통부령으로 정하는 방법에 따라 감항성을 확인받지 아니하면 이를 운항 또는 항공기 등에 사용해서는 아니 된다. 다만, 감항성을 확인받기 곤란한 대한민국 외의 지역에서 항공기 등 장비품 또는 부품에 대하여 정비 등을 하는 경우로서, 국토교통부령으로 정하는 자격 요건을 갖춘 자로부터 그 항공기 등 장비품 또는 부품에 대하여 감항성을 확인받은 경우에는 이를 운항 또는 항공기 등에 사용할 수 있다.'라고 규정하고 있다.

(7) 고장, 결함 또는 기능 장애 보고 의무

「항공안전법」 제33조 제1항은 형식 증명, 부가 형식 증명, 제작 증명, 기술 표준품 형식 승인 또는 부품 등 제작자 증명을 받은 자로 하여금 제작하거나 인증을 받은 항공기 등 장비품 또는 부품이 설계 또는 제작의 결함으로 인하여 국토교통부령으로 정하는 고장, 결함 또는 기능 장애가 발생한 것을 알게 된 경우, 국토교통부 장관에게 그 사실을 보고하도록 하고 있다.

또한, 제2항은 항공운송사업자, 항공기 사용 사업자 등 대통령령으로 정하는 소유자 등 정비 조직 인증을 받은 자가 항공기를 운영하거나 정비하는 중에 국토교통부령으로 정하는 고장, 결함 또는 기능 장애가 발생한 것을 알게 된 경우, 국토교통부 장관에게 그 사실을 보고하도록 하고 있다.

CHAPTER 10 항공 안전 프로그램

1 ✈ 항공 안전 프로그램

(1) 의 의

① 「항공안전법」 제58조 제1항에서 국토교통부 장관은 다음의 사항이 포함된 항공 안전 프로그램을 마련하여 고시하도록 하고 있다.

여기에서의 항공 안전 프로그램은 국가 항공 안전 프로그램이다.

㉠ 항공안전에 관한 정책, 달성목표 및 조직체계

㉡ 항공안전 위험도의 관리

㉢ 항공안전보증

㉣ 항공안전증진

② 「항공안전법」 제58조 제2항은 '다음의 어느 하나에 해당하는 자는 제작, 교육, 운항 또는 사업 등을 시작하기 전까지 제1항에 따른 항공 안전 프로그램에 따라 항공기 사고 등의 예방 및 비행 안전의 확보를 위한 항공 안전 관리시스템을 마련하고, 국토교통부 장관의 승인을 받아 운용하여야 한다. 승인받은 사항 중 국토교통부령으로 정하는 중요 사항을 변경할 때에도 또한 같다.'라고 규정하고 있다.

항공 안전 관리 시스템(Safety Management System)을 마련하여 시행하여야 하는 자의 범주는 다음과 같다.

㉠ 형식 증명, 부가 형식 증명, 제작 증명, 기술 표준품 형식 승인 또는 부품 등 제작자 증명을 받은 자

㉡ 제35조 제1호부터 제4호(운송용 조종사, 사업용 조종사, 자가용 조종사 및 부조종사) 까지의 항공종사자 양성을 위하여 제48조 제1항 단서에 따라 지정된 전문 교육 기관

㉢ 항공교통 업무 증명을 받은 자

㉣ 제90조(제96조 제1항에서 준용하는 경우를 포함)에 따른 운항증명을 받은 항공운송 사업자 및 항공기사용사업자

㉤ 항공기 정비업자로서 제97조 제1항에 따른 정비 조직 인증을 받은 자

㉥ 「공항시설법」 제38조 제1항에 따라 공항 운영 증명을 받은 자

㉦ 「공항시설법」 제43조 제2항에 따라 항행 안전 시설을 설치한 자

㉧ 제55조 제2호에 따른 국외운항항공기를 소유 또는 임차하여 사용할 수 있는 권리가 있는 자

2 ✈ 국가 항공 안전 프로그램[78]

(1) 국제 기준 현황

① 국가 항공 안전 프로그램 개요

2010년대 이후 ICAO는 회원국들이 국가 차원의 사전 예방적 안전 관리 체계인 국가 항공 안전 프로그램(SSP ; State Safety Programme)을 수립·운영하는 것을 글로벌 항공 안전 계획(GASP ; Global Aviation Safety Plan)의[79] 목표로 설정하였다. 이와 같이 ICAO가 현재의 시점에서의 최우선 안전 정책을 GASP의 목표로 삼고 있는 것을 고려해 볼 때, 국가 항공 안전 프로그램의 중요성이 향후 20년간 지속될 것이라는 것을 의미한다.

국가 항공 안전 프로그램은 전통적인 사고 사후 조치 중심의 국가 안전 감독(SSO ; State Safety Oversight)에 사고 예방 관리 기능을 추가한 국가 차원의 안전 관리 방식이다. 전통적 안전 감독 체계는 정부가 운항 현장에 체계적인 안전 규정을 제공하고 이를 철저하게 지키는지 여부를 확인(또는 점검)하는 것이다. 이에 비해 국가항공 안전프로그램은 안전 규정의 철저한 준수는 물론, 항공기사고 발생에 영향을 줄 수 있는 위험 요인(Hazard)까지도 사전에 적극적으로 관리하는 것이다.

이는 급증하는 항공 교통량[80], 저비용 항공사 출현, 외국 항공사 취항 증가, 위험물 운송 증가 등 급변하는 운항 환경에 정부가 선제적으로 대응하기 위해 개발한 안전 관리 방식이다.

ICAO는 국가 항공 안전 프로그램을 국제 기준으로 본격 적용하기 위해 2013년 7월 이에 대한 개별적인 「국제민간항공협약」 부속서를 신설(Annex 19-Safety Management)하였다.

---

78) 여기서 국가 안전 프로그램 관련 내용은 국토교통부 항공정책실, 『2017 항공안전백서』(2018년 6월)

79) 글로벌 항공 안전 계획(GASP, Global Aviation Safety Plan) : 2000년대부터, ICAO가 전 세계 항공사고 예방을 위하여 수립하고 있는 중장기 항공안전종합계획이다. ICAO는 3년 주기로 개최되는 총회(Assembly)에서 항공 환경 등을 고려하여 이를 현행화한다.

• 목 표
  – 단기 목표(~2017년) : 안전 감독 선진국 SSP 이행 및 개발도상국 안전 감독 체계 고도화
  – 중장기 목표 : 모든 회원국 SSP 이행(~2022년) 및 SSP 고도화(~2027년)
• 핵심 과제 : 중대 항공사고 유형 및 신종 항공 안전 위협 요인 등 중점 대응
• 추진 전략 : ①국제 기준 이행, ②안전 자료 공유, ③항공 전문 인력 양성, ④국가 간 협력

80) ICAO는 세계 항행 계획(GANP, Global Air Navigation Plan, Doc9750)에서 전 세계 교통량이 15년 주기로 2배씩 증가하고 있다고 명시하였다.

② 국가 항공 안전 프로그램 관련 국제 기준

㉠ 안전 감독(State Safety Oversight)

앞에서 설명한 것처럼 국가 항공 안전 프로그램(이하 SSP라 한다)은 전통적 안전 감독 체계의 발전된 형태이다. 따라서 SSP의 올바른 이해를 위해서는 ICAO 국제 표준에서 명시하는 안전 감독체계(이하 SSO라 한다)의 정의 및 구성 요소에 대해 먼저 이해하여야 한다.

최근 ICAO에서 국제 기준(Annex 19)으로 채택한 안전 감독(Safety Oversight)이라 함은 '항공 활동을 수행하는 개인 및 조직이 안전 관련 국내 법령을 준수하는 것을 보장하기 위하여 국가가 수행하는 기능(A function performed by a State to ensure that individuals and organizations performing an aviation activity comply with safety-related national laws and regulations)'을 말한다.

즉, 국가가 항공 업무를 수행하는 항공종사자 및 서비스 제공자가 안전 관련 법·규정 등을 준수하는지 여부를 확인·관리하는 기능이다. 구체적으로 국가의 역할은 다음과 같이 8개의 분야로 세분화할 수 있으며, 이를 안전 감독 중요 요소(Critical Element)라고 한다.

▌국제 기준에서 명시하는 항공 안전 감독 요소

▮ 항공 안전 감독 요소 주요 내용

감독 요소	주요 내용
1. 기본법령	국가의 항공 수준과 환경에 적합한 항공 법령
2. 세부 규칙	기준, 표준 절차, 기술 기준 등
3. 조직/감독 기능	항공 당국의 조직 및 재정 자원
4. 전문 인력	안전 담당 직원에 대한 전문성 및 교육 실시
5. 기술 지침	표준 기술 지침서 및 매뉴얼
6. 면허/인증	종사자 자격 증명, 항공사 운항 증명, 공항 운항 증명 등
7. 안전 감독	적절한 안전 감독의 실시
8. 안전 문제 해결	안전 감독으로 확인된 위해 요소에 대한 해결 능력

첫째, '주요 항공 입법(Primary AviationLegislation)'을 제정하고 관리하는 역할이다. 국가는 자국 항공 산업의 규모·구조 및 「국제민간항공협약」(Convention on International CivilAviation)에 적합하도록 항공 안전 관련 기본적인 의무·권리 등을 법령으로 규정하고 관리해야 한다. 그러한 법령에 안전 감독인력이 운항 현장을 관리·감독할 수 있는 권한도 포함되어야 한다. 우리나라의 경우 「항공안전법」 등 항공 관련 법령 등이 이에 해당된다.

둘째, 법을 구체적으로 이행하기 위한 세부 규칙(Specific Operating Regulations)을 수립·관리하는 것이다. 「항공관련법」 시행령, 시행규칙, 기타 법령에서 위임한 고시 등이 이에 해당된다.[81]

셋째, 국가가 법에 따라 업무를 수행하기 위한 감독 체계 및 기능(State System and Function)이다. 안전 감독을 수행하기 위한 조직과 조직이 활동할 수 있는 예산을 확보해야 함을 의미한다.

넷째, 안전 감독 기능을 적절하게 수행하기 위한 전문 인력 확보(Qualified Technical Personnel)이다. 국가가 위의 세 번째 역할을 충실히 수행하여 전문 지식 및 경험이 풍부한 인력을 최초에 채용했더라도 해당 인력이 변화하는 환경에 적합한 전문성을 확보하도록 지속적으로 관리하는 교육·훈련 체계가 필요하다.

다섯째, 효과적인 감독 기능 수행을 위한 지침 및 주요 안전 정보의 제공(Technical guidance, tools and provision of safety-critical information)이다. 지침은 정부의 안전 감독 인력은 물론, 운항 현장이 제도를 이행하기 위한 제도 이행 가이드라인까지 포함한다. 우리나라의 경우, 공무원을 위한 행정규칙인 훈령과 운항 현장을 지원하기 위한 제도 이행 안내서 등이 이에 해당된다. 안전 감독 인력을 위한 주요 안전 정보는 항공 고시보(NOTAM), 감항성 개선

---

81) 예를 들어 운항 기술 기준, 항공기 기술 기준, 위험물 운송 기술 기준, 국가 항공 안전 프로그램 등이 있다.

지시(Airworthiness Directive) 등이 해당된다.

여섯째, 안전 면허・인증 등 발급(Licensing, certification, authorization and / or approval obligations) 절차이다. 법령 및 지침에 적합한 요건을 갖춘 운항 현장의 서비스 제공자에게 안전 면허 등을 발급하는 절차를 의미한다. 안전 면허의 종류로는 조종사, 관제사 등 개인에게 부여하는 항공종사자 면허와 운항 증명(AOC ; Air Operators Certificate)・정비 조직 인증(AMO ; Approved Maintenance Organization)・지정 전문교육 기관(ATO ; Approved Training Organization)・공항 운영 증명(AC ; Airport Certificate) 등이 국제 기준으로 수립 되어 있다.[82]

일곱째, 위와 같이 발급된 안전 면허의 요건이 적절히 준수되고 있는지 여부를 점검・확인(Surveillance)하는 과정이다.

마지막으로, 안전 문제 해결(Resolution of Safety Issues) 과정으로서 위의 확인 과정에서 발굴된 미흡 사항을 해결하기 위해 강제 조치를 포함한 적절한 시정 조치를 하는 것이다.

ⓒ 항공 안전 관리 시스템(Safety Management System)

항공 안전 관리 시스템은 급변하는 항공 운항환경에서 서비스 제공자(SP ; Service Provider)가 정부의 항공 안전 프로그램에 따라 자체적인 안전 관리를 위하여 갖추어야 하는 조직(Organizational Structures), 책임과 의무(Accountabilities), 안전 정책(Policies), 안전 관리 절차(Procedures) 등을 포함하는 안전 관리 체계를 말한다.

ICAO의 세계 항행 계획(GANP ; Global Air Navigation Plan, Doc 9750-AN/963)에 따르면, 전 세계 항공 산업은 매 15년을 주기로 항공교통의 규모가 2배씩 증가하였고 오늘날 경제 발전을 위해 없어서는 안 되는 분야로 성장했다.

▌항공 교통량 증가율

1977 1992　2007　　2022

▌전 세계 화물 여객 수송량(연간)

2.9 billion
Passengers annually

$5.3 trillion
Cargo by value annually

---

82) 다만, 국가에서 직접 업무를 수행하는 항공교통 업무(관제 등)에 대해서는 안전 면허가 국제 기준으로 수립되어 있지 않다.

운항 형태는 운영·관리에 거대한 자본금을 투자하는 대형 항공사 운송 중심에서 저비용 항공사 중심으로 전환하고 있고, 위험물 등 운송 화물의 다양화, 민족 간 분쟁으로 인한 테러 지역 출현 등 새로운 위험 요인도 출현하고 있다.

이와 같이 급속하게 변화하는 운항 환경에 정부가 실시간으로 대응하는 것이 실질적으로 힘들어지면서 운항 현장을 직접 운영하는 서비스 제공자(항공운송사업자, 항공기정비업자, 항공교통업무 제공자, 공항 운영자 등)가 스스로 안전 관리를 하는 방식이 필요하게 되었다.[83]

이에 따라 일부 선진 항공사 등은 선제적으로 스스로 현장의 잠재 위험을 관리하게 되었다. 즉, 규정 이행 여부를 스스로 진단(Internal Audit)하고 규정의 범위를 벗어나는 잠재 위험(Hazard)도 스스로 발굴·관리하고 안전조치를 취하는 것이 대표적인 활동이다.

결국 이러한 활동을 보편적으로 수행할 필요성이 인정되어 이를 체계적으로 규정화한 것이 안전 관리 시스템(SMS ; Safety Management System)이다.

다음의 그림이 대표적으로 사용되는 안전관리 시스템의 일환인 위험도 평가 매트릭스이다.

▎위험도 평가 매트릭스

Likelihood	Severity				
	1. Insignificant	2. Minor	3. Moderate	4. Major	5. Catastrophic
A. Certain/frequent	Moderate(1A)	Moderate(2A)	High(3A)	Extreme(4A)	Extreme(5A)
B. Likely/occasional	Low(1B)	Moderate(2B)	Moderate(3B)	High(4B)	Extreme(5B)
C. Possible/remote	Low(1C)	Low(2C)	Moderate(3C)	Moderate(4C)	High(5C)
D. Unlikely/improbable	Negligible(1D)	Low(2D)	Low(3D)	Moderate(4D)	Moderate(5D)
E. Exceptional	Negligible(1E)	Negligible(2E)	Low(3E)	Low(4E)	Moderate(5E)

---

83) 항공 환경 변화에 맞추어 정부가 안전 감독 영역을 확대·조정하는 것이 그간의 관례였다. 예를 들어, 운송 규모 등이 증가하면 이에 적합한 안전 감독 자원을 확보하는 것이다. 한편, 오늘날 세계적으로 항공교통 수요가 폭발적으로 증가하고 그 운항 형태가 다양화함에도 불구하고 정부의 안전 감독 능력이 이를 따라 가기 힘든 환경에 노출되고 있다.

CHAPTER

11 항공 안전 보고 제도

1 ✈ 항공 안전 의무 보고

(1) 의 의

항공기 사고, 항공기 준사고 또는 항공 안전 장애 중 국토교통부령으로 정하는 사항(의무보고 대상 항공안전장애)을 발생시켰거나 항공기 사고, 항공기 준사고 또는 의무보고 대상 항공 안전 장애가 발생한 것을 알게 된 항공종사자 등 관계인은 국토교통부장관에게 그 사실을 보고하여야 한다. 다만, 제33조에 따라 고장, 결함 또는 기능 장애가 발생한 사실을 국토교통부장관에게 보고한 경우에는 이 조에 따른 보고를 한 것으로 본다(「항공안전법」 제59조 제1항).

국토교통부장관은 제59조제1항에 따른 보고를 받은 경우 또는 제59조제1항에 따른 보고를 받지 않았으나 항공기사고, 항공기준사고 또는 의무보고 대상 항공안전장애가 발생한 것을 인지하게 된 경우 이에 대한 사실 여부와 이 법의 위반사항 등을 파악하기 위한 조사를 할 수 있다(「항공안전법」 제60조 제1항). 법 제59조 제1항에 따른 항공 안전 의무보고의 접수 및 법 제60조 제1항에 따른 사실조사(법 제83조에 따라 항공교통업무를 제공하는 자 및 국제항공운송사업자와 관련된 항공기 사고, 항공기 준사고 또는 항공 안전 장애에 관한 보고는 제외한다)는 국토교통부장관이 지방항공청장에게 위임한 사항이다(「항공안전법 시행령」 제26조 제1항 제19호).

(2) 현 황

국적 항공사의 사고·준사고는 매년 감소하는 추세를 보이고 있으며, 취항 노선의 확대에도 불구하고 사고·준사고 건수가 감소한 것은 항공 당국의 점검활동 및 항공사의 안전 관리 강화 등에 기인한 것으로 보인다.

항공 안전 장애는 사고·준사고의 근본적 사고 요인을 식별하고 방지하고자 정부가 추가적으로 수집하는 각종 안전 사례를 말한다.

항공 안전 장애는 해당 사례의 특성에 따라 일반 국민이 인지할 수도 있지만, 조종사, 정비사 등 해당 항공 전문 지식·기술을 보유한 자만이 인지할 수 있거나, 그것마저도 불가능한 사례가 많다. 그러므로 항공 안전 장애 발생 건수를 정량적으로 산출하는 것은 불가능하다는 것이 ICAO 등 국제전문가들의 주장이다. 그러나 최대한 그 사례를 수집·분석하여 사고 요인을 근본적으로 제거하는 것이 사고 발생 확률을 낮추어 궁극적으로 안전

증진에 기여한다는 것이 현재 국제 항공 안전 정책의 방향이다.

우리나라도 국제 기준에 따라 각종 안전보고 제도를 운영하고, 이를 통해 안전 장애를 수집·분석하고 있다. 이와 같이 주요 사례를 수집하는 항공 안전 의무 보고 제도 운영에도 불구하고 의무 보고 사항이 모두 다 수집된다고 단언할 수는 없다.

또한, 불성실한 보고에 대한 과태료·과징금에도 불구하고 현장 상황을 판독할 수 있는 해당 항공 종사자가 보고를 누락할 경우에는 영원히 세상에 알려지지 않을 수도 있다. 보고 누락의 원인은 '단순 실수' 외에도 '절차 미준수건 포함', '보고 문화 미성숙' 등에 의한다. 현재 정부에서는 현장의 종사자들이 제도에 적극 협조할 수 있도록 각종 제반 제도도 함께 보완 중이다.

이와 같은 사실에 비추어 보면, 항공 안전 장애 건수가 많은 것과 해당 항공사의 안전도는 꼭 비례하는 것이 아니다. 그러므로 안전 장애 발생 건수보다 위험한 안전 장애가 얼마나 빈번하게 발생되었는지를 면밀히 살펴봐야 하는 데, 안전 장애에 대한 이해가 깊은 항공사일수록 안전 장애의 보고 건수가 많아질 수 있고, 보고하는 장애의 유형이 다양해질 수 있음을 같이 고려해야 한다.

2 항공기 사고, 준사고 및 항공 안전 장애의 개념과 범주

(1) 항공기 사고

① 정 의

㉠ 항공기 사고는 사람이 비행을 목적으로 항공기에 탑승하였을 때부터 탑승한 모든 사람이 항공기에서 내릴 때까지, [사람이 탑승하지 아니하고 원격조종 등의 방법으로 비행하는 항공기(이하 무인항공기라 한다)의 경우에는 비행을 목적으로 움직이는 순간부터 비행이 종료되어 발동기가 정지되는 순간까지를 말한다] 항공기의 운항과 관련하여 발생한 다음 중 어느 하나에 해당하는 것으로서 국토교통부령으로 정하는 것을 말한다.

ⓐ 사람의 사망, 중상 또는 행방불명

ⓑ 항공기의 파손 또는 구조적 손상

ⓒ 항공기의 위치를 확인할 수 없거나 항공기에 접근이 불가능한 경우(「항공안전법」 제2조 제6호)

㉡ 사람의 사망 또는 중상의 적용 기준

사람의 사망 또는 중상에 대한 적용 기준은 다음과 같다.

첫째, 항공기에 탑승한 사람이 사망하거나 중상을 입은 경우이다. 다만, 자연적인

원인 또는 자기 자신이나 타인에 의하여 발생된 경우와 승객 및 승무원이 정상적
으로 접근할 수 없는 장소에 숨어 있는 밀항자 등에게 발생한 경우는 제외한다.

둘째, 항공기로부터 이탈된 부품이나 그 항공기와의 직접적인 접촉 등으로 인하여
사망하거나 중상을 입은 경우이다.

셋째, 항공기 발동기의 흡입 또는 후류(後流)로 인하여 사망하거나 중상을 입은
경우이다.

ⓒ 행방불명은 항공기, 경량 항공기 또는 초경량 비행 장치 안에 있던 사람이 항공기
사고, 경량 항공기 사고, 또는 초경량 비행장치 사고로 1년간 생사가 분명하지 아니
한 경우에 적용한다.

ⓔ 사람의 사망은 항공기 사고, 경량 항공기 사고, 또는 초경량 비행 장치 사고가 발생
한 날부터 30일 이내에 그 사고로 사망한 경우를 포함한다.

중상의 범위는 다음과 같다.

ⓐ 항공기 사고, 경량 항공기 사고, 또는 초경량 비행 장치사고로 부상을 입은 날부
터 7일 이내에 48시간을 초과하는 입원 치료가 필요한 부상

ⓑ 골절(코뼈, 손가락, 발가락 등의 간단한 골절은 제외)

ⓒ 열상(찢어진 상처)으로 인한 심한 출혈, 신경·근육 또는 힘줄의 손상

ⓓ 2도나 3도의 화상 또는 신체 표면의 5%를 초과하는 화상(화상을 입은 날부터
7일 이내에 48시간을 초과하는 입원 치료가 필요한 경우만 해당)

ⓔ 내장의 손상

ⓕ 전염 물질이나 유해 방사선에 노출된 사실이 확인된 경우 등

ⓜ 항공기의 손상·파손 또는 구조상의 결함

ⓐ 다음의 어느 하나에 해당되는 경우에는 항공기의 중대한 손상·파손 및 구조상
의 결함으로 본다.
  • 항공기에서 발동기가 떨어져 나간 경우
  • 발동기의 덮개 또는 역추진 장치 구성품이 떨어져 나가면서 항공기를 손상시
    킨 경우
  • 압축기, 터빈 블레이드 및 그 밖에 다른 발동기 구성품이 발동기 덮개를 관통한
    경우(발동기의 배기구를 통해 유출된 경우는 제외)
  • 레이돔(Radome)이 파손되거나 떨어져 나가면서 항공기의 동체 구조 또는 시
    스템에 중대한 손상을 준 경우
  • 플랩(Flap), 슬랫(Slat) 등 고양력장치(高揚力裝置) 및 윙렛(Winglet)이 손실
    된 경우(외형 변경 목록(Configuration Deviation List)을 적용하여 항공기를
    비행에 투입할 수 있는 경우는 제외)

- 바퀴다리(Landing Gear Leg)가 완전히 펴지지 않았거나 바퀴(Wheel)가 나오지 않은 상태에서 착륙하여 항공기의 표피가 손상된 경우(간단한 수리를 하여 항공기가 비행할 수 있는 경우는 제외)
- 항공기 내부의 감압 또는 여압을 조절하지 못하게 되는 구조적 손상이 발생한 경우
- 항공기 준사고 또는 항공 안전 장애 등의 발생에 따라 항공기를 점검한 결과 심각한 손상이 발견된 경우
- 비상 탈출로 중상자가 발생했거나 항공기가 심각한 손상을 입은 경우
- 그 밖에 위 항목들의 경우와 유사한 항공기의 손상·파손 또는 구조상의 결함이 발생한 경우

ⓑ 상기 ⓐ의 경우에도 다음의 어느 하나에 해당하는 경우에는 항공기의 중대한 손상·파손 및 구조상의 결함으로 보지 아니한다.
- 덮개와 부품(Accessory)을 포함하여 한 개의 발동기의 고장 또는 손상
- 프로펠러, 날개 끝(Wing Tip), 안테나, 프로브(Probe), 베인(Vane), 타이어, 브레이크, 바퀴, 페어링(Faring), 패널(Panel), 착륙장치 덮개, 방풍창 및 항공기 표피의 손상
- 주 회전날개, 꼬리 회전날개 및 착륙장치의 경미한 손상
- 우박 또는 조류와 충돌 등에 따른 경미한 손상[레이돔(Radome)의 구멍을 포함]

② 항공기 사고의 원인

항공기 사고는 흔히 이착륙 시에 사고(준사고나 항공 안전 장애 등을 포함)가 가장 많이 발생하지만, 운항 중의 사고도 적지 않게 발생한다. 즉, 사고는 통상적으로 여러 복합적인 변수로 인해 발생하는 경우가 적지 아니하며, 오늘날 항공 기술의 급격한 발달로 인하여 항공기 사고의 발생이 감소되고 있지만 또 다른 한편으로는 다양화되고 있다.

㉠ 항공기 사고는 인간의 과실에 의하여 발생하는 경우가 대부분이지만, 불가항력이나 항공기 불법 납치로 인한 기체 훼손이나 항공기 폭파와 같은 인간의 고의에 의해 발생하기도 한다. 즉, 항공기 사고는 다양한 원인으로 발생하고, 그 유형을 구분하는 기준도 여러 가지가 있으며, 다음과 같이 구분해 볼 수 있을 것이다.

ⓐ 운항승무원 특히 조종사의 고의 또는 과실
ⓑ 항로(Air Route)의 이탈
ⓒ 항공기 간의 충돌과 근접 실수(Near-miss) 비행
ⓓ 항공기의 정비 불량으로 인한 기기의 고장
ⓔ 항공기와 장애물과의 접촉(조류, 차량 등 장애물 등)
ⓕ 기상 조건의 악천후와 도발적인 난기류(Turbulence)에 의한 항공기 추락
ⓖ 공항 내 항공교통관제 기관의 고의 또는 과실(ATC의 지시착오 등)

　　ⓗ 항공기의 제조 과정에서의 하자(제조물 책임)

　　ⓘ Product Liability 등

ⓛ 시계 상황과 운고가 나빠지면 위험이 그만큼 증가하며, 악천후와 구름은 조종사들에게는 큰 위험을 초래할 수 있다. 지상에서 구름이 낮게 깔리는 저운고 상황이 발생하는 경우나 안개가 깊게 깔리는 경우가 있으며, 공항이 바다와 가까운 경우에는 특히 이러한 현상이 두드러지게 나타난다. 날씨가 나쁜 계기비행 기상 상태에서 비행 자격을 가진 조종사라 할지라도 단순히 계기만으로는 안전이 확보되지 않는다. 더구나 시계비행 자격만을 가진 조종사라면 악천후에 비행하는 경우 항공기의 빠른 속도와 급작스러운 기상 변화와 나쁜 시야 등으로 위험이 초래될 수 있다. 1997년 대한항공 여객기가 괌에서 충돌한 사건에서처럼 야간 비행 시 특히 악천후가 겹치게 되면 그 위험은 더욱 커지게 된다. 이러한 야간 악천후야말로 특히 이착륙 시의 뜻하지 않은 사고를 당할 가능성이 매우 높다. 사실 이런 불리한 기상조건에서의 야간비행에서도 대부분의 항공기 사고 조사에서는 기장의 과실이 사고 원인이었다고 지적되는 경우가 많다. 또한 항공기 사고는 필연적으로 조종사의 역량과 판단력에 좌우된다고 보아야 할 것이다.

ⓒ 공중에서의 실속이나 스핀 현상이 발생할 수도 있다. 이러한 경우 항공기가 추락으로까지 이어지는 경우가 많지는 않겠지만 이로 인한 항공기의 요동이나 갑작스러운 고도 변화 등으로 여객에게 상해를 입힐 가능성도 있다. 특히 미국에서는 일반 항공 조종사들이 무리한 허세(Ostentatious Display)를 부려 실속(失速)현상이 발생하는 경우도 많았다.

ⓒ 항공기가 고(高)고도로 비행할 때 낮은 온도로 인해 얼음이 생겨 항공기 엔진에 들어가거나 날개 등의 표면에 붙은 경우 항공기에 큰 위험을 초래할 수 있다. 우리나라 항공 안전 법령에서도 착빙 지역 또는 착빙이 예상되는 지역으로 운항하는 경우에 대비한 제빙 또는 방빙에 관한 규정들을 두고 있다.

ⓜ 항공기가 운용 한계치를 크게 벗어나는 경우 조종 불능 상태가 되기도 하며,[84] 특히 최근 자동화된 첨단 장비를 갖춘 항공기가 등장함에 따라 그 능력을 과대평가하여 운용 한계치를 벗어나는 조작으로 조종 불능 상태가 발생하는 경우도 있다.

ⓗ 조종사의 조종 능력 상실은 조종사의 불법 약물 복용으로 인해 발생하는 경우도 있다. 실제로 언론 매체에서도 불시 음주 측징으로 조종사의 비행 전 음주 사실이 적발되었다는 보도를 접할 수도 있다. 이러한 음주나 약물 섭취를 금지하는 것은 조종사의 조종 능력 상실로 인한 항공기 사고를 방지하기 위한 것임은 당연하다.[85]

---

84) 조종 불능 상태가 되면 속도가 빨라지면서 고도가 낮아질 수밖에 없기 때문에 조종사의 입장에서는 대응 시간이 부족하여 사고가 발생할 우려가 높다.

85) 항공안전법 제57조(주류 등의 섭취·사용 제한) 참고

바로 이러한 이유로 항공종사자 또는 객실 승무원이 주류 등의 영향으로 항공업무 또는 객실 승무원의 업무를 정상적으로 수행할 수 없는 상태에서 항공 업무 또는 객실 승무원의 업무에 종사하게 한 경우 항공운송사업자의 운영 증명을 취소하거나 6개월 이내의 기간을 정하여 항공기 운항의 정지를 명할 수 있도록 하고 있다(항공 안전법 제91조 제1항). 여기에서 항공 종사자에는 당연히 조종사가 포함된다.

Ⓢ 관제 서비스를 받고 일정한 항로를 비행하는 항공기 간에 공중 충돌이 발생하는 경우는 드물다. 특히 여객기 등 대부분의 항공운송 항공기들이 공중 충돌 회피 장치 (ACAS) 장착이 의무화되어 있기 때문이다. 그러나 공중 충돌 회피 장치가 장착되어 있지 않거나 시계비행을 하는 항공기 운항의 경우 공중 충돌의 가능성이 높다.

▌유형별 항공기 사고[86]

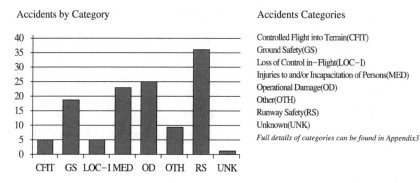

2015년 ICAO가 공표한 위의 도표에서처럼 활주로에서의 항공기 사고가 가장 빈번 하게 발생하고 있다. 또한 공중에서는 조종사가 항공기를 통제할 수 있는 상태에서 이착륙 시 지형지물에 충돌하는 사고도 적지 않게 발생하고 있음을 알 수 있다.

(2) 항공기 준사고

① 정 의

항공기 준사고(航空機準事故)란 항공 안전에 중대한 위해를 끼쳐 항공기 사고로 이어질 수 있었던 것으로서 국토교통부령으로 정하는 것을 말한다(「항공안전법」 제2조 제9호).

② 항공기 준사고의 범위

㉠ 항공기의 위치, 속도 및 거리가 다른 항공기와 충돌 위험이 있었던 것으로 판단되는 근접비행이 발생한 경우(다른 항공기와의 거리가 500피트 미만으로 근접하였던 경우를 말한다), 또는 경미한 충돌이 있었으나 안전하게 착륙한 경우

---

86) ICAO Safety Report (2015), p.11.

ⓛ 항공기가 정상적인 비행 중 지표, 수면 또는 그 밖의 장애물과의 충돌(Controlled Flight into Terrain)을 가까스로 회피한 경우

ⓒ 항공기, 차량, 사람 등이 허가 없이 또는 잘못된 허가로 항공기 이륙·착륙을 위해 지정된 보호구역에 진입하여 다른 항공기와 충돌할 뻔한 경우

ⓔ 항공기가 다음 각 목의 장소에서 이륙하거나 이륙을 포기한 경우 또는 착륙하거나 착륙을 시도한 경우

   ⓐ 폐쇄된 활주로 또는 다른 항공기가 사용 중인 활주로

   ⓑ 허가받지 않은 활주로

   ⓒ 유도로(헬리콥터가 허가를 받고 이륙하거나 이륙을 포기한 경우 또는 착륙하거나 착륙을 시도한 경우는 제외한다)

ⓜ 항공기가 이륙·착륙 중 활주로 시단(始端)에 못 미치거나(Undershooting), 종단(終端)을 초과한 경우(Overrunning) 또는 활주로 옆으로 이탈한 경우(다만, 항공 안전 장애에 해당하는 사항은 제외한다)

ⓗ 항공기가 이륙 또는 초기 상승 중 규정된 성능에 도달하지 못한 경우

ⓢ 비행 중 운항 승무원이 신체, 심리, 정신 등의 영향으로 조종 업무를 정상적으로 수행할 수 없는 경우(Pilot Incapacitation)

ⓞ 조종사가 연료량 또는 연료 배분 이상으로 비상 선언을 한 경우(연료의 불충분, 소진, 누유 등으로 인한 결핍 또는 사용 가능한 연료를 사용할 수 없는 경우를 말한다)

ⓩ 항공기 시스템의 고장, 기상 이상, 항공기 운용 한계의 초과 등으로 조종상의 어려움(Difficulties in Controlling)이 발생했거나 발생할 수 있었던 경우

ⓒ 다음 각 목에 따라 항공기에 중대한 손상이 발견된 경우(항공기 사고로 분류된 경우는 제외한다)

   ⓐ 항공기가 지상에서 운항 중 다른 항공기나 장애물, 차량, 장비 또는 동물과 접촉 혹은 충돌

   ⓑ 비행 중 조류(鳥類), 우박, 그 밖의 물체와 충돌 또는 기상 이상 등

   ⓒ 항공기 이륙·착륙 중 날개, 발동기 또는 동체와 지면의 접촉. 다만, Tail-Skid의 경미한 접촉 등 항공기 이륙·착륙에 지장이 없는 경우는 제외

ⓚ 비행 중 비상 상황이 발생하여 산소마스크를 사용한 경우

ⓔ 운항 중 항공기 구조상의 결함(Aircraft Structural Failure)이 발생한 경우 또는 터빈 발동기의 내부 부품이 외부로 떨어져 나간 경우를 포함하여 터빈 발동기의 내부 부품이 분해된 경우(항공기 사고로 분류된 경우는 제외한다)

ⓟ 운항 중 발동기에서 화재가 발생하거나 조종실, 객실이나 화물칸에서 화재·연기가 발생한 경우(소화기를 사용하여 진화한 경우를 포함한다)

ⓗ 비행 중 비행 유도(Flight Guidance) 및 항행(Navigation)에 필요한 다중(多衆) 시스템(Redundancy System) 중 2개 이상의 고장으로 항행에 지장을 준 경우

㉮ 비행 중 2개 이상의 항공기 시스템 고장이 동시에 발생하여 비행에 심각한 영향을 미치는 경우

㉯ 운항 중 비의도적으로 항공기 외부의 인양물이나 탑재물이 항공기로부터 분리된 경우 또는 비상조치를 위해 의도적으로 항공기 외부의 인양물이나 탑재물이 항공기로부터 분리한 경우

초경량
비행장치

FLIGHT

항공

항공분야 전문가를 위한

법규

(주)시대고시기획
(주)시대교육

www. sidaegosi.com

시험정보 · 자료실 · 이벤트
합격을 위한 최고의 선택

시대에듀

www. sdedu.co.kr

자격증 · 공무원 · 취업까지
BEST 온라인 강의 제공

CHAPTER 1 항공 관련 법규

1 ✈ 항공법 개념 및 분류

(1) 항공법 개념

'항공법'이란 항공기에 의하여 발생하는 법적 관계를 규율하기 위한 법규의 총체로서, 공중의 비행 그 자체뿐만 아니라 그 전제로 지상에 미치는 영향, 항공기 이용 등을 모두 포함한 개념이다. 즉, 항공법은 항공 분야의 특수성을 고려하여 항공 활동 또는 동활동에서 파생되어 나오는 법적 관계와 제도를 규율하는 원칙과 규범의 총체라고 할 수 있으며, 일반적 항공법 분류 기준인 국내항공법, 국제항공법, 항공공법(Public Air Law), 항공사법(Private Air Law)을 포함한다.

(2) 항공법 분류

항공법의 분류에 대해서는 적용 지역에 따라 국제항공법과 국내항공법으로 구분하며, 일반적인 법률의 분류 개념에 따라 항공공법과 항공사법으로 구분가능하다. 이와 같은 항공법의 분류는 명확한 기준이 있는 것은 아니지만 항공 분야에 대한 전반적인 법의 이해 및 적용과 관련하여 필요한 부분이다. 예를 들면 국제민간항공협약(Convention on International Civil Aviation. 이하 '시카고협약'이라 한다)은 국제 민간항공의 질서와 발전에 있어서 가장 기본이 되는 국제조약으로, 대표적인 국제항공법이면서 동시에 항공공법에 해당한다. 시카고협약에 의거해 설립된 국제민간항공기구(ICAO ; International Civil Aviation Organization)는 항공 안전 기준과 관련하여 부속서(Annex)를 채택하고 있으며, 부속서에서는 모든 체약국들이 준수할 필요가 있는 '표준(Standards)'과 준수하는 것이 바람직하다고 권고하는 '권고 방식(Recommended Practices)'을 규정하고 있다. 이에 따라 각 체약국은 시카고협약 및 동협약 부속서에서 정한 '표준 및 권고 방식(SARPs ; Standards and Recommended Practices)'에 따라 항공법규를 제정하여 운영하고 있다. 우리나라도 SARPs에 따라 국내 항공 법령에 규정하여 적용하고 있다.

- **국제민간항공협약(Convention on International Civil Aviation)**

  1944년 시카고에서 채택된 'Convention on International Civil Aviation, 국제민간항공협약, 약칭 시카고협약'을 말하며, 항공법 및 항공·철도 사고 조사에 관한 법률에서는 '국제민간항공조약'으로 표기하였으며, 항공보안법에서는 '국제민간항공협약'이라고 표기하였다. 일반적인 조약 표기법 및 외교부의 입장은 국제민간항공협약이 올바른 표현이며, 혼선을 피하기 위해 표기법 통일이 필요하다. 이 교재에서는 가능한 한 시카고협약으로 통일하여 표기한다. 체약국 191개국(2015. 7. 1. 기준).

- **SARPs(Standards and Recommended Practices)**

  ICAO에서 체약국이 준수할 표준 및 권고 방식으로, 19개 부속서(Annex)에 기술된 내용을 말하며, 1만 개 이상의 '표준' 조항이 있다(2014. 10. 1. 기준).

(3) 국제항공법과 국내항공법

국제항공법은 국제적으로 통용되는 항공법이지만 국내항공법은 해당 국가 내에서 적용되는 항공법을 말하며, 일반적으로 국내항공법은 국내실정법을 의미한다. 항공의 가장 큰 특성이 국제성에 있듯이, 국제항공법은 국제 민간항공에 적용되는 국가항공법 사이의 충돌과 불편을 제거하는 것을 목적으로 한다. 따라서 항공 분야에 있어서 국내법은 다양한 국제법상의 규정을 준수할 수밖에 없다. 각 국가가 국내항공법을 규정함에 있어 국제법과 상충되게 규정한다면 항공기 운항 등과 관련하여 법 적용상의 혼선이 증대될 것은 명백하다. 이런 이유로 각 국가는 국제항공법과 충돌하지 않도록 세부적인 기준을 국내항공법에 반영하고 있다. 우리나라의 경우 국내항공법에는 항공사업법, 항공안전법, 공항시설법, 항공보안법, 항공·철도사고 조사에 관한 법률, 항공안전기술원법, 상법(항공운송편) 등이 있다.

2 ✈ 항공법 발달

(1) 국제항공법 발달

1783년 몽골피에가 기구(Balloon)를 이용하여 비행한 이후 유럽 각국에서는 기구의 제작과 비행이 확산되었다. 기구의 비행은 국내뿐만 아니라 국제적으로 규제의 필요성이 대두되었고, 1880년 국제법협회(ILA)의 의제로 채택되었으며, 1889년 파리에서 최초로 국제항공 회의가 개최되는 계기가 되었다. 이후 1899년 제1차 헤이그 국제평화회의에서 항공기구로부터 총포류의 발사 금지 선언이 채택되었고, 1913년에는 프랑스와 독일이 월경 항공기에 대한 규제에 동의하는 각서를 교환하였는데, 이는 항공과 관련하여 최초로 국가 간에 주권 원칙을 인정한 사례로 볼 수 있다. 이러한 일련의 사건들이 국제항공법의 초기 형태이다.

제1차 세계대전 이후, 항공 규칙의 통일을 위하여 1919년 전쟁 승리 국가 위주의 협약인 파리협약이 채택되었는데 파리협약의 내용은 시카고협약의 모델이 되었다. 파리협약에서는 제1조 영공의 절대적 주권 명시, 제27조 외국 항공기의 사진 촬영 기구부착 비행 금지, 제34조 국제항행위원회(ICAN) 설치 등을 규정하고 있으나, 미국은 상원의 비준 거부로 협약 당사국이 되지 못하여 국제적으로 큰 힘을 발휘하지 못하였다. 파리협약 이후 자국 영공 제한 또는 금지 등 영공국의 권한이 강화되었으며, 협약은 무인항공기가 영공국의 허가 없이 비행하는 것을 금지하는 내용을 포함하였다.

전쟁 승리 국가 위주의 파리협약 이후 1926년 중립국인 스페인 위주의 마드리드협약과 1928년 미국 및 중남미 국가 위주의 하바나협약이 채택되어 각각 세력 확장을 꾀하였으며, 제2차 세계대전 이후 1944년 시카고협약을 채택하여 전 세계 국가가 명실상부한 통일 기준을 적용하는 계기가 되었다. 시카고협약은 국제 민간항공의 질서와 발전에 있어서 가장 기본이 되는 국제조약으로, 이 협약에 의해 설립된 ICAO는 항공 안전 기준과 관련하여 부속서를 채택하고 있으며, 각 체약국은 시카고협약 및 같은 협약 부속서에서 정한 SARPs에 따라 항공 법규를 제정하여 운영하고 있다.

(2) 국내항공법 발달

시카고협약이 1944년 채택된 후 1947년에 발효하였지만 1948년에 수립된 대한민국 정부는 이러한 조약에 관심을 가질 형편은 아니었다. 1948년 정부수립과 동시에 제정된 대한민국 헌법은 '비준 공포된 국제조약과 일반적으로 승인된 국제법규는 국내법과 동일한 효력을 가진다.'라고 규정하면서 국제적 지원하에 탄생된 우리 정부의 대외적 인식을 표명함과 동시에 신생 독립국인 한국이 국제조약에 참여할 경우 바로 한국 내에도 적용되도록 하였다.

조약 등 국제법을 국내법으로 수용하는 방식은 나라마다 다르다. 한국은 국제법을 국내법과 동일한 효력을 갖는 것으로 헌법에 규정하였기 때문에 조약 등 국제법이 그대로 국내법으로 적용되지만, 국내 적용을 위하여 중요한 내용이나 국내 적용을 위하여서 국내 입법이 필요하다거나 생소한 내용을 적용하기 위해서는 관련 국내법을 제정하기도 한다.[87]

---

87) 1987.10.29. 전부 개정, 1988.2.25. 시행하여 현재 적용 중인 헌법 제10호 제6조 제1항은 '헌법에 의하여 체결·공포된 조약과 일반적으로 승인된 국제법규는 국내법과 같은 효력을 가진다.'라고 규정되어 있다.

이에 우리 정부는 관련 국내법을 제정할 필요성을 인식하였고, 1961.3.7. 법률 제591호로 [항공법]을 제정하였다.

항공법은 제정된 후 항공 산업의 발전과 기술에 부응하는 한편 지속적으로 개정하면서, '항공 보안'과 '항공기 사고 조사'에 관한 내용 등은 별도의 국내법으로 분화시키는 작업을 하였다. 대한민국 정부 수립 이전에 적용된 국내항공법은 1927년 조선총독부령에 의해 제정되었으며, 해방 후 독자적 법령이 준비되기 전까지는 1945년의 미군정청령에 의거한 기존의 여러 법령이 유지되었다. 이후 1952년에 ICAO 시카고협약에 가입하면서 독자적인 국내항공법의 제정 필요성이 대두되었다.

1958년 미국 연방항공청(FAA)의 항공법 전문가를 초청하여 국내항공법 제정 방안을 검토하는 등 자체적인 준비 과정을 거친 후 국내법 체계를 고려한 항공법이 마련되었으며, 입법 절차를 거친 후 1961년에 항공법이 공포됨으로써 우리나라 민간항공에 적용하는 기본법으로서의 독자적인 항공법은 1961년 6월 7일부터 시행되었다. 그러나 1961년 제정된「항공법」은 항공 사업, 항공 안전, 공항 시설 등 항공 관련 분야를 망라하고 있어 내용이 방대하여 국제 기준 변화에 신속히 대응하는데 미흡한 측면이 있고, 여러 차례의 개정으로 법체계가 복잡하여 국민이 이해하기 어려우므로, 국제 기준 변화에 탄력적으로 대응하고 업무 추진 효율성 및 법령 수요자의 접근성을 제고하고자 항공 관련 법규의 체계와 내용을 알기 쉽도록「항공법」을「항공사업법」,「항공안전법」및「공항시설법」으로 분법하여 2016년 3월 29일 제정, 2017년 3월 30일부터 시행하였다.

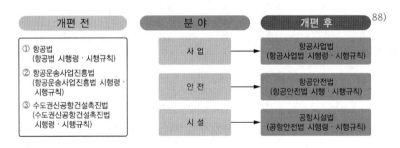[88]

(3) 항공 사업 법령

항공 운송 사업, 항공기 사용 사업, 항공기 정비업 등, 항공교통 이용자 보호, 항공 사업의 진흥 사항 등을 규정하고 있으며, 주요 개편 내용은 다음과 같다.

① 「항공법」 중 항공운송사업 등 사업에 관한 내용과 「항공운송사업진흥법」을 통합하여 「항공사업법」으로 제정하였다.

---

88) 항공정비사 표준교재 항공법규, 한국교통안전공단

② 항공교통 이용자 보호를 위하여 당일 변경할 수 있는 사업 계획 신고사항을 기상 악화, 천재지변, 항공기 접속 관계 등 불가피한 사유로 제한하여 지연·결항을 최소화하였다.

③ 외국인 항공운송사업자의 운송 약관 비치 의무 및 항공교통 이용자 열람 협조 위반 시 과징금을 부과할 수 있도록 하였다.

④ 항공기 운항 시각(Slot) 조정·배분 등에 관한 법적 근거를 마련하여 항공사의 안정적 운항 및 갈등을 예방하였다.

⑤ 항공운송사업자 외 항공기 사용 사업자, 항공기 정비업자, 항공 레저 스포츠 사업자 등도 요금표 및 약관을 영업소 및 사업소에 비치하여 항공교통 이용자가 열람할 수 있도록 했다.

(4) 항공 안전 법령

항공기 등록, 항공기 운항, 항공기 종사자 자격 및 교육, 안전성인증 및 안전 관리, 공역 및 항공교통 업무 등을 규정하고 있으며, 주요 개편 내용은 다음과 같다.

① 국토교통부 장관 외의 사람도 항공교통 업무를 제공할 수 있도록 하면서 항공교통의 안전 확보를 위해 항공교통 업무 증명 제도를 도입하였다.

② 항공기 제작자도 안전 관리 시스템을 구축하고, 설계 제작 시 나타나는 결함에 대해 국토교통부 장관에게 보고토록 했다.

③ 무인 비행장치 종류의 다변화에 따라 무인 회전익비행장치를 무인 헬리콥터와 무인 멀티콥터로 세분화하고, 조종자 자격 증명을 구분하였다.

④ 항공기에 대한 정비 품질 제고를 위하여 최근 24개월 내 6개월 이상의 정비 경험을 가진 항공 정비사가 정비 확인 업무를 수행하도록 하였다.

(5) 공항 시설 법령

공항 및 비행장의 개발, 공항 및 비행장의 관리·운영, 항행 안전시설의 설치·관리 등에 관한 사항을 규정하고 있으며, 주요 개편 내용은 다음과 같다.

① 「항공법」 중 공항에 관한 내용과 「수도권신공항건설촉진법」을 통합하여 「공항시설법」 으로 제정하였다.

② 비행장 개발에 대해서는 국가에서 재원을 지원할 수 있는 근거를 마련하고, 비행장의 경우에도 공항과 동일하게 관계 법률에 따른 인허가 등을 의제 처리하였다.

③ 한국공항공사 및 인천국제공항공사도 비행장을 개발할 수 있도록 공사의 사업 범위에 비행장 개발 사항을 포함하였다.

④ 승인을 받지 아니하고 개발 사업을 시행하는 등 법령 위반자에 대하여 인허가 등의 취소, 공사의 중지 명령 등 행정처분에 갈음하여 부과하는 과징금의 금액을 정하였다.

3 ✈ 시카고협약과 국제민간항공기구

(1) 시카고협약 및 부속서

시카고협약은 협약 본문과 부속서로 구성되어 있다. 협약의 기본 원칙은 협약 본문에서 규정하고, 과학기술의 발전과 실제 적용을 바탕으로 수시 개정될 수 있는 내용들은 협약 부속서에 규정하고 있다.

이는 1919년의 파리협약의 단점 및 1928년의 하바나협약의 장점을 반영한 것으로 과학기술 발달 등으로 인한 기술적 사항의 수시 개정을 용이하게 하고 있다.

(2) 시카고협약

시카고협약은 1944.11.1.부터 12.7.까지 계속된 시카고회의 결과 채택되었으며, 국제 민간항공의 항공안전 기준 수립과 질서 정연한 발전을 위해 적용하는 가장 근원이 되는 국제조약이다. 현재 본 협약은 협약 본문 이외에 부속서를 채택하여 적용하고 있으며, 부속서는 총 19개 부속서가 있고, 각 부문별 SARPs를 포함하고 있다.

1944년 시카고회의 참석자들은 협약에 전후 민간 항공 업무를 전담할 상설기구로, 국제민간항공기구(ICAO ; International Civil Aviation Organization)를 설치하는데 아무런 이의가 없었다. 시카고협약은 ICAO의 설립 헌장일 뿐만 아니라 추후 체약 당사국 간 국제 항공운송에 관한 다자 협약을 채택할 법적 근거도 마련하여 주었다.

국제 항공운송을 정기와 비정기로 엄격히 구분하여 비정기로 운항되는 국제 항공운송에 대해서는 타 체약 당사국의 영공을 통과 또는 이착륙하도록 특정한 권리를 부여하나(제5조), 정기 국제 민간항공에 대해서는 이를 허용하지 않고 있다(제6조).

국제 민간항공기의 통과 및 이착륙의 권리를 상호 인정할 것인지에 대하여 회의 참석자들이 의견 대립을 보여, 회의는 동권리를 인정하지 않는 내용으로 시카고협약을 채택한 다음, 통과 및 단순한 이착륙의 권리는 '국제항공통과협정'에서 규율하고, 승객 및 화물의 운송을 위한 이착륙에 관한 권리는 '국제항공운송협정'에서 따로 규율하여, 이를 원하는 국가들 사이에서만 서명·채택되도록 하였다.

2014년 1월 현재 130개국이 국제항공통과협정의 당사국으로 되어 있어 동협정은 상당히 보편화되어 있지만, 국제항공운송협정은 미국 등 8개국이 탈퇴한 후 11개국만이 당사국으로 되어 있기 때문에 보편적인 국제 협약으로서의 의미가 없고, 그 결과 국제 항공운송에 대한 양자 협정은 지속적으로 필요할 수밖에 없다. 시카고협약은 4부(Parts), 22장(Chapters), 96조항(Articles)으로 구성되어 있으며, 동협약 부속서로 총 19개 부속서(Annex)를 채택하고 있다.

(3) 시카고협약 부속서

시카고협약 부속서는 필요에 따라 제정되거나 개정될 수 있다. 현재 총 19개의 부속서가 있으며 부속서 19 Safety Management는 2013년부터 적용되고 있다. 현실적으로 부속서가 갖는 가장 중요한 의미는 각 부속서에서 국제표준 또는 권고 방식으로 규정한 사항이 무엇이고 이에 대한 체약국의 준수 여부라고 볼 수 있다.

총 19개 부속서 중 유일하게 부속서 2(Rules of the Air, 항공 규칙)의 본문은 권고 방식에 해당되는 내용은 없고 국제 표준(International Standards)으로만 규정되어 있다.

시카고협약과 시카고협약 부속서의 관계 및 시카고협약 부속서의 현황은 다음 도표를 참조한다.

구 분	내 용	비 고

시카고 협약	• 제37조 국제 표준 및 절차의 채택
	   – 각 체약국은 항공기 직원, 항공로 및 부속 업무에 관한 규칙, 표준, 절차와 조직에 있어서의 실행 가능한 최고도의 통일성을 확보하는 데에 협력
	   – ICAO는 국제 표준 및 권고 방식과 절차를 수시 채택하고 개정
	 • 제38조 국제 표준 및 절차의 배제
		ICAO를 통해 국제 표준, 권고 방식 및 절차의 채택 및 배제

	• 제43조 본 협약에 의거해 ICAO를 조직 • ICAO 이사회는 국제 표준과 권고 방식을 채택하여 협약 부속서로 하여 체약국에 통보 • 제90조 부속서의 채택 및 개정	시카고협약과 시카고협약 부속서 관계

시카고 협약 부속서	• 시카고협약 부속서
	   – Annex 1 Personnel Licensing
	   – Annex 19 Safety Management
		총 19개 부속서

	각 부속서 전문에 표준 및 권고방식(SARPs)안내 • 표준(Standards) : 필수적인(Necessary) 준수 기준으로 체약국에서 정한 기준이 부속서에서 정한 '표준'과 다를 경우, 협약 제38조에 의거해 체약국은 ICAO에 즉시 통보 • 권고 방식(Recommended Practices) : 준수하는 것이 바람직한(Desirable) 기준으로 체약국에서 정한 기준이 부속서에서 정한 '권고 방식'과 다를 경우, 체약국은 ICAO에 차이점을 통보할 것이 요청됨	시카고협약 부속서 전문에 SARPs에 따른 체약국의 준수 의무 사항 규정

※ SARPs : Material comprising the Annex proper : Standards and Recommended Practices : 시카고협약 각 부속서 서문

▌ 시카고협약 부속서(Annexes to the Convention on International Civil Aviation)[89]

부속서	영문명	국문명
Annex 1	Personal Licensing	항공종사자 자격 증명
Annex 2	Rules of the Air	항공 규칙
Annex 3	Meteorological Service for International Air Navigation	항공기
Annex 4	Aeronautical Chart	항공도
Annex 5	Units of Measurement to be Used in Air and Ground Operation	항공 단위
Annex 6	Operation of Aircraft	항공기 운항
Part I	International Commercial Air Transport – Aeroplanes	국제 상업 항공 운송 – 비행기
Part II	International General Aviation – Aeroplanes	국제 일반 항공 – 비행기
Part III	International Operations – Helicopters	국제 운항 – 헬기
Annex 7	Aircraft Nationality and Registration Marks	항공기 국적 및 등록 기호
Annex 8	Airworthiness of Aircraft	항공기 감항성
Annex 9	Facilitation	출입국 간소화
Annex 10	Aeronautical Telecommunication	항공통신

부속서	영문명	국문명
Vol I	Radio Navigation Aids	무선항법 보조 시설
Vol II	Communication Procedures including those with PANS Status	통신 절차
Vol III	Communications Systems	통신 시스템
Vol IV	Surveillance Radar and Collision Avoidance Systems	감시레이더 및 충돌 방지 시스템
Vol V	Aeronautical Radio Frequency Spectrum Utilization	항공무선 주파수 스펙트럼 이용
Annex 11	Air Traffic Services	항공교통 업무
Annex 12	Search and Rescue	수색 및 구조
Annex 13	Aircraft Accident and Incident Investigation	항공기 사고 조사
Annex 14	Aerodromes	비행장
Vol I	Aerodrome Design and Operations	비행장 설계 및 운용
Vol II	Heliports	헬기장
Annex 15	Aeronautical Information Services	항공 정보 업무
Annex 16	Environmental Protection	환경보호
Vol I	Aircraft Noise	항공기 소음
Vol II	Aircraft Engine Emissions	항공기 엔진 배출
Annex 17	Security	항공 보안
Annex 18	The safe Transport of Dangerous Goods by Air	위험물 수송
Annex 19	Safety management	안전관리

(4) 국제민간항공기구(ICAO ; International Civil Aviation Organization)

국제민간항공기구(ICAO)는 시카고협약에 의거해 국제 민간항공의 안전, 질서 유지와 발전, 항공 기술·시설 등의 합리적인 발전을 보장 및 증진하기 위해 설립된 준입법, 사법, 행정 권한이 있는 UN 전문기구이다. ICAO는 ICAO 설립 취지에 맞게 '글로벌 민간항공 시스템의 지속적 성장 달성'이라는 비전을 제시하고 있으며, 이러한 비전 달성을 위해 ICAO의 미션 및 전략 목표도 이에 부합하는 내용들을 담고 있다. 그 중에서 항공 안전은 가장 중요한 요소 중의 하나이다. 시카고협약 제44조는 ICAO의 목적을 국제 공중 항행의 원칙과 기술을 발전시키며 국제 항공운송의 계획과 발달을 진작시킴으로써 다음과 같이 규정하였다.

① 선 세계에 걸쳐 국제 민간항공의 안전하고 질서 있는 성장을 보장한다.

② 평화적 목적을 위한 비행기 디자인과 운항의 기술을 권장한다.

③ 국제 민간항공을 위한 항공로, 비행장, 항공 시설의 발달을 권장한다.

④ 안전하고, 정기적이며, 효율적임과 동시에 경제적인 항공운송을 위한 세계 모든 사람의 욕구를 충족한다.

⑤ 불합리한 경쟁에서 오는 경제적 낭비를 방지한다.

⑥ 체약국의 권리가 완전히 존중되고 각 체약국이 국제 민간항공을 운항하는 공평한 기회를 갖도록 보장한다.

⑦ 체약국 간 차별을 피한다.

⑧ 국가 공중 항행에 있어서 비행의 안전을 증진한다.

⑨ 국제 민간항공 제반 분야의 발전을 일반적으로 증진한다.

4 ✈ 항공 부문 국제조약과 국내항공법과의 관계

(1) 시카고협약과 국내항공법과의 관계

항공법은 국제적 성격이 강한 바, 항공 질서 확립을 목적으로 하는 국내항공법에서도 국제법과의 관계를 명시하고 있다. 따라서 항공법규의 적용 및 해석에 있어, 해당 항공 법령 이외에 헌법, 국제조약 등에서 정한 기준을 고려해야 하는 것은 당연하다. 한편 유엔헌장 제103조는 어느 조약도 유엔헌장에 우선할 수 없다고 규정하였다. 따라서 유엔헌장과 조약, 그리고 우리 국내법 3자 간의 조약에 관련한 내용에 있어서는 유엔헌장이 먼저이고 조약과 국내법은 동등한 지위에 있는 것으로 해석된다. 또한, 헌법 제6조 제1항은 '헌법에 의하여 체결·공포된 조약과 일반적으로 승인된 국제법규는 국내법과 같은 효력을 가진다.'라고 규정하고 있어 시카고협약상의 내용이 국내법과 동등한 지위에 있는 것으로 해석된다. 이와 관련하여 국제항공법과 국내항공법과의 관계 및 시카고협약을 인용한 국내 항공법규를 살펴보면 다음과 같다.

구 분	내 용
국제항공법	• UN 헌장 : 국제조약과 상충 시 헌장상의 의무가 우선함 • 국제민간항공협약 및 국제민간항공협약 부속서(국제 표준 및 권고 방식) • 항공기 운항상 안전을 위해 체결된 형사법적 국제조약(1963 동경협약, 1970 헤이그협약, 1971 몬트리올협약 등) • 항공기 사고 시 승객의 사상과 화물의 피해에 대한 배상 등에 관한 국제조약(1929 바르샤바조약, 1999 몬트리올협약 등) • 항공기에 의한 지상 피해 시 배상에 관한 조약(1952 로마협약, 1978 몬트리올의정서)

구 분	내 용
국내항공법	• 헌 법 • 항공사업법/시행령/시행규칙 • 항공안전법/시행령/시행규칙 • 공항시설법/시행령/시행규칙 • 항공보안법/시행령/시행규칙 • 항공ㆍ철도 사고 조사에 관한 법률/시행령/시행규칙 • 상법(제6편 항공운송)/시행령 • 운항 기술 기준(FSR) 등

국제 및 국내
항공법 관계
	• 헌법 : 승인된 국제법규는 국내법과 같은 효력을 가진다.
	• 항공안전법 :「국제민간항공조약」및 같은 조약의 부속서에서 채택된 표준과 방식에 따라 …
	• 항공보안법 : 이 법에서 규정하는 사항 이외에는 다음 각 호의 국제 협약에 따른다.
	  –「항공기 내에서 범한 범죄 및 기타 행위에 관한 협약」
	  –「항공기의 불법납치 억제를 위한 협약」
	  –「민간항공의 안전에 대한 불법적 행위의 억제를 위한 협약」 등
	• 항공ㆍ철도 사고 조사에 관한 법률
	  –「국제민간항공조약」에 의하여 대한민국이 관할권으로 하는 항공 사고 등에도 적용
	  – 이 법에서 규정하지 아니한 사항은「국제민간항공조약」과 같은 조약의 부속서에서 채택된 표준과 방식에 따라 실시한다.
	• 상법–제6편 항공운송 : 국제 항공조약 중 사법 성격의 내용을 반영

구 분	내 용	비 고
항공안전법	제1조(목적) 이 법은「국제민간항공협약」및 같은 협약의 부속서에서 채택된 표준과 권고되는 방식에 따라 항공기, 경량항공기 또는 초경량비행장치의 안전하고 효율적인 항행을 위한 방법과 국가, 항공사업자 및 항공종사자 등의 의무 등에 관한 사항을 규정함을 목적으로 한다.	항공안전법과 시카고협약 및 부속서 관계
공항시설법	제35조(항공학적 검토위원회) ② 위원회에서 항공학적 검토에 관한 사항을 심의ㆍ의결하는 때에는「국제민간항공조약」및 같은 조약의 부속서(附屬書)에서 채택된 표준과 방식에 부합하도록 하여야 한다.	공항시설법과 시카고협약 관계
항공보안법	제1조(목적) 이 법은「국제민간항공협약」등 국제협약에 따라 공항 시설, 항행 안전시설 및 항공기 내에서의 불법행위를 방지하고 민간항공의 보안을 확보하기 위한 기준ㆍ절차 및 의무사항 등을 규정함을 목적으로 한다.	공항시설법과 시카고협약 관계
항공ㆍ철도 사고 조사에 관한 법률	제3조(적용 범위 등) ① 이 법은 다음… 사고 조사에 관하여 적용한다. 2. 대한민국 영역 밖에서 발생한 항공 사고 등으로서「국제민간항공조약」에 의하여 대한민국을 관할권으로 하는 항공 사고 등 ④ 항공 사고 등에 대한 조사와 관련하여 이 법에서 규정하지 아니한 사항은「국제민간항공조약」과 같은 조약의 부속서에서 채택된 표준과 방식에 따라 실시한다.	항공ㆍ철도사고 조사에 관한 법률과 시카고협약 관계

(2) 국내 항공법규

국내항공법은 항공 관련 국내에서 규정하고 있는 항공법규를 총칭하는 것으로 모든 국내의 항공공법 및 항공사법을 포함한다. 한국의 국내 항공법규는 다음과 같으며, 각 법률을 관장하는 주무부처에서 하위 법령을 제정하여 운영하고 있다.

구 분	시행령	시행규칙
항공안전법, 항공사업법, 공항시설법	동법시행령	동법 시행규칙(국토교통부령)
항공보안법	동법시행령	동법 시행규칙(국토교통부령)
항공·철도 사고 조사에 관한 법률	동법시행령	동법 시행규칙(국토교통부령)
공항 소음방지 및 소음 대책 지연 지원에 관한 법률	동법시행령	동법 시행규칙(국토교통부령)
항공안전기술원법	동법시행령	–
한국공항공사법	동법시행령	–
인천국제공항공사법	동법시행령	–
항공우주산업개발촉진법	동법시행령	동법 시행규칙(산업통상자원부령)
우주개발진흥법	동법시행령	동법 시행규칙(과학기술정보통신부령)
우주손해배상법	–	–
군용항공기 운용 등에 관한 법률	동법시행령	동법 시행규칙(국방부령)
군용항공기 비행 안전성인증에 관한 법률	동법시행령	동법 시행규칙(국방부령)

5 ✈ 항공안전법

항공안전법은 1961년 3월 제정된 「항공법」 중 항공 안전에 관련된 부분을 2017년 3월 30일 분법 시행한 것으로서, 항공기의 등록·안전성인증, 항공종사자의 자격 증명, 그리고 국토교통부 장관 이외의 사람이 항공교통 업무를 제공하는 경우 항공교통 업무 증명을 받도록 하는 한편, 항공운송사업자에게 운항 증명을 받도록 하는 등 항공 안전에 관한 내용으로 제정하였으며, 항공기 기술기준, 종사자, 초경량비행장치 등이 포함되었고, 항공사업법은 항공운송사업, 사용사업, 교통이용자 보호 등이 포함되었으며, 공항시설법은 공항 및 비행장의 개발, 항행안전시설 등이 포함되었다. 2011년 항공법의 분법을 추진하여 2016년 3월 29일 공포되었으며, 2017년 3월 30일부로 시행되었고 국내항공법의 기본으로서 총칙, 항공기 등록, 항공기 기술 기준 및 형식 증명, 항공종사자, 항공기의 운항, 공역 및 항공교통 업무, 항공운송 사업자 등에 대한 안전 관리, 외국 항공기, 경량항공기, 초경량비행장치, 보칙, 벌칙 등 12장으로 구성되어 있다. 항공안전법 제1조에서 이 법의 목적을 '「국제민간항공협약」 및 같은 협약의 부속서에서 채택된 표준과 권고되는 방식에 따라 항공기, 경량항공기 또는 초경량비행장치의 안전하고 효율적인 항행을 위한 방법과 국가, 항공사업자 및 항공종사자 등의 의무 등에 관한 사항을 규정함을 목적으로 한다.'라고 규정하고 있듯이 이 법은 국제 항공법규 준수 성격이 강하여 국제 기준 변경 등 국제 환경 변화가 있을 때마다 이를 반영하기 위하여 개정 작업이 이루어지고 있다.

(1) 항공안전법 주요 내용

① 항공법 분법 시행

기존의 항공법을 국제기준 변화에 따라 탄력적으로 대응하고, 국민이 이해하기 쉽도록 개선하며 운영상 나타난 미비점을 개선·보완하기 위하여 2011년 분법이 추진됨에 따라 법무법인인 태평양 연구용역에서 분법을 진행하였다. 2015년 국회 본회의 통과 후 2016년 3월 29일 공표하였으며 이에 따라 하위법령인 시행령, 시행규칙이 제정되었고, 2017년 3월 30일 기존 항공법이 항공안전법, 항공사업법, 공항시설법으로 분리되어 시행되었다.

ㄱ 항공안전법 : 항공기 기술기준, 종사자, 항공교통, 초경량비행장치 등

ㄴ 항공사업법 : 항공운송사업, 사용사업, 교통이용자 보호 등

ㄷ 공항시설법 : 공항 및 비행장의 개발, 항행안전시설 등

② 초경량비행장치에 대한 내용은 항공안전법 제122조~제131조(신고, 인증, 비행승인, 전문교육기관 등)에 규정되어 있다.

③ 초경량비행장치 정의

초경량비행장치에 대한 정의 및 범위는 명확화를 위해서 항공안전법에 정의되어 있다.

ㄱ 항공안전법 제2조 제3호(항공법 제2조 제28호)

초경량비행장치란 항공기와 경량항공기 외에 공기의 반작용으로 뜰 수 있는 장치로서 자체중량, 좌석 수 등 국토교통부령으로 정하는 기준에 해당하는 동력비행장치, 행글라이더, 패러글라이더, 기구류 및 무인비행장치

※ 기존 항공법 : 동력비행장치, 인력활공기, 기구류 및 무인비행장치

ㄴ 항공안전법 시행규칙 제5조 제5호(항공법 시행규칙 제14조 제6호)

ⓐ 무인비행장치 : 사람이 탑승하지 아니하는 것으로서 다음 각 목의 비행장치

• 무인동력비행장치 : 연료의 중량을 제외한 자체중량이 150킬로그램 이하인 무인비행기, 무인헬리콥터 또는 무인멀티콥터

• 무인비행선 : 연료의 중량을 제외한 자체중량이 180킬로그램 이하이고 길이가 20미터 이하인 무인비행선

※ 기존 항공법 : 무인비행기 또는 무인회전익비행장치

ⓑ 동력패러글라이더, 행글라이더, 패러글라이더 : 기존 항공법과 동일

④ 초경량비행장치 분류

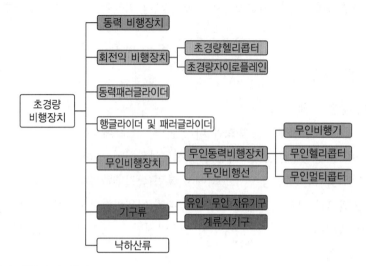

⑤ 초경량비행장치 입지

항공안전법 내 초경량비행장치 안전관리에 관하여 명시되어 있다.

　㉠ 항공안전법 제1조(항공법 제1조)

　　이 법은 「국제민간항공협약」및 같은 협약의 부속서에서 채택된 표준과 권고되는
　　방식에 따라 항공기, 경량항공기 또는 초경량비행장치의 안전하고 효율적인 항행…

　　※ 기존 항공법 : 단순 항공기에 한정

　㉡ 항공안전법 제6조(항공법 제2조의5)

　　국토교통부장관은 국가항공안전정책에 관한 기본 계획을 5년마다 수립하여야 한
　　다.

　　　ⓐ 항공기 사고·경량항공기 사고·초경량비행장치 사고예방 및 운항안전에 관한
　　　　사항

　　　　※ 초경량비행장치 사고 : 초경량비행장치를 사용하여 비행을 목적으로 이륙하는 순간부터 착륙하
　　　　　는 순간까지 발생한 사망, 중상 등

　　　ⓑ 항공기·경량항공기·초경량비행장치의 제작·정비 및 안전성인증체계에 관
　　　　한 사항

⑥ 초경량비행장치 신고(1)

초경량비행장치 신고자의 범위를 명확화하기 위한 내용이 명시되어 있다.

　㉠ 항공안전법 제122조(항공법 제23조)

　　초경량비행장치를 소유하거나 사용할 수 있는 권리가 있는 자는 초경량비행장치의
　　종류, 용도, 소유자의 성명 등을 국토교통부 장관에 신고하여야 한다.

　　※ 기존 항공법 : 초경량비행장치 소유자에 한정
　　※ 미신고 시 : 6개월 이하 징역 또는 500만원 이하 벌금

ⓛ 항공안전법 시행규칙 제301조(항공법 시행규칙 제65조)

ⓐ 안전성인증을 받기 전까지 신고서류 제출(인증대상이 아닌 경우 권리 발생 30일 이내) : 변경 30일 이내, 말소 15일 이내 신고

- 초경량비행장치를 소유하거나 사용할 수 있는 권리가 있음을 증명하는 서류(매매계약서, 거래명세서, 견적서 포함 영수증 등)
- 초경량비행장치 제원 및 성능표
- 초경량비행장치 사진(15cm×10cm의 측면사진)

ⓑ '보험가입을 증명할 수 있는 서류' 삭제

항공사업법 내 초경량비행장치 사용사업 보험가입 의무 명시

※ 신고번호 표기 필요(위반 시 과태료 100만원 이하)

⑦ 초경량비행장치 신고(2)

무인비행장치 신고 대상 기체가 확대되었다.

㉠ 항공안전법 시행령 제24조(항공법 시행령 제14조)

신고를 필요로 하지 아니하는 초경량비행장치의 범위 : 무인동력비행장치 중에서 연료의 무게를 제외한 자체무게(배터리는 포함)가 12kg 이하인 것

※ 기존 항공법 : 무인비행기 및 무인회전익비행장치 중에서 연료의 무게를 제외한 자체 무게가 12kg 이하

㉡ 항공사업법 시행규칙 제6조(항공법 시행규칙 제16조의3)

초경량비행장치 사용사업의 범위

ⓐ 비료 또는 농약살포, 씨앗 뿌리기 등 농업 지원

ⓑ 사진촬영, 육상·해상 측량 또는 탐사

ⓒ 산림 또는 공원 등의 관측 또는 탐사

ⓓ 조종교육

ⓔ 그 밖의 업무로서 다음 각 목의 어느 하나에 해당하지 아니하는 업무

- 국민의 생명과 재산 등 공공의 안전에 위해를 일으킬 수 있는 업무
- 국방·보안 등에 관련된 업무로서 국가 안보를 위협할 수 있는 업무

※ 위반 시 1년 이하 징역 또는 1,000만원 이하의 벌금

㉢ 항공사업법 제48조(사용사업의 등록)

조종교육기관 설립을 위해서는 초경량비행장치 사용사업 등록이 필요하다.

ⓐ 자본금 또는 자산평가액 3천만원 이상(무인비행장치로 최대이륙중량 25kg 이하 자본금 無)

ⓑ 초경량비행장치 1대 이상

⑧ 초경량비행장치 안전성인증

안전성인증대상 범위를 명확하게 하기 위한 조문이 명시되어 있다.

㉠ 항공안전법 제124조, 시행규칙 제305조(항공법 제23조)

ⓐ 항공안전법 시행규칙 제305조를 별도로 신설하여 인증대상 범위를 명확화

ⓑ 다음의 어느 하나에 해당하는 무인비행장치 : 무인비행기, 무인헬리콥터 또는 무인멀티콥터 중에서 최대이륙중량이 25kg을 초과하는 것

※ 기존 항공법 : 무인비행기 및 무인회전익 위반 시 500만원 이하 과태료

▌초경량비행장치 안전성인증검사[90]

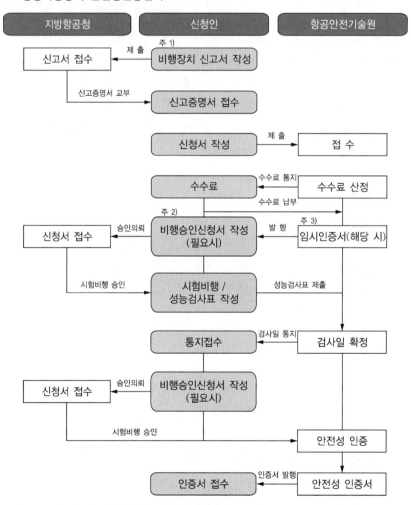

주 1) : 초도인증일 경우 관할 지방항공청에 비행장치 신고를 완료한 후 안전성인증을 신청함
주 2) : 비행제한공역에서 비행을 하고자 할 경우 지방항공청에 관할 비행계획 승인 요청
주 3) : 초도인증 또는 안전성인증서 유효기간 경과 시 안전성인증서(임시) 발행 후 시험비행

90) 항공안전기술원 홈페이지(https://www.safeflying.kr/frontOffice/info/inspectionInfo1.do)

⑨ 초경량비행장치 조종자 증명

항공안전법 내 조종자 증명에 관해 별도의 조항을 신설하였다.

   ㉠ 항공안전법 제125조(항공법 제23조)

      ⓐ 항공법 제23조(초경량비행장치 등)와 제23조의3(자격취소)을 하나의 조항으로 통합

      ⓑ 항공안전법 시행규칙 제306조 자격 필요. 요건은 기존 항공법과 동일 무인비행기, 무인헬리콥터 또는 무인멀티콥터 중에서 자체무게 12kg 이상은 자격 필요

   ㉡ 초경량비행장치 조종자 증명 취소 및 정지 기준(항공안전법 제125조)

      ⓐ 거짓이나 그 밖의 부정한 방법으로 초경량비행장치 조종자 증명을 받은 경우(취소)

      ⓑ 이 법을 위반하여 벌금 이상의 형을 선고받은 경우(1년 이내 정지)

      ⓒ 초경량비행장치의 조종자로서 업무를 수행할 때 고의 또는 중대한 과실로 초경량비행장치 사고를 일으켜 인명피해나 재산피해를 발생시킨 경우(1년 이내 정지)

      ⓓ 초경량비행장치 조종자의 준수사항을 위반한 경우(1년 이내 정지)

      ⓔ 주류 등의 영향으로 초경량비행장치를 사용하여 비행을 정상적으로 수행할 수 없는 상태에서 초경량비행장치를 사용하여 비행한 경우(1년 이내 정지)

      ⓕ 초경량비행장치를 사용하여 비행하는 동안에 주류 등을 섭취하거나 사용한 경우 (1년 이내 정지)

      ⓖ 주류 등의 섭취 및 사용 여부의 측정 요구에 따르지 아니한 경우(1년 이내 정지)

      ⓗ 이 조에 따른 초경량비행장치 조종자 증명의 효력정지기간에 초경량비행장치를 사용하여 비행한 경우(취소)

⑩ 전문교육기관 설립 요건

지도조종자 및 실기평가 조종자 등록 요건이 변화하였다.

   ㉠ 항공안전법 시행규칙 제307조(항공법 시행규칙 제66조의4)

     지도조종자 및 실기평가조종자 요건의 변화

      ⓐ 지도조종자 : 비행시간 200시간(무인비행장치의 경우 100시간) 이상이고, 조종교육교관과정을 이수

      ⓑ 실기평가 조종자 : 비행시간 300시간(무인비행장치의 경우 150시간) 이상이고, 실기평가과정을 이수

        ※ 장치별 지도조종자 비행경력시간은 공단 '초경량비행장치 비행자격증명 운영 세칙'

   ㉡ 전문교육기관 지정요령(고시)에 따른 심사 항목

      ⓐ 시설 : 강의실 또는 열람실, 실기시설, 사무실, 화장식, 교구 및 설비 등

      ⓑ 장비 : 교육용 기체(멀티콥터 등), 모의비행장치, 제작사 매뉴얼 등

      ⓒ 인력 : 전문교육기관 운영자 및 교관의 자격, 행정요원 보유 등

ⓓ 교육규정 : 교육목적, 입교기준, 교육방법, 교육과정 편성기준, 교육평가 기준, 교육계획 등

⑪ 안전개선 명령

사용사업자에 대한 안전개선명령이 구체화되었다.

㉠ 항공안전법 제130조, 시행규칙 제313조

사용사업의 안전을 위해 필요하다고 인정되는 경우 다음의 사항 개선 명령

ⓐ 초경량비행장치 및 그 밖의 시설의 개선

ⓑ 초경량비행장치 사용사업자가 운용중인 초경량비행장치에 장착된 안전성이 검증되지 않은 장비 제거

ⓒ 초경량비행장치 제작자가 정한 정비절차의 이행

ⓓ 그 밖에 안전을 위해 지방항공청장이 필요하다고 인정하는 사항

㉡ 조종자 준수사항은 동일하다.

항공안전법 시행규칙 제310조

ⓐ 가시권, 주간비행

ⓑ 음주상태 조종금지, 낙하물 투하금지 등

		성명 : 000 연락처 : 010-XXXX-XXXX
비행 중에는 장치를 육안으로 항상 확인할 수 있어야 한다.	사람이 많이 모인 곳 상공에서 비행 금지(스포츠경기장, 페스티벌 등 인파가 많이 모인 곳)	사고나 분실에 대비해 장치에는 소유자 이름과 연락처를 기재하도록 한다.
야간비행은 불법(야간 : 일몰 후부터 일출 전까지)	음주 상태에서 조종 금지	비행 중 낙하물을 투하하지 않는다.

(2) 해외 사례

① 미국 사례 1

사업용 소형무인항공기 조종자 대상 정기시험 실시

㉠ Small-UAS(2kg~24kg) 조종자 초기/보수 시험기준 마련

자격취득을 위해 초기시험(Initial Test), 정기시험(Recurrent) 실시 : 교통안전국

(TSA) 주관, 17세 이상, 정기시험 주기 2년

Initial Knowledge Test	Recurrent Knowledge Test
• Regulation • Classification of Airspace • Flight Restriction • Collision Hazard • Weather • Load Balancing & Emergency Situation • Radio Communication Procedure etc.	• Regulation • Airspace Classification • Weather and Airport Operations • Emergency Procedure etc.

ⓛ ICAO Doc10019 Chapter9는 모든 RPAS 교관 대상 보수교육 권고

 8.5 RPAS Instructor

8.5.9 All RPAS instructor should receive refresher training, and be reassessed using a documented training and assessment process acceptable to the licensing authority, implemented by a certificated or approved organization, at intervals established by the licensing authority but not greater than 3 years.

② 미국 사례 2

사고 발생 시 드론과 운영자에 대한 신속한 정보파악을 위해 250g~25kg 소형드론 등록제를 시행했다. 모든 소형드론에 대한 식별 표기를 의무화하고, 3년 주기로 연장이 필요하도록 했다.

구 분	세부내용
등록대상	중량 55파운드(25kg) 이하 0.55파운드(250g)
등록시기	드론의 최초 운용 전
표기의무	모든 소형드론은 식별 표기 의무화 • FAA가 부여한 등록번호

등록정보	• 취미 및 레크리에이션용이 아닌 경우
	  – 등록자 또는 승인된 대표인의 성명
	  – 등록자 주소, 전자우편 주소
	  – 드론 제조사, 모델명, 일련번호(제조번호)
	• 취미 및 레크리에이션용
	  – 등록자 성명, 등록자 주소
	  – 등록자 전자우편 주소

등록비	드론 1대당 $5 또는 등록자 1명당 $5
등록주기	3년마다 연장 필요
벌 금	벌금 최대 $27,500, 3년 이하의 징역
Full details available at : www.faa.gov/uas/registration	

③ 캐나다 사례

25kg 이하 소형 드론을 3가지 유형으로 분류하여 관리하였다.

구 분	2kg 미만 소형드론 (Very Small UAVs)	한정된 운용만 가능 (Small UAVs Limited Operations)	다목적 활용 가능 (Small UAVs Complex Operations)
드론 등록 (Marking and Registration)	×	필 요	필 요
연령제한 (Age Restrictions)	×	필 요	필 요
지식 테스트 (Knowledge Test)	필 요	필 요	필 요
조종자격(Pilot Permit)	×	×	필 요
프라이버시 규제 적용 (Privacy & Other Laws)	필 요	필 요	필 요
야간 비행 허용 (At night)	×	×	필 요
비행장 근처 운용 (In proximity to an aerodrome)	×	×	필 요
도심 9km 내 비행 (Within 9 of a bulit-up area)		×	필 요
사람들 위 비행 (Over People)	×	×	필 요

④ 중국 사례

2013년부터 조종자 급증에 따른 안전관리를 본격화하였다.

㉠ 2013년 '민용 무인항공기 시스템 관리 잠행 규정' 발표

ⓐ 중량 7kg 이하 소형무인기 가시거리 500m, 고도 120m 이하 기준 설정

ⓑ 120m보다 낮을 경우 조종허가 불필요(높은 고도, 제한공역인 산업협회 및 민항국 허가 필요)

㉡ 2014년(4월) 민용 항공국 조종사 자격기준 마련

ⓐ 조종자 교육 및 훈련은 조종사 협회(중국 AOPA)에서 관리하도록 규정

ⓑ 7kg 이상 가시권 거리 이상 비행을 위한 조종자 자격권한 위탁

㉢ 2014년(11월) 중국 저공 공역 관리 개혁

ⓐ 하이난, 광저우, 칭다오 등 도심지 저공공역에 대한 관리개혁 실시

ⓑ 2015년부터 1,000m 이하 공역을 군부의 심사 없이 사용하도록 규제 완화

⑤ 국가별 비교

구 분	한 국	미 국	중 국	일 본
고도제한	150m 이하	120m 이하	120m 이하	150m 이하
구역제한	서울 일부(9.3km), 공항(9.3km), 원전(19km), 휴전선 일대	워싱턴 주변(24km), 공항(반경 9.3km), 원전(반경 5.6km), 경기장(반경 5.6km)	베이징 일대, 공항 주변, 원전주변 등	도쿄 전역(인구 4천 명/ 이상 거주지역), 공항(반경 9km), 원전주변 등
속도제한	제한 없음	161km/h 이하	100km/h 이하	제한 없음
비가시권, 야간 비행	원칙 불허 예외 허용	원칙 불허 예외 허용	원칙 불허 예외 허용	원칙 불허 예외 허용
군중 위 비행	원칙 불허 예외 허용	원칙 불허 예외 허용	원칙 불허 예외 허용	원칙 불허 예외 허용
기체 신고 · 등록	사업용 또는 12kg 초과	사업용 또는 250g 초과	7kg 초과	불명확
조종자격	12kg 초과 사업용	사업용	7kg 초과	불명확
드릴 활용 사업 범위	제한 없음	제한 없음	제한 없음	제한 없음

(3) 정책방향

① 드론 현황 : 2017년 11월 기준 국내 사업용 드론 등록대수는 3,753대이다.

  ㉠ 드론 등록대수 및 사용사업체 현황

    ⓐ 드론은 총 3,735대이며, 사용사업체는 약 1,459개로 집계된다(2017년 11월).

구 분	'13	'14	'15	'16.12	합 계
장치 신고 대수	195	354	921	2,158	3,755
사용사업 업체수	131	383	698	1,025	1,459

    ⓑ 농업, 촬영 분야가 전체 운용의 97%를 차지한다.

용도 구분	농업용	촬영용	측량 · 탐사	관 측	조종교육	기 타	합 계
등록 대수	767	746	10	1	20	19	1,588
비 율	48.9%	47.9%	0.6%	0.01%	1.3%	1.2%	100%

② 규제개선 주요 내용(1) − 자격요건 완화 및 비행여건 개선

  ㉠ 사업 및 자격조건 완화

    ⓐ 사용사업 : 국민안전을 저해하는 사항 이외의 모든 사업을 허용하고, 소형드론 사용사업의 자본금을 면제

      ※ 사업범위 네거티브 전환, 자본금 요건의 폐지 등

    ⓑ 교관인력 : 지도 · 실기교관 비행경력 요건완화로 교육기관 설립을 지원

ⓛ 비행여건 개선

　ⓐ 비행구역 확대 : 초경량비행장치 비행전용구역 확대(18 → 31곳, 2018.2)

　ⓑ 합리적 안전관리 : 검사면제 범위 확대(12 → 25kg), 계속적 비행은 6개월 단위
　　승인

　　※ 드론 비행정보 앱(Ready to Fly) 제공 및 비행승인 원스톱 서비스 시스템 구축

③ 규제개선 주요 내용 – 시장 수요 창출 및 기술개발

　㉠ 시장 수요 창출

　　ⓐ 실증사업 : 토지보상(LH), 지적재조사(LX), 댐관리(수공) 등 공공 분야 실증사
　　업 추진

　　※ 시장 활용 수요를 발굴하고 전시 및 시연회 등 수요처와 제작업체 간 매칭 추진

　　ⓑ 시범사업 : 신규 드론 활용 분야 발굴 및 신규사업자 공모를 통해 시범사업 확대

　㉡ 무인항공기 시대 선제적 대응

　　ⓐ 인프라 : 드론 교통체계 개발 및 3차원 정밀지도 구축, 국가 비행시험장 조성
　　등

　　ⓑ R&D 추진 : Anti 드론기술 연구, 보안통신 기술, 드론 안전성 연구 지속추진

④ 드론 정책 방향 – 제도·정책, 기술·인프라, 사회적 환경정비 등 종합 로드맵 구축

　㉠ 로드맵 주요 내용

　　ⓐ 제도·정책 : 가시권 밖 비행 등 운영제도 발전 방안, 등록·자격·인증 등 안전
　　관리 고도화, 기업지원허브 등 산업육성, 조종 인력양성 등

　　ⓑ 기술·인프라 : 드론 교통관리체계 개발, 정밀 GPS·P정밀지도·비행시험장
　　등 인프라, 자동항법·충돌회피·추락방지 등 안전기술 개발

　　ⓒ 사회적 환경 : 전용 보험상품 지원, 안전감독체계 확립, 사생활 보호 등 안전문화
　　장착

　㉡ 예시 : 물품수송 분야

구 분	단기 목표(5년 이내)	중장기 목표(10년 이상)
운영단계	비도시지역 물품배송(거점 간)	도시지역 배송, 동시 다수 운영
제도·정책	제한적 가시권 밖 허가 등 운항 조직	가시권 밖 표준 운항절차 등
기술·인프라	낙하 시 피해방지·경감 조치방안 성능 개선	정밀 이착륙, 충돌회피, 교통시스템 구축 등
사회적 환경	제3자 피해방지 방안(보험 등)	사생활 침해 방지방안 등

ⓒ R&D 추진현황

ⓐ 무인항공기 운항기술 개발 및 드론 교통관리모델 개발 등 관련 R&D 확대 추진

사업명	사업기간	'16년(억원)	'17년(억원)	비 고
(계속)국가비행종합시험인프라구축	'15~'18	–	25	
(계속)무인항공기 안전운항기술 개발	'15~'21	28	32	
(신규) 저고도 무인기 교통관리체계 개발	'17~'21	–	20	
(신규)비행시험인프라 2단계 구축 기획	'17~'17	–	(10)	규제프리존(전남)
(신규)무인기 전문인력양성체계 개발	'17~'19	–	(15)	

※ 저고도 무인기 교통관리체계 구축 R&D 개요
저고도 일반공역 자동화 교통관리 기술 개발 및 단계별 실증시험 및 시범 서비스 수행

저고도 무인기 교통관리체계 개발	사업기간	'16년	'17년	비 고
• 비행스케줄링 설계 및 동적 관리 기술 • 비행체 식별 및 감시기술 • 시제품 테스트베드 구축 및 시범운용 → 다부처 공동(국토부, 미래부, 경찰청)	'17~'21(198)	–	20	–

⑤ 드론 분류기준 개선 및 방안(국토교통부)

㉠ 추진배경

드론의 무게를 중심으로 장치신고, 기체검사, 비행승인, 조종자격 등 안전관리 중
(현행)

ⓐ 무게 및 용도(사업용/비사업용)에 따라 기체신고, 자격인증 등 차등 적용

ⓑ 드론은 다양화되고 있는 추세, 사고 시 피해가 작은 저성능 드론이 고성능 드론
과 동일한 규제가 적용되어 활용규제로 작용

ⓒ (예시) 서울 강북지역에서 완구용 드론을 비행하는 경우에도 사전승인 필요
• 드론 운영범위 확대 및 성능 고도화에 맞춰 기존 무게·용도 중심의 안전관리
체계를 위험도·성능 기반으로 개선
• 업계·학계·연구계 등 약 50여 기관으로 구성된 드론산업진흥협의회를 통해
7차례 간담회를 거치며 의견수렴 후 분류기준 개선안 마련(국토부, 항공안전
기술원, 한국교통연구원, 한서대학교, 서울시립대 등)

> ◆참고◆ 운동에너지
> • 개념 : 운동에너지는 운동하는 물체가 가진 에너지로 높은 에너지를 가질수록 충돌 시 피해 정도가 커지며, 기체무게(최대이륙중량)와 속도에 의해 정해진다.
>
> 운동에너지 $E_k = \frac{1}{2} \times m \times v^2$ (m : 최대이륙중량, v : 속도)
>
> 국제항공과학회(ICAS)에 발표된 논문을 바탕으로 운동에너지에 따른 인체 및 구조물의 손실 가능성을 토대로 저위험·중위험 무인비행장치의 분류기준(1,400J 및 14,000J) 산출
> • 드론의 무게에 따른 운동에너지와 속도

무 게	1,400J	무 게	14,000J
0.25kg	105m/s(378km/h)	7kg	63m/s(226.8km/h)
4kg	26m/s(93.6km/h)	12kg	48m/s(172.8km/h)
7kg	20m/s(72km/h)	25kg	33m/s(118.8km/h)

ⓛ 분류기준 개선 및 방안

모형비행장치	개 념	위험도가 현저히 낮아 필수사항 외 관련 규제를 일소(네거티브 방식)하는 기체로서 '모형비행장치'로 정의
	대 상	비사업용으로 사용하며 자체중량 250g 이하, 법령에서 정하는 장비 미탑재·일정 운용요건을 준수하는 기체로 규정 • 촬영용 카메라, 시각보조장치(FPV), 기타 물품 탑재 등(외부 장착물이 전혀 없는 상태) • 최대 비행고도 20m 이하, 비행거리 50m 이하, 사람 위로의 비행 금지 등 • 가이드링 부착, 충돌 시 상해를 입히지 않는 외형(둥근 모서리 등)으로 제작, 규정하는 방안 검토가 필요
	분류 근거	국내 시판되는 취미용 기체(약 20종) 대상 안전성 테스트(각 기체별 110회) 결과, 평균 비행고도 82m, 평균 비행거리 137m, 평균 비행시간 7분으로 나타남

분 류	평 균	테스트 최대 결과값	권장사항
고 도	82m	117m	20m(아파트 8층)
거 리	137.0m	378.1m	50m

저위험 무인비행장치	개 념	위험도는 낮지만 온라인 교육이수, 소유주 등록제 등 최소한의 안전관리는 필요한 기체로서 '저위험 무인비행장치'로 정의
	대 상	7kg 이하 무게 중 1,400J(잠정)의 운동에너지 이하로 규정(법령상에는 무게·속도로 명기)
	분류 근거	1,400J은 무인기 충돌·추락 시 개방된 곳에 있던 사람들에게 치명적인 상해를 가져올 수 있으나, 주거용 구조물 내의 사람에게는 치명적인 상해를 입히지는 않는 운동에너지

중위험 무인비행 장치	개 념	농업, 사진촬영 등 사업용으로 주로 활용되는 기체로서 신고, 자격, 보험 등 일부 사항 외에는 드론과 유사한 관리가 필요한 기체를 '중위험 무인비행장치'로 정의
	대 상	250g~7kg 무게 중 운동에너지가 1,400J(잠정)을 초과하거나, 7~25kg 무게 중 1,4000J(잠정) 이하 기체로 규정(법령상에는 무게·속도로 명기)
	분류 근거	14,000J은 무인기 충돌·추락 시 일반적인 주거용 건물(철근구조)을 관통하여 건물 내 사람에게 치명적인 피해를 유발할 수 있는 에너지
고위험 무인비행 장치	개 념	조종자격·기체검사·비행승인·보험가입 등 유인기와 유사한 고도의 안전관리가 필요한 기체로서 '고위험 무인비행장치'로 정의
	대 상	150kg 이하 드론 중 앞서 정의된 분류에 해당하지 않는 기체

⑥ 규제합리화 방안(현행과 개선안의 비교)

㉠ 무게기준

구 분	현 행		개 선		비 고
기체 신고· 말소	비사업용	12kg 초과 시 신고	사업용·비사업용	• 250g~7kg 소유주 등록 ※ 1,400J 초과 시는 신고 • 7kg 초과 시 신고	• 사업용 7kg 이하 규제 ↓ • 비사업용 250g~12kg 규제 ↑
	사업용	무게와 무관하게 신고			
비행 승인	25kg 이하	관제권(9.3km), 비행금지구역 비행승인 필요	250g 이하	공항주변(3km) 비행승인 필요	250g 이하 규제 ↓
			250g~25kg	관제권(9.3km), 비행금지구역 비행승인 필요	
	25kg 초과	비행승인 필요	25kg 초과	비행승인 필요	
	150m 고도 초과 비행	비행승인 필요	150m 고도 초과 비행	비행승인 필요	
안전성 인증	25kg 초과 안전성인증		25kg 초과 안전성인증		현행과 유사
조종 자격	비사업용	불필요	사업용· 비사업용	250g~7kg 온라인 교육 ※ 1,400J 초과 시 필기+ 비행경력	• 비사업용 규제 ↑ • 사업용 250g~12kg 은 규제 ↑ • 사업용 12~25kg은 규제 ↓
	사업용	12kg 초과 시 조종자 증명 취득 필요(필기+실기)		7kg~25kg 필기+비행경력	
				25~150kg 필기+실기	

※ 위 비교표는 비교의 편의를 위해 무게 기준만 적시하였으며, 실제 분류체계에 따른 제한 운동에너지 ·용도 등의 요건이 추가됨

㉡ 기체 신고·말소

약 7kg 이하 드론을 사용하는 사용사업자의 경우 규제가 완화되나 비사업용 드론

소유자는 규제 강화(12kg → 250g)의 소지가 높다.

현 행	• 12kg을 초과하는 드론을 사용하는 경우 기체별로 지방청에 소유자(성명, 주소, 생년월일, 번호) · 기체형식 · 중량 · 용도를 신고 • 사용사업에 활용하는 경우 무게와 관계없이 제작자, 제작번호, 보관처, 제작연월일을 추가로 기입하여 신고 필요 • 용도, 소유자, 보관장소가 변경되는 경우 30일 이내에 변경신고를 해야 하며, 멸실 또는 해체한 경우에는 15일 이내에 말소신고를 해야 한다.
개선안	• 사업용 · 비사업용과 무관하게 중위험 · 고위험급은 현행 방식대로 신고하며, 저위험급은 소유주 등록방식으로 신고한다. • 소유자 등록방식은 소유자 정보(성명, 주소, 생년월일, 번호)와 보유하고 있는 기체 대수만 신고하면 되며, 소유 기체 대수의 변동 시에만 변경 · 말소 신고 필요

ⓒ 비행승인

모형비행장치 사용자에 대한 비행규제 완화

현 행	• 25kg을 초과하거나 150m 초과 고도에서 비행하는 경우 비행승인 필요, 25kg 이하는 관제권 · 비행금지 구역에서 비행승인 필요 • 초경량비행장치 비행구역에서는 150kg 이하까지 비행승인 없이 비행가능
개선안	• 고위험급 또는 150m 초과 고도에서 비행하는 경우 비행승인이 필요, 중위험급 이하는 관제권 · 비행 금지구역에서 비행승인 필요 • 다만, 모형비행장치는 공항주변(반경 3km) 내에서만 사전승인 필요

ⓔ 안전성인증

현행 제도와 유사한 규제수준으로 운영

현 행	• 드론 제작 및 비행안전상태 확인을 위해 최대이륙중량 25kg 초과 기체에 대한 인증제를 운영 중 • 설계 · 제작 적합성과 실비행을 통한 송수신 능력, 이착륙 · 수평 · 정지비행 상태 등 검사
개선안	• 고위험급에 대하여 안전성인증을 받도록 규정

ⓜ 조종자격

12~25kg급의 드론을 비행하는 경우 규제가 완화되나, 12kg 이하급의 드론을 비행하는 경우 규제 강화

현 행	• 12kg 초과 및 사업용 드론을 비행하기 위해서는 교통안전공단의 조종자 증명 취득 필요(필기 · 실기평가 시행) • 항공안전법에 따라 지정된 전문교육기관 수료생은 필기시험 면제
개선안	사업 여부와 관계없이 저위험급은 온라인 교육이수, 중위험급은 '필기 + 비행경력', 고위험급은 '필기 + 실기'(현행) 방식으로 관리

※ 국토교통부에서는 이와 같이 드론 분류기준 개선방안을 발표하였고, 관계기관 및 대국민 의견 수렴을 거쳐 2019년 3월말 개정을 추진할 예정이다.

⑦ 드론 조종자격 및 교육 개선방안(TS한국교통안전공단)

㉠ 등급화(Draft ICAO Annex 6 Part IV 및 EU)

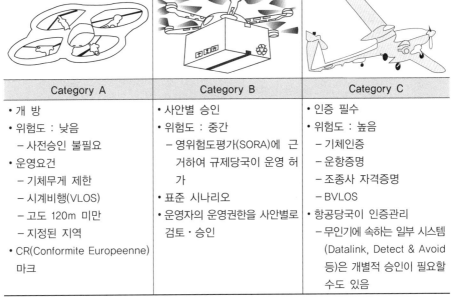

Category A	Category B	Category C
• 개 방 • 위험도 : 낮음 　– 사전승인 불필요 • 운영요건 　– 기체무게 제한 　– 시계비행(VLOS) 　– 고도 120m 미만 　– 지정된 지역 • CR(Conformite Europeenne) 　마크	• 사안별 승인 • 위험도 : 중간 　– 영위험도평가(SORA)에 근 　거하여 규제당국이 운영 허 　가 • 표준 시나리오 • 운영자의 운영권한을 사안별로 　검토·승인	• 인증 필수 • 위험도 : 높음 　– 기체인증 　– 운항증명 　– 조종사 자격증명 　– BVLOS • 항공당국이 인증관리 　– 무인기에 속하는 일부 시스템 　(Datalink, Detect & Avoid 　등)은 개별적 승인이 필요할 　수도 있음

㉡ 현행 드론 자격 및 교육

구 분	조종자	조종교관	실기평가교관
관련 규정	항공안전법 제125조 및 제126조, 시행규칙 제306조 및 제307조 초경량비행장치 조종자의 자격기준 및 전문교육기관 지정요령, 초경량비행장치 조종자증명 운영 세칙		
응시 자격	•14세 이상 •운전면허 또는 신체검사증 　명 소지자 •비행경력 20시간 이상	•20세 이상 •조종자증명 소지자 •비행경력 100시간 •조종교관교육과정 이수	•20세 이상 •지도조종자 등록자 •비행경력 150시간 •실기평가교관교육과정 이수
기체 요건	12kg 초과 사업용 무인비행장치		
취득 절차	① 학과시험(시험과목 및 출 　제비율 : 항공법규 33%, 항 　공기상 33%, 비행이론 및 　운용 34%) ② 응시자격 신청(비행경력증 　명서, 운전면허 사본 첨부) ③ 실기시험(구술시험 + 실비 　행시험) ④ 조종자증명발급(한국교통 　안전공단)	① 등록신청(비행경력증명 　서, 조종교육교관 과정 이 　수증명서 첨부) ② 이론평가 ③ 등록(한국교통안전공단)	① 등록신청(비행경력증명 　서, 실기평가과정 이수증 　명서 첨부) ② 실기평가 ③ 등록(한국교통안전공단)

구 분	조종자	조종교관	실기평가교관
특이 사항	• 전문교육기관 이수 시, 학과 시험 면제 • 비행경력은 전문교육기관장이나 지도조종자 등이 증명 • 공단은 실기시험 평가를 위한 실기시험위원 위촉 시, 역량유지를 위해 2년마다 직무교육 및 심사 실시	지도조종자 등록제로 운영	실기평가조종자 등록제로 운영

ⓒ 각 국의 드론 자격체계 비교

구 분	한 국	중 국	미 국	일 본	영 국	호 주
운영 기관	한국교통안전공단 TS	중국조종사 협회 AOPA AOPACHINA	연방항공청 FEDERAL AVIATION ADMINISTRATION	국토교통성 国土交通省	민간항공청 Civil Aviation Authority	민간항공 안전청 Australian Government Civil Aviation Safety Authority
근 거	항공안전법 시행규칙 제307조	민용 무인기 조종사 합격심사규칙 (ZD-BGS-010R1)	CFR Title 14. Chapter 1. Subchapter F. Part 107	무인항공기 관련 항공법	CAA UAS Operation in UK CAP722	Civil Aviation Safety Regulation Part 101
분류 체계	12kg 초과 + 사업용	7kg 초과(무게, 용도, 가시권 여부에 따라 9개 등급으로 구분)	250g 초과 25kg 미만 + 사업용 (취미·레저용 제외)	200g 이상 비행 승인이 필요한 경우(개인용, 사업용, 강사용으로 구분)	7kg 초과 + 사업용(무게에 따라 4개 등급으로 구분)	2kg 초과 + 업무용 또는 사업용(무게·용도에 따라 6개 등급으로 구분)
자격 시험	필기시험(전문 교육기관은 면제) + 실기시험	필기시험 + 실기시험(8자 비행 등 고난도 실기)	필기시험	필기시험 + 실기시험(삼각·수평·선회 비행 등)	필기시험 + 실기시험(기상, 공역, 위험평가 등 실기)	필기시험
자격 유효 기간	영구(갱신 없음)	2년(실기시험 통과 시 자격 갱신)	2년(Recurrent test 통과 시 자격 유지)	없 음	1년	• 최초 발급 시 1년 • 갱신 후 3년
교관 자격	비행경력 100시간 + 교육 3일(15시간)	• (가시)비행경력 25시간 + 필기 • (비가시)비행경력 100시간 + 실전훈련 20시간 + 실기(8자 비행 등)	–	교육기관별 상이	–	–

구 분	한 국	중 국	미 국	일 본	영 국	호 주
자격 취득 비행 경력	비행경력 20시간	• (가시)비행 경력 44시간 + 비행훈련 37시간 • (비가시)비 행경력 56시 간 + 비행훈 련 48시간	–	비행경력 10시간	–	비행경력 5시간
전문 교육 기관	23개	241개	없 음	104개	28개	49개
특이 사항	최대이륙중량 25kg 초과 안 전성인증 검사	• 실기시험은 국가지정 시 험장에서 실 시(총 9개) • U-Box를 통 해 조종자 비 행 경력 관리	자격발급 시 교 통보안청(TSA) 신원조회	교육(자격)기 관지정 운영	소형 드론 소유 자 대상 등록 및 안전교육과 정 신설 예정	• 비가시권 비행 시, 항공무선 통신운용 교 육 이수 필요 • 기체 등록이 아닌 조종자 등록

㉣ 등급화에 따른 교육 및 자격 방향

Category 1a	Category 1b	Category 2a	Category 2b	Category 3
• 모형비행장치 (250g 이하) • 저위험도 • 자격/교육 면제 – 고도 20m 이하 – 비행거리 50m 이하 – 사람 위 비행금지 – 로터 가이드령 부착 – 둥근 모서리	• 무인비행장치 (250~7kg 및 1,400J 이하) • 저위험도 • 자격시험은 없고, 대신 온라인교육 이수 – 항공법규, 비 행이론, 운행 환경(항공 기 상 일부 포함), 무인비행장치 운용 및 안전 – 소유주 등록제	• 무인비행장치 (250~7kg 중 1,400J 초과 또는 7~25kg 중 14,000J 이하) • 중위험도 • 필기(통합형) + 실기, 비행경력 – 항공법규, 비 행이론, 운행 환경(항공기 상, 관세구역), 무인비행장치 운용 및 안전 – 자격갱신(보 수교육) – 기체등록, 보 험가입	• 무인비행장치 (150kg 이하 중 앞의 기준에 해당 되지 않는 나머 지) • 고위험도 • 필기(과목별) + 실기시험, 비행 경력 – 항공법규, 비 행이론, 운행 환경, 항공기 체, 항공 교통 ·통신·정보 – 자격갱신(보 수교육) – 기체 등록/검사 – 보험가입, 비 행승인	• 항공기급(RPAS) • 고위험도 • 국제기준에 따른 조종자격 및 훈련 – 필기 및 실기 – IFR 자격 – 한정자격 – 신체검사 (Class 3) – EBT (Evidence Based Training) – 비상처치 능력 • 조종자격 갱신

㉣ 비행경력(비행시간) 및 교육 내용 조정 필요

유인항공기 조종교육	드론 조종교육
• 과목 : 항공법규, 공중항법, 항공기상, 비행이론, 항공교통·통신·정보업무(과목별 필기시험) • 한정 : 항공기 형식 한정, 계기비행증명, 조종교육증명 • 비행경력 – 총비행시간 : 40시간(3~4개월) – 단독비행 10시간(5시간의 야외단독비행 포함) ※ 270km 이상 구간 2개의 다른 비행장 이착륙 경력 – 조종교관은 200시간의 비행경력(1년 이상 소요)	• 과목 : 항공법규, 항공기상, 비행이론 및 운용(통합 필기시험) • 한정 : 없음 • 조종교관 : 소정의 교육과정 이수(교육에 대한 필기시험 이수 조건, 실기평가는 없음) • 비행경력 – 총비행시간 : 20시간(3~4주) – 드론조종교관의 경우 100시간의 드론비행경력 필요(2~3개월)

㉤ 비행경력 시스템(실시간 드론비행 모니터링) 구축

현 행	개 선
• 비행시간기록, 비행경력증명서 등 문서상으로 확인 • 교육생 및 조종교관과정 입과자에 대한 비행경력 검증수단 부재 • 비행경력증명에 대한 신뢰성 문제	• LTE 통신 및 비행기록장치 등 하드웨어 기반의 실시간 비행 모니터링 시스템(K box, K cloud 시스템) • IC칩 또는 스마트폰 기반의 조종자 신원 확인 시스템 • 드론비행 시간, 지역, 조종사 실시간 확인 가능

CHAPTER

2 목적 및 용어 정의 / 종류

1✈ 목적 및 용어의 정의

(1) 항공안전법의 목적(항공안전법 제1조)

① 「국제민간항공협약」 및 같은 협약의 부속서에서 채택된 표준과 권고되는 방식에 따른다.

② 항공기, 경량항공기 또는 초경량비행장치의 안전하고 효율적인 항행을 위한 방법과 국가, 항공사업자 및 항공종사자 등의 의무 등에 관한 사항을 규정함을 목적으로 한다.

(2) 항공안전법 용어의 정의(항공안전법 제2조)

① **항공기** : 공기의 반작용으로 뜰 수 있는 기기로서 최대 이륙중량, 좌석 수 등 국토교통부령으로 정하는 기준에 해당하는 기기와 그 밖에 대통령령으로 정하는 기기(비행기, 헬리콥터, 비행선, 활공기)

② **경량항공기** : 항공기 외에 공기의 반작용으로 뜰 수 있는 기기로서 최대 이륙중량, 좌석수 등 국토교통부령으로 정하는 기준에 해당하는 비행기, 헬리콥터, 자이로플레인(Gyroplane) 및 동력패러슈트(Powered Parachute) 등

③ **초경량비행장치** : 항공기와 경량항공기 외에 공기의 반작용으로 뜰 수 있는 장치로서 자체중량, 좌석 수 등 국토교통부령으로 정하는 기준에 해당하는 동력비행장치, 행글라이더, 패러글라이더, 기구류 및 무인비행장치 등

④ **국가기관 등 항공기** : 대통령령으로 정하는 공공기관이 소유하거나 임차(賃借)한 항공기로서 군용·경찰용·세관용 항공기는 제외

   ㉠ 재난·재해 등으로 인한 수색(搜索)·구조

   ㉡ 산불의 진화 및 예방

   ㉢ 응급환자의 후송 등 구조·구급활동

   ㉣ 그 밖에 공공의 안녕과 질서유지를 위하여 필요한 업무

⑤ **항공기 사고** : 사람이 비행을 목적으로 항공기에 탑승하였을 때부터 탑승한 모든 사람이 항공기에서 내릴 때까지[무인항공기의 경우에는 비행을 목적으로 움직이는 순간부터 비행이 종료되어 발동기가 정지되는 순간까지] 항공기의 운항과 관련하여 발생한 사고

ⓙ 사람의 사망, 중상 또는 행방불명

ⓛ 항공기의 파손 또는 구조적 손상

ⓒ 항공기의 위치를 확인할 수 없거나 항공기에 접근이 불가능한 경우

⑥ **초경량비행장치 사고** : 초경량비행장치를 사용하여 비행을 목적으로 이륙[이수(離水)를 포함]하는 순간부터 착륙[착수(着水)를 포함]하는 순간까지 발생한 다음 각 목의 어느 하나에 해당하는 것으로서 국토교통부령으로 정하는 것

ⓙ 초경량비행장치에 의한 사람의 사망, 중상 또는 행방불명

ⓛ 초경량비행장치의 추락, 충돌 또는 화재 발생

ⓒ 초경량비행장치의 위치를 확인할 수 없거나 초경량비행장치에 접근이 불가능한 경우

⑦ **항공기 준사고** : 항공안전에 중대한 위해를 끼쳐 항공기사고로 이어질 수 있었던 것으로서 국토교통부령으로 정하는 것

⑧ **항공안전장애** : 항공기사고 및 항공기 준사고 외에 항공기의 운항 등과 관련하여 항공안전에 영향을 미치거나 미칠 우려가 있는 것

⑨ **비행정보구역** : 항공기, 경량항공기 또는 초경량비행장치의 안전하고 효율적인 비행과 수색 또는 구조에 필요한 정보를 제공하기 위한 공역(空域)

⑩ **영공** : 대한민국의 영토와 「영해 및 접속수역법」에 따른 내수 및 영해의 상공

⑪ **항공로** : 국토교통부장관이 항공기, 경량항공기 또는 초경량비행장치의 항행에 적합하다고 지정한 지구의 표면상에 표시한 공간의 길

⑫ **항공종사자** : 제34조 제1항에 따른 항공종사자 자격증명을 받은 사람

ⓙ 항공업무에 종사하려는 사람은 국토교통부령으로 정하는 바에 따라 국토교통부장관으로부터 항공종사자 자격증명을 받아야 한다.

ⓛ 다만, 항공업무 중 무인항공기의 운항 업무인 경우에는 그러하지 아니한다.

⑬ **비행장(공항시설법 제2조 제2호)** : 항공기·경량항공기·초경량비행장치의 이륙[이수(離水)를 포함]과 착륙[착수(着水)를 포함]을 위하여 사용되는 육지 또는 수면(水面)의 일정한 구역으로서 대통령령으로 정하는 것

⑭ **항행안전시설(공항시설법 제2조 제15호)** : 유선통신, 무선통신, 인공위성, 불빛, 색채 또는 전파(電波)를 이용하여 항공기의 항행을 돕기 위한 시설로서 국토교통부령으로 정하는 시설

⑮ **관제권** : 비행장 또는 공항과 그 주변의 공역으로서 항공교통의 안전을 위하여 국토교통부장관이 지정·공고한 공역

⑯ **관제구** : 지표면 또는 수면으로부터 200미터 이상 높이의 공역으로서 항공교통의 안전

을 위하여 국토교통부장관이 지정·공고한 공역

⑰ 초경량비행장치사용사업(항공사업법 제2조 제23호) : 타인의 수요에 맞추어 국토교통부령으로 정하는 초경량비행장치를 사용하여 유상으로 농약살포, 사진촬영 등 국토교통부령으로 정하는 업무를 하는 사업

⑱ 초경량비행장치사용사업의 등록 요건(항공사업법 제48조)

  ㉠ 자본금 또는 자산평가액이 3천만원 이상으로서 대통령령으로 정하는 금액 이상일 것(다만, 최대 이륙중량이 25킬로그램 이하인 무인비행장치만을 사용하여 초경량비행장치사용사업을 하려는 경우는 제외)

  ㉡ 초경량비행장치 1대 이상 등 대통령령으로 정하는 기준에 적합할 것

  ㉢ 그 밖에 사업 수행에 필요한 요건으로서 국토교통부령으로 정하는 요건을 갖출 것

⑲ 이착륙장(공항시설법 제2조 제19호) : 비행장 외에 경량항공기 또는 초경량비행장치의 이륙 또는 착륙을 위하여 사용되는 육지 또는 수면의 일정한 구역으로서 대통령령으로 정하는 것

◆ 참고 ◆ 초경량비행장치의 기준 : 항공안전법 시행규칙 제5조
① 동력비행장치 : 동력을 이용하는 것으로서 다음 각 목의 기준을 모두 충족하는 고정익비행장치
  ㉠ 탑승자, 연료 및 비상용 장비의 중량을 제외한 자체중량이 115kg 이하일 것
  ㉡ 좌석이 1개일 것
② 행글라이더 : 탑승자 및 비상용 장비의 중량을 제외한 자체중량이 70kg 이하로서 체중이동, 타면조종 등의 방법으로 조종하는 비행장치
③ 패러글라이더 : 탑승자 및 비상용 장비의 중량을 제외한 자체중량이 70kg 이하로서 날개에 부착된 줄을 이용하여 조종하는 비행장치
④ 기구류 : 기체의 성질·온도차 등을 이용하는 다음 각 목의 비행장치
  ㉠ 유인자유기구 또는 무인자유기구
  ㉡ 계류식(繫留式)기구
⑤ 무인비행장치 : 사람이 탑승하지 아니하는 것으로서 다음 각 목의 비행장치
  ㉠ 무인동력비행장치 : 연료의 중량을 제외한 자체중량이 150kg 이하인 무인비행기, 무인헬리콥터 또는 무인멀티콥터
  ㉡ 무인비행선 : 연료의 중량을 제외한 자체중량이 180kg 이하이고 길이가 20m 이하인 무인비행선
⑥ 회전익비행장치 : 제1호 각 목의 동력비행장치의 요건을 갖춘 헬리콥터 또는 자이로플레인
⑦ 동력패러글라이더 : 패러글라이더에 추진력을 얻는 장치를 부착한 다음 각 목의 어느 하나에 해당하는 비행장치
  ㉠ 착륙장치가 없는 비행장치
  ㉡ 착륙장치가 있는 것으로서 제1호 각 목의 동력비행장치의 요건을 갖춘 비행장치
⑧ 낙하산류 : 항력(抗力)을 발생시켜 대기(大氣) 중을 낙하하는 사람 또는 물체의 속도를 느리게 하는 비행장치
⑨ 그 밖에 국토교통부장관이 종류, 크기, 중량, 용도 등을 고려하여 정하여 고시하는 비행장치

2 ✈ 초경량비행장치 범위 및 종류

(1) 경량항공기 종류 현황

타면조종형 비행기 	동력, 즉 엔진을 이용하여 프로펠러를 회전시켜 추진력을 얻는 항공기로서 착륙장치가 장착된 고정익(날개가 움직이지 않는) 경량항공기를 말한다. 이륙중량 및 성능이 제한되어 있을 뿐 구조적으로 일반 항공기와 거의 같다. 조종면, 동체, 엔진, 착륙장치의 4가지로 이루어져 있다. 타면조종형이라고 하는 이유는 주날개 및 꼬리날개에 있는 조종면(도움날개, 방향타, 승강타)을 움직여, 양력의 불균형을 발생시킴으로서 조종할 수 있기 때문이다.
체중이동형 비행기 	활공기의 일종인 행글라이더를 기본으로 발전해 왔으며, 높은 곳에서 낮은 곳으로 활공할 수밖에 없는 단점을 개선하여 평지에서도 이륙할 수 있도록 행글라이더에 엔진을 부착하여 개발하였다. 타면조종형 비행기의 고정된 날개와는 달리 조종면이 없이 체중을 이동하여 경량항공기의 방향을 조종한다. 또한, 날개를 가벼운 천으로 만들어 분해와 조립이 용이하게 되어 있으며, 신소재의 개발로 점차 경량화되어가고 있는 추세이다.
경량헬리콥터 	일반 항공기의 헬리콥터와 구조적으로 같지만, 이륙중량 및 성능의 제한을 받는다. 엔진을 이용하여 동체 위에 있는 주회전날개를 회전시킴으로서 양력을 발생시키고, 주회전날개의 회전면을 기울여 양력이 발생하는 방향을 변화시키면 앞으로 전진할 수 있는 추진력도 발생된다. 또, 꼬리회전날개에서 발생하는 힘을 이용하여 경량항공기의 방향조종을 할 수 있다.
자이로플레인 	고정익과 회전익의 조합형이라고 할 수 있으며 공기력 작용에 의하여 회전하는 1개 이상의 회전익에서 양력을 얻는 경량항공기를 말한다. 헬리콥터는 주회전날개에 엔진동력을 전달하여 추력과 양력을 얻는 데 반해, 자이로플레인은 동력을 프로펠러에 전달하여 추력을 얻게 되고 비행장치가 전진함에 따라 공기가 아래에서 위로 흐르면서 주회전날개를 회전시켜 양력을 얻는다.
동력패러슈트 	낙하산류에 추진력을 얻는 장치를 부착한 경량항공기이다. 패러글라이더에 엔진과 조종석을 장착한 동체(Trike)를 연결하여 비행하며, 조종줄을 사용하여 경량항공기의 방향과 속도를 조종한다.

(2) 초경량비행장치 종류 현황

동력 비행 장치	타면조종형 비행장치 	현재 국내에 가장 많이 있는 종류로서, 자중(115kg) 및 좌석수(1인승)가 제한되어 있을 뿐 구조적으로 일반 항공기와 거의 같다. 조종면, 동체, 엔진, 착륙장치의 4가지로 이루어져 있다. 타면조종형이라고하는 이유는 주날개 및 꼬리날개에 있는 조종면(도움날개, 방향타, 승강타)을 움직여, 양력의 불균형을 발생시킴으로써 조종할 수 있기 때문이다.
	체중이동형 비행장치 	활공기의 일종인 행글라이더를 기본으로 발전해 왔으며, 높은 곳에서 낮은 곳으로 활공할 수밖에 없는 단점을 개선하여 평지에서도 이륙할 수 있도록 행글라이더에 엔진을 부착하여 개발하였다. 타면조종형과 같이 자중(115kg) 및 좌석수(1인승)의 제한을 받는다. 타면조종형 비행장치의 고정된 날개와는 달리 조종면이 없이 체중을 이동하여 비행장치의 방향을 조종한다. 또한, 날개를 가벼운 천으로 만들어 분해와 조립이 용이하게 되어 있으며, 신소재의 개발로 점차 경량화 되어가고 있는 추세이다.
회전익 비행 장치	초경량헬리콥터 	일반 항공기의 헬리콥터와 구조적으로 같지만, 자중(115kg) 및 좌석수(1인승)의 제한을 받는다. 엔진을 이용하여 동체 위에 있는 주회전날개를 회전시킴으로써 양력을 발생시키고, 주회전날개의 회전면을 기울여 양력이 발생하는 방향을 변화 시키면 앞으로 전진할 수 있는 추진력도 발생된다. 또, 꼬리회전날개에서 발생하는 힘을 이용하여 비행장치의 방향조종을 할 수 있다.
	초경량자이로플레인 	고정익과 회전익의 조합형이라고 할 수 있으며 공기력 작용에 의하여 회전하는 1개 이상의 회전익에서 양력을 얻는 비행장치를 말한다. 자중(115kg) 및 좌석수(1인승)의 제한을 받는다. 헬리콥터는 주회전날개에 엔진 동력을 전달하여 추력과 양력을 얻는 데 반해, 자이로플레인은 동력을 프로펠러에 전달하여 추력을 얻게 되고 비행장치가 전진함에 따라 공기가 아래에서 위로 흐르면서 주회전날개를 회전시켜 양력을 얻는다.
	유인자유기구 	기구란, 기체의 성질이나 온도차 등으로 발생하는 부력을 이용하여 하늘로 오르는 비행장치이다. 기구는 비행기처럼 자기가 날아가고자 하는 쪽으로 방향을 전환하는 그런 장치가 없다. 한번 뜨면 바람 부는 방향으로만 흘러 다니는, 그야말로 풍선이다. 같은 기구라 하더라도 운용목적에 따라 계류식기구와 자유기구로 나눌 수 있는데, 비행훈련 등을 위해 케이블이나 로프를 통해서 지상과 연결하여 일정고도 이상 오르지 못하도록 하는 것을 계류식기구라고 하고, 이런 고정을 위한 장치 없이 자유롭게 비행하는 것을 자유기구라고 한다.
	동력패러글라이더 	낙하산류에 추진력을 얻는 장치를 부착한 비행장치이다. 조종자의 등에 엔진을 매거나, 패러글라이더에 동체(Trike)를 연결하여 비행하는 두 가지 타입이 있으며, 조종줄을 사용하여 비행장치의 방향과 속도를 조종한다. 높은 산에서 평지로 뛰어 내리는 것에 비해 낮은 평지에서 높은 곳으로 날아 올라 비행을 즐길 수 있다.

행글라이더		행글라이더는 가벼운 알루미늄합금 골조에 질긴 나일론 천을 씌운 활공기로서, 쉽게 조립하고, 분해할 수 있으며, 약 20~35kg의 경량이기 때문에 사람의 힘으로 운반할 수 있다. 사람의 체중을 이동시켜 조종한다.
패러글라이더		낙하산과 행글라이더의 특성을 결합한 것으로 낙하산의 안정성, 분해, 조립, 운반의 용이성과 행글라이더의 활공성, 속도성을 장점으로 가지고 있다.
낙하산류		항력(抗力)을 발생시켜 대기(大氣) 중을 낙하하는 사람 또는 물체의 속도를 느리게 하는 비행장치
무인 비행 장치	**무인비행기**	사람이 타지 않고 무선통신장비를 이용하여 조종하거나, 내장된 프로그램에 의해 자동으로 비행하는 비행체로써, 구조적으로 일반 항공기와 거의 같고, 레저용으로 쓰이거나, 정찰, 항공촬영, 해안 감시 등에 활용되고 있다.
	무인헬리콥터 	사람이 타지 않고 무선통신장비를 이용하여 조종하거나, 내장된 프로그램에 의해 자동으로 비행하는 비행체로써, 구조적으로 일반 회전익 항공기와 거의 같고, 항공촬영, 농약살포 등에 활용되고 있다.
	무인멀티콥터 	사람이 타지 않고 무선통신장비를 이용하여 조종하거나, 내장된 프로그램에 의해 자동으로 비행하는 비행체로써, 구조적으로 헬리콥터와 유사하나 양력을 발생하는 부분이 회전익이 아니라 프로펠러 형태이며 각 프로펠러의 회전수를 조정하여 방향 및 양력을 조정한다. 사용처는 항공촬영, 농약살포 등에 널리 활용되고 있다.
	무인비행선 	가스기구와 같은 기구비행체에 스스로의 힘으로 움직일 수 있는 추진장치를 부착하여 이동이 가능하도록 만든 비행체이며 추진장치는 전기식 모터, 가솔린 엔진 등이 사용되며 각종 행사 축하비행, 시범비행, 광고에 많이 쓰인다.

CHAPTER 3 비행관련 사항

1 공역 및 비행제한

(1) 본래 의미의 공역

본래 의미의 공역(Airspace)의 개념은 모든 국가의 영공을 포함하여 모든 바다와 육지의 상공을 의미하는 것이며, 그 법적 지위를 기준으로 다음과 같이 구분된다.

① 주권 공역

주권 공역(Sovereign Airspace)이라 함은 영공을 말하며, 영공국의 완전하고 배타적 주권이 미친다는 것은 이미 설명한 바와 같다.

영공은 영토(Land Territory : 영해 기선 안쪽에 있는 국가영역을 의미한다)와 영해(Territorial Sea)의 상공을 말한다.

「항공안전법」 제2조 제12호는 '영공이란 대한민국의 영토와 「영해 및 접속 수역법」에 따른 내수 및 영해의 상공을 말한다'라고 정의하고 있다.

영해 및 접속수역에 관한 법률에 따르면 우리나라의 영해는 통상 기선(Normal Baseline) 또는 직선 기선(Straight Baseline)으로부터 외측 12해리 내에 있는 해역이지만, 대한해협의 일부 구간에서는 3해리이다.

우리나라 헌법 제3조는 대한민국의 영토는 한반도와 그 부속 도서라고 규정하며 이를 어떻게 해석하여야 할 것인가가 문제가 될 것이다.

헌법 제3조에서 말하는 영토는 국가영역이라고 해석되어야 할 것이며, 따라서 앞서 언급한 「항공안전법」상의 영토 및 영해와 영공을 포함하는 것이라 할 것이다.

한편, 「국제민간항공협약」 제11조(항공 법령의 적용 가능성)는 주권 공역을 항공기의 운항 및 항행과 관련하여 다음과 같은 내용의 규정을 두고 있다.

Article 11(Applicability of Air Regulations)

Subject to the provisions of this Convention, the laws and regulations of a contracting State relating to the admission to or departure from its territory of aircraft engaged in international air navigation, or to the operation and navigation of such aircraft while within its territory, shall be applied to the aircraft of all contracting States without distinction as to nationality, and shall be complied with by such aircraft upon entering or departing from or while within the territory of that State.

즉, 「국제민간항공협약」의 규정을 조건으로, 국제 항행(International Air Navigation)을 하는 항공기의 자국 영역(Territory)으로의 진입이나 자국 영역으로부터의 출발, 또는 자국 영토 내에서의 운항 및 항행에 관한 체약국의 법령은
첫째, 국적의 구분 없이 모든 체약국의 항공기에 대하여 적용되며,
둘째, 그러한 항공기는 그 국가영역으로 진입하거나 그로부터 출발하는 때를 비롯하여 그 영역 내에 있는 동안 준수되어야 한다.
한편, 항공 규칙에 관한 「국제민간항공협약」제12조(Rule of the Air) 제1문과 제2문은 다음과 같은 관련 규정을 두고 있다.

Each contracting State undertakes to adopt measures to insure that every aircraft flying over or maneuvering within its territory and that every aircraft carrying its nationality mark, wherever such aircraft may be, shall comply with the rules and regulations relating to the flight and maneuver of aircraft there in force.

Each contracting State undertakes to keep its own regulations in these respects uniform, to the greatest possible extent, with those established from time to time under this Convention. Over the high seas, the rules in force shall be those established under this Convention. Each contracting State undertakes to insure the prosecution of all persons violating the regulations applicable.

제1문은 체약국이 자국 영역 내에서의 상공을 비행하거나 기동(Maneuvering)하는 모든 항공기 및 자국의 국적 기호(National Mark)를 부착한 모든 항공기가 시행 중인 '자국 영역 내에서의 항공기의 비행 및 기동에 관한 규칙과 규정'을 준수하는 것을 보장하기 위한 조치들을 채택하는 것을 약속한다고 규정하고 있다.
제2문은 체약국은 이에 관련한 자국의 규정을 「국제민간항공협약」에 따라 수시로 설정하는 규정과 가능한 최대한 일치하도록 유지할 것을 약속한다고 한다. 약속한다는 의미를 갖는 Undertake 앞에 Shall이 없다는 점에서 이를 단순한 선언적인 의미를 갖는 것으로 해석할 것인가가 문제가 될 수도 있을 것이다. 그러나 이와 관계없이 체약국들은 상기 내용을 잘 이행하고 있다는 점에 주목하여야 한다.

② 배타적 경제수역과 공해 상공 및 남극의 상공 배타적 경제수역은 연안국의 국가영역은 아니며 그 수역에서의 경제 분야에 대한 연안국의 배타적인 권능이 인정된다. 이러한 점은 영해와 동일한 지위를 갖는다. 그 밖의 다른 분야에서는 배타적 경제수역은 공해와 동일한 지위를 갖는다. 예를 들어 영해에서는 외국 선박의 무해통항권(Innocent Passage)이 인정되지만, 배타적 경제수역에서는 공해와 마찬가지로 외국 선박의 자유로운 통항이 인정된다. 그러나 배타적 경제수역의 상공은 공해상공과 동일한 법적 지위를 갖는다.

한편, 항공 규칙에 관한 「국제민간항공협약」 제12조(Rule of the Air) 제3문은 다음과 같은 관련 규정을 두고 있다.

Over the high seas, the rules in force shall be those established under this Convention.

'공해 상공에서는 시행하는 규칙이 「국제민간항공협약」에 따라 설정된 규칙이어야 한다.'라고 규정한다.

즉, 이 규정은 공해와 배타적 경제수역의 상공에서는 「국제민간항공협약」에 따라 설정된 규칙이 적용된다는 것을 의미하는 것으로 해석되어야 한다.

(2) 항공교통 업무 지원과 결부된 공역의 개념

① 의 의

공역을 '항공기 활동을 위한 공간으로서 공역의 특성에 따라 항행 안전을 위한 적합한 통제와 항행 지원이 이루어지도록 설정된 공간으로서 항공교통 업무를 지원하기 위한 책임 공역'이라고 설명하기도 한다.

이는 비행정보구역(FIR ; Flight Information Region)과 결부시켜 공역을 해석하는 것으로 볼 수 있다. 이러한 개념 정의는 앞에서 설명한 본래 의미의 공역 개념과는 다르다. 「항공안전법」 제2조 제11호는 '비행정보구역을 항공기, 경량항공기 또는 초경량비행장치의 안전하고 효율적인 비행과 수색, 또는 구조에 필요한 정보를 제공하기 위한 공역으로서, 「국제민간항공협약」 및 같은 협약 부속서에 따라 국토교통부 장관이 그 명칭, 수직 및 수평 범위를 지정·공고한 공역을 말한다.'라고 정의하고 있다.

또한, 제78조(공역 등의 지정) 제1항은 '…공역을 체계적이고 효율적으로 관리하기 위하여 필요하다고 인정할 때에는 비행정보구역을 다음 각 호의 공역으로 구분하여 지정·공고할 수 있다.'라고 규정하고 있다.

이와 같이 「항공안전법」을 비롯한 어떠한 법령에서도 공역에 대해서는 정의를 내리고 있지 아니하여 그 정확한 의미와 비행정보구역과의 관계가 문제가 된다.

제78조의 규정에서는 공역과 비행정보구역을 각기 사용하고 있어서 문리적으로 해석한다면 우리나라의 공역을 비행정보구역과 비행정보구역에 속하지 아니하는 구역으로 구분하는 것처럼 보인다.

그러나 비행정보구역은 안전하고 효율적인 비행 외에도 수색 또는 구조에 필요한 정보를 제공하기 위한 공역이라는 점에서 볼 때, 실제로는 우리나라의 전체 공역이 비행정보구역이며, 이를 세분하여 각 호에서 구분한 것으로 보아야 한다. 이러한 의미에서 공역의 범위는 ICAO의 기준이나 해당 국가 간의 협정에 대한 ICAO의 인가 또는 각국의 관련법에 의해 정해지고 공고되기 때문에 누구든 알 수 있다.

공역의 관리라 함은 정해진 규모의 공역 사용을 조정·통합 및 규제하는 총체적인 활동으로, 공간을 이용하는 모든 비행 물체의 운영 방법과 통제 절차의 표준화 및 적절한 규제로 불필요한 간섭을 배제함으로써 항행 안전과 신속한 공중이동을 보장하고 공역의 운용 효율을 제고하는 제반 활동을 말한다.[91]

② 세계 공역의 구성

DOC 7030(Regional Supplementary Procedures)에서 ICAO는 공역 관리를 효율적으로 하기 위하여 전 세계의 모든 공역을 AFI, CAR, EUR, MID/ASIA, NAM, NAT, PAC, SAM 등 8개 권역으로 나누었으며, 우리나라는 MID/ASIA 지역에 속한다.

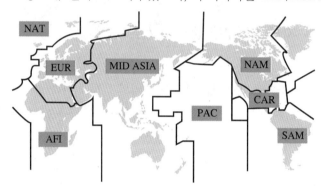

③ 비행정보구역(FIR)의 설정과 조정

㉠ 설 정

권역 내 공역 내에서 각 체약국이 비행정보구역을 설정할 수 있는 권한을 부여하였으며, 어떤 국가의 FIR이 다른 국가의 FIR과 서로 접하게 되어 있으므로, 이로써 항공기의 국제운항을 위한 항공교통관리(Air Traffic Management)에 빈틈이 없도록 한다. 비행정보구역은 국가의 국경선에 의거하여 설정되는 것은 아니며, ICAO Annex 11에 의거하고 항공로의 형태와 효율적인 항공교통관리 업무의 제공과 관련된 항행 지원 능력을 감안하여 구획되어야 한다. 다만, 실제에 있어서는 이러한 조건들이 작용하고 있다고 보아야 한다. 또한 국가들은 비행정보구역에서 향후 가질 수 있는 국가의 권한에 주목하고, 보다 현실적으로는 비행 정보 업무 제공에 따른 경제적 수입도 고려하게 된다.[92]

㉡ 국가 간 조정

ⓐ 비행정보구역에서의 항공기 운항의 안전성, 효율성, 경제성 등 업무 수행의 효율 및 능률성을 고려하여 지역 항공 항행 회의에서의 인접 국가 간의 합의를 기초로 하여 ICAO 이사회에서 결정한다.

---

91) 이상의 김맹선·김칠영·양한모·홍순길(공저) 항공법(2012년) p.124 참조
92) 이상의 김맹선·김칠영·양한모·홍순길(공저) 항공법(2012년)

ⓑ 비행정보구역의 조정에 대하여 인접 국가 간에 합의되지 않을 경우에는 관련 당사국은 ICAO 지역사무소에 서면으로 조정 요청한다.

※ 우리나라는 방콕 소재 아시아·태평양 지역사무소에 속함

ⓒ ICAO 지역사무소는 인접 국가 및 그 지역에 자국 항공기가 운항하는 국가에 서면으로 의견을 조회하며, 반대 국가가 있을 시에는 결정을 보류한다.

ⓓ ICAO 지역사무소에서 조정이 이루어지지 않을 경우, 지역항행회의(Regional Air Navigation Meeting)에 의제로 제출할 수 있다.

ⓔ 지역항행회의 기술위원회들(Technical Committees) 중의 하나인 항공교통업무위원회(Air Traffic Service Committee)에서 토의하고, 만장일치를 원칙으로 하며, 합의가 안 될 경우 투표에 의하되 단순과반수 찬성(Simple Majority)으로 결정한다.

④ 비행정보구역에서의 비행 정보 제공과 경보업무 등

「국제민간항공협약」 부속서 2 및 11에서 정한 기준에 의거해 당사국은 관할 공역 내에서 등급별 공역을 지정하고 항공교통 업무를 제공하도록 규정하고 있다.

항공기 운항 중 특정 공역을 비행 중인 항공기가 그 공역 관할 국가의 요청이 있을 경우에 조종사·탑재 장비·비행 목적·탑승자·탑승 화물 등에 관한 제반 정보를 제공할 의무를 갖고 있는 영역이며, 이 공역 내에서 모든 항공기는 비행 안전과 비행 정보 요구에 따라 항로교통관제를 받을 수 있다.

「국제민간항공협약」 부속서 2(항공 규칙)에 의하면 비행정보구역을 비행하려고 할 경우에는 사전에 비행 계획을 제출하여야 하며, 이를 접수한 관할 국가는 비행하는 항공기의 항공관제, 안전하고 효율적인 비행을 위한 비행 정보 제공(Flight Information Services), 조난 항공기에 대한 경보업무(Alerting Services) 및 수색 구조 등의 편의를 제공하도록 규정하고 있다.

비행정보구역은 비행 정보 업무와 경보 업무를 제공하는 구역이므로 비행 계획서 제출만으로 비행이 가능하나, 국가에 따라 자국의 안보상의 이유 등으로 기술적인 유보를 하는 경향이 있다.

(3) 우리나라 비행정보구역

① 설정과 범위

비행정보구역의 명칭은 국명을 사용하지 않고 비행 정보 업무를 담당하는 센터의 명칭을 그대로 사용한다. 한국의 FIR는 인천에 위치한 국토교통부 항공교통센터(구, 항공교통관제소)에서 비행정보 업무를 제공하므로 인천 FIR라 한다.

공기의 안전하고 효율적인 비행과 항공기의 수색 또는 구조에 필요한 정보 제공을 위한 공역으로서, 「국제민간항공협약」 및 그 부속서에 따라 국토교통부 장관이 그 명칭, 수직 및 수평 범위를 지정·공고한다.

한편, 2017년 5월 1일 국토교통부의 소속기관인 항공교통본부(航空交通本部, Air Traffic Management Office)가 대구에 설치되었으며, 지역관제업무(Area Control Service)는 인천 비행정보구역을 동·서로 분할하여 동쪽은 대구 지역관제센터(Daegu Area Control Center), 서쪽은 인천 지역관제센터(Incheon Area Control Center)에서 담당하고 있다.

② 범위 및 지리적 위치

㉠ 국제민간항공기구에 의해 우리나라에서 관할하도록 위임된 인천 비행정보구역(FIR)은 다음에 도시한 것처럼 북쪽으로는 휴전선, 동쪽으로는 속초 동쪽으로 약 210NM, 남쪽으로는 제주 남쪽 약 200NM, 서쪽으로는 인천 서쪽 약 130NM이 되는 동경 124°선까지의 공역으로서 개략적으로 삼각형 모양을 이루고 있다.

㉡ 인천 FIR 공역 내에는 14개 접근 관제 구역, 그리고 136개의 특수 사용 공역이 설정되어 있다.

㉢ 인접국 비행정보구역은 북쪽으로는 평양 FIR, 동쪽으로는 동경 FIR, 남쪽으로는 나하(Naha) FIR, 그리고 서쪽으로는 상해 FIR과 연접하고 있다.

우리나라에서 관할하는 비행정보구역(인천 FIR)의 면적은 약 43만km^{2}에 달하고 수직 범위는 지표 또는 수면으로부터 무한대까지이며, 동쪽/남쪽으로는 후쿠오카 FIR, 서쪽으로는 상해 FIR, 북쪽으로는 평양 FIR과 인접한다.

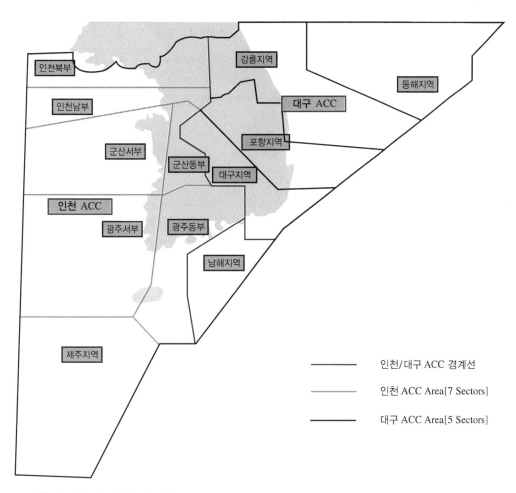

③ 방공식별구역과의 구분

　　방공식별구역과 비행정보구역은 구별되어야 하며, 반드시 일치하는 것은 아니다. 방공
식별구역은 1940년 미국이 최초로 설정하였으며, 그 설정 근거는 영공 주권에 있지
않다. 방공식별구역 내로 정체불명의 항공기가 침투하거나 포착될 때에는 반드시 이
구역 내에서 식별하여야 한다. 그 범위는 배타적 경제수역이나 공해상에까지 미치는
데, 외국 항공기의 영공 침범에 대한 조치를 배타적 경제수역이나 공해상에서 유효하게
행하기 위한 것이다.

　　우리나라의 방공식별구역(Korea Air Defense Identification Zone)은 1951년 한국전
쟁 중에 미국 공군이 설정한 것으로, 대한민국의 국가 안보상 항공기의 식별, 위치
확인 및 관제를 실시하기 위한 목적을 가진다.

　　다음 그림에서는 우리나라의 방공식별구역과 일본, 중국 등 주변 국가의 방공식별구역
을 나타내고 있다.

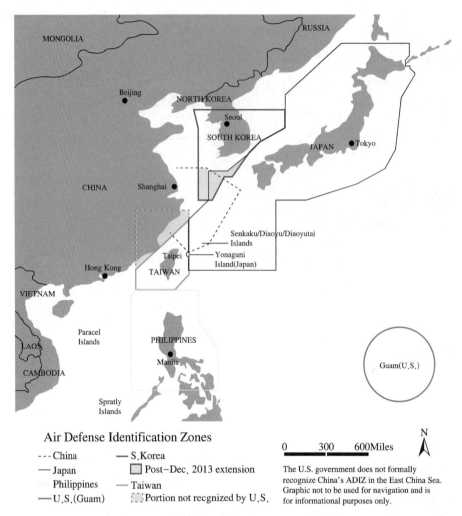

Air Defense Identification Zones

- - - China ─── S.Korea
─── Japan ▢ Post−Dec. 2013 extension
   Philippines ─── Taiwan
─── U.S.(Guam) ▨ Portion not recgnized by U.S.

0   300   600Miles

N

The U.S. government does not formally
recognize China's ADIZ in the East China Sea.
Graphic not to be used for navigation and is
for informational purposes only.

우리나라는 2013년 12월 8일 방공식별구역을 확대하는 선언을 하였고, 동년 12월 15일
부터 정식으로 발효하게 되었다. 1951년 3월 미 태평양 공군이 중공군의 공습을 저지하
기 위해 설정한 이후 62년 만에 조정한 것으로 동·서해 KADIZ는 그대로 두고 거제도
남쪽과 제주도 남쪽을 ICAO가 설정한 인천 비행정보구역(FIR)과 일치시키는 형태로
조정한 것이다. 위 그림에서처럼 일본, 중국과 중첩되는 부분이 있다.

※ 방공식별구역은 국제법상의 국가 영역의 개념과는 다르다.

④ 공역의 지정

「항공안전법」 제78조(공역 등의 지정) 제1항에 의하여 국토교통부 장관은 공역을 체계
적이고 효율적으로 관리하기 위하여 필요하다고 인정할 때에는 비행정보구역을 다음의
공역으로 구분하여 지정·공고할 수 있다.

㉠ 관제공역 : 항공교통의 안전을 위하여 항공기의 비행 순서·시기 및 방법 등에 관하
여 제84조 제1항에 따라 국토교통부 장관 또는 항공교통 업무 증명을 받은 자의
지시를 받아야 할 필요가 있는 공역으로서 관제권 및 관제구를 포함하는 공역

ⓛ 비관제공역 : 관제공역 외의 공역으로서 항공기의 조종사에게 비행에 관한 조언·비행정보 등을 제공할 필요가 있는 공역

ⓒ 통제 공역 : 항공교통의 안전을 위하여 항공기의 비행을 금지하거나 제한할 필요가 있는 공역

ⓔ 주의 공역 : 항공기의 조종사가 비행 시 특별한 주의·경계·식별 등이 필요한 공역

⑤ 항공교통 업무 공역 등급

㉠ 항공교통 업무 공역의 분류

대한민국 내 항공교통 업무 공역의 등급은 A, B, C, D, E 및 G등급으로 구분·지정된다. 관제공역에 근접해 있거나 ATS 항로를 통과하는 군용기는 항공교통 절차 및 비행 절차 그리고 공역에 관한 규칙에 따라 운항하지 않을 수도 있다.

㉡ 공역 등급

ⓐ A등급 – 관제공역

- 정의 – 인천 비행정보구역(FIR) 내의 평균 해면 2만 피트 초과 평균 해면 6만 피트 이하의 항로(Airways)로서 국토교통부 장관이 공고한 공역을 말한다.

- 비행 요건 – 국토교통부 장관의 허가가 없는 한 계기비행 규칙(IFR)에 의하여 비행하여야 하며, 조종사는 계기비행 면허 / 자격을 소지하여야 한다.

- 무선설비 – A등급 공역을 비행하고자 하는 항공기는 국토교통부 장관이 별도로 허가하지 않는 한, 항공안전법 시행규칙 제107조의 규정에 의한 무선설비를 구비해야 한다. 다만, 군용기에 대해서는 동조 적용을 잠정 유보한다.

- 항공기 분리 – 모든 항공기 간에 분리 업무가 제공된다.

- 제공 업무 – 모든 항공기에 항공교통관제(ATC) 업무가 제공된다.

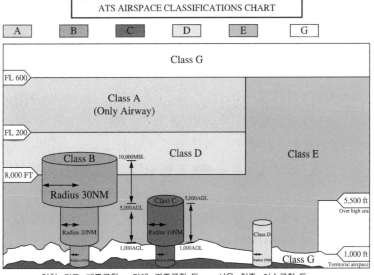

- 비행 절차 – 항공기 조종사는 A등급 공역 진입 전에 인천 ACC와 무선 교신을 하고 ATC 허가를 받아야 하며, A등급 공역에 머무는 동안에는 계속 무선 교신을 유지하여야 한다. 다만, 한국군 소속 VFR 항공기가 A등급 공역항로를 통과할 때에는, A등급 공역 절차를 준수하는 대신 관계 기관 간 합의서에 명시된 비행 정보 통보 절차에 의한다.

ⓑ B등급 – 관제공역
- 정의 – 인천 비행정보구역(FIR) 중 계기비행 항공기의 운항이나 승객 수송이 특별히 많은 공항/비행장(이하 공항으로 한다)으로, 관제탑이 운용되고 레이더 접근 관제 업무가 제공되는 공항 주변의 공역으로서 국토교통부 장관이 공고한 공역을 말한다.
- 비행 요건 – 계기비행(IFR) : 시계비행(VFR) 운항이 모두 가능하며, 조종사에게 특별한 자격이 요구되지는 않는다.
- 무선설비 – B등급 공역을 비행하고자 하는 항공기는 관할 항공교통관제(ATC) 기관의 허가가 없는 한, 송수신 무선통신기 및 자동 고도 보고 장치를 갖춘 트랜스폰더를 구비해야 한다. 다만, 자동고도 보고 장치를 갖춘 트랜스폰더를 구비할 수 없는 군용기에 대해서는 동조 적용을 잠정 유보한다.
- 항공기 분리
  - IFR 및 VFR 항공기는 모든 항공기로부터의 분리 업무가 제공된다.
  - VFR 헬기는 VFR 헬기 및 IFR 헬기로부터 분리시킬 필요는 없다.
- 제공 업무
  - 모든 항공기에 항공교통관제(ATC) 업무가 제공된다.
  - 모든 항공기 간의 교통정보 조언 및 안전 경고는 의무적으로 제공하여야 한다.
  - B등급 공역 내에서 비행하는 동안 VFR 항공기 조종사에게 접근 순서 및 간격 분리 관제를 제공한다.
  - 항공기 간의 분리 유지를 위하여 B등급 공역 외부에까지 비행 경로를 확장할 필요가 있는 경우, B등급 공역을 벗어날 때와 재진입할 때 항공기에 통보한다.
  - B등급 공역 내에 있는 다른 관제 비행장으로부터 이륙하는 항공기에도 B등급 공역으로 설정된 공항에서 이륙하는 항공기와 동일한 업무를 제공한다.
- 비행 절차
  - B등급 공역 내로 들어가는 모든 항공기는 진입 전에 관할 ATC 기관과 무선 교신이 이루어져야 하고 항공기 위치, 고도, 레이더 비컨 코드, 목적지를 알리고 B등급 업무를 요청하여 허가를 받아야 한다.

- B등급 공역 내에서 비행하는 동안에는 계속 무선 교신을 유지하여야 한다. 다만, 한국군 소속 VFR 항공기가 B등급 공역을 통과할 때에는 B등급 공역 절차를 준수하는 대신 관계 기관 간 합의서에 명시된 비행 정보 통보 절차에 의한다.
- ATC에 의해 별도의 인가를 받지 않는 한 B등급 공역으로 설정된 공항을 이륙하거나, 입항하는 중형 터빈엔진 항공기는 B등급 공역의 횡적 범위 내에서 비행하는 동안 반드시 그 B등급 공역의 하한 고도 이상의 고도로 비행하여야 한다.
- 출항하는 VFR 항공기는 B등급 공역을 출항하기 위한 인가를 받아야 하고, 관할 ATC 기관에 비행할 고도 및 비행경로를 통보해야 한다.
- B등급 공역으로 설정된 공항에 착륙하지 않거나 혹은 출항하지 않는 항공기는 타 항공기의 비행에 지장이 없고 B등급 공역의 비행 요건 및 무선설비 요구 기준을 충족하였을 때, B등급 공역을 통과하기 위해 ATC 인가를 얻을 수 있다.
- B등급 공역 내에서 비행하는 모든 항공기는 평균 해면 1만 피트 미만의 고도에서는 지시대기속도 250노트 이하로 비행하여야 한다. 다만, 서울 접근 관제 구역 내의 인천 및 김포공항에 도착하는 모든 항공기는 각 공항의 비행절차에 의거해 비행하며 항공기 성능상 이에 따를 수 없는 경우 관할 ATC 기관의 허가를 얻어 비행할 경우에는 그러하지 아니하다.
- 인접 공항 운영
  - 인접 공항을 이륙한 항공기는 B등급 공역 관할 ATC 기관과 무선교신 및 레이더 식별이 이루어진 후에 B등급 업무를 제공받게 된다.
  - 인접 공항에 입항하는 항공기에 대한 B등급 업무는 인접 공항 ATC 기관과 교신할 것을 지시함으로써 종료된다.
  - B등급 공역과 D등급 공역이 중복되는 공역에서는 D등급 업무를 제공한다.
ⓒ C등급 – 관제공역
  - 정 의
    - 인천 비행정보구역 중 계기비행 운항이나 승객 수송이 많은 공항으로 관제탑이 운용되고 레이더 접근 관제 업무가 제공되는 공항 주변의 공역으로서 국토교통부 장관이 공고한 공역이다.
    - 공역의 크기는 공항 반경 5NM(9.3km) 이 공역은 공항 지표면으로부터 공항 표고 5,000피트 이하, 공항 반경 5NM(9.3km)에서 10NM(18.5km) 이내 공역은 공항 표고 1,000피트에서부터 5,000피트 이하의 공역이다.

- 비행 요건
  - 계기비행(IFR) : 시계비행(VFR) 운항이 모두 가능하며, 조종사에게 특별한 자격이 요구되지는 않는다.
- 무선설비
  - C등급 공역을 비행하고자 하는 항공기는 관할 항공교통관제(ATC) 기관의 허가가 없는 한 송수신 무선통신기 및 자동 고도 보고 장치를 갖춘 트랜스폰더를 구비해야 한다.
  - 다만, 자동 고도 보고 장치를 갖춘 트랜스폰더를 구비할 수 없는 군용기에 대해서는 동조 적용을 잠정 유보한다.
- 항공기 분리
  - C등급 공역 내에서 비행하는 항공기 간 분리는 무선 교신과 레이더 식별이 이루어진 후에 제공된다.
  - IFR 항공기는 VFR 및 다른 IFR 항공기로부터 분리 업무가 제공되며, VFR 항공기는 IFR 항공기로부터의 분리 업무를 제공받는다. 그러나 VFR 헬기를 IFR 헬기로부터 분리시킬 필요는 없다.
- 제공 업무
  - IFR 항공기에 ATC 업무가 제공되며, VFR 항공기에는 IFR 항공기로부터 분리를 위한 ATC 업무가 제공된다.
  - C등급 공역으로 설정된 공항에 착륙하는 모든 항공기에 대해 순서를 배정한다.
  - VFR 항공기 간에 교통정보가 제공되며, VFR 항공기의 요청 시 업무량이 허락된다면 교통회피 조언을 제공할 수 있다.
  - 조종사가 C등급 공역에서의 업무의 종료를 요구하지 않는 한, 그 항공기가 C등급 공역을 떠날 때까지 제공 업무가 지속되어야 한다.
- 비행 절차
  - C등급 공역 내로 들어가는 모든 항공기 조종사는 진입 전에 관할 ATC 기관과 무선 교신이 이루어져야 하고 항공기 위치, 고도, 레이더 비컨 코드, 목적지를 알리고 C등급 업무를 요청하여 허가를 받아야 하며, C등급 공역 내에서 비행하는 동안에는 계속 무선 교신을 유지하여야 한다.
  - C등급 공역으로 설정된 공항에서 이륙하는 항공기 조종사는 관할 ATC 기관과 무선 교신을 하여야 하며, C등급 공역을 벗어날 때까지 무선 교신을 유지하여야 한다.

- C등급 공역 내에서 비행하는 모든 항공기는 평균 해면 1만 피트 미만의 고도에서는 지시대기 속도 250노트 이하로 비행하여야하며, 공항 반경 4NM 내의 지표면으로부터 2,500피트 이하의 고도에서는 지시대기속도 200노트 이하로 비행하여야 한다. 다만, 항공기 성능상 이에 따를 수 없는 경우 관할 ATC 기관의 허가를 얻어 비행할 경우에는 그러하지 아니하다.

• 인접 공항 운영

- 인접 공항을 이륙한 항공기는 C등급 공역 관할 ATC 기관과 무선 교신 및 레이더 식별이 이루어진 후에 C등급 업무를 제공받게 된다.
- 인접 공항에 입항하는 항공기에 대한 C등급 업무는 인접 공항 ATC 기관과 교신할 것을 지시함으로써 종료된다.
- C등급 공역과 D등급 공역이 중복되는 공역에서는 D등급 업무를 제공한다.

ⓓ D등급 – 관제공역

• 정의 : 인천 비행정보구역 중 다음과 같이 국토교통부 장관이 공고한 공역이다.

- 관제탑이 운영되는 공항 반경 5NM(9.3km) 이내, 지표면으로부터 공항 표고 5,000피트 이하의 각 공항별로 설정된 관제권 상한 고도까지의 공역으로 설정된 공항은 14개가 있다.
- 평균 해면 8,000피트 이상 평균 해면 2만 피트 이하의 모든 항로
- 서울 접근 관제 구역 중 B등급 이외의 관제공역으로서 평균 해면 1만 피트 초과, 평균 해면 2만 피트 이하의 공역

• 비행 요건 – IFR 및 VFR 운항이 모두 가능하며, 조종사에게 특별한 자격이 요구되지 않는다.

• 무선설비 – D등급 공역을 비행하고자 하는 항공기는 관할 항공교통관제(ATC) 기관의 허가가 없는 한 송수신 무선통신기 및 자동 고도 보고 장치를 갖춘 트랜스폰더를 구비해야 한다. 다만, 자동 고도 보고 장치를 갖춘 트랜스폰더를 구비할 수 없는 군용기에 대해서는 동조 적용을 잠정 유보한다.

• 항공기 분리

- IFR 항공기는 무선 교신 및 레이더로 식별된 항공기에 한하여 VFR 및 다른 IFR 항공기로부터 분리 업무를 제공받는다.
- VFR 항공기에는 분리 업무가 제공되지 않는다.

• 제공 업무

- IFR 항공기에게 ATC 업무와 VFR 항공기에 대한 교통정보가 제공되며, 조종사 요청 시 교통 회피 조언을 제공한다.
- D등급 공역으로 설정된 공항에 착륙하는 모든 항공기에 대하여 순서를 배정하여 준다.

- VFR 항공기에 IFR 항공기에 대한 교통정보를 제공해야 하며, 요청 시 교통
  회피 조언을 제공해 줄 수 있다.
- 항공기가 D등급 공역으로 설정된 공항에 착륙하거나, 항공기가 D등급 공역
  을 떠날 때까지 D등급 공역에서의 제공 업무가 지속된다.
- 비행 절차
  - D등급 공역 내로 들어가는 모든 항공기는 진입 전에 관할 ATC 기관과 무선
    교신이 이루어져야 하고, 항공기 위치, 고도, 레이더 비컨 코드, 목적지를
    알리고 D등급 업무를 요청하여 허가를 받아야 하며, D등급 공역 내에서
    비행하는 동안에는 계속 무선 교신을 유지하여야 한다. 다만, 한국군 소속
    VFR 항공기가 서울 접근 관제 구역 내 D등급 공역을 통과하거나 항로의
    D등급 공역을 횡단할 때에는, D등급 공역 절차를 준수하는 대신 관계 기관
    간 합의서에 명시된 비행 정보 통보 절차에 의한다.
  - D등급 공역으로 설정된 공항에서 이륙하는 항공기는 관할 ATC 기관과 D등
    급 공역을 벗어날 때까지 무선 교신을 유지하여야 한다.
  - 관할 ATC 기관의 허가가 없는 한 D등급 공역 중 항로 비행은 계기비행
    방식에 의한다.
  - D등급 공역 내에서 비행하는 모든 항공기는 평균 해면 1만 피트 미만의
    고도에서는 지시대기 속도 250노트 이하로 비행하여야 하며, 공항반경
    4NM 내의 지표면으로부터 2,500피트 이하의 고도에서는 지시대기속도
    200노트 이하로 비행하여야 한다. 다만, 항공기 성능상 이에 따를 수 없는
    경우, 관할 ATC 기관의 허가를 얻어 비행할 경우에는 그러하지 아니하다.
- 인접 공항 운영
  - D등급 공역과 D등급 공역이 중복되는 공역서의 업무 제공은 관할 ATC 기관
    간 합의서에 의한다.
ⓔ E등급 - 관제공역
  - 정 의
    - 인천 비행정보구역 중 A, B, C 및 D등급 공역 이외의 관제공역으로서, 영공
      (영토 및 영해, 상공)에서는 해면 또는 지표면으로부터 1,000피트 이상 평균
      해면 6만 피트 이하, 공해상에서는 해면에서 5,500피트 이상 평균 해면
      6만 피트 이하의 국토교통부 장관이 공고한 공역이다.
  - 비행 요건 - IFR 및 VFR 운항이 모두 가능하며, 조종사에게 특별한 자격이
    요구 되지는 않는다.
  - 무선설비 - 특별히 구비해야 할 장비가 요구되지 않지만, ATC 기관과 교신할
    수 있도록 항공기는 송수신 무선통신기를 구비해야 한다.

- 항공기 분리
  - IFR 항공기는 다른 IFR 항공기로부터 분리 업무를 제공받는다.
  - VFR 항공기에는 분리 업무가 제공되지 않는다.
- 제공 업무
  - IFR 항공기에 ATC 업무가 제공되며, 가능한 범위 내에서 VFR 항공기에 대한 교통정보를 제공한다.
  - 무선 교신을 하고 있다면 업무 여건이 허락되는 범위 내에서 VFR 항공기에 교통정보를 제공할 수 있다.
- 비행 절차
  - IFR 항공기는 E등급 공역에 들어가기 전에 해당 관제기관으로부터 ATC 허가를 받아야 하며, 관할 ATC 기관과 무선 교신을 유지하면서 ATC 기관의 관제 지시에 따라 비행하여야 한다.
  - VFR 항공기는 ATC 기관과 무선 교신을 의무적으로 유지할 필요가 없으나, 민간항공기는 예외로 한다.
  - E등급 공역 내에서 ATC 기관과 무선 교신을 유지하면서 비행하는 모든 항공기는 관할 ATC 기관의 허가가 없는 한, 평균 해면 1만피트 미만의 고도에서는 지시대기속도(IAS) 250노트 이하로 비행하여야 한다.

ⓕ F등급 – 비관제공역
- 정 의
  - 인천 비행정보구역 중 A, B, C, D 및 E등급 공역 이외의 평균 해면 6만피트 초과 비관제 공역으로서 국토교통부 장관이 공고한 공역을 말한다.
- 비행 요건 – IFR 및 VFR 운항이 모두 가능하며, 조종사에게 특별한 자격이 요구되지 않는다.
- 항공기 분리
  - IFR 항공기는 가능한 다른 IFR 항공기로부터분리 업무를 제공받는다.
  - VFR 항공기에는 분리 업무가 제공되지 않는다.
- 무선설비 – 구비해야 할 장비가 특별히 요구되지 않는다.
- 제공 업무 – 모든 IFR 항공기는 항공교통 조언 업무를 받으며, 조종사 요구 시 모든 항공기에 비행 정보 업무가 제공된다.

ⓖ G등급 – 비관제공역
- 정 의
  - 인천 비행정보구역 중 A, B, C, D, E 및 F등급 공역 이외의 비관제공역으로서, 영공(영토 및 영해 상공)에서는 해면 또는 지표면으로부터 1,000피트 미만, 공해상에서는 해면에서 5,500피트 미만의 국토교통부 장관이 공고한 공역을 말한다.

- 비행 요건 – IFR 및 VFR 운항이 모두 가능, 조종사에게 특별한 자격이 요구되지 않는다.
- 무선설비 – 구비해야 할 장비가 특별히 요구되지 않는다.
- 제공 업무 – 조종사 요구 시 모든 항공기에게 비행 정보업무만 제공한다.

(4) 공역의 개념

항공기 활동을 위한 공간으로서 공역의 특성에 따라 항행안전을 위한 적합한 통제와 필요한 항행지원이 이루어지도록 설정된 공간으로서 영공과는 다른 항공교통업무를 지원하기 위한 책임공역이다.

① 공역의 설정 기준(항공안전법 시행규칙 제221조)
  ㉠ 국가안전보장과 항공안전을 고려할 것
  ㉡ 항공교통에 관한 서비스의 제공 여부를 고려할 것
  ㉢ 공역의 구분이 이용자의 편의에 적합할 것
  ㉣ 공역의 활용에 효율성과 경제성이 있을 것

② 비행공역(항공안전법 제78조)
  ㉠ 공역 등의 지정 : 국토교통부 장관은 공역을 체계적이고 효율적으로 관리하기 위하여 필요하다고 인정할 때에는 비행정보구역을 다음 ㉡, ㉢의 공역으로 구분하여 지정·공고할 수 있다.

> ◆참고◆ 비행금지 장소
> - 비행장으로부터 반경 9.3km 이내인 곳 : "관제권"이라고 불리는 곳으로 이착륙하는 항공기와 충돌위험 있음
> - 비행금지구역(휴전선 인근, 서울도심 상공 일부) : 국방, 보안상의 이유로 비행이 금지된 곳
> - 150m 이상의 고도 : 항공기 비행항로가 설치된 공역임
> - 인구밀집지역 또는 사람이 많이 모인 곳의 상공(예 : 스포츠 경기장,각종 페스티벌 등 인파가 많이 모인 곳) : 기체가 떨어질 경우 인명피해 위험이 높음

ⓒ 제공하는 항공교통업무에 따른 공역 구분(항공안전법 시행규칙 별표 23)

구 분		내 용
관제 공역	A등급 공역	모든 항공기가 계기비행을 하여야 하는 공역
	B등급 공역	계기비행 및 시계비행을 하는 항공기가 비행가능하고, 모든 항공기에 분리를 포함한 항공교통관제업무가 제공되는 공역
	C등급 공역	모든 항공기에 항공교통관제업무가 제공되나, 시계비행을 하는 항공기 간에는 교통정보만 제공되는 공역
	D등급 공역	모든 항공기에 항공교통관제업무가 제공되나, 계기비행을 하는 항공기와 시계비행을 하는 항공기 및 시계비행을 하는 항공기 간에는 교통정보만 제공되는 공역
	E등급 공역	계기비행을 하는 항공기에 항공교통관제업무가 제공되고, 시계비행을 하는 항공기에 교통정보가 제공되는 공역
비관제 공역	F등급 공역	계기비행을 하는 항공기에 비행정보 업무와 항공교통 조언업무가 제공되고, 시계비행항공기에 비행정보 업무가 제공되는 공역
	G등급 공역	모든 항공기에 비행정보 업무만 제공되는 공역

ⓒ 사용 목적에 따른 공역 구분(항공안전법 시행규칙 별표 23)

구 분		내 용
관제 공역	관제권	항공안전법 제2조 제25호에 따른 공역으로서 비행정보구역 내의 B, C 또는 D등급 공역 중에서 시계 및 계기비행을 하는 항공기에 대하여 항공교통관제업무를 제공하는 공역
	관제구	항공안전법 제2조 제26호에 따른 공역(항공로 및 접근관제 구역을 포함)으로서 비행정보구역 내의 A, B, C, D, E등급 공역에서 시계 및 계기비행을 하는 항공기에 대하여 항공교통관제 업무를 제공하는 공역
	비행장 교통구역	항공안전법 제2조 제25호에 따른 공역 외의 공역으로서 비행정보구역 내의 D등급에서 시계비행을 하는 항공기 간에 교통정보를 제공하는 공역
비관제 공역	조언구역	항공교통조언업무가 제공되도록 지정된 비관제공역
	정보구역	비행정보업무가 제공되도록 지정된 비관제공역
통제 공역	비행금지구역	안전, 국방상 그 밖의 이유로 항공기의 비행을 금지하는 공역
	비행제한구역	항공 사격, 대공사격 등으로 인한 위험으로부터 항공기의 안전을 보호하거나 그 밖의 이유로 비행허가를 받지 아니한 항공기의 비행을 제한하는 공역
	초경량비행장치 비행제한구역	초경량비행장치의 비행안전을 확보하기 위하여 초경량비행장치의 비행활동에 대한 제한이 필요한 공역
주의 공역	훈련구역	민간항공기의 훈련공역으로서 계기비행항공기로부터 분리를 유지할 필요가 있는 공역
	군작전구역	군사작전을 위하여 설정된 공역으로서 계기비행항공기로부터 분리를 유지할 필요가 있는 공역
	위험구역	항공기의 비행 시 항공기 또는 지상시설물에 대한 위험이 예상되는 공역
	경계구역	대규모 조종사의 훈련이나 비정상 형태의 항공활동이 수행되는 공역

◆참고◆ 비행금지 구역

- P : Prohibited, 비행금지구역, 미확인 시 경고사격 및 경고 없이 사격가능
- R : Restricted, 비행제한구역, 지대대, 지대공, 공대지 공격 가능
- D : Danger, 비행위험구역, 실탄배치
- A : Alert, 비행경보구역

	구 분	관할기관	연락처
1	P73 (서울 도심)	수도방위사령부 (화력과)	전화 : 02-524-3353, 3419, 3359 팩스 : 02-524-2205
2	P518 (휴전선 지역)	합동참모본부 (항공작전과)	전화 : 02-748-3294 팩스 : 02-796-7985
3	P61A (고리원전)	합동참모본부 (공중종심작전과)	전화 : 02-748-3435 팩스 : 02-796-0369
4	P62A (월성원전)		
5	P63A (한빛원전)		
6	P64A (한울원전)		
7	P65A (원자력연구소)		
8	P61B (고리원전)	부산지방항공청 (항공운항과)	전화 : 051-974-2154 팩스 : 051-971-1219
9	P62B (월성원전)		
10	P63B (한빛원전)		
11	P64B (한울원전)		
12	P65B (원자력연구소)	서울지방항공청 (항공운항과)	전화 : 032-740-2153 팩스 : 032-740-2159

ㄹ 비행가능공역

ⓐ 33개 초경량비행장치 비행공역(UA)에서는 비행승인 없이 비행이 가능하며, 기본적으로 그 외 지역은 비행불가 지역이다(서울 지역 4개소 포함 : 별내 IC, 광나루, 가양대교 북단, 신정교).

ⓑ 그러나 최대이륙중량 25kg의 드론은 관제권 및 비행금지공역을 제외한 지역에서는 150m 미만의 고도에서는 비행승인 없이 비행 가능하다.

■ 비행가능공역

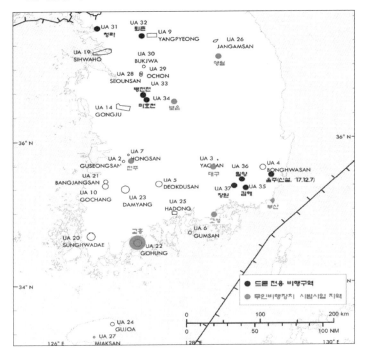

ⓒ 비행가능공역, 비행금지공역 및 관제권 현황은 국토교통부에서 제작한 스마트
폰 어플 Ready to Fly 또는 V월드(http://map.vworld.kr) 지도서비스에서 확
인 가능하다.

ⓓ 비행제한구역(R-75) 및 관제권 내 지역인 신정교, 가양대교 북단의 드론비행장
소는 서울지방항공청, 수도방위사령부 및 한국모형항공협회와 협의를 통하여
무인비행장치 자율순찰대원(한국모형항공협회 지도조종자 중 선정)의 지도·
통제하에 150m 미만의 고도로 비행할 경우 별도 비행승인 및 공역사용 허가
없이 비행이 가능하다.

ⓔ 관제권 및 비행금지공역 현황
• 관제권은 통상 비행장 중심으로부터 반경 5NM(9.3km)으로 고도는 비행장별
로 상이하다.
• 육군관제권(비행장교통구역)의 경우 통상 비행장 반경 3NM(3.6km)이다.

비행장 주변 관제권
(반경 9.3km)

비행금지구역
(서울 강북지역, 휴전선 원전 주변)

고도 150m 이상

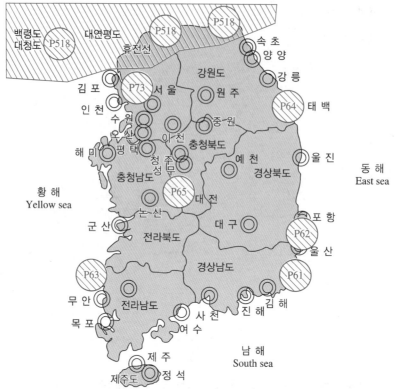

- P-73A 청와대 인근(2NM) : 미승인 비행체 진입 시 경고 없이 격추
- P-73B 서울 강북지역 청와대로 인근(4.5NM) : 미승인 비행체 진입 시 1차 경고사격
- R-75   수도권 비행제한구역

※ 1NM(Nautical Mile, 해리) = 1.852km

93) https://cafe.naver.com/goair/87812

ⓕ 관제권 및 비행금지구역 허가기관은 다음과 같다.

• 관제권

구 분		관할기관	연락처
1	인 천	서울지방항공청 (항공운항과)	전화 : 032-740-2153 / 팩스 : 032-740-2159
2	김 포		
3	양 양		
4	울 진	부산지방항공청 (항공운항과)	전화 : 051-974-2146 / 팩스 : 051-971-1219
5	울 산		
6	여 수		
7	정 석		
8	무 안		
9	제 주	제주지방항공청 (안전운항과)	전화 : 064-797-1745 / 팩스 : 064-797-1759
10	광 주	광주기지(계획처)	전화 : 062-940-1110~1 / 팩스 : 062-941-8377
11	사 천	사천기지(계획처)	전화 : 055-850-3111~4 / 팩스 : 055-850-3173
12	김 해	김해기지(작전과)	전화 : 051-979-2300~1 / 팩스 : 051-979-3750
13	원 주	원주기지(작전과)	전화 : 033-730-4221~2 / 팩스 : 033-747-7801
14	수 원	수원기지(계획처)	전화 : 031-220-1014~5 / 팩스 : 031-220-1167
15	대 구	대구기지(작전과)	전화 : 053-989-3210~4 / 팩스 : 054-984-4916
16	서 울	서울기지(작전과)	전화 : 031-720-3230~3 / 팩스 : 031-720-4459
17	예 천	예천기지(계획처)	전화 : 054-650-4517 / 팩스 : 054-650-5757
18	청 주	청주기지(계획처)	전화 : 043-200-2112 / 팩스 : 043-210-3747
19	강 릉	강릉기지(계획처)	전화 : 033-649-2021~2 / 팩스 : 033-649-3790
20	충 주	중원기지(작전과)	전화 : 043-849-3033~4 , 3083 / 팩스 : 043-849-5599
21	해 미	서산기지(작전과)	전화 : 041-689-2020~4 / 팩스 : 041-689-4155
22	성 무	성무기지(작전과)	전화 : 043-290-5230 / 팩스 : 043-297-0479
23	포 항	포항기지(작전과)	전화 : 054-290-6322~3 / 팩스 : 054-291-9281
24	목 포	목포기지(작전과)	전화 : 061-263-4330~1 / 팩스 : 061-263-4754
25	진 해	진해기지 (군사시설보호과)	전화 : 055-549-4231~2 / 팩스 : 055-549-4785
26	이 천	항공작전사령부 (비행정보반)	전화 : 031-634-2202 (교환) → 3705~6 팩스 : 031-634-1433
27	논 산		
28	속 초		
29	오 산	미공군 오산기지	전화 : 0505-784-4222 문의 후 신청
30	군 산	군산기지	전화 : 063-470-4422 문의 후 신청
31	평 택	미육군 평택기지	전화 : 0503-353-7555 / 팩스 : 0503-353-7655

• 비행장 교통구역

구 분		수평범위	연락처	통제기관
1	가 평	374842N 1272124E / 반경 3NM	SFC~1,500ft MSL	
2	양 평	372959N 1273748E / 반경 2NM	SFC~1,500ft MSL	
3	홍 천	374212N 1275421E / 반경 2NM	SFC~1,500ft MSL	
4	현 리	375723N 1281859E / 반경 3NM	SFC~1,500ft MSL	
5	전 주	355242N 1270712E / 반경 2NM	SFC~1,500ft MSL	
6	덕 소	373625N 1271308E / 반경 2NM	SFC~1,000ft MSL	한국육군
7	용 인	371713N 1271332E / 반경 3NM	SFC~1,500ft MSL	
8	춘 천	375545N 1274526E / 반경 3NM	SFC~1,500ft MSL	
9	영 천	360132N 1284908E / 반경 3NM	SFC~1,500ft MSL	
10	금 왕	370008N 1273345E / 반경 3NM	SFC~1,500ft MSL	
11	조치원	363427N 1271744E / 반경 3NM	SFC~1,500ft MSL	
12	포 승	365929N 1264827E / 반경 3NM	SFC~1,000ft MSL	한국해군

③ 기준고도변경

㉠ 최저비행고도(항공안전법 시행규칙 제199조)

국토교통부령으로 정하는 최저비행고도란 다음과 같다.

ⓐ 시계비행방식으로 비행하는 항공기

• 사람 또는 건축물이 밀집된 지역의 상공에서는 해당 항공기를 중심으로 수평거리 600m 범위 안의 지역에 있는 가장 높은 장애물의 상단에서 300m(1,000ft)의 고도

• 이외의 지역에서는 지표면·수면 또는 물건의 상단에서 150m(500ft)의 고도

ⓑ 계기비행방식으로 비행하는 항공기

• 산악지역에서는 항공기를 중심으로 반지름 8km 이내에 위치한 가장 높은 장애물로부터 600m의 고도

• 이외의 지역에서는 항공기를 중심으로 반지름 8km 이내에 위치한 가장 높은 장애물로부터 300m의 고도

ⓒ 국토교통부는 드론 비행 전 사전승인이 필요한 고도기준을 정비하기 위해 항공안전법 시행규칙을 개정하였다. 기존에는 항공교통안전을 위해 지면, 수면 또는 물건의 상단 기준으로 150m 이상의 고도에서 드론을 비행하는 경우 사전에 비행승인을 받도록 규정해 왔으나, 고층건물 화재상황 점검 등의 소방 목적으로 드론을 활용하거나 시설물 안전진단 등에 사용하는 경우에 고도기준이 위치별로 급격히 변동되어 사전승인 없이 비행하기에는 어려움이 있었다.

※ 드론을 고층건물(약 40층, 150m) 옥상 기준으로 150m까지 승인 없이 비행할 수 있는 반면, 건물 근처(수평거리 150m 이외의 지역)에서 비행하는 경우 지면기준으로 150m까지 승인 없이 비행 가능

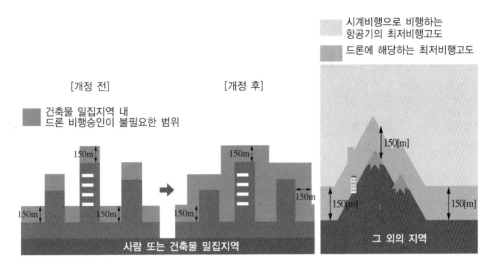

ⓛ 최저비행고도 아래에서의 비행허가(항공안전법 시행규칙 제200조)

　　최저비행고도 아래에서 비행하려는 자는 별지 제74호 서식의 최저비행고도 아래에서의 비행허가 신청서를 지방항공청장에게 제출하여야 한다.

ⓒ 물건의 투하 또는 살포의 허가 신청(항공안전법 시행규칙 제201조)

　　비행 중인 항공기에서 물건을 투하하거나 살포하려는 자는 다음의 사항을 적은 물건 투하 또는 살포 허가신청서를 운항 예정일 25일 전까지 지방항공청장에게 제출하여야 한다.

　ⓐ 성명 및 주소

　ⓑ 항공기의 형식 및 등록부호

　ⓒ 비행의 목적·일시·경로 및 고도

　ⓓ 물건을 투하하는 목적

　ⓔ 투하하려는 물건의 개요와 투하하려는 장소

　ⓕ 조종자의 성명과 자격

　ⓖ 그 밖에 참고가 될 사항

■ 항공안전법 시행규칙 [별지 제74호 서식]

최저비행고도 아래에서의 비행허가 신청서

※ 색상이 어두운 난은 신청인이 작성하지 아니합니다.

접수번호		접수일시		처리기간	7일
신 청 인	성 명			생년월일	
	주 소			연락처	
항 공 기	형 식			등록부호	
비행계획	일 시			비행목적	
	경 로			고 도	
	최저비행고도 아래에서 비행을 하려는 이유				
조 종 사	성 명			생년월일	
	주 소				
	자격번호				
동 승 자	성 명			생년월일	
	주 소				
	동승의 목적				
특기 사항	그 밖에 참고가 될 사항				

「항공안전법」 제68조 제1호 및 같은 법 시행규칙 제200조에 따라 최저비행고도 아래에서의

비행허가를 신청합니다.

년   월   일

신청인   (서명 또는 인)

지방항공청장   귀하

처리절차

신청서 작성	→	접 수	→	검 토	→	결 재	→	통 지
신청인		지방항공청 (운항담당부서)		지방항공청 (운항담당부서)		지방항공청 (운항담당부서)		

210mm×297mm[백상지(80g/m^2) 또는 중질지(80g/m^2)]

2 ✈ 비행계획 승인

(1) 비행계획 승인

초경량비행장치를 사용하여 비행제한공역에서 비행하려는 사람은 미리 국토교통부 장관으로부터 비행승인을 받아야 한다. 또한 25kg 초과 비행장비는 안전성인증을 받아야 하며 비행을 위한 신청서를 제출하여야 하고 승인을 얻어야 한다.

① 초경량비행장치 비행승인(항공안전법 제127조, 항공안전법 시행규칙 제308조)

　　㉠ 국토교통부장관은 초경량비행장치의 비행안전을 위하여 필요하다고 인정하는 경우에는 초경량비행장치의 비행을 제한하는 공역을 지정하여 고시할 수 있다.

　　㉡ 동력비행장치 등 국토교통부령으로 정하는 초경량비행장치를 사용하여 국토교통부장관이 고시하는 초경량비행장치 비행제한공역에서 비행하려는 사람은 국토교통부령으로 정하는 바에 따라 미리 국토교통부 장관으로부터 비행승인을 받아야 한다. 다만, 비행장 및 이착륙장의 주변 등 대통령령으로 정하는 제한된 범위에서 비행하려는 경우는 제외한다.

> ◆참고◆ 비행승인 대상이 아닌 경우라 하더라도 국토교통부 장관의 비행승인을 받아야 하는 경우
> • 국토교통부령으로 정하는 고도 이상에서 비행하는 경우
> • 관제공역·통제공역·주의공역 중 국토교통부령으로 정하는 구역에서 비행하는 경우

　　㉢ 초경량비행장치 비행승인 제외 범위(항공안전법 시행령 제25조)

　　　ⓐ 비행장(군 비행장은 제외한다)의 중심으로부터 반지름 3km 이내의 지역의 고도 500피트 이내의 범위(해당 비행장에서 법 제83조에 따른 항공교통업무를 수행하는 자와 사전에 협의가 된 경우에 한정한다)

　　　ⓑ 이착륙장의 중심으로부터 반지름 3km 이내의 지역의 고도 500피트 이내의 범위(해당 이착륙장을 관리하는 자와 사전에 협의가 된 경우에 한정한다)

ㄹ 초경량비행장치 비행승인 관할기관 연락처

구 분		관할기관	연락처
인천, 경기 서부 (화성, 시흥, 의왕, 군포, 과천, 수원, 오산, 평택, 강화)		서울지방항공청 (항공운항과)	전화 : 032-740-2153 / 팩스 : 032-740-2159
서울, 경기 동부 (부천, 광명, 김포, 고양, 구리, 여주, 이천, 성남, 광주, 용인, 안성, 가평, 양평, 의정부, 남양주)		김포항공관리사 무소 (안전운항과)	전화 : 02-2660-5734
충청도		청주공항출장소	전화 : 043-210-6202
전라북도		군산공항출장소	전화 : 063-471-5820
강원 영동지역 (고성, 속초, 양양, 강릉, 동해, 삼척, 태백)		양양공항출장소	전화 : 033-670-7206
강원 영서지역 (철원, 화천, 양구, 인제, 춘천, 홍천, 원주, 횡성, 평창, 영월, 정선)		원주공항출장소	전화 : 033-340-8201
울진, 울산, 여수, 무안, 광주(관제권 외 지역)		부산지방항공청 (항공운항과)	전화 : 051-974-2153 / 팩스 : 051-971-1219
제주, 정석		제주지방항공청 (안전운항과)	전화 : 064-797-1745 / 팩스 : 064-797-1759
1전비	광 주	광주기지(계획처)	전화 : 062-940-1111
15전비	서 울	서울기지(작전과)	전화 : 031-720-3231~3 / 팩스 : 031-720-4459
8전비	원 주	원주기지(작전과)	전화 : 033-730-4221~2 / 팩스 : 033-747-7801
10전비	수 원	수원기지(계획처)	전화 : 031-220-1014~5 / 팩스 : 031-220-1167
11전비	대 구	대구기지	전화 : 053-989-3213
17전비	청 주	청주기지(계획처)	전화 : 043-200-2111~2 / 팩스 : 043-200-3747
18전비	강 릉	강릉기지(계획처)	전화 : 033-649-2021~2 / 팩스 : 033-649-3790
19전비	충 주	중원기지(작전과)	전화 : 043-849-3084~5 / 팩스 : 043-849-5599
20전비	해 미	서산기지(작전과)	전화 : 041-689-2020~3 / 팩스 : 041-689-4455
3훈비	진주, 사천	사천기지	전화 : 055-850-3111(비행승인 신청 전 연락 바랍니다) E-MAIL : 3wg-pld@airforce.mil.kr
	성 무	성무기지(작전과)	전화 : 043-290-5230 / 팩스 : 043-297-0479
이천 / 논산 / 속초		항공작전사령부 (비행정보반)	전화 : 031-644-3000 (교환) → 3706 E-MAIL : avncmd3685@army.mil.kr
오 산		미공군 오산기지	전화 : 0505-784-4222 문의 후 신청
군 산		군산기지	전화 : 063-470-4422 문의 후 신청
평 택		미육군 평택기지	전화 : 0503-353-7555 문의 후 신청

구 분	관할기관	연락처
P73/R75(서울 도심)	수도방위사령부	전화 : 02-524-3353~5, 3359
P518(휴전선지역)	합동참모본부	전화 : 02-748-3294
공군사격장	공군작전사령부	전화 : 031-669-3014, 7095
육군사격장	윤군본부(훈련과)	전화 : 042-550-3321
항공촬영 허가	국방부(보안정책과)	전화 : 02-748-2344

㉐ 항공촬영 승인업무 책임부대 연락처

구 분	연락처
서울특별시	02-524-3354, 9
강원도(화천군, 춘천시)	033-249-6066
강원도(인제군, 양구군)	033-461-5102 교환 → 2212
강원도(고성군, 속초시, 양양군 양양읍, 양양군 강현면)	033-670-6221
강원도(양양군 손양면 / 서면 / 현북면 / 현남면, 강릉시, 동해시, 삼척시)	033-571-6214
강원도(원주시, 횡성군, 평창군, 홍천군, 영월군, 정선군, 태백시)	033-741-6204
광주광역시, 전라남도	062-260-6204
대전광역시, 충청남도, 세종특별자치시	042-829-6204
전라북도	063-640-9205
충청북도	043-835-6205
경상남도(창원시 진해구, 양산시 제외)	055-259-6204
대구광역시, 경상북도(울릉도, 독도, 경주시 양북면 제외)	053-320-6204~5
부산광역시(부산 강서구 성북동, 다덕도동 제외), 울산광역시, 양산시	051-704-1686
파주시, 고양시	031-964-9680 교환 → 2213
포천시(내촌면), 가평군(가평읍, 북면), 남양주시(진접읍, 오남읍, 수동면) 철원군(갈말읍 지포리·강포리·문혜리·내대리·동막리, 동송읍 이평리를 제외한 전지역)	031-531-0555 교환 → 2215
포천시(소흘읍, 군내면, 가산면, 창수면, 포천동, 선단동) 남양주시(진건읍, 화도읍, 별내면, 퇴계원면, 조안면, 양정동, 지금동, 남양주시 호평동 / 평내동 / 금곡동 / 도농동 / 별내동 / 와부읍) 연천군, 구리시, 동두천시	031-530-2214
약평군(강상면, 강하면 제외한 전지역) 포천시(신북면 영중면, 일봉면, 이동면, 영부면, 관인면, 화현면) 철원군(갈말읍 지포리·강포리·문혜리·내대리·동막리, 동송읍 이평리) 가평군(조종면, 상면, 설악면, 청평면) 여주시(복내면, 강천면, 대신면, 오학동) 의정부시, 양주시	031-640-2215
김포시(양촌면, 대곶면), 부천시 인천광역시(옹진군 영흥면, 덕적면, 자월면, 연평면, 중구 중산동 매도, 중구 무의동 서구 원창동 세어도 제외)	032-510-9212

구 분	연락처
안양시, 화성시, 수원시, 평택시, 광명시, 시흥시, 안산시, 오산시, 군포시, 의왕시, 과천시, 인천광역시(옹진국 영흥면)	031-290-9209
용인시, 이천시, 하남시, 광주시, 성남시, 안성시, 양평군(강상면, 강하면) 여주시(가남읍, 점동면, 능서면, 산북면, 급사면, 홍천면, 여흥동, 중앙동)	031-329-6220
포항시, 경주시(양북면)	054-290-3222
김포시(양촌면, 대곶면 제외 전지역), 강화도	032-454-3222
제주특별자치도	064-905-3212
경남 창원시 진해구, 부산광역시(강서구 성북동, 가덕도동)	055-549-4172~3
울릉도, 독도	0336-539-4221
인천광역시(용진군 자월면, 중구 중산동 매도·운염도, 서구 원창동 세어도, 중구 무의동) 안산시(단원구 풍도동)	032-452-4213
인천광역시 옹진군(덕적면)	031-685-4221
인천광역시 옹진구(백령면, 대청면)	032-837-3221
인천광역시 옹진군(연평면)	032-830-3203

◆참고◆ 비행승인 요청서(양식)

비행승인 요청서	
1. 비행목적	구체적인 목적 기입
2. 비행일시	연, 월, 일 비행시간~종료(시간단위까지 구체적으로 기입)
3. 비행경로(장소)	이착륙장소, 비행장소(주소, 건물명 등)
4. 비행고도 / 속도	
5. 기종 / 대수	
6. 인적사항	조종사 성명, 소속, 전화번호, 팩스번호 등
7. 탑재장비	
8. 기 타	
사업자 등록증, 보험가입증명서, 초경량비행장치 사용사업 등록증(항공 촬영 시) 등	

② 초경량비행장치의 구조지원(항공안전법 제128조, 항공안전법 시행규칙 제309조)

　㉠ 초경량비행장치 구조 지원 장비 장착 의무 : 초경량비행장치를 사용하여 초경량비행장치 비행제한공역에서 비행하려는 사람은 안전한 비행과 초경량비행장치 사고 시 신속한 구조 활동을 위하여 국토교통부령으로 정하는 장비를 장착하거나 휴대하여야 한다. 다만, 무인비행장치 등 국토교통부령으로 정하는 초경량비행장치는 그러하지 아니하다.

　㉡ 초경량비행장치의 구조지원 장비

　　ⓐ 위치추적이 가능한 표시기 또는 단말기

　　ⓑ 조난구조용 장비(위의 장비를 갖출 수 없는 경우만 해당한다)

ⓒ 구급의료용품

ⓓ 기상정보를 확인할 수 있는 장비

ⓔ 휴대용 소화기

ⓕ 항공교통관제기관과 무선통신을 할 수 있는 장비

3 ✈ 초경량비행장치(신고 제외 / 시험비행)

(1) 신고를 요하지 아니하는 초경량비행장치

① 신고를 필요로 하지 아니하는 초경량비행장치의 범위(항공안전법 시행령 제24조)

ㄱ 행글라이더, 패러글라이더 등 동력을 이용하지 아니하는 비행장치

ㄴ 계류식(繫留式) 기구류(사람이 탑승하는 것은 제외)

ㄷ 계류식 무인비행장치

ㄹ 낙하산류

ㅁ 무인동력비행장치 중에서 연료의 무게를 제외한 자체무게(배터리 무게를 포함한다)가 12kg 이하인 것

ㅂ 무인비행선 중에서 연료의 무게를 제외한 자체무게가 12kg 이하이고, 길이가 7m 이하인 것

ㅅ 연구기관 등이 시험 · 조사 · 연구 또는 개발을 위하여 제작한 초경량비행장치

ㅇ 제작자 등이 판매를 목적으로 제작하였으나 판매되지 아니한 것으로서 비행에 사용되지 아니하는 초경량비행장치

ㅈ 군사목적으로 사용되는 초경량비행장치

② 초경량비행장치의 시험비행허가(항공안전법 시행규칙 제304조)

ㄱ 초경량비행장치의 시험비행허가 대상

ⓐ 연구 · 개발 중에 있는 초경량비행장치의 안전성 여부를 평가하기 위하여 시험비행을 하는 경우

ⓑ 안전성인증을 받은 초경량비행장치의 성능개량을 수행하고 안전성 여부를 평가하기 위하여 시험비행을 하는 경우

ⓒ 그 밖에 국토교통부 장관이 필요하다고 인정하는 경우

ㄴ 초경량비행장치의 시험비행허가 서류

ⓐ 해당 초경량비행장치에 대한 소개서

ⓑ 초경량비행장치의 설계가 초경량비행장치 기술기준에 충족함을 입증하는 서류

ⓒ 설계도면과 일치되게 제작되었음을 입증하는 서류

ⓓ 완성 후 상태, 지상 기능점검 및 성능시험 결과를 확인할 수 있는 서류

ⓔ 초경량비행장치 조종절차 및 안전성 유지를 위한 정비방법을 명시한 서류

ⓕ 초경량비행장치 사진(전체 및 측면사진을 말하며, 전자파일로 된 것을 포함한다) 각 1매

ⓖ 시험비행 계획서

ⓒ 국토교통부 장관은 신청서를 접수받은 경우 초경량비행장치 기술기준에 적합한지의 여부를 확인한 후 적합하다고 인정하면 신청인에게 시험비행을 허가하여야 한다.

신고 및 안전성인증, 변경, 이전, 말소

1 ✈ 신고 및 안전성인증

무인비행장치는 초경량비행장치의 분류에 포함되어 있어, 초경량비행장치의 관리 절차를 따라야 한다. 초경량비행장치를 소유한 자는 초경량비행장치의 종류, 용도, 소유자의 성명 등을 신고하게 되어 있으며, 또한 이전 말소 등 변경 사항도 신고하게 되어 있다.

(1) 신고

① 신고 준비서류
  - ㉠ 초경량비행장치 신고서
  - ㉡ 초경량비행장치를 소유하거나 사용할 수 있는 권리가 있음을 증명하는 서류
  - ㉢ 초경량비행장치의 제원 및 성능표
  - ㉣ 초경량비행장치의 사진(가로 15cm×세로 10cm의 측면사진)
  - ㉤ 보험가입을 증명할 수 있는 서류
  - ㉥ 처리기간 : 7일
  - ㉦ 수수료 : 없음

② 신고절차 간단 요약 : 장치 신고 및 사업 등록을 위한 '지방항공청 관할구역 및 연락처'
  - ※ 12kg 이하이면서 비사업용인 경우는 관할 지방항공청에 신고를 안 해도 된다.
  - ㉠ 12kg 이하 또는 이상 사업용인 경우에, 관할지역 항공청 홈페이지에 들어가서 '초경량비행장치 신고서'를 작성한다.
  - ㉡ 보험가입 후 보험가입증명서류를 준비한다.
  - ㉢ 기타 첨부서류(비행장치 소유증명서류, 드론의 제원 및 성능표, 드론사진 등)를 지참하여 관할지방항공청에 신고를 한다.
  - ㉣ 2018년 10월 1일(월)부터 정부24 홈페이지의 검색창에 [초경량비행장치 신고] 또는 [초경량비행장치 장치신고]를 검색한 후 초경량비행장지 장지신고서 작성(장치신고 관련 문의전화 : 1599-0001, 담당기관 : 국토교통부 항공정책실 항공안전정책관 항공기술과)
  - ※ 원스탑 민원시스템 장치신고는 2018년 10월 18일 (목) 17:00 이후부터 폐쇄

③ 장치 신고 및 사업 등록을 위한 '지방항공청 관할구역 및 연락처'
    ㉠ 서울지방항공청
        ⓐ 관할구역 : 서울시, 경기도, 인천시, 강원도, 대전시, 충청남도, 충청북도, 세종시, 전라북도
        ⓑ 항공안전과 연락처 : 032-740-2148
    ㉡ 부산지방항공청
        ⓐ 관할구역 : 부산시, 대구시, 울산시, 광주시, 경상남도, 경상북도, 전라남도
        ⓑ 항공안전과 연락처 : 051-974-2145
    ㉢ 제주지방항공청
        ⓐ 관할구역 : 제주특별자치도
        ⓑ 안전운항과 : 064-797-1741,3

(2) 초경량비행장치 신고(항공안전법 제122조, 항공안전법 시행규칙 제301조)

① 초경량비행장치 소유자 등은 초경량비행장치의 종류, 용도, 소유자의 성명, 개인정보 및 개인위치정보의 수집 가능 여부 등을 국토교통부령으로 정하는 바에 따라 국토교통부 장관에게 신고하여야 한다. 다만, 대통령령으로 정하는 초경량비행장치는 그러하지 아니하다.
    ㉠ 지방항공청장에게 제출하여야 하는 서류
        ⓐ 초경량비행장치를 소유하거나 사용할 수 있는 권리가 있음을 증명하는 서류
        ⓑ 초경량비행장치의 제원 및 성능표
        ⓒ 초경량비행장치의 사진(가로 15cm, 세로 10cm의 측면사진)
    ㉡ 지방항공청장은 초경량비행장치의 신고를 받으면 초경량비행장치 신고증명서를 초경량비행장치 소유자 등에게 발급하여야 하며, 초경량비행장치 소유자 등은 비행 시 이를 휴대하여야 한다.
    ㉢ 지방항공청장은 ㉡에 따라 초경량비행장치 신고증명서를 발급하였을 때에는 초경량비행장치 신고대장을 작성하여 갖추어 두어야 한다. 이 경우 초경량비행장치 신고대장은 전자적 처리가 불가능한 특별한 사유가 없으면 전자적 처리가 가능한 방법으로 작성·관리하여야 한다.
    ㉣ 초경량비행장치 소유자 등은 초경량비행장치 신고증명서의 신고번호를 해당 장치에 표시하여야 하며, 표시방법, 표시장소 및 크기 등 필요한 사항은 지방항공청장이 정한다.

ⓜ 지방항공청장은 신고를 받은 날부터 7일 이내에 수리 여부 또는 수리 지연 사유를 통지하여야 한다. 이 경우 7일 이내에 수리 여부 또는 수리 지연 사유를 통지하지 아니하면 7일이 끝난 날의 다음 날에 신고가 수리된 것으로 본다.

② 국토교통부 장관은 초경량비행장치의 신고를 받은 경우 그 초경량비행장치 소유자 등에게 신고번호를 발급하여야 한다.

③ ②에 따라 신고번호를 발급받은 초경량비행장치 소유자 등은 그 신고번호를 해당 초경량비행장치에 표시하여야 한다.

④ 초경량비행장치 신고번호 부여 방법

구 분			신고번호
초경량비행장치	동력비행장치	체중이동형	S1001 - 1999
		타면조종형	S2001 - 2999
	회전익비행장치	초경량자이로플레인	S3001 - 3999
	동력패러글라이더		S4001 - 4999
	기구류		S5001 - 5999
	회전익비행장치	초경량헬리콥터	S6001 - 6999
	무인비행장치	무인동력비행장치	S7001 - 7999
		무인비행선	S8001 - 8999
	패러글라이더, 낙하산, 행글라이더		S9001 - 9999

⑤ 초경량비행장치 신고번호 부착기준

구 분		규 격	비 고
가로세로비		2 : 3의 비율	아라비아숫자 1은 제외
세로길이	주날개에 표시하는 경우	20cm 이상	
	동체 또는 수직꼬리날개에 표시하는 경우	15cm 이상	회전익비행장치의 동체 아랫면에 표시하는 경우에는 20cm 이상
선의 굵기		세로길이의 1/6	
간 격		가로길이의 1/4 이상 1/2 이하	

※ 장치의 형태 및 크기로 인해 신고번호 크기를 규격대로 표시할 수 없을 경우 가장 크게 부착할 수 있는 부위에 최대크기로 표시할 수 있다.

⑥ 신고업무 절차 흐름도

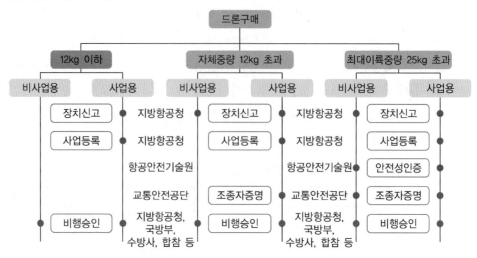

(3) 민원24 홈페이지 초경량비행장치 장치신고 사용방법

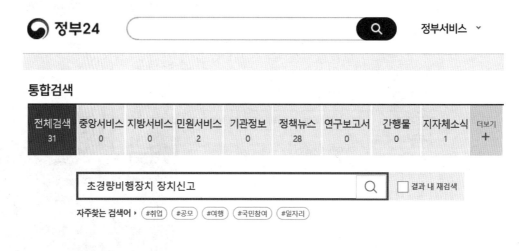

민원24 접속 후 회원가입 및 공인인증서 확인 후 로그인

민원24 검색창에 [초경량비행장치 신고] 또는 [초경량비행장치 장치신고] 검색

민원안내 및 신청

초경량비행장치(신규, 변경·이전, 말소) 신고

신청방법	인터넷, 방문, FAX, 우편	처리기간	총 7일
수수료	수수료 없음	신청서	초경량비행장치(신규, 변경·이전, 말소)신고서 **(항공안전법 시행규칙 : 별지서식 116호의)** ※ 신청서식은 법령의 마지막 조항 밑에 있습니다. 신청작성예시
구비서류	있음 (하단참조)	신청자격	누구나 신청 가능

신청하기   신청하기 클릭

기본정보

• 이 민원은 초경량비행장치의 소유자가 신고하기 위해 신청하는 민원사무입니다.

○ 접수 및 처리기관 (방문시)

접수	🏛 지방항공청
처리	🏛 지방항공청

신청하기 클릭

초경량비행장치(신규, 변경 · 이전, 말소) 신고

민원접수기관 *		검색	

신청인	성명 *		송석주　　　신청인
	주민등록번호 *		□□□□□□ - ●●●●●
	주소 *	기본주소	주소검색
		상세주소	
			예] 월드컵아파트 2002동 4호
	전화번호 *		□□ - □□ - □□

신청서 작성	온라인민원 신청서 작성
	※온라인민원 신청서 작성버튼을 클릭후 추가신청내용을 입력해 주세요

비행장치를 소유하고 있음을 증명하는 서류

제출방법 *	●파일첨부 ○우편 ○팩스 ○방문 ○해당사항 없음

파일첨부 *	doc, hwp, pdf, ppt, xls, jpg, dwf, dwg, gul 파일 형식만 업로드 하실 수 있으며, 업로드 제한 용량은 2MB 입니다 .

☐ 파일 이름	파일 크기
이곳을 더블클릭 또는 파일을 드래그 하세요	

최대 5 개 10 MB 제한	0 개, 0 byte 추가됨

파일추가　　항목제거　　전체 항목제거

비행장치 제원 및 성능표

제출방법 *	●파일첨부 ○우편 ○팩스 ○방문 ○해당사항 없음

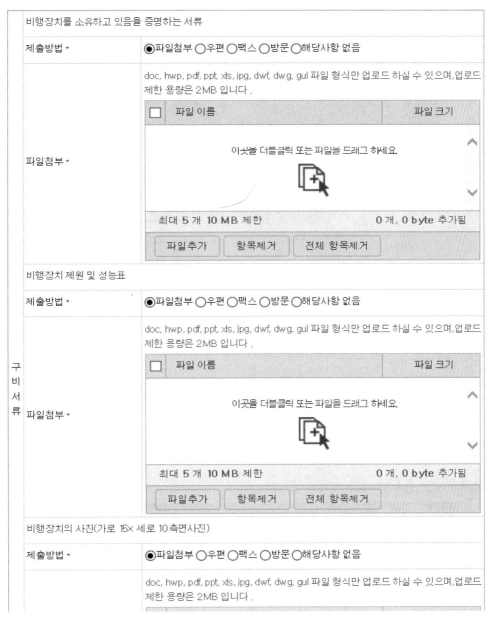

비행장치를 소유하고 있음을 증명하는 서류		
제출방법 *	⦿파일첨부 〇우편 〇팩스 〇방문 〇해당사항 없음	
파일첨부 *	doc, hwp, pdf, ppt, xls, jpg, dwf, dwg, gul 파일 형식만 업로드 하실 수 있으며, 업로드 제한 용량은 2MB 입니다 . ☐ 파일 이름 / 파일 크기 이곳을 더블클릭 또는 파일을 드래그 하세요 최대 5 개 10 MB 제한 0 개, 0 byte 추가됨 파일추가 항목제거 전체 항목제거	

구
비
서
류

비행장치 제원 및 성능표		
제출방법 *	⦿파일첨부 〇우편 〇팩스 〇방문 〇해당사항 없음	
파일첨부 *	doc, hwp, pdf, ppt, xls, jpg, dwf, dwg, gul 파일 형식만 업로드 하실 수 있으며, 업로드 제한 용량은 2MB 입니다 . ☐ 파일 이름 / 파일 크기 이곳을 더블클릭 또는 파일을 드래그 하세요 최대 5 개 10 MB 제한 0 개, 0 byte 추가됨 파일추가 항목제거 전체 항목제거	

비행장치의 사진(가로 15× 세로 10 측면사진)		
제출방법 *	⦿파일첨부 〇우편 〇팩스 〇방문 〇해당사항 없음	
	doc, hwp, pdf, ppt, xls, jpg, dwf, dwg, gul 파일 형식만 업로드 하실 수 있으며, 업로드 제한 용량은 2MB 입니다 .	

민원접수기관 검색 클릭 후 관할지방항공청 선택 및 각 해당 파일을 첨부, 제출방법 선택 후 민원 신청 접수

(4) 항공기 운항스케줄 원스탑 민원처리시스템 사용방법

사이트주소 http://www.onestop.go.kr/drone

원스탑 접속 후 회원가입 → 로그인

항공민원 신청 선택 후 신청서 작성 클릭

① 사업등록신청서

ㄱ 기능 설명

   ⓐ [우편번호] 버튼 : 우편번호를 조회

   ⓑ [파일업로드] 버튼 : 신청서에 파일을 첨부

ㄴ 항목 설명

   ⓐ 처리기한 : 업무 담당자가 민원을 접수한 후의 처리기간

   ⓑ 신청인-성명(법인명) : 민원을 신청한 법인명

   ⓒ 신청인-생년월일 : 민원을 신청한 생년월일

   ⓓ 신청인-성명(대표자) : 민원을 신청한 대표자명

   ⓔ 신청인-주소(소재지) : 신청인 주소

   ⓕ 신청인-E-mail : 신청인 이메일

   ⓖ 자본금 : 자본금

   ⓗ 기타 사업소의 명칭의 소재지 : 기타 사업소의 명칭의 소재지

   ⓘ 임원의 명단 : 임원의 명단

   ⓙ 파일 첨부 : 신청서 양식 이외의 내용을 입력하거나 긴 글을 입력할 경우 파일로 작성하여 첨부

② 초경량비행장치 비행승인신청서(드론)

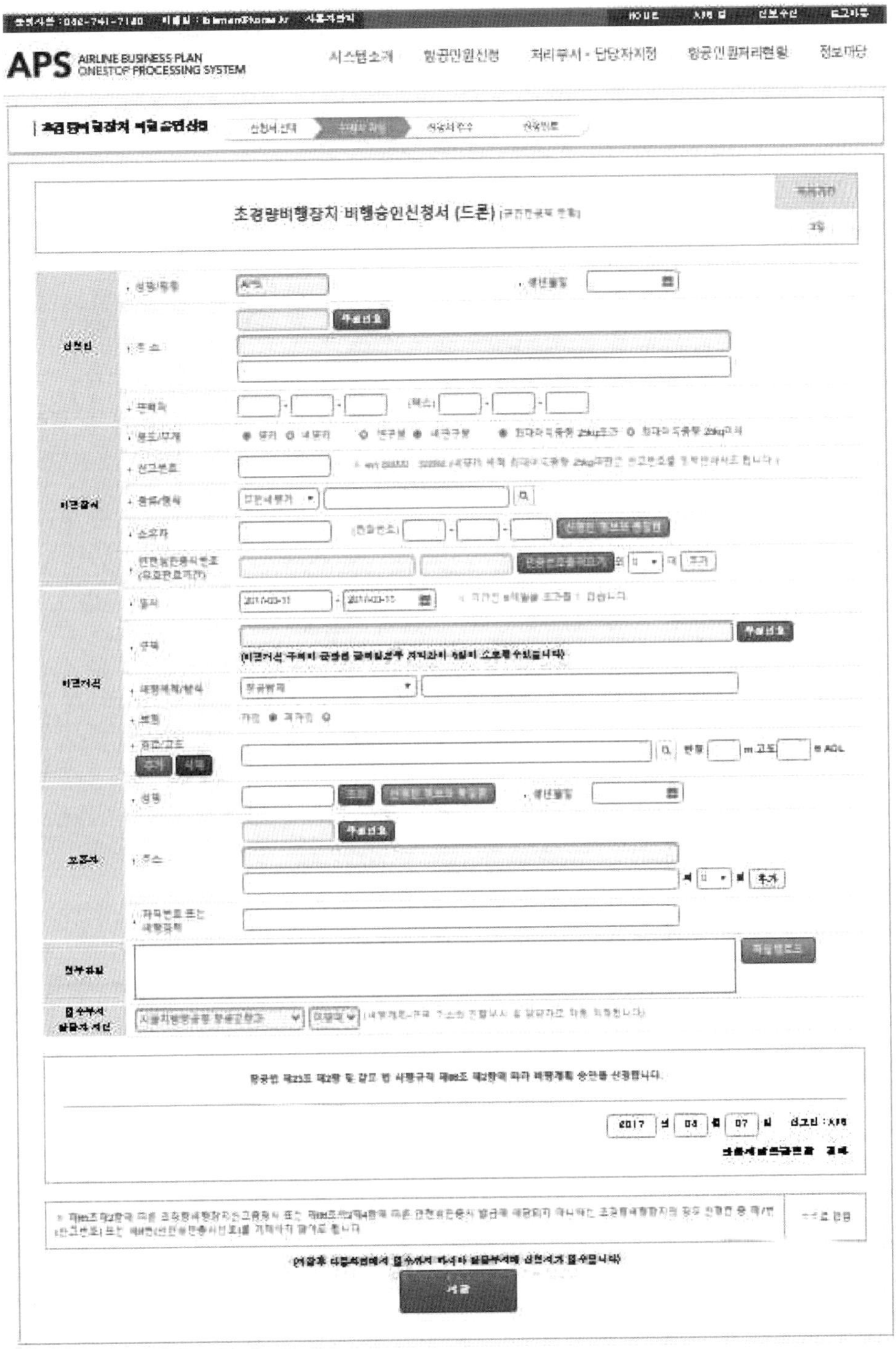

㉠ 기능설명

ⓐ [우편번호] 버튼 : 우편번호를 조회

ⓑ [신청인 정보와 동일함] 버튼 : 신청인 정보와 동일하게 입력

ⓒ [반영] 버튼 : 신고번호를 반영

ⓓ [비행장치 추가] 버튼 : 비행장치를 추가

※ 비행장치가 다수일 경우 [추가] 버튼을 클릭해서 아래의 생성된 화면에서 추가 입력 가능합니다.

ⓔ [조종사 추가] 버튼 : 조종사를 추가

ⓕ [파일업로드] 버튼 : 파일을 업로드

ⓛ 항목 설명

ⓐ 처리기한 : 업무담당자가 민원을 접수한 후의 처리기간

ⓑ 신청인-성명/명칭 : 신청인 성명

ⓒ 신청인-생년월일 : 신청인 생년월일

ⓓ 신청인-주소 : 신청인 주소

ⓔ 신청인-연락처 : 신청인 연락처

ⓕ 비행장치-종류/형식 : 비행장치 종류/형식

ⓖ 비행장치-용도 : 비행장치 용도

ⓗ 비행장치-소유자 : 비행장치 소유자

ⓘ 비행장치-신고번호 : 비행장치 신고번호

ⓙ 비행장치-안전성인증서번호 : 비행장치 안전성인증서번호

ⓚ 비행계획-일시 : 비행계획 일시(기간은 30일을 초과할 수 없습니다)

ⓛ 비행계획-구역 : 비행계획 구역

ⓜ 비행계획-비행목적/방식 : 비행계획 비행목적/방식

ⓝ 비행계획-보험 : 비행계획 보험 가입 여부

ⓞ 비행계획-경로/고도 : 비행계획 경로/고도

ⓟ 조종사-성명 : 조종사 성명

ⓠ 조종사-생년월일 : 조종사 생년월일

ⓡ 조종사-주소 : 조종사 주소

ⓢ 조종사-자격번호 또는 비행경력 : 조종사 자격번호 또는 비행경력

ⓣ 파일 첨부 : 신청서 양식 이외의 내용을 입력하거나 긴 글을 입력할 경우 파일로 작성하여 첨부

③ 항공사진 촬영신청서

※ 조종사가 다수일 경우 [추가] 버튼을 클릭해서 아래의 생성된 화면에서 추가 입력 가능합니다.
※ 동승자가 다수일 경우 [추가] 버튼을 클릭해서 아래의 생성된 화면에서 추가 입력 가능합니다.

㉠ 기능 설명

ⓐ [신청인 정보와 동일함] 버튼 : 신청인 정보와 동일하게 입력

ⓑ [조종사 추가] 버튼 : 조종사를 추가

ⓒ [동승자 추가] 버튼 : 동승자를 추가

ⓛ 항목 설명
  ⓐ 처리기한 : 업무 담당자가 민원을 접수한 후의 처리기간
  ⓑ 신청인-성명/명칭 : 신청인 성명
  ⓒ 신청인-구분 : 신청인 구분
  ⓓ 신청인-연락처 : 신청인 연락처
  ⓔ 비행장치-사진의 용도(상세) : 비행장치 사진의 용도
  ⓕ 비행장치-촬영구분 : 비행장치 촬영구분
  ⓖ 비행장치-촬영장비 명칭및종류 : 비행장치 촬영장비 명칭 및 종류
  ⓗ 비행장치-규격/수량 : 비행장치 규격/수량
  ⓘ 비행장치-항공기종 : 비행장치 항공기종
  ⓙ 비행계획-항공기명 : 비행계획 항공기명
  ⓚ 촬영계획-일시 : 촬영계획 일시
  ⓛ 촬영계획-촬영지역 : 촬영계획 촬영지역
  ⓜ 촬영계획-목표물 : 촬영계획 목표물

ⓝ 촬영계획-촬영고도 : 촬영계획 촬영고도

ⓞ 촬영계획-좌표(드론 제외) : 촬영계획 좌표

ⓟ 촬영계획-항로(드론 제외) : 촬영계획 항로

ⓠ 촬영계획-순항고도/항속 : 촬영계획 순항고도/항속

ⓡ 조종사-성명/생년월일 : 조종사 성명/생년월일

ⓢ 조종사-소속/직책 : 조종사 소속/직책

ⓣ 조종사-비고사항 : 조종사 비고사항

ⓤ 동승자-성명/생년월일 : 동승자 성명/생년월일

ⓥ 동승자-소속/직책 : 동승자 소속/직책

ⓦ 동승자-비고사항 : 동승자 비고사항

ⓧ 파일 첨부 : 신청서 양식 이외의 내용을 입력하거나 긴 글을 입력할 경우 파일로
작성하여 첨부

④ 민원결과조회(목록)

민원결과조회 목록을 조회한다.

㉠ 기능 설명

ⓐ [Search] 버튼 : 검색조건에 맞는 목록을 조회한다.

ⓑ [리스트 목록] 링크 : 해당 문서를 상세조회한다.

ⓛ 검색 조건

    ⓐ 날짜 : 날짜를 지정한다.

    ⓑ 접수 : 접수를 선택한다.

    ⓒ 항공사 : 항공사를 입력한다.

    ⓓ 상태 : 상태를 선택한다.

■ 초경량비행장치 신고서 양식

민원서류	
접수번호	-
접수일시	
처리기한	
처리과 기록물 등록번호	

문서번호 : 부산지방항공청 항공안전과-3367

접수번호		초경량비행장치 신고서 [V]신규 [ ]변경·이전 [ ]말소		처리기간
※				7일
비행장치	종류	무인멀티콥터	신고번호	
	형식		용도	[V]영리 [ ]비영리
	제작자		제작번호	
	보관처		제작연월일	2017-06-16
	자체중량		최대이륙중량	
	카메라 등 탑재여부			
소유자	성명·명칭			
	주소			
	생년월일		전화번호	
변경·이전 사항		변경·이전 전		변경·이전 후
말소 사유				

『항공안전법』 제122조제1항제123조제1항제2항 및 같은 법 시행규칙 [V]제304조 제1항 [ ]제305조 제2항 [ ]제306조 제1항] 에 따라

초경량비행장치의 [[V]신규 [ ]변경·이전] 을(를) 신고합니다.

2017년 09월 일

신고인 (서명 또는 인)

지방항공청장 귀하

첨부서류	1.초경량비행장치를 소유하거나 사용할 수 있는 권리가 있음을 증명하는 서류 2.초경량비행장치의 제원 및 성능표 3.초경량비행장치의 사진(가로 15cm X 세로 10cm의 측면사진) - 이전·변경 시에는 각 호의 서류 중 해당 서류만 제출하며, 말소 시에는 제외합니다.	수수료 없음

유의사항

1.무인비행장치를 『항공사업법』 제70조 제4항에 따른 영리목적으로 사용하지 아니하는 경우 위1,2호 서류는 제출하지 않아도 되며, 신고서 ※표시 항목도 기입하지 않아도 됩니다.
2.신청서 ※※표시 항목에는 『개인정보 보호법』 에 따른 개인정보 및 『항위치정보의 보호 및 이용 등에 관한 법률』 에 따른 개인 위치정보 수집 가능(카메라 등 탑재) 여부를 기입합니다.

처리절차

신청서 작성 ➡ 접수 ➡ 검토 ➡ 접수처리 ➡ 통보

신청인   처리기관
(지방항공청)   처리기관
(지방항공청)   처리기관
(지방항공청)

2 ✈ 안전성인증

동력비행장치 등 국토교통부령으로 정하는 초경량비행장치를 사용하여 비행하려는 사람은 국토교통부령으로 정하는 기관 또는 단체로부터 그 초경량비행장치가 국토교통부 장관이 정하여 고시하는 비행안전을 위한 기술상의 기준에 적합하다는 안전성인증을 받아야 한다.

(1) 검사구분(초경량비행장치 안전성인증 업무 운영세칙 제2조)

안전성인증은 신청 유형에 따라 다음의 검사로 구분된다.

① **초도인증** : 국내에서 설계·제작하거나 외국에서 국내로 도입한 초경량비행장치의 안전성인증을 받기 위하여 최초로 실시하는 인증

② **정기인증** : 안전성인증의 유효기간 만료일이 도래되어 새로운 안전성인증을 받기 위하여 실시하는 인증

③ **수시인증** : 초경량비행장치의 비행안전에 영향을 미치는 대수리 또는 대개조 후 기술기준에 적합한지를 확인하기 위하여 실시하는 인증

④ **재인증** : 초도, 정기 또는 수시인증에서 기술기준에 부적합한 사항에 대하여 정비한 후 다시 실시하는 인증

(2) 초경량비행장치 안전성인증 대상(항공안전법 시행규칙 제305조)

① 동력비행장치(탑승자, 연료 및 비상용 장비의 중량을 제외한 자체중량 115kg 이하, 1인승)

② 행글라이더, 패러글라이더 및 낙하산류(항공레저스포츠사업에 사용되는 것만 해당, 행글라이더와 패러글라이더는 탑승자 및 비상용 장비의 중량을 제외한 자체중량 70kg 이하)

③ 기구류(사람이 탑승하는 것만 해당)

④ 다음에 해당하는 무인비행장치

　㉠ 무인비행기, 무인헬리콥터 또는 무인멀티콥터 중에서 최대이륙중량이 25kg을 초과하는 것(연료제외 자체중량 150kg 이하)

　㉡ 무인비행선 중에서 연료의 중량을 제외한 자체중량이 12kg을 초과하거나 길이가 7m를 초과하는 것(연료 제외 자체중량 180kg 이하, 길이 20m 이하)

⑤ 회전익비행장치(탑승자, 연료 및 비상용 장비의 중량을 제외한 자체중량 115kg 이하, 1인승)

⑥ 동력패러글라이더(착륙장치가 있는 경우 탑승자, 연료 및 비상용 장비의 중량을 제외한 자체중량 115kg 이하, 1인승)

⑦ 인증 수수료(출장비 : 기술원 여비규정에 의거 산출비용 별도 부담)
  ㉠ 초도인증 : 220,000원
  ㉡ 정기인증 : 165,000원
  ㉢ 수시인증 : 99,000원
  ㉣ 재인증 : 99,000원
  ㉤ 인증서 재발급 : 22,000원

▌신청서 작성 시 필요서류

구비서류	초도인증	정기인증	수시인증	재인증
1. 설계도서 또는 설계도면	○		○	
2. 부품표	○		○	
3. 비행 및 주요정비 현황	○(해당 시)	○		
4. 성능검사표	○	○	○	○
5. 비행안전을 확보하기 위한 기술상의 기준 이행완료제출문	○		○(해당 시)	
6. 작업 지시서	○(해당 시)		○(해당 시)	○
7. 운용지침	○			
8. 정비교범	○			
9. 수입신고필증	○			
10. 정비서류	○	○		
11. 비상낙하산 재포장카드	○	○	○	
12. 송수신기 인가여부를 확인할 수 있는 서류	○			
13. 성능개량을 위한 변경 항목 목록표 및 확인서	○	○	○	
14. 국토부 시험비행허가 서류	○			

(3) 안전성인증(신청자) 준비내용

① 장소 및 장비 : 비행장치 안전성인증을 받고자 하는 자는 안전성인증에 필요한 장소 및 장비 등을 제공(단, 검사소 입고 시는 제외)

② 해당 비행장치의 자료

　㉠ 비행장치의 제원 및 성능 자료

　㉡ 제작회사의 기술도서 및 운용설명서

　㉢ 비행장치의 설계서 및 설계도면, 부품표 자료

　㉣ 외국 정부 또는 국제적으로 공인된 기술기준인정 증명서(해당 시)

③ 기존에는 한국교통안전공단에서 진행했지만 항공안전기술원으로 업무가 이괄이 되어
항공안전기술원 홈페이지에서 손쉽게 가능하다(http://www.safeflying.kr).

회원가입 후 로그인 → 인증검사신청 → 초경량비행장치 검사신청

우측 하단에 신청기체 등록 후 안내대로 진행

(4) 초경량비행장치 안전성인증

(항공안전법 제124조/초경량비행장치 안전성인증 업무 운영세칙 제16조)

① 시험비행 등 국토교통부령으로 정하는 경우로서 국토교통부 장관의 허가를 받은 경우를 제외하고는 동력비행장치 등 국토교통부령으로 정하는 초경량비행장치를 사용하여 비행하려는 사람은 국토교통부령으로 정하는 기관 또는 단체의 장으로부터 그가 정한 안전성인증의 유효기간 및 절차·방법 등에 따라 그 초경량비행장치가 국토교통부장관이 정하여 고시하는 비행안전을 위한 기술상의 기준에 적합하다는 안전성인증을 받지 아니하고 비행하여서는 아니 된다.

② ①의 경우 안전성인증의 유효기간 및 절차·방법 등에 대해서는 국토교통부 장관의 승인을 받아야 하며, 변경할 때에도 또한 같다(안전성인증의 유효기간은 영리용의 경우 발급일로부터 1년으로 하고, 비영리용의 경우 2년으로 함).

③ 안전성인증검사 담당기관 : 항공안전기술원

3 ✈ 변 경

(1) 변경신고 준비서류

① 초경량비행장치를 소유하거나 사용할 수 있는 권리가 있음을 증명하는 서류

② 초경량비행장치의 제원 및 성능표

③ 초경량비행장치의 사진(가로 15cm×세로 10cm의 측면사진)

④ 이전·변경 시에는 각 호의 서류 중 해당 서류만 제출하며, 말소 시에는 제외한다.

⑤ 처리기간 : 7일

⑥ 수수료 : 없음

(2) 초경량비행장치 변경신고(항공안전법 제123조, 항공안전법 시행규칙 제302조)

① 초경량비행장치 소유자 등은 신고한 초경량비행장의 용도, 소유자의 성명 등 국토교통부령으로 정하는 사항을 변경하려는 경우에는 국토교통부령으로 정하는 바에 따라 국토교통부 장관에게 변경신고를 하여야 하며, 그 사유가 있는 날부터 30일 이내에 초경량비행장치 변경·이전신고서를 지방항공청장에게 제출하여야 한다.

초경량비행장치의 용도, 소유자의 성명 등 국토교통부령으로 정하는 사항
- 초경량비행장치의 용도
- 초경량비행장치 소유자 등의 성명, 명칭 또는 주소
- 초경량비행장치의 보관 장소

② 초경량비행장치 소유자 등은 신고한 초경량비행장치가 멸실되었거나 그 초경량비행장치를 해체(정비 등, 수송 또는 보관하기 위한 해체는 제외)한 경우에는 그 사유가 발생한 날부터 15일 이내에 국토교통부 장관에게 말소신고를 하여야 한다.

③ 초경량비행장치 소유자 등이 ②에 따른 말소신고를 하지 아니하면 국토교통부 장관은 30일 이상의 기간을 정하여 말소신고를 할 것을 해당 초경량비행장치 소유자 등에게 최고하여야 한다.

④ ③에 따른 최고를 한 후에도 해당 초경량비행장치 소유자 등이 말소신고를 하지 아니하면 국토교통부 장관은 직권으로 그 신고번호를 말소할 수 있으며, 신고번호가 말소된 때에는 그 사실을 해당 초경량비행장치 소유자 등 및 그 밖의 이해관계인에게 알려야 한다.

4 ✈ 말 소

(1) 초경량비행장치 말소신고(항공안전법 시행규칙 제303조)

① 말소신고를 하려는 초경량비행장치 소유자 등은 그 사유가 발생한 날부터 15일 이내에 초경량비행장치 말소신고서를 지방항공청장에게 제출하여야 한다.

② 지방항공청장은 ①에 따른 신고가 신고서 및 첨부서류에 흠이 없고 형식상 요건을 충족하는 경우 지체 없이 접수하여야 한다.

③ 지방항공청장은 최고(催告)를 하는 경우 해당 초경량비행장치의 소유자 등의 주소 또는 거소를 알 수 없는 경우에는 말소신고를 할 것을 관보에 고시하고, 국토교통부 홈페이지에 공고히어아 한다.

5 비행자격 등

1 ✈ 자격증명

초경량비행장치를 사용하여 비행하려는 사람은 초경량비행장치 조종자 증명을 취득하여야 한다.

(1) 초경량비행장치의 조종자 증명(항공안전법 제125조, 항공안전법 시행규칙 제306조)

① 동력비행장치 등 국토교통부령으로 정하는 초경량비행장치를 사용하여 비행하려는 사람은 국토교통부령으로 정하는 기관 또는 단체의 장으로부터 그가 정한 해당 초경량비행장치별 자격기준 및 시험의 절차·방법에 따라 해당 초경량비행장치의 조종을 위하여 발급하는 증명을 받아야 한다. 이 경우 해당 초경량비행장치별 자격기준 및 시험의 절차·방법 등에 관하여는 국토교통부령으로 정하는 바에 따라 국토교통부장관의 승인을 받아야 하며 변경할 때에도 또한 같다(만 14세 이상).

② 초경량비행장치 조종자 증명을 취소하거나 또는 1년 이내의 기간을 정하여 효력의 정지를 명할 수 있는 경우(단, ㉠ 또는 ◎은 취소하여야 함)

㉠ 거짓이나 그 밖의 부정한 방법으로 초경량비행장치 조종자 증명을 받은 경우

㉡ 이 법을 위반하여 벌금 이상의 형을 선고받은 경우

㉢ 초경량비행장치의 조종자로서 업무를 수행할 때 고의 또는 중대한 과실로 초경량비행장치 사고를 일으켜 인명피해나 재산피해를 발생시킨 경우

㉣ 초경량비행장치 조종자의 준수사항을 위반한 경우(항공안전법 제129조 제1항 위반)

㉤ 주류 등의 영향으로 초경량비행장치를 사용하여 비행을 정상적으로 수행할 수 없는 상태에서 초경량비행장치를 사용하여 비행한 경우(항공안전법 제57조 제1항 위반)

㉥ 초경량비행장치를 사용하여 비행하는 동안에 주류 등을 섭취하거나 사용한 경우(항공안전법 제57조 제2항 위반)

㉦ 주류 등의 섭취 및 사용 여부의 측정 요구에 따르지 아니한 경우(항공안전법 제57조 제3항 위반)

◎ 초경량비행장치 조종자 증명의 효력정지기간에 초경량비행장치를 사용하여 비행한 경우

③ 초경량비행장치 조종자 증명기관 제출서류

    ㉠ 초경량비행장치 조종자 증명시험의 응시자격

    ㉡ 초경량비행장치 조종자 증명시험의 과목 및 범위

    ㉢ 초경량비행장치 조종자 증명시험의 실시 방법과 절차

    ㉣ 초경량비행장치 조종자 증명 발급에 관한 사항

    ㉤ 그 밖에 초경량비행장치 조종자 증명을 위하여 국토교통부 장관이 필요하다고 인정하는 사항

④ 초경량비행장치 조종자 증명서(국문 1장, 영문 1장 총 2장 발급)

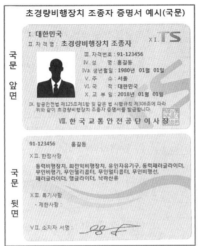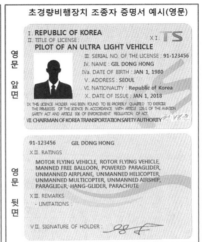

    ※ 지도조종자의 경우 증명서 뒷면 특기사항에 지도조종자 위촉여부가 표시됨
    (2019년 7월 1일부로 적용)

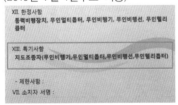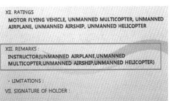

◆참고◆ 동력비행장치 등 국토교통부령으로 정하는 초경량비행장치

- 동력비행장치
- 행글라이더, 패러글라이더 및 낙하산류(항공레저스포츠사업에 사용되는 것만 해당)
- 유인자유기구
- 초경량비행장치 사용사업에 사용되는 무인비행장치(제외 내상 : 무인비행기, 무인헬리콥터 또는 무인멀티콥터 중에서 연료의 중량을 제외한 자체중량이 12kg 이하인 것, 무인비행선 중에서 연료의 중량을 제외한 자체중량이 12kg 이하이고, 길이가 7m 이하인 것)
- 회전익비행장치
- 동력패러글라이더

⑤ 응시신청은 한국교통안전공단 홈페이지(http://www.kotsa.or.kr/mail.do)에서 신청 가능하다.

⑥ 초경량비행장치 조종자 자격시험 시행절차

응시자격 신청은 학과시험 합격과 상관없이 실기시험 접수 전에 미리 신청한다.

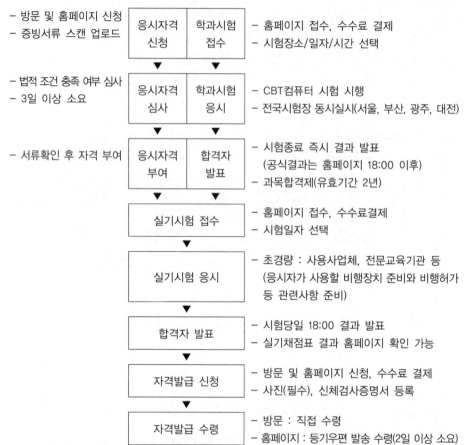

- 방문 및 홈페이지 신청
- 증빙서류 스캔 업로드

응시자격 신청 / 학과시험 접수
- 홈페이지 접수, 수수료 결제
- 시험장소/일자/시간 선택

- 법적 조건 충족 여부 심사
- 3일 이상 소요

응시자격 심사 / 학과시험 응시
- CBT컴퓨터 시험 시행
- 전국시험장 동시실시(서울, 부산, 광주, 대전)

- 서류확인 후 자격 부여

응시자격 부여 / 합격자 발표
- 시험종료 즉시 결과 발표 (공식결과는 홈페이지 18:00 이후)
- 과목합격제(유효기간 2년)

실기시험 접수
- 홈페이지 접수, 수수료결제
- 시험일자 선택

실기시험 응시
- 초경량 : 사용사업체, 전문교육기관 등 (응시자가 사용할 비행장치 준비와 비행허가 등 관련사항 준비)

합격자 발표
- 시험당일 18:00 결과 발표
- 실기채점표 결과 홈페이지 확인 가능

자격발급 신청
- 방문 및 홈페이지 신청, 수수료 결제
- 사진(필수), 신체검사증명서 등록

자격발급 수령
- 방문 : 직접 수령
- 홈페이지 : 등기우편 발송 수령(2일 이상 소요)

⑦ 초경량비행장치 조종자 응시자격 안내

㉠ 응시자격(항공안전법 시행규칙 제306조)

※ 세부사항은 항공안전법 및 관련규정의 기준을 적용

자 격		나이 제한	비행경력만 있는 경우	항공종사자 자격 보유	전문교육기관 이수
초경량 비행 장치 조종자	동력 비행 장치	14세 이상	해당 종류 총비행경력 20 시간 - 단독 비행경력 5시간 포함	- 자가용/사업용/운송용 조종사 비행기 자격취득 ※ 타면조종형에 한함 - 해당 종류 총 비행경력 5시간 - 단독 비행경력 2시간 포함	지정된 곳 없음

자 격		나이 제한	비행경력만 있는 경우	항공종사자 자격 보유	전문교육기관 이수
초경량 비행 장치 조종자	회전익 비행장치	14세 이상	해당 종류 총비행경력 20시간 – 단독 비행경력 5시간 포함	– 자가용/사업용/운송용 조종사 회전익항공기 자격취득 – 해당 종류 총비행경력 5시간 – 단독 비행경력 2시간 포함	지정된 곳 없음
	유인 자유기구	14세 이상	해당 종류 총비행경력 16시간 – 단독 비행경력 5시간 포함	해당 사항 없음	지정된 곳 없음
	동력패러 글라이더	14세 이상	해당 종류 총비행경력 20시간	해당 사항 없음	지정된 곳 없음
	무인 비행기	14세 이상	해당 종류 총비행경력 20시간	해당 사항 없음	전문교육기관 해당 과정 이수
	무인 헬리콥터	14세 이상	해당 종류 총비행경력 20시간 (무인멀티콥터 자격소지자는 10시간)	해당 사항 없음	전문교육기관 해당 과정 이수
	무인 멀티콥터	14세 이상	해당 종류 총비행경력 20시간 (무인헬리콥터 자격소지자는 10시간)	해당 사항 없음	전문교육기관 해당 과정 이수
	무인 비행선	14세 이상	해당 종류 총비행경력 20시간	해당 사항 없음	전문교육기관 해당 과정 이수
	패러 글라이더	14세 이상	해당 종류 총비행경력 180시간 – 지도조종자와 동승 20회 이상 포함	해당 사항 없음	지정된 곳 없음
	행 글라이더	14세 이상	해당 종류 총비행경력 180시간 – 지도조종자와 동승 20회 이상 포함	해당 사항 없음	지정된 곳 없음
	낙하산류	14세 이상	100회 이상의 교육강하 경력 (사각 낙하산의 경우 200회) – 최근 1년 내에 20회 이상의 낙하 경험을 포함	해당 사항 없음	지정된 곳 없음

　　　ⓛ 응시자격 제출서류(항공안전법 시행규칙 제76조, 제77조 제2항 및 별표 4)

　　　　ⓐ (필수) 비행경력증명서 1부

　　　　ⓑ (필수) 보통2종 이상 운전면허 사본 1부

　　　　　※ 보통2종 이상 운전면허 신체검사 증명서 또는 항공신체검사증명서도 가능

　　　　ⓒ (추가) 전문교육기관 이수증명서 1부(전문교육기관 이수자에 한함)

　　　ⓒ 응시자격 신청방법

　　　　ⓐ 정의 : 항공안전법령에 의한 응시자격 조건이 충족되었는지를 확인하는 절차

　　　　ⓑ 시기 : 학과시험 접수 전부터(학과시험 합격 무관) ~ 실기시험 접수 전까지

　　　　ⓒ 기간 : 신청일 기준 3~4일 정도 소요(실기시험 접수 전까지 미리 신청)

　　　　ⓓ 장소 : 홈페이지 [응시자격신청] 메뉴 이용

　　　　ⓔ 대상 : 자격종류/기체종류가 다를 때마다 신청

　　　　　※ 대상이 같은 경우 한번만 신청 가능하며, 한번 신청된 것은 취소 불가

　　　　ⓕ 효력 : 최종합격 전까지 한번만 신청하면 유효

　　　　　※ 학과시험 유효기간 2년이 지난 경우 제출서류가 미비하면 다시 제출
　　　　　※ 제출서류에 문제가 있는 경우 합격했더라도 취소 및 민·형사상 처벌 가능

　　　　ⓖ 절차 : (응시자) 제출서류 스캔파일 등록 → (응시자) 해당 자격 신청 → (공단) 응시조건/면제조건 확인/검토 → (공단) 응시자격처리(부여/기각) → (공단) 처리결과 통보(SMS) → (응시자) 처리결과 홈페이지 확인

　⑧ 초경량비행장치 조종자 학과시험 안내

　　　㉠ 학과시험 면제기준(항공안전법 시행규칙 제86조 및 별표 6, 제88조, 제306조)

구 분	응시하고자 하는 자격	해당사항		면제과목
다른 종류의 자격을 보유한 경우	초경량비행장치조종자 (동력비행장치 또는 회전익비행장치에 한함)	운송용조종사 보유		전과목
		사업용조종사 보유		전과목
		자가용조종사 보유		전과목
	초경량비행장치조종자 (동력비행장치, 회전익비행장치, 동력패러슈트에 한함)	경량 항공기 조종사	타면조종형비행기 소지자	동력비행장치 학과시험
			경량헬리콥터 소지자	회전익비행장치 학과시험
			동력패러슈트 소지자	동력패러글라이더 학과시험
	초경량비행장치조종자 (무인헬리콥터, 무인멀티콥터)	초경량 비행장치 조종사	무인헬리콥터	무인멀티콥터 학과시험
			무인멀티콥터	무인헬리콥터 학과시험
전문교육기관을 이수한 경우	초경량비행장치조종자	초경량비행장치조종자/종류 과정 이수		전과목

ⓛ 학과시험 접수기간(항공안전법 시행규칙 제84조, 제306조)

　　※ 시험일자와 접수기간은 제반 환경에 따라 변경될 수 있음

　　ⓐ 접수담당 : 02-3151-1501

　　ⓑ 접수일자 : 연간시험일정 참조

　　ⓒ 접수마감일자 : 시험일자 2일 전

　　ⓓ 접수시작시간 : 접수 시작일자 20:00

　　ⓔ 접수마감시간 : 접수 마감일자 23:59

　　ⓕ 접수변경 : 시험일자/장소를 변경하고자 하는 경우 환불 후 재접수

　　ⓖ 접수제한 : 정원제 접수에 따른 접수인원 제한(서울 50, 부산/광주/대전 각 10석)

　　ⓗ 응시제한 : 이미 접수한 시험이 있는 경우 접수기회 1회로 제한

　　　※ 목적 : 응시자 누구에게나 공정한 응시기회 제공
　　　※ 기타 : 이미 접수한 시험의 홈페이지 결과 발표(18:00) 이후에 다음 시험 접수 가능

ⓒ 학과시험 접수방법

　　ⓐ 인터넷 : 공단 홈페이지 항공종사자 자격시험 페이지

　　ⓑ 결제수단 : 인터넷(신용카드, 계좌이체)

ⓔ 학과시험 응시수수료(항공안전법 시행규칙 제321조 및 별표 47)

자격종류	응시수수료(부가세 포함)	비 고
초경량비행장치조종자	48,400원	-

ⓜ 학과시험 환불기준(항공안전법 시행규칙 제321조)

　　ⓐ 환불기준 : 수수료를 과오납한 경우, 공단의 귀책사유 등으로 시험을 시행하지 못한 경우, 학과시험 시행일자 기준 2일 전날 23:59까지 또는 접수가능 기간까지 취소하는 경우

　　　※ 예시 : 시험일(1월 10일), 환불마감일(1월 8일 23:59까지)

　　ⓑ 환불금액 : 100% 전액

　　ⓒ 환불시기 : 신청 즉시(실제 환불확인은 카드사나 은행에 따라 5~6일 소요)

ⓗ 학과시험 환불방법

　　ⓐ 환불담당 : 02-3151-1503

　　ⓑ 환불장소 : 공단 홈페이지 항공종사자 자격시험 페이지

　　ⓒ 환불종료 : 환불마감일의 23:59까지

　　ⓓ 환불방법 : 홈페이지 [시험원서 접수]-[접수취소/환불] 메뉴이용

　　ⓔ 환불절차 : (응시자) 환불 신청(인터넷) → (공단) 시스템에서 즉시 환불 → (공단) 결제시스템회사에 해당 결제내역 취소 → (은행) 결제내역 취소 확인 → (응시자) 결제내역 실제 환불 확인

ⓐ 학과시험 시험과목 및 범위(항공안전법 시행규칙 제82조 제1항 및 별표 5, 제306조)

자격종류	과 목	범 위
초경량비행장치 조종자 (통합 1과목 40문제)	항공법규	해당 업무에 필요한 항공법규
	항공기상	• 항공기상의 기초지식 • 항공기상 통보와 일기도의 해독 등(무인비행장치는 제외) • 항공에 활용되는 일반기상의 이해 등(무인비행장치에 한함)
	비행이론 및 운용	• 해당 비행장치의 비행 기초원리 • 해당 비행장치의 구조와 기능에 관한 지식 등 • 해당 비행장치 지상활주(지상활동) 등 • 해당 비행장치 이착륙 • 해당 비행장치 공중조작 등 • 해당 비행장치 비상절차 등 • 해당 비행장치 안전관리에 관한 지식 등

◎ 학과시험 시험과목별 상세 시험범위(세목)

ⓐ 세목이란 : 학과시험 과목별 시험범위에 대한 상세 시험범위

ⓑ 활용방법 : 미리 공개된 세목을 숙지하여 수험공부에 활용

ⓒ 취약세목 : 학과시험 후 합격여부와 상관없이 틀린 문제에 대한 세목인 개인별 취약세목을 홈페이지 학과시험 결과 조회에서 확인 가능

ⓩ 2019년 초경량비행장치조종자 학과시험 시행일

월	시험일자		월	시험일자	
	항공 학과시험장	지방 화물시험장		항공 학과시험장	지방 화물시험장
1월	7, 12(토), 14, 21, 28	9, 16, 23, 30	7월	8, 13(토), 22	3, 10, 17, 24
2월	11, 18, 23(토), 25	13, 20, 27	8월	5, 10(토), 19	7, 14, 21, 28
3월	4, 9(토), 18	6, 13, 20, 27	9월	2, 23, 28(토)	4, 18, 25
4월	1, 13(토), 15, 29	3, 10, 17, 24	10월	7, 12(토), 21	2, 16, 23, 30
5월	11(토), 20	8, 15, 22, 29	11월	4, 9(토), 18	6, 13, 20, 27
6월	3, 8(토), 17	5, 12, 19, 26	12월	2, 16, 21(토)	4, 11, 18

※ 학과시험 시행일은 갑작스런 응시자 급증 등 제반 환경에 따라 변경될 수 있습니다. 추가 시험일정은 홈페이지 공지사항을 확인하시기 바랍니다.
※ 공휴일 다음날에 학과시험을 시행할 경우 시스템 점검을 위해 오전시험 시행불가

ⓩ 학과시험 장소(항공안전법 시행규칙 제84조, 제306조)

ⓐ 서울시험장(50석) : 항공시험처(서울 마포구 구룡길 15)

ⓑ 부산시험장(10석) : 부산경남지역본부(부산 사상구 학장로 256)

ⓒ 광주시험장(10석) : 호남지역본부(광주 남구 송암로 96)

ⓓ 대전시험장(10석) : 중부지역본부(대전 대덕구 대덕대로 1417번길 31)

ⓚ 학과시험 시행방법(항공안전법 제43조 및 시행규칙 제82조, 제84조, 제306조)

ⓐ 시행담당 : 02-3151-1501

ⓑ 시행방법 : 컴퓨터에 의한 시험 시행

ⓒ 문제수 : 초경량비행장치조종자(과목당 40문제)

ⓓ 시험시간 : 과목당 40문제(과목당 50분)

ⓔ 시작시간 : 평일(14:00, 16:00 등), 주말(11:00, 14:00 등)

ⓕ 응시제한 및 부정행위 처리

- 시험 시작시간 이후에 시험장에 도착한 사람은 응시 불가
- 시험 도중 무단으로 퇴장한 사람은 재입장할 수 없으며 해당 시험 종료처리
- 부정행위 또는 주의사항이나 시험감독의 지시에 따르지 아니하는 사람은 즉각 퇴장조치 및 무효처리하며, 향후 2년간 공단에서 시행하는 자격시험의 응시자격 정지

⑨ 초경량비행장치 조종자 실기시험 안내

㉠ 실기시험 면제기준(항공안전법 시행규칙 제88조 및 별표 7, 제89조, 제306조) 해당 사항 없음

㉡ 실기시험 접수기간(항공안전법 시행규칙 제84조, 제306조)

ⓐ 접수담당 : 02-3151-1514(초경량 실비행시험)

ⓑ 접수일자 : 시험일 2주전(前) 수요일 ~ 시험시행일 전(前)주 월요일

ⓒ 접수시작시간 : 접수 시작일 20:00

ⓓ 접수마감시간 : 접수 마감일 23:59

ⓔ 접수변경 : 시험일자를 변경하고자 하는 경우 환불 후 재접수

ⓕ 접수제한 : 정원제 접수에 따른 접수인원 제한(1~2월 접수는 제외)

ⓖ 응시제한 : 같은 접수기간동안 같은 자격으로 접수기회 1회로 제한

    ※ 목적 : 응시자 누구에게나 공정한 응시기회 제공
    ※ 기타 : 이미 접수한 시험의 결과가 발표된 이후에 다음 시험 접수 가능

ⓗ 주의사항 : 무인비행기, 무인헬리콥터, 무인멀티콥터, 무인비행선 실기시험 접수 시 반드시 사전에 교육기관과 비행장치 및 장소 제공 일자에 대한 협의를 하여 협의된 날짜로 접수할 것

㉢ 실기시험 접수방법

ⓐ 인터넷 : 공단 홈페이지 항공종사자 자격시험 페이지

ⓑ 결제수단 : 인터넷(신용카드, 계좌이체)

㉣ 실기시험 환불기준(항공안전법 시행규칙 제321조)

ⓐ 환불기준 : 수수료를 과오납한 경우, 공단의 귀책사유 등으로 시험을 시행하지 못한 경우, 실기시험 시행일자 기준 8일 전날 23:59까지 또는 접수가능기간까지 취소하는 경우

    ※ 예시 : 시험일(1월 10일), 환불마감일(1월 2일 23:59까지)

    ⓑ 환불금액 : 100% 전액

    ⓒ 환불시기 : 신청 즉시(실제 환불확인은 카드사나 은행에 따라 5~6일 소요)

㉲ 실기시험 환불방법

    ⓐ 환불담당 : 02-3151-1503

    ⓑ 환불장소 : 공단 홈페이지 항공종사자 자격시험 페이지

    ⓒ 환불종료 : 환불마감일 24:00까지

    ⓓ 환불방법 : 홈페이지 [시험원서 접수]-[접수취소/환불] 메뉴이용

    ⓔ 환불절차 : (응시자) 환불 신청(인터넷) → (공단) 시스템에서 즉시 환불 → (공단) 결제시스템회사에 해당 결제내역 취소 → (은행) 결제내역 취소 확인 → (응시자) 결제내역 실제 환불 확인

㉔ 실기시험 장소(항공안전법 시행규칙 제84조, 제306조)

시험장소 : 응시자 요청에 따라 별도 협의 후 시행

㉕ 실기시험 시행방법(항공안전법 제43조 및 시행규칙 제82조, 제84조, 제306조)

    ⓐ 시행담당 : 02-3151-1514(초경량 실비행시험)

    ⓑ 시행방법 : 구술시험 및 실비행시험

    ⓒ 시작시간 : 공단에서 확정 통보된 시작시간(시험접수 후 별도 SMS 통보)

    ⓓ 응시제한 및 부정행위 처리

      • 사전 허락없이 시험 시작시간 이후에 시험장에 도착한 사람은 응시 불가

      • 시험위원 허락없이 시험 도중 무단으로 퇴장한 사람은 해당 시험 종료처리

      • 부정행위 또는 주의사항이나 시험감독의 지시에 따르지 아니하는 사람은 즉각 퇴장조치 및 무효처리하며, 향후 2년간 공단에서 시행하는 자격시험의 응시자격 정지

㉖ 실기시험 합격발표(항공안전법 시행규칙 제83조, 제85조, 제306조)

    ⓐ 발표방법 : 시험종료 후 인터넷 홈페이지에서 확인

    ⓑ 발표시간 : 시험 당일 18:00

    ⓒ 합격기준 : 채점항목의 모든 항목에서 "S"등급이어야 합격

    ⓓ 합격취소 : 응시자격 미달 또는 부정한 방법으로 시험에 합격한 경우 합격 취소

    ⓔ 유효기간 : 해당 과목 합격일로부터 2년간 유효

      • 학과합격 유효기간 : 최종과목 합격일로부터 2년간 합격 유효

      • 실기접수 유효기간 : 최종과목 합격일로부터 2년간 접수 가능

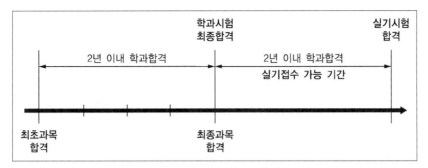

ⓩ 2019년 초경량비행장치조종자 실기시험 시행일

종 목	초경량비행장치
	시험일자
1월	15, 16, 22, 23, 29, 30
2월	12, 13, 19, 20, 26, 27
3월	5, 6, 12, 13, 19, 20, 26, 27
4월	2, 3, 9, 10, 16, 17, 23, 24
5월	14, 15, 21, 22, 28, 29
6월	4, 5, 11, 12, 18, 19, 25, 26
7월	9, 10, 16, 17, 23, 24
8월	6, 7, 13, 14, 20, 21, 27, 28
9월	3, 4, 17, 18, 24, 25
10월	1, 2, 15, 16, 22, 23, 29, 30
11월	5, 6, 12, 13, 19, 20, 26, 27
12월	3, 4, 10, 11, 17, 18

⑩ 초경량비행장치 조종자 증명서 발급

　㉠ 자격증 신청 제출서류(항공안전법 시행규칙 제87조)

　　ⓐ (필수) 명함사진 1부

　　ⓑ (필수) 보통2종 이상 운전면허 사본 1부

　　　※ 보통2종 이상 운전면허 신체검사 증명서 또는 항공신체검사 증명서도 가능

　㉡ 자격증 신청 방법(항공안전법 시행규칙 제87조, 제306조, 제321조)

　　ⓐ 발급담당 : 02-3151-1503

　　ⓑ 수수료 : 11,000원(부가세 포함)

　　ⓒ 신청기간 : 최종합격발표 이후(인터넷 : 24시간, 방문 : 근무시간)

　　ⓓ 신청장소

　　　• 인터넷 : 공단 홈페이지 항공종사자 자격시험 페이지

　　　• 방문 : 항공시험처 사무실(평일 09:00~18:00)

　　　※ 주소 : 서울 마포구 구룡길 15(상암동 1733번지) 상암자동차검사소 3층

ⓔ 결제수단 : 인터넷(신용카드, 계좌이체), 방문(신용카드, 현금)

ⓕ 처리기간 : 인터넷(2~3일 소요), 방문(10~20분)

ⓖ 신청취소 : 인터넷 취소 불가(전화취소 02-3151-1500 자격발급 담당자)

ⓗ 책임 여부 : 발급책임(공단), 발급신청/우편배송/대리수령/수령확인책임(신청자)

ⓘ 발급절차 : (신청자) 발급신청(자격사항, 인적사항, 배송지 등) → (신청자) 제출 서류 스캔파일 등록(사진, 신체검사 증명서 등) → (공단) 신청명단 확인 후 자격 증 발급 → (공단) 등기우편발송 → (우체국) 등기우편배송 → (신청자) 수령 및 이상 유무 확인

⑪ 무인비행장치(무인비행기, 무인헬리콥터, 무인멀티콥터, 무인비행선) 학과시험 과목별 세목 현황

과목명	세목명	
법규 분야	000. 목적 및 용어의 정의	
	002. 공역 및 비행제한	
	010. 초경량비행장치 범위 및 종류	
	012. 신고를 요하지 아니하는 초경량비행장치	
	020. 초경량비행장치의 신고 및 안전성인증	
	023. 초경량비행장치 변경/이전/말소	
	030. 초경량비행장치의 비행자격 등	
	031. 비행계획승인	
	032. 초경량비행장치 조종자 준수사항	
	040. 초경량비행장치 사고/조사 및 벌칙	
이론 분야	060. 비행준비 및 비행 전 점검	
	061. 비행절차	062. 비행 후 점검
	070. 기체의 각 부분과 조종면의 명칭 및 이해	
	071. 추력부분의 명칭 및 이해	
	072. 기초비행이론 및 특성	073. 측풍 이착륙
	074. 엔진고장 등 비정상상황 시 절차	
	075. 비행장치의 안정과 조종	
	076. 송수신 장비 관리 및 점검	
	077. 베터리의 관리 및 점검	078. 엔진의 종류 및 특성
	079. 조종자 및 역할	080. 비행장치에 미치는 힘
	082. 공기흐름의 성질	084. 날개 특성 및 형태
	085. 지면효과, 후류 등	
	086. 무게중심 및 Weight & Balance	
	087. 사용가능 기체(GAS)	092. 비행안전 관련
	093. 조종자 및 인적 요소	
	095. 비행관련 정보(AIP, NOTAM) 등	
기상 분야	100. 대기의 구조 및 특성	110. 착 빙
	120. 기온과 기압	140. 바람과 지형
	150. 구 름	160. 시정 및 시정장애현상
	170. 고기압과 저기압	180. 기단과 선선
	190. 뇌우 및 난기류 등	

(2) 초경량비행장치(무인멀티콥터) 실기시험표준서(PRACTICAL TEST STANDARDS)

제1장 총 칙

① 목 적

이 표준서는 초경량비행장치 무인멀티콥터 조종자 실기시험의 신뢰와 객관성을 확보하고 초경량비행장치 조종자의 지식 및 기량 등의 확인과정을 표준화하여 실기시험 응시자에 대한 공정한 평가를 목적으로 한다.

② 실기시험표준서 구성

초경량비행장치 무인멀티콥터 실기시험표준서는 제1장 총칙, 제2장 실기영역, 제3장 실기영역 세부기준으로 구성되어 있으며, 각 실기영역 및 실기영역 세부기준은 해당 영역의 과목들로 구성되어 있다.

③ 일반사항

초경량비행장치 무인멀티콥터 실기시험위원은 실기시험을 시행할 때 이 표준서로 실시하여야 하며, 응시자는 훈련을 할 때 이 표준서를 참조할 수 있다.

④ 실기시험표준서 용어의 정의

㉠ "실기영역"은 실제 비행할 때 행하여지는 유사한 비행기동들을 모아놓은 것이며, 비행 전 준비부터 시작하여 비행 종료 후의 순서로 이루어져 있다. 다만, 실기시험위원은 효율적이고 완벽한 시험이 이루어질 수 있다면 그 순서를 재배열하여 실기시험을 수행할 수 있다.

㉡ "실기과목"은 실기영역 내의 지식과 비행기동/절차 등을 말한다.

㉢ "실기영역의 세부기준"은 응시자가 실기과목을 수행하면서 그 능력을 만족스럽게 보여 주어야 할 중요한 요소들을 열거한 것으로, 다음과 같은 내용을 포함하고 있다.

• 응시자의 수행능력 확인이 반드시 요구되는 항목

• 실기과목이 수행되어야 하는 조건

• 응시자가 합격될 수 있는 최저 수준

㉣ "안정된 접근"이라 함은 최소한의 조종간 사용으로 초경량비행장치를 안전하게 착륙시킬 수 있도록 접근하는 것을 말한다. 접근할 때 과도한 조종간의 사용은 부적절한 무인멀티콥터 조작으로 간주된다.

㉤ "권고된"이라 함은 초경량비행장치 제작사의 권고사항을 말한다.

㉥ "지정된"이라 함은 실기시험위원에 의해서 지정된 것을 말한다.

⑤ 실기시험표준서의 사용

   ㉠ 실기시험위원은 시험영역과 과목의 진행에 있어서 본 표준서에 제시된 순서를 반드시 따를 필요는 없으며, 효율적이고 원활하게 실기시험을 진행하기 위하여 특정 과목을 결합하거나 진행순서를 변경할 수 있다. 그러나 모든 과목에서 정하는 목적에 대한 평가는 실기시험 중 반드시 수행되어야 한다.

   ㉡ 실기시험위원은 항공법규에 의한 초경량비행장치 조종자의 준수사항 등을 강조하여야 한다.

⑥ 실기시험표준서의 적용

   ㉠ 초경량비행장치 조종자 증명시험에 합격하려고 하는 경우 이 실기시험표준서에 기술되어 있는 적절한 과목들을 완수하여야 한다.

   ㉡ 실기시험위원들은 응시자들이 효율적이고 주어진 과목에 대하여 시범을 보일 수 있도록 지시나 임무를 명확히 하여야 한다. 유사한 목표를 가진 임무가 시간 절약을 위해서 통합되어야 하지만, 모든 임무의 목표는 실기시험 중 적절한 때에 시범보여져야 하며 평가되어야 한다.

   ㉢ 실기시험위원이 초경량비행장치 조종자가 안전하게 임무를 수행하는 능력을 정확하게 평가하는 것은 매우 중요한 것이다.

   ㉣ 실기시험위원의 판단하에 현재의 초경량비행장치나 장비로 특정 과목을 수행하기에 적합하지 않을 경우 그 과목은 구술평가로 대체할 수 있다.

⑦ 초경량비행장치 무인멀티콥터 실기시험 응시요건

   초경량비행장치 무인멀티콥터 실기시험 응시자는 다음 사항을 충족하여야 한다. 응시자가 시험을 신청할 때에 접수기관에서 이미 확인하였더라도 실기시험위원은 다음 사항을 확인할 의무를 지닌다.

   ㉠ 최근 2년 이내에 학과시험에 합격하였을 것

   ㉡ 조종자증명에 한정된 비행장치로 비행교육을 받고 초경량비행장치 조종자증명 운영세칙에서 정한 비행경력을 충족할 것

   ㉢ 시험 당일 현재 유효한 항공신체검사증명서를 소지할 것

⑧ 실기시험 중 주의산만(Distraction)의 평가

   사고의 대부분이 조종자의 업무부하가 높은 비행단계에서 조종자의 주의산만으로 인하여 발생된 것으로 보고되고 있다. 비행교육과 평가를 통하여 이러한 부분을 강화시키기 위하여 실기시험위원은 실기시험 중 실제로 주의가 산만한 환경을 만든다. 이를 통하여 시험위원은 주어진 환경하에서 안전한 비행을 유지하고 조종실의 안과 밖을 확인하는 응시자의 주의분배 능력을 평가할 수 있는 기회를 갖게 된다.

⑨ 실기시험위원의 책임

　㉠ 실기시험위원은 관계 법규에서 규정한 비행계획 승인 등 적법한 절차를 따르지 않았거나 초경량비행장치의 안전성인증을 받지 않은 경우(관련 규정에 따른 안전성인증면제 대상 제외) 실기시험을 실시해서는 안 된다.

　㉡ 실기시험위원은 실기평가가 이루어지는 동안 응시자의 지식과 기술이 표준서에 제시된 각 과목의 목적과 기준을 충족하였는지의 여부를 판단할 책임이 있다.

　㉢ 실기시험에 있어서 "지식"과 "기량" 부분에 대한 뚜렷한 구분이 없거나 안전을 저해하는 경우 구술시험으로 진행할 수 있다.

　㉣ 실기시험의 비행부분을 진행하는 동안 안전요소와 관련된 응시자의 지식을 측정하기 위하여 구술시험을 효과적으로 진행하여야 한다.

　㉤ 실기시험위원은 응시자가 정상적으로 임무를 수행하는 과정을 방해하여서는 안 된다.

　㉥ 실기시험을 진행하는 동안 시험위원은 단순하고 기계적인 능력의 평가보다는 응시자의 능력이 최대로 발휘될 수 있도록 기회를 제공하여야 한다.

⑩ 실기시험 합격수준

실기시험위원은 응시자가 다음 조건을 충족할 경우에 합격판정을 내려야 한다.

　㉠ 본 표준서에서 정한 기준 내에서 실기영역을 수행해야 한다.

　㉡ 각 항목을 수행함에 있어 숙달된 비행장치 조작을 보여 주어야 한다.

　㉢ 본 표준서의 기준을 만족하는 능숙한 기술을 보여 주어야 한다.

　㉣ 올바른 판단을 보여 주어야 한다.

⑪ 실기시험 불합격의 경우

응시자가 수행한 어떠한 항목이 표준서의 기준을 만족하지 못하였다고 실기시험위원이 판단하였다면 그 항목은 통과하지 못한 것이며 실기시험은 불합격 처리가 된다. 이러한 경우 실기시험위원이나 응시자는 언제든지 실기시험을 중지할 수 있다. 다만, 응시자의 요청에 의하여 시험은 계속될 수 있으나 불합격 처리된다. 실기시험 불합격에 해당하는 대표적인 항목들은 다음과 같다.

　㉠ 응시자가 비행안전을 유지하지 못하여 시험위원이 개입한 경우

　㉡ 비행기동을 하기 전에 공역 확인을 위한 공중경계를 간과한 경우

　㉢ 실기영역의 세부내용에서 규정한 조작의 최대 허용한계를 지속적으로 벗어난 경우

　㉣ 허용한계를 벗어났을 때 즉각적인 수정 조작을 취하지 못한 경우

　㉤ 실기시험 시 조종자가 과도하게 비행자세 및 조종위치를 변경한 경우 등이다.

제2장 실기 영역

① 구술관련 사항
  ㉠ 기체에 관련한 사항
   • 비행장치 종류에 관한 사항
   • 비행허가에 관한 사항
   • 안전관리에 관한 사항
   • 비행규정에 관한 사항
   • 정비규정에 관한 사항
  ㉡ 조종자에 관련한 사항
   • 신체조건에 관한 사항
   • 학과합격에 관한 사항
   • 비행경력에 관한 사항
   • 비행허가에 관한 사항
  ㉢ 공역 및 비행장에 관련한 사항
   • 기상정보에 관한 사항
   • 이착륙장 및 주변 환경에 관한 사항
  ㉣ 일반지식 및 비상절차
   • 비행규칙에 관한 사항
   • 비행계획에 관한 사항
   • 비상절차에 관한 사항
  ㉤ 이륙 중 엔진 고장 및 이륙 포기
   • 이륙 중 엔진 고장에 관한 사항
   • 이륙 포기에 관한 사항

② 실기관련 사항
  ㉠ 비행 전 절차
   • 비행 전 점검
   • 기체의 시동
   • 이륙 전 점검
  ㉡ 이륙 및 공중조작
   • 이륙비행
   • 공중 정지비행(호버링)
   • 직진 및 후진 수평비행

- 삼각비행
- 원주비행(러더턴)
- 비상조작
ⓒ 착륙조작
  - 정상접근 및 착륙
  - 측풍접근 및 착륙
ⓔ 비행 후 점검
  - 비행 후 점검
  - 비행기록

③ 종합능력관련 사항
  ㉠ 계획성
  ㉡ 판단력
  ㉢ 규칙의 준수
  ㉣ 조작의 원활성
  ㉤ 안전거리 유지

제3장 실기영역 세부기준

① 구술관련 사항
  ㉠ 기체관련 사항 평가기준
    - 비행장치 종류에 관한 사항
    기체의 형식인정과 그 목적에 대하여 이해하고 해당 비행장치의 요건에 대하여 설명할 수 있을 것
    - 비행허가에 관한 사항
    항공안전법 제124조에 대하여 이해하고, 비행안전을 위한 기술상의 기준에 적합하다는 '안전성인증서'를 보유하고 있을 것
    - 안전관리에 관한 사항
    안전관리를 위해 반드시 확인해야 할 항목에 대하여 설명할 수 있을 것
    - 비행규정에 관한 사항
    비행규정에 기재되어 있는 항목(기체의 재원, 성능, 운용한계, 긴급조작, 중심위치 등)에 대하여 설명할 수 있을 것
    - 정비규정에 관한 사항
    정기적으로 수행해야 할 기체의 정비, 점검, 조정 항목에 대한 이해 및 기체의 경력 등을 기재하고 있을 것

ⓛ 조종자에 관련한 사항 평가기준
- 신체조건에 관한 사항
  유효한 신체검사증명서를 보유하고 있을 것
- 학과합격에 관한 사항
  필요한 모든 과목에 대하여 유효한 학과합격이 있을 것
- 비행경력에 관한 사항
  기량평가에 필요한 비행경력을 지니고 있을 것
- 비행허가에 관한 사항
  항공안전법 제125조에 대하여 설명할 수 있고 비행안전요원은 유효한 조종자 증명을 소지하고 있을 것

ⓒ 공역 및 비행장에 관련한 사항 평가기준
- 공역에 관한 사항
  비행관련 공역에 관하여 이해하고 설명할 수 있을 것
- 비행장 및 주변 환경에 관한 사항
  초경량비행장치 이착륙장 및 주변 환경에서 운영에 관한 지식

ⓔ 일반 지식 및 비상절차에 관련한 사항 평가기준
- 비행규칙에 관한 사항
  비행에 관한 비행규칙을 이해하고 설명할 수 있을 것
- 비행계획에 관한 사항
  - 항공안전법 제127조에 대하여 이해하고 있을 것
  - 의도하는 비행 및 비행절차에 대하여 설명할 수 있을 것
- 비상절차에 관한 사항
  - 충돌예방을 위하여 고려해야 할 사항(특히 우선권의 내용)에 대하여 설명할 수 있을 것
  - 비행 중 발동기 정지나 화재발생 시 등 비상조치에 대하여 설명할 수 있을 것

ⓜ 이륙 중 엔진 고장 및 이륙포기 관련한 사항 평가기준
- 이륙 중 엔진 고장에 관한 사항
  이륙 중 엔진 고장 상황에 대해 이해하고 설명할 수 있을 것
- 이륙포기에 관한 사항
  이륙 중 엔진 고장 및 이륙 포기 절차에 대해 이해하고 설명할 수 있을 것

② 실기관련 사항
ⓐ 비행 전 절차 관련한 사항 평가기준
- 비행 전 점검

점검항목에 대하여 설명하고 그 상태의 좋고 나쁨을 판정할 수 있을 것

- 기체의 시동 및 점검
  - 올바른 시동절차 및 다양한 대기조건에서의 시동에 대한 지식
  - 기체 시동 시 구조물, 지면 상태, 다른 초경량비행장치, 인근 사람 및 자산을 고려하여 적절하게 초경량비행장치를 점검
  - 올바른 시동절차의 수행과 시동 후 점검·조정 완료 후 운전상황의 좋고 나쁨을 판단할 수 있을 것
- 이륙 전 점검
  - 엔진 시동 후 운전상황의 좋고 나쁨을 판단할 수 있을 것
  - 각종 계기 및 장비의 작동상태에 대한 확인절차를 수행할 수 있을 것

ⓛ 이륙 및 공중조작 평가기준

- 이륙비행
  - 원활하게 이륙 후 수직으로 지정된 고도까지 상승할 것
  - 현재 풍향에 따른 자세수정으로 수직으로 상승이 되도록 할 것
  - 이륙을 위하여 유연하게 출력을 증가
  - 이륙과 상승을 하는 동안 측풍 수정과 방향 유지
- 공중 정지비행(호버링)
  - 고도와 위치 및 기수방향을 유지하며 정지비행을 유지할 수 있을 것
  - 고도와 위치 및 기수방향을 유지하며 좌측면/우측면 정지비행을 유지할 수 있을 것
- 직진 및 후진 수평비행
  - 직진 수평비행을 하는 동안 기체의 고도와 경로를 일정하게 유지할 수 있을 것
  - 직진 수평비행을 하는 동안 기체의 속도를 일정하게 유지할 수 있을 것
- 삼각비행
  - 삼각비행을 하는 동안 기체의 고도(수평비행 시)와 경로를 일정하게 유지할 수 있을 것
  - 삼각비행을 하는 동안 기체의 속도를 일정하게 유지할 수 있을 것

    ※ 삼각비행 : 호버링 위치 → 좌(우)측 포인트로 수평비행 → 호버링 위치로 상승비행 → 우(좌)측 포인트로 하강비행 → 호버링 위치로 수평비행
- 원주비행(러더턴)
  - 원주비행을 하는 동안 기체의 고도와 경로를 일정하게 유지할 수 있을 것
  - 원주비행을 하는 동안 기체의 속도를 일정하게 유지할 수 있을 것
  - 원주비행을 하는 동안 비행경로와 기수의 방향을 일치시킬 수 있을 것

- 비상조작

  비상상황 시 즉시 정지 후 현 위치 또는 안전한 착륙위치로 신속하고 침착하게
  이동하여 비상착륙할 수 있을 것

ⓒ 착륙조작에 관련한 평가기준

- 정상접근 및 착륙

  - 접근과 착륙에 관한 지식
  - 기체의 GPS 모드 등 자동 또는 반자동 비행이 가능한 상태를 수동비행이 가능
    한 상태(자세모드)로 전환하여 비행할 것
  - 안전하게 착륙조작이 가능하며, 기수방향 유지가 가능할 것
  - 이착륙장 또는 착륙지역 상태, 장애물 등을 고려하여 적절한 착륙지점
    (Touchdown Point) 선택
  - 안정된 접근자세(Stabilized Approach)와 권고된 속도(돌풍 요소를 감안) 유지
  - 접근과 착륙동안 유연하고 시기적절한 올바른 조종간의 사용

- 측풍접근 및 착륙

  - 측풍 시 접근과 착륙에 관한 지식
  - 측풍상태에서 안전하게 착륙조작이 가능하며, 방향 유지가 가능할 것
  - 바람상태, 이착륙장 또는 착륙지역 상태, 장애물 등을 고려하여 적절한 착륙지
    점(Touchdown Point) 선택
  - 안정된 접근자세(Stabilized Approach)와 권고된 속도(돌풍 요소를 감안) 유지
  - 접근과 착륙 동안 유연하고 시기적절한 올바른 조종간의 사용
  - 접근과 착륙 동안 측풍 수정과 방향 유지

ⓔ 비행 후 점검에 관련한 평가기준

- 비행 후 점검

  - 착륙 후 절차 및 점검 항목에 관한 지식
  - 적합한 비행 후 점검 수행

- 비행기록

  비행기록을 정확하게 기록할 수 있을 것

③ 종합능력관련 사항 평가기준

ⓐ 계획성

비행을 시작하기 전에 상황을 정확하게 판단하고 비행계획을 수립했는지 여부에
대하여 평가할 것

ⓑ 판단력

수립한 비행계획을 적용 시 적절성 여부에 대하여 평가할 것

ⓒ 규칙의 준수

관련되는 규칙을 이해하고 그 규칙의 준수 여부에 대하여 평가할 것

ⓔ 조작의 원활성

기체 취급이 신속·정확하며 원활한 조작을 하고 있는지 여부에 대하여 평가할 것

ⓜ 안전거리 유지

실기시험 중 기종에 따라 권고된 안전거리 이상을 유지할 수 있을 것

[실기시험 채점표]

실기시험 채점표
초경량비행장치조종자(무인멀티콥터)

응시자성명		사 용 비행장치		판 정	
시험일시		시험장소			

순 번 구분	영역 및 항목	등 급
구술시험		
1	기체에 관련한 사항	
2	조종자에 관련한 사항	
3	공역 및 비행장에 관련한 사항	
4	일반지식 및 비상절차	
5	이륙 중 엔진 고장 및 이륙 포기	
실기시험(비행 전 절차)		
6	비행 전 점검	
7	기체의 시동	
8	이륙 전 점검	
실기시험(이륙 및 공중조작)		
9	이륙비행	
10	공중 정지비행(호버링)	
11	직진 및 후진 수평비행	
12	삼각비행	
13	원주비행(러더턴)	
14	비상조작	
실기시험(착륙조작)		
15	정상접근 및 착륙	
16	측풍접근 및 착륙	
실기시험(비행 후 점검)		
17	비행 후 점검	
18	비행기록	
실기시험(종합능력)		
19	안전거리 유지	
20	계획성	
21	판단력	
22	규직의 순수	
23	조작의 원활성	
실기시험위원 의견 :		

(3) 초경량비행장치 운영 현황

① 2018년도 무인멀티콥터 신고 대수 / 국가자격증 취득자 수

드론 운영 현황(누적 통계치, 자료 : 국토교통부)

구 분	2013년	2014년	2015년	2016년	2017년
기체신고 대수	195	354	921	2,172	3,894
사용사업 업체 수	131	383	698	1,030	1,501
조종자 수	52	667	872	1,326	4,254

※ 현재까지 배출된 지도조종자는 1,608명(2018년 10월 기준)
  • 2016년 : 32명
  • 2017년 : 580명
  • 2018년(1.1~10.28) : 996명

(4) 무인헬리콥터 및 무인멀티콥터 실비행장 표준 규격

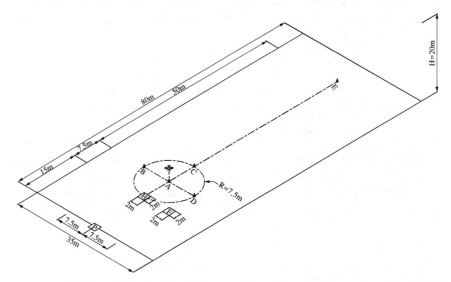

※ P : 조종자, A : 호버링 위치, H : 이착륙장, F : 비상착륙장(비상착륙장 위치는 변동가능)

CHAPTER

6 조종자 준수사항

1 초경량비행장치 조종자 준수사항

(1) 초경량비행장치 조종자 등의 준수사항(항공안전법 제129조 / 항공안전법 시행규칙 제310조)

① 초경량비행장치의 조종자는 초경량비행장치로 인하여 인명이나 재산에 피해가 발생하지 아니하도록 국토교통부령으로 정하는 준수사항을 지켜야 한다.

㉠ 인명이나 재산에 위험을 초래할 우려가 있는 낙하물을 투하(投下)하는 행위

㉡ 주거지역, 상업지역 등 인구가 밀집된 지역이나 그 밖에 사람이 많이 모인 장소의 상공에서 인명 또는 재산에 위험을 초래할 우려가 있는 방법으로 비행하는 행위

㉢ 사람 또는 건축물이 밀집된 지역의 상공에서 건축물과 충돌할 우려가 있는 방법으로 근접하여 비행하는 행위

㉣ 관제공역·통제공역·주의공역에서 비행하는 행위

㉤ 안개 등으로 인하여 지상목표물을 육안으로 식별할 수 없는 상태에서 비행하는 행위(시험비행 허가 시 제외)

㉥ 비행시정 및 구름으로부터의 거리기준을 위반하여 비행하는 행위

㉦ 일몰 후부터 일출 전까지의 야간에 비행하는 행위(시험비행 허가 시 제외)

㉧ 주류, 마약류 또는 환각물질 등의 영향으로 조종업무를 정상적으로 수행할 수 없는 상태에서 조종하는 행위 또는 비행 중 주류 등을 섭취하거나 사용하는 행위

㉨ 제308조 제4항에 따른 조건을 위반하여 비행하는 행위

> ※ 항공안전법 시행규칙 제308조 제4항 : 지방항공청장은 비행승인신청서를 승인을 하는 경우에는 다음의 조건을 붙일 수 있다.
> • 탑승자에 대한 안전점검 등 안전관리에 관한 사항
> • 비행장치 운용한계치에 따른 기상요건에 관한 사항(항공레저스포츠사업에 사용되는 기구류 중 계류식으로 운영되지 않는 기구류만 해당한다)
> • 비행경로에 관한 사항

㉩ 그 밖에 비정상적인 방법으로 비행하는 행위

② 초경량비행장지 조종자는 무인자유기구를 비행시켜서는 아니 된다. 다만, 국토교통부령으로 정하는 바에 따라 국토교통부 장관의 허가를 받은 경우에는 그러하지 아니하다.

③ 초경량비행장치 조종자는 초경량비행장치 사고가 발생하였을 때에는 국토교통부령으로 정하는 바에 따라 지체 없이 국토교통부 장관에게 그 사실을 보고하여야 한다. 다만, 초경량비행장치 조종자가 보고할 수 없을 때에는 그 초경량비행장치 소유자 등이 초경량비행장치 사고를 보고하여야 한다.

④ 무인비행장치 조종자는 무인비행장치를 사용하여 개인정보 또는 개인위치정보 등 개인의 공적·사적 생활과 관련된 정보를 수집하거나 이를 전송하는 경우 타인의 자유와 권리를 침해하지 아니하도록 하여야 한다.

⑤ 초경량비행장치 중 무인비행장치 조종자로서 야간에 비행 등을 위하여 국토교통부령으로 정하는 바에 따라 국토교통부 장관의 승인을 받은 자는 그 승인 범위 내에서 비행할 수 있다. 이 경우 국토교통부 장관은 국토교통부 장관이 고시하는 무인비행장치 특별비행을 위한 안전기준에 적합한지 여부를 검사하여야 한다.

(2) 안전개선명령 및 준용 규정(항공안전법 제130조/항공안전법 시행규칙 제313조/항공안전법 제57조)

① 국토교통부 장관은 초경량비행장치사용사업의 안전을 위하여 필요하다고 인정되는 경우에는 초경량비행장치사용사업자에게 다음의 사항을 명할 수 있다.

　㉠ 초경량비행장치 및 그 밖의 시설의 개선

　㉡ 그 밖에 초경량비행장치의 비행안전에 대한 방해 요소를 제거하기 위하여 필요한 사항으로서 국토교통부령으로 정하는 사항

　　ⓐ 초경량비행장치사용사업자가 운용 중인 초경량비행장치에 장착된 안전성이 검증되지 아니한 장비의 제거

　　ⓑ 초경량비행장치 제작자가 정한 정비절차의 이행

　　ⓒ 그 밖에 안전을 위하여 지방항공청장이 필요하다고 인정하는 사항

② 주류 등의 섭취·사용 제한

　㉠ 항공종사자 및 객실승무원은 항공업무 또는 객실승무원의 업무에 종사하는 동안에는 주류 등을 섭취하거나 사용해서는 아니 된다.

　㉡ 국토교통부 장관은 항공안전과 위험 방지를 위하여 필요하다고 인정하거나 항공종사자 및 객실 승무원이 ㉠을 위반하여 항공업무 또는 객실 승무원의 업무를 하였다고 인정할 만한 상당한 이유가 있을 때에는 주류 등의 섭취 및 사용 여부를 호흡측정기 검사 등의 방법으로 측정할 수 있으며, 항공종사자 및 객실승무원은 이러한 측정에 응하여야 한다.

　㉢ 주류 등의 섭취·사용 제한 기준

　　주류 등의 영향으로 항공업무 또는 객실승무원의 업무를 정상적으로 수행할 수 없는 상태의 기준은 다음 각 호와 같다.

　　ⓐ 주정성분이 있는 음료의 섭취로 혈중알코올농도가 0.02% 이상인 경우

　　ⓑ 마약류를 사용한 경우

　　ⓒ 환각물질을 사용한 경우

CHAPTER 7 장치사고, 조사 및 벌칙

1 ✈ 초경량비행장치 사고, 조사

(1) 항공 · 철도 사고 조사에 관한 법률(2005.11.8 법률 제7692호로 제정)

항공 · 철도 사고 조사에 관한 법률은 시카고협약 및 동 협약 부속서에서 정한 항공기 사고 조사 기준을 준거하여 규정하고 있다.

※ 시카고협약 제25조(조난 항공기), 제26조(사고 조사), 시카고 협약 부속서 12(수색 및 구조), 부속서 13(항공기 사고 조사) 등에 따라 규정하고 있다.

이 법은 항공 · 철도 사고 조사에 관한 전반적인 사항을 총 5장(제1장 총칙, 제2장 항공 · 철도사고조사위원회, 제3장 사고조사, 제4장 보칙, 제5장 벌칙)으로 구분하여 규정하고 있다.

항공 · 철도사고조사위원회는 항공 · 철도 사고 조사에 관한 법률이 2006년 7월 9일 시행됨에 따라 2006년 7월 10일 항공사고조사위원회와 철도사고조사위원회가 항공 · 철도사고조사위원회로 통합 출범하였다.

항공 · 철도 사고 등의 원인 규명과 예방을 위한 사고 조사를 독립적으로 수행하기 위하여 국토교통부에 본 위원회를 두고 있으며, 국토교통부 장관은 일반적인 행정 사항에 대하여는 위원회를 지휘 · 감독하되, 사고 조사에 대하여는 관여하지 못한다고 규정하고 있다(제4조). 다시 말하여 본 위원회의 설치 목적은 사고 원인을 명확하게 규명하여 향후 유사한 사고를 방지하는 데 있으며, 더 나아가서는 고귀한 인명과 재산을 보호함으로써 국민의 삶의 질을 향상시키는 데 있다.

(2) 항공안전법 제2조 제8호에서 규정하는 초경량비행장치 사고

항공 사고 조사대상이 되는 항공 사고 등은 항공 사고 및 항공기 준사고를 포함하고 있고, 구체적인 사고항목으로 경량항공기 사고, 초경량비행장치 사고, 항공기 준사고가 있으며, 다음은 초경량비행장치 사고에 대해 기재한다.

초경량비행장치 사고는 초경량비행장치를 사용하여 비행을 목적으로 이륙하는 순간부터 착륙하는 순간까지 발생한 다음 각 목의 어느 하나에 해당하는 것으로서 국토교통부령으로 정하는 것을 말한다.

① 초경량비행장치에 의한 사람의 사망 · 중상 또는 행방불명

② 초경량비행장치의 추락 · 충돌 또는 화재 발생

③ 초경량비행장치의 위치를 확인할 수 없거나 초경량비행장치에 접근이 불가능한 경우

 국내의 드론사고 사례

농약살포 무인헬기 사고(2009년 8월 3일)	해군 무인헬기 추락 사고(2012년 5월 11일)
• 전북 임실 • 농약살포 무인헬기 조종 중이었던 농협직원이 이륙 중인 무인헬기 메인로터에 부딪혀 사망 • 무인헬기 조종기 트림설정 미확인	• 인천 송도 • 오스트리아 쉬벨사의 Camcopter S-100 • 무인헬기가 통제차량으로 추락하여 폭발 • 1명 사망, 2명 부상

(3) 초경량비행장치 비상상황 조치사항

① 주위에 크게 '비상'이라고 외친다.

② GPS모드에서 atti(자세제어)모드로 빠르게 반복적으로 전환하여 키가 작동하는지 확인 후 바로 착륙시켜야 한다.

③ 최대한 빨리 안전한 장소에 신속히 착륙시켜야 한다.

④ 주위에 적합한 착륙장소가 없으면 나무쪽이나 사람들이 없는 위험하지 않은 곳에 불시착 또는 추락시켜야 한다.

(4) 초경량비행장치 사고발생 시 조치사항

① 인명구호를 위해 신속히 필요한 조치를 취할 것

② 사고조사를 위해 기체·현장을 보존할 것

　㉠ 사고현장 유지

　㉡ 현장 및 장비 사진 및 동영상 촬영

③ 사고조사의 보상 처리

사고발생 시 지체 없이 가입 보험사 담당자에게 전화를 하여 보상 및 절차를 진행한다. 사고현장에 대한 영상자료 및 사진을 첨부하여 정확히 제시해야 한다.

(5) 사고의 보고(항공안전법 시행규칙 제312조)

초경량비행장치의 조종자 및 소유자는 사고발생 시 다음의 사항을 신속히 지방항공청에 보고해야 한다.

① 조종자 및 초경량비행장치 소유자의 성명 및 명칭

② 사고가 발생한 일시 및 장소

③ 초경량비행장치의 종류 및 신고번호

④ 사고 경위

⑤ 사람의 사상 또는 물건의 파손 개요

⑥ 사상자의 성명 등 사상자의 인적 사항 파악을 위하여 참고가 될 사항

2 ✈ 벌 칙

(1) 사고, 보험, 벌칙(항공안전법 제2조, 항공사업법 제70조, 항공안전법 제161조)

① 초경량비행장치 사고의 종류와 조사

  ㉠ 초경량비행장치에 의한 사람의 사망, 중상 또는 행방불명

  ㉡ 초경량비행장치의 추락, 충돌 또는 화재 발생

  ㉢ 초경량비행장치의 위치를 확인할 수 없거나 초경량비행장치에 접근이 불가능한 경우

  ㉣ 초경량비행장치 사고발생 후 사고조사 담당기관 : 항공 · 철도사고조사위원회

② 항공보험 등의 가입의무

  ㉠ 다음 각 호의 항공사업자는 국토교통부령으로 정하는 바에 따라 항공보험에 가입하지 아니하고는 항공기를 운항할 수 없다.

    ⓐ 항공운송사업자

    ⓑ 항공기사용사업자

    ⓒ 항공기대여업자

  ㉡ ㉠ 각 호의 자 외의 항공기 소유자 또는 항공기를 사용하여 비행하려는 자는 국토교통부령으로 정하는 바에 따라 항공보험에 가입하지 아니하고는 항공기를 운항할 수 없다.

  ㉢ 경량항공기소유자 등은 그 경량항공기의 비행으로 다른 사람이 사망하거나 부상한 경우에 피해자(피해자가 사망한 경우에는 손해배상을 받을 권리를 가진 자)에 대한

보상을 위하여 안전성인증을 받기 전까지 국토교통부령으로 정하는 보험이나 공제에 가입하여야 한다.

ⓔ 초경량비행장치를 초경량비행장치사용사업, 항공기대여업 및 항공레저스포츠사업에 사용하려는 자는 국토교통부령으로 정하는 보험 또는 공제에 가입하여야 한다.

ⓜ 항공보험 등에 가입한 자는 국토교통부령으로 정하는 바에 따라 보험가입신고서 등 보험가입 등을 확인할 수 있는 자료를 국토교통부 장관에게 제출하여야 한다. 이를 변경 또는 갱신한 때에도 또한 같다.

③ 초경량비행장치 불법 사용 등의 죄

　㉠ 3년 이하의 징역 또는 3천만원 이하의 벌금

　　ⓐ 항공안전법 제131조에서 준용하는 제57조 제1항을 위반하여 주류 등의 영향으로 초경량비행장치를 사용하여 비행을 정상적으로 수행할 수 없는 상태에서 초경량비행장치를 사용하여 비행을 한 사람

　　ⓑ 항공안전법 제131조에서 준용하는 제57조 제2항을 위반하여 초경량비행장치를 사용하여 비행하는 동안에 주류 등을 섭취하거나 사용한 사람

　　ⓒ 항공안전법 제131조에서 준용하는 제57조 제3항을 위반하여 국토교통부 장관의 측정 요구에 따르지 아니한 사람

　㉡ 항공안전법 제124조에 따른 비행안전을 위한 기술상의 기준에 적합하다는 안전성인증을 받지 아니한 초경량비행장치를 사용하여 제125조 제1항에 따른 초경량비행장치 조종자 증명을 받지 아니하고 비행을 한 사람은 1년 이하의 징역 또는 1천만원 이하의 벌금에 처한다.

　㉢ 항공안전법 제122조 또는 제123조를 위반하여 초경량비행장치의 신고 또는 변경신고를 하지 아니하고 비행을 한 자는 6개월 이하의 징역 또는 500만원 이하의 벌금에 처한다.

　㉣ 항공안전법 제129조 제2항을 위반하여 국토교통부장관의 허가를 받지 아니하고 무인자유기구를 비행시킨 사람은 500만원 이하의 벌금에 처한다.

　㉤ 항공안전법 제127조 제2항을 위반하여 국토교통부 장관의 승인을 받지 아니하고 초경량비행장치 비행제한공역을 비행한 사람은 200만원 이하의 벌금에 처한다.

　※ 최대 이륙중량 25kg 이하의 드론은 관제권, 비행금지구역을 제외한 지역에서는 150m 미만의 고도에서 사전비행 승인 없이 비행이 가능하다.

종 류			조종자 준수사항	장치신고	사업등록	조종자증명	보험가입	음주비행
안전 관리 제도	자체중량 12kg 초과	사 업	○	○	○	○	○	○
		비사업	○	○	×	×	×	○
	자체중량 12kg 이하	사 업	○	○	○	×	○	○
		비사업	○	×	×	×	×	○
위반 시 처벌기준	징 역		–	6개월	1년	–	–	3년
	벌 금		–	500만원	1천만원	–	–	3천만원
	과태료		200만원	–		300만원	500만원	

종 류			안전성 인증검사	비행 승인		
				비행금지공역	관제권	일반공역
안전 관리 제도	최대이륙중량 25kg 초과	사 업	○	○	○	○
		비사업	○	○	○	○
	최대이륙중량 25kg 이하	사 업	×	○	○	×
		비사업	×	○	○	×
위반 시 처벌기준	징 역		–	–	–	–
	벌 금		–	200만원	200만원	200만원
	과태료		500만원	200만원 (최대이륙중량 25kg 이하)	200만원 (최대이륙중량 25kg 이하)	–

참고자료

▌ 드론 상층사고(국내)[94]

(단위 : 건, 백만원, %)

구 분	2016년						2017년						증 감	
	발생 건수	지 급		미 결		총 금액	발생 건수	지 급		미 결		총 금액	발생 건수	금 액
		건 수	보험금	건 수	추정액			건 수	보험금	건 수	추정액			
무인 헬기	217	206	6,819	11	179	6,998	141	48	2,173	93	1,214	3,387	−76	−3,611
드 론	26	19	98	7	78	176	49	30	334	19	193	527	23	351
합 계	243	225	6,917	18	257	7,174	190	78	2,507	112	1,407	3,914	−53	−3,260

※ 드론사고 2배 증가 → 드론보험료 3배 인상
  ·16년 평균 400만원/건 → 17년 평균 1,200만원/건
  ·사고심도(상해정보) 및 사고원인 규명 미흡

▌ 드론 상층사고 원인조사[95]

사고원인	2015년	2016년
장애물 확인 부족	123	179
조종사 조작실수	20	33
기체 오류	12	19
기 타	21	16
계	176	247

※ 농업방제용 드론사고 증가
  ·사고원인 85.8% 조종자 조작실수 등 인간 요인에 기인
  ·드론 사고예방을 위한 드론사고 원인 조사시스템 필요

▌ 드론보험 가입 법적 의무(해외)

미 국	• PART 107 상업용 드론 규제 • 16.6.21 FAA 발표 • 운영제한, 면허, 책임, 드론 요구사항, 모형항공기 항목 구성 • 책임보험 가입의무규제는 명시하지 않음
중 국	• 소형무인기 운행규정 • 15.12.29 CAAC 발표 • 드론 개념/정의, 사전준비, 운영제한, 운영자격조건 구성 • 제3자에 대한 책임보험 가입의무 부과
영 국	• 민간항공법(CAA) 항공운항명령(ANO) Regulation 785/04 • 드론 손해 시 소유자나 운영자는 무과실책임, 제조사는 소비자보호법(CPA)상 제조물책임 • EU 보험규정에 따라 20~500kg 상업용 드론 제3자 책임보험, 20kg 미만 면제
홍 콩	• 민간항공법 • 17년 민간항공법 적용 • 250g 이상 드론 제3자 책임보험 가입 권장

---

94) 농협손해보험(2018)
95) 농협손해보험사(2017)

※ 대다수 국가의 경우 드론에 대한 제3자 책임보험 법적 의무 부과(영국, 홍콩은 무게에 따라 보험가입 법적 의무 차등부과)

▌드론보험 가입 법적 의무(국내)

항공사업법	제70조(항공보험 등의 가입의무) ④ 초경량비행장치를 초경량비행장치사용사업, 항공기대여업 및 항공레저스포츠사업에 사용하려는 자는 국토교통부령으로 정하는 보험 또는 공제에 가입하여야 한다.
시행규칙	제70조(항공운송사업자의 항공보험 가입) ④ 법 제70조 제4항에서 국토교통부령으로 정하는 보험 또는 공제란「자동차손해배상 보장법 시행령」제3조 제1항 각 호에 다른 금액 이상을 보장하는 보험 또는 공제를 말하며, 동승한 사람에 대하여 보장하는 보험 또는 공제를 포함한다.
자동차손해배상보장법 시행령	제3조(책임보험금 등) ① 법 제5조 제1항에 따라 자동차유자가 가입하여야 하는 책임보험 또는 책임공제의 보험금 또는 공제금은 피해자 1명당 다음 각호의 금액과 같다. 1. 사망한 경우에는 1억 5천만원의 범위에서 피해자에게 발생한 손해액(다만, 그 손해액이 2천만원 미만인 경우에는 2천만원) 2. 부상한 경우에는 별표 1에서 정하는 금액의 범위에서 피해자에게 발생한 손해액(다만, 그 손해액이 법 제15조 제1항에 따른 자동차보험진료수가에 관한 기준에 따라 산출한 진료비 해당액에 미달하는 경우에는 별표 1에서 정하는 금액의 범위에서 그 진료비 해당액) 3. 부상에 대한 치료를 마친 후 더 이상의 치료효과를 기대할 수 없고 그 증상이 고정된 상태에서 그 부상이 원인이 되어 신체의 장애가 생긴 경우에는 별표 2에서 정하는 금액의 범위에서 피해자에게 발생한 손해액

※ 항공사업법 제70조에 무인비행장치 활용사업에 한해 보험 가입 의무화
※ 무인비행장치와 관련된 사업등록 시 의무가입대상을 자동차손해배상 보장법 시행령 제3조 제1항에 따른 제3자 배상보험에 한정

▌이륙중량에 따른 보험 가입 의무 비교[96]

등급	기체 추락 시 위험도	최대 운동에너지(J)
1	UAS capable of causing a non fatal injury to one or more exposed people	KEmax < 42
2	UAS capable of causing a fatal injury to one or more exposed people	42 ≦ KEmax < 1,356
3	UAS capable of causing a fatal injury to one or more people within a typical residential structure	1,356 ≦ KEmax < 13,560
4	UAS capable of causing a fatal injury to one or more people within a typical commercial structure	13,560 ≦ KEmax

※ 유럽항공안전청(EASA) : 기체 이륙중량별 사고위험도 분석 기반 보험 가입 법적 의무 및 차등부과
  • 영국 : 이륙중량 20kg 초과 500kg 미만 무인항공기는 제3자 배상책임보험 의무
  • 홍콩 : 250g 이상 드론에 대해 제3자 배상책임보험 의무화 예정
  • 국내 : 중량에 관계없이 사업용 무인항공기에 한해 제3자 배상책임보험 의무 부과

---

96) EASA(2017)

▌ 사고원인별 드론보험 필요성[97]

사고 원인		발생 빈도		
		자동차	비행기	드론
운행자 과실		○	○	○
타인 과실		○	○	○
제조물 결함	HW	○	○	○
	SW	△	○	○
해킹		×	△	○
전파·GPS교란		×	△	○
자연적 원인	조류충돌	△	○	○
	기상변화	×	△	○
	태양풍	×	△	○

※ ○는 발생가능, △는 발생가능하나 가능성 낮음, ×는 발생가능성이 희박하거나 없음
- 조종자 과실, 제조물 결함, 해킹, 날씨 등 환경요인에 의해 상충사고 가능
- 기체 특성상 해킹, 전파교란, 자연적 원인에 의한 상충사고 가능

▌ 사고유형별 드론보험 필요성[98]

사고 원인	발생 빈도		
	자동차(내연)	비행기	드론
대인사고	○	○	○
대물사고	○	○	○
자기 신체	○	○	○
차량·기체고장·파손	○	○	○
환경 훼손	○	○	○
도난·분실	△	△	○
민간 주파수 교란	×	△	○
사생활 침해	×	×	○
비행금지구역·사유지 침입	×	△	○

※ ○는 발생가능, △는 발생가능하나 가능성 낮음, ×는 발생가능성이 희박하거나 없음
- 대인·대물사고, 기체파손, 도난, 분실, 사생활 침해 등 다양한 형태로 발생
- 타 교통수단과 비교해 사생활 침해, 사유지 침입 등 개인권리 침해 사고 가능

---

97) 최창희(2017), 드론 사고 손해배상책임 구체화 필요, 보험연구원
98) 최창희(2017), 드론 사고 손해배상책임 구체화 필요, 보험연구원

■ 교통수단별 보험체계 비교[99]

보장 담보	항공보험	자동차보험
자기 신체손해	승무원	자기신체사고담보
자기 재물손해	지상·비행 중 기체손해	자기손해담보
제3자 신체손해	배상책임보험	대인배상Ⅰ(책임보험, 한도 존재) 대인배상Ⅱ(임의보험, 한도 없음)
제3자 재물손해		대물배상
승객 신체손해		대인배상
적재물 손해	비행화물담보로 보상	적재물보험
기 타	테러보험 가입 가능	무보험차손해담보

※ 드론 특화 보장담보는 항공보험, 자동차보험 체계의 적용이 가능하나 드론 특성상 해킹, 도난, 분실, 사생활 침해로 발생하는 손해담보 필요

(2) 과태료(항공안전법 제166조)

① 500만원 이하의 과태료 : 항공안전법 제124조를 위반하여 초경량비행장치의 비행안전을 위한 기술상의 기준에 적합하다는 안전성인증을 받지 아니하고 비행한 사람(제161조 제2항이 적용되는 경우는 제외한다)

② 300만원 이하의 과태료 : 제125조 제1항을 위반하여 초경량비행장치 조종자 증명을 받지 아니하고 초경량비행장치를 사용하여 비행을 한 사람(제161조 제2항이 적용되는 경우는 제외한다)

③ 200만원 이하의 과태료
  ㉠ 제129조 제1항을 위반하여 국토교통부령으로 정하는 준수사항을 따르지 아니하고 초경량비행장치를 이용하여 비행한 사람
  ㉡ 제127조 제3항을 위반하여 국토교통부 장관의 승인을 받지 아니하고 초경량비행장치를 이용하여 비행한 사람
  ㉢ 제129조 제5항을 위반하여 국토교통부 장관이 승인한 범위 외에서 비행한 사람

④ 100만원 이하의 과태료
  ㉠ 제122조 제3항을 위반하어 신고번호를 해당 초경량비행장치에 표시하지 아니하거나 거짓으로 표시한 초경량비행장치 소유자 등
  ㉡ 제128조를 위반하여 국토교통부령으로 정하는 장비를 장착하거나 휴대하지 아니하고 초경량비행장치를 사용하여 비행을 한 자

99) Wells and Chadbourne (2007), 항공보험 보험개발원, 알기 쉬운 보험상품

⑤ 30만원 이하의 과태료

　　㉠ 제123조 제2항을 위반하여 초경량비행장치의 말소신고를 하지 아니한 초경량비행장치 소유자 등

　　㉡ 제129조 제3항을 위반하여 초경량비행장치 사고에 관한 보고를 하지 아니하거나 거짓으로 보고한 초경량비행장치 조종자 또는 그 초경량비행장치 소유자 등

▌ 개별 벌금 기준(항공안전법 시행령 별표 5)

(단위 : 만원)

위반행위	근거 법조문	과태료 금액		
		1차 위반	2차 위반	3차 이상 위반
초경량비행장치 소유자 등이 법 제122조 제3항을 위반하여 신고번호를 해당 초경량비행장치에 표시하지 않거나 거짓으로 표시한 경우	법 제166조 제4항제4호	10	50	100
초경량비행장치 소유자 등이 법 제123조 제2항을 위반하여 초경량비행장치의 말소신고를 하지 않은 경우	법 제166조 제6항제1호	5	15	30
법 제124조를 위반하여 초경량비행장치의 비행안전을 위한 기술상의 기준에 적합하다는 안전성인증을 받지 않고 비행한 경우(법 제161조 제2항이 적용되는 경우는 제외한다)	법 제166조 제1항제10호	50	250	500
법 제125조 제1항을 위반하여 초경량비행장치 조종자 증명을 받지 않고 초경량비행장치를 사용하여 비행을 한 경우(법 제161조 제2항이 적용되는 경우는 제외한다)	법 제166조 제2항제3호	30	150	300
법 제127조 제3항을 위반하여 국토교통부 장관의 승인을 받지 않고 초경량비행장치를 이용하여 비행한 경우	법 제166조 제3항제9호	20	100	200
법 제128조를 위반하여 국토교통부령으로 정하는 장비를 장착하거나 휴대하지 않고 초경량비행장치를 사용하여 비행을 한 경우	법 제166조 제4항제5호	10	50	100
법 제129조 제1항을 위반하여 국토교통부령으로 정하는 준수사항을 따르지 않고 초경량비행장치를 이용하여 비행한 경우	법 제166조 제3항제8호	20	100	200
초경량비행장치 조종자 또는 그 초경량비행장치 소유자 등이 법 제129조 제3항을 위반하여 초경량비행장치 사고에 관한 보고를 하지 않거나 거짓으로 보고한 경우	법 제166조 제6항제2호	5	15	30
법 제129조 제5항을 위반하여 국토교통부 장관이 승인한 범위 외에서 비행한 경우	법 제166조 제3항제10호	20	100	200

전문교육기관

1 ✈ 전문교육기관 지정

국토교통부 장관은 초경량비행장치의 조종자에 대한 교육훈련을 위하여 전문교육기관을 지정할 수 있다.

(1) 초경량비행장치 전문교육기관의 지정 등(항공안전법 제126조)

① 국토교통부 장관은 초경량비행장치 조종자를 양성하기 위하여 국토교통부령으로 정하는 바에 따라 초경량비행장치 전문교육기관(이하 "초경량비행장치 전문교육기관"이라 한다)을 지정할 수 있다.

② 국토교통부 장관은 초경량비행장치 전문교육기관이 초경량비행장치 조종자를 양성하는 경우에는 예산의 범위에서 필요한 경비의 전부 또는 일부를 지원할 수 있다.

③ 초경량비행장치 전문교육기관의 교육과목, 교육방법, 인력, 시설 및 장비 등의 지정기준은 국토교통부령으로 정한다.

④ 국토교통부 장관은 초경량비행장치 전문교육기관으로 지정받은 자가 다음 각 호의 어느 하나에 해당하는 경우에는 그 지정을 취소할 수 있다. 다만, ㉠에 해당하는 경우에는 그 지정을 취소하여야 한다.
  ㉠ 거짓이나 그 밖의 부정한 방법으로 초경량비행장치 전문교육기관으로 지정받은 경우
  ㉡ ③에 따른 초경량비행장치 전문교육기관의 지정기준 중 국토교통부령으로 정하는 기준에 미달하는 경우

⑤ 국토교통부 장관은 초경량비행장치 전문교육기관으로 지정받은 자가 ③의 지정기준을 충족·유지하고 있는지에 대하여 관련 사항을 보고하게 하거나 자료를 제출하게 할 수 있다.

⑥ 국토교통부 상관은 초경량비행장치 전문교육기관으로 지정받은 자가 ③의 지정기준을 충족·유지하고 있는지에 대하여 관계 공무원으로 하여금 사무소 등을 출입하여 관계 서류나 시설·장비 등을 검사하게 할 수 있다. 이 경우 검사를 하는 공무원은 그 권한을 나타내는 증표를 지니고 이를 관계인에게 내보여야 한다.

(2) 초경량비행장치 조종자 전문교육기관의 지정 등(시행규칙 제307조)

① 법 제126조 제1항에 따른 초경량비행장치 조종자 전문교육기관으로 지정받으려는 자는 별지 제120호서식의 초경량비행장치 조종자 전문교육기관 지정신청서에 다음 각 호의 사항을 적은 서류를 첨부하여 한국교통안전공단에 제출하여야 한다.

    ㉠ 전문교관의 현황

    ㉡ 교육시설 및 장비의 현황

    ㉢ 교육훈련계획 및 교육훈련규정

② 법 제126조 제3항에 따른 초경량비행장치 조종자 전문교육기관의 지정기준은 다음 각 호와 같다.

    ㉠ 다음 각 목의 전문교관이 있을 것

        ⓐ 비행시간이 200시간(무인비행장치의 경우 조종경력이 100시간) 이상이고, 국토교통부 장관이 인정한 조종교육교관과정을 이수한 지도조종자 1명 이상

        ⓑ 비행시간이 300시간(무인비행장치의 경우 조종경력이 150시간) 이상이고 국토교통부 장관이 인정하는 실기평가과정을 이수한 실기평가조종자 1명 이상

    ㉡ 다음 각 목의 시설 및 장비(시설 및 장비에 대한 사용권을 포함한다)를 갖출 것

        ⓐ 강의실 및 사무실 각 1개 이상

        ⓑ 이륙·착륙 시설

        ⓒ 훈련용 비행장치 1대 이상

    ㉢ 교육과목, 교육시간, 평가방법 및 교육훈련규정 등 교육훈련에 필요한 사항으로서 국토교통부 장관이 정하여 고시하는 기준을 갖출 것

③ 한국교통안전공단은 ①에 따라 초경량비행장치 조종자 전문교육기관 지정신청서를 제출한 자가 ②에 따른 기준에 적합하다고 인정하는 경우에는 별지 제121호 서식의 초경량비행장치 조종자 전문교육기관 지정서를 발급하여야 한다.

(3) 전문교육기관의 지정 위반에 관한 죄(항공안전법 제144조의2)

제48조 제1항 단서를 위반하여 전문교육기관의 지정을 받지 아니하고 제35조 제1호부터 제4호까지의 항공종사자를 양성하기 위하여 항공기 등을 사용한 자는 3년 이하의 징역 또는 3천만원 이하의 벌금에 처한다.

(4) 항공안전법 시행규칙 [별지 제120호서식]

초경량비행장치 조종자 전문교육기관 지정신청서

※ 색상이 어두운 난은 신청인이 작성하지 아니합니다.　　　　　　　　　　　　(앞 쪽)

접수번호	접수일시	처리기간　25일

교육기관	명 칭		전화번호	
	주 소			

교육과정명	
교육생의 정원	
교육기간	

현장확인 검사희망일	

「항공안전법」제126조 제1항 및 같은 법 시행규칙 제307조 제1항에 따라 초경량비행장치 전문교육기관으로 지정을 신청합니다.

　　　　　　　　　　　　　　　　　　　　　　　　　　년　　　　월　　　　일

　　　　　　　　　　　　신청인　　　　　　　　　　　　　　　(서명 또는 인)

한국교통안전공단　　귀하

첨부서류	1. 전문교관의 현황 2. 교육시설 및 장비의 현황 3. 교육훈련계획 및 교육훈련규정	수수료 없음

CHAPTER

9 항공사업법

1 ✈ 항공사업법

(1) 목적 및 용어의 정의(항공사업법 제1조, 제2조)

① 항공사업법의 목적 : 이 법은 항공정책의 수립 및 항공사업에 관하여 필요한 사항을 정하여 대한민국 항공사업의 체계적인 성장과 경쟁력 강화 기반을 마련하는 한편, 항공사업의 질서유지 및 건전한 발전을 도모하고 이용자의 편의를 향상시켜 국민경제의 발전과 공공복리의 증진에 이바지함을 목적으로 한다.

② 용어의 정의

   ㄱ 항공사업 : 국토교통부 장관의 면허, 허가 또는 인가를 받거나 국토교통부 장관에게 등록 또는 신고하여 경영하는 사업을 말한다.

   ㄴ 항공기사용사업 : 항공운송사업 외의 사업으로서 타인의 수요에 맞추어 항공기를 사용하여 유상으로 농약살포, 건설자재 등의 운반, 사진촬영 또는 항공기를 이용한 비행훈련 등 국토교통부령으로 정하는 업무를 하는 사업을 말한다.

   ㄷ 항공기대여업 : 타인의 수요에 맞추어 유상으로 항공기, 경량항공기 또는 초경량비행장치를 대여(貸與)하는 사업을 말한다.

   ㄹ 초경량비행장치사용사업 : 타인의 수요에 맞추어 국토교통부령으로 정하는 초경량비행장치를 사용하여 유상으로 농약살포, 사진촬영 등 국토교통부령으로 정하는 업무를 하는 사업을 말한다.

   ㅁ 항공레저스포츠 : 취미·오락·체험·교육·경기 등을 목적으로 하는 비행[공중에서 낙하하여 낙하산(落下傘)류를 이용하는 비행을 포함한다]활동을 말한다.

   ㅂ 항공레저스포츠사업 : 타인의 수요에 맞추어 유상으로 다음 각 목의 어느 하나에 해당하는 서비스를 제공하는 사업을 말한다.

      ⓐ 항공기(비행선과 활공기에 한정한다), 경량항공기 또는 국토교통부령으로 정하는 초경량비행장치를 사용하여 조종교육, 체험 및 경관조망을 목적으로 사람을 태워 비행하는 서비스

      ⓑ 항공레저스포츠를 위하여 대여하여 주는 서비스 : 활공기 등 국토교통부령으로 정하는 항공기, 경량항공기, 초경량비행장치

      ⓒ 경량항공기 또는 초경량비행장치에 대한 정비, 수리 또는 개조서비스

(2) 초경량비행장치사용사업(항공사업법 시행규칙 제6조, 항공사업법 제48조, 제71조)

① 초경량비행장치사용사업의 사업범위

㉠ 비료 또는 농약 살포, 씨앗 뿌리기 등 농업 지원

㉡ 사진촬영, 육상·해상 측량 또는 탐사

㉢ 산림 또는 공원 등의 관측 또는 탐사

㉣ 조종교육

㉤ 그 밖의 업무로서 다음 각 목의 어느 하나에 해당하지 아니하는 업무

ⓐ 국민의 생명과 재산 등 공공의 안전에 위해를 일으킬 수 있는 업무

ⓑ 국방·보안 등에 관련된 업무로서 국가 안보를 위협할 수 있는 업무

② 초경량비행장치사용사업의 등록

㉠ 초경량비행장치사용사업을 경영하려는 자는 국토교통부령으로 정하는 바에 따라 신청서에 사업계획서와 그 밖에 국토교통부령으로 정하는 서류를 첨부하여 국토교통부 장관에게 등록하여야 한다. 등록한 사항 중 국토교통부령으로 정하는 사항을 변경하려는 경우에는 국토교통부 장관에게 신고하여야 한다.

㉡ 자격 요건

ⓐ 자본금 또는 자산평가액이 3천만원 이상으로서 대통령령으로 정하는 금액 이상일 것. 다만, 최대이륙중량이 25kg 이하인 무인비행장치만을 사용하여 초경량비행장치사용사업을 하려는 경우는 제외한다.

ⓑ 초경량비행장치 1대 이상 등 대통령령으로 정하는 기준에 적합할 것

ⓒ 그 밖에 사업 수행에 필요한 요건으로서 국토교통부령으로 정하는 요건을 갖출 것

③ 경량항공기 등의 영리 목적 사용금지

누구든지 경량항공기 또는 초경량비행장치를 사용하여 비행하려는 자는 다음의 어느 하나에 해당하는 경우를 제외하고는 경량항공기 또는 초경량비행장치를 영리 목적으로 사용해서는 아니 된다.

㉠ 항공기대여업에 사용하는 경우

㉡ 초경량비행장치사용사업에 사용하는 경우

㉢ 항공레저스포츠사업에 사용하는 경우

④ 소형항공운송사업, 항공기정비업, 항공기대여업, 항공레저스포츠사업, 항공기사용사업, 항공기취급업, 초경량비행장치사용사업 등록대장

▌항공사업법 시행규칙 [별지 제9호 서식]

```
┌ [   ] 소형항공운송사업      [   ] 항공기사용사업  ┐
│ [   ] 항공기정비업          [   ] 항공기취급업    │  등록대장
│ [   ] 항공기대여업          [   ] 초경량비행장치사용사업 ┘
└ [   ] 항공레저스포츠사업
```

등록 번호	등록 업종	등록 수리일	상호 (법인명)	성명 (대표자)	주 소	자본금	등록 구분	주요사업계획(변경) 내용

⑤ 소형항공운송사업, 항공기정비업, 항공기대여업, 항공레저스포츠사업, 항공기사용사업, 항공기취급업, 초경량비행장치사용사업 등록증

▌항공사업법 시행규칙 [별지 제10호 서식]

제 호

```
┌─  [   ] 소형항공운송사업
│   [   ] 항공기사용사업
│   [   ] 항공기정비업
│   [   ] 항공기취급업            등록증
│   [   ] 항공기대여업
│   [   ] 초경량비행장치사용사업
└─  [   ] 항공레저스포츠사업
```

1. 상호(법인명)
2. 성명(대표자)
3. 생년월일(법인등록번호)
4. 주소(소재지)
5. 사업범위
6. 사업소
7. 등록연월일

「항공사업법」 제10조, 제30조, 제42조, 제44조, 제46조, 제48조 또는 제50조에 따라 위와 같이

```
┌─  [   ] 소형항공운송사업
│   [   ] 항공기사용사업
│   [   ] 항공기정비업
│   [   ] 항공기취급업            을 등록합니다.
│   [   ] 항공기대여업
│   [   ] 초경량비행장치사용사업
└─  [   ] 항공레저스포츠사업
```

년   월   일

국 토 교 통 부 장 관
지 방 항 공 청 장   [직인]

CHAPTER 10 초경량비행장치 공항시설법

1 ✈ 공항시설법

(1) 목적 및 용어의 정의(공항시설법 제1조, 제2조)

① **공항시설법의 목적** : 공항·비행장 및 항행안전시설의 설치 및 운영 등에 관한 사항을 정함으로써 항공산업의 발전과 공공복리의 증진에 이바지함을 목적으로 한다.

② **용어의 정의**

㉠ 비행장 : 항공기·경량항공기·초경량비행장치의 이륙[이수(離水)를 포함]과 착륙[착수(着水)를 포함]을 위하여 사용되는 육지 또는 수면(水面)의 일정한 구역으로서 대통령령으로 정하는 것을 말한다.

㉡ 활주로 : 항공기 착륙과 이륙을 위하여 국토교통부령으로 정하는 크기로 이루어지는 공항 또는 비행장에 설정된 구역을 말한다.

㉢ 착륙대(着陸帶) : 활주로와 항공기가 활주로를 이탈하는 경우 항공기와 탑승자의 피해를 줄이기 위하여 활주로 주변에 설치하는 안전지대로서 국토교통부령으로 정하는 크기로 이루어지는 활주로 중심선에 중심을 두는 직사각형의 지표면 또는 수면을 말한다.

㉣ 장애물 제한표면 : 항공기의 안전운항을 위하여 공항 또는 비행장 주변에 장애물(항공기의 안전운항을 방해하는 지형·지물 등)의 설치 등이 제한되는 표면으로서 대통령령으로 정하는 구역을 말한다.

㉤ 항행안전시설 : 유선통신, 무선통신, 인공위성, 불빛, 색채 또는 전파(電波)를 이용하여 항공기의 항행을 돕기 위한 시설로서 국토교통부령으로 정하는 시설을 말한다.

㉥ 항공등화 : 불빛, 색채 또는 형상(形象)을 이용하여 항공기의 항행을 돕기 위한 항행안전시설로서 국토교통부령으로 정하는 시설을 말한다.

㉦ 항행안전무선시설 : 전파를 이용하여 항공기의 항행을 돕기 위한 시설로서 국토교통부령으로 정하는 시설을 말한다.

㉧ 항공정보통신시설 : 전기통신을 이용하여 항공교통업무에 필요한 정보를 제공·교환하기 위한 시설로서 국토교통부령으로 정하는 시설을 말한다.

㉨ 이착륙장 : 비행장 외에 경량항공기 또는 초경량비행장치의 이륙 또는 착륙을 위하여 사용되는 육지 또는 수면의 일정한 구역으로서 대통령령으로 정하는 것을 말한다.

(2) 비행장과 이착륙장(공항시설법 시행령 제2조, 제34조)

① 비행장의 구분 : 육상비행장, 육상헬기장, 수상비행장, 수상헬기장, 옥상헬기장, 선상 (船上)헬기장, 해상구조물헬기장

② 이착륙장의 관리기준

　ㄱ 이착륙장의 설치기준에 적합하도록 유지할 것

　ㄴ 이착륙장 시설의 기능 유지를 위하여 점검·청소 등을 할 것

　ㄷ 개량이나 그 밖의 공사를 하는 경우에는 필요한 표지의 설치 또는 그 밖의 적절한 조치를 하여 경량항공기 또는 초경량비행장치의 이륙 또는 착륙을 방해하지 아니할 것

　ㄹ 이착륙장에 사람·차량 등이 임의로 출입하지 아니하도록 할 것

　ㅁ 기상악화, 천재지변이나 그 밖의 원인으로 인하여 경량항공기 또는 초경량비행장치 의 안전한 이륙 또는 착륙이 곤란할 우려가 있는 경우에는 지체 없이 해당 이착륙장 의 사용을 일시 정지하는 등 위해를 예방하기 위하여 필요한 조치를 할 것

　ㅂ 관계 행정기관 및 유사시에 지원하기로 협의된 기관과 수시로 연락할 수 있는 설비 또는 비상연락망을 갖출 것

　ㅅ 그 밖에 국토교통부 장관이 정하여 고시하는 이착륙장 관리기준에 적합하게 관리할 것

③ 이착륙장 관리규정

이착륙장을 관리하는 자는 다음 각 호의 사항이 포함된 이착륙장 관리규정을 정하여 관리하여야 한다.

　ㄱ 이착륙장의 운용 시간

　ㄴ 이륙 또는 착륙의 방향과 비행구역 등을 특별히 한정하는 경우에는 그 내용

　ㄷ 경량항공기 또는 초경량비행장치를 위한 연료·자재 등의 보급 장소, 정비·점검 장소 및 계류 장소(해당 보급·정비·점검 등의 방법을 지정하려는 경우에는 그 방법을 포함한다)

　ㄹ 이착륙장의 출입 제한 방법

　ㅁ 이착륙장 안에서의 행위를 제한하는 경우에는 그 제한 대상 행위

　ㅂ 경량항공기 또는 초경량비행장치의 안전한 이륙 또는 착륙을 위한 이착륙 절차의 준수에 관한 사항

④ 이착륙장 관리대장 수록 내용

이착륙장을 관리하는 자는 다음 각 호의 사항이 기록된 이착륙장 관리대장을 갖추어 두고 관리하여야 한다.

　ㄱ 이착륙장의 설비상황

　ㄴ 이착륙장 시설의 신설·증설·개량 등 시설의 변동 내용

ⓒ 재해·사고 등이 발생한 경우에는 그 시각·원인·상황과 이에 대한 조치

ⓡ 관계 기관과의 연락사항

ⓜ 경량항공기 또는 초경량비행장치의 이착륙장 사용 상황

(3) 항공 등화(공항시설법 시행규칙 제6조 별표 3, 제36조 별표 14)

① 항공등화의 종류

㉠ 비행장등대(Aerodrome Beacon) : 항행 중인 항공기에 공항·비행장의 위치를 알려주기 위해 공항·비행장 또는 그 주변에 설치하는 등화

㉡ 활주로등(Runway Edge Lights) : 이륙 또는 착륙하려는 항공기에 활주로를 알려주기 위해 그 활주로 양측에 설치하는 등화

㉢ 접지구역등(Touchdown Zone Lights) : 착륙하고자 하려는 항공기에 접지구역을 알려주기 위해 접지구역에 설치하는 등화

㉣ 유도로등(Taxiway Edge Lights) : 지상주행 중인 항공기에 유도로·대기지역 또는 계류장 등의 가장자리를 알려주기 위해 설치하는 등화

㉤ 정지선등(Stop Bar Lights) : 유도정지 위치를 표시하기 위해 유도로의 교차부분 또는 활주로 진입정지 위치에 설치하는 등화

㉥ 활주로경계등(Runway Guard Lights) : 활주로에 진입하기 전에 멈추어야 할 위치를 알려주기 위해 설치하는 등화

㉦ 풍향등(Illuminated Wind Direction Indicator) : 항공기에 풍향을 알려주기 위해 설치하는 등화

㉧ 금지구역등(Unserviceability Lights) : 항공기에 비행장 안의 사용금지 구역을 알려주기 위해 설치하는 등화

㉨ 유도로중심선등(Taxiway Center Line Lights) : 지상주행 중인 항공기에 유도로의 중심·활주로 또는 계류장의 출입경로를 알려주기 위해 설치하는 등화

㉩ 지향신호등(Signalling Lamp, Light Gun) : 항공교통의 안전을 위해 항공기 등에 필요한 신호를 보내기 위해 사용하는 등화

㉪ 정지로등(Stop Way Lights) : 항공기를 정지시킬 수 있는 지역의 정지로에 설치하는 등화

㉫ 유도로안내등(Taxiway Guidance Sign) : 지상 주행 중인 항공기에 목적지, 경로 및 분기점을 알려주기 위해 설치하는 등화

㉬ 착륙구역등(Touchdown & Lift-off Area Lighting System) : 착륙구역을 조명하기 위해 설치하는 등화

② 항공등화의 설치 기준

항공등화 종류	육상비행장					육상 헬기장	최소 광도 (cd)	색 상
	비계기 진입 활주로	계기진입 활주로						
		비정밀	카테고리 I	카테고리 II	카테고리 III			
비행장등대	○	○	○	○	○		2,000	흰색, 녹색
활주로등	○	○	○	○	○		10,000	노란색, 흰색
접지구역등				○	○		5,000	흰 색
유도로등	○	○	○	○	○		2	파란색
유도로중심선 등					○		20	노란색, 녹색
정지선등				○	○		20	붉은색
활주로경계 등			○	○	○		30	노란색
풍향등	○	○	○	○	○	○	–	흰 색
지향신호등	○	○	○	○	○		6,000	붉은색, 녹색 및 흰색
정지로등	○	○	○	○	○		30	붉은색
유도로안내 등	○	○	○	○	○		10	붉은색, 노란색 및 흰색
착륙구역등						○	3	녹 색

부록

항공

항공분야 전문가를 위한

법규

(주)시대고시기획
(주)시대교육

www. **sidaegosi**.com

시험정보 · 자료실 · 이벤트
합격을 위한 최고의 선택

시대에듀

www. **sdedu**.co.kr

자격증 · 공무원 · 취업까지
BEST 온라인 강의 제공

CHAPTER

1

항공 · 철도사고조사위원회

1 ✈ 항공 · 철도사고조사위원회100)

항공·철도사고조사위원회(航空·鐵道事故調査委員會, ARAIB ; Aviation and Railway Accident Investigation Board)는 항공·철도사고 등의 원인규명과 예방을 위한 사고조사를 독립적으로 수행하는 대한민국 국토교통부의 소속기관이다. 항공 철도 사고조사에 관한 법률이 2006년 7월 9일 시행됨에 따라 2006년 7월 10일 항공사고조사위원회와 철도사고조사위원회가 항공·철도사고조사위원회로 통합 출범하였다. 항공·철도사고 조사의 목적은 사고원인을 명확하게 규명하여 향후 유사한 사고를 방지하는 데 있으며, 더 나아가서는 고귀한 인명과 재산을 보호함으로써 국민의 삶의 질을 향상시키는 데 있다.

위원회는 위원장을 포함한 12인으로 구성되어 있고, 위원장을 포함한 12인(상임위원 2인, 비상임위원 10인)으로 구성되어 있다. 상임위원은 항공정책실장과 철도국장이 각각 겸임하고 있으며, 세종특별자치시 가름로 232 세종비즈니스센터 A동 604호에 위치하고 있다.

대한민국의 항공사고와 철도사고 수사기관. 한국 내 항공, 철도와 관련된 교통사고를 수사하며, 한국의 항공사가 해외에서 항공사고를 내면 조사관을 파견하기도 한다. 국토교통부소속 위원회로 준사고 조사부터 대형사고까지 조사한다.

해상사고와 자동차사고는 담당하지 않으며, 해상사고는 해양수산부소속 해양안전심판원이 담당한다.

---

100) http://araib.molit.go.kr/intro.do

2 ✈ 조직도

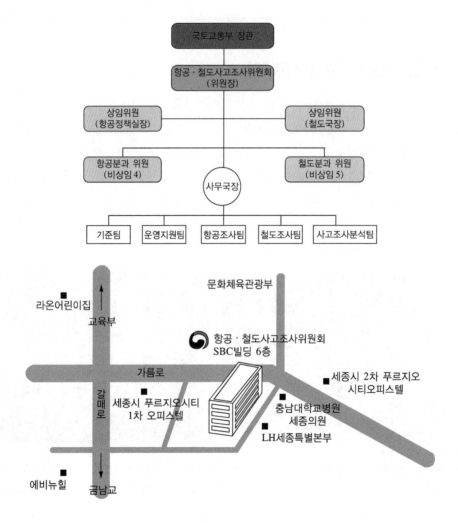

주소
• 우)30121 세종특별자치시 가름로 232 세종비즈니스센터 A동 604호
• 대표번호 : 044-201-5433
• Fax번호 : 044-868-2405
• 항공조사팀 : 044-201-5447
• 철도조사팀 : 044-201-5427
• 비상대응팀 : 02-2665-9705(항공)

3 ✈ 하는 일

한국 내/외 기차, 항공기의 가벼운 사고와 대형사고를 전담 조사한다. 해상사고는 해양안전심판원이 담당하고, 자동차교통사고는 국과수나 국토교통부 내 타 부서, 경찰이 담당하므로 항공철도사고위원회는 항공사고와 철도사고만을 담당한다.

외항사의 경우 한국의 관제공역에서 사고를 당하면 개입해 전담수사하고 결과물로 나온 보고를 해당 외항사가 속한 국가에 통보한다.

가벼운 사고는 항공기가 착륙하다 타이어가 터지거나, 정비실수로 잘못된 부품을 끼워 가벼운 사고가 난다거나, 기내에 문제가 생겨 승객이 피해를 입은 경우에 개입한다. 패러글라이더 사고조사도 담당하며, 만약 국적기가 해외에서 사고를 당할 경우에는 해당 국가로 조사팀을 급파한다. 만약 조사 중 중대한 문제점을 발견하거나 추후 치명적인 문제가 발생이 우려될 경우 ICAO나 FAA에 통보하기도 한다.

철도사고는 탈선, 열차 충돌, 방화, 기타 기계결함으로 인한 사고 등을 조사한다.

항공철도사고조사위원회가 사고 조사를 주관하는 경우(한국 내에서 사고가 발생한 경우나, 해당 사고지역이 소속된 국가가 없을 경우)와 사고조사를 보조한 경우(해외에서 국적기가 당한 사고 등)로 나뉜다.

CHAPTER 2 항공사고

1 ✈ 사고조사

사고예방의 목적을 위해 수행하는 절차로서 정보의 수집과 분석을 포함하며 사고의 원인을 결정하는 사항을 포함하며 이러한 결론을 도출하고 안전권고사항을 발생한다.

특히 사고조사는 누구의 잘못을 비난하거나 책임을 부과하기 위한 것이 아니라 유사한 사고의 재발방지에 목적이 있다.

기본적으로 항공사고가 발생한 영토가 속한 국가가 사고조사의 권리와 의무를 갖는다.

이 국가는 사고조사의 업무수행의 전부 또는 일부분을 항공기 등록국 또는 항공기 운영국에 위임할 수 있다. 그리고 조약체결국으로부터 기술적인 지원을 요청할 수 있다.

항공사고 발생국은 국제민간항공기구에 통보하고 관련국에 통보하며 사고조사단장을 임명하여 사고조사보고서를 준비한다. 만약 항공사고가 공해상에서 발생하면 항공기 등록국이 항공기 사고의 권리와 의무를 갖는다.

2 ✈ 사고의 정의(국제민간항공기구(ICAO)에서 정한 정의)

(1) 사고(Accident)

비행 목적으로 사람이 탑승한 때로부터 하기 시 사이에 항공기 운항과 관련하여 다음의 결과가 초래된 사건

① 다음 사항의 결과로 사람이 사망하거나 중상을 당한 경우

ㄱ 항공기의 탑승 또는

ㄴ 항공기로부터 분리된 부품을 포함한 항공기의 부품과의 직접적인 접촉

ㄷ 제트 분출에 직접적인 노출 등

단, 통상적으로 승객과 승무원들의 접근이 허용되지 않는 장소에서 발생하였거나, 타인 또는 자신에 의한 경우, 자연적 원인에 의해 발생된 경우는 제외한다.

② 항공기가 다음의 손상이나 구조상의 결함이 발생한 경우

　　㉠ 항공기의 비행특성이나 구조상의 강도, 성능에 악영향을 주는 경우

　　㉡ 통상적으로 손상된 부품의 교체 또는 주요 수리를 요하는 경우

단, 손상이 엔진에 한정될 때의 엔진결함, 엔진의 덮개나 부속품 또는 손상이 프로펠러에 한정되거나 날개끝, 안테나, 타이어, 브레이크, 페어링, 작은 눌린 자국 또는 항공기 표면의 작은 구멍은 제외

③ 항공기의 행방불명 또는 완전히 접근이 곤란한 경우

3 ✈ 항공기 준사고(Incident)

항공기의 운용과 관련하여 발생된 운항안전에 영향을 주거나 줄 수 있었던 사고 이외의 사건

(1) ICAO에서 다루어지고 있는 항공기 준사고의 형태

① 엔진고장 : 동일 항공기에서 하나 이상의 엔진이 고장, 압축기 회전익(Compressor Blade)과 터빈 덮개 고장을 제외하고 엔진에 국한되지 않는 고장

② 화재 : 엔진이 포함되지 않는 엔진화재를 포함한 비행 중에 발생한 화재

③ 지형과 장애물 안전거리 준사고 : 지형 또는 장애물과의 실제충돌이나 충돌의 위험성이 다분한 사건

④ 조종계통 및 안전성 문제 : 항공기를 조종하는데 어려움을 초래하는 사건 예를 들면, 항공기 시스템 고장, 기상현상, 비행성능 밖의 운항 등이 여기에 속한다.

⑤ 이륙과 착륙 준사고 : 동체착륙, 활주로 옆으로 이탈하거나 과주 또는 미착하는 경우

⑥ 비행승무원 무능력 : 의학적인 부적합으로 인하여 비행임무를 수행할 수 없는 경우

⑦ 감압 : 비상강하를 야기하는 여압 감소의 경우

⑧ 근거리 충돌위험, 기타 항공교통상의 준사고 : 근거리 접근으로 인한 충돌위험과 절차 미숙 또는 장비고장으로 인한 타 항공기와의 위험스러운 항공교통 준사고

4 ✈ 항공사고 조사 대상

(1) 항공사고

① 항공기 사고

사람이 항공기에 비행을 목적으로 탑승한 때부터 탑승한 모든 사람이 항공기에서 내릴 때까지 항공기의 운항과 관련하여 발생한 다음의 어느 하나에 해당하는 것을 말한다.
ㄱ 사람의 사망·중상(重傷) 또는 행방불명
ㄴ 항공기의 중대한 손상·파손 또는 구조상의 고장
ㄷ 항공기의 위치를 확인할 수 없거나 항공기에 접근이 불가능한 경우

② 경량항공기 사고

경량항공기의 비행과 관련하여 발생한 다음의 어느 하나에 해당하는 것을 말한다.
ㄱ 경량항공기에 의한 사람의 사망·중상 또는 행방불명
ㄴ 경량항공기의 추락·충돌 또는 화재 발생
ㄷ 경량항공기의 위치를 확인할 수 없거나 경량항공기에 접근이 불가능한 경우

③ 초경량비행장치 사고

초경량비행장치(超輕量飛行裝置)의 비행과 관련하여 발생한 다음의 어느 하나에 해당하는 것을 말한다.
ㄱ 초경량비행장치에 의한 사람의 사망·중상 또는 행방불명
ㄴ 초경량비행장치의 추락·충돌 또는 화재 발생
ㄷ 초경량비행장치의 위치를 확인할 수 없거나 초경량비행장치에 접근이 불가능한 경우

(2) 항공기 준사고

항공기 사고 외에 항공기 사고로 발전할 수 있었던 것으로서 국토교통부령으로 정하는 것을 말한다.

① 항공기 준사고의 범위(항공안전법 시행규칙 별표 2)
ㄱ 항공기의 위치, 속도 및 거리가 다른 항공기와 충돌위험이 있었던 것으로 판단되는 근접비행이 발생한 경우(다른 항공기와의 거리가 500피트 미만으로 근접하였던 경우를 말한다)
ㄴ 항공기가 정상적인 비행 중 지표, 수면 또는 그 밖의 장애물과의 충돌(CFIT)을 가까스로 회피한 경우

ⓒ 항공기, 차량, 사람 등이 허가 없이 또는 잘못된 허가로 항공기 이륙·착륙을 위해 지정된 보호구역에 진입하여 다른 항공기의 안전운항에 지장을 준 경우

ⓐ 항공기가, 폐쇄 중이거나 다른 항공기가 사용 중인 활주로(Closed or Engaged Runway)에 허가 없이 또는 잘못된 허가로 이륙·착륙을 시도한 경우

ⓜ 항공기가 폐쇄 중이거나 다른 항공기가 사용 중인 활주로(Closed or Engaged Runway)에서 장애물을 가까스로 피하여 이륙한 경우

ⓗ 항공기가 이륙 활주를 시작한 후 이륙결심속도(Take-off Decision Speed)를 초과한 속도에서 이륙을 중단(Rejected Take-off)한 경우

ⓢ 항공기가 유도로에서 무단으로 이륙·착륙을 한 경우

ⓞ 항공기가 이륙·착륙 중 활주로 시단(始端)에 못 미치거나(Undershooting) 또는 종단(終端)을 초과한 경우(Overrunning)

ⓩ 항공기가 이륙·착륙 중 활주로 옆으로 이탈한 경우

ⓨ 항공기가 이륙 또는 초기 상승 중 규정된 성능에 도달하지 못한 경우

ⓚ 비행 중 운항승무원이 조종능력을 상실한 경우

ⓣ 조종사가 연료의 부족으로 비상선언을 한 경우

ⓟ 항공기 시스템의 고장, 기상 이상, 항공기 운용한계의 초과 등으로 조종상의 어려움이 발생한 경우

ⓗ 항공기가 이륙·착륙 중 날개, 발동기 또는 동체가 지면에 접촉한 경우(다만, Tail-Skid의 경미한 접촉 등 항공기 이륙·착륙에 지장이 없는 경우는 제외한다)

㉮ 다음에 따라 항공기의 감항성이 손상된 경우
　　ⓐ 항공기가 지상에서 운항 중 다른 항공기나 장애물, 차량, 장비 또는 동물과 접촉·충돌
　　ⓑ 비행 중 조류(鳥類), 우박, 그 밖의 물체와 충돌 또는 기상 이상 등
　　ⓒ 운항 중 발생한 항공기 구조상의 고장(Structural Failure)

㉯ 비행 중 비상용 산소를 사용해야 하는 상황이 발생한 경우

㉰ 비행 중 항공기에 장착된 발동기 수의 100분의 30 이상의 발동기가 정지된 경우

㉱ 운항 중 발동기의 내부 부품이 발동기 외부로 떨어져 나간 경우(Uncontained Engine Failure) 또는 발동기 구성품이 이탈된 경우

㉲ 운항 중 발동기 화재(소화기를 사용하여 화재를 진화한 경우를 포함한다) 또는 객실이나 화물칸에서 화재·연기가 발생한 경우

㉳ 비행 중 비행 유도 및 항행에 필요한 예비시스템 중 2개 이상의 고장으로 항행에 지장을 준 경우

㉴ 비행 중 2개 이상의 항공기 시스템 고장이 동시에 발생하여 비행에 심각한 영향을 미치는 경우

5 ✈ 항공사고 조사의 적용 범위

대한민국 영역 안에서 발생한 항공사고 등이다.

대한민국 영역 밖에서 발생한 항공사고 등으로서 「국제민간항공조약」에 의하여 대한민국을 관할권으로 하는 항공사고 등이다.

단, 국가기관 등 항공기에 대한 항공사고 조사에 있어서는 다음의 어느 하나에 해당하는 경우에 한한다.

① 사람이 사망 또는 행방불명된 경우

② 국가기관 등 항공기의 수리·개조가 불가능하게 파손된 경우

③ 국가기관 등 항공기의 위치를 확인할 수 없거나 국가기관 등 항공기에 접근이 불가능한 경우

> ※ 국가기관 등 항공기란 국가, 지방자치단체, 「공공기관의 운영에 관한 법률」에 따른 공공기관이 소유하거나 임차(賃借)한 항공기로서 다음의 어느 하나에 해당하는 업무를 수행하기 위하여 사용되는 항공기를 말한다. 다만, 군용·경찰용·세관용 항공기는 제외한다.
> • 재난·재해 등으로 인한 수색(搜索)·구조
> • 산불의 진화 및 예방
> • 응급환자의 후송 등 구조·구급활동
> • 그 밖에 공공의 안녕과 질서유지를 위하여 필요한 업무

6 ✈ 사고조사 진행 단계(Investigation Process)

(1) 항공사고 조사 절차

① 사고현장에서의 초동조치

㉠ 필요한 치료가 가능하도록 조치하며, 잔해를 화재나 추가 손상의 위험으로부터 안전하게 하며, 관련 국가 당국 또는 위임기관에 통보하며, 방사성 동위원소 또는 방사성 물질이 화물로서 운송될 가능성을 점검하고 적절한 조치를 취하며, 부속서 13에 규정한 경우를 제외하고 항공기를 불필요하게 움직이거나 만지지 않도록 감시요원을 배치하며, 사진이나 기타 적절한 방법으로 얼음, 연기 검댕이 등과 같은 일시적으로 생겼다가 없어지는 현상에 대하여 증거를 보존하는 조치를 취하며, 증언에 의해 사고조사에 도움을 줄 수 있는 목격자들의 이름과 주소를 확보한다.

㉡ 구조작업(Rescue Operations)

㉢ 경계(Guarding)

㉣ 잔해에 대한 일반조사(General Survey of the Wreckage)

      ⓜ 증거의 보존(Preservation of the Evidence)

      ⓗ 예방대책(Precautionary Measures)

         ⓐ 화재의 예방(Precaution to be taken of the Evidence)

         ⓑ 위험화물에 대한 예방

② 잔해조사의 착수

      ㉠ 사고의 위치(Accident Location)

      ㉡ 사진(Photography)

      ㉢ 잔해분포 차트(Wreckage Distribution Chart)

      ㉣ 충돌자국과 파편의 검사(Examination of Impact and Debris)

      ㉤ 수중의 잔해(Wreckage in the Water)

③ 운항 분야 조사

      ㉠ 비행의 이력과 비행 전, 비행 중, 비행 후의 운항승무원의 활동과 관련된 모든 사실을 조사하여 보고

      ㉡ 승무원의 이력

      ㉢ 비행계획

      ㉣ 중량배분관계

      ㉤ 기 상

      ㉥ 항공교통업무

      ㉦ 통 신

      ㉧ 항 법

      ㉨ 비행장시설

         ⓐ 항공기의 성능

         ⓑ 지시의 준수

         ⓒ 증인의 진술

         ⓓ 최종비행로의 결정

         ⓔ 비행의 순서

④ 비행기록장치 조사

      ㉠ 비행자료기록장치와 조종실 음성기록장치를 포함하며 최대이 이득을 얻기 위해 두 장치가 일치되어야 한다.

      ㉡ 비행자료기록장치

      조사관에게 3차원 하에서의 항공기의 비행경로를 재구성하고 재구성된 비행에서 항공기의 자세를 결정하고 그러한 항공기의 비행경로와 자세를 만든 항공기에 작용한 힘을 평가하는 것이 가능하도록 충분한 정보를 사고조사관에게 제공하는 것이다.

ⓒ 조종실 음성기록장치

⑤ 구조물 조사

  ㉠ 잔해의 재구성

  ㉡ 재료파괴의 유형

  ㉢ 착륙장치 및 비행조종장치를 포함한 기체 검사

  ㉣ 피로파괴의 인식

  ㉤ 정적파괴의 인식

  ㉥ 파괴의 순서

  ㉦ 하중적용의 모드

  ㉧ 전문가 검사

  ㉨ 파괴면 조직검사

⑥ 동력장치 조사

  ㉠ 엔진, 연료, 오일과 냉각 시스템, 프로펠러와 그 조절유닛, 제트파이프와 추진 노즐, 역추력장치, 엔진장착대, 그리고 엔진이 하나의 유닛 안에 설치되는 경우 기체구조물에 그 유닛을 장착하는 장치, 방화벽과 카울링, 보조기어박스, 등속도 구동유닛, 엔진과 프로펠러의 방빙시스템, 엔진화재 탐지/소화시스템, 동력장치 조절장치가 포함된다.

  ㉡ 프로펠러 조사로 얻을 수 있는 증거

  ㉢ 충격 시 엔진의 성능

  ㉣ 소화기 시스템의 효용성

  ㉤ 표본의 채취

  ㉥ 전문가 검사

⑦ 시스템 조사

  ㉠ 시스템 조사는 항공기 동력 장치에 포함되는 연료계통이나 오일계통, 항공기 구조에 포함되는 항공기 조타장치 계통 등과 같이 다른 주제에서 포함되는 계통들을 제외한 항공기 계통들에 대한 조사와 보고에 관한 사항을 다룬다.

  ㉡ 유압계통

  ㉢ 전기계통

  ㉣ 여압 및 공조계통

  ㉤ 방빙 및 방수계통

  ㉥ 계기류

  ㉦ 무선통신 및 무선항법장비

  ㉧ 비행조종계통

  ⓩ 화재탐지 및 방화계통

  ⓒ 산소계통

⑧ 정비 관련 조사

  ㉠ 정비조사의 목적은 항공기의 정비 이력을 검토하여 다음 사항을 결정하는데 있다.

   ⓐ 사고조사의 방향이나 중요한 특이 부분에 대하여 집중하는데 기여할 수 있는 정보

   ⓑ 항공기가 지정된 표준에 따라 정비되었는지 여부

   ⓒ 사고조사 과정에서 얻어진 사실정보에 대하여 지정된 표준을 만족시키는지 여부

⑨ 인적 요소 조사

 관계인에 대한 경험, 교육훈련 등 기준에 충족하는지 여부

⑩ 탈출, 수색, 구조 및 소화에 대한 조사

 경보접수, 출동, 요구조자 취급 및 처리, 재난 피해 확산방지를 위한 조치 등

⑪ 폭발물에 의한 고의파괴에 대한 조사

 테러 등에 의한 폭발 사고 가능성

⑫ 기술검토회의 또는 공청회(필요한 경우 실시)

 특정 사실정보에 대한 다양한 계층의 지식, 견해 등을 청취(분석에 참고)

⑬ 최종발표

7 ✈ 항공사고 조사보고서

　다음은 항공철도사고조사위원회에서 공표한 사고 조사보고서로서 2017년 7월 13일 07:40 경, 남밀양농업협동조합 소속 초경량비행장치인 무인헬리콥터 S7224가 밀양시 초동면 대곡리 일대의 논에서 항공방제 중 안개 속으로 들어간 후 귀환조종 미숙으로 실종되어 추락한 초경량비 행장치 사고이다.

> 이 초경량비행장치 사고 보고서는 대한민국 「항공·철도사고조사에 관한 법률」 제25조에 따라 작성되었다.
> 대한민국 「항공·철도사고조사에 관한 법률」 제30조에는
> '사고조사는 민·형사상 책임과 관련된 사법절차, 행정처분절차, 또는 행정쟁송절차와 분리·수행 되어야 한다.'고 규정하고 있으며,
>
> 국제민간항공조약 부속서 13, 3.1항과 5.4.1항에는
> '사고나 준사고 조사의 궁극적인 목적은 사고나 준사고를 방지하기 위함이므로 비난이나 책임을 묻기 위한 목적으로 사용하여서는 아니 된다. 비난이나 책임을 묻기 위한 사법적 또는 행정적 소송절차는 본 부속서의 규정하에 수행된 어떠한 조사와도 분리되어야 한다.'고 규정하고 있다. 그러므로 이 보고서는 항공안전을 증진시킬 목적 이외의 용도로 사용하여서는 아니 된다.

초경량비행장치 사고조사 보고서

항공·철도사고조사위원회, 항공방제 중 실종 후 추락, 남밀양농업협동조합, RMAX L17 (무인헬리콥터), S7224, 경남 밀양시 하남읍 양동리, 2017.7.13., 초경량비행장치 사고조 사 보고서 ARAIB/UAR1703, 대한민국 세종특별자치시

> 대한민국 항공·철도사고조사위원회는 독립된 항공사고 조사를 위한 정부기구이며, 『항공·철 도사고조사에 관한 법률』 및 국제민간항공조약 부속서 13의 규정에 따라서 사고조사를 수행한다. 항공·철도사고조사위원회의 사고 또는 준사고 조사 목적은 비난이나 책임을 묻고자 하는 것이 아니라 유사 사고 및 준사고의 재발을 방지하고자 하는 것이다.
> 주사무실은 세종특별자치시에 위치하고 있다.
> 주소 : 세종특별자치시 가름로 232 세종비지니스센터 A동 604호 우편번호 30121
> 전화 : 044-201-5447
> 팩스 : 044-201-5698
> 전자우편 : araib@korea.kr
> 홈페이지 : http://www.araib.go.kr

1. 제목 : 항공방제 중 실종 후 추락
   - 운영자 : 남밀양농업협동조합
   - 제작사 : 일본 YAMAHA MOTORS
   - 형 식 : RMAX L 17(무인헬리콥터)
   - 신고번호 : S7224
   - 발생장소 : 경남 밀양시 하남읍 양동리(N 35°23'14", E 128°43'20")
   - 발생일시 : 2017년 7월 13일 07:40(한국표준시각)[101]

2. 개 요
   - 사고내용 : 2017년 7월 13일 07:40경, 남밀양농업협동조합 소속 초경량비행장치인 무인헬리콥터[102] S7224가 밀양시 초동면 대곡리 일대의 논에서 항공방제 중 안개 속으로 들어간 후 귀환조종 미숙으로 실종되었고, 추락한 기체는 실종 후 약 5개월이 지난 12월말에 항공방제 지점으로부터 동쪽으로 약 4km 떨어진 밀양시 하남읍 하남 공단 부지조성 작업 중인 공터에서 발견되었다.
   - 피해 : 무인헬리콥터 전파
   - 사고원인 : 초경량비행장치(무인동력비행장치) 조종자의 적절하지 못한 귀환조작 및 비정상 상황에 대한 조치 미흡
   - 기여요인 : 비행 전 기상상태 확인 및 작동절차 준수 미흡
   - 안전권고 : 항공철도사고조사위원회(이하 위원회라 한다)는 각 지방항공청 1건, 남밀양농업협동조합 2건, 무성항공 및 제작사 1건 등 총 4건의 안전권고를 발행하였다.

3. 사실 정보

3.1 비행 경위
   - 항공방제 지역 : 경남 밀양시 초동면 대곡리 1261번지
   - 추락사고 발생지점 : 경남 밀양시 하남읍 양동리 하남공단 공터
   - 비행 경위

   2017년 7월 13일 07:40경, 초경량비행장치사용사업자[103]로 등록한 남밀양농업협동 조합 소속의 조종자와 부조종자가 초경량비행장치에 해당하는 무인헬리콥터, S7224(이하 'S7224'라 한다)를 이용하여 밀양시 초동면 대곡리 1261번지 일대의 논 에 항공방제 작업을 시작하였다.

   첫 번째 항공방제 지역인 초동면 반월리와 차월리 일대에서 06:50경부터 7:20경까지 항공방제 작업을 마친 후 두 번째 방제작업 지역인 사고발생 지점으로 07:30분경에

---

101) 보고서의 모든 시간은 24시를 기준으로 한 한국표준시간 임
102) 무인동력비행장치: 사람이 탑승하지 아니하는 비행장치로서 연료의 중량을 제외한 자체중량이 150kg 이하인 무인비행기, 무인헬리콥터 또는 무인멀티콥터 등
103) 법인등록번호 : 191336-0001031, 2015. 5.22.(최초신고 : 2014. 7.22.)에 부산 지방항공청에 등록

이동하여 07:40경부터 조종자는 S7224를 이용하여 당일 두 번째 항공방제 작업을 시작하였다. 조종자는 S7224를 이용하여 농작물로부터 3~4m 높이[104]로 비행하면서 농약을 살포하였다. 조종자는 S7224의 조종을 담당하였고, 부조종사는 조종자로부터 약 150m 정도 떨어진 곳에서 S7224가 방제 작업 중인 논의 끝까지 도달하였는지 여부를 무전기로 조종자에게 알려주면서 비행 감시 업무를 담당하였다.

당시 항공방제 작업 중인 논 인근의 수평시정은 약 200~300m 정도로 옅은 지상 안개가 끼어 있었으나, 논 상공의 수직시정은 20~30m 정도의 짙은 안개가 끼어 있었다. 당시 밀양지역의 기상청 관측 자료에 의하면 바람은 거의 없었으며 기온은 26℃이고, 습도는 99%로 안개가 끼어 있었음을 알 수 있었다.

07:40경 조종자가 S7224의 시동을 걸고 항공방제 작업을 시작하였다. S7224가 방제 작업 중인 논의 건너편 끝에 도달할 즈음에 비행을 감시하던 부조종자가 S7224가 흘러가니 정지하라고 조종자에게 무전으로 연락하였다.

조종자의 진술에 의하면 S7224가 흐르면서 상승하여 안개 속으로 들어가는 것을 보았으나, 안개로 인하여 보이지 않는 상태에서 귀환조종을 할 경우에 잘못되면 자신에게 기체가 돌진하여 사고가 발생할 것을 우려하여 귀환조종을 못하였다고 하였다. 또한 기체 진행방향에 마을이 있어 2차 사고를 우려하여 S7224의 고도를 올릴 수밖에 없었으며, 고도를 높이는 조작 후에 후진조작을 한 것 같으나 정확하게 기억하지 못한다고 진술하였다.

조종자는 S7224가 안개 속으로 들어갈 때 기체 하부에 설치된 GPS 주황색 표시등[105]이 켜져 있지 않았다고 진술하였다. 이런 경우에는 GPS를 이용한 속도 제어기능이 작동되지 않아 기체의 속도가 점차적으로 증가하게 된다.

조종자는 S7224가 안개 속으로 사라진 후 약 10여분 지나서 뒤쪽에서 소리가 들리는 것 같아 조종기를 켠 상태로 차를 타고 동쪽으로 약 1km 떨어진 동산 꼭대기로 올라갔으나 소리도 들리지 않았고 기체를 찾을 수가 없었다고 하였다.

조종자는 동산 꼭대기에 오르는 도중에 조종기 안테나를 접었으며, 당시 조종기는 GPS 스위치가 켜진 상태, 제어 스위치 켜진 상태, 트림 스위치 고정, 그리고 주입한 연료는 약 40분 정도 비행이 가능한 상태이었다고 하였다.

S7224의 비행 감시업무를 담당하던 부조종자의 진술에 의하면, 조종자와 무전교신 후 S7224의 고도가 갑자기 상승하며 안개로 속으로 사라졌으며, 자신은 S7224의 위치를 확인하기 위하여 엔진소리가 나는 인근 마을 방향으로 뛰어 갔으나 기체를 찾지 못하였다고 하였다.

---

104) 방제는 보통 기체의 3배 정도의 높이로 농작물로부터 3~4m 이내에서 실시
105) 기체 하부에 2개의 경고등으로 GPS 표시등은 주황색이며, YACS 표시등은 적색이다.

S7224가 상승하여 안개 속으로 사라진 후에 마을 위에서 비행하는 것을 목격한 여러 명의 주민들의 진술에 의하면 S7224의 고도가 상당히 높아 보였으나 정확한 고도는 알 수 없었다고 하였다. 목격자들은 당시 마을 상공에는 안개가 없었고 맑은 날씨로 똑똑하게 육안으로 확인할 수 있었다고 하였다.

조종자, 부조종자, 목격자들의 위치는 [그림 1]과 같다.

▌[그림 1] 조종자, 부조종자, 목격자들의 위치도

조종자와 부조종자의 시야에서 사라진 S7224는 높은 고도로 서쪽방향인 인근 마을 쪽으로 비행하였으나 조종자의 무의식적인 후진조작으로 다시 동쪽방향으로 회귀 비행을 하여 항공방제 지점에서 약 1km 떨어진 80~90m 정도 높이의 동산을 통과하였다. 조종자의 조종 없이 비행하던 S7224는 항공방제 지점으로부터 약 4km[106] 떨어진 하남공단 부지조성 작업 중인 지역의 공터에 떨어졌다.

조종자의 고도를 높이는 조작으로 상승한 S7224가 80~90m 높이의 동산을 통과한 것으로 보아 S7224의 비행고도는 100m 이상이었던 것으로 보인다. 그러나 S7224의 비행자료 기록에는 비행고도, 위치 및 시간 등을 저장하는 프로그램이 없어서 정확한 비행고도는 알 수 없었다.

S7224는 농약살포지역에서 약 2km 정도 떨어져 있는 마을 상공에서 주민들에 의해 목격되었고, 다시 농약살포지역 상공을 지나 뒤편에 있는 동산을 통과하여 4km 정도 떨어져 있는 지점에서 조종기의 신호가 끊겨 전파 페일세이프(Fail Safe) 기능이 작동되었다. 페일세이프 기능이 작동하기 전의 비행자료 기록을 보면 이미 연료가 부족하여 저연료 경고등이 켜진 상태였다. 페일 세이프 기능 작동 후에 약 40초 동안은 2m/sec 속도로 강하하였다.

---

106) S7224의 추락 위치는 조종자가 기체를 찾기 위해 올라간 동산에서 약 3.16km 떨어진 지점

그 후 약 60초 동안 무선연결이 되지 않아 페일세이프 기능이 해제되며 자유 낙하를 하다 엔진회전수가 2,000rpm 이하가 되면서 비행자료 기록이 중지되었고, 곧 바로 추락한 것으로 보인다.

S7224가 통상적으로 비행속도인 20km/h로 비행했다고 보았을 때 이륙 후 비행한 거리가 최소 10km 이상이 된다. 그 후 조종기와 무선신호가 두절되면서 페일세이프 기능이 작동하여 2m/sec[107) 속도로 40초간 하강하다 연료도 고갈되어 엔진회전수가 감소하면서 추락하였다.

3.2 실종된 기체 수색

3.2.1 1차 기체 수색

사고 당일인 7월 13일부터 조종자와 부조종자 그리고 남밀양농협 직원 및 무성항공 직원들이 예상 추락지역을 수색하였고, 드론을 이용하여 사진 촬영 및 수색을 하였으나 기체를 발견하지 못하였다. 7월 13일부터 3일간 직원들과 드론을 이용하여 수색 및 사진 촬영을 하였으나 기체를 발견하지 못하였다.

위원회에서는 7월 21일 함양에 있는 산림청 소속 헬리콥터(KA-32T, HL9416)를 지원 받아 조사관 2명 및 무성항공 직원 1명이 탑승하여 산악지역을 1시간 동안 수색하였으나 기체를 발견하지 못하였다.

무성항공에서는 S7224가 비행 중 산에 부딪쳐서 산악지역에 추락하였을 것으로 판단 하였고, 장시간이 소요될 것을 예상하여 매일 6~7명의 인부를 고용하여 7월 17일부터 8월 4일까지 산악지역을 단계적으로 수색하였으나 기체를 발견하지 못하였다.

무성항공에서는 산림이 무성하여 기체가 발견되지 않는다고 판단하여 낙엽이 떨어진 후인 겨울에 다시 재수색하기로 결정하고 8월 4일에 1차 수색을 종료하였다.

3.2.2 2차 기체 수색

무성항공에서는 낙엽이 떨어져서 산악지역이나 숲 속이 잘 보이는 12월 18일부터 12월 22일까지 5일간 인부와 드론을 이용하여 재수색 하였으나 기체를 발견하지 못하였다. 무성항공에서는 모든 지역을 샅샅이 수색하였는 데도 기체가 발견되지 않자 낙동강으로 추락한 것으로 판단하고 재수색을 종료하였다.

그러던 중 12월 24일 저녁에 하남공단 조성부지에서 기체를 발견한 작업자가 남밀양농 협으로 연락하여 추락한 S7224 잔해를 회수하게 되었다.

---

107) 전파 페일세이프(Fail Safe) 상태가 되면 2m/sec 속도로 40초간 강하하도록 설계되어 있음

▌[그림 2] S7224 잔해 발견지역 그림

3.3 인명피해

이 사고로 인명피해는 없었다.

3.4 초경량비행장치 손상

S7224는 조종기와 무선신호가 끊겨 무선 페일세이프 상태가 되었으며, 정상적인 페일세이프 상태로 약 40초간 80m 정도 강하하다 엔진이 정지되면서 추락하여 [그림 3]과 같이 전파되었다.

▌[그림 3] 전파된 S7224 기체

3.5 기타 손상

기타 손상은 없었다.

3.6 조종자 인적 사항

조종자(남, 83년생)는 유효한 초경량비행장치 조종자자격증명[108]을 보유하고 있었다.
조종자는 2014년 7월부터 남밀양농협에서 항공방제 작업을 하였다.

---

108) 초경량비행장치 조종자자격증명서(자격번호 : 91-002192, 발행일 : '14.7.4. 교통안전공단이사장, 한정사항 : 무인회전익비행장치)

3.7 초경량비행장치 정보

3.7.1 S7224의 일반제원

S7224의 일반 제원은 [표 1]과 같다.

▌[표 1] S7224 일반제원

제작일	2014. 3. 5.	제작번호	L25-5-100224
크기(m)	3.63×0.72×1.08	최대이륙중량	94kg
항속 시간	60분	순항 속도	15~20km/h
발동기	YE-L17	인증 종류	무인회전익비행장치
	수랭식 2사이클/2기수평대항	안정성 인증기간	'17.3.29 ~ '18.3.28

3.7.2 S7224의 외부 및 내부 명칭

S7224의 외부 및 내부 명칭은 [그림 4], [그림 5]와 같다.

▌[그림 4] S7224 외부 명칭

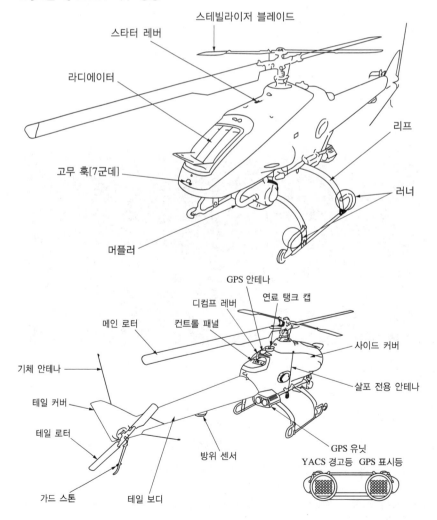

∎ [그림 5] S7224 내부 명칭

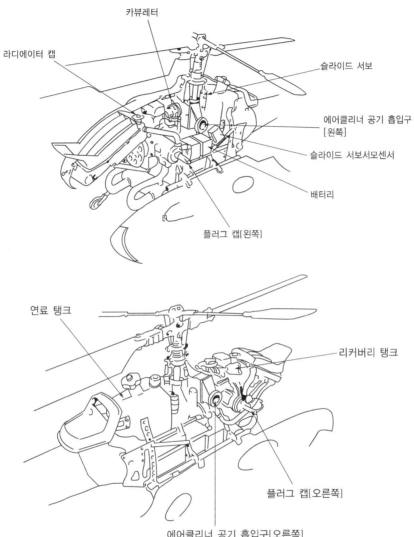

카뷰레터
라디에이터 캡
슬라이드 서보
에어클리너 공기 흡입구 [왼쪽]
슬라이드 서보서모센서
배터리
플러그 캡[왼쪽]

연료 탱크
리커버리 탱크
플러그 캡[오른쪽]
에어클리너 공기 흡입구[오른쪽]

3.7.3 신고등록 및 사업등록 현황

S7224 신고등록 및 사업등록 현황은 [표 2]와 같다.

∎ [표 2] 무인헬리콥터 신고등록 및 사업등록 현황

무인헬리콥터 신고등록 및 사업등록			
신고번호	S7224	신고일	2014. 5. 15.
제작자	Yamaha Motor Co.,Ltd	종 류	무인동력비행장치
소유자	남밀양농업형동조합(영리)	형 식	RMAX L17
사업등록	초경량비행장치사용사업	사용범위	영농지원
등록청	부산 지방항공청	사업등록일	2014. 5. 22.

3.7.4 비행자료 기록장치

제작사인 YAMAHA사의 무인헬리콥터에는 비행자료 기록장치가 장착되어 운용되고 있으며, S7224에는 RMAX L17[109]이 장착되어 있다. RMAX L17의 비행자료는 마지막 비행종료 시점부터 약 100초 동안 기록되며 엔진회전수(rpm)가 3,000회 이상일 때 기록이 시작되고, 2,000회 이하일 때는 기록이 정지된다.

▌[그림 6] S7224의 비행자료 기록장치 사진

S7224의 비행자료 기록장치가 추락으로 인하여 약간의 외부 손상은 있었으나 추락 직전 약 1분 45초 동안의 비행자료 기록은 손상 없이 남아 있었다. 그러나 비행 위치를 파악할 수 있는 GPS 위치와 비행고도 등을 기록하는 프로그램이 없어서 비행 위치와 비행 고도 등은 비행자료 기록장치에 저장되어 있지 않았다.

3.8 기상 정보

조종자의 진술에 따르면 항공방제를 시작할 때의 시정은 옅은 지상 안개로 200~300m 정도이고, 바람[110]은 거의 무풍 상태로 항공방제를 하는데 지장이 없었다고 진술하였다. 당일 이 지역의 일출시간은 05:20이었으며 낙동강 인근으로 논이 많은 지역이어서 습도가 높아 여름철 기상 특성상 일출 이후 지상 안개가 끼었을 것이다.

기상청 관측 자료에 의하면 사고 발생 당시 밀양지역의 기상은 무풍 상태로 기온은 26°C였으며, 습도는 99%로 안개가 발생하기 좋은 기상상태였다.

---

109) 야마하 자세조종시스템(YACS: Yamaha Attitude Control System)는 6개의 보드(board)로 구성되어 있으며, 기체의 각종 비행자료를 저장하는 비행자료기록장치 임
110) 바람이 3m/sec를 넘으면 농약이 날리게 되어 항공방제가 불가능하여 방제를 중지함

3.9 잔해 정보

S7224는 추락되면서 [그림 8]과 같이 각 부분이 파손되었다.

▌[그림 7] S7224의 부분별 잔해 상태 사진

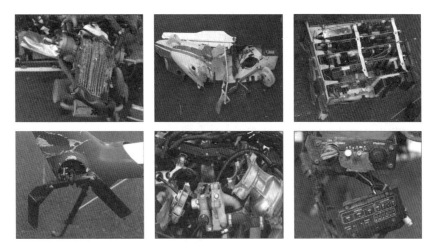

3.10 추가 정보

3.10.1 항공방제 기준

악천후 시에는 조종이 어렵게 되어 예기치 못한 사고를 일으킬 수 있어 비행 또는 농약살포를 중지해야 한다. 지상 1.5m에서 풍속이 3m/sec를 넘을 경우 농약이 바람에 날려 방제효과가 낮으므로 방제를 중지하여야 한다. 그리고 우천 시 안개가 발생하고 가까운 곳에서 번개가 칠 경우에도 항공방제비행을 중지해야 한다.

조종자와 기체의 최대 거리는 수평으로 150m 이내, 비행 고도(지상 또는 작물 위)는 3~4m 정도가 되도록 하여야 한다. 조종자와 기체와의 거리가 멀어지면 기체의 자세를 충분히 확인할 수 없게 되고 전파 수신 상태에도 영향을 미치게 되어 비정상 비행 상황이 발생할 수 있다.

그리고 같은 구역에서 2대 이상이 동시에 비행할 때에는 2개의 주파수를 다르게 사용하고 기체 간격을 200m 이상으로 떨어지게 하여야 한다. 두 기체 간의 거리가 200m 이내에 들어오면 상대방 주파수를 확인하고, 인접 주파수일 경우 상대방이 지나갈 때까지 기다려야 한다.

3.10.2 GPS 제어모드

GPS 제어모드는 기체가 비행 중 일정한 속도(등속)를 유지할 수 있도록 하는 기능을 가지고 있다. 기체가 너무 빠르게 비행하여 비행제어가 잘 안 되거나 다른 안전사고가 발생할 수 있는 상황을 방지하는 역할을 한다. GPS 제어모드가 정상적으로 작동하면 통상적으로 약 15~20km/h 정도로 비행한다.

조종기의 GPS 제어 스위치는 이륙한 상태에서 스위치를 켜야 한다. 지상에서 GPS 제어모드 스위치를 켠 상태로 이륙된 경우에는 즉시 조종기의 GPS 제어스위치를 끈 다음 다시 스위치를 켜야 GPS 제어모드가 정상적으로 작동한다.

기체에는 GPS 표시등(주황색)이 있는데 [그림 8]의 왼쪽의 상태는 GPS 위성수신이 4개 이하로 정상 수신 상태가 아님을 나타낸다. [그림 8]의 가운데처럼 외곽의 등이 켜져 있는 상태는 GPS 위성 수신이 4개 이상으로 정상 수신 상태를 나타낸다. 또한, [그림 8]의 오른쪽 그림처럼 모든 등이 켜져 있는 상태는 정상적으로 GPS 제어모드가 작동하고 있다는 것을 나타낸다.

▌[그림 8] 기체의 GPS 표시등 상태

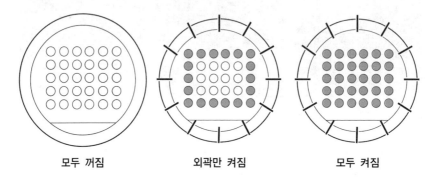

모두 꺼짐　　　　　외곽만 켜짐　　　　　모두 켜짐

3.10.3 전파 페일세이프(Fail Safe) 기능

무인헬리콥터는 무선 전파를 이용하여 조종하기 때문에 조종기의 조종용 전파가 어떠한 영향으로 기체에 전달되지 않으면 조종을 할 수 없게 되므로 아주 위험하다. 그러므로 비행 전과 비행 중에는 전파 장해에 세심한 주의를 기울여야 한다.

전파 장애 발생 시의 기체를 안전하게 착륙시키거나 다른 2차 사고의 연결을 방지하기 위한 시스템 기능이 전파 페일세이프 기능이다. 전파장해가 발생하면 기체는 자동정지하여 2m/sec의 속도로 자동 하강을 하며, 전파 장해 발생 후 40초가 지나면 엔진회전수를 자동으로 완속(Idling) 상태로 만들고 기체가 급강하하여 강제로 자동 착륙하게 한다. 전파 장애 발생 후 1분이 지나도 전파가 회복되지 않으면 엔진이 자동으로 정지된다.

4. 분석 및 결론

4.1 분 석

4.1.1 비행자료 기록 분석

S7224의 비행자료 기록 시간은 총 105.6초이다. 이 형식의 무인헬리콥터는 엔진 회전수가 3,000rpm 이상일 때 비행자료 기록을 시작하고, 2,000rpm 보다 적어지면 기록을 정지하게 되어 있으며 이 시점이 0초로 기록된다. 그리고 항상 최신 100초 이상의 기록을 유지하고 있다. S7224의 경우 분당 회전수가 2,000rpm 이하로 떨어져서 기록이 성시된 0초 시점에서 역으로 105.6초까지의 비행자료가 기록되어 있었다.

4.1.1.1 실제 비행자료 기록 시간(−105.6초~−100.2초 사이)

비행자료 기록이 시작된 −105.6초 시점에는 조종기의 전파가 켜진 상태이었으며, GPS 수신기의 상태는 미적용 상태로 기록되어 있었다. 이것은 S7224가 항공방제를 시작하는 시점에 조종기의 GPS 스위치를 잘못 조작하여 GPS 제어모드가 적용되지 않고 있었다는 것을 의미한다. 이 경우에는 GPS 제어모드가 기능을 하지 않아 GPS를 사용하지 않는 기체 자세 제어와 엔진 회전 제어가 작동되고 있는 상태이었다.

이 시점의 S7224의 기체 자세는 피치 각이 약 7°의 기수 올림 상태이고, 롤 각은 약 10°의 좌측으로 기울어져 있었다. 요각은 초당 약 5°의 느린 각속도로 기수를 흔들며 왼쪽으로 선회하고 있었다. 이 기간의 기록은 실제로 S7224가 비행하고 있는 상태를 기록한 비행자료이다.

정상적으로 비행 중인 상태에서 실제 비행자료를 기록한 시간은 −105.6초부터 −100.2초 사이이며, 그 이후에 기록된 비행자료 기록은 전파 페일세이프가 작동된 상태의 비행자료로 정상적인 상태의 비행자료는 아니다.

4.1.1.2 전파 페일세이프 초기(−100.2초~−60.6초 사이)

비행자료 기록 종료 −100.2초 시점부터 S7224는 조종기의 전파 신호가 잡히지 않았고 곧바로 전파 페일세이프 상태로 들어갔다. 전파 페일세이프가 들어간 이후 40초간은 자체 프로그램에 의하여 자동으로 2m/sec 강하 속도로 고도를 강하시키는 제어모드에 들어갔다.

이 시간 동안의 S7224 비행자료 기록을 확인해 보면 기체 자체의 엔진 회전제어 및 기체 자세 제어모드를 유지하면서 기체의 프로그램대로 2m/sec로 −100.2초부터 −60.6초까지 약 40초간 약 80m 정도의 고도가 강하되었다.

이 시점의 S7224 자세는 직전과 같이 피치 각이 7°의 기수 올림 상태이고 롤 각이 10° 좌측의 기울어졌으며, 요각이 초당 6°의 느린 각속도 상태로 기수를 왼쪽으로 흔들며 선회하고 있었다.

4.1.1.3 전파 페일세이프 후기(−60.6초~−0초 사이)

전파 페일세이프 상태로 약 40초가 경과하여 자체 프로그램대로 기체 자세 제어 및 엔진 회전 제어를 끊고 제어모드 해제 상태가 되었다. 기체의 강하 속도는 빨라지고, 피치 각은 5°의 기수 올림상태로 롤 각은 약 30° 정도 좌측 기울어진 상태로 S7224는 왼쪽으로 선회를 계속하였다.

회전날개에 대한 풍압 때문에 엔진 스로틀에 대한 조종명령이 없는 상태에서도 엔진회전수는 약 5,800rpm 정동 유지되었다. 피치 각의 기울기 변화에 따라 회전날개에 대한 풍압강도가 크게 변하면서 엔진회전수도 크게 변동하고 있었다.

비행자료 기록이 중지되기 -5초 정도에서 피치 각이 약 18°의 높은 기수올림상태가 되고 엔진회전수가 2,000rpm 이하로 떨어지면서 기체의 프로그램대로 비행자료 기록은 중지되었다. 비행자료 기록 중지 후에는 자유 낙하하여 곧바로 지상으로 추락한 것으로 판단된다.

4.1.1.4 전파 페일세이프 직전의 S7224 비행 상태

[그림 9]는 S7224가 전파 페일세이프에 들어가기 1초 전인 -101.2초 당시의 기체에 대한 경고(Warning) 상황을 알려주는 당시 기체의 비행 상태를 나타내는 그래프이다. 경고값 56은 기체에 대한 경고 내용이 무엇이었는가를 분석할 수 있는 비행자료 기록이다. 이를 해석하기 위해서는 [표 3]의 값을 대입하여 내용을 분석해야 한다. [그림 9]의 경고값 56에 해당하는 [표 3]의 데이터는 비트 3, 4, 5번을 의미하며, 이를 해석하면 된다. 비트값 3은 엔진회전수가 저하된 것을 나타내며, 비트값 4는 저연료 경고를 나타내고, 비트값 5는 저연료 경고등이 점등된 상태를 나타낸다.

■ [그림 9] 경고에 대한 비행자료 기록

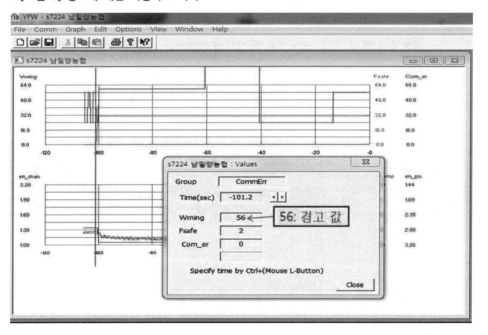

▌[표 3] RMAX 에러에 관한 데이터

항 목	기 호	의 미	bit	값	내 용
통신 에러	Warning	정비 경고	0	1	스톱 S/W ON
			1	2	연료 서미스터 단선
			2	4	페일세이프 40초 이내
			3	8	엔진 회전수 저하
			4	16	연료 Empty
			5	32	램프 점등
			6	64	배터리 에러(11.5V 이하, 16V 이상)
			7	128	페일세이프 40~60초

이것을 근거로 하여 이 시점에서의 S7224 비행 상태를 보면 저연료 경고등이 켜져 있는 상태이었고 연료도 고갈되어 가고 있었으며 엔진회전수도 감소하고 있었음을 알 수 있다.

4.1.1.5 비행자료 기록 분석 요약

비행자료 기록을 분석한 결과에 의하면 S7224는 조종기의 무선전파 도달 거리인 3km 를 벗어나 조종기에서 기체에 송신되는 무선전파가 끊어지면서 전파 페일세이프 기능이 작동하였다. 전파 페일세이프 기능은 정상적으로 작동되었고 이 기능에 따른 기체가 약 40초 동안 강하하다가 그 이후에는 자유 낙하하여 최종적으로 지면에 추락된 것으로 판단된다.

S7224는 [그림 10]에서 보는 바와 같이 전파 페일세이프 기능은 정상으로 작동되고 있었 으며 기체는 GPS는 위성신호를 수신하고 있었지만 조종기의 GPS 스위치 작동 시점이 잘못되어 GPS 제어모드는 작동되고 있지 않아 비행속도는 기록되어 있지 않았다.

▌[그림 10] 비행자료 기록 분석도

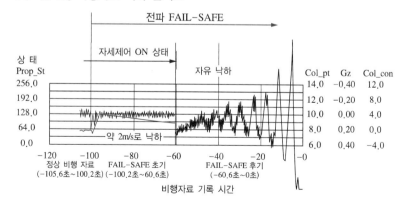

4.1.1.6 비행자료 기록 분석에 따른 추정비행경로

조종자가 항공방제를 시작하자마자 S7224가 흐르면서 안개 속으로 사라졌다. 조종자는 자신이 사고를 당할까봐 귀환조종을 못하였고, 비행 방향에는 마을이 있어 2차 피해를 우려해 고도 상승 조작만 하였다고 진술하였다. 또한 어느 순간 조종자 뒤편에서 엔진 소리가 들려 뒤편의 동산으로 올라갔다고 하였다.

그리고 약 5개월 후에 발견된 S7224 추락지점이 하남공단 조성부지 공터인 것 등을 감안하여 S7224의 추정비행경로를 만들면 [그림 11]과 같다.

▌[그림 11] S7224의 추정비행경로

4.1.2 GPS 제어모드 작동 상태

항공방제 시작 후 조종자는 부조종자가 S7224가 흘러간다는 무전 통보를 듣고 S7224의 기체 하부에 설치된 GPS 표시등을 보았는데 GPS 표시등이 꺼져 있었다고 진술하였다. S7224의 GPS 표시등이 꺼져 있었다는 것은 조종자가 항공방제 준비 중에 절차를 준수하지 않아 기체의 GPS 제어모드 스위치를 켜지 않았거나 기체가 지상에 있는 상태에서 조종기의 GPS 제어모드 스위치를 켜서 GPS 제어모드가 정상적으로 작동하지 않았던 것으로 판단된다. 이런 경우에는 조종기의 GPS 제어모드 스위치를 껐다 다시 켜야 정상으로 작동한다.

4.2 조사결과

1. 조종자는 유효한 초경량비행장치 조종자자격증명을 보유하고 있었다.
2. 07:40경 조종자가 S7224를 이륙시켜 농작물로부터 3~4m 높이에서 항공방제를 시작하였다.
3. S7224가 수직시정이 나쁜 상태에서 항공방제를 시작한 후 기체가 흐르면서 상승하여 안개 속으로 사라져 실종되었다.
4. 조종자는 S7224가 항공방제 중 논 건너편 끝에 도달할 즈음에 부조종자로부터 기체가 흘러간다는 무전 통보를 들었다.

5. 조종자는 S7224 하부에 설치된 GPS 표시등이 꺼져 있었음을 발견하였고, 곧바로 기체가 조종자의 시야에서 안개 속으로 사라졌다.

6. 조종자는 S7224가 비행 방향의 마을에서 2차 사고를 우려하여 고도를 높이는 조작만 하였고 자기 자신이 사고를 당할 것을 우려하여 적절한 귀환조작을 하지 못하였다.

7. 조종자는 뒤쪽에서 S7224 엔진 소리가 들린다고 판단하여 조종기를 켠 채로 차를 타고 1km 정도 떨어진 뒤편의 동산으로 올라갔다.

8. 조종자가 조종기를 켠 상태에서 산으로 올라가면서 조종기와 기체 간의 전파신호는 연결되어 있어 S7224는 동산으로부터 약 3km 떨어진 추락지점까지 계속 비행한 것으로 판단된다.

9. 비행자료 기록장치에는 2,000rpm 이하가 되어 기록이 중지된 시점으로부터 -105.6초 동안의 자료가 저장되어 있었다.

10. 비행자료 기록장치에는 비행 위치와 고도를 파악할 수 있는 GPS의 위치와 고도가 저장되는 프로그램이 없었으며 따라서 S7224의 위치, 고도 및 속도는 기록되어 있지 않았다.

11. 비행자료 기록 -105.6초 시점에는 조종기에서 발사되는 전파는 연결된 상태이었으며 GPS 수신기의 상태는 미적용 상태로 기록되어 있었다.

12. 비행자료 -100.2초의 시점에서 조종기 신호의 통달거리인 3km를 벗어나 전파 페일세이프 상태로 들어갔다.

13. 전파 페일세이프 상태로 약 40초 동안 2m/sec 속도로 강하한 후 기체자세제어 및 엔진회전제어를 끊고 페일세이프 제어모드 해제 상태가 되었다.

14. S7224의 GPS 표시등이 꺼져 있었다는 것은 조종자가 항공방제를 위한 비행 준비 과정에서 절차를 준수하지 않아 기체의 GPS 제어모드 스위치를 켜지 않았거나 기체가 지상에 있는 상태에서 조종기의 GPS 제어모드 스위치를 켜서 GPS 제어모드가 정상적으로 작동하지 않았던 것으로 판단된다.

15. 비행 중 GPS 비정상 상태인 경우에는 조종기의 GPS 제어모드 스위치를 껐다 다시 켜야 정상으로 작동한다.

16. 1차로 7월 13일 실종된 S7224를 무성항공이 주축이 되어 8월 4일까지 약 3주간 실종지역 인근을 수색하였으나 기체를 발견하지 못하였으며, 2차로 12월 18일부터 12월 22일까지 5일간 인부와 드론을 이용하여 재수색하였으나 기체를 발견하지 못하였다.

17. 사고 후 약 5개월이 지난 12월말에 하남공단부지 조성작업 중이던 작업자가 S7224를 발견하여 남밀양농협에 신고하였다.

4.3 원인 및 기여요인
- 사고원인 : 초경량비행장치 조종자의 적절하지 못한 귀환조작 및 비정상 상황에 대한 조치 미흡
- 기여요인 : 비행 전 기상상태 확인 미흡 및 작동절차 준수 미흡

5. 안전권고

위원회는 2017년 7월 13일 경남 밀양시 초동면 대곡리에서 항공방제 중 실종 후 추락한 초경량비행장치에 대한 사고조사 결과에 따라 다음과 같이 안전권고를 발행한다.

5.1 지방항공청에 대하여
1. 무인헬리콥터를 이용하여 사용사업을 하는 관할지역 업체에 대하여 안전관리를 강화하도록 지도 및 감독방안 마련(UAR1703-1)

5.2 ㈜무성항공 및 제작사에 대하여
1. 이 실종 사고의 경우 추가적인 2차 사고로 연결될 가능성이 있으므로 실종이나 사고가 발생한 기체를 쉽게 찾을 수 있도록 GPS 위치 추적기를 장착하는 방안 검토(UAR1703-2)

5.3 남밀양농협에 대하여
1. 무인헬리콥터를 이용하여 항공방제를 할 수 있는 기상상태 및 안전관리기준 마련(UAR1703-3)
2. 매년 처음으로 항공방제 작업을 시작할 경우에는 사전에 전 조종자들에게 일정한 수준의 안전교육을 실시 후 방제작업 실시(UAR1703-4)

CHAPTER 3 항공안전기술원

1 ✈ 항공안전기술원

항공안전기술원(航空安全技術院, KIAST ; Korea Institute of Aviation Safety Technology)은 민간항공기·공항·항행시설 등에 대한 안전성·성능 등을 시험하고 인증하는 업무와 항공안전에 영향을 주는 결함 분석 및 첨단 항공기술의 개발과 표준화 등의 연구개발 업무를 수행하여 항공안전기술산업 발전을 선도하는 데 기여하기 위하여 설립된 대한민국 국토교통부 산하 공공기관이다. 인천광역시 서구(로봇랜드로 155-11) 청라국제도시 로봇랜드 내에 있다.

항공안전기술원은 항공안전에 필요한 항공안전기술 전문인력 양성, 항공사고 예방에 관한 인증·시험·연구·기술개발 등을 수행하는 항공안전 전문기관이다.

2013년 설립된 항공안전기술원은 2014년 항행안전시설 성능적합증명, 2015년 항공기 형식증명 전문검사기관으로 지정되었으며, 2017년11월 3일에는 경량항공기 및 초경량비행장치 안전성인증 업무가 이관되어 통합 항공인증기관으로서 발돋움하였다.[111]

2013년1월 비영리 재단법인으로 설립된 항공안전기술센터가 항공안전기술원법에 따라 정부출연기관인 항공안전기술원으로 전환되었다.

---

111) https://www.safeflying.kr/frontOffice/main/main.do

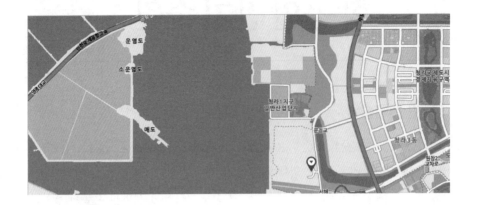

2 ✈ 조직도

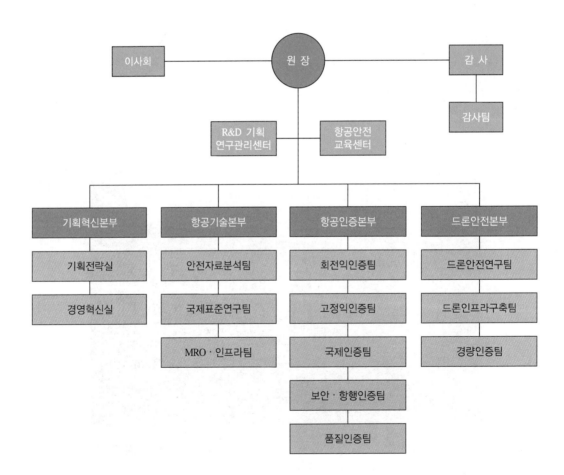

부서별		업무 분장
항공안전교육센터		• 항공안전교육 계획수립 및 시행 • 항공안전교육 과정 및 교육교재 개발 • 외부기관에 대한 항공안전 교육 지원 • 교수요원 훈련·양성 및 자원관리 등
R&D기획연구 관리센터		• R&D사업 성과 평가·관리 업무 • R&D사업 정산 업무 • R&D사업 수요조사, 발굴, 제안 등 총괄기획
감사팀		• 감사계획 수립 및 시행 • 외부감사 수감업무 총괄 • 진정, 건의 등 비위관련 민원 조사처리 • 반부패·청렴 및 윤리에 관한 업무 등
기획혁신본부	기획전략실	• 중장기 경영목표 수립 • 사업계획 수립, 예산관리 • 항공안전기술원법 및 원규관리 • 경영평가 및 성과관리 • 대외협력 및 홍보 등
	경영혁신실	• 인력개발 및 인사관리 • 회계 및 세무에 관한 업무 • 국내외 교육 및 연수계획 수립 및 운영 • 자금운용계획 수립 및 운용 • 복리후생에 관한 업무 등
항공기술본부	안전자료분석팀	• 고장, 결함 또는 기능장애에 관한 연구·분석 업무 • 잠재적 항공안전 위해요인 식별·분석 업무 • 항공안전프로그램 마련을 위한 항공기 사고, 준사고 또는 항공안전 장애 조사결과 연구·분석
	국제표준연구팀	• 항공기기술기준, 비행규칙, 위험물 취급절차·방법 및 운항기술 기준의 국제표준 연구 • 항공안전정보의 수집·조사·관리 및 연구 • 항공안전기술 분야 국제협력 등
	MRO·인프라팀	• 중장기 항공안전기술 연구계획 수립 및 시행 • 항공안전기술 연구과제 총괄기획 • 항공사고 예방기술 개발 • 항공안전기술 전문인력 양성 • 항공안전에 관한 교육 및 홍보 등
항공인증본부	회전익인증팀	• 회전익항공기 관련 증명, 승인 등의 기술검증 총괄 및 기술연구 • 회전익항공기 비행시험 평가 및 기술연구 • 회전익무인항공기 인증 및 기술연구 등
	고정익인증팀	• 고정익항공기 관련 증명, 승인 등의 기술검증 총괄 및 기술연구 • 고정익항공기 비행시험 평가 및 기술연구 • 기술표준품 형식승인, 부품등제작자증명 등의 기술검증 총괄 및 기술연구 • 고정익무인항공기 인증 및 기술연구 등

부서별		업무 분장
	국제인증팀	• 항공기 등의 설계·제작 분야 기술검증 총괄 및 기술연구 • 국제 항공안전협정 체결·개정·유지 및 관리를 위한 시범사업 기술 평가 대응 및 연구 • 항공기 및 부품·장비품 수출감항증명/승인을 위한 기술검증 • 국가 항공기인증체계 구축정책 수립 및 연구 등
	보안·항행인증팀	• 항행안전시설 성능적합증명 검사 • 항행안전시설 관련 인증기술 연구 • 항공보안장비 성능인증 • 항공보안장비와 관련한 인증기술 연구 등
	품질인증팀	• 제작증명, 생산승인 총괄 및 기술연구 • 항공기 및 부품·장비품 품질관리시스템 평가 및 합치성검사 • 국내외 인증관리 업무 • 항공기 제동장치 복합시험센터 등 시험시설 및 장비의 운영·관리 등
드론안전본부	드론안전연구팀	• 무인항공 분야 발전기반 조성 • 무인항공 분야 항공산업현황 및 관련 통계 조사·연구 • 무인항공 분야 안전기술, 운영·관리체계 연구 및 개발 • 무인항공 분야 전문인력의 양성 등
	드론 인프라 구축팀	• 무인비행장치 특별비행을 위한 안전기준 적합성 검사 업무 • 무인항공 분야 우수기업의 지원 및 육성 • 무인비행장치 및 무인항공기의 안전한 운영·관리 등을 위한 인프라 또는 비행시험 시설의 구축·운영 등
	경량인증팀	• 경량항공기 및 초경량비행장치 안전성인증 • 드론인증센터의 구축·운영 • 경량항공기 및 초경량비행장치 인증 및 기술연구 등

초경량비행장치 안전성인증

1 ✈ 안전성인증 관련법규

초경량비행장치 안전성인증이란 비행장치가 초경량비행장치의 비행안전을 확보하기 위한 기술상의 기준(국토교통부 고시)에 적합함을 증명하고, 비행장치의 비행안전을 확보하기 위하여 설계, 제작 및 정비관련 기록과 비행장치의 상태 및 비행성능을 확인하는 것을 말한다.

(1) 항공안전법

제124조(초경량비행장치 안전성인증)

시험비행 등 국토교통부령으로 정하는 경우로서 국토교통부 장관의 허가를 받은 경우를 제외하고는 동력비행장치 등 국토교통부령으로 정하는 초경량비행장치를 사용하여 비행하려는 사람은 국토교통부령으로 정하는 기관 또는 단체의 장으로부터 그가 정한 안정성인증의 유효기간 및 절차·방법 등에 따라 그 초경량비행장치가 국토교통부 장관이 정하여 고시하는 비행안전을 위한 기술상의 기준에 적합하다는 안전성인증을 받지 아니하고 비행하여서는 아니 된다. 이 경우 안전성인증의 유효기간 및 절차·방법 등에 대해서는 국토교통부 장관의 승인을 받아야 하며, 변경할 때에도 또한 같다.

(2) 항공안전법 시행규칙

제305조(초경량비행장치 안전성인증 대상 등) 제1항

법 제124조 전단에서 동력비행장치 등 국토교통부령으로 정하는 초경량비행장치란 다음의 어느 하나에 해당하는 초경량비행장치를 말한다.

① 동력비행장치

② 행글라이더, 패러글라이더 및 낙하산류(항공레저스포츠사업에 사용되는 것만 해당한다)

③ 기구류(사람이 탑승하는 것만 해당한다)

④ 다음의 어느 하나에 해당하는 무인비행장치

　　㉠ 제5조 제5호 가목에 따른 무인비행기, 무인헬리콥터 또는 무인멀티콥터 중에서 최대이륙중량이 25kg을 초과하는 것

　　㉡ 제5조 제5호 나목에 따른 무인비행선 중에서 연료의 중량을 제외한 자체중량이 12kg을 초과하거나 길이가 7m를 초과하는 것

⑤ 회전익비행장치

⑥ 동력패러글라이더

제305조(초경량비행장치 안전성인증 대상 등) 제2항

법 제124조 전단에서 국토교통부령으로 정하는 기관 또는 단체란 기술원 또는 별표 43에 따른 시설기준을 충족하는 기관 또는 단체 중에서 국토교통부 장관이 정하여 고시하는 기관 또는 단체(이하 '초경량비행장치 안전성인증기관'이라 한다)를 말한다.

2 ✈ 초경량비행장치의 비행안전을 확보하기 위한 기술상의 기준(18.12.11. 개정)

초경량비행장치의 비행안전을 확보하기 위한 기술상의 기준
(Technical Standards to Ensure Flight Safety of Ultralight Vehicle)

제1조(목적)

이 기준은 「항공안전법」 제124조에 따라 초경량비행장치의 비행안전을 위한 기술상의 기준을 정하여 초경량비행장치의 안전한 비행을 확보함을 목적으로 한다.

제2조(정의) 이 기준에서 사용되는 용어의 뜻은 다음과 같다.

① "개조(Alteration)"란 인가된 기준에 맞게 항공제품을 변경하는 것을 말한다.

② "제작자(Manufacturer)"란 초경량비행장치의 제작 및 생산하거나 하려는 업체 또는 개인을 말한다.

③ "전자식 자료(Electronic Data)"란 정보통신망, 전자매체 등을 통하여 전달되는 전자파일 형태의 자료를 말한다.

④ "새로운 형태의 비행장치"란 「항공안전법 시행규칙」 제5조의 제1호부터 제8호에 해당되지 않는 자체중량 150kg 이하(연료·배터리 등의 동력원 및 탑승자 무게 제외)의 초경량비행장치를 말한다.

제3조(적용범위)

① 이 기준은 「항공안전법」(이하 "법"이라 한다) 제124조 및 같은 법 시행규칙(이하 "규칙"이라 한다) 제305조 제1항에 해당하는 초경량비행장치와 이 기준 제2조 제4호에 해당하는 새로운 형태의 비행장치를 대상으로 한다.

② 이 기준은 초경량비행장치를 사용하여 비행하고자 하는 사람과 그 사람이 운용하는 초경량비행장치를 설계·제작·정비·수리 및 개조 등의 업무를 수행하는 사람에게 적용한다. 다만, 이 기준 제2조 제4호에 해당하는 새로운 형태의 비행장치에 대해서는 시험비행 허가에 대해서만 적용한다.

제4조(안전성인증의 유효기간 및 절차·방법 등의 승인)

법 제124조 및 규칙 제305조 제2항에 따라 초경량비행장치 안전성인증기관(이하 "인증기관"이라 한다)의 장은 안전성인증의 유효기간, 절차 및 방법 등을 정하여 국토교통부 장관의 승인을 받아야 하며, 변경할 때에도 또한 같다.

제5조(안전성인증 절차 등)

① 초경량비행장치의 안전성인증을 받으려는 자는 인증기관의 장이 정한 절차와 방법에 따라 신청하여야 한다.

② 인증기관의 장은 안전성인증을 할 때에는 해당 초경량비행장치가 이 기술기준을 충족하는지 확인한 후 안전성인증서를 발급하여야 한다.

③ 인증검사 기관의 장은 초경량비행장치가 이 기술기준에 적합한지 여부를 확인하기 위하여 필요한 추가적인 시험, 계산 또는 입증자료의 제시를 신청자에게 요구할 수 있다.

④ 안전성인증 검사를 위하여 제출되거나 보관되어야 하는 기술자료는 서면 자료 또는 전자식 자료(Electronic Data)로 할 수 있다.

제6조(연구·개발 중인 초경량비행장치의 시험비행 허가)

① 법 제124조 및 규칙 제307조 제1항·제2항에 따라 연구·개발 중인 초경량비행장치의 비행성능 및 안전성 등을 평가하기 위하여 시험비행을 하려는 자는 국토교통부 장관에게 허가를 신청하여야 한다.

② 제1항에 따른 연구·개발 중에 있는 초경량비행장치란 다음 각 호의 어느 하나에 해당하는 경우를 말한다.

  1. 소유자 등이 초경량비행장치를 직접 설계하여 제작하는 경우

  2. 기술 개발을 위해 기존 초경량비행장치를 안전성이 검증되지 않은 설계 방법으로 개조하는 경우. 다만, 소개조, 단순 성능개선 또는 제작자가 제공한 방법으로 개조하거나 키트 조립하는 경우는 제외한다.

③ 시험비행 허가를 받으려는 자는 설계, 제작과정 및 완성 후 상태가 기술기준에 적합함을 입증할 수 있는 다음 각 호의 자료를 국토교통부 장관에게 제출하여야 한다.

  1. 해당 초경량비행장치에 대한 소개서 : 설계 개요서, 설계도면(3면도 포함), 부품표 및 비행장치의 제원을 포함한다.

  2. 설계 적합성 입증자료 : 기술기준에 충족함을 입증하는 자료를 포함하며, 제10조에 나른 기술기준이 없는 경우 자체 수립한 기술기준과 이에 충족함을 입증하는 자료를 말한다.

  3. 제작과정의 합치성 입증 자료 : 설계도면에 따라 일치하게 제작되었음을 확인할 수 있는 서류로서 작업지시서 또는 출고검사 결과서 등의 기록물을 말한다.

4. 완성 후 안전상태 입증 자료 : 완성된 초경량비행장치가 설계기준을 충족하고 있는지를 지상에서 수행한 기능점검 및 성능시험 자료를 말한다.

5. 운용자 매뉴얼(비행교범 및 정비교범) : 운용자 매뉴얼에는 비행장치의 조종, 운용한계 및 비상절차가 포함되어 있어야 하며, 안전성 유지를 위한 정비방법이 명시되어 있어야 한다.

6. 시험비행계획서 : 시험비행을 위해 필요한 기간·횟수, 비행장소, 조종사명 및 운용범위 등이 명시되어 있어야 하며, 시험비행점검표(점검항목별 한계치 등의 기준이 명시되어 있고, 측정치 등의 평가결과를 기록할 수 있는 공란이 있어야 함)를 포함한다.

제7조(시험비행의 허가)

① 국토교통부 장관은 제6조 제3항에 따라 제출한 안전성 입증자료를 검토하여 기술기준(제10조에 따른 기술기준이 없는 경우 신청자가 제시한 기준)에 적합하고 안전하게 비행할 수 있다고 판단된 경우에는 시험비행을 허가하여야 한다. 이 경우, 시험비행 목적에 따라 운용범위 등을 제한할 수 있다.

제8조(초경량비행장치의 제작)

① 제작자는 제작한 초경량비행장치를 기술기준에 적합하게 설계하였고, 그 설계에 일치하도록 제작하였음을 보증하여야 한다.

② 제작자는 판매하거나 양도한 초경량비행장치에 대하여 다음 각 호의 구분에 따라 기술적 지원을 수행하여야 한다.

1. 완제품 제작자
 가. 품질시스템을 수립하여 이행할 것
 나. 부품, 조립품, 완성된 초경량비행장치의 안전성 시험절차를 수립하여 이행할 것
 다. 초경량비행장치의 운용 및 정비를 위한 사용자 매뉴얼을 제공하고 변경내용이 있을 경우 이를 판매하거나 양도한 자에게 제공할 것
 라. 제작한 초경량비행장치의 생산관련 문서를 작성하여 보존할 것

2. 키트 제작자
 가. 품질시스템을 수립하여 이행할 것
 나. 부품, 조립품 및 완성된 초경량비행장치의 조립지침과 안전성 시험절차를 수립하여 제공할 것
 다. 초경량비행장치의 운용 및 정비를 위한 사용자 매뉴얼을 제공하고 변경내용이 있을 경우 이를 판매하거나 양도한 자에게 제공할 것
 라. 제작한 초경량비행장치의 생산관련 문서를 작성하여 보존할 것

    3. 키트조립 제작자

      가. 키트 제작자가 제공하는 조립 지침에 따라 제작하였으며, 기술기준에 충족함을 보증할 것

      나. 키트조립 초경량비행장치는 조립한 자만이 사용하는 것을 원칙으로 할 것. 다만, 이것을 타인에게 양도하려는 경우 사용자 매뉴얼과 조립에 관련된 모든 문서 등을 양도하여야 한다.

③ 제작자는 판매하거나 양도한 자에게 다음 각 호와 같이 초경량비행장치의 지속적인 안전성 유지에 필요한 기술정보 등을 제공하여야 한다.

    1. 안전지시(Safety Directive) : 설계 또는 제작상의 결함으로 불안전한 상태가 확인되어 즉각적인 시정이 필요한 경우

    2. 기술회보(Service Bulletin) : 고장 등의 예방 또는 성능 개선을 위한 검사, 정비 또는 개조를 권고할 경우

④ 제작자는 제품의 운용자, 소유자 등으로부터 제품에 대한 결함, 고장 및 불편사항 등을 접수하여 처리하는 방법 또는 시스템을 구비하여야 한다.

제9조(안전성 유지 책임)

① 초경량비행장치 소유자는 해당 초경량비행장치의 안전성 유지에 대한 책임이 있으며, 지속적인 안전성 유지를 위해 제작자, 키트제작자 또는 키트조립 제작자로부터 기술적 지원을 받을 수 있는 방법을 확보하여야 한다.

② 초경량비행장치 소유자는 초경량비행장치의 안전성 유지를 위하여 다음 사항을 확인할 책임이 있다.

    1. 초경량비행장치의 안전성에 영향을 줄 수 있는 모든 정비, 오버홀, 개조 또는 수리는 제작자가 권고한 방식을 따를 것

    2. 정비 또는 수리·개조 등을 수행한 경우 해당 초경량비행장치 정비일지에 기록할 것

    3. 제작사가 권고하는 방식에 따라 정비를 수행하지 않았거나, 권고 기준을 초과하는 결함, 고장 등이 있는 상태에서 비행하지 말 것

③ 초경량비행장치 소유자는 제작사가 발행한 안전지시를 따르지 않은 초경량비행장치로 비행하여서는 아니 된다.

제10조(초경량비행장치 종류별 기술기준)

    1. 행글라이더에 대한 비행안전을 확보하기 위한 기술상의 기준 : 별표 1

    2. 패러글라이더에 대한 비행안전을 확보하기 위한 기술상의 기준 : 별표 2

    3. 기구류에 대한 비행안전을 확보하기 위한 기술상의 기준 : 별표 3

    4. 낙하산류에 대한 비행안전을 확보하기 위한 기술상의 기준 : 별표 4

    5. 동력비행장치, 회전익비행장치, 동력패러글라이더에 대한 비행안전을 확보

하기 위한 기술상의 기준 : 별표 5

6. 무인비행장치에 대한 비행안전을 확보하기 위한 기술상의 기준 : 별표 6

7. 새로운 형태의 비행장치 시험비행 운용기준 : 별표 7

제11조(재검토기한)

국토교통부 장관은 「훈령·예규 등의 발령 및 관리에 관한 규정」에 따라 이 고시에 대하여 2018년 7월 1일 기준으로 매 3년이 되는 시점(매 3년째의 6월 30일까지를 말한다)마다 그 타당성을 검토하여 개선 등의 조치를 하여야 한다.

부칙(2015.03.02.)

제1조(시행일) 이 고시는 발령한 날부터 시행한다.

부칙(2017.06.01.)

제1조(시행일) 이 고시는 2017.06.01일부터 시행한다.

부칙(2018.04.09.)

제1조(시행일) 이 고시는 2018.04.09일부터 시행한다.

부칙(2018.12.11.)

제1조(시행일) 이 고시는 2019.01.01일부터 시행한다.

별표 1 행글라이더에 대한 기술기준

이 기술기준은 행글라이더의 비행안전을 확보하기 위한 기술상의 기준을 규정한다.

Part 1. 행글라이더의 안전에 대한 요구사항 및 강도 시험

Part 2. 행글라이더 하네스의 안전에 대한 요구사항 및 강도 시험

Part 3. 행글라이더 비상낙하산의 안전 요구사항과 시험 방법

Part 1 행글라이더의 안전에 대한 요구사항 및 강도 시험

Subpart A 일 반

1. 일 반

1.1 적 용

가. 이 규정은 실용등급(Utility Category) 행글라이더에 대한 안전성인증서 발행 및 변경에 적합한 기술기준을 규정하고 있다.

나. 행글라이더의 안전성인증을 신청 또는 변경을 하고자 하는 자는 본 규정의 해당 요구조건에 대한 적합성을 입증하여야 한다.

다. 이 규정에서 기술되어 있지 않은 행글라이더 설계 특성 또는 운용 특성의 경우 추가적인 요구조건을 통하여 적합성 입증을 요구할 수도 있다.

1.2 적용 범위

가. 실용등급(U) 행글라이더는 비곡예용 분류에 해당하는 중간 성능의 일반적인 운영을 위해 설계된 행글라이더, 일반적인 사용, 제작·판매되는 것을 말한다.

나. 실용등급(U) 행글라이더는 "제한된 곡예 조작"이 가능한 글라이더로 제한된다.

다. 실용등급(U) 행글라이더는 다음의 기동에서만 사용할 수 있다.

1) 정상비행에 해당하는 모든 기동

2) 실속비행. 단, 급격한 실속비행(Whip Stall) 제외

3) 선회 경사각 60°를 초과하지 않는 급선회

4) 스핀(승인된 경우)

5) 곡예기동을 인증받은 경우 선회경사각 60° 이상의 급선회, 그러나 90° 미만이어야 한다.

1.3 행글라이더 중량 및 치수

이 기술기준에서 사용되는 중량과 치수의 기준은 다음과 같다.

1.3.1 행글라이더 중량

행글라이더 중량은 행글라이더의 모든 필수부품(Essential Parts)의 중량을 포함하며, 포장가방(Cover Bags)과 필수부품이 아닌 것은 제외한다.

1.3.2 전방테두리(Leading Edge) 치수

노즈 판(Nose Plate) 고정 구멍(Anchor Hole)에서

가. 크로스바(Crossbar) 부착 구멍까지

나. 후방 세일(Rear Sail) 부착 지점까지

다. 기수(Nose), 크로스바(Crossbar), 후방 세일(Rear Sail) 부착 지점의 외경

1.3.3 크로스바(Crossbar) 치수

가. 전연(Leading Edge) 결합부 핀으로부터 글라이더 중심의 힌지볼트까지의 총길이

나. 최대 외경

1.3.4 용골(Keel) 치수

형상 변경 장치 등에 의한 미세 조정(Tuning) 또는 비행 중 형상 변경에 따른 최소 및 최대 허용 거리로서, 전연부 노즈 볼트 체결 라인으로부터

가. X바(Xbar 또는 Controlbar) 중앙 하중 지지 핀까지

나. 조종자 행(Hang) 고리까지

1.3.5 세일(Sail) 치수

가. 중심선의 3ft 바깥쪽에서의 시위(Chord) 길이

나. 날개 끝(Tip)의 3ft 안쪽에서의 시위(Chord) 길이

다. 스팬(Span) 길이(맨 끝단(Extreme Tip)에서 끝단(Tip)까지)

Subpart B 시 험

2.1 시험 일반

2.1.1 적 용

이 Subpart B에는 요구되는 비행시험, 기체시험 및 이러한 시험을 수행하고 문서화에 필요한 방법에 대하여 기술한다. 비행시험은 지상에 설치한 촬영장비, 또는 기체에 장착한 촬영장비가 필요하며, 동영상 자료(이하 "비디오"라 한다)는 비디오 점검표에 따라 순서대로 배열하고, 요구사항 식별 문서의 각 항목을 포함하고 다음의 내용에 따른다.

가. 비디오 항목은 당해 요구의 적절한 설명에 필요한 최소 시간만을 가져야 한다.

나. 모든 비디오 영상은 해당 요구의 적절한 문서로서 충분한 품질이어야 하고, 글라이더의 감항성에 관한 정보를 제공하는 목적을 달성할 수 있어야 한다.

다. 인증 검토 과정에 도움이 되지 않는 불충분한 품질의 비디오, 또는 정해지지 않는 위치에서 찍은 비디오, 목적 이외의 외부 자료 포함은 인증 불합격의 원인이 될 수 있다.

라. 모든 비행 조작은 해당 행글라이더 탑승 권장 중량 범위 내의 조종자가 수행하여야 한다.

마. 피치(Pitch)와 롤(Roll)의 조종성에 대한 필수 비행 조작은 권장 최소 조종자 중량의 1~1.5배의 중량을 갖는 조종자에 의해 수행되어야 한다.

바. 선회 각도가 규정된 모든 비행 기동에 대한 필수 지상 촬영은 실제 또는 인공의 지평선 참조를 포함하여야 한다.

2.2 지상기반 영상이 요구되는 비행 기동

각 비행 기동 비디오는 별도의 언급이 없는 한 지상 촬영 비디오이거나 기체에 적절히 장착되어 촬영된 비디오이다.

2.2.1 이륙

가. 전문적인 기량 없이 다음 어느 하나의 얕은 경사면과 약한 바람상태에서 실시한 이륙

  1) 풍속 5mph 이하, 1/5 경사도 이하
  2) 풍속 6mph 이하, 1/6 경사도 이하
  3) 풍속 7mph 이하, 1/7 경사도 이하

나. 이 비디오는 경사면의 수평선에 대한 각도 및 대략적인 풍속을 담고 있어야 하며, 특별한 기술의 훈련 없이도 안전하고 통제 가능한 이륙이 가능함을 입증해야 한다. 가에 규정된 풍속 및 경사도에서 이륙이 불가능한 경우, 해당 글라이더의 플래카드에는 운용에 필요한 숙련도를 명기해야 하며, 안전한 이륙에 필요한 최소 경사도와 풍속을 문서화하여야 한다.

2.2.2 안전하게 조종할 수 있는 이륙

이 비디오는 지면효과 없이 이륙이 가능함을 보여야 한다.

2.2.3 비행 영상

활공 비행, 강하 비행, 선회, 슬립, 실속, 부드러운 전환 및 불안정한 기류에서 1분간의 비행을 포함하여야 한다.

2.2.4 운용속도 범위에서의 세로, 가로 및 방향 안전성

가. 이 비디오는 조종자가 정상 운용에 해당하는 모든 기동을 수행하는 영상과 최소 1분 이상의 서멀(Thermalling) 비행 또는 불안정 기류에서 기타 비행 영상을 포함해야 한다. 정상 운용에는 활강, 강하, 선회 및 선회 반전, 실속 및 슬립 기동을 포함한다.

나. 이 비디오는 하나의 비행모드로부터 다른 비행모드로 전환 시, 조종자의 특별한 기술에 대한 훈련, 경각심 또는 강한 힘의 요구 없이, 그리고 제한 하중 계수를 초과하는 위험이 없이 글라이더가 부드럽게 전환할 수 있음을 보여야 한다.

다. 이 비디오는 글라이더가 정상 운용 속도 범위에서 모든 3축에 대하여 근본적으로 안정되어 있음을 보여 주어야 한다.

라. 이 비디오는 특별한 사유가 없는 한 3분 이내여야 한다.

2.2.5 나선강하 안정성

가. 이 비디오에는 조종자가 조종바(Control Bar)의 중심 또는 중심 아래에서, 선회 경사각 15~20°로 적어도 완전한 2회전의 비행을 보여야 한다.

나. 조종자/글라이더 영상은 요구사항을 적절하게 설명할 수 있는 충분한 크기 및 선명도이어야 한다.

다. 선회는 좌/우 양방향을 모두 포함하여야 한다.

2.2.6 선회 중 실속

가. 이 비디오는 조종자가 30° 선회경사에서, 실속 또는 피치 조종 한계 피치각에 도달하기까지 초당 약 1mph의 속도로 감소시키는 영상을 포함한다.

나. 이 비디오는 실속에서 정상비행으로의 복귀 영상을 포함해야 하며, 이 과정에서 과도한 고도 침하나 조종 불가한 회전(Rolling) 및 스핀 현상이 발생하지 아니함을 보여야 한다.

2.2.7 실속 중 15° 이하의 롤 또는 요 회전

가. 이 비디오는 신뢰할 수 있는 참조물(지평선은 좋은 참조물이다)과 함께 다음의 기동을 포함해야 한다.

1) 조종자는 실속 속도 보다 10% 높은 일정 속도의 직선 수평비행 상태에서 기동을 시작한다.

2) 조종자는 실속이 발생하거나 피치 조종 한계 피치각에 도달할 때까지 초당 약 1mph의 속도로 감속시킨다. 글라이더가 조종 불가능한 하방 피치 회전을 시작하면 실속 상태에 돌입했음을 의미한다.

3) 실속 진입 및 회복의 전과정에서 정상적인 조종 방법으로도 롤 및 요 회전 각도가 15°를 넘지 말아야 하며, 조종이 불가능한 스핀이 발생해서는 아니 된다.

2.2.8 스핀(Spins)

가. 이 비디오는 조종자가 글라이더로 급격한 스핀(Spin)을 시도하는 시범을 보여 주어야 한다.

나. 유연 날개 행글라이더에서 스핀을 시작하기 위한 적절한 기법은 완만한 각도의 선회 중 날개의 받음각을 높여 최초 실속이 발생하도록 하며, 실속 발생과 동시에 조종바를 전방 및 높은 고도쪽 측면으로 밀어낸다. 글라이더에 따라 스핀에 진입하기 위한 최초 선회각 및 상대적인 조종바 조작량이 다르다.

다. 조종자는 해당 글라이더가 스핀할 수 없다고 판단하기에 앞서 다양한 조합에 대해 스핀을 발생시키려는 충분한 노력을 하여야 한다. 만약, 글라이더에 "스핀 특성 없음(Characteristically Incapable of Spinning)"으로 표시하려는 경우, 기록된 스핀(Spin) 시도들로부터 적절히 입증되어야 한다.

라. 만약 글라이더에 스핀이 발생한다면, 규정된 각도값 X의 스핀 회전에서 회복함을 입증해야 하며, 이 추가 스핀 회전 각도값의 절반 이하에서 회복해야 한다. 여기서, 추가 회전 각도는 360°를 넘지 말아야 하며 한계 속도 또는 양(+)의 한계 하중 계수를 초과하지 말아야 한다.

마. 비디오에서 조종자의 영상은 요구되는 조작을 충분히 검토하기 위하여 충분히 크고 명확하여야 한다.

2.2.9 세로 조종 안전성

2.2.10 방향 및 세로 안정성

가. 선회경사각 45°에서의 반전 시간은 다음에 주어진 방정식보다 크지 않아야 한다.
Treq = 4초 × (최소 조종자 중량 / 시험 조종자 중량)

나. 이 절의 적합성을 입증하게 위한 조종자의 중량은 최소 조종자 중량의 1~1.5배로 한다.

다. 이 비디오는 다음과 같은 순서로 보여 줘야 한다.
1) 지상기반 비디오를 사용하는 경우, 카메라에서 멀어지는 글라이더에 대해서는 카메라로부터 글라이더의 각도가 지평선위로 45° 이내로 한다.
2) 45° 선회각으로 360° 1회전을 수행하고, 방향을 반전하여, 반대 방향 경사 45°로 회전한 후 두 번 반복한다.
3) 반전은 경사각을 적절하게 판단하기에 적합한 방향에서 충분히 작은 편차 내에서 시작되어야 한다. 글라이더 및 조종자 영상의 크기 및 해상도는 반전을 시작한 조종자 신체의 움직임으로부터 명확한 시간을 잴 수 있도록 명확해야 한다. 각 반전을 위한 시간은 가.에 규정된 한계 내에 있어야 한다.

4) 조종자가 서로 반대 방향으로 2회 연속 반전을 수행하는 것이 비현실적인 경우, 반대 방향으로의 2회 반전을 끊어서 수행할 수 있다. 이 조작 중 글라이더가 위험한 스키드(Skid) 현상을 보이지 않아야 한다.

5) 글라이더에 비행 중 조절이 가능한 튜닝 장치가 장착되어 있는 경우, 45/45° 반전하는 동안 이러한 장치가 활성화 또는 비활성화될 수 있다. 만약 조종자가 조작 한 경우 비디오는 선명하게 튜닝 조작 과정을 보여 주어야 한다. 정상 비행 자세에서 최초 전환을 위해 튜닝 장치 조작 절차를 시작하는 부분부터 기동 시간을 계산한다.

2.2.11 곡예 기동(Aerobatic Maneuvers)

가. 글라이더로 곡예 기동 인증을 받으려는 경우 각 조작은 안전하게 수행되어야 하며 비디오로 기록되어야 한다. 선회각이 60°를 넘거나 피치각이 상 또는 하방으로 30°를 넘는 경우를 곡예 기동으로 한다. 서로 다른 시점에서 촬영한 지상기반 비디오 2개와 기체장착 비디오가 필요하다.

나. 조종자 중량은 최소 요구 조종자 중량의 1~1.5배이어야 한다.

다. 기체장착 비디오 영상에서 교정된 속도계와 가속도계가 명확하게 표현되어야 한다. 대기 속도는 진대기 속도로 환산되어야 한다. 만약 기동 중 측정된 속도가 기존에 규정된 V_{ne} 속도를 초과할 경우, 이 속도로 V_{ne} 속도를 재설정하여야 한다. 또한, 새로 설정된 속도에 맞게 구조 시험 조건도 상향되어야 한다.

2.2.12 글라이더 양항비(L/D)

글라이더의 양항비는 5:1 이상이어야 한다. 만약 앞서 제시된 비디오들로부터 충분히 양항비 성능을 입증할 수 있다면, 별도의 비디오 자료를 제출할 필요는 없다.

2.2.13 전문적 기량이 필요 없는 착륙

2.2.14 착륙 안전 조종성

가. 이 비디오는 특별한 조종기술 없이도 안전하고 통제된 선회 접근 및 착륙이 가능함을 제시하여야 한다.

나. 조종자의 움직임을 확인할 수 있도록 조종자의 영상은 충분히 크고 선명해야 한다.

2.3 기체장착 비디오가 필요한 비행 기동

모든 비행 기동에서는 속도계가 비디오에 표시되어야 한다.

2.3.1 가로 조종성

조종자는 4초 이내에 실속 속도의 1.1배 속도에서 1.5배 속도까지 가속해야 한다. 실속 속도의 1.5배가 30mph 미만인 경우 30mph까지 가속한다.

2.3.2 최대 속도

가. 조종자는 최소한 다음의 속도 이상에서 최고 속도 정상 비행이 가능함을 입증해야 한다.

$$35\text{mph} \times \sqrt{(\text{시험 조종자 중량} / \text{최소 조종자 중량})}$$

나. 조종자 중량은 최소 요구 조종자 중량의 1~1.5배이어야 하고, 조종자는 조종바 (Control Bar Base Tube)를 잡은 상태에서 이 기동을 수행하여야 한다. 다만, 글라이더에 조종바가 장착되어 있는 경우에 한한다. 정상 상태 속도는 ±2mph 이내로 3초 이상 유지되어야 한다.

다. 글라이더에 최대 정상 상태 속도가 있는 경우 최대 하중에서의 최고 정상 상태 속도(V_{dmax})가 기록되어야 한다. 이 속도는 종극 속도(Terminal Speed) 보다 작거나 V_{ne}의 120% 보다 작아야 한다. 최대 정상 상태 속도는 실측된 속도로부터 다음의 수식에 의해 계산된다.

$$V_{dmax} = V_{dobserved} \times \sqrt{(\text{최대 조종자 중량} / \text{시험 조종자 중량})}$$

2.3.3 정적 가로 안정성

가. 기체 장착 비디오 자료는 글라이더가 정상 운용 속도 범위에 걸쳐 양(+)의 피치 안정성을 나타냄을 제시하여야 한다. 다시말하면, 해당 글라이더는 특정 트림 속도를 가지고 있으며, 이 트림 속도보다 빠른 속도로 가속하거나 유지하려는 경우 조종바가 지속적으로 전방으로 당겨지거나 이에 상응하는 압력이 전달된다. 반면, 트림 속도보다 느린 속도로 감속하거나 유지하려는 경우에는 조종바가 지속적으로 후방으로 밀리거나 이에 상응하는 압력이 전달된다. 글라이더가 트림 속도의 ±10% 이내로 복귀하면 조종바에 걸리는 압력이 완화된다.

나. 다음의 기동들은 비디오로 촬영하여야 한다. 카메라는 속도계와 조종바 위에 놓인 조종자의 손을 동시에 표시하여야 한다. 상대 속도를 쉽게 읽을 수 있어야 한다.

다. 조종자는 조종바를 놓고 글라이더를 트림 속도에 도달시킨다. 조종자는 조종력이 전방으로만 작용하도록 조종바의 베이스 튜브 뒤쪽에 손바닥만을 대고 트림 속도 이하로 떨어질 때까지 조종바를 앞으로 밀어낸다. 조종자는 이 속도를 3초간 유지시킨 후, 조종바에 가하던 조종력을 줄이면서 트림 속도로 글라이더를 복귀시킨다.

라. 비슷한 방식으로 조종바 베이스 튜브의 앞쪽에 손바닥을 대고 조종바를 후방으로 당겨서 속도를 높인다. 트림 속도 이상에서 3초 동안 유지시킨 후 글라이더가 트림 속도로 복원되도록 조종력을 해제한다. 최대 정상 상태 속도를 포함하여 최소 3가지 이상의 빠른 속도로부터 복원되어야 한다. 트림 속도 보다 빠른 모든 속도에서 음(-) 또는 중립 조종력이 작용해서는 아니 된다.

2.3.5 최소 하중에서의 실속 속도

최소 하중에서의 실속 속도는 문서화되어야 한다. 이는 다음과 같은 방법 중 하나를 사용하여 수행 할 수 있다.

가. 날개 표면에 흐름 확인용 실(Tuft) 등을 부착하거나 최초 공기 흐름의 역전이 발생하는 순간을 지시할 수 있는 장치를 부착하고, 흐름 역전이 발생하는 순간을 소리와 함께 기록한다. 카메라는 계속해서 속도계를 녹화하며, 조종자는 부착된 실을 관찰하고 있다가 흐름이 박리되는 순간에 '분리(Separation)'라고 크게 외친다. 실을 관찰하기 힘든 경우 실속 경고 혼 등이 사용될 수 있다. 최소 하중에서 실속 속도는 실측된 실속 속도로부터 다음과 같이 계산된다.

$$V_{smin} = V_{sobserved} \times \sqrt{(최소\ 조종자\ 중량\ /\ 시험\ 조종자\ 중량)}$$

나. 날개 표면에 흐름 확인용 실 등을 부착하고 하중 측정 시험 차량을 이용해 최소 하중에서의 실속 속도를 기록한다.

2.4 차량 시험

2.4.1 하중 시험

가. 글라이더는 다음과 같은 요구사항에 따라 하중 시험을 한다. 인증이 필요한 글라이더에 대한 모든 시험은 사진 또는 동영상으로 기록되어야 한다.

나. 모든 하중 시험에서 글라이더는 조종자가 매달리는 지점에서 구속하거나 매달아야 하며, 해당 부재에 가장 불리한 하중 조건을 상정한다. 비행 시험에서 실측된 부품의 하중들을 근거로 각 부품에 걸리는 하중을 이론적으로 해석한 경우에는 이 절의 하중 시험을 생략할 수 있다.

다. 차량 시험 또는 견인 시험 중 기류 흐름은 비교적 균일해야 하며 글라이더 구속부 주변에서 눈에 띄는 감속이 없어야 한다.

라. 차량 시험 또는 견인 시험 중 최대 속도를 실시간으로 기록하거나 별도의 신뢰할 수 있는 속도 측정 장비를 통해 입증되어야 한다.

마. 강도에 대한 요구 조건은 제한하중(운항 중 예상되는 최대하중)과 극한하중(제한하중에 규정된 안전계수 1.5를 곱한 값)으로 기술한다.

바. 구조물은 영구변형 없이 제한하중을 지지할 수 있어야 한다. 비디오 문서로 제한하중에서 영구 변형이 없음을 입증해야 한다. 제한하중 이하의 모든 하중 조건에서 구조물의 변형이 운항 안전에 지장을 주는 일이 없어야 한다. 구조물은 최소 3초 동안 손상 없이 극한하중을 지지할 수 있어야 한다.

사. 차량 시험 또는 견인 시험 중 받음각을 기록해야 한다. 비디오는 속도와 글라이더를 동시에 보여줘야 한다. 다만, 라.항의 별도 속도 측정 장비를 활용한 경우에는 그렇지 아니하다. 반드시 교정된 속도계를 사용하여야 하며 진대기 속도로 보정해야

한다. 속도계에 지시된 값이 흔들리는 경우 평균값을 지시 속도로 사용한다.

아. 차량 하중 시험은 세 성분의 힘 및 모멘트를 측정할 수 있는 전자 장비를 탑재한 차량을 사용해야 한다. 차량에 기록되는 측정 데이터 한 주기에는 두 축의 수직 방향 힘과 피칭 모멘트, 속도 및 받음각이 포함되며 초당 최소 2회 샘플링한다.

2.4.2 차량 하중 시험 종류

다음의 차량 하중 시험을 수행하고 기록해야 한다.

가. 양(+)의 하중 시험 : 글라이더 루트부의 받음각을 +35°나, 2.3.5 가.의 시험에 의해 확인된 실속 받음각 또는 받음각 대 하중 자료로부터 최대 합력이 작용하는 받음각으로 고정한 상태에서, 최소 필요 극한 시험 속도는 다음 두 속도 중 큰 값으로 하며,

   1) $\dfrac{V_a}{0.707}$

   2) $\dfrac{V_{ne}}{0.816}$

최소 필요 제한 하중 시험 속도 = 최소 필요 극한 시험 속도 × 0.816 이다.

나. 음(−)의 하중 시험 : 글라이더 루트부의 받음각을 −30°로 고정한 상태에서, 최소 필요 극한 시험 속도는 다음 두 속도 중 큰 값으로 하며,

   1) V_a

   2) V_{ne} × 0.866

최소 필요 제한 시험 속도 = 최소 필요 극한 시험 속도 × 0.816이다.

다. 받음각 −150°에서의 하중 시험 : 글라이더 루트부의 받음각을 −150°로 고정한 상태에서, 최소 필요 극한 시험 속도는 2.3.2 가.의 최소 필요 극한 시험 속도의 50%로 하며, 최솟값은 30mph로 한다. 이 시험의 최소 필요 제한 시험 속도 = 최소 필요 극한 시험 속도 × 0.816이다.

2.4.3 가로, 방향 및 세로 안정성 추가 시험

2.4.3.1 피치 시험

가. 조종자 계류점(Tether Point) 또는 이에 상응하는 적절한 기준 위치에서의 글라이더 피칭 모멘트 시험을 다음의 속도와 각도 조건으로 수행해야 한다.

   1) V_{smin} 속도로 양력 0 받음각 기준 +30°에서 −25° 받음각까지

   2) (V_{smin} + V_{ne})/2 속도로 양력 0 받음각 기준 +25°에서 −15° 받음각까지

   3) V_{ne} 속도로 양력 0 받음각 기준 +10°에서 −5° 받음각까지

     *주) 모든 피치 모멘트 시험에서 V_{smin} 대신 20mph 속도로 대체할 수 있다.

나. 차량 하중 시험은 세 성분의 힘 및 모멘트를 측정할 수 있는 전자 장비를 탑재한 차량을 사용해야 한다. 차량에 기록되는 측정 데이터 한 주기에는 두 축의 수직 방향 힘과 피칭 모멘트, 속도 및 받음각이 포함되며 초당 최소 2회 샘플링한다. 연속 측정값 사이의 받음각의 최대 변화량은 2° 이내로 완만한 각도 변화를 수반해야 의미 있는 피치 측정 데이터로 인정할 수 있다.

다. 측정된 힘으로부터 위 2.4.3.1 가.의 3가지 속도 각각에 대해 피칭 모멘트 계수 대 받음각의 그래프를 도시한다.

라. 3가지 속도 시험으로부터 도출된 피칭 모멘트 계수는 각 속도 조건별로 다음 그래프의 음영 구간 내에 놓여서는 아니 된다.

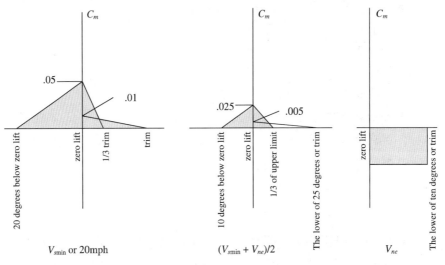

$C_m = M/qsc$

C_m = 피칭모멘트계수(무차원)

M = 조종자 계류점(Tether Point)에 대한 피칭 모멘트(ft·lbs)

q = 동압(slugs/ft·sec^2) = $0.5pv^2$

s = 글라이더 투영 면적(ft^2)

c = 평균 시위(chord) 길이(ft)

p = 공기 밀도(slugs/ft^3) 표준해수면의 밀도는 0.002377

v = 수정대기속도(ft/sec)

마. 만약 측정된 피칭 모멘트 중심(회전 중심)이 조종자 계류점이 아니라면 통상적인 비행역학 기법을 사용해서 조종자 계류점에서의 모멘트로 변환해야 한다. 원본 측정 데이터와 C_m 계산 과정 및 실제 계산에 사용된 모든 값을 필요로 한다.

바. 데이터 보간을 위해 비행 중 트림 받음각과 차량 시험의 트림 받음각을 비교해야 한다. 보간 계산 및 방법도 문서화되어야 한다. 비행 중 트림 상태에서 용골을 기준으로 조종사/조종바의 위치를 측정하여 지상 시험에 적용함으로써 트림 자세에서 예상 양항비(L/D)로 보정될 수 있다. 비행 중 트림 받음각과 차량 시험에서의

트림 받음각이 동일할 필요는 없다. 하지만 이 둘의 차이가 지나치게 크면 시험의 정확성에 의문이 발생할 수 있음에 유의한다.

2.4.3.2 추가 시험

가능한 경우 확장된 범위의 받음각에 대해 추가적인 방향 및 가로 안전성 시험의 수행을 권고한다.

2.4.3.3 예 외

만약 글라이더의 안전성을 설명하는 설득력 있는 문서가 제공된다면 2.4.3.1에서 요구하는 수준보다 더 낮은 C_{m_0} 값과 더 작은 폭의 C_m 변화만을 사용하여 시험할 수 있다.

Subpart C 운영 제한 및 정보

3. 운영 제한 및 정보

3.1 표시 및 플래카드(Placard) 일반

가. 글라이더에는 다음을 표시하여야 한다.

  1) 3.2에서 제시한 표시 및 플래카드(Placard)

  2) 특이한 설계, 운용 또는 취급 특성이 있는 경우 안전 운항에 필요한 추가 정보, 표시 및 플래카드

나. 상기 가목에 규정된 표시 및 플래카드는 다음과 같아야 한다.

  1) 눈에 잘 띄는 장소에 표시되어야 한다.

  2) 손쉽게 삭제 및 훼손되거나, 또는 불분명해지지 않아야 한다.

3.2 운용 제한 및 정보의 게시

3.2.1 플래카드(Placard)

가. 플래카드(Placard)는 눈에 잘 보이게 배치하고 다음과 같은 정보를 표시한다.

  1) 최소 권장 하중에서의 최대 속도, 최대 권장 하중에서의 실속 속도

  2) 해당 글라이더에서 제한된 조작의 종류(견인 등) 또는 설치된 장비(예를 들면 견인봉, 플로트 등)에 의해 금지된 조작

  3) 승인된 곡예 기동 목록 또는 다음의 문구 : "비행조작은 비곡예 기동에 한정되어야 한다. 즉, 기동 시 피치 각도는 수평선의 아래 또는 위로 기수가 30°를 초과하지 아니하며, 경사각은 60°를 초과하지 아니한다."

  4) 권고된 조종사 중량 범위

  5) 시험기관의 관점에서 행글라이더의 등급에 요구되는 기술 등급

6) 권고된 V_a : 거친 바람에 대한 비행 또는 급격한 기동이 가능한 최대 속도

7) 권고된 V_{ne} : 초과 금지 속도

나. V_a는 46mph 이상이어야 한다. V_{ne}는 53mph 이상이어야 한다.

- 예외 : V_{dmax}가 53mph 미만인 경우, V_{ne}는 V_{dmax}와 같거나 커야 하며 45mph 이상이어야 한다. 또한, V_a는 $0.866 V_{ne}$ 이상으로 설정될 수 있으며 최솟값은 39mph이다.

다. (글라이더가 종단 속도보다 작은) 최대 정상 상태 급강하 속도(V_{dmax})를 갖지 않거나, 또는 최대 정상 상태 강하 속도가 V_{ne}의 120% 보다 높은 경우, 유효한 속도계와 함께 판매되어야 하며, 플래카드에 기입되는 속도값은 장착된 속도계에 지시되는 속도를 기준으로 한다.

3.2.2 스티커

가. 제작사에서 글라이더의 출하 이전에 글라이더가 제작사의 훈련된 조종자에 의해 시험 비행되었음을 나타내는 스티커를 눈에 띄는 위치에 부착하여야 한다.

나. 스티커는 시험 비행 날짜를 목록화하여야 한다.

다. 스티커는 글라이더가 다음과 같은 기준에 따라 제작사에서 비행시험을 하였다는 사실을 입증한다. 아래 기동들을 수행하며 그 시간은 최소 3분으로 한다.

1) 발진(Launch)

2) 수평 비행으로부터의 실속

3) 경사각 10~40° 선회에서의 실속

4) 양방향 선회 및 선회 반전

5) 적절한 조종바 압력 상태에서의 급강하

라. 또한 스티커는 제작된 글라이더가 인증된 글라이더와 동등한 조작 및 비행 특성을 가졌음을 비행시험을 통해 확인했음을 제작사가 확약한다는 것을 의미한다.

3.3 글라이더 비행 매뉴얼 일반

가. 글라이더 판매 시 글라이더 비행 매뉴얼을 포함해야 한다.

나. 모든 매뉴얼 내용은 명확하게 식별되고, 손쉽게 삭제, 손상되거나 부정확하지 아니 해야 한다.

다. 이 기준에 규정되지는 않았더라도 특이한 설계, 운용 또는 취급 특성으로 인해 운항 안전에 필요한 정보는 제공되어야 한다.

3.4 운영 제한

가. 3.2에서 요구하는 플래카드(Placard)에 명시된 모든 규정된 정보는 비행 매뉴얼에 제공되어야 한다. 글라이더가 "스핀 특성 없음(Characteristically Incapable of Spinning)"으로 입증된 경우, 해당 의미의 문장을 기록하여야 한다.

나. 비행 매뉴얼은 글라이더가 V_{ne}를 초과하는 속도로 비행할 수 없음에 대한 권고 사항을 포함하여야 한다.

다. 글라이더의 V_{dmax}가 V_{ne}의 100%와 120% 사이에 있을 경우, 조종자가 글라이더에 대한 제한 속도를 준수하기 위한 구체적인 방법을 지시하는 적절한 정보를 포함하여야 한다. 여기에는 피치 조작의 최대 전방 한계에 대한 정보도 포함된다.

3.5 운영 절차

다음 정보는 비행 매뉴얼에 포함되어야 한다.

가. 권장되는 조립절차 및 비행 전 점검표

나. 권장되는 주기점검 항목

다. 안전 비행을 위해 필요한 특별한 성격의 추가 정보

Subpart D 외국의 기술기준

4. 외국의 기술기준

4.1 인정할 수 있는 외국의 기술기준

행글라이더 관련 비행안전을 위한 기술상의 기준과 동등하다고 인정할 수 있는 외국의 기술기준은 다음과 같다.

- HGMA Airworthiness Standards, H.G.M.A. Part 1 : Utility Ultralight Gliders(2009)

4.2 외국기술기준의 적용

외국의 기술기준이 우리나라 기술기준과 다를 경우 우리나라 기술기준을 우선한다.

4.3 인정할 수 있는 해외 시험기관

행글라이더의 인증은 다음의 해외 시험기관에서 수행한 것을 인정한다.

- AFNOR(French Standards Institute) 프랑스 기술표준원
- USHGA(The United States Hang Gliding Association) 미국 행글라이더협회
- AHGF(Australian Hang Gliding Federation) 호주 행글라이더연맹
- SHV(Swiss Hang Gliding and Paragliding Association) 스위스 행/패러글라이더협회
- SAHPA(The South African Hang Gliding and Paragliding Association) 남아프리카 행/패러글라이더협회
- BHPA(British, Hang Gliding and Paragliding Association)영국 행/패러글라이더협회
- DHV(Deutscher Hangegleiter Verband) 독일 행글라이더협회

- CEN(Comité Européen de Normalisation) 유럽 기술위원회
- FFVL(French Hang Gliding and Paragliding Association) 프랑스 행/패러글라이더협회
- ACPUL(Association des Constructeurs de Parapente Ultra Legers) 프랑스 행글라이더제작자협회

부록 1 비디오 문서 점검표(Documentation Video Checklist)

승 인		거 부		비디오 문서 점검표(Documentation Video Checklist)
L[1]	T[2]	L[1]	T[2]	**지상기반 또는 기체장착 문서**
				숙련된 기술이 필요 없는 이륙, 5:1 경사면, 풍속 <5mph
				이륙과 출발 안정과 조종성
				활공, 강하, 선회, 슬립(Slips), 실속, 부드러운 전환, 불안정한 대기에서 1분간 서멀 비행 (Thermalling Flight) (3분을 초과하지 않음)
				운용속도범위에서의 세로, 가로 방향안전성
				선회각 15~20°에서 나선강하 안정성(양방향 최소 2회전)
				선회 중 실속
				실속 중 15° 이하의 롤 또는 요 회전
				스핀 시도
				45 / 45 롤 반전(Roll Reversal) 4초 x (최소조종자중량/시험조종자 중량) = (요구되는 시간)
				양항비 5:1 이상
				전문적 기술 없이 안전하게 조종할 수 있는 접근과 착륙
				기체장착 문서
				가로 조종성, 1.1 V_s 에서 30mph 까지
				최대 정상상태 속도 : 35mph x $\sqrt{시험조종자 중량/최소조종자 중량}$ 이상 $V_{dmax} = V_{dobserved}$ x $\sqrt{최대조종자 중량/시험조종자 중량}$
				정적 가로 안정성 및 트림으로의 회복
				최소하중에서의 실속 속도 : $V_{smin} = V_{sobservd}$ x $\sqrt{최대조종자 중량/시험조종자 중량}$
				차량 시험
				양(+)의 한계 시험 (속도) _____ >= 53mph
				양(+)의 극한 시험 (속도) _____ >= 65mph
				음(−)의 30° 한계 시험 (속도) _____ >= 37mph
				음(−)의 30° 극한 시험 (속도) _____ >= 46mpg
				음(−)의 150° 한계 시험 (속도) _____ >= 26mph
				음(−)의 150° 한계 시험 (속도) _____ >= 32mph
				전체적 구성 : 비디오/비디오 문서의 명확성과 고품질

1) L : 형상변경(VG ; Variable Geometry) 글라이더의 풀림 설정(Loose Setting)
2) T : 형상변경(VG ; Variable Geometry) 글라이더의 조임 설정(Tight Setting)

부록 2 보고서 문서 점검표(Documentation Report Checklist)

보고서 문서 점검표(Documentation Report Checklist)		
승 인 / **거 부**		**의견/거부사유**
		적용 페이지 _____
		서명된 배포본 _____
		기체 구조물 도면 및 치수 _____
		리깅 도면 및 치수 _____
		패스너류, 탱(Tang)류, 평판류 목록. 치수 및 재료 규격 포함 _____
		3면도 또는 사진 _____
		기체 접합부 도면 및 사진 _____
		기체 2면도 형상 _____
		글라이더 비행 매뉴얼
		안전 운항에 대한 정보 _____
		운용 한계 플래카드 _____
		권고된 V_{ne}에 따른 적합성 정보 _____
		조립 및 비행 전 정보 _____
		주기 점검 _____
		적합성 확인 사양서 _____
		안정화 시스템 설명 _____
		바텐(Batten) 도표 _____
		세일의 축척 평면도
		중량과 사용 재료의 종류 _____
		날개 루트 시위 _____
		날개 끝 시위 _____
		평균 시위 _____
		스 팬 _____
		플래카드
		최대 하중에서의 실속 속도 _____
		최소 하중에서의 최대 속도 _____
		금지 조작 _____
		허용된 곡예 기동 목록 또는 허용된 비행 목록 _____
		조종자 중량 범위 _____
		조종자 숙련도 _____
		V_a 권고 _____
		V_{ne} 권고 _____
		시험 비행 스티커 _____
		차량시험
		사용된 계기 및 사진기의 설명 및 교정 내역 _____

		$V_{s\min}$, $(V_{s\min} + V_{ne})/2$, V_{ne} 에서의 피치 그래프 _____
		피치 시험 원본 자료 _____
		트림 받음각 비교 _____
		비디오 개요 및 필수 정보가 기입된 체크리스트 (부록 1) _____
		복사본 2부 : 적합성 확인 사양서 _____
		전체적 구성 : 비디오/비디오 문서의 명확성과 고품질 _____

Part 2 ┌ 행글라이더 하네스의 안전에 대한 요구사항 및 강도 시험

Subpart A 일 반

1. 일 반

 1.1 적 용

    가. 이 규정은 행글라이더 하네스의 안전에 대한 요구사항 및 강도 시험에 대한 안전성 인증서 발행 및 변경에 적합한 기술기준을 규정한다.

    나. 행글라이더 하네스의 안전에 대한 요구사항 및 강도 시험에 대한 안전성인증을 신청 또는 변경을 하고자 하는 자는 본 규정의 해당 요구조건에 대한 적합성을 입증하여야 한다.

    다. 이 규정에서 기술되어 있지 않은 행글라이더 하네스의 안전에 대한 요구사항 및 강도 시험에 대한 요구사항 및 시험 방법에 대한 설계 특성 또는 운용 특성의 경우 추가적인 요구조건을 통하여 적합성 입증을 요구할 수도 있다.

 1.2 적용 범위

    이 규정은 행글라이더의 하네스에만 적용한다. 하네스와 행글라이더 사이의 연결 부분에 대해서는 본 규정에서는 정의되지 않는다.

Subpart B 하중 및 강도의 요구조건

2. 하중 및 강도의 요구조건

 2.1 일 반

    가. 하네스 스트랩(Straps)의 모든 끝부분은 조절용 버클(Buckle)이 이탈되지 않도록 접어서 마감해야 한다.

    나. 하네스는 해당 섬유 조합품에 허용된 방법에 따라 제작되어야 한다.

    다. 하네스의 시험을 위한 모든 부착 지점(Attachment Point)은 그림 1과 같다.

‖〈그림 1〉 시험을 위한 부착 지점

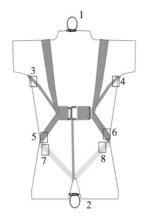

1. 인체모형 부착에 따른 목부위 장력(F) 부가 지점
2. 인체모형 부착에 따른 둔부 장력(F) 부가 지점
3. 우측 상부 연결 지점
4. 좌측 상부 연결 지점
5. 우측 하부 연결 지점
6. 좌측 하부 연결 지점
7. 토윙 릴리스 부착 지점(오른쪽)
8. 토윙 릴리스 부착 지점(왼쪽)

2.2 강 도

3.3.2에 의한 시험은 다음 사항을 만족하여야 한다.

가. 모든 주요 구조 부분이 파손이 없어야 한다.

나. 모든 주요 구조 부분이 단층(Slipping)에 의한 파손이 없어야 한다.

다. 소성변형이 일어나지 않아야 한다.

라. 파손, 단층, 변형 등으로 하네스에서 분리되어 인체모형이 낙하되는 것과 같은 결과
    가 생기지 않아야 한다.

2.3 비상낙하산

하네스가 비상낙하산의 일부이거나 하네스가 비상낙하산을 포함한 경우 본 행글라이더
에 대한 기술기준의 Part. 3(행글라이더 비상낙하산의 안전 요구조건과 시험 방법)의
요구사항을 만족하여야 한다.

Subpart C 강도 시험

3. 강도시험

3.1 원 칙

가. 조종자의 하네스와 안전 강도는 연결 부분에 대한 인체모형과 여러 가지 힘을 적용하여 확인한다(그림 1 참조).

나. 하네스의 연결부분(그림 1의 3, 4, 5, 6, 7, 8)은 지름 6mm 카라비너를 장착하여야 한다. 만약 샘플(Sample)에 제작자에 의하여 권장된 연결기구(Connector)가 장착되는 경우, 시험 장치를 연결하는데 사용한다.

다. 시험을 위해서 사용되는 장비는 시판 모델과 모든 것이 동일하여야 한다.

3.2 장 치

가. 측정 시스템은 시간대비 출력 그래프로 기록되어야 한다.

나. 비디오 카메라는 하네스 시험 영향을 근접에서 확인할 수 있어야 한다.

3.3 절 차

3.3.1 일반사항

모든 시험은 시험에 대한 비디오를 촬영하며, 제작자와는 무관한 3명의 전문가로 구성하여 영상과 시험보고서에 대한 사본의 검사 작업이 있어야 한다. 결과에 대한 승인 여부를 결정할 책임시험원은 시험을 기록하여야 한다.

3.3.2 시 험

가. 1차 시험

인체모형에 하네스를 입히고 상부 좌측 또는 우측 연결지점(그림 2의 3 또는 4)과 인체모형 둔부 장력(F) 부가 지점(그림 2의 2)에 조종자의 최대 중량의 9배의 하중 또는 9,000N 이상의 대칭적인 힘을 10초 동안 부가한다.

■ 〈그림 2〉 1차 시험

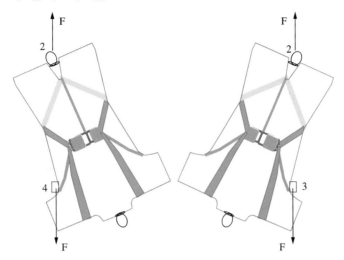

2. 인체모형 부착에 따른 둔부 장력(F) 부가 지점
3. 우측 상부 연결 지점   4. 좌측 상부 연결 지점

나. 2차 시험

인체모형에 하네스를 입히고 하부 연결지점(그림 3의 5, 6)과 인체모형 목부위 장력
(F) 부가 지점(그림 3의 1)에 조종자의 최대 중량의 6배의 하중 또는 6,000N 이상의
대칭적인 힘을 10초 동안 부가한다.

■ 〈그림 3〉 2차 시험

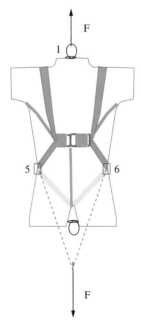

1. 인체모형 부착에 따른 목부위 장력(F) 부가 지점
5. 우측 하부 연결 지점   6. 좌측 하부 연결 지점

다. 3차 시험

인체모형에 하네스를 입히고 비상낙하산 연결줄 양(+) 방향(그림 4의 9)과 인체모형 두부 장력(F) 부가 지점(그림 4의 2)에 조종자의 최대 중량의 9배의 하중 또는 9,000N 이상의 대칭적인 힘을 10초 동안 부가한다.

▮〈그림 4〉 3차 시험

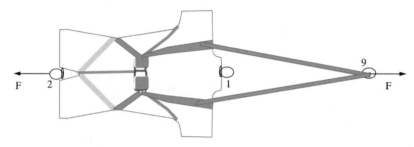

2. 인체모형 부착에 따른 두부 장력(F) 부가 지점
9. 비상낙하산 연결줄 양(+) 방향

라. 4차 시험

인체모형에 하네스를 입히고 비상낙하산 연결줄 음(−) 방향(그림 5의 9)과 인체모형 목부위 장력(F) 부가 지점(그림 5의 1)에 조종자의 최대 중량의 6배의 하중 또는 6,000N 이상의 대칭적인 힘을 10초 동안 부가한다.

▮〈그림 5〉 4차 시험

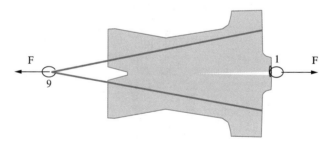

1. 인체모형 부착에 따른 목부위 장력(F) 부가 지점
9. 비상낙하산 연결줄 음(−) 방향

마. 5차 시험

인체모형에 좌/우 다리 고정 줄을 제외한 상태로 하네스를 입히고 상부 좌/우측 연결 지점(그림 6의 3, 4)과 인체모형 두부 장력(F) 부가 지점(그림 6의 2)에 조종자의 최대 중량의 6배의 하중 또는 6,000N 이상의 대칭적인 힘을 10초 동안 부가한다.

▌〈그림 6〉 5차 시험

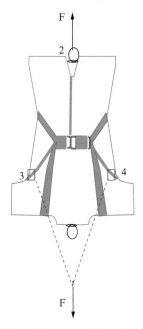

2. 인체모형 부착에 따른 둔부 장력(F) 부가 지점
3. 우측 상부 연결 지점   4. 좌측 상부 연결 지점

바. 6차 시험

인체모형에 하네스를 입히고 토윙 릴리스 부착지점 (그림 7의 7, 8)과 인체모형 목부위 장력(F) 부가 지점(그림 7의 1)에 조종자의 최대 중량의 3배의 하중 또는 3,000N 이상의 대칭적인 힘을 10초 동안 부가한다.

▌〈그림 7〉 6차 시험

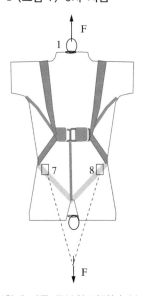

1. 인체모형 부착에 따른 목부위 장력(F) 부가 지점
7. 토윙 릴리스 부착 지점(오른쪽)   8. 토윙 릴리즈 부착 지점(왼쪽)

Subpart D 시험보고서

4. 시험보고서

    가. 시험보고서는 다음의 내용을 포함하여야 한다.

        1) 제작자명

        2) 시험한 하네스의 타입 및 참고 문헌

        3) 구성된 전문가 패널

        4) 상세한 시험 방법

    나. 다음의 자료는 시험보고서와 함께 제출하여야 한다.

        1) 시험 장면 촬영 내역

        2) 제작 기록

        3) 시험된 하네스(Harness)

        4) 사용자 매뉴얼

Subpart E 제작 기록

5. 제작자 기록

    제작자에 의해 제공되어야 하는 제작 기록은 다음의 항목이 포함되어 있어야 한다.

    가. 제작자명 및 주소

    나. 모델명

    다. 제작과 샘플 시험한 연도(4자리) 및 월

    라. 조종자의 최대 중량

    마. 사용자 매뉴얼

    바. 재료의 상세 내역

    재료의 상세내역에는 모든 재료에 대한 다음의 사항을 포함하여 목록화하여야 한다.

        1) 재료명

        2) 제조사명 및 참고자료

        3) 하네스의 사용 내역

        4) 해당 재료의 공급자 또는 제조사에 의해 실시된 시험 및 특성

Subpart F 사용자 매뉴얼

6. **사용자 매뉴얼**

각각의 하네스는 적어도 다음의 사항을 포함한 사용자 매뉴얼과 함께 제공되어야 한다.

가. 행글라이더 행 포인트 연결

나. 비상낙하산 연결

다. 비상낙하산 장착방법

라. 토잉 장비(Towing Equipment) 연결

마. 액세서리(가속도계, 밸러스트 등) 부착

바. 제작사에 의해 제공되는 다른 연결 부분에 대한 목적과 기능에 대한 자세한 내용

사. 이륙, 이륙 후 및 착륙 전 하네스 조절하고 맞추는 방법(필요시)

아. 권장되는 제작자에 의한 점검 빈도

자. 조종자의 최대 중량

차. 유지보수 지시사항

Subpart G 표 시

7. **표시(Marking)**

하네스에 고정된 스탬프/라벨에는 다음의 명시된 요구사항에 적합함을 명시하여야 한다.

가. 제작자명

나. 하네스 모델명

다. 제작일련번호

라. 제작 연, 월

마. 하네스 크기(예 Small, Medium, Large)

바. 조종자 최대 중량

사. 준용된 규정(예 DHV, 초경량비행장치의 비행안전을 확보하기 위한 기술상의 기준 별표 1, Part. 2)

Subpart H 외국의 기술기준

8. 외국의 기술기준

8.1 인정할 수 있는 외국의 기술기준

이 규정은 하네스의 안전에 대한 요구사항 및 강도 시험에 대한 기준과 동등하다고 인정할 수 있는 외국의 기술기준은 다음과 같다.

- DHV(Deutscher Hangegleiter Verband) Requirements strength tests PG harness.

8.2 외국기술기준의 적용

외국의 기술기준이 우리나라 기술기준과 다를 경우 우리나라 기술기준을 우선한다.

8.3 인정할 수 있는 해외 시험기관

다음의 해외 시험 기관에서 인증한 하네스는 이 기술기준을 충족한 것으로 인정한다.

- AFNOR(French Standards Institute) 프랑스 기술표준원
- USHGA(The United States Hang Gliding Association) 미국 행글라이더협회
- AHGF(Australian Hang Gliding Federation)호주 행글라이더연맹
- SHV(Swiss Hang Gliding and Paragliding Association) 스위스 행/패러글라이더협회
- BHPA(British, Hang Gliding and Paragliding Association)영국 행/패러글라이더협회
- DHV(Deutscher Hangegleiter Verband) 독일 행글라이더협회
- DULV(Deutschen Ultraleichtflugverbandes) 독일 초경량비행장치협회
- EAPR(European Academy of Parachute Rigging) 유럽 패러아카데미
- Air Turquoise SA 스위스 Air Turquoise 사
- CEN(Comité Européen de Normalisation) 유럽 기술위원회
- FFVL(French Hang Gliding and Paragliding Association) 프랑스 행/패러글라이더협회

Part 3 │ 행글라이더 비상낙하산의 안전 요구사항과 시험 방법

Subpart A 일 반

1. 일 반

1.1 적 용

가. 이 규정은 행글라이더 비상낙하산의 안전 요구사항과 시험 방법에 대한 안전성인증서 발행 및 변경에 적합한 기술기준을 규정하고 있다.

나. 행글라이더 비상낙하산의 안전 요구사항과 시험 방법에 대한 안전성인증을 신청 또는 변경을 하고자 하는 자는 본 규정의 해당 요구사항에 대한 적합성을 입증하여야 한다.

다. 이 규정에서 기술되어 있지 않은 비상낙하산의 안전 요구사항과 시험 방법에 대한 요구사항 및 시험 방법에 대한 설계 특성 또는 운용 특성의 경우 추가적인 요구사항을 통하여 적합성 입증을 요구할 수도 있다.

1.2 적용 범위

이 규정은 행글라이더와 함께 사용되는 다른 도움(기계식, 점화방식)없이 조종자 스스로 산개시키는 비상낙하산에 적용한다.

1.3 용어의 정의

가. "비상낙하산"이란 비행 중 준사고 등의 이벤트에서 행글라이더 조종자의 하강을 느리게 하기 위해 조종자가 의도적으로 수작업으로 산개하는 비상 장치를 말하며, 조종(조향)이 불가능하거나 가능할 수도 있다.

나. "낙하산 포장 또는 외부 용기"란 하네스의 부분으로 제공되거나 또는 낙하산 제작자에 의해 영구적으로 하네스에 부착하기 위한 외부 보호 용기를 말한다.

다. "충격 하중 감소를 위한 특별한 부분"이란 낙하산 시스템 내에 설치된 특별한 구성요소로 고속 산개시에 조종자와 낙하산의 개방 충격 하중을 감소시킨다. 이것이 장착된 경우에는 라벨과 색깔로 명확하게 식별되어야 하고, 사용자 매뉴얼에 명시되어 있는 지침대로 유지 보수(또는 교환)되어야 한다.

Subpart B 안전요구조건

2. 안전 요구조건

2.1 산개 시스템

산개 시스템의 강도시험에서 어떠한 부품도 파손되면 아니 된다.

346 ♦ PART 3 부록

2.2 방출속도

방출속도 시험에서 시간 간격은 5초 이하이어야 한다.

2.3 하강률과 안전성

강하율 및 안정성 시험에서

가. 각 시험에서 (ICAO 표준대기 수정 후) 평균 강하율이 5.5m/s 이하이어야 한다.

나. 각 시험에서 (ICAO 표준대기 수정 후) 평균 수평속도가 5m/s를 초과하면 아니된다. 이 요구조건은 조종장치가 장착된 낙하산에는 적용하지 않는다.

다. 각 시험에서 진동은 감소되어야 한다.

라. 비상낙하산 시스템은 영구변형이 일어나면 아니 된다(충격 부하를 감소시키기 위하여 산개 후 교환되는 특수한 경우를 제외).

2.4 강 도

(제작자의 재량에 의하여) 40m/s 또는 60m/s 방출 충격에 의한 시험에서

가. 40m/s 또는 60m/s 방출 충격시험에서 비상낙하산은 개방 충격을 흡수하고, 테스트 질량이 지상에 도달하기 전에 정상 하강속도와 안전성을 달성한다.

나. 40m/s 또는 60m/s 방출 충격시험에서 비상낙하산 시스템은 기본 구조의 현저한 손상이 생기면 아니 된다(충격 부하를 감소시키기 위하여 산개 후 교환되는 특수한 경우를 제외).

다. 40m/s 또는 60m/s 방출 충격 시험에서 낙하산이 개방되는 동안 낙하시험 장치에 의한 충격 가속도가 15g를 초과하면 아니 된다. 이것은 적절한 하중제한 링크(Weak Link)에 의하여 확인할 수 있다. 적절한 유효 하중의 관리를 통한 하중제한 링크(Weak Link)의 가용성에 대해서 비상낙하산의 시험을 할 수 있다. 이것은 실험실에서 시험 가능한 적정 무게의 하중제한 링크(Weak Link)를 상용화된 제품으로 사용할 수 있다.

Subpart C 시험방법

3. 시험방법

3.1 시험장치

가. 풍향, 온도, 기압, 습도를 확인할 수 있는 기상 측정 장비

나. 프레임별로 분석이 가능한 비디오 기록장치와 줌렌즈 비디오 카메라

다. 낙하시험기

라. 낙하산 강하율 측정 장비

마. 수평대기 속도 측정(수정된 진대기 속도 지시)

3.2 시험 조건

가. 시험 중 바람속도는 20km/h 이하

나. 시험 중 항공기 및/또는 열에 의한 공기의 이동이 없어야 한다.

다. 상대습도는 40%에서 80% 사이

3.3 절 차

3.3.1 일반사항

가. 낙하산은 선언된 최대 유효하중, m_{dec}로 시험되어야 한다.

나. 3.3.4에서 낙하산의 수정된 유효하중, m_{corr}은 가장 가까운 5kg 올림으로 수정된 유효하중으로 시험한다. 이 수정된 유효하중을 위한 최대 유효하중 계산 공식 사용을 위한 표준 대기 조건을 참조한다.

다. 모든 시험은 시험결과 분석을 위하여 비디오 녹화한다. 모든 비디오 기록의 사본은 연구 개발 지원을 위한 제작자에 제공하여야 한다.

3.3.2 산개 시스템 강도시험

산개 시스템의 모든 부품은 각각 700N의 하중을 적용한다(산개 핸들, 내부용기 및 안전핀 포함).

3.3.3 방출속도 시험

가. 브라이들 확보와 함께, 그리고 수평대기속도 8m/s(±1m/s)와 수직대기속도 1.5m/s 이하일 때, (사용자 매뉴얼에 의하여 내부 용기에 포장된) 낙하산을 자유낙하한다.

나. 시간은 자유낙하할 때부터 200N 하중이 유지될 때까지를 측정한다(이것은 200N의 하중제한 링크(Weak Link)를 써서 측정할 수 있다). 내부 용기는 200N의 하중에 도달하기 전에 열려야 한다.

다. 시험은 두 번 수행한다.

3.3.4 강하율 및 안정성 시험

가. 낙하산 브라이들(Bridle)을 행글라이더 하네스 비상낙하산 연결 부분에 연결할 낙하산 제작자가 지정한 커넥터를 이용하여 낙하시험 장치의 연결부분(또는 조종자 균형을 위한 무게를 적용하여)에 연결한다.

나. 초기 진자진동의 적용을 위하여 시험 질량에서 수평속도 8m/s(±1m/s)와 수직속도 1.5m/s 미만에서 낙하산을 개방한다.

다. 날개 또는 다른 드래그 장치가 시험 질량에 영향을 주어서는 아니 된다. 낙하산의 안전성은 개방되어 지상에 접지하는 사이에 육안으로 평가(망원 비디오 기록 장치 등 사용)한다.

라. 평균 강하율은 최소 100m의 강하 후에 30m 이상의 강하 중 측정한다.

마. 강하 속도는 직접, 정확하고 반복 가능한 임의의 방법으로 측정할 수 있다. (예로 보정된 전자식(Solid State) 자기기압계(Recording Barograph)를 사용하여 초당 한 번씩 기록하도록 하고, 낙하시험 장치에 연결한다. 대안으로 1kg의 분동 (Weighted)의 끝에 30m의 끈을 달고 낙하시험장치의 하부에 부착하여 하강 속도를 측정할 수 있다. 이 경우 속도는 낙하시험장치의 접지 충격에서 분동(Weighted) 끝 접지충격까지의 시간 간격에 의해 계산된다)

바. 평균 수평비행속도는 임의의 편리한 방법을 이용하여, 하강 기간 동안 측정된다(이 측정은 조종되는 낙하산에는 필요하지 않다).

사. 시험은 두 번 수행한다.

3.3.5 강도시험

3.3.5.1 40m/s 방출 충격

가. 비상낙하산(표준 외부 용기에 포함되고 사용자 매뉴얼의 지침에 따라 포장)을 낙하 시험 장비에 장착한다. 시험낙하산의 브라이들(Bridle)을 행글라이더 하네스 비상 낙하산 연결 부분에, 연결할 낙하산의 제작자가 지정한 커넥터를 이용하여 낙하시 험 장비의 연결 부분에 연결한다.

나. 낙하시험 장비를 직선 속도 40m/s로 가속하고, 보조낙하산 또는 유사한 저하중의 산개 시스템을 이용하여 낙하산 산개 핸들을 작동시킨다.

다. 시험을 두 번 수행한다.

라. 직선형태의 40m/s 속도를 제공하고, 낙하산은 완전히 방출되기 전에 지면에 닿으면 아니 된다. 그리고 산개 강도 시험은 높은 다리, 기구, 또는 항공기 또는 임의의 다른 적절한 방법을 활용하여 움직이는 이동체 또는 자유낙하로부터 만들어질 수 있다.

3.3.5.2 60m/s 방출 충격

가. 비상낙하산(표준 외부 용기에 포함되고 사용자 매뉴얼의 지침에 따라 포장)을 낙하 시험 장비에 장착한다. 시험낙하산의 브라이들(Bridle)을 행글라이더 하네스 비상 낙하산 연결 부분에, 연결할 낙하산의 제작자가 지정한 커넥터를 이용하여 낙하시 험 장비의 연결 부분에 연결한다.

나. 낙하시험 장비를 직선 속도 60m/s로 가속하고, 보조낙하산 또는 유사한 저하중의 산개 시스템을 이용하여 낙하산 산개 핸들을 작동시킨다.

다. 시험을 두 번 수행한다.

라. 직선형태의 60m/s 속도를 제공하고, 낙하산은 완전히 방출되기 전에 지면에 닿으면 아니 된다. 그리고 산개 강도 시험은 높은 다리, 기구, 또는 항공기 또는 임의의 다른 적절한 방법 활용하여 움직이는 이동체 또는 자유낙하로부터 만들어질 수 있다.

Subpart D 시험보고서

4. **시험보고서**

    시험보고서는 다음의 내용을 포함하여야 한다.

    가. 제작자명과 주소

    나. 시험한 비상낙하산의 타입과 준용규격

    다. 사용자 매뉴얼

    라. 시험에 대한 비디오 영상

    마. 제조기록

    바. 기상 정보가 포함된 시험 결과

Subpart E 제작 기록

5. **제작자 기록**

    제작자에 의해 제공되어야 하는 제작 기록은 다음의 항목을 포함하여야 한다.

    가. 제작자명 및 주소

    나. 모델명

    다. 제작과 샘플 시험한 연도(4자리) 및 월

    라. 최대 비행 중량(질량) 및 침하율

    마. 사용자 매뉴얼

    바. 치수 및 설계의 허용 오차

    모든 재료는 다음의 사항이 목록화되어 있어야 한다.

    1) 재료명

    2) 제조사명 및 참고자료

    3) 비상낙하산에 특별히 사용한 내역

    4) 해당 재료의 공급자 또는 제조사에 의해 실시된 시험 및 특성

Subpart F 사용자 매뉴얼

6. **사용자 매뉴얼**

    각 비상낙하산 사용자 매뉴얼은 한국어 또는 영어, 프랑스어와 독일어(그리고 비상낙하산이 공급될 국가의 주요 언어)로 된 것이 제공되어야 한다. 사용자 매뉴얼은 적어도 다음의 사항이 포함되어야 한다.

    가. 점검과 재포장 주기

나. kg으로 표기된 최대 비행 중량(질량) 및 침하율

다. 유지보수 지침(고무밴드와 같은 교체할 수 있는 구성 요소의 사양을 포함)

라. 재포장 지침

마. 장착 및 연결 지침(추출/보완 점검 절차 포함)

바. 운용 지침

조종자는 사용자 매뉴얼을 통하여 사용에 관한 정보를 알 수 있어야 한다.

1) 하네스에 비상낙하산 연결에 관한 것

2) 유지보수에 관한 것

3) 재포장에 관한 것

4) 그리고 기타 필요한 내용

Subpart G 표 시

7. 표시(Marking)

본 기준의 요구사항에 적합함을 캐노피와 산개낭에 스탬프 또는 라벨로 명시한다. 이것에는 다음의 정보를 포함한다(속도 경보는 실제 시험값의 81%를 명시한다. 안전계수는 1.5를 적용한다).

가. 제작자명

나. 비상낙하산 모델 이름

다. 제작 연도(4자리) 및 월

라. 최대 비행 중량(질량) 및 침하율

마. 평면적

바. 제작일련번호

사. 3.3.5.1에 의해 시험이 통과된 경우

경고 : 32m/s(115km/h)를 넘지 않는 속도에서 사용할 것(WARNING : Not suitable for use at speeds in excess of 32m/s(115km/h))

또는, 3.3.5.2에 의해 시험이 통과된 경우

경고 : 49m/s(176km/h)를 넘지 않는 속도에서 사용할 것(WARNING : Not suitable for use at speeds in excess of 49m/s(176km/h))

아. 전체길이(하네스 연결 부분부터 날개 상면의 부풀지 않은 부분까지)

자. 준용된 규정(초경량비행장치의 비행안전을 확보하기 위한 기술상의 기준 별표 1, Part. 3)

Subpart H 외국의 기술기준

8. 외국의 기술기준

8.1 인정할 수 있는 외국의 기술기준

이 규정은 비상낙하산의 안전 요구조건과 시험 방법에 대한 기준과 동등하다고 인정할 수 있는 외국의 기술기준은 다음과 같다.

- EN12491 : Paragliding equipment Emergency parachutes Safety requirement and test methods(2001. 6)

8.2 외국기술기준의 적용

외국기술기준이 우리나라 기술기준과 다를 경우 우리나라 기술기준을 우선한다.

8.3 인정할 수 있은 해외 시험기관

다음의 해외 시험기관에서 인증한 비상낙하산은 이 기술기준을 충족한 것으로 인정한다.

- AFNOR(French Standards Institute) 프랑스 기술표준원
- USHGA(The United States Hang Gliding Association) 미국 행글라이더협회
- AHGF(Australian Hang Gliding Federation)호주 행글라이더연맹
- SHV(Swiss Hang Gliding and Paragliding Association) 스위스 행/패러글라이더협회
- SAHPA(The South African Hang Gliding and Paragliding Association) 남아프리카 행/패러글라이더협회
- BHPA(British, Hang Gliding and Paragliding Association)영국 행/패러글라이더협회
- DHV(Deutscher Hangegleiter Verband) 독일 행글라이더협회
- DULV(Deutschen Ultraleichtflugverbandes) 독일 초경량비행장치협회
- EAPR(European Academy of Parachute Rigging) 유럽 패러아카데미
- Air Turquoise SA 스위스 Air Turquoise 사
- CEN(Comité Européen de Normalisation) 유럽 기술위원회
- FFVL(French Hang Gliding and Paragliding Association) 프랑스 행/패러글라이더협회
- EN12491, LTF 35/03 기준을 따르는 시험을 수행하는 승인된 모든 시험센터

별표 2 패러글라이더에 대한 기술기준

이 규정은 패러글라이더에 대한 안전성인증에 적합한 기술기준을 규정하며, 다음과 같은 4개의 Part로 구성된다.

Part. 1 : 패러글라이더의 구조 강도에 대한 요구사항 및 시험 방법
Part. 2 : 패러글라이더의 비행 안전 특성 등급에 대한 요구사항 및 시험 방법
Part. 3 : 하네스의 안전에 대한 요구사항 및 강도 시험
Part. 4 : 비상낙하산의 안전 요구사항과 시험 방법

Part 1 패러글라이더의 구조 강도에 대한 요구사항 및 시험 방법

Subpart A 일 반

1. 일 반

1.1 적 용

가. 이 규정은 패러글라이더의 구조 강도에 대한 요구사항 및 시험 방법에 대한 안전성 인증서 발행 및 변경에 적합한 기술기준을 규정하고 있다.

나. 패러글라이더의 구조 강도에 대한 요구사항 및 시험 방법에 대한 안전성인증을 신청 또는 변경을 하고자 하는 자는 본 규정의 해당 요구조건에 대한 적합성을 입증하여야 한다.

다. 이 규정에 기술되어 있지 않은 패러글라이더의 구조 강도에 대한 요구사항 및 시험 방법에 대한 설계 특성 또는 운용 특성의 경우 추가적인 요구조건을 통하여 적합성 입증을 요구할 수도 있다.

1.2 적용 범위

가. 이 규정은 단단하지 않은 구조로 되어 있고, 발로 이착륙을 하는 조종자(또는 1명의 탑승객)가 탑승하는 날개에 연결된 하네스(또는 하네스들)로 구성된 패러글라이더에 적용한다.

나. 이 규정은 동적 및 정적 하중에 대한 패러글라이더의 강도 요구사항 및 시험 방법과 강도에 대한 최소 임계값을 설정한다.

1.3 용어의 정의

가. "패러글라이더"란 단단하지 않은 구조로 되어 있고, 발로 이착륙을 하는 조종자(또는 1명의 탑승객)가 탑승하는 날개에 연결된 하네스(또는 하네스들)로 구성된 초경량비행장치를 말한다.

나. "패러글라이더 모델"이란 동일한 디자인에서 다른 크기(Size)의 패러글라이더는 다음의 사항을 모두 만족하는 동일한 모델을 말한다.

　　1) 다른 크기라도 균일한 스케일 요소(Uniform Scale Factor)를 사용하거나 캐노피(Canopy)의 중앙에 셀(Cell)을 추가/제거한 경우

　　2) 중앙에 삽입된 더 큰 크기의 모든 셀(Cell)은 인접한 셀(Cell)과 기술적으로 동일

　　3) 확대/축소된 패러글라이더에서 산줄 구조의 구성은 동일. 산줄의 길이는 모든 크기에 대하여 동일하거나 캐노피의 축척 비율보다 크지 않게 확대/축소되지 않음

　　4) 모든 크기에 대하여 동일한 재료의 사용

　　5) 재료를 처리하는 방법이 모든 크기에 대하여 동일

다. "동일하게 구성된 산줄"이란 산줄의 길이와 색만 변경된 경우를 말한다.

Subpart B 하중 및 강도

2. 하중 및 강도

2.1 충격하중

3.4에 의한 시험에 의해 날개(Wing)가 손상되면 아니 된다.

2.2 지속하중(Sustained Loading)

3.5에 의한 시험에 의해 날개(Wing)가 손상되면 아니 된다.

2.3 산줄의 파괴 강도

가. 산줄은 3.6에 의한 시험을 수행하여야 한다. 동일하게 구성된 산줄이 이미 시험된 경우 해당 결과가 사용될 수 있다.

나. 가장 낮은 부분(Section)에서(예 라이저의 다음 부분) A- 와 B- 산줄의 파괴 강도는 다음 식에 의하며,

$$F_{break}1 \times n1 + F_{break}2 \times n2 + F_{break}3 \times n3 + ...$$

여기서,

$F_{break}1, 2, 3, ...$은 A- 와/또는 B- 산줄의 가장 낮은 부분(Section)에 사용된 산줄 종류 1, 2, 3, ...의 파괴하중

$n1, 2, 3, ...$은 A- 와 B- 산줄의 가장 낮은 부분(Section)에서의 산줄 종류별 개수

8,000N 또는 [8×g×최대 비행 중량]보다 커야 한다(g는 9.81m/s^2).

위의 다른 산줄 부분(Section)의 각각에 대하여 동일한 계산이 수행된다. 결과는 가장 낮은 부분(Section)에 대한 결과를 초과하여야 한다.

다. 가장 낮은 부분(Section)에서의 C- 와 D- 산줄(그리고 다른 산줄 등)의 파괴 강도는 다음 식에 의하며,

$$F_{\text{break}}1 \times n1 + F_{\text{break}}2 \times n2 + F_{\text{break}}3 \times n3 + \ldots$$

여기서,

$F_{\text{break}}1$, 2, 3, …은 A- 와/또는 B- 산줄의 가장 낮은 부분(Section)에 사용된 산줄 종류 1, 2, 3, …의 파괴하중

$n1$, 2, 3, …은 A- 와 B- 산줄의 가장 낮은 부분(Section)에서의 산줄 종류별 개수

6,000N 또는 [6×g×최대비행중량]보다 커야 한다(g는 9.81m/s^2).

위의 다른 산줄 부분(Section)의 각각에 대하여 동일한 계산이 수행된다. 결과는 가장 낮은 부분(Section)에 대한 결과를 초과하여야 한다.

Subpart C 시험방법

3. 시험방법

3.1 장 치

3.1.1 하중제한 링크(Weak Link)

가. 하중제한 링크(Weak Link)는 비행 총 중량에 따라 표 1에 정의된 순간 파괴하중으로 교정되어야 한다.

▌〈표 1〉하중제한 링크의 파괴 하중

비행 중 총중량(kg)	< 120	120~180	180~240	≥240
하중제한 링크의 파괴 하중(daN)	800	1,000	1,200	1,400

나. 비행 중 총중량이 240kg에서 60kg 추가될 때마다 하중제한 링크(Weak Link)의 파괴 하중은 200daN씩 증가된다.

3.1.2 케이블(Cable)

금속 케이블은 길이 150m, 최소 직경 6mm, 18×7의 금속 구조, 인장력 $1,600 \text{N/mm}^2$이 되어야 하며, 비금속제 보호 피복을 사용될 수 있다.

3.1.3 전자센서

전자센서에는 하중을 측정하기 위한 전자 스트레인게이지(Electronic Strain Gauge)

가 포함되어야 한다(최소 초당 5회 측정).

3.1.4 측정 회로

그래프는 시간 s 대비 하중 N으로 명확하게 표현되어야 한다.

3.1.5 비디오 기록장치

비디오 기록장치가 시험 차량(Vehicle)에 장착되어야 한다.

3.2 시험시료

가. 해당 모델의 제조 기록을 준수하는 시험시료를 선택한다(부록 A 참조).

나. 특정 패러글라이더의 모든 크기에 대해 각각 시험되어야 한다. 또는 다른 크기의 동일 모델의 조건을 충족하는 경우 가장 큰 최대 비행 총중량에서 시험한 것으로 충분하다.

이 경우

1) 작은/큰 버전의 글라이더 시험이 균일한 축적요소(Scale Factor)를 적용한 캐노피(Canopy)를 사용하여 완료된 경우, 다른 모든 크기에 대한 최대 비행 총중량은 다음 식을 초과하지 않아야 한다.

$$W_{\max} = W_{\max\,\text{tested glider}} \times 0.8$$

2) 작은/큰 버전의 글라이더 시험이 캐노피(Canopy)의 중심에서 셀(Cell)이 추가되거나 제거되어 완료된 경우, 다른 모든 크기에 대한 최대 비행 총중량은 다음 식을 초과하지 않아야 한다.

$$W_{\max} = W_{\max\,\text{tested glider}} \times 0.8 \times (n_{A_0} / n_{A_0\,\text{tested glider}})$$

여기서, n_{A_0} 는 A-산줄의 가장 낮은 부분(Section)에서의 산줄의 수

3.3 시험조건

3.4의 충격 하중 시험을 수행할 때 글라이더 주변의 바람 속도는 2m/s를 초과하면 아니 된다.

3.4 충격 하중시험

3.4.1 원 칙

패러글라이더는 절차 A 또는 절차 B를 사용하여 충격 하중시험을 수행하여야 하며, 시험 후 날개(Wing)의 손상에 대한 육안검사를 하여야 한다.

3.4.2 절차 A

가. 표 1에 설정된 최대 강도로 하중을 제한하기 위해 하중제한 링크(Weak Link)를 사용하여 충격 하중 시험을 수행한다.

나. 패러글라이더 뒷전의 중심부를 지면에 닿게 하고 앞전 인근을 지지하여 패러글라이더를 수직으로 세운다. 이때 패러글라이더는 스팬 방향으로 완전하게 펼친다. 지지

대의 수는 최소한 A-산줄의 가장 낮은 부분의 수와 같아야 한다.

다. 캐노피(Canopy)의 하부면은 이완(느슨함)이 최소화가 되도록 배열하여야 한다. 산줄과 라이저는 가능하면 똑바로 되어야 한다.

라. 3.1.2에 명시된 케이블의 끝단과 하중제한 링크(Weak Link)를 라이저에 연결한다. 케이블의 다른쪽 끝은 견인차량(Tow Vehicle)에 연결되어야 한다.

마. 하중제한 링크(Weak Link)의 라이저 연결부와 동일한 부분에 조종핸들(Control Handles)을 연결한다.

바. 시험 충격 부하가 순간적으로 적용될 수 있도록 지상에 케이블을 배열하여야 한다.

사. 글라이더 주변의 풍속은 2m/s 이하이어야 한다.

아. 케이블이 팽팽해지기 전에 견인차량(Tow Vehicle)의 지상속도는 70km(+5/-0)가 되어야 한다.

자. 시험은 다음 사항이 일어날 때까지 계속한다.
1) 하중제한 링크(Weak Link) 파괴, 또는
2) 패러글라이더 파손

3.4.3 절차 B

가. 표 1의 최대 하중의 부하를 제한하기 위해 하중제한 링크(Weak Link)를 사용하여 충격 하중 시험을 수행한다.

나. 패러글라이더가 즉시 펴질 수 있도록 지상에 위치시킨다.

다. 3.1.2에 명시된 케이블의 끝단과 하중제한 링크(Weak Link)를 라이저에 연결한다. 케이블의 다른 쪽 끝은 견인차량(Tow Vehicle)에 연결되어야 한다.

라. 하중제한 링크(Weak Link)의 라이저 연결부와 동일한 부분에 조종핸들(Control Handles)을 연결한다.

마. 시험 충격 부하가 순간적으로 적용될 수 있도록 지상에 케이블을 배열하여야 한다.

바. 글라이더 주변의 풍속이 2m/s 이하이어야 한다.

사. 케이블이 팽팽해지기 전에 견인차량(Tow Vehicle)의 지상속도는 60km(+5/-0)가 되어야 한다.

아. 시험은 다음 사항이 일어날 때까지 계속한다.
1) 하중제한 링크(Weak Link) 파괴, 또는
2) 패러글라이더 파손

3.5 장기하중 시험

3.5.1 원 칙

가. 패러글라이더는 시험 차량에 장착하고, 비행 하중 상태를 측정한다.

나. 하중시험이 종료된 후에는 날개의 손상에 대한 육안검사를 한다.

3.5.2 절 차

가. 견인 차량의 전자 센서에서 0.42m 떨어진 부분에 라이저 시편을 장착하여야 한다.

나. 조종자는 날개(Wing) 안정화를 위한 패러글라이더의 조종산줄(Control Line)을 조작하기 위하여 견인 차량에 위치할 수 있다.

다. 하중상태의 패러글라이더의 동작을 보기 위하여 견인차량에서 시험 영상을 기록하여야 한다.

라. 패러글라이더의 비행 경로 상의 안정화를 위한 조종이 가능하도록, 점차적으로 차량의 속도를 증가시킨다. 이때 하중배수는 최대 허용하중의 3배 미만으로 유지한다.

마. 패러글라이더가 안정화되면, 다음 사항이 일어날 때까지 속도를 서서히 증가시킨다.

    1) 최소 3초의 지속시간 동안 제작사가 권고한 비행 중 최대 중량의 8배의 하중을 초과, 또는

    2) 한 번의 동작 동안 제작사가 권고한 비행 중 최대 중량의 10배의 하중을 부가

3.6 산줄 밴딩 시험

3.6.1 원 칙

각 산줄 형식(절차 방법, 각 재료별 3개의 시편)의 시험 시료, 끝이 고리모양으로 된 산줄 길이 0.5m, 사용된 산줄 시스템의 조건에서 파괴 강도를 측정

3.6.2 조 건

가. 산줄의 지름과 동일(±0.1m)한 실린더 주위를 2N의 장력을 유지한 상태로 ±180° 구부린다. 밴딩 중심점은 산줄 고리 바늘땀의 끝점(산줄의 가장 약한 부위)과 정렬

나. 한 사이클은 2초(2 밴딩)

다. 5,000번의 사이클 후 시험 시료에 대한 파괴 강도 측정

▍〈그림 1〉 산줄 밴딩 시험 장비

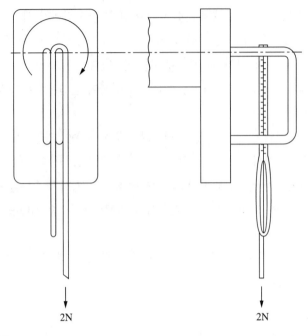

2N   2N

3.6.3 절 차

시험 시료에 대한 파괴 강도를 측정한다. 하중을 부과하는 실험의 속도는 0.01666m/s 를 초과하여야 한다. 3.2의 F_{break} 강도의 계산은 3개의 시료에 대한 측정값 중 가장 적은 값이다.

3.7 점 검

각각의 시험이 종료 시, 날개가 손상이 되지 않았는지 육안으로 확인하여야 한다.

Subpart D 시험보고서

4. 시험보고서

가. 시험보고서는 다음의 내용이 포함되어야 한다.

1) 준용된 규정(예 EN 926-1, 초경량비행장치의 비행안전을 확보하기 위한 기술 상의 기준의 별표 2, Part. 1)

2) 제작자명

3) 패러글라이더의 시험을 의뢰한 사람 또는 회사의 이름과 주소(제작자와 다른 경우)

4) 시험 대상 패러글라이더의 모델과 준용 규격

5) 시험 후 손상된 내용에 대한 자세한 사항

6) 시험기관명 및 주소

7) 시험 결과

8) 시험 참조 번호의 고유 식별

나. 다음의 사항은 시험보고서에 첨부하고, 시험기관에 의해 보관되어야 한다.

1) 시험에 대한 비디오 기록

2) 제작 기록

3) 시험을 수행한 글라이더

Subpart E 외국의 기술기준

5. 외국의 기술기준

5.1 인정할 수 있는 외국의 기술기준

패러글라이더의 구조 강도에 대한 요구사항 및 시험 방법에 대한 기준과 동등하다고 인정할 수 있는 외국의 기술기준은 다음과 같다.

- EN926-1 : Paragliding equipment Paragliders Part 1 : Requirements and test methods for structural strength(2006.10)

5.2 외국기술기준의 적용

외국의 기술기준이 우리나라 기술기준과 다를 경우 우리나라 기술기준을 우선한다.

5.3 인정할 수 있는 외국의 시험기관

다음의 해외 시험 기관에서 인증한 패러글라이더는 이 기술기준을 충족한 것으로 인정한다.

- AFNOR(French Standards Institute) 프랑스 기술표준원
- USHGA(The United States Hang Gliding Association) 미국 행글라이더협회
- AHGF(Australian Hang Gliding Federation)호주 행글라이더연맹
- SHV(Swiss Hang Gliding and Paragliding Association) 스위스 행/패러글라이더협회
- SAHPA(The South African Hang Gliding and Paragliding Association) 남아프리카 행/패러글라이더협회
- BHPA(British, Hang Gliding and Paragliding Association)영국 행/패러글라이더협회
- DHV(Deutscher Hangegleiter Verband) 독일 행글라이더협회
- DULV(Deutschen Ultraleichtflugverbandes) 독일 초경량비행장치협회
- EAPR(European Academy of Parachute Rigging) 유럽 패러아카데미
- Air Turquoise SA 스위스 Air Turquoise 사

- CEN(Comité Européen de Normalisation) 유럽 기술위원회
- FFVL(French Hang Gliding and Paragliding Association) 프랑스 행/패러글 라이더협회
- EN926 기준을 따르는 시험을 수행하는 승인된 모든 시험센터

부록 A (유효한 정보)

가. 제작자에 의해 각 패러글라이더에 제공되는 정보에 대한 권고사항

나. 제작자에 의한 제작관련 기록은 다음 내용이 포함되도록 권고된다.

   1) 제작자명과 주소

   2) 패러글라이더의 명칭

      가) 시험된 모델에 대한 제작연도 및 월

      나) 제작 일련번호

   3) 치수와 허용오차에 대한 내용

      가) 윗 면

      나) 아랫면

      다) 격벽(Cell Wells)

      라) 윙팁과 안정면

      마) 리깅(Rigging)

      바) 조립 방법

   4) 기술적 특성

      가) 최대 날개길이(Wing Span)

      나) 다음 식에 의한 (날개) 면적의 계산값

         최대 날개 길이 × 평균 시위 길이

      다) 최소 및 최대 이륙 가능 중량(예 하네스를 포함한 장비, 조종자, 헬멧, 비행복, 신발, 계기, 비행낙하산과 무게추)

   5) 재료의 정보 : 사용된 모든 재료는 다음 정보와 함께 목록화되어어 한다.

      가) 재료명

      나) 제조자명과 준용 규격

      다) 패러글라이더에 사용된 내역

      라) 재료 특성 및 공급자 또는 제작자가 이 재료에 대하여 수행한 시험

Part 2 | 패러글라이더의 비행안전 특성 등급에 대한 요구사항 및 시험 방법

Subpart A 일 반

1. 일 반

1.1 적 용

가. 이 규정은 패러글라이더의 비행 안전 특성 등급에 대한 요구사항 및 시험 방법에 대한 안전성인증서 발행 및 변경에 적합한 기술기준을 규정하고 있다.

나. 패러글라이더의 비행 안전 특성 등급에 대한 요구사항 및 시험 방법에 대한 안전성 인증을 신청 또는 변경을 하고자 하는 자는 본 규정의 해당 요구조건에 대한 적합성 을 입증하여야 한다.

다. 이 규정에 기술되어 있지 않은 패러글라이더의 비행 안전 특성 등급에 대한 요구사 항 및 시험 방법에 대한 설계 특성 또는 운용 특성의 경우 추가적인 요구조건을 통하여 적합성 입증을 요구할 수도 있다.

1.2 적용 범위

이 규정은 패러글라이더의 조종자의 비행 능력 요구 측면에서 비행 안전 특성 등급에 대한 요구사항 및 시험 방법에 적용된다. 이 규정은 독립적인 패러글라이더 비행시험 자격을 갖는 시험기관에서 사용한다.

1.3 용어의 정의

가. "패러글라이더"란 단단하지 않은 구조로 되어 있고, 발로 이착륙을 하는 조종자(또 는 1명의 탑승객)가 탑승하는 날개에 연결된 하네스(또는 하네스들)로 구성된 초경 량비행장치를 말한다.

나. "하네스(Harness)"란 조종자가 앉거나, 반 정도로 누워 있거나, 서 있는 자세를 유지 하기 위하여 스트랩(Straps)과 직물로 구성된 조립체를 말한다. 하네스는 날개에 두 개의 링 또는 연결부(Connectors)로 부착되며, 라이저(Raiser)로 연결될 수 있다.

다. "비상낙하산(Emergency Parachute)"이란 비행 중 준사고 등의 사건에서 패러글라 이더 조종자의 하강을 느리게 하기 위해 조종자가 의도적인 수작업으로 산개하는 비상장치를 말한다. 이것은 조종(조향)이 불가능하거나 가능할 수 있다.

라. "조종"이란 제작자에 의하여 정의된 기본 조종과 속도 조절을 말한다.

마. "트리머(Trimmer)"란 고정할 수 있는 피치제어시스템을 말한다. 조종자에 의하여 초기 위치로 돌아갈 수 있음이 요구된다.

바. "액셀러레이터(Accelerator)"란 일반적으로 발로 작동하는 보조적 피치조절 장치 로서 조종자가 조작을 정지할 때 초기 위치로 자동적으로 복귀되는 장치를 말한다.

사. "액셀러레이터 최대 작동(Accelerator Fully Activated)"이란 액셀러레이터에 의하여 받음각 추의 감소가 일어나지 않는 글라이더의 기계적 한계 도달 상태를 말한다.

아. "조종자 조작"이란 무게의 이동, 조종 조작, 액셀러레이터 또는 트리머의 조작을 말한다.

자. "정상비행"이란 패러글라이더가 조종자에 의한 어떠한 조작 없이 완전히 펼쳐지고, 직선 비행에 근접한 궤도(트림속도 인근의 속도에서)를 따라 비행하는 상태를 말한다. 소수의 셀(Cell)들이 일그러지기까지에 해당한다.

차. "나선형(Spiral)강하"란 그림 1과 같은 패러글라이더가 완전히 팽창되고, 피치각 70° 이상과 수평각도 0°에서 40° 사이의 깊은 각으로 회전하면서 기수 내림(Nose Down) 궤도를 따라 비행하는 상태를 말한다.

▌〈그림 1〉 나선형 강하

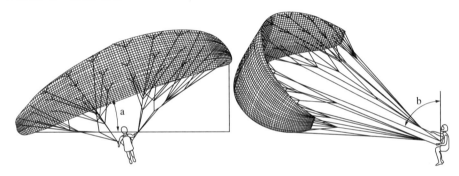

a : 수평에 관계되는 날개의 각도
b : 피치각

카. "자력회복(Spontaneous Recovery)"이란 조종자의 어떠한 조작 없이도 패러글라이더가 정상 비행 상태가 되는 것을 말한다.

타. "전방 접힘(Front Collapse)"이란 앞전의 윗면이 아래로 접히는 것을 조종자가 알아볼 수 있는 것을 말한다. 앞전의 변형은 전방 접힘에 고려되지 않는다.

파. "캐스케이드(Cascade)"란 하나의 의도하지 않는 비정상비행 상태로부터 의도하지 않은 다른 비정상비행 상태까지 단계적으로 전환하는 것을 말한다.

하. "최소속도"란 깊은 실속이나 최대 실속에 들어가지 않게 유지할 수 있는 최소 속도를 말한다.

거. "트림속도"란 조종이나 가속 행위 없이 패러글라이더가 직선 비행하는 속도를 말한다.

니. "최대속도"란 조종 장치 중립과 액셀러레이터를 최대로 사용한 상태에서 패러글라이더가 직선비행하는 속도를 말한다. 최대속도는 액셀러레이터가 장착된 글라이더에서만 사용한다.

더. "저속(Low Speed)"이란 조종 장치를 중립과 대칭적 실속 위치 사이의 50% 사용 상태에서 패러글라이더가 직선비행하는 속도(예 대칭적 조종 이동의 50%)를 말한다.

러. "비행 중량"이란 조종자와 패러글라이더(글라이더를 포함한다) 장비를 포함하는 비행이 가능한 전체 무게를 말한다.

머. "추가산줄"이란 지정된 기동을 하는 시험조종자에 도움을 주기위한 크로스산줄 또는 폴딩산줄을 말한다.

버. "크로스산줄(Cross Line)"이란 하나의 라이저로부터 반대되는 A-산줄의 어떠한 위치 또는 A-산줄 부착점까지 진행한 하나의 산줄(Single Line)을 말한다.

서. "폴딩산줄(Folding Lines)"이란 지정된 기동을 하는 시험조종자에게 도움을 주기 위해 사용하는 A-산줄(각도, 캐스케이드, 길이)의 완성된 기하학적 복사본을 말한다.

Subpart B 요구조건

2. 요구조건

2.1 패러글라이더 등급

패러글라이더의 등급은 2.2에 따라 결정된다. 등급은 조종자에게 패러글라이더가 자신의 기량 수준에 적합한지 여부에 관한 지침을 제공하기 위한 지표이다(표 1 참조).

▌〈표 1〉 패러글라이더 등급의 설명

등 급	비행 특성 설명	필요한 조종자 기량 설명
A	최대의 수동적 안전과 매우 관대한 비행 특성을 가진 패러글라이더 정상 비행에서의 이탈에 대해 양호한 내성을 가진 글라이더	모든 훈련 수준의 조종자를 포함한 모든 조종자를 위한 등급임
B	양호한 수동적 안전과 관대한 비행 특성을 가진 패러글라이더 정상 비행에서의 이탈에 대해 어느 정도 내성을 가진 글라이더	모든 조종자를 위한 등급이며, 제작자가 권장할 경우 훈련 중인 조종자에게 적합할 수 있음
C	중간 정도의 수동적 안전을 가지고 난기류와 조종자 오류에 동적으로 반응할 수 있는 패러글라이더 정상 비행으로 복귀하려면 정밀한 조종자 입력이 필요할 수 있다.	복구 기법을 숙지하고 "능동적으로" 그리고 규칙적으로 비행하며 수동 안전이 감소된 글라이더로 비행하는 것의 함축적 의미를 이해하는 조종자를 위한 등급
D	비행 특성이 엄격하고 난류와 조종자 오류에 격렬히 반응할 수 있는 패러글라이더 정상 비행으로 복귀하려면 정밀한 조종자 입력이 필요하다.	복구 기법과 관련하여 잘 훈련을 받고, 매우 능동적으로 비행하고, 열악한 조건에서 비행한 경험이 많고, 이러한 종류의 날개로 비행함의 함축적 의미를 수용하는 조종자를 위한 등급

2.2 비행 특성의 분류

절차 3.5.18.1~3.5.18.23에 따라 시험할 경우 패러글라이더 동작의 여러 측면을 측정한다. 이러한 측정값은 2.4.1~2.4.24에 따라 분류된다. 이 규정에 따른 패러글라이더의 등급은 획득한 가장 높은 등급, 즉 필요한 조종자 기량의 가장 높은 수준에 의해 결정된다(표 1 참조).

2.3 불합격

글라이더는 다음과 같은 경우 시험 절차에 불합격한 것이다.

가. 시험 3.5.18.1~3.5.18.23의 결과로 부품 또는 구성품의 결함이 발생한 경우

나. 시험 3.5.18.1~3.5.18.23의 결과는 A, B, C 또는 D급으로 분류되지 않는다.

※ 주) 2.4.1 ~ 2.4.24의 분류표에서 문자 "F"(불합격)는 수용할 수 없는 동작을 식별하기 위하여 사용된다.

2.4 비행 특성

2.4.1 산개/이륙

3.5.18.1에 따라 시험하였을 경우 글라이더 이륙의 어려운 정도가 판명된다(바람직하지 않은 경향의 점검 포함). 패러글라이더의 동작을 표 2에 따라 측정하고 표 3에 따라 분류한다.

▌〈표 2〉 산개/이륙 시험의 측정과 가능 범위

측정값	범 위
상승 동작	부드럽고 쉽게 일정한 상승, 필요한 조종자 보정 없음
	손쉬운 상승, 어느 정도 조종자 보정이 필요함
	오버슈트, 앞전접힘을 방지하기 위해 속도를 낮춰야 함
	주춤거림(Hang Back)
특수 이륙 기법이 필요함	아니오
	예

▌〈표 3〉 산개/이륙 시험에서 패러글라이더의 동작 분류

측정과 범위(표 2에 따름)	분 류
상승 동작	–
부드럽고 쉽게 일정한 상승	A
손쉬운 상승, 어느 정도 조종자 보정이 필요함	B
오버슈트, 앞전접힘을 방지하기 위해 속도를 낮춰야 함	C
주춤거림(Hang Back)	D
특수 이륙 기법이 필요함	–
아니오	A
예	C

2.4.2 착 륙

3.5.18.2에 따라 시험하였을 경우, 이 글라이더를 활공하고 착륙하는 것의 어려운 정도가 판명된다(바람직하지 않은 경향의 점검 포함). 패러글라이더의 동작을 표 4에 따라 측정하고 표 5에 따라 분류한다.

▌〈표 4〉 착륙 시험의 측정과 가능 범위

측정값	범 위
특수 착륙 기법이 필요함	아니오
	예

▌〈표 5〉 착륙 시험에서 패러글라이더의 동작 분류

측정과 범위(표 4에 따름)	분 류
특수 착륙 기법이 필요함	–
아니오	A
예	D

2.4.3 직선 비행 속도

3.5.18.3에 따라 시험하였을 경우, 패러글라이더가 너무 느리지(Hands Up) 않은지, 그리고 조종줄만을 사용하여(액셀러레이터를 작동시킬 수 없음) 적정 속도 범위를 달성할 수 있는지 확인한다. 패러글라이더의 동작을 표 6에 따라 측정하고 표 7에 따라 분류한다(이 시험에서 기록된 속도는 공개하지 않는다).

▌〈표 6〉 직선 비행에서 속도 측정과 가능 범위

측정값	범 위
30km/h보다 높은 트림 속도	예
	아니오
조종줄 사용으로 10km/h보다 더 큰 속도 범위	예
	아니오
최소 속도	25km/h 미만
	25 ~ 30km/h
	30km/h 초과

▌〈표 7〉 직선 비행 시험에서 속도 관련 패러글라이더의 동작 분류

측정과 범위(표 6에 따름)	분 류
30km/h보다 높은 트림 속도	–
예	A
아니오	F
조종줄 사용으로 10km/h보다 더 큰 속도 범위	–
예	A
아니오	F
최소 속도	–
25km/h 미만	A
25 ~ 30km/h	B
30km/h 초과	D

2.4.4 조종 동작

패러글라이더는 수용할 만한 조종력과 조종 행정을 가지고 있어야 한다. 3.5.18.4에 따라 시험하였을 경우, 글라이더의 조종력과 조종행정을 표 8에 따라 측정하고 표 9에 따라 분류한다.

▌〈표 8〉 조종 동작 시험의 측정과 가능 범위

측정값	범 위		
대칭 조종 압력	증 가		
	일정 유지		
	감 소		
대칭 조종 행정(cm)	최대 비행 중량 80kg까지	최대 비행 중량 80 ~ 100kg	최대 비행 중량 100kg 초과
	55 초과	60 초과	65 초과
	40 ~ 55	45 ~ 60	50 ~ 65
	35 ~ 40	35 ~ 45	35 ~ 50
	35 미만	35 미만	35 미만

▌〈표 9〉 조종 동작 시험에서 패러글라이더의 동작 분류

측정과 범위(표 8에 따름)				분 류
대칭 조종 압력	대칭 조종 행정(cm)			–
	최대 비행 중량 80kg까지	최대 비행 중량 80 ~ 100kg	최대 비행 중량 100kg 초과	–
증 가	55 초과	60 초과	65 초과	A
증 가	40 ~ 55	45 ~ 60	50 ~ 65	C
증 가	35 ~ 40	35 ~ 45	35 ~ 50	D
증 가	35 미만	35 미만	35 미만	F
유 지	55 초과	60 초과	65 초과	B
유 지	40 ~ 55	45 ~ 60	50 ~ 65	C
유 지	35 ~ 40	35 ~ 45	35 ~ 50	F
유 지	35 미만	35 미만	35 미만	F
감 소	모 두	모 두	모 두	F

2.4.5 가속 비행 이탈 시 수직안정성

이 시험은 액셀러레이터가 장착된 패러글라이더에만 요구된다. 3.5.18.5에 따라 시험하였을 경우 패러글라이더가 액셀러레이터를 빠르게 해제했을 경우 정상 비행으로 복귀하는지 확인한다. 패러글라이더의 동작을 표 10에 따라 측정하고 표 11에 따라 분류한다.

〈표 10〉 가속 비행 이탈 시 수직안정성 시험의 측정과 가능 범위

측정값	범위
이탈 시 전방 강하 각도	전방 강하 30° 미만
	전방 강하 30 ~ 60°
	전방 강하 60° 초과
접힘 발생	예
	아니오

〈표 11〉 가속 비행 이탈 시 수직안정성 시험에서 패러글라이더 동작 분류

측정과 범위(표 10에 따름)	분류
이탈 시 전방 강하 각도	–
전방 강하 30° 미만	A
전방 강하 30 ~ 60°	C
전방 강하 60° 초과	F
접힘 발생	–
아니오	A
예	F

2.4.6 가속 비행 중 수직안정성 동작제어

이 시험은 액셀러레이터가 장착된 패러글라이더에만 요구된다. 3.5.18.6에 따라 시험하였을 경우 가속 비행의 조종 조작 후 패러글라이더의 동작을 확인한다.

패러글라이더의 동작을 표 12에 따라 측정하고 표 13에 따라 분류한다.

〈표 12〉 가속 비행중 수직안정성 동작제어 시험의 측정과 가능 범위

측정값	범위
접힘 발생	아니오
	예

〈표 13〉 가속 비행 중 수직안정성 동작제어 시험에서 패러글라이더의 동작 분류

측정과 범위(표 12에 따름)	분류
접힘 발생	–
아니오	A
예	F

2.4.7 수평안정성과 감쇠

3.5.18.7에 따라 시험하였을 경우 패러글라이더가 큰 조종 입력에서 정상 비행으로 복귀하고 롤(Roll) 진동이 감쇠되는지 확인한다. 패러글라이더의 동작을 표 14에 따라 측정하고 표 15에 따라 분류한다.

▌〈표 14〉 수평안정성과 감쇠 시험의 측정과 가능 범위

측정값	범 위
진 동	감 소
	감소하지 않음

▌〈표 15〉 수평안정성과 감쇠 시험에서 패러글라이더의 동작 분류

측정과 범위(표 14에 따름)	분 류
진 동	–
감 소	A
감소하지 않음	F

2.4.8 완만한 나선 비행안정성

3.5.18.8에 따라 시험하였을 경우 완만한 나선형 비행 중과 해당 비행에서 이탈 시 글라이더의 동작을 표 16에 따라 측정하고 표 17에 따라 분류한다.

▌〈표 16〉 완만한 나선 비행안정성 시험에서 측정과 가능 범위

측정값	범 위
직선 비행으로 복구 성향	자동 이탈
	선회 일정 유지
	선회 강화

▌〈표 17〉 완만한 나선 비행안정성 시험에서 패러글라이더의 동작 분류

측정과 범위(표 16에 따름)	분 류
직선 비행으로 복구 성향	–
자동 이탈	A
선회 일정 유지	C
선회 강화	F

2.4.9 완전 전개된 나선 강하 이탈 동작

3.5.18.9에 따라 시험하였을 경우 급격한 나선형 비행 중과 해당 비행에서 이탈 시 글라이더의 동작을 표 18에 따라 측정하고 표 19에 따라 분류한다. 중력 하중(G force) 및/또는 선회율은 문서화와 정보 목적으로 기록된다.

▌〈표 18〉 완전 전개된 나선 강하 이탈 시 동작의 측정과 가능 범위

측정값	범 위
글라이더의 초기 응답(최초 180°)	선회율 즉각 감소
	즉각 반응 없음
	선회율 즉각 증가
직선 비행으로 복구 성향	자동 이탈(중력하중 감소, 선회율 감소)
	일정한 선회 유지(중력하중 일정, 선회율 일정)
	선회 강화(중력하중 증가, 선회율 증가)
정상 비행을 복귀하기 위한 선회 각도	720° 미만, 자력회복
	720~1,080°, 자력회복
	1,080~1,440°, 자력회복
	조종자 조치 포함

▌〈표 19〉 완전 전개된 나선 강하 이탈 시 패러글라이더 동작 분류

측정과 범위(표 18에 따름)	분 류
글라이더의 초기 응답(최초 180°)	–
선회율 즉각 감소	A
즉각 반응 없음	B
선회율 즉각 증가	C
직선 비행으로 복구 성향	–
자동 이탈(중력하중 감소, 선회율 감소)	A
일정한 선회 유지(중력하중 일정, 선회율 일정)	D
선회 강화(중력하중 증가, 선회율 증가)	F
정상 비행을 복귀하기 위한 선회 각도	–
720° 미만, 자력회복	A
720~1,080°, 자력회복	B
1,080~1,440°, 자력회복	C
조종자 조치 포함	D

2.4.10 대칭 전방 접힘

3.5.18.10에 따라 시험하였을 경우 전방 접힘 시 글라이더의 동작과 전방 접힘에서의 회복을 표 20에 따라 측정하고 표 21에 따라 분류한다. 액셀러레이터가 장비된 패러글 라이더의 경우, 대칭 전방 접힘 동작 시험은 액셀러레이터를 사용한 경우와 사용하지 않은 경우 둘 다를 기준으로 분류하여야 한다.

▌〈표 20〉 대칭 전방 접힘 시험의 측정과 가능 범위

측정값	범 위
진 입	뒤 흔들림 45° 미만
	뒤 흔들림 45° 초과
회 복	3초 미만에 자동 회복
	3 ~ 5초에 자동 회복
	추가 3초 미만에 조종자 조치로 회복
	추가 3초 초과에 조종자 조치로 회복
이탈 시 전방 강하 각도	전방 강하 0 ~ 30°
	전방 강하 30 ~ 60°
	전방 강하 60 ~ 90°
	전방 강하 90° 초과
항로 변경	항로 유지
	90° 미만 선회 진입
	90 ~ 180° 선회 진입
캐스케이드 발생	아니오
	예

▌〈표 21〉 대칭 전방 접힘 시험에서 패러글라이더의 동작 분류

측정과 범위(표 20에 따름)		분 류
진 입		–
	뒤 흔들림 45° 미만	A
	뒤 흔들림 45° 초과	C
회 복		–
	3초 미만에 자동 회복	A
	3 ~ 5초에 자동 회복	B
	추가 3초 미만에 조종자 조치로 회복	D
	추가 3초 초과에 조종자 조치로 회복	F
이탈 시 전방 강하 각도	항로 변경	–
전방 강하 0 ~ 30°	항로 유지	A
전방 강하 0 ~ 30°	90° 미만 선회 진입	A
전방 강하 0 ~ 30°	90 ~ 180° 선회 진입	C
전방 강하 30 ~ 60°	항로 유지	B
전방 강하 30 ~ 60°	90° 미만 선회 진입	B
전방 강하 30 ~ 60°	90 ~ 180° 선회 진입	C
전방 강하 60 ~ 90°	항로 유지	D
전방 강하 60 ~ 90°	90° 미만 선회 진입	D
전방 강하 60 ~ 90°	90 ~ 180° 선회 진입	F
전방 강하 90° 초과	항로 유지	F
전방 강하 90° 초과	90° 미만 선회 진입	F
전방 강하 90° 초과	90 ~ 180° 선회 진입	F
캐스케이드 발생		–
	아니오	A
	예	F

2.4.11 깊은 실속 이탈(낙하산 실속)

3.5.18.11에 따라 시험하였을 경우 이 글라이더로 깊은 실속에서 이탈하는 것의 어려운 정도를 판명한다(바람직하지 않은 경향의 점검을 포함 한다). 패러글라이더의 동작은 표 22에 따라 측정하고 표 23에 따라 분류한다.

▌〈표 22〉 깊은 실속(낙하산 실속) 이탈 시험의 측정과 가능 범위

측정값	범위
깊은 실속 도달	예
	아니오
회복	3초 미만에 자동 회복
	3 ~ 5초에 자동 회복
	추가 5초 미만에 조종자 조치로 회복
	추가 5초 초과에 조종자 조치로 회복
이탈 시 전방 강하 각도	전방 강하 0 ~ 30°
	전방 강하 30 ~ 60°
	전방 강하 60 ~ 90°
	전방 강하 90° 초과
항로 변경	항로 변경 45° 미만
	항로 변경 45° 이상
캐스케이드 발생	아니오
	예

▌〈표 23〉 깊은 실속(낙하산 실속) 이탈 시험에서 패러글라이더의 동작 분류

측정과 범위(표 22에 따름)		분 류
깊은 실속 도달		–
	예	A
	아니오	A
회 복		–
	3초 미만에 자동 회복	A
	3 ~ 5초에 자동 회복	C
	추가 5초 미만에 조종자 조치로 회복	D
	추가 5초 초과에 조종자 조치로 회복	F
이탈 시 전방 강하 각도		–
	전방 강하 0 ~ 30°	A
	전방 강하 30 ~ 60°	B
	전방 강하 60 ~ 90°	D
	전방 강하 90° 초과	F
항로 변경		–
	항로 변경 45° 미만	A
	항로 변경 45° 이상	C
캐스케이드 발생		–
	아니오	A
	예	F

2.4.12 높은 받음각 회복

3.5.18.12에 따라 시험하였을 경우 높은 받음각에서 글라이더의 회복을 표 24에 따라 측정하고 표 25에 따라 분류한다.

▌〈표 24〉 높은 받음각 회복 시험의 측정과 가능 범위

측정값	범 위
회 복	3초 미만에 자동
	3 ~ 5초에 자동
	추가 3초 미만에 조종자 조치로 회복
	추가 3초 초과에 조종자 조치로 회복
캐스케이드 발생	아니오
	예

▌〈표 25〉 높은 받음각 회복시험에서 패러글라이더의 동작 분류

측정과 범위(표 24에 따름)	분 류
회 복	–
3초 미만에 자동 회복	A
3 ~ 5초에 자동 회복	C
추가 3초 미만에 조종자 조치로 회복	D
추가 3초 초과에 조종자 조치로 회복	F
캐스케이드 발생	–
아니오	A
예	F

2.4.13 전개된 완전 실속에서 회복

3.5.18.13에 따라 시험하였을 경우 전개된 완전 실속(그리고 특히 전방 강하 동작에서)에서 회복할 때 글라이더의 동작을 표 26에 따라 측정하고 표 27에 따라 분류한다.

▌〈표 26〉 완전 실속 시험의 측정과 가능 범위

측정값	범 위
이탈 시 전방 강하 각도	전방 강하 0 ~ 30°
	전방 강하 30 ~ 60°
	전방 강하 60 ~ 90°
	전방 강하 90° 초과
접 힘	접힘 없음
	대칭 접힘
캐스케이드 발생(접힘 제외)	아니오
	예
뒤 흔들림(Rocking Back)	45° 미만
	45° 초과
산줄 장력	대부분의 산줄 장력 유지
	눈에 띄게 처진 산줄 많음

▎〈표 27〉 완전 실속 시험에서 패러글라이더의 동작 분류

측정과 범위(표 26에 따름)	분류
이탈 시 전방 강하 각도	–
전방 강하 0 ~ 30°	A
전방 강하 30 ~ 60°	B
전방 강하 60 ~ 90°	C
전방 강하 90° 초과	F
접 힘	–
접힘 없음	A
대칭 접힘	C
캐스케이드 발생(접힘 제외)	–
아니오	A
예	F
뒤 흔들림(Rocking Back)	–
45° 미만	A
45° 초과	C
산줄 장력	–
대부분의 산줄 장력 유지	A
눈에 띄게 처진 산줄 많음	F

2.4.14 비대칭 접힘

3.5.18.14에 따라 시험하였을 경우 비대칭 접힘 시 글라이더의 동작과 앞전 접힘에서 복구를 표 28에 따라 측정하고 표 29에 따라 분류한다. 패러글라이더에 액셀러레이터가 장비된 경우, 비대칭 접힘 동작 시험은 액셀러레이터를 사용한 경우와 사용하지 않은 경우 둘 다를 기준으로 분류해야 한다.

▌〈표 28〉 비대칭 접힘 시험의 측정과 가능 범위

측정값	범 위
재 산개할 때까지 항로 변경	90° 미만
	90 ~ 180°
	180 ~ 360°
	360° 초과
최대 전방 강하 또는 롤(Roll) 각도	강하 또는 회전 각도 0 ~ 15°
	강하 또는 회전 각도 15 ~ 45°
	강하 또는 회전 각도 45 ~ 60°
	강하 또는 회전 각도 60 ~ 90°
	강하 또는 회전 각도 90° 초과
재 산개 동작	자동 재 산개
	조종자 조치 시작 이후 3초 미만에 산개
	조종자 조치 시작 이후 3 ~ 5초에 산개
	추가 5초 이내에 재 산개 없음
총항로 변경	360° 미만
	360° 초과
반대면에서 접힘 발생	없음(또는 자동 재산개가 이루어지면서 소수의 접힌 격판만 있음)
	예, 역선회 없음
	예, 역선회를 야기함
비틀림 발생	아니오
	예
캐스케이드 발생	아니오
	예

▌〈표 29〉비대칭 접힘 시험에서 패러글라이더 동작 분류

측정과 범위(표 28에 따름)		분 류
재 산개할 때까지 항로 변경	최대 전방 강하 또는 회전 각도	–
90° 미만	강하 또는 회전 각도 0 ~ 15°	A
	강하 또는 회전 각도 15 ~ 45°	A
	강하 또는 회전 각도 45 ~ 60°	C
	강하 또는 회전 각도 60 ~ 90°	D
	강하 또는 회전 각도 90° 초과	F
90 ~ 180°	강하 또는 회전 각도 0 ~ 15°	A
	강하 또는 회전 각도 15 ~ 45°	B
	강하 또는 회전 각도 45 ~ 60°	C
	강하 또는 회전 각도 60 ~ 90°	D
	강하 또는 회전 각도 90° 초과	F
180 ~ 360°	강하 또는 회전 각도 0 ~ 15°	A
	강하 또는 회전 각도 15 ~ 45°	C
	강하 또는 회전 각도 45 ~ 60°	C
	강하 또는 회전 각도 60 ~ 90°	D
	강하 또는 회전 각도 90° 초과	F
360°	강하 또는 회전 각도 0 ~ 15°	C
	강하 또는 회전 각도 15 ~ 45°	C
	강하 또는 회전 각도 45 ~ 60°	D
	강하 또는 회전 각도 60 ~ 90°	F
	강하 또는 회전 각도 90° 초과	F
재 산개 동작		–
	자동 재 산개	A
	조종자 조치 시작 이후 3초 미만에 산개	C
	조종자 조치 시작 이후 3 ~ 5초에 산개	D
	추가 5초 이내에 재 산개 없음	F
총 항로 변경		–
	360° 미만	A
	복구 성향이 있고 360° 초과(중력하중 감소, 선회 속도 감소)	C
	복구 성향이 없고 360° 초과(중력하중 감소 없음, 선회 속도 감소 없음)	F
반대면에서 접힘 발생		–
	없음(또는 자동 재 산개가 이루어지면서 소수의 접힌 셀(Cell)만 있음)	A
	예, 역선회 없음	C
	예, 역선회를 야기함	D
비틀림 발생		–
	아니오	A
	예	F
캐스케이드 발생		–
	아니오	A
	예	F

2.4.15 전개된 비대칭 접힘 상태에서 지향성 조종

3.5.18.15에 따라 시험하였을 경우 비대칭 접힘의 영향을 받는 동안 글라이더의 지향성 조종 능력(직선 비행을 하고 접힌 면에서 벗어나 선회하는 능력)을 표 30에 따라 측정하고 표 31에 따라 분류한다.

▌〈표 30〉 전개된 비대칭 접힘 시 지향성 조종 시험에서 측정과 가능 범위

측정값	범 위
항로 유지 가능	예
	아니오
10초 이내에 접힌 면에서 벗어나 180° 선회 가능	예
	아니오
선회와 실속 또는 스핀 사이의 조종 범위 양	대칭 조종 행정의 50% 초과
	대칭 조종 행정의 25 ~ 50%
	대칭 조종 행정의 25% 미만

▌〈표 31〉 전개된 비대칭 접힘 시 지향성 조종시험에서 패러글라이더의 동작 분류

측정과 범위(표 30에 따름)		분 류
항로 유지 가능		–
	예	A
	아니오	F
10초 이내에 접힌 면에서 벗어나 180° 선회 가능		–
	예	A
	아니오	F
선회와 실속 또는 스핀 사이의 조종 범위 양		–
	대칭 조종 행정의 50% 초과	A
	대칭 조종 행정의 25 ~ 50%	C
	대칭 조종 행정의 25% 미만	D

2.4.16 트림속도 스핀 성향

3.5.18.16에 따라 시험하였을 경우 트림 속도에서 스핀으로 진입하는 글라이더의 성향을 표 32에 따라 측정하고 표 33에 따라 분류한다.

▍〈표 32〉 트림속도 스핀 성향 시험의 측정과 가능 범위

측정값	범위
스핀 발생	아니오
	예

▍〈표 33〉 트림속도 스핀 성향 시험에서 패러글라이더의 동작 분류

측정과 범위(표 32에 따름)	분류
스핀 발생	–
아니오	A
예	F

2.4.17 저속 스핀 성향

3.5.18.17에 따라 시험하였을 경우 저속에서 스핀으로 진입하는 글라이더의 성향을 표 34에 따라 측정하고 표 35에 따라 분류한다.

▍〈표 34〉 저속 스핀 성향 측정과 가능 범위

측정값	범위
스핀 발생	아니오
	예

▍〈표 35〉 저속스핀 성향 시험에서 패러글라이더의 동작 분류

측정과 범위(표 34에 따름)	분류
스핀 발생	–
아니오	A
예	D

2.4.18 전개된 스핀에서의 회복

3.5.18.18에 따라 시험하였을 경우 완전 전개된 스핀에서 글라이더의 동작과 회복을 표 36에 따라 측정하고 표 37에 따라 분류한다.

▌〈표 36〉 전개된 스핀에서 회복 시험의 측정과 가능 범위

측정값	범 위
해제 후 스핀 회전 각도	90° 미만에서 스피닝 정지
	90 ~ 180°에서 스피닝 정지
	180 ~ 360°에서 스피닝 정지
	360° 이내에 스피닝이 정지하지 않음
캐스케이드 발생	아니오
	예

▌〈표 37〉 전개된 스핀 회복 시험에서 패러글라이더의 동작 분류

측정과 범위(표 36에 따름)	분 류
해제 후 스핀 회전 각도	−
90° 미만에서 스피닝 정지	A
90 ~ 180°에서 스피닝 정지	B
180 ~ 360°에서 스피닝 정지	D
360° 이내에 스피닝이 정지하지 않음	F
캐스케이드 발생	−
아니오	A
예	F

2.4.19 B-산줄 실속

제작자가 사용자 매뉴얼에서 이 기동을 제외하고 있고, 그리고 B-라이저가 명확히 표시되어 있는 경우 이 시험 기동은 필요하지 않다. 3.5.18.19에 따라 시험하였을 경우 B-산줄 실속에서 글라이더의 동작과 회복을 표 38에 따라 측정하고 표 39에 따라 분류한다.

▌〈표 38〉 B-산줄 실속 시험의 측정과 가능 범위

측정값	범위
해제 전 항로 변경	항로 변경 45° 미만
	항로 변경 45° 초과
해제 전 동작	직선 스팬이 있고 안정하게 유지
	직선 스팬 없이 안정하게 유지
	불안정
회 복	3초 미만에 자동 회복
	3 ~ 5초에 자동 회복
	추가 3초 미만에 조종자 조치로 회복
	추가 3 ~ 5초 사이에 조종자 조치로 회복
	추가 5초 초과에 조종자 조치로 회복
이탈 시 전방 강하 각도	전방 강하 0 ~ 30°
	전방 강하 30 ~ 60°
	전방 강하 60 ~ 90°
	전방 강하 90° 초과
캐스케이드 발생	아니오
	예

▌〈표 39〉 B-산줄 실속 시험에서 패러글라이더의 동작 분류

측정과 범위(표 38에 따름)	분 류
해제 전 항로 변경	–
항로 변경 45° 미만	A
항로 변경 45° 초과	C
해제 전 동작	–
직선 스팬이 있고 안정하게 유지	A
직선 스팬 없이 안정하게 유지	C
불안정	D
회 복	–
3초 미만에 자동 회복	A
3 ~ 5초에 자동 회복	B
추가 3초 미만에 조종자 조치로 회복	D
추가 3 ~ 5초 사이에 조종자 조치로 회복	D
추가 5초 초과에 조종자 조치로 회복	F
이탈 시 전방 강하 각도	–
전방 강하 0 ~ 30°	A
전방 강하 30 ~ 60°	A
전방 강하 60 ~ 90°	C
전방 강하 90° 초과	F
캐스케이드 발생	–
아니오	A
예	F

2.4.20 귀접기

제작자가 사용자 매뉴얼에서 이 기동을 제외하고 있고, 그리고 A-라이저가 명확히 표시되어 있는 경우 이 시험 기동은 필요하지 않다. 3.5.18.20에 따라 시험하였을 경우 귀접기 도중 그리고 이탈 시 글라이더의 동작과 처리를 표 40에 따라 측정하고 표 41에 따라 분류한다.

▌〈표 40〉 귀접기 시험의 측정과 가능 범위

측정값	범위
진입 절차	전용 조종
	표준 기법
	전용 조종 없음 및 비표준 기법
귀접기 중의 동작	안정된 비행
	불안정 비행
	깊은 실속 발생
회복	3초 미만에 자동 회복
	3 ～ 5초에 자동 회복
	추가 3초 미만에 조종자 조치로 회복
	추가 3 ～ 5초 사이에 조종자 조치로 회복
	추가 5초 초과에 조종자 조치로 회복
이탈 시 전방 강하 각도	전방 강하 0 ～ 30°
	전방 강하 30 ～ 60°
	전방 강하 60 ～ 90°
	전방 강하 90° 초과

〈표 41〉 귀접기 시험에서 패러글라이더의 동작 분류

측정과 범위(표 40에 따름)	분 류
진입 절차	–
전용 조종	A
표준 기법	A
전용 조종 없음 및 비표준 기법	C
귀접기 중의 동작	–
안정된 비행	A
불안정 비행	C
깊은 실속 발생	F
회 복	–
3초 미만에 자동 회복	A
3 ~ 5초에 자동 회복	B
추가 3초 미만에 조종자 조치로 회복	B
추가 3 ~ 5초 사이에 조종자 조치로 회복	D
추가 5초 초과에 조종자 조치로 회복	F
이탈 시 전방 강하 각도	–
전방 강하 0 ~ 30°	A
전방 강하 30 ~ 60°	D
전방 강하 60 ~ 90°	F
전방 강하 90° 초과	F

2.4.21 가속 비행 중 귀접기

이 시험은 액셀러레이터가 장비된 패러글라이더에만 요구된다. 제작자가 사용자 매뉴얼에서 이 기동을 제외하고 있고, 그리고 A-라이저가 명확히 표시되어 있는 경우, 이 시험 기동은 필요하지 않다. 3.5.18.21에 따라 시험했을 때 액셀러레이터를 사용할 경우 귀접기 중과 이탈 시 글라이더의 동작과 처리를 표 42에 따라 측정하고 표 43에 따라 분류한다.

▌〈표 42〉 가속 비행 중 귀접기 시험의 측정과 가능 범위

측정값	범 위
진입 절차	전용 조종
	표준 기법
	전용 조종 없음 및 비표준 기법
귀접기 중의 동작	안정된 비행
	불안정 비행
	깊은 실속 발생
회 복	3초 미만에 자동 회복
	3 ~ 5초에 자동 회복
	추가 3초 미만에 조종자 조치로 회복
	추가 3 ~ 5초 사이에 조종자 조치로 회복
	추가 5초 초과에 조종자 조치로 회복
이탈 시 전방 강하 각도	전방 강하 0 ~ 30°
	전방 강하 30 ~ 60°
	전방 강하 60 ~ 90°
	전방 강하 90° 초과
귀접기를 유지하는 동안 액셀러레이터 해제 직후 동작	안정된 비행
	불안정 비행
	깊은 실속 발생

▌〈표 43〉 가속 비행 중 귀접기와 패러글라이더의 동작 분류

측정과 범위(표 42에 따름)	분류
진입 절차	–
전용 조종	A
표준 기법	A
전용 조종 없음 및 비표준 기법	C
귀접기 중의 동작	–
안정된 비행	A
불안정 비행	C
깊은 실속 발생	F
회 복	–
3초 미만에 자동 회복	A
3 ～ 5초에 자동 회복	A
추가 3초 미만에 조종자 조치로 회복	B
추가 3 ～ 5초 사이에 조종자 조치로 회복	D
추가 5초 초과에 조종자 조치로 회복	F
이탈 시 전방 강하 각도	–
전방 강하 0 ～ 30°	A
전방 강하 30 ～ 60°	D
전방 강하 60 ～ 90°	F
전방 강하 90° 초과	F
귀접기를 유지하는 동안 액셀러레이터 해제 직후 동작	–
안정된 비행	A
불안정 비행	C
깊은 실속 발생	F

2.4.22 지향성 조종의 대체 수단

3.5.18.23에 따라 시험하였을 경우 주조종이 고장인 경우 글라이더를 조종할 수 있는지 여부를 확인한다. 지향성 조종의 대체 수단을 적용할 때 글라이더의 동작을 표 44에 따라 측정하고 표 45에 따라 분류한다.

▌〈표 44〉 지향성 조종의 대체 수단 시험의 측정과 가능 범위

측정값	범 위
20초 만에 180° 선회 달성	예
	아니오
실속 또는 스핀 발생	아니오
	예

▌〈표 45〉 지향성 조종의 대체 수단 시험의 패러글라이더의 동작 분류

측정과 범위(표 46에 따름)		분 류
20초 만에 180° 선회 달성		-
	예	A
	아니오	F
실속 또는 스핀 발생		-
	아니오	A
	예	F

2.4.23 사용자 매뉴얼에 기술된 다른 비행 절차 및/또는 구성

사용자 매뉴얼에 기술된 비행 절차 및/또는 구성 중 3.5.18.1~3.5.18.22 시험을 통해 다루지 않은 다른 사항을 3.5.18.23에 따라 시험한다. 글라이더는 매뉴얼에 기술된 정상 비행 절차 및/또는 구성 중에 동작하고 종료하여야 한다. 어떤 절차도 높은 수준의 조종술을 요구하지 않아야 한다. 패러글라이더의 동작을 표 46에 따라 측정하고 표 47에 따라 분류한다.

▌〈표 46〉 사용자 매뉴얼에 기술된 다른 비행 절차 및/또는 구성을 시험할 때 측정과 가능 범위

측정값	범 위
절차가 기술된 대로 동작함	예
	아니오
초보 조종자에게 적합한 절차	예
	아니오
캐스케이드 발생	아니오
	예

▌〈표 47〉 사용자매뉴얼에 기술된 다른 비행 절차 및/또는 구성 시험의 패러글라이더 동작 분류

측정과 범위(표 46에 따름)		분 류
절차가 기술된 대로 동작함		-
	예	A
	아니오	F
초보 조종자에게 적합한 절차		-
	예	A
	아니오	C
캐스케이드 발생		-
	아니오	A
	예	F

2.4.24 폴딩산줄

3.5.18.10 및 3.5.18.14에 따라 시험하였을 경우 폴딩산줄을 사용했는지 여부를 확인해야 한다. 패러글라이더를 표 48에 따라 분류한다.

∎〈표 48〉 폴딩산줄

측정과 범위		분 류
폴딩산줄 사용		–
	아니오	A
	예	D

Subpart C 비행시험

3. 비행시험

3.1 일반사항

제작자의 조종자가 시험기관의 시험조종자 앞에서 3.5.18에 규정된 시험 기동의 프로그램에 나오는 패러글라이더의 동작을 비행 시험으로 수행하는 시범을 보인다. 시험조종자가 이 시범을 만족스러운 것으로 판정하면, 시험기관의 시험조종자 2명이 3.5에 기술된 시험 절차를 수행한다. 모든 시험 기동을 물 위에서 수행하고 물에 비상 착륙하는 경우 조종자를 신속히 구조하기에 적절한 안전 조치를 취할 것을 권장한다.

3.2 장 치

3.2.1 시험조종자 장비

가. 시험조종자는 다음을 장비하고 있어야 한다.
- EN966에 의해 인증된 헬멧
- 비행 시 기동과 의견을 알리기 위한 무선 통신 시스템
- 속도계
- 승강계
- 구명재킷(물 위에서 비행 시험을 수행하는 경우)
- 필요한 경우 제조사의 요구사항에 따라 하중을 조절하기 위한 밸러스트 시스템
- EN12491에 의해 인증된 비상낙하산
- EN1651에 의해 인증된 하네스

나. 중력측정기(G meter)를 선택적으로 사용할 수 있다.

다. 2인승 패러글라이더를 시험하는 경우 탑승자는 다음 장비를 하고 있어야 한다.
- EN966에 의해 인증된 헬멧
- 구명재킷(물 위에서 비행 시험을 수행하는 경우)

　　　－ EN1651에 의해 인증된 하네스

　　　－ 필요한 경우 제조사의 요구사항에 따라 하중을 조절하기 위한 밸러스트 시스템

라. 밸러스트의 총중량은 15kg 또는 조종자 체중의 20% 중 더 큰 중량을 초과하여서는 아니 된다. 2인승 구성된 패러글라이더를 시험하는 경우 밸러스트의 총중량은 30kg 또는 조종자와 탑승자의 총중량의 20%를 초과하여서는 아니 되며, 각각에 비례하여 배분하여야 한다(5.5.7항 참조).

3.2.2 지상장비

지상 요원은 다음을 장비하고 있어야 한다.

　　　－ 조종자의 움직임과 조치 및 패러글라이더의 동작을 확인하기 위한 망원렌즈 비디오 카메라

　　　－ 자신의 의견을 비디오 테이프에 직접 녹음하기 위한 시험조종자와의 무선 링크

3.3 시험시료

3.3.1 시험시료 선택

모든 점에서 생산 모델과 동일한 비행 가능 상태와 시험기관에서 수용 가능한 언어로 사용자 매뉴얼이 완료되면 시험시료를 선택한다.

3.3.2 표 시

3.3.2.1 날개 표시

가. 제작자가 제공한 시험 시료는 다음과 같은 방법으로 명확하게 표시 되어야 한다.

나. 날개 뒷전의 50% 지점부터 앞전까지 45° 각도로 선을 표시하여야 한다. 이 선의 양쪽에 날개 스팬의 ±2.5% 거리(평행 표시의 안쪽 사이를 측정하였을 때 최소 50cm에서 최대 75cm)에 허용 영역을 나타내는 평행 표시를 부착하여야 한다.

다. 이 표시는 대비가 잘 되어야 하며, 그림 2와 같이 비디오 문서에서 인식 가능하여야 한다.

라. 날개 앞전의 50% 지점부터 뒷전까지 45° 각도로 선을 표시하여야 한다.

마. 비대칭 50% 접힘에 대한 허용 영역은 표시하지 않아도 된다.

바. 시험기관과 합의한 경우, 날개의 한 면에만 표시할 수 있다.

사. 이 표시 위치는 평면(즉, 산개되지 않은) 스팬(Span)의 비율이며 편평하게 놓인 패러글라이더를 사용하여 결정된다.

■ 〈그림 2〉 시험시료 표시

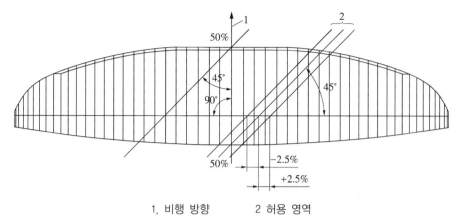

1. 비행 방향   2 허용 영역

3.3.2.2 조종산줄 표시

가. 조종산줄의 행정에 대한 표시가 필요하다. 영점 및 대칭 실속 위치를 표시하여야
한다.

나. 날개 뒷전의 어떤 지점에서 첫 번째 움직임이 관찰되는 조종산줄의 위치에 영점
위치를 표시한다.

다. 영점 표시에 도달하기 전에 최소 5cm의 자유 조종산줄 행정이 있어야 한다.

라. 영점과 대칭 실속 위치를 표시하려면 패러글라이더의 각 면에 B-라이저에서 하네
스의 시트까지 진행하고 장력을 유지하기 위하여 고무줄을 결합하여 부가적인 참조
줄을 부착하는 것이 권장된다. 각 참조줄에 조정식 토글(Toggle) 2개를 결합하여야
한다.

마. 조종간을 표시된 위치로 이동하는 경우, 조종자는 조종간과 해당 토글을 둘 다 아래
로 이동한다. 조종간을 다시 해제하면 토글을 움직일 수 있다(3.5.18.4의 절차 참조).

바. 최소 비행 중량에서 얻은 이 표시의 위치가 최대 비행 중량에서 얻은 위치와 현저하
게 다른 경우, 제작자는 최소 및/또는 최대 비행 중량에 대해 명확히 식별되는 두
번째 마킹 세트를 시험 시료에 제공하여야 한다.

바. 글라이더 궤적의 가시화를 돕기 위해 길이 1m, 너비 5cm의 색 테이프(Streamer)를
적합한 산줄에 부착하여야 한다.

3.3.3 추가산줄

3.3.3.1 일반사항

가. 시험기관은 추가산줄 없이 의도적인 접힘 기동에서 글라이더를 시험할 수 있는지
여부를 결정하여야 한다.

   1) 추가산줄을 사용하지 않고 글라이더를 시험할 수 있는 경우 추가산줄 없이 글라
이더를 시험하여야 한다.

2) 추가산줄을 사용하는 경우 이 사실을 시험 보고서에 기록하여야 하며, 완전한 세부사항을 부착물 및 지정한 산줄의 치수(길이)와 함께 사용 설명서에 포함시켜야 한다.

3.3.3.2 크로스산줄

모든 범주에서 큰 비대칭 접힘 시험의 경우에만 크로스산줄이 허용된다. 시험은 3.5.18.14의 다항을 따른다.

3.3.3.3 폴딩산줄

가. 범주 A, B 및 C 글라이더에는 폴딩산줄을 사용하여서는 아니 된다. 범주 D 글라이더의 경우, 대칭 및 비대칭 접힘 기동에서만 폴딩산줄이 허용된다.

나. 시험은 3.5.18.10 및 3.5.18.14를 따른다.

다. 폴딩산줄을 사용하는 경우

1) 덧붙여진 라이저는 사용하지 않을 때 폴딩산줄이 영향을 주지 않도록 원래 라이저보다 더 길어야 한다.

2) 안전상의 이유로 시험조종자는 더 긴 여분의 브레이크 핸들을 손으로 잡을 수 있다. 날개 뒷전에는 가시적인 장력이 없어야 한다.

3) 최대 후방 위치는 원래 A의 위치이다. 최대 전방 위치는 패러글라이더의 아래쪽 표면에 있으며 공기 흡입구 뒤쪽 끝보다 더 앞에 있지 않다. 어떤 경우에도 시위(Chord)의 3%보다 더 앞에 있어서는 아니 된다.

4) 글라이더의 추가산줄 부착 위치와 전체 폴딩산줄 세트는 글라이더 제품과 함께 제공되어야 한다.

3.3.4 조종 확장기(Control Extensions)

시험 3.5.18.10에 대해 원하는 경우 조종 확장기를 사용하여 기동 전체에 걸쳐 조종간을 조종자의 손으로 잡을 수 있다.

3.4 시험조건

기상조건은 다음과 같아야 한다.

1) 시험 영역(구역) 내의 풍속 10km/h 미만
2) 시험 영역 내에서 비행 시험을 방해하는 난기류가 없을 것

3.5 절 차

3.5.1 일반사항

가. 시험기관의 서로 다른 시험조종자 2명이 각각 3.5.18에 나오는 시험 기동 프로그램 1회를 완전히 수행하되, 1명은 제작자가 선언한 최소 비행중량에서 수행하고, 다른 1명은 제작자가 선언한 최대 비행중량에서 수행한다. 선언된 최대 비행중량이 170kg

을 초과할 경우 지정된 시험은 170kg의 최대 비행중량으로 수행하여야 한다.

나. 제작자가 선언한 최대 비행 중량은 패러글라이더가 EN926-1 또는 초경량비행장치의 비행안전을 확보하기 위한 기술상의 기준의 별표 2 Part. 1에 따른 최대 비행 중량을 초과하여서는 아니 된다.

다. 제작자가 선언한 최소 비행 중량이 65kg 미만이고, 시험기관이 충분히 가벼운 시험 조종자를 제공할 수 없는 예외적인 경우, 최소 비행 중량에서의 시험 프로그램을 달성 가능한 최소 비행 중량에서 비행하는 시험 프로그램으로 대체한다. 이때 제작자는 선언된 최소 비행 중량에서 시험 프로그램의 시범을 추가로 보여 주어야 한다. 이 시범 프로그램을 시험기관의 시험 조종자가 입회하고 비디오에 녹화하여야 한다.

라. 시험 비행 중량 125kg까지는 조종자 1명이 수행하여야 한다.

마. 시험 비행 중량이 125kg을 초과하는 경우 조종자 1명 또는 2명이 수행할 수 있다.

바. 시험 비행 중량이 155kg을 초과하는 경우 조종자 2명이 수행하여야 한다.

사. 모든 중량은 ±2kg의 허용오차를 적용한다.

아. 모든 속도는 ±2km/h의 허용오차를 적용한다.

자. 시험 기동이 3.5.18의 절차에 따라 정확히 수행되지 않은 경우 기동을 반복하여야 한다(그 이유는 시험 조종자의 실수 또는 기상의 영향 때문일 수 있다).

차. 시험 기동의 결과가 의심스럽게 나온 경우 해당 기동을 반복하여야 한다.

3.5.2 트리머
패러글라이더에 트리머를 장착한 경우 트리머를 가장 느린 위치와 가장 빠른 위치 둘 다로 설정하고 전체 시험을 반복한다.

3.5.3 기타 조정식 또는 탈착식 장치
패러글라이더에 이 Subpart C에서 명시적으로 다루지 않고 그 비행 특성이나 조종에 영향을 미칠 수 있는 기타 조정식 또는 탈착식 장치를 장비한 경우, 패러글라이더를 바람직한(대칭) 최소 구성에서 시험하여야 한다.

3.5.4 비디오 문서
가. 모든 시험은 비디오로 촬영하여야 한다. 절차 3.5.18.1~3.5.18.23에서 명시적으로 요구한 경우, 시험 조종자는 시험 기동을 시작할 때 카메라 축을 기준으로 정의된 항로를 유지하여야 한다.

나. 다음 구성을 사용해야 한다.

1) 카메라 축 : 측면
조종자는 비행 경로를 카메라 축의 수평 투사에 직각으로 유지한다.

2) 카메라 축 : 정면

조종자는 카메라 축의 수평 투사를 따라 접근 시킨다.

3) 카메라 축 : 뒤에서

조종자는 카메라 축의 수평 투사를 따라 카메라에서 멀어지도록 비행한다.

3.5.5 무선(라디오) 문서화

가. 비행 시 조종자의 의견을 비디오에 녹음하여야 한다. 카메라에 무선통신을 연결하
여 시험조종자는 다음과 같이 하여야 한다.

1) 수행하고자 하는 기동에 대한 알림

2) 글라이더의 기동을 평가하는데 도움이 되는 의견 추가(선택사항)

3) 자신이 방금 수행한 기동이 어떤 이유로든 유효하지 않다고 확인하는 경우 알림

3.5.6 하네스 치수

가. 시험조종자(그리고 2인승 구성으로 시험하는 경우 탑승객)는 표 49와 같은 총비행
중량에 따라 하네스 부착 지점(커넥터 중심선에서 측정했을 때 카라비너의 하단,
그림 3 참조)에서 시트 보드 윗면(그림 4 참조)까지 수직 거리를 가진 하네스를
사용하여야 한다(그림 6 참조).

나. 하네스 부착 지점 사이의 수평거리(커넥터 중심선 사이에 측정했을 때)는 그림 5
및 표 49의 총비행 중량에 따라 설정하여야 한다.

다. 2인승 구성으로 시험하는 경우 탑승자의 하네스의 가로 치수는 조종자의 하네스와
같은 너비로 설정하여야 한다.

┃〈그림 3〉 하네스 상부 측정 지점   ┃〈그림 4〉 하네스 하부 측정 지점

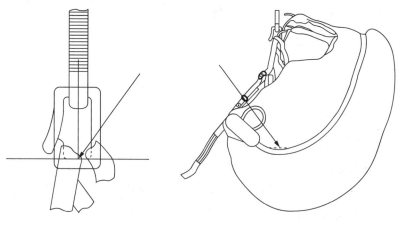

▍〈그림 5〉하네스 부착 지점의 너비   ▍〈그림 6〉하네스 부착 지점의 높이

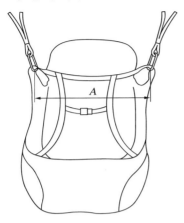

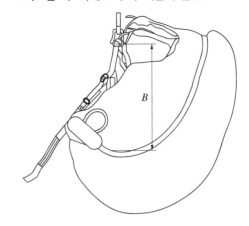

▍〈표 49〉총비행 중량

총비행 중량(TWF)	< 80kg	80 ~ 100kg	> 100kg
너비(그림 5의 측정 A)	(40±2)cm	(44±2)cm	(48±2)cm
높이(그림 6의 측정 B)	(40±1)cm	(42±1)cm	(44±1)cm

3.5.7 밸러스트

가. 밸러스트를 조종자에게 단단히 부착하고 밸러스트를 장착하지 않은 하네스에 앉은 조종자의 중력의 중심에 가능하면 가깝게 위치시켜야 한다.

나. 2인승 구성으로 시험하는 경우 탑승자용 밸러스트를 조종자의 밸러스트와 같은 원칙에 따라 부착하여야 한다.

다. 안전상의 이유로 평형수 사용을 권장한다.

3.5.8 탑승자세(위치)

시험 절차에 달리 명시한 경우를 제외하고, 시험조종자는 발이 무릎 아래에 수직으로 놓이고 상체를 똑바로 세운 앉은 자세를 채택하여야 한다.

3.5.9 조종간을 손으로 잡을 것

시험 절차에 달리 명시한 경우를 제외하고, 조종간을 언제나 조종자의 손으로 잡는다. '조종간 해제(Releasing)'라는 용어는 조종산줄의 모든 장력을 푸는 것을 의미한다.

3.5.10 랩(Warps)

시험조종자는 시험 절차에서 요구하지 않은 한 랩(Warps)을 사용할 필요가 없다.

3.5.11 시험 측정을 시작할 때의 타이밍(Timing)

시험 3.5.18.11, 3.5.18.12, 3.5.18.14, 3.5.18.20, 3.5.18.21에서 타이밍은 조종자가 조종간을 해제한 후 조종간이 영점 위치에 도달하는 순간부터 시작한다.

3.5.12 실속 비행 조건에서 이탈할 때의 타이밍(Timing)

가. 글라이더는 가장 먼 전방 수직회전 지점(Pitching Point)에 도달할 때 시험

3.5.18.11, 3.5.18.12 및 3.5.18.19를 통과한 것으로 간주한다.

나. 눈에 띄는 피칭이 없는 경우 글라이더는 라이저의 스트리머(Streamer)가 수평선에 대해 45°에 도달할 때 이 시험을 통과한 것으로 간주한다.

3.5.13 전개된 스핀 회전 이탈

글라이더는 전체 날개길이(Span)에 걸쳐 기류를 다시 받을 때 전개된 스핀을 이탈한 것으로 간주한다.

3.5.14 피치각

각도의 변화를 측정한다. 기동 전과 후에 날개 중심의 앞전에서 조종자의 둔부까지의 직선을 수평선과 비교한다.

3.5.15 경로유지

패러글라이더가 원래 경로의 어느 한 쪽으로 15° 이내로 유지되면 시험 전체에 걸쳐 경로를 유지한 것으로 간주한다.

3.5.16 비틀림

시험 5.5.18.14에서 조종자의 위치가 360° 선회한 후 또는 5초 후에 글라이더를 기준으로 여전히 180°를 초과하여 선회하면 비틀림이 발생한 것이다.

3.5.17 반대면에서의 접힘

시험 3.5.18.14에서 패러글라이더 앞전 날개길이(Span)의 50% 미만이 영향을 받으면 반대면에 접힘이 발생한 것이다. 날개길이(Span)의 50%보다 많이 영향을 받으면, 이는 캐스케이드이다.

3.5.18 수행할 시험 기동 세부사항

3.5.18.1 산개/이륙 시험

산개는 10~33%의 경사면에서 한다. 산개는 정풍 풍속 8km/h 미만에서(지상 약 1.5m에서 측정했을 때) 수행해야 하며 2회 반복해야 한다(순수 동작이 설정되도록 하기 위하여). 시험조종자는 정상 전방 이륙 방법을 사용한다(조종간과 A-라이저를 손으로 잡고, 기타 라이저를 팔꿈치에 대고, A-산줄을 팽팽하게 하고, 지속적인 가속). 패러글라이더에 특수 이륙 기법이 필요한 경우 이 정보를 사용자 매뉴얼에 포함시켜야 하며 이 지침을 시험조종자가 따라야 한다.

카메라 축 : 카메라 필요하지 않음

3.5.18.2 착륙시험

조종자는 풍속이 8km/h 미만일 때(지상 약 1.5m에서 측정했을 때) 조종간만을 사용하여 평평한 지면에 정상 착륙하여야 한다(트림 속도에서 직선 최종 활주). 패러글라이더에 특수 착륙 기법이 필요한 경우 이 정보를 사용자 매뉴얼에 포함시켜야 하며 이 지침을 시험조종자가 따라야 한다.

카메라 축 : 카메라는 필요하지 않음

3.5.18.3 직선비행 속도 시험

안정된 직선 비행 10초 후 트림 속도를 확인한 다음 안정된 직선 비행 10초 후 최소 속도를 평가한다.

카메라 축 : 카메라는 필요하지 않음

3.5.18.4 조종간 동작 시험

영점 위치와 대칭 실속 위치 참조 표시를 확인한다. 대칭 실속 위치는 패러글라이더를 트림 속도에서 직선 비행으로 안정화시켜서 확인한다. 피치 진동을 유발하지 않도록 주의하면서 5초 동안 두 조종간을 모두 대칭 실속 위치 표시로 서서히 내린다. 패러글라이더가 뒤 흔들림이 발생하여 완전 실속에 진입할 때까지 이 위치를 유지한다. 절차 전체에 걸쳐 조종력을 평가한다.

카메라 축 : 카메라는 필요하지 않음

3.5.18.5 가속비행 이탈 시 수직안정성 시험

패러글라이더를 최대 속도에서 직선 비행으로 안정시킨다. 그런 다음 액셀러레이터를 갑자기 해제하고 동작을 평가한다.

카메라 축 : 측면

3.5.18.6 가속 비행 중 수직안정성 동작 제어 시험

패러글라이더를 최대 속도에서 직선 비행으로 안정시킨다. 두 조종간을 모두 대칭으로 2초 이내에 대칭 조종 범위의 25%까지 작동시킨다. 2초 동안 이 위치를 유지한다. 그런 다음 두 조종간을 모두 서서히 해제한다.

카메라 축 : 임의 축

3.5.18.7 수평안정성과 감쇠 시험

실속, 스핀 또는 접힘을 유발하지 않고 각 조종간을 차례로 갑자기 작동시켰다가 대칭 실속 위치 표시까지 한 번씩 해제하여 달성 가능한 최대 예상 롤(Roll) 각도를 유발한다. 조종 입력의 타이밍은 시험 조종자가 회전 각도를 최대화하여 선택한다. 그런 다음 글라이더의 즉각적 동작을 관찰한다.

카메라 축 : 임의 축

3.5.18.8 완만한 나선 비행안정성 시험

글라이더를 트림 속도에서 직선 비행으로 안정시킨다. 조종간만을 사용하여 패러글라이더를 최소 안정 동작(선회 이탈의 최소 성향)이 되도록 3~5m/s 침하율의 큰 완만한 나선형 비행으로 조작한다. 이 침하율을 한 바퀴 선회 동안 유지한다. 그런 다음 2초 동안 조종간을 해제하고 패러글라이더의 동작을 관찰한다. 선회가 명확히 강화되면 조종자가 글라이더 복구 조치를 취한다. 그렇지 않으면 조종자가 두 바퀴 선회 동안 기다려서 글라이더의 동작을 확인한다. 조종자는 어느 단계에서든 자신의 신체에 관성 영향을 방해하여서는 아니 된다.

카메라 축 : 임의 축

3.5.18.9 완전 전개된 나선 강하 이탈 시 동작

글라이더를 트림 속도에서 직선 비행으로 안정시킨다. 체중이동 없이 글라이더가 나선(스파이럴) 강하에 진입할 때까지 브레이크 한 개로 부드럽고 점진적인 입력 조작을 한다. 유효한 시험의 경우 글라이더는 최소 5초 후 그리고 최대 1.5바퀴 선회하는 동안 스핀 또는 접힘이 발생하지 않고 나선(스파이럴) 강하에 진입하여야 한다. 그런 다음 조종자는 라이저를 기준으로 중앙과 중립 위치를 능동적으로 유지하면서 브레이크 위치에 도달한 채로 유지한다. 조종자는 720° 동안 이 위치를 유지하고 초기 브레이크를 부드럽고 점진적으로 한 바퀴 선회하는 동안 해제한다. 브레이크를 해제하는 동안 조종자는 중앙과 중립 위치를 더 이상 능동적으로 유지하지 않으며 자신의 신체가 관성 영향을 따르게 한다. 선회가 명확히 크게 강화되면 조종자가 글라이더 회복 조치를 취하여야 한다. 그렇지 않으면 조종자가 최대 네 바퀴 선회 동안 기다려서 글라이더의 동작을 확인(회복)한다. 측정/범위는 조종자가 조종간을 해제하기 시작할 때 시작된다.

카메라 축 : 임의 축

3.5.18.10 대칭 전방 접힘 시험

가. 시험 1 : 비가속 접힘(약 30% 시위(Chord))

  1) 글라이더를 트림 속도에서 직선 비행으로 안정시킨다. 조종간을 해제하고 라이저에 부착한다(단, 안전상의 이유로 뒷전에 크게 영향을 미치지 않고 전방 접힘에 도달하면 조종간을 손으로 잡고 있을 수 있음).

  2) 그런 다음 해당 산줄 또는 라이저를 갑자기 잡아당겨서 중심 시위(Chord)의 약 30%가 영향을 받는 상태에서 전체 앞전에 걸쳐 대칭 전방 접힘을 유발한다. 접힘에 도달하자마자 산줄/라이저를 해제한다.

  3) 패러글라이더가 5초 후 또는 180° 선회 후(먼저 발생하는 것) 자동으로 복구되지 않으면, 조종자는 정상 비행을 회복하기 위해 조종간에서 조치를 취한다(의도적인 실속을 유발하지 않은 상태).

나. 시험 2 : 비가속 접힘(약 50% 시위)

  1) 글라이더를 트림 속도에서 직선 비행으로 안정시킨다. 조종간을 해제하고 라이저에 부착한다(단, 안전상의 이유로 뒷전에 크게 영향을 미치지 않고 앞전 접힘에 도달하면 조종간을 손으로 잡고 있을 수 있음).

  2) 그런 다음 해당 산줄 또는 라이저를 갑자기 잡아당겨서 중심 시위(Chord)의

최소 50%가 영향을 받는 상태에서 전체 앞전에 걸쳐 대칭 앞전 접힘을 유발한다. 접힘에 도달하자마자 산줄/라이저를 해제한다.

3) 패러글라이더가 5초 후 또는 180° 선회 후(먼저 발생하는 것) 자동으로 복구되지 않으면, 조종자는 정상 비행을 회복하기 위해 조종간에서 조치를 취한다(의도적인 실속을 유발하지 않은 상태).

다. 시험 3 : 가속 접힘

1) 패러글라이더에 액셀러레이터가 장비된 경우 다음과 같은 추가 시험이 필요하다. 글라이더를 최대 속도에서 직선 비행으로 안정시킨다.

2) 조종간을 해제하고 라이저에 부착한다(단, 안전상의 이유로 뒷전에 크게 영향을 미치지 않고 앞전 접힘에 도달하면 조종간을 손으로 잡고 있을 수 있다).

3) 그런 다음 해당 산줄 또는 라이저를 갑자기 잡아당겨서 중심 시위(Chord)의 최소 50%가 영향을 받는 상태에서 전체 앞전에 걸쳐 대칭 앞전 접힘을 유발한다. 접힘에 도달하자마자 액셀러레이터 그리고 산줄/라이저를 해제한다.

4) 패러글라이더가 5초 후 또는 180° 선회 후(먼저 발생하는 것) 자동으로 복구되지 않으면, 조종자는 정상 비행을 회복하기 위해 조종간에서 조치를 취한다(의도적인 실속을 유발하지 않은 상태).

카메라 축 : 측면

3.5.18.11 깊은 실속 이탈(낙하산 실속) 시험

가. 조종간을 사용해 패러글라이더 속도를 낮춰서 날개의 모양을 크게 변경(깊은 실속)시키지 않고 가능하면 수직에 가까운 궤적을 확보한다. 매우 긴 조종 행정 때문에 깊은 실속을 달성할 수 없으면 조종자가 조종 산줄을 단축하기 위해 랩(Wrap)을 사용한다.

나. 깊은 실속이 달성되면 3초 동안 유지한다.

다. 그런 다음 조종간을 부드럽게 서서히(약 2초 동안에) 영점 위치로 해제한다. 글라이더가 5초 이내에 회복되지 않으면 사용자 매뉴얼에 따라 개입한다.

카메라 축 : 측면

3.5.18.12 높은 받음각 회복 시험

가. 조종간이나 액셀러레이터를 작동시키지 않고, 그리고 캐노피이 변형량을 최소로 유지하면서(대개 필요한 최소 B-라이저 끌어내림을 사용하여), 가능하면 수직에 가까운 궤적(깊은 실속)을 달성한다. 3초 동안 이 높은 상태를 유지한다.

나. 그런 다음 라이저를 매우 천천히, 대칭으로 그리고 지속적으로 해제한다.

카메라 축 : 측면

3.5.18.13 전개된 완전 실속에서 회복 시험

가. 글라이더를 최소 속도에서 직선 비행으로 안정시킨다. 조종을 완전히 적용하고 패러글라이더가 전개된 완전 실속에 있을 때까지 그 위치를 유지한다. 매우 긴 조종 행정 때문에 완전 실속을 달성할 수 없으면 조종자가 조종산줄을 단축하기 위해 랩(Wrap)을 사용한다.

나. 덮개가 산개된 날개길이를 대략 회복할 때까지 조종간을 천천히 대칭으로 해제한다. 그런 다음 1초 이내에 조종간을 빠르게 대칭으로 완전히 해제한다(비대칭 접힘이 발생할 경우 해제가 충분히 대칭이 되지 않았다고 가정하여 시험 기동을 반복하여야 한다).

다. 수직회전 진동이 사라지지 않으면 캐노피가 앞 흔들림이 발생하면서 조종자 위에 도달할 때 조종간을 완전히 해제하여야 한다.

라. 총비행중량이 170kg을 초과할 경우 170kg의 총비행중량에서 최대 중량 시험을 수행한다.

카메라 축 : 측면

3.5.18.14 비대칭 접힘 시험

가. 일반사항

패러글라이더에 액셀러레이터가 장착된 경우 액셀러레이터를 최대 작동시킨 상태에서 다음의 두 시험을 반복하여야 한다. 액셀러레이터는 산줄이 해제될 때와 동시에 해제하여야 한다.

카메라 축 : 정면과 뒤(카메라 두 대로 또는 반복 시험에 의해)

나. 작은 비대칭 접힘

1) 글라이더를 트림 속도에서 직선 비행으로 안정시킨다. 접힐 면의 조종간 핸들을 해제하고 라이저에 부착한다. 한 면의 해당 산줄을 가능하면 빨리 끌어내려 표시된 선을 따라 앞전의 약 50%에서 캐노피를 비대칭으로 접는다. 접힘이 달성되자마자 산줄을 빨리 해제한다.

2) 조종자는 추가 조치를 취하지 말고 글라이더가 복구될 때까지 수동 상태를 유지하거나 360° 또는 5초보다 많은 경과시간 동안 경로를 변경하여야 한다.

3) 글라이더가 회복되지 않으면 조종자가 글라이더 회복 조치를 취한다.

다. 큰 비대칭 접힘

1) 글라이더를 트림 속도에서 직선 비행으로 안정시킨다. 접힘 면의 조종간 핸들을 해제하고 라이저에 부착한다. 한 면에서 해당 산줄을 가능하면 빨리 끌어내려 캐노피를 3.3.2에 따라 허용 필드 이내에서 비대칭으로 접는다.

2) 최대 접힘 형상 상태에서 굴곡 라인은 그림 7과 같이 표시된 허용 필드 이내에

완전히 들어가야 한다(오른쪽을 통해 후행 가장자리로).

3) 접힘이 달성되자마자 산줄을 빨리 해제한다. 조종자는 추가 조치를 취하지 말고 글라이더가 회복될 때까지 수동 상태를 유지하거나 360° 또는 5초보다 많은 경과시간 동안 항로를 변경하여야 한다.

4) 글라이더가 회복되지 않으면 조종자가 글라이더 회복 조치를 취한다.

5) 총비행중량이 170kg을 초과할 경우, 170kg의 총비행중량에서 최대 중량 시험을 수행한다.

┃〈그림 7〉 비대칭 접힘 겹침

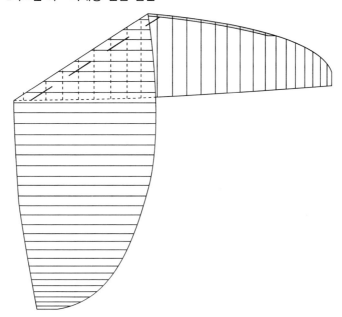

3.5.18.15 전개된 비대칭 접힘 상태에서 지향성 조종 시험

가. 글라이더를 트림 속도에서 직선 비행으로 안정시킨다. 접힐 면의 조종간 핸들을 해제하고 라이저에 부착한다. 한 면의 해당 산줄을 가능하면 빨리 끌어내려 캐노피를 세로축 기준으로 약 45° 각도로 날개길이의 45~50%를 비대칭으로 접고 접힘을 유지한다.

그런 다음 조종자는 필요한 경우 산개된 면에 조종을 사용하여 3초 동안 경로 유지를 시도한다.

나. 직선 비행에서 조종자는 추가로 이 조종을 사용하여 본의 아니게 이상 비행 조건에 진입하지 않으면서 10초 동안 산개된 면에 대해 180° 선회한다. 조종자는 대칭 실속 위치 표시를 기준으로 조종간 위치를 평가한다.

다. 글라이더를 트림 속도에서 직선 비행으로 안정시킨다. 접힘 면의 조종간 핸들을 해제하고 라이저에 부착한다.

라. 한 면의 해당 산줄을 가능하면 빨리 끌어내려 캐노피를 세로축 기준으로 약 45° 각도로 날개길이의 45~50%를 비대칭으로 접고 그 접힘을 유지한다. 그런 다음 조종자는 필요한 경우 산개된 면에 조종을 사용하여 3초 동안 경로 유지를 시도한다.

마. 직선 비행에서 조종자는 추가로 이 조종을 사용하여 실속 또는 스핀을 유발하는 데 필요한 최소 조종량을 설정한다. 이 조종량을 1초 동안 적용하여야 한다. 조종자는 대칭 실속 위치 표시를 기준으로 조종간 위치를 평가한다.

바. 조종자는 어느 단계에서든 자신의 신체에 관성 영향을 방해하여서는 아니 된다.

사. 총 비행중량이 170kg을 초과할 경우, 170kg의 총비행중량에서 최대 중량 시험을 수행한다.

카메라 축 : 정면

3.5.18.16 트림속도 스핀 성향 시험

글라이더를 트림 속도에서 직선 비행으로 안정시킨다. 20초 또는 글라이더가 360° 선회할 때까지 기다린 다음, 추가로 2초 동안 남은 범위의 50%까지 같은 조종간을 작동시키고, 20초 또는 글라이더가 또 한 번 360° 회전하거나 글라이더가 명백히 스핀으로 진입할 때까지 기다린다.

카메라 축 : 카메라는 필요하지 않음

3.5.18.17 저속 스핀 성향 시험

글라이더를 저속에서 직선 비행으로 안정시킨다. 그런 다음 다른 조종간을 해제하지 않고 한 조종간을 남은 범위의 50%(즉, 대칭 조종 행정의 75%까지)까지 한 조종간을 더 작동시키고 60초 또는 글라이더가 360° 선회하거나 글라이더가 명백히 스핀에 진입할 때까지 기다린다.

카메라 축 : 임의 축

3.5.18.18 전개된 스핀에서의 회복 시험

가. 글라이더를 저속에서 직선 비행으로 안정시킨다. 다른 조종간을 해제한 상태에서 한 조종간을 최대 범위까지 급격히 낮추고 피치와 롤로 가능하면 적은 스핀을 유발한다.

나. 대략 스핀 회전 한 바퀴 후 글라이더가 조종자 위에 있는 동안 내부 조종을 해제하여 가능하면 적은 피치와 롤을 유발한다. 동작을 평가한다.

다. 총비행중량이 170kg을 초과할 경우, 170kg의 총비행중량에서 최대 중량 시험을 수행한다.

카메라 축 : 임의 축

3.5.18.19 B-산줄 실속 시험

가. 글라이더를 트림 속도에서 직선 비행으로 안정시킨다.

나. B-라이저 마일론(Maillon)을 주 커넥터 마일론(Maillon)에 도달하거나 기계적 한계(예를 들어 액셀러레이터나 다른 라이저를 간섭)에 도달할 때까지 빠르게 대칭으로 끌어내린다.

다. 5초 기다린 다음, 라이저를 1초 이상의 시간 이내에 빠르게 대칭으로 완전히 해제한다.

라. 특수 진입 기법이 필요한 경우 이 정보를 사용자 매뉴얼에 포함시켜야 하며 이 지침을 시험조종자가 따라야 한다.

마. 총비행중량이 170kg을 초과할 경우, 170kg의 총비행중량에서 최대 중량 시험을 수행한다.

카메라 축 : 측면

3.5.18.20 귀접기 시험

가. 조종자는 추가 조치를 취해서는 안 되며 글라이더가 회복될 때까지 또는 5초가 경과할 때까지 수동 상태를 유지하여야 한다.

나. 글라이더가 회복되지 않으면 조종자가 글라이더 회복 조치를 취한다.

다. 글라이더에 특수 귀접기 핸들이 장비되어 있거나 특수 진입 또는 이탈 기법이 필요한 경우, 이 정보를 사용자 매뉴얼에 포함시켜야 하며, 시험조종자가 이 지침을 따라야 한다.

카메라 축 : 측면

3.5.18.21 가속 비행 중 귀접기 시험

가. 글라이더를 트림 속도에서 직선 비행으로 안정시킨다. 각 팁(Tip)에서 해당 라인을 동시에 비틀어 내려 날개길이의 약 30%를 접는다. 액셀러레이터를 완전히 적용하고 글라이더의 동작을 메모한다.

나. 최소 10초 후 액셀러레이터를 빠르게 해제하고 즉시 두 귀를 동시에 움직인다. 조종자는 추가 조치를 취해서는 아니 되며 글라이더가 회복될 때까지 또는 5초가 경과할 때까지 수동 상태를 유지하여야 한다. 글라이더가 회복되지 않으면 조종자가 글라이더 복구 조치를 취한다.

다. 귀접기를 유지하는 동안 액셀러레이터를 해제할 때 글라이더의 동작을 평가하기 위하여, 각 귀에서 해당 산줄을 동시에 비틀어 내려 날개길이의 약 30%를 접는다.

리. 액셀러레이터를 완전히 적용한다.

마. 최소 10초 후 액셀러레이터를 빠르게 해제하고 귀접기를 유지하면서 글라이더의 동작을 메모한다.

바. 글라이더에 특수 귀접기 핸들이 장비되어 있거나 특수 진입 또는 이탈 기법이 필요한 경우, 이 정보를 사용자 매뉴얼에 포함시켜야 하며 시험조종자가 이 지침을 따라야 한다.

카메라 축 : 측면

3.5.18.22 지향성 조종의 대체 수단

가. 글라이더를 트림 속도에서 직선 비행으로 안정시킨다.

나. 주조종에 영향을 미치지 않으면서 사용자 매뉴얼에서 권장한 대체 조종 방법을 적용하고 180° 선회를 수행한다.

다. 20초 동안 또는 선회가 완료될 때까지 기다린다.

카메라 축 : 임의 축

3.5.18.23 사용자 매뉴얼에 기술된 다른 비행 절차 및/또는 구성 시험

가. 사용자 매뉴얼에 기술된 모든 다른 비행 절차 및/또는 구성으로 안전하게 비행할 수 있는지 확인한다.

다. 이 요구사항은 제작자에 의해 제시된 적합하고 수용할 수 있는 증거(예 비디오)로 충족될 수 있다.

카메라 축 : 카메라는 필요하지 않음

Subpart D 시험보고서

4. 시험보고서

4.1 시험보고서의 포함 내용

시험보고서에는 다음의 내용이 포함되어야 한다.

가. 준용된 규정 (예 EN 926-2, 초경량비행장치의 비행안전을 확보하기 위한 기술상의 기준의 별표 2, Part. 2)

나. 제작자명과 주소

다. 패러글라이더의 시험을 의뢰한 사람 또는 회사의 이름과 주소(제작자와 다른 경우)

라. 시험 대상 패러글라이더의 모델과 준용 규격

마. 시험 중에 사용한 하네스의 모델, 크기, 치수

바. 시험 대상 패러글라이더의 등급

사. 2.4.1~2.4.23에 따른 각 시험 프로그램의 결과(이 시험이 폴딩산줄을 사용하거나 3.5.18에 기술된 시험 기동 세부사항에 허용된 다른 특수 절차를 사용하여 수행되었는지 여부를 자세히 설명하는 메모를 포함하여야 한다.

아. 시험기관명과 주소

자. 시험조종자의 이름

차. 고유번호 시험 참조 번호의 고유 식별

4.2 시험파일과 함께 제공되는 항목

가. 다음 사항은 시험보고서에 첨부하고, 시험기관에 의해 보관되어야 한다.

    1) 시험에 대한 비디오 기록

    2) 제작 기록

    3) 사용자 매뉴얼

    4) 시험을 수행한 글라이더

나. 시험보고서는 최소 15년 동안 보관하여야 하며, 시험한 글라이더는 최소 5년 동안 보관하여야 한다.

<h2 style="text-align:center">Subpart E 사용자 매뉴얼</h2>

5. 사용자 매뉴얼

가. 사용자 매뉴얼은 한글 또는 영어 및 패러글라이더를 판매하고자 하는 국가의 언어로 제공하여야 한다.

나. 사용자 매뉴얼은 패러글라이더와 함께 제공하여야 한다. 시험기관은 설명서에 적어도 다음과 같은 요소가 포함되어 있는지 확인하여야 한다.

5.1 일반정보

가. 패러글라이더의 모델명

나. 제작자명과 주소

다. 시험할 패러글라이더를 제공한 사람 또는 회사의 이름과 주소(제작자와 다른 경우)

라. 최소 및 최대 비행 중량

마. 최대 비행 중량에서 최대 대칭 조종 행정

바. 패러글라이더의 예정된 사용에 대한 서술

사. 이 문서에 따른 패러글라이더의 등급

아. 시험 중 사용한 하네스 치수

자. 사용자 매뉴얼의 버전과 발행 일자

5.2 안전을 위해 필요한 조종자 기량 수준에 관한 제작자의 권장사항

표 1의 해당 등급에 명시된 것보다 경험이 적은 조종자에게 패러글라이더를 권장하지 말아야 한다.

5.3 치수, 도해 및 특성

가. 조작에 필수적인 모든 구성요소를 식별하는 전체 도해

나. 날개 길이(안정판(Stabilizer)를 포함하여 평평하게 놓았을 때, 제작자의 정보)

다. 투영면적(제작자의 정보)

라. 셀(Cell)의 수

마. 라이저(Raiser)의 수

바. 트리머(cm 단위의 행정 포함). 트리머가 없는 경우, 이 사실을 명확히 명시하여야 한다.

사. 액셀러레이터(cm 단위의 행정 포함). 액셀러레이터가 없는 경우, 이 사실을 명확히 명시하여야 한다.

아. 기타 조정식, 탈착식 또는 가변형 장치(조종 한계에 관한 정보 포함, 해당 시). 해당장치가 없는 경우, 이 사실을 명확히 명시하여야 한다.

자. 조종산줄을 포함하여 모든 산줄의 치수가 기입된 도면

차. 산줄의 치수는 개별 섹션의 길이와 캐노피의 하부 표면에서 이를 라이저에 연결하는 카라비너(마일론)의 내부 가장자리까지 측정했을 때 전체 길이를 모두 포함하여야 한다(부록 A 참조).

카. 산줄 길이는 50N 장력에서 측정했을 때를 기준으로 지정하여야 하며, 측정하기 전에 이 장력을 천천히 그리고 단계적으로 적용하여야 한다.

타. 라이저의 치수가 기입된 도면

파. 시험 비행을 완료한 후 시험기관에서 시험 시료의 산줄, 조종산줄 및 라이저가 사용자 매뉴얼에 주어진 치수를 준수하는지 확인하여야 한다.

하. 실제로 측정한 전체 산줄 길이가 사용자 매뉴얼에 명시된 길이보다 ±10mm를 초과하여서는 아니 된다.

거. 실제로 측정한 라이저 길이가 사용자 매뉴얼에 명시된 길이보다 ±5mm를 초과하여서는 아니 된다.

5.4 모든 필요한 조종 기법에 관한 제작자의 권장사항

사용자 매뉴얼에는 조종 기법에 대한 다음 사항을 기술하고 있어야 한다.

가. 시험 중에 사용한 하네스 치수

나. 비행 전 검사 절차

다. 정상 조종 기법. 산개/이륙 전에 날개를 배치하는 절차 포함

라. 트리머, 액셀러레이터 및 기타 장치 사용

마. 의도하지 아니한 비행 조건(깊은 실속, 비대칭 접힘 등)에서 회복

바. 빠른 하강 절차

사. 주조종장치 고장 시 조종 절차

아. 제작자가 적용을 권고하는 기타 특수 비행 절차 및/또는 구성

5.5 수리 및 정비 지침

사용자 매뉴얼 중 수리 및 정비지침에는 다음의 사항을 기술하고 있어야 한다.

가. 패러글라이더 정비와 수리에 관한 일반 정보

나. 구입 후 경과 개월 수 또는 누적 비행시간(먼저 도달하는 것)의 권장 검사 빈도

다. 모든 구성요소에 대해 철저한 검사(산줄 강도, 기하학적 산줄, 기하학적 라이저, 그리고 캐노피 재료의 확인 포함)는 적어도 매 36개월마다 또는 150시간 비행(먼저 도달하는 것)마다 수행할 것을 권장한다.

라. 특별한 지식이나 특수 기계 없이 수행할 수 있는 수리와 정비 절차에 관한 상세 지침

마. 예비 부품 목록과 해당 부품을 구하는 방법에 관한 정보

Subpart F 제작 기록

6. **제작자 기록**

제작자가 제공한 제조 기록은 다음 정보를 포함하여야 한다.

가. 제작자명과 주소

나. 패러글라이더의 시험을 의뢰한 사람 또는 회사의 이름과 주소(제작자와 다른 경우)

다. 모델명

라. 시험 대상 샘플의 제조 연도(네 자리)와 월

마. 최소 및 최대 비행 중량

바. 발행 날짜와 개정 번호를 포함한 사용 설명서

사. 치수와 허용오차가 기입된 도면 : 도면은 제조 기록에 대한 부속서에 제공한다. 산줄을 명확히 확인할 수 있어야 하며, 패러글라이더의 모든 구성요소의 평면도를 제공하여야 한다. 비행시험을 위해 폴딩산줄을 제공한 경우, 그 위치를 도면에 상세히 표시하여야 한다. 이 도면을 전자문서 형태로 제공할 수 있지만 (그 형식을 표준 사무용 소프트웨어로 읽을 수 있다면) 산줄과 평면도 도면은 반드시 종이에 출력하여야 한다.

아. 구성요소와 재료 목록 : 사용된 모든 재료는 다음 정보와 함께 목록화되어야 한다.

  1) 재료명

  2) 제조자명과 준용 규격

  3) 패러글라이더에 사용된 내역

  4) 재료 특성 및 공급자 또는 제작지가 이 재료에 대하여 수행한 시험

Subpart G 표 시

7. 표시(Marking)

패러글라이더가 이 문서의 요구사항을 준수한다는 것을 소인이나 라벨에 명시하여 캐노피에 영구적으로 부착하여야 하며, 다음과 같은 정보를 포함하여야 한다.

가. 제작자명

나. 시험할 패러글라이더를 제공한 사람 또는 회사명(제작자와 다른 경우)

다. 패러글라이더 모델명

라. 패러글라이더 등급

마. 하네스 가슴끈 치수(커넥터 하부 중심 사이의 거리)

바. 준용된 규정(예 EN926-2, 초경량비행장치의 비행안전을 확보하기 위한 기술상의 기준의 별표 2, Part. 2) 및 발행 날짜

사. 패러글라이더에 대한 다른 표준 참조를 준수한다는 것

아. 제조 연도(네 자리) 및 월

자. 일련번호

차. 최소 및 최대 비행 총중량(kg)

카. 패러글라이더의 중량(날개, 산줄, 라이저)(kg)

타. 투영면적(m^2)

파. 라이저 수

하. 액셀러레이터 유무

거. 트리머 유무

너. 검사(먼저 도달하는 것) : 개월 수 및 비행시간

더. (시험기관명과 주소)수행한 시험

러. 시험 참조 번호의 고유 식별

머. 경고문 : 사용하기 전에 사용자 매뉴얼을 참조할 것

Subpart H 외국의 기술기준

8. 외국의 기술기준

8.1 인정할 수 있는 외국의 기술기준

이 규정은 패러글라이더의 비행 안전 특성 등급에 대한 요구사항 및 시험 방법에 대한 기준과 동등하다고 인정할 수 있는 외국의 기술기준은 다음과 같다.

- EN926-2 : Paragliding equipment - Paragliders - part 2 : Requirements and test methods for classifying flight safety characteristics(2013.11)

8.2 외국기술기준의 적용

외국기술기준이 우리나라 기술기준과 다를 경우 우리나라 기술기준을 우선한다.

8.3 인정할 수 있는 해외 시험기관

다음의 해외 시험 기관에서 인증한 패러글라이더는 이 기술기준을 충족한 것으로 인정
한다.

- AFNOR(French Standards Institute) 프랑스 기술표준원
- USHGA(The United States Hang Gliding Association) 미국 행글라이더협회
- AHGF(Australian Hang Gliding Federation) 호주 행글라이더연맹
- SHV(Swiss Hang Gliding and Paragliding Association) 스위스 행/패러글라
  이더협회
- SAHPA(The South African Hang Gliding and Paragliding Association) 남
  아프리카 행/패러글라이더협회
- BHPA(British, Hang Gliding and Paragliding Association) 영국 행/패러글
  라이더협회
- DHV(Deutscher Hangegleiter Verband) 독일 행글라이더협회
- DULV(Deutschen Ultraleichtflugverbandes) 독일 초경량비행장치협회
- EAPR(European Academy of Parachute Rigging) 유럽 패러아카데미
- Air Turquoise SA 스위스 Air Turquoise 사
- CEN(Comité Européen de Normalisation) 유럽 기술위원회
- FFVL(French Hang Gliding and Paragliding Association) 프랑스 행/패러글
  라이더협회
- EN926 기준을 따르는 시험을 수행하는 승인된 모든 시험센터

부록 A 산줄 길이 측정

▌〈그림〉 산줄 길이 측정

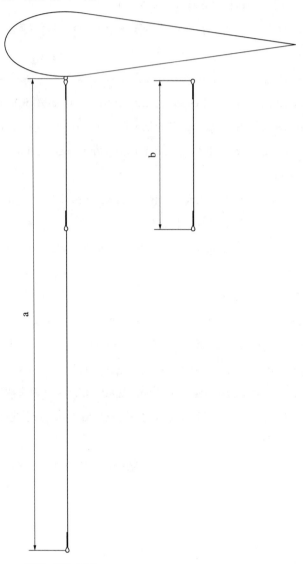

a : 전체 산줄 길이
b : 산줄 섹션 길이

Part 3 하네스의 안전에 대한 요구사항 및 강도 시험

Subpart A 일 반

1. 일 반

1.1 적 용

가. 이 규정은 하네스의 안전에 대한 요구사항 및 강도 시험에 대한 안전성인증서 발행 및 변경에 적합한 기술기준을 규정하고 있다.

나. 하네스의 안전에 대한 요구사항 및 강도 시험에 대한 안전성인증을 신청 또는 변경을 하고자 하는 자는 본 규정의 해당 요구조건에 대한 적합성을 입증하여야 한다.

다. 이 규정에 기술되어 있지 않은 하네스의 안전에 대한 요구사항 및 강도 시험에 대한 요구사항 및 시험 방법에 대한 설계 특성 또는 운용 특성의 경우 추가적인 요구조건을 통하여 적합성 입증을 요구할 수도 있다.

1.2 적용 범위

이 규정은 패러글라이더의 하네스에만 적용한다. 하네스와 패러글라이더 사이의 연결 부분에 대해서는 본 규정에서는 정의되지 않는다.

1.3 용어의 정의

가. "패러글라이더"란 단단하지 않은 구조로 되어 있고, 발로 이착륙을 하는 조종자(또는 1명의 탑승객)가 탑승하는 날개에 연결된 하네스(또는 하네스들)로 구성된 초경량비행장치를 말한다.

나. "하네스"란 조종자가 앉거나, 반 정도로 누워 있거나, 서 있는 자세를 유지하기 위하여 스트랩(Straps)과 직물로 구성된 조립체를 말한다. 하네스는 날개에 두 개의 링 또는 연결부(Connectors)로 부착되며, 라이저(Raiser)로 연결될 수 있다.

Subpart B 하중 및 강도의 요구조건

2. 하중 및 강도의 요구조건

2.1 일 반

가. 하네스 스트랩(Straps)의 모든 끝부분은 조절용 버클(Buckle)이 통과되지 않도록 접혀지도록 마감되어야 한다.

나. 하네스는 섬유 조합품을 위해 허용된 방법에 따라 제작되어야 한다.

다. 패러글라이더 또는 비상낙하산의 부착에 사용되지 않는 하네스(그림 1 참조)의 모든
부착 지점(Attachment Point)은 주요 웨빙(Webbing)과는 명확하게 구분되는 색
상으로 표기되어야 한다.

라. 비상낙하산 연결 부분은 패러글라이더 연결 부분 보다 낮지 않아야 하며, 하네스에
대칭적으로 위치되어야 한다.

▌〈그림 1〉 시험을 위한 부착 지점

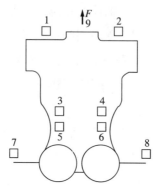

1. 비상낙하산 부착 지점(오른쪽)
2. 비상낙하산 부착 지점(왼쪽)
3. 패러글라이더 라이저 부착 지점(오른쪽)
4. 패러글라이더 라이저 부착 지점(왼쪽)
5. 견인 해제장치 부착 지점(오른쪽)
6. 견인 해제장치 부착 지점(왼쪽)
7. 앵커(Anchorage) 부착 지점(오른쪽)
8. 앵커(Anchorage) 부착 지점(왼쪽)
9. 인체모형 부착에 따른 목부위 장력(F) 부가 지점

2.2 강 도

가. 3.3.2.1에 의한 시험은 다음 사항을 만족하여야 한다.

1) 모든 주요 구조 부분은 파손이 없어야 한다.

2) 모든 주요 구조 부분이 단층(Slipping)에 의한 파손이 없어야 한다.

3) 소성변형이 일어나지 않아야 한다.

4) 파손, 단층, 변형 등으로 하네스에서 분리되어 인체모형이 낙하되는 것과 같은
결과가 생기지 않아야 한다.

   – 좌석 판(Seat Board)의 파손은 허용된다.

나. 3.3.2.2에 의한 시험은 다음 사항을 만족하여야 한다.

1) 모든 주요 구조 부분은 파손이 없어야 한다.

2) 모든 주요 구조 부분의 재봉질의 파손이 없어야 한다.

3) 파손, 단층, 변형 등으로 하네스에서 분리되어 인체모형이 낙하되는 것과 같은
결과가 생기지 않아야 한다.

다. 3.3.2.3에 의한 시험은 다음 사항을 만족하여야 한다.

　　1) 모든 주요 구조 부분은 파손이 없어야 한다.

　　2) 모든 주요 구조 부분의 재봉질의 파손이 없어야 한다.

　　3) 부착 부분의 단층(Slipping)이 없어야 한다.

　　4) 소성변형이 일어나지 않아야 한다.

　　5) 파손, 단층, 변형 등으로 하네스에서 분리되어 인체모형이 낙하되는 것과 같은 결과가 생기지 않아야 한다.

라. 비상낙하산 부착 부분의 하네스에 대한 3.3.2.4 시험은 다음 사항을 만족하여야 한다.

　　1) 모든 주요 구조 부분은 파손이 없어야 한다.

　　2) 모든 주요 구조 부분의 재봉질의 파손이 없어야 한다.

　　3) 파손, 단층, 변형 등으로 하네스에서 분리되어 인체모형이 낙하되는 것과 같은 결과가 생기지 않아야 한다.

마. 토잉 부착 부분의 하네스에 대한 3.3.2.5 시험은 다음 사항을 만족하여야 한다.

　　1) 모든 주요 구조 부분은 파손이 없어야 한다.

　　2) 모든 주요 구조 부분의 재봉질의 파손이 없어야 한다.

　　3) 부착 부분의 단층(Slipping)이 없어야 한다.

　　4) 파손, 단층, 변형 등으로 하네스에서 분리되어 인체모형이 낙하되는 것과 같은 결과가 생기지 않아야 한다.

바. 3.3.2.6에 의한 시험은 다음 사항을 만족하여야 한다.

　　1) 모든 주요 구조 부분이 파손이 없어야 한다.

　　2) 모든 주요 구조 부분의 재봉질의 파손이 없어야 한다.

　　3) 파손, 단층, 변형 등으로 하네스에서 분리되어 인체모형이 낙하되는 것과 같은 결과가 생기지 않아야 한다.

사. 3.3.2.7에 의한 시험은 다음 사항을 만족하여야 한다.

　　1) 모든 주요 구조 부분이 파손이 없어야 한다.

　　2) 모든 주요 구조 부분의 재봉질의 파손이 없어야 한다.

　　3) 파손, 단층, 변형 등으로 하네스에서 분리되어 인체모형이 낙하되는 것과 같은 결과가 생기지 않아야 한다.

2.3 비상낙하산

하네스가 비상낙하산의 일부이거나, 하네스가 비상낙하산을 포함한 경우 EN12491 또는 초경량비행장치의 비행안전을 확보하기 위한 기술상 기준의 별표 2 Part. 4의 요구사항을 만족하여야 한다.

Subpart C 강도 시험

3. 강도시험

3.1 원 칙

가. 탑승자의 하네스와 안전 강도는 연결 부분에 대한 인체모형과 여러 가지 힘을 적용
하여 확인한다(그림 1 참조).

나. 하네스의 연결부분(1, 2, 3, 4, 5 및 6)은 지름 6mm 카라비너를 장착하여야 한다.
만약 샘플(Sample)에 제작자에 의하여 권장된 연결기구(Connector)가 장착되는
경우 시험 장치를 연결하는데 사용한다.

다. 시험을 위해서 사용되는 장비는 시판 모델과 모든 것이 동일하여야 한다.
만약 제작자가 100kg 이상의 파일럿 몸무게를 권장하는 경우, 지정된 하중은 최대
조종자 중량 100에 계수를 곱한다.

3.2 장 치

가. 인체모형의 좌석위치는 그림 2에 따른다.

▌〈그림 2〉 인체모형(치수는 mm, 재료는 단단한 나무, 플라스틱)

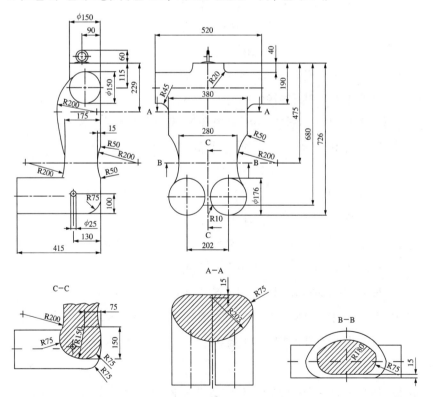

나. 측정 시스템은 시간대비 출력 그래픽으로 기록되어야 한다.

다. 비디오 카메라는 하네스 시험 영향을 근접에서 확인할 수 있어야 한다.

3.3 절 차

3.3.1 일반사항

모든 시험은 시험에 대한 비디오 촬영, 제작자와는 무관한 3명의 전문가로 구성, 필름
과 시험보고서에 대한 사본의 검사 작업이 있어야 한다. 결과에 대한 승인 여부를 결정
할 책임시험원은 시험을 기록하여야 한다.

3.3.2 시 험

가. 1차 시험

인체모형을 좌석에 앉히고, 하네스의 두 부분(그림 3의 7, 8)에 고정시키고, 패러글
라이더 라이저 부착 부분(그림 3의 3, 4)에 6,000N 대칭적인 하중을 10초 동안
부가한다.

▌〈그림 3〉 1차 및 2차 시험

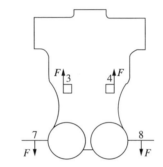

3. 패러글라이더 라이저 부착 지점(오른쪽)
4. 패러글라이더 라이저 부착 지점(왼쪽)
7. 앵커(Anchorage) 부착 지점(오른쪽)
8. 앵커(Anchorage) 부착 지점(왼쪽)

나. 2차 시험

인체모형을 좌석에 앉히고, 하네스의 두 부분(그림 3의 7, 8)에 고정시키고, 패러글
라이더 라이저(Raiser) 부착 부분(그림 3의 3, 4)에 15,000N 대칭적인 하중을 10초
동안 부가한다.

다. 3차 시험

인체모형을 좌석에 앉히고, 7과 8 사이에 자유롭게 움직이는 하중점을 형성시키고,
패러글라이더 라이저(Raiser) 한 곳만 부착한 후 6,000N의 하중을 10초간 부가한다.

▌〈그림 4〉 3차 시험

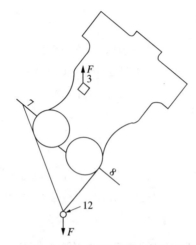

3. 패러글라이더 라이저 부착 지점(오른쪽)
7. 앵커(Anchorage) 부착 지점(오른쪽)
8. 앵커(Anchorage) 부착 지점(왼쪽)

라. 4차 시험

인체모형을 좌석에 앉히고, 하네스의 두 부분(그림 3의 7, 8)에 고정시키고, 비상낙하산 부착 부분(그림 5의 1, 2)에 15,000N 대칭적인 하중을 5초간 부가한다.

▌〈그림 5〉 4차 시험

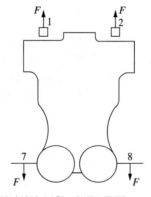

1. 비상낙하산 부착 지점(오른쪽)
2. 비상낙하산 부착 지점(왼쪽)
7. 앵커(Anchorage) 부착 지점(오른쪽)
8. 앵커(Anchorage) 부착 지점(왼쪽)

마. 5차 시험

인체모형을 좌석에 앉히고, 패러글라이더 라이저 부착 부분 두 군데(그림 6의 3, 4)를 고정하고, 두 군데의 견인 부분(그림 6의 5, 6)에 5,000N 대칭적인 하중을 10초간 부가한다.

▌〈그림 6〉 5차 시험

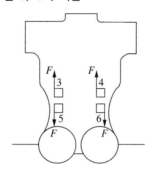

3. 패러글라이더 라이저 부착 지점(오른쪽)
4. 패러글라이더 라이저 부착 지점(왼쪽)
5. 견인 해제장치 부착 지점(오른쪽)
6. 견인 해제장치 부착 지점(왼쪽)

바. 6차 시험

인체모형을 좌석에 앉히고, 하네스의 머리 부분(Head Position, 그림 7의 9)을 고정하고, 패러글라이더 부착 부분(그림 7의 3 또는 4) 한 군데에 4,500N의 힘을 10초간 부가한다.

▌〈그림 7〉 시험을 위한 부착 지점

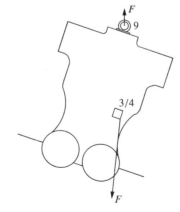

3. 패러글라이더 라이저 부착 지점(오른쪽)
4. 패러글라이더 라이저 부착 지점(왼쪽)
9. 인체모형 부착에 따른 목부위 장력(F) 부가 지점

사. 7차 시험

인체모형을 위쪽 방향으로 앉히고(다리 고정 스트랩(Leg Straps)에 하중을 부가하기 위함), 하네스의 두 군데(그림 8의 7, 8)를 고정하고, 패러글라이더 라이저 부착 부분 (그림 8의 3, 4)에 15,000N의 대칭적인 힘을 5초간 부가한다.

▌〈그림 8〉 7차 시험

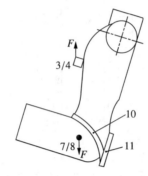

3. 패러글라이더 라이저 부착 지점(오른쪽)
4. 패러글라이더 라이저 부착 지점(왼쪽)
7. 앵커(Anchorage) 부착 지점(오른쪽)
8. 앵커(Anchorage) 부착 지점(왼쪽)
10. 다리 고정 스트랩(Leg Straps)
11. 좌석 판(Seat Board)

Subpart D 시험보고서

4. 시험보고서

4.1 시험보고서의 포함내용

시험보고서에는 다음의 내용이 포함되어야 한다.

가. 제작자명

나. 시험 대상 하네스의 형식과 준용 규격

다. 전문가 패널의 구성

라. 상세한 시험 방법

4.2 제출 자료

시험보고서와 함께 증빙자료로서 제출하여야 하는 내용은 다음과 같다.

가. 시험에 대한 비디오 기록

나. 제작 기록

다. 시험을 수행한 하네스(Harness)

라. 사용자 매뉴얼

Subpart E 제작 기록

5. **제작자 기록**

제작자에 의해 제공되어야 하는 제작 기록은 다음 항목이 포함되어 있어야 한다.

가. 제작자명 및 주소

나. 모델명

다. 시험 대상 샘플의 제조 연도(네 자리)와 월

라. 조종자의 최대 중량

마. 사용자 매뉴얼

바. 재료의 상세 내역

　모든 재료는 다음의 사항이 목록화되어야 한다.

1) 재료명

2) 제조사명 및 준용 규격

3) 하네스에 사용된 내역

4) 재료 특성 및 공급자 또는 제작자가 이 재료에 대하여 수행한 시험

Subpart F 사용자 매뉴얼

6. **사용자 매뉴얼**

각각의 하네스는 적어도 다음의 사항이 포함된 사용자 매뉴얼이 제공되어야 한다.

가. 날개 부착

나. 비상낙하산 연결

다. 비상낙하산 장착방법

라. 견인 장비 연결

마. 액세서리(가속도계, 밸러스트 등) 부착

바. 제작사에 의해 제공되는 다른 연결 부분(Point)에 대한 목적과 기능에 대한 자세한 내용

사. 이륙, 이륙 후 및 착륙 전 하네스를 조절하고 맞추는(Fit) 방법

아. 권장되는 제작자에 의한 점검 빈도

자. 조종자의 최대 중량

차. 유지보수 지시사항

Subpart G 표 시

7. **표시(Marking)**

이 규정에 대한 다음의 명시된 요구사항에 적합함을 하네스에 고정된 스탬프/라벨에 명시해야 한다.

가. 제작자명

나. 하네스 모델명

다. 일련번호

라. 제작 연, 월

마. 하네스 크기(예 Small, Medium, Large)

바. 조종자 최대 중량

사. 준용된 규정(예 EN 1651, 초경량비행장치의 비행안전을 확보하기 위한 기술상의 기준의 별표 2, Part. 3)

Subpart H 외국의 기술기준

8. **외국의 기술기준**

8.1 인정할 수 있는 외국의 기술기준

이 규정은 하네스의 안전에 대한 요구사항 및 강도 시험에 대한 기준과 동등하다고 인정할 수 있는 외국의 기술기준은 다음과 같다.

 - EN1651 : Paragliding equipment Harnesses Safety Requirements and strength tests(1999. 11)

8.2 외국기술기준의 적용

외국기술기준이 우리나라 기술기준과 다를 경우 우리나라 기술기준을 우선한다.

8.3 인정할 수 있는 해외 시험기관

다음의 해외 시험기관에서 인증한 하네스는 이 기술기준을 충족한 것으로 인정한다.

 - AFNOR(French Standards Institute) 프랑스 기술표준원
 - USHGA(The United States Hang Gliding Association) 미국 행글라이더협회
 - AHGF(Australian Hang Gliding Federation) 호주 행글라이더연맹
 - SHV(Swiss Hang Gliding and Paragliding Association) 스위스 행/패러글라이더협회
 - SAHPA(The South African Hang Gliding and Paragliding Association) 남아프리카 행/패러글라이더협회

- BHPA(British, Hang Gliding and Paragliding Association) 영국 행/패러글라이더협회
- DHV(Deutscher Hangegleiter Verband) 독일 행글라이더협회
- DULV(Deutschen Ultraleichtflugverbandes) 독일 초경량비행장치협회
- EAPR(European Academy of Parachute Rigging) 유럽 패러아카데미
- Air Turquoise SA 스위스 Air Turquoise 사
- CEN(Comité Européen de Normalisation) 유럽 기술위원회
- FFVL(French Hang Gliding and Paragliding Association) 프랑스 행/패러글라이더협회
- EN1651 기준을 따르는 시험을 수행하는 승인된 모든 시험센터

Part 4 ㄴ 비상낙하산의 안전 요구사항과 시험 방법

Subpart A 일 반

1. 일 반

1.1 적 용

가. 이 규정은 비상낙하산의 안전 요구사항과 시험 방법에 대한 안전성인증서 발행 및 변경에 적합한 기술기준을 규정하고 있다.

나. 비상낙하산의 안전 요구사항과 시험 방법에 대한 안전성인증을 신청 또는 변경을 하고자 하는 자는 본 규정의 해당 요구사항에 대한 적합성을 입증하여야 한다.

다. 이 규정에서 기술되어 있지 않은 비상낙하산의 안전 요구사항과 시험 방법에 대한 요구사항 및 시험 방법에 대한 설계 특성 또는 운용 특성의 경우 추가적인 요구사항을 통하여 적합성 입증을 요구할 수도 있다.

1.2 적용 범위

이 규정은 1인승 또는 2인승 패러글라이더와 함께 사용되는 다른 도움(기계식, 점화방식)없이 조종자 스스로 산개시키는 비상낙하산에 적용한다.

1.3 용어 및 정의

가. "패러글라이더"란 단단하지 않은 구조로 되어 있고, 발로 이착륙을 하는 조종자(또는 1명의 탑승객)가 탑승하는 날개에 연결된 하네스(또는 하네스들)로 구성된 초경량비행장치를 말한다.

나. "비상낙하산"이란 비행 중 준사고 등의 사건에서 패러글라이더 조종자의 하강을 느리게 하기 위해 조종자가 의도적으로 수작업으로 산개하는 비상장치를 말한다. 이것은 조종(조향)이 불가능하거나 가능할 수 있다.

다. "라이저"란 하네스와 연결되는 낙하산 시스템의 가장 하부 부품을 말한다.

라. "반전된 "V" 라이저"란 굴레(고삐)의 부착 꼭대기 부분의 고정된 루프 또는 직접적인 산줄에 의한 두 개의 라이저를 말한다.

마. "브리들(Bridle)"이란 산줄에 의해 반전된 "V" 라이저에 연결된 띠 또는 다른 로프 또는 줄을 말한다.

바. "산줄"이란 브리들(Bridle) 또는 라이저에 비상낙하산 캐노피를 연결하는 여러 줄을 말한다.

사. "낙하산 포장 또는 외부 용기"란 하네스의 부분으로 제공되거나 또는 낙하산 제작자에 의해 영구적으로 하네스에 부착하기 위한 외부 보호 용기를 말한다.

아. "내부 용기 또는 산개낭"이란 낙하산 산개 핸들과 접혀진 캐노피와 서스펜션 라인이 부착되어 있는 초기 산개용 낙하산이 들어있는 내부 용기를 말한다.

자. "충격 하중 감소를 위한 특별한 부분"이란 낙하산 시스템 내에 설치된 특별한 구성
요소는 고속 산개에서 조종자와 낙하산의 개방 충격 하중을 감소시킨다. 이것이
장착된 경우에는 라벨과 색상으로 명확하게 식별되어야 하고, 사용자 매뉴얼에 명
시되어 있는 지침대로 유지 보수(또는 교환)되어야 한다.

차. "낙하시험장비"란 낙하산에서 30cm 떨어진 두 개의 강한 부착 지점의 시험을 위하
여 질량을 변화시키며 엄격히 시험할 수 있는 장비를 말한다.

Subpart B 안전요구조건

2. 안전요구조건

2.1 산개 시스템

3.3.2의 시험에서 산개 시스템의 어떠한 부품도 파손되면 아니 된다.

2.2 방출속도

3.3.3의 시험에서 시간 간격은 5초를 초과하면 아니 된다.

2.3 하강률과 안전성

3.3.4에 의한 시험에서

가. 각 시험에서 (ICAO 표준대기 수정 후) 평균 강하율이 5.5m/s를 초과하면 아니
된다.

나. 각 시험에서 (ICAO 표준대기 수정 후) 평균 수평속도가 5m/s를 초과하면 아니
된다. 이 요구조건은 조종장치가 장착된 낙하산에는 적용하지 않는다.

다. 각 시험에서 진동은 감소되어야 한다.

라. 비상낙하산 시스템은 영구변형이 일어나면 아니 된다. 다만, 충격 부하를 감소시키
기 위하여 산개 후 교환되는 특수한 경우는 제외한다.

2.4 강 도

3.3.5.1 또는 3.3.5.2에 의한 시험에서(제작자의 재량에 따른다)

가. 양쪽 시험에서 비상낙하산은 개방 충격을 흡수하고, 테스트 질량이 지상에 도달하
기 전에 정상 하강속도와 안전성을 달성한다.

나. 양쪽 시험에서 비상낙하산 시스템은 기본 구조의 현저한 손상이 생기면 아니 된다.
다만, 충격 부하를 감소시키기 위하여 산개 후 교환되는 특수한 경우는 제외한다.

다. 양쪽 시험에서 낙하산이 개방되는 동안 낙하 시험 장치에 의한 충격 가속도가 15g
$(15 \times 9.81m/s^2)$를 초과하면 아니 된다. 이것은 적절한 하중제한 링크(Weak Link)
에 의하여 확인할 수 있다. 적절한 유효 하중의 관리를 통한 하중제한 링크(Weak
Link)의 가용성에 대해서 비상낙하산의 테스트를 할 수 있다. 이것은 실험실에서

시험 가능한 적정 무게의 하중제한 링크(Weak Link)를 상용화된 제품으로 사용할 수 있다.

2.5 상호작용과 안전성(사람에 의한)

3.3.6에 의한 비상낙하산의 조종성과 착륙플레어(Flare)를 시험할 경우,

가. 낙하산의 충분한 산개, 정상 하강 및 착륙에서 낙하산의 조종이 필요하지 않거나 패러글라이더에 영향을 미치지 않아야 한다.

나. 진동은 감소되어야 한다.

다. 사용자 매뉴얼에 명시된 것과 같이 비상낙하산을 조종할 때 낙하산은 비정상적인 비행 특성을 나타내지 않아야 한다.

Subpart C 시험방법

3. 시험방법

3.1 시험장치

비상낙하산의 시험을 위하여 다음의 시험장치가 필요하다.

가. 풍향, 온도, 기압, 습도를 확인할 수 있는 기상 측정 장비

나. 프레임별로 분석이 가능한 비디오 기록장치와 줌렌즈 비디오 카메라

다. 낙하시험기(부록 C의 예시 참조)

라. 낙하산 강하율 측정 장비(3.3.3 시험 참조)

마. 수평대기 속도 측정(수정된 진대기 속도 지시)

3.2 시험 조건

비상낙하산의 시험은 다음의 조건을 충족하여야 한다.

가. 시험 중 바람속도는 20km/h 이하

나. 시험 중 항공기 및/또는 열에 의한 공기의 이동이 없어야 한다.

다. 상대습도는 40%에서 80% 사이

3.3 절 차

3.3.1 일반사항

가. 낙하산은 선언된 최대 유효하중, m_{dec} 로 시험되어야 한다.

나. 3.3.4에서 낙하산의 수정된 유효하중, m_{corr} 은 가장 가까운 5kg 올림으로 수정된 유효하중으로 시험한다. 이 수정된 유효하중을 위한 최대 유효하중 계산 공식 사용을 위한 일반적인 대기 조건은 부록 B를 참조한다.

다. 모든 시험은 시험결과 분석을 위하여 비디오 녹화한다. 모든 비디오 기록의 사본은 연구 개발 지원을 위한 세작자에 제공하여야 한다.

3.3.2 산개시스템 강도시험

산개시스템의 모든 부품은 각각 700N의 하중을 적용한다(산개 핸들, 내부 용기 및 안전핀 포함).

3.3.3 방출속도 시험

가. 라이저 확보와 함께, 그리고 수평대기속도 8m/s(± 1m/s)와 수식 대기속도 1.5m/s 이하일 때, (사용자 매뉴얼에 의하여 내부 용기에 포장된) 낙하산을 자유낙하한다.

나. 시간은 자유낙하할 때부터 200N 하중이 유지될 때까지를 측정한다(이것은 200N의 하중제한 링크(Weak Link)를 써서 측정할 수 있다). 내부 용기는 200N의 하중에 도달하기 전에 열려야 한다.

다. 시험은 두 번 수행한다.

라. 이 시험은 이동 차량 또는 비행기로 수행할 수 있다.

3.3.4 강하율 및 안정성 시험

가. 낙하산 라이저를 EN1651 또는 초경량비행장치의 비행안전을 확보하기 위한 기술상의 기준의 별표 2 Part. 3 하네스 비상낙하산 연결 부분에 연결할 낙하산 제작자가 지정한 커넥터를 이용하여 낙하시험 장치의 연결부분(Anchor Points)(또는 조종자 균형을 위한 무게를 적용하여)에 연결한다.

나. 초기 진자진동의 적용을 위하여, 시험 질량에서 수평속도 8m/s(±1 m/s)와 수직속도 1.5m/s 미만에서 낙하산을 개방한다.

다. 날개 또는 다른 드래그 장치가 시험 질량에 영향을 주어서는 아니 된다. 만약 이 시험이 패러글라이더 비행 중 수행되는 경우, 패러글라이더가 낙하산을 개방하여야 한다.

라. 낙하산의 안전성은 개방되어 지상에 접지하는 사이에 육안으로 평가(망원 비디오 기록 장치 등 사용)한다.

마. 평균 강하율은 최소 100m의 강하 후에 30m 이상의 강하 중 측정한다.

바. 강하 속도는 직접, 정확하고 반복 가능한 임의의 방법으로 측정할 수 있다. 예로서, 보정된 전자식(Solid State) 자기기압계(Recording Barograph)를 사용하여 초당 한 번씩 기록하도록 하고, 낙하 시험 장치에 연결한다. 대안으로 1kg의 분동(Weighted)의 끝에 30m의 끈을 달고 낙하시험장치의 하부에 부착하여 하강속도를 측정할 수 있다. 이 경우 속도는 낙하시험장치의 접지 충격에서 분동(Weighted)끝 접지충격까지의 시간 간격에 의해 계산된다.

사. 평균 수평비행속도는 임의의 편리한 방법을 이용하여, 하강 기간 동안 측정된다. 이 측정은 조종되는 낙하산에는 필요하지 않다.

아. 시험은 두 번 수행한다.

3.3.5 강도시험

3.3.5.1 40m/s 방출 충격

가. 비상낙하산(표준 외부 용기에 포함되고 사용자 매뉴얼의 지침에 따라 포장)을 낙하시험 장비에 장착한다. 시험낙하산의 라이저를 EN1651 또는 초경량비행장치의 비행안전을 확보하기 위한 기술상의 기준의 별표 2 Part. 3 하네스 비상낙하산 연결 부분에 연결할 낙하산의 제작자가 지정한 커넥터를 이용하여 낙하시험 장비의 연결 부분(Anchor Point)에 연결한다.

나. 낙하시험 장비를 직선 속도 40m/s로 가속하고, 보조낙하산 또는 유사한 저하중의 산개 시스템을 이용하여 낙하산 산개 핸들을 작동시킨다.

다. 시험을 두 번 수행한다(이는 같은 낙하산 또는 동일한 항목으로 할 수 있다).

라. 직선형태의 40m/s 속도를 제공하고, 낙하산은 완전히 방출되기 전에 지면에 닿으면 아니 된다. 그리고 산개 강도 시험은 높은 다리, 기구 또는 항공기 또는 임의의 다른 적절한 방법 활용하여 움직이는 이동체 또는 자유낙하로부터 만들어질 수 있다.

3.3.5.2 60m/s 방출 충격

가. 비상낙하산(표준 외부 용기에 포함되고 사용자 매뉴얼의 지침에 따라 포장)을 낙하시험 장비에 장착한다. 시험낙하산의 라이저를 EN1651 또는 초경량비행장치의 비행안전을 확보하기 위한 기술상의 기준의 별표 2 Part. 3 하네스 비상낙하산 연결 부분에, 연결할 낙하산의 제작자가 지정한 커넥터를 이용하여 낙하시험 장비의 연결 부분(Anchor Point)에 연결한다.

나. 낙하시험 장비를 직선 속도 40m/s로 가속하고, 보조낙하산 또는 유사한 저하중의 산개 시스템을 이용하여 낙하산 산개 핸들을 작동시킨다.

다. 시험을 두 번 수행한다(이는 같은 낙하산 또는 동일한 항목으로 할 수 있다).

라. 직선형태의 60m/s 속도를 제공하고, 낙하산은 완전히 방출되기 전에 지면에 닿으면 아니 된다. 그리고 산개 강도 시험은 높은 다리, 기구, 또는 항공기 또는 임의의 다른 적절한 방법 활용하여 움직이는 이동체 또는 자유낙하로부터 만들어질 수 있다.

3.3.6 상호작용과 안전성 시험(사람에 의한)

이 시험은 비상낙하산의 조종성과 착륙 플레어(Flare)만 적용한다.

가. 비상낙하산은 정상 직선 비행하는 패러글라이더로부터 전개한다.

나. 조종자는 (낙하산 또는 패러글라이더 중 하나에)어떠한 조치도 취하지 않고 적어도 200m의 수직 강하하는 동안 낙하산과 패러글라이더를 관찰한다.

다. 비상 낙하산의 사용자 매뉴얼에 설명된 방법에 따라 조종자가 조작하는 동안, 적어도 200m의 수직 강하하는 동안 낙하산과 패러글라이더를 관찰한다.

Subpart D 시험보고서

4. **시험보고서**

시험보고서는 다음의 내용이 포함되어야 한다.

가. 제작자명과 주소

나. 시험 대상 비상낙하산의 형식과 준용 규격

다. 사용자 매뉴얼

라. 시험에 대한 비디오 기록

마. 제작 기록

바. 부록 B에 의한 기상 정보가 포함된 시험 결과

Subpart E 제작 기록

5. **제작자 기록**

제작자에 의해 제공되어야 하는 제작 기록은 다음의 항목이 포함되어 있어야 한다.

가. 제작자명 및 주소

나. 모델명

다. 시험 대상 샘플의 제조 연도(네 자리)와 월

라. 비행 최대 중량

마. 사용자 매뉴얼

바. 치수 및 설계의 허용 오차

모든 재료는 다음의 사항이 목록화되어 있어야 한다.

1) 재료명

2) 제조사명 및 준용 규격

3) 비상낙하산에 사용된 내역

4) 재료 특성 및 공급자 또는 제작자가 이 재료에 대하여 수행한 시험

Subpart F 사용자 매뉴얼

6. **사용자 매뉴얼**

각 비상낙하산은 사용자 매뉴얼은 한국어 또는 영어, 프랑스어와 독일어(그리고 비상낙하산이 공급될 국가의 주요 언어)로 된 것이 제공되어야 한다. 사용자 매뉴얼은 적어도 다음의 사항이 포함되어야 한다.

가. 점검과 재포장 주기

나. kg으로 표기된 최대 비행 중량(질량)

다. 유지보수 지침(고무밴드와 같은 교체 할 수 있는 구성 요소의 사양을 포함)

라. 재포장 지침

마. 장착 및 연결 지침(추출/보완 점검 절차 포함)

바. 운용 지침

조종자는 사용자 매뉴얼을 통하여 다음의 사용에 관한 정보를 알 수 있어야 한다.

  1) 하네스에 비상낙하산 연결에 관한 것

  2) 유지보수의 관한 것

  3) 재포장에 관한 것

  4) 그리고, 기타 필요한 내용

Subpart G 표 시

7. 표시(Marking)

본 기준의 요구사항에 적합함을 캐노피와 산개낭에 스탬프 또는 라벨로 명시한다. 이것에는 다음의 정보를 포함한다(속도 경보는 실제 시험값의 81%를 명시한다. 안전계수는 1.5를 적용한다).

가. 제작자명

나. 비상낙하산 모델명

다. 제작 연도(4자리) 및 월

라. 최대 비행 중량(질량)

마. 평면적

바. 제작일련번호

사. 3.3.5.1에 의해 시험이 통과된 경우

경고 : 32m/s(115km/h)를 넘지 않는 속도에서 사용할 것(WARNING : Not suitable for use at speeds in excess of 32m/s(115km/h))

또는, 3.3.5.2에 의해 시험이 통과된 경우

경고 : 49m/s(176km/h)를 넘지 않는 속도에서 사용할 것(WARNING : Not suitable for use at speeds in excess of 49m/s(176km/h))

아. 전체길이(하네스 연결 부분부터 날개 상면의 부풀지 않은 부분까지)

자. 준용기준(예 EN12491, 초경량비행장치의 비행안전을 확보하기 위한 기술상의 기준의 별표 2 Part. 4)

차. 마킹라벨의 예는 부록 A 참조

Subpart H 외국의 기술기준

8. 외국의 기술기준

8.1 인정할 수 있는 외국의 기술기준

이 규정은 비상낙하산의 안전 요구조건과 시험 방법에 대한 기준과 동등하다고 인정할 수 있는 외국의 기술기준은 다음과 같다.

- EN12491 : Paragliding equipment Emergency parachutes Safety requirement and test methods(2001. 6)

8.2 외국기술기준의 적용

외국기술기준이 우리나라 기술기준과 다를 경우 우리나라 기술기준을 우선한다.

8.3 인정할 수 있은 해외 시험기관

다음의 해외 시험 기관에서 인증한 비상낙하산은 이 기술기준을 충족한 것으로 인정한다.

- AFNOR(French Standards Institute) 프랑스 기술표준원
- USHGA(The United States Hang Gliding Association) 미국 행글라이더협회
- AHGF(Australian Hang Gliding Federation) 호주 행글라이더연맹
- SHV(Swiss Hang Gliding and Paragliding Association) 스위스 행/패러글라이더협회
- SAHPA(The South African Hang Gliding and Paragliding Association) 남아프리카 행/패러글라이더협회
- BHPA(British, Hang Gliding and Paragliding Association) 영국 행/패러글라이더협회
- DHV(Deutscher Hangegleiter Verband) 독일 행글라이더협회
- DULV(Deutschen Ultraleichtflugverbandes) 독일 초경량비행장치협회
- EAPR(European Academy of Parachute Rigging) 유럽 패러아카데미
- Air Turquoise SA 스위스 Air Turquoise 사
- CEN(Comité Européen de Normalisation) 유럽 기술위원회
- FFVL(French Hang Gliding and Paragliding Association) 프랑스 행/패러글라이더협회
- EN12491, LTF 35/03 기준을 따르는 시험을 수행하는 승인된 모든 시험센터

부록 A 마킹라벨의 예

마킹라벨의 예

EN12491 또는 초경량비행장치의 비행안전을 확보하기 위한 기술상의 기준의 별표 2 Part. 4를 만족하는 패러글라이딩의 비상낙하산

시험기관명 : ....

제작자 : .... 모델 : ....

평면적 : .... m^2

전체길이(하네스 부착 부분부터 날개 상면까지) : ....m

제작 연도(4자리) 와 월 : ....

일련번호 : ....

최대 비행 중량 : .... kg

경고 : 32m/s(115km/h)를 넘지 않는 속도로 사용할 것

WARNING : NOT SUITABLE FOR USE AT SPEEDS IN EXCESS OF 32m/s(115km/h)

사용 전에 사용자 매뉴얼을 참조할 것

[영문]

Example of Marking Label

Emergency parachute for paragliding complying with EN 12491 or Korean Ultralight Vehicle Airworthiness Standards Appendix 2 part 4

Name of test body : ....

Make : .... Model : ....

Flat area : .... m^2

Total length(Harness attachment to canopy top uninflated) : ....m

Year(four digits) and month of manufacture : ....

Serial no: ....

Maximum total weight in flight : ....kg

WARNING : NOT SUITABLE FOR USE AT SPEEDS IN EXCESS OF 32m/s(115km/h)

BEFORE USE REFER TO THE USER'S MANUAL

부록 B 표준대기 보정

ICAO 표준대기로부터 시험질량의 차이를 보정하는데 사용하는 수식

$$m_{corr} = m_{dec} \times (p \times T_0)/(p_0 \times T)$$

여기서,

m_{corr} : 수정된 질량

m_{dec} : 선언된 최대 탑재중량(총비행중량(질량))

p : 시험 5.3.4를 위한 시험 위치에서의 지상 대기 압력

p_0 : ICAO 표준대기압(1013.25hPa)

T : 시험 5.3.4를 위한 시험 위치에서의 기온(K)

T_0 : ICAO 평균해수면 표준온도(288K)

부록 C 낙하시험 장비 예

1. 낙하시험 장비의 예 1

▌〈그림〉 낙하시험 장비의 예 1

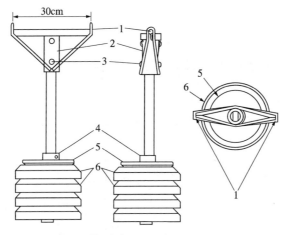

1. 비상낙하산 부착 지점
2. 머리 부분, 디스크의 삽입을 위해서 제거가 가능해야 함
3. 머리 부분 안전확보를 위한 볼트(2)
4. 밸러스트 디스크 안전확보를 위한 클램프(Clamp)
5. 제거 가능한 밸러스트 디스크(철, 5kg)
6. 제거 가능한 밸러스트 디스크들(철, 20kg)

2. 낙하시험 장비의 예 2

낙하 시험에 사용하는 Body는 EN 1651 인체모형의 형상과 동일하다. 이것은 유리섬유, 폴리에틸렌 또는 폴리아미드로 만든다.

▋〈그림〉 낙하시험 장비의 예 2

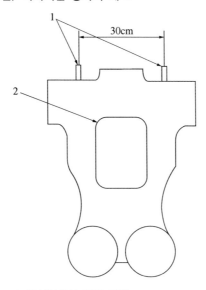

1. 비상낙하산 부착 지점
2. 낙하시험 Body의 질량 변경을 위하여
   밸러스트 추가를 위한 구멍

부록 D 조종 가능한 비상낙하산의 개발시험

1. **조종 시험(사람에 의한 비행)**

　가. 조종자와 낙하산은 조종자가 제공된 조종간(Controls)을 사용하여 캐노피를 제어할 수 있는 위치에 있을 수 있도록 오픈 차량의 후방에 고정하여 안전을 보장하여야 한다.

　나. 차량은 대기속도 5~7m/s 사이의 속도로 운전하도록 하며, 조종자는 캐노피 조종간을 사용하여 캐노피가 각 축의 견인축(Tow Axis)에서 벗어나지 않도록 유지하며, 견인 축으로 되돌린다. 캐노피는 각 방향 축에서 적어도 30°는 벗어날 수 있어야 한다.

　다. 두 조종간은 착륙 플레어를 만드는 것처럼 동시에 사용되어야 한다.

　라. 캐노피가 견인축으로 되돌아올 수 없도록(Lock-out) 징조나 그러한 경향이 없어야 한다.

　마. 두 조종간을 사용하는 경우 효력 있는 항력이 증가해야 한다.

별표 3 기구류에 대한 기술기준

Subpart A 일 반

1. 일 반

1.1 적 용

가. 이 규정은 유인자유기구 또는 유인계류식기구(이하 '기구류'라 한다)에 대한 안전성
인증서 발행 및 변경에 적합한 기술기준을 규정하고 있다.

나. 기구류의 안전성인증을 신청 또는 변경을 하고자 하는 자는 본 규정의 해당 요구조
건에 대한 적합성을 입증하여야 한다.

다. 이 규정에서 기술되어 있지 않은 기구류 설계 특성 또는 운용 특성의 경우 추가적인
요구조건을 통하여 적합성 입증을 요구할 수도 있다.

1.2 정 의

이 규정에서 사용하는 용어의 정의는 다음과 같다.

가. "가스기구(Captive Gas Balloon)"란 공기보다도 가벼운 기낭 내의 부양 가스에
의해 부력을 얻는 장치를 말한다.

나. "열기구(Hot Air Balloon)"란 가열된 공기로부터 부력을 얻는 장치를 말한다.

다. "구피(Envelope)"란 부력을 발생하는 물질을 가둘 수 있는 용기를 말한다.

라. "바스켓(Basket)"이란 기구의 구피(Envelope) 아래에 매달린 탑승용기를 말한다.

마. "트라페즈(Trapeze)"란 하네스(Harness) 또는 평탄한 막대에 좌석이 설치된 것
또는 기구의 구피 아래에 매달린 플랫폼(탑승설비)을 말한다.

바. "설계 최대 중량"이란 가스 또는 공기에 의해 부력을 발생하는 기구의 최대 총중량을
말한다.

사. "곤돌라(Gondola)"란 승무원, 승객, 화물, 장비 또는 추진계통을 운반하기 위한
것으로서 구조물 또는 기낭에 매달려 있거나 부착되어 있는 구조물을 말한다.

아. "보조기낭(Ballonet)"이란 가스 체적의 변화를 보상하기 위해 기낭 내에 포함되어
있는 유연하고 접을 수 있는 공기낭을 말하며, 기낭의 내부 압력을 유지한다.

자. "계류 시스템(Tether System)"은 계류 윗부분부터 바닥 연결부분 또는 중량계를
포함한 것까지 힘에 의해 영향을 받는 모든 요소(윈치, 풀리, 케이블, 회전고리
지점)를 포함한다.

차. "결박 시스템(Mooring System)"은 적용 가능한 결박 형식(예 높은 또는 낮은 결박
류)으로부터 발생하는 힘에 의해 영향을 받는 모든 구성품을 포함한다.

카. "회전지점(Swivel Point)"이란 계류 케이블로부터 독립적인 기구의 회전을 허용하
는 계류 시스템과 기구 시스템 사이의 연결이다.

타. 계류비행(Tethered Tlight)은 자유기구를 임시로 억제하여 단일 위치에서 떠 있는 것을 말한다.

파. "발진 억제(Launch Restraint)"는 자유비행을 개시할 목적으로 자유기구를 임시로 억제하는 것을 말한다.

Subpart B 비 행

2. 비 행

2.1 적합성의 입증

가. 이 규정의 각 요구조건에 대한 적합성은 인증을 신청한 하중조건 범위 내의 해당 중량에 대하여 입증되어야 한다. 이는 인증을 신청한 기구류 형식에 대한 시험 또는 시험 결과에 기초를 두고 시험과 동등한 정밀도를 갖는 계산에 의해 입증되어야 한다.

나. 비행 시험 중 운용 중량 허용 오차는 +5%와 −10%이다. 그렇지만 특정시험에 있어서는 이보다 더 큰 공차를 인정할 수 있다.

2.2 중량 한계

가. 기구류는 안전하게 운용할 수 있는 중량 범위가 설정되어 있어야 한다.

나. 최대 중량이란 이 규정의 각 해당 요구조건에 대한 적합성이 입증된 가장 무거운 중량을 의미한다. 최대 중량은 다음을 만족하도록 설정되어야 한다.

  1) 신청자가 선정한 최대 중량

  2) 설계 최대 중량. 이 규정의 각 해당 구조하중조건에 대한 적합성이 입증된 가장 무거운 중량, 또는 각 비행 요구조건에 대한 적합성이 입증된 가장 무거운 중량

다. 가. 및 나.항에 따라 설정된 정보는 이 규정에 따라 조종사에게 제공되어야 한다.

2.3 공허중량

공허중량은 연료 및 가스를 제외하고 설치된 장비와 기구의 무게를 측정하여 결정하여야 한다.

2.4 성능 : 상승

가. 각 기구는 안정된 상승율로 이륙 후 적어도 분당 91m(300ft) 상승할 수 있어야 한다. 본 규정의 요구조건에 대한 적합성은 승인을 받고자 하는 각 고도와 주위 온도에 대하여 입증하여야 한다.

나. 가.항의 요구조건에 대한 적합성은 중량 +5% 오차 범위의 최대 중량에 대하여 입증하여야 한다.

2.5 성능 : 제어되지 않은 하강

가. 다음은 기구 구피와 찢어짐 제어장치 사이의 어떠한 하나의 찢어짐이나 가열기 조립체, 연료계통, 가스밸브계통, 공기배출구 작동 계통의 단일 고장에 기인할 수 있는 가장 치명적인 제어되지 않은 강하에 대해 결정되어야 한다.

1) 도달된 최대 수직 속도

2) 결함발생지점에서부터 최대 수직 속도에 도달하는 지점까지의 고도 손실

3) 가1)항에서 결정된 최대 수직 속도로 기구 강하 시, 수정 동작 후 수평 비행을 달성하기 위해 요구되는 고도

나. 절차는 2.5 가.1)에서 결정된 최대 수직 속도로 착륙 시, 그리고 2.5 가.3)에 따라 하강속도에 대하여 수립되어야 한다.

2.6 조종성

신청자는 기구가 특별한 조종기술을 필요로 하지 않고 이륙, 상승, 하강, 착륙 시 안전하게 운용할 수 있는 기동성이 있음을 보여 주어야 한다.

Subpart C 강 도

3. 강 도

3.1 하 중

강도에 대한 요건은 제한하중(운항 중 예상되는 최대 하중)과 극한하중(제한하중에 규정된 안전계수를 곱한 값)으로 나타낼 수 있다. 별도의 규정이 없는 경우 규정된 하중은 제한하중이다.

3.2 비행하중계수

제한하중을 결정하는데 있어서 비행하중계수는 적어도 1.4이어야 한다.

3.3 안전계수

가. 나. 및 다.항에서 규정하는 것을 제외하고 안전계수는 1.5를 사용하여야 한다.

나. 구피 설계 시 안전계수는 적어도 5를 사용하여야 한다. 립 스토퍼(Rip Stopper)의 결함으로 인한 순간적인 파손 또는 변형에 의해 예상된 고장에 대한 경우 안전계수는 적어도 2를 사용하여야 한다. 선택된 계수는 최대 운용압력 또는 구피압력보다 높은 것을 적용하여야 한다.

다. 구피에 바스켓, 트래피즈(Trapeze, 트라페즈 ; 그네), 또는 기타 탑승설비를 리깅(Rigging, 결속)하거나 부착하는 모든 섬유질 또는 비금속류의 설계의 하중계수는 최소 5를 사용하여야 한다.

구피에 바스켓, 트래피즈(Trapeze, 그네) 또는 기타 탑승설비의 주결합장치는 결함

이 일어날 가능성이 거의 없거나, 임의의 결함이 비행 안전을 위태롭게 하지 않도록 설계하여야 한다.

라. 안전계수 적용 시, 온도의 영향, 그리고 기타 운영 특성, 기구 강도의 영향에 대하여 고려하여야 한다.

마. 설계 시 탑승자의 몸무게는 77kg(170lb)로 가정한다.

3.4 강 도

가. 구조는 손상효과 없이 한계하중을 지지 할 수 있어야 한다.

나. 구조는 결함 없이 적어도 3초 동안 극한하중을 견딜 수 있음을 시험에 의해 입증하여야 한다. 시험된 부품이 중요한 이음새, 연결부, 그리고 하중 연결지점과 부품들을 포함 할 만큼 충분히 큰 경우, 구피에 대한 대표 부품의 시험을 허용할 수 있다.

다. 바스켓, 트래피즈(Trapeze, 그네) 또는 기타 탑승설비에 대하여 최종적인 자유낙하 시험을 하여야 한다. 시험은 바스켓, 트래피즈(Trapeze, 그네) 또는 기타 탑승설비로 수평면에 대해 설계하중으로 실시하며, 0, 15, 30° 각도로 표면에 충격이 가해지도록 한다.

라. 중량은 실제 조건을 시뮬레이션하기 위해 분산될 수 있다. 그것은 탑승자에게 심각한 부상의 원인이 되는 고장 또는 파괴가 없어야 한다. 낙하 높이는 91cm(36in) 또는 충돌시 2.5항에 따라 결정된 최대 수직 속도와 동일한 속도를 만들어내는 높이가 사용되어야 한다.

3.5 계류비행 하중(계류식기구 제외)

가. 기구의 구성품 및 추가적인 장비(필요한 경우)에 대하여 계류비행에 관련된 하중의 효과는 설계에서 고려되어야 한다.

나. 계류 시스템은 단일 결함이 탑승자의 안전성, 기구나 제3자에게 장해가 되지 않도록 설계하여야 한다.

다. 착륙하중계수와 서스펜션 부품의 안전계수는 주하중 경로의 일부를 형성하는 계류용 부품에 사용해야 한다.

라. 계류비행에 관련된 운영제한을 수립하여 비행매뉴얼에 기록하여야 한다.

Subpart D 설계 및 구조

4. 설계 및 구조

4.1 일 반

안전에 관계되는 각 세부설계 또는 부품의 적합성은 시험 및 분석을 통해 입증되어야 한다.

4.2 재 료

가. 모든 재료의 적합성과 내구성은 경험이나 시험을 기반으로 입증하여야 한다. 재료들은 강도와 설계 자료에서 임의의 다른 특성을 가지고 있는지 확인하여야 하며, 승인된 사양에 적합하여야 한다.

나. 통계적인 기준으로 설계값을 입증하기 위해서는 재료의 강도 특성을 설계 명세서에 따라 충분히 시험한 것을 기반으로 하여야 한다.

다. 구피 재료는 비행 중 또는 기구가 팽창된 상태에서 가열기에 의해 점화된 경우 계속적으로 타지 않음을 보여야 한다.

4.3 제작 방법

사용된 제작 방법은 지속적으로 안전한 구조물(Sound Structure)을 생산하여야 한다. 이 목적을 달성하기 위해 제조공정을 엄격히 통제할 필요가 있는 경우 공정은 승인된 공정규격서와 일치하도록 수행되어야 한다.

4.4 결합구(Fasteners)

승인된 볼트, 핀, 나사, 리벳을 구조물에 사용하여야 한다. 진동으로부터 자유로운 장착품을 제외하고 모든 볼트, 핀, 나사는 승인된 잠금장치 또는 방법을 사용하여야 한다. 회전부분 볼트에는 자동 잠김 방지 너트(Self Locking Nuts)를 사용해서는 안 된다.

4.5 보 호

기구의 각 부분은 풍화, 부식, 마모 또는 다른 원인에 의한 운용 중 강도의 저하 또는 품질 저하를 막기 위하여 적절한 보호를 하여야 한다.

4.6 검사규정

점검과 조정을 반복해야 하는 각 부품의 정밀 검사를 가능하게 하는 수단이 있어야 한다.

4.7 피팅계수(Fitting Factor)

가. 피팅과 주변 구조에 실제의 응력 조건을 모의 실험하는 제한 및 극한 하중시험에 의해 강도가 증명되지 않은 모든 피팅은 최소한 1.15의 피팅계수를 다음의 각 부위에 적용하여야 한다. 이 계수는 피팅, 부착 수단, 이음이 있는 부재의 면압을 받는 모든 부품들에 대하여 적용된다.

나. 구조부와 일체가 되는 피팅의 경우는 단면 특성이 부재의 전형적인 특성을 나타내는 지점까지의 부분을 피팅으로 취급하여야 한다.

다. 연결부 설계가 인가된 방법에 따라 만들어지고, 포괄적인 시험 자료를 근거로 한 경우 이음설계에는 피팅계수를 사용할 필요가 없다.

4.8 연료통

연료통을 사용하는 경우 연료통, 그것의 부착물 및 지지 구조물을 지탱하는 부분이 유해한 변형이나 손상에 견딜 수 있음을 입증하여야 하며, 연료통 설치상태에서 부가될 수 있는 관성하중은 3.4.다.항에 규정된 낙하시험을 포함하여야 한다. 시험은 연료통이 꽉찬 상태와 동일한 압력과 중량의 부하를 주어야 한다.

4.9 가열기(Burner)

가. 상승 방법으로 가열기(Burner)가 사용되는 경우 시스템은 화재가 발생되지 않도록 설계 및 설치되어야 한다.

나. 열 영향으로부터 탑승자와 가열기 화염에 인접한 부품을 보호하기 위해 차폐되어야 한다.

다. 가열기의 작동 및 안전제어에 필수적인 제어, 계기, 또는 기타 장비가 있어야 한다. 그들은 정상 및 비상운영상태 기간 중 의도한 기능을 수행할 수 있음을 보여야 한다.

라. 가열기시스템(가열기 단일품, 제어, 연료라인, 연료통, 조절기, 제어밸브 및 기타 관련 요소 포함)은 적어도 40시간 동안의 내구성 시험에 의해 입증되어야 한다. 시스템의 각 요소는 실제 기구 장착 및 사용을 시뮬레이션하기 위해 시험되고 장착되어야 한다.

   1) 가열기(Burner)의 주분사밸브(Main Blast Valve) 제어를 위한 시험 프로그램이 포함되어 있어야 한다.

      가)승인을 위해 최대 연료압력에서 5시간은 3~10초의 연소시간을 갖는 분당 1회 주기로 시현하여야 한다. 연소시간은 온도에 영향을 받는 요소에 대한 최대 열 충격에 노출되도록 설정하여야 한다.

      나)연료압력 중간값으로 3~10초의 연소시간을 갖는 매 1분 주기로 7.5시간. 중간연료압력은 라.1)가)항에서의 최대 연료압력과 라.1)다)항에서의 최소 연료압력 사이의 40~60% 범위이다.

      다)승인을 위해 최소 연료압력에서 6시간 15분은 3~10초의 연소시간을 갖는 분당 1회 주기로 시현한다.

      라)기화되는 상태에서 15분은 적어도 30초의 연소시간을 갖는 분당 1회 주기로 운영한다.

마) 정상비행운영 15시간

2) 가열기의 2차 또는 예비운영에 대한 시험 프로그램은 중간연료압력에서 1분의 연소시간을 갖는 5분 주기로 6시간이 포함되어야 한다.

마. 시험은 적어도 3회 화염정지 및 재시동을 포함하여야 한다.

바. 시스템의 각 요소는 시험이 종료된 상태에서도 사용이 가능하여야 한다.

4.10 조종 시스템

가. 각 조종장치는 해당 기능에 알맞은 성능을 발휘하기 위해 확실하고 충분히 부드럽고 쉽게 조작되어야 한다. 조종장치는 조작의 편의를 제공하고, 혼란 및 부주의한 조작 가능성을 방지하기 위해 식별되고 배열되어야 한다.

나. 각 조종계통과 조작기기는 쓸리고, 엉킴을 방지할 수 있는 방식으로, 또는 승객, 화물 또는 느슨한 물체로부터의 간섭이 없도록 설계 및 장착되어야 한다. 조종 엉킴 으로부터 이물질을 방지하기 위한 방지책을 갖추어야 한다. 조종 시스템의 요소는 특색있게 설계하여야 하고, 조종 시스템의 오작동을 초래할 수 있는 잘못된 조립품 의 가능성을 최소화 하도록 명확하게 영구적으로 표시하여야 한다.

다. 부력으로 가스기낭을 사용하는 각 기구는 기구가 최대 작동압력에 있을 때, 분당 총부피의 적어도 3%의 비율로 자동으로 가스를 방출할 수 있는 자동 밸브 또는 가스조절용 튜브가 있어야 한다.

라. 각 열기구는 비행 중 뜨거운 공기의 배출을 제어할 수 있는 방법이 있어야 한다.

마. 각 열기구는 운영 중 발생하는 구피표면의 최대 온도를 표시할 수 있는 방법이 있어야 한다. 계기는 구피재료의 안전온도 제한 범위가 표시되고, 조종사가 쉽게 볼 수 있어야 한다. 계기에 유리 커버가 있는 경우 눈금판의 유리 커버가 정확한 정렬을 유지하기 위한 기준이 있어야 한다.

4.11 밸러스트(Ballast)

각 가스기구는 밸러스트를 안전하게 보관하고 조심스럽게 풀어놓을 수 있는 방법이 있어야 한다. 비행 중 풀어놓을 경우 밸러스트(Ballast)는 지면의 사람에게 유해하지 않은 재료로 구성되어야 한다.

4.12 드래그 로프(Drag Rope)

드래그 로프(Drag Rope)를 사용하는 경우, 밖으로 늘어진 로프의 끝부분은 나무, 전선, 또는 지상에 기타 물건과 로프가 엉키지 않도록 뻣뻣하게 하여야 한다.

4.13 가스방출(Deflation) 방법

안전하게 비상착륙이 될 수 있게 하기 위해 구피의 비상 가스방출(Deflation)이 가능한 방법이 있어야 한다. 수동 시스템 이외의 시스템이 사용되는 경우 사용되는 시스템의 신뢰성을 입증하여야 한다.

4.14 립코드(Rip Cord)

가. 립코드가 비상 가스방출(Deflation)에 사용되는 경우 립코드는 엉킴을 방지하기 위해 설계되고 장착되어야 한다.

나. 립코드를 작동하는데 필요한 힘은 25파운드 이하 또는 75파운드 이상이어서는 아니 된다.

다. 조종사에 의해 운영되는 립코드의 끝부분은 빨간색이어야 한다.

라. 립코드는 구피의 수직 방향 길이가 최소 10% 길어질 수 있도록 충분히 길어야 한다.

마. 착륙을 위하여 열기구의 방향 조작에 사용하는 회전방출코드(Turning Vent Cords)의 경우 좌측 선회에 대한 조종사에 의해 조작되는 코드의 부분은 검은색, 우측 선회에 사용될 코드의 부분은 녹색이어야 한다.

4.15 트래피즈(Trapeze ; 트라페즈), 바스켓(Basket) 또는 기타 탑승설비

가. 트래피즈, 바스켓 또는 기타 탑승설비는 구피와 독립적으로 회전하지 않아야 한다.

나. 트래피즈, 바스켓 또는 기타 탑승설비는 탑승자에게 부상을 줄 수 있는 돌출물들은 부드러운 것으로 덧대놓아야 한다.

4.16 계류식기구의 곤돌라

가. 곤돌라는 구피의 안전한 운항이 보장되지 않는 한 독자적으로 회전하지 않아야 한다.

나. 탑승자에게 부상의 원인이 되는 곤돌라 내부의 돌출물들은 부드러운 것으로 덧대놓아야 한다.

다. 적당한 공간은 착륙 중 안전하고, 비행 중 안락함을 모든 탑승객에게 제공하여야 한다.

라. 곤돌라에서 탑승자와 곤돌라 안의 물건들이 떨어지는 것을 방지하여야 한다.

마. 곤돌라 탑승자 안전장치(예 문 또는 하네스)는 다음과 같은 요구 사항을 준수 한다.

  1) 장치는 비행 중 닫히거나 잠겨야 한다.

  2) 장치는 비행 중 기계적 결함의 결과로서 열리거나, 사람에 의해 의도하지 않은 열림으로부터 보호되어야 한다.

  3) 장치는 탑승객과 승무원에 의해 열릴 수 있어야 한다.

  4) 장치의 조작이 간단하고 명확하여야 한다.

  5) 장치가 세대로 닫히고 잠겨 있음을 시각적으로 알 수 있어야 한다.

4.17 정전기 방전

상승방법으로 인화성 가스를 사용하는 각 기구는 정전기 방전영향이 위험을 발생시키지 않음을 보장하는 방법으로서 적절한 전기적 연결이 설계에 반영되어 있어야 하며, 안전을 위해 필요하다는 것을 입증하여야 한다.

4.18 안전벨트

가. 검사관이 필요하다고 판단되는 경우 안전벨트, 하네스 또는 탑승자를 구속하기 위한 방법이 있어야 한다. 설치된 경우 벨트, 하네스 또는 다른 구속 방법 및 그 지지 구조물은 본 규정의 강도 요구조건을 충족하여야 한다.

나. 일체형 바스켓 또는 곤돌라를 가진 기구에는 적용하지 않는다.

4.19 계류해서 사용하는 기구(계류식기구 포함)의 야간 조명

가. 야간에 기구를 운영하는 경우 제어 기기와 필수정보의 조명은 풍선의 안전한 운항을 위해 제공되어야 한다.

나. 충돌방지등 시스템은 다음에 따라서 설치된다.

　1) 하나 또는 그 이상의 적색 점멸등(또는 흰색 점멸등)으로 이루어진 충돌방지등은 분당 적어도 40회 이상 140회보다 적게 점멸하여야 한다.

　2) 충돌방지등 장치는 360° 수평 범위와 수평면 아래 적어도 60° 수직 범위를 제공하여야 한다.

　3) 충돌방지등은 야간 운영기간 동안 기구로부터 순서대로 곤돌라와 구피의 위치가 식별되도록 매달거나 장착된다.

　4) 적어도 하나의 충돌방지등은 명확한 가시거리 상태에서 야간에 100m에서 3,700m(2nm) 사이의 거리에서 볼 수 있어야 한다.

　5) 충돌방지등 시스템은 비행 중에 On/Off 전환될 수 있어야 한다.

　6) 야간 조명은 운영 중 승무원의 시력 또는 성능을 손상하지 않아야 한다.

4.20 계류비행(계류식기구 제외)

조종사는 계류비행의 해당 운용한계에 도달했거나 도달하고 있음을 나타내는 징후를 제공받을 수 있어야 한다.

4.21 계류식기구의 계류 시스템(Tether System)

가. 계류 시스템의 신뢰성, 내구성, 안정성은 운영의 모든 단계에 대해 입증되어야 한다.

나. 운영 중 그리고 기구 결박상태는 안전하고 안정적으로 바닥에 고정되어야 한다.

다. 주의사항은 기구의 비행 매뉴얼의 최대 바람속도를 초과하는 바람 영향으로 인한 위험을 완화하기 위하여 지상에 결박하여야 한다.

4.22 계류식기구의 부양 가스의 손실에 대한 예방책

구피는 허용 운영 범위를 벗어난 공기압의 변동, 온도, 계산된 동적 압력 내에서 안전 운영을 저해하는 부양가스의 손실 가능성을 예방할 수 있게 설계되어야 한다.

4.23 계류식기구의 운항 압력 제한

가. 기구는 자동 그리고/또는 수동으로 부양 가스 방출 장치가 장착되어야 한다.

나. 자동 압력 완화 장치의 압력 센서는 인가된 것이어야 한다.

다. 압력 완화 장치에 의해 방출되는 가스의 양은 압력의 점진적 증가를 방지하기에 충분히 커야 한다.

라. 압력 제거 장치의 개방은 운영자에게 명확하게 표시되어야 한다.

4.24 계류식기구의 탑재 전원 장치

탑재 전원 장치의 경우 운영 중에 전력을 제공하는데 사용되는 시스템은 탑승자에게 감전되지 않고 또는 화재 위험이 없도록 설계되고 장착되어야 한다.

4.25 계류식기구의 마스터 스위치 배치

가. 메인버스로부터 전력원의 단선을 허용하도록 마스터 스위치가 배치되어야 한다.

나. 단선지점은 스위치에 의해 제어된 전력원에 인접하여야 한다.

다. 마스터 스위치 또는 제어기는 운영자 또는 탑승객이 식별하고 접근할 수 있게 설치되어야 한다.

4.26 계류식기구의 전기 케이블과 장비

가. 각 전기 연결 케이블은 단락 및 화재 위험의 가능성을 최소화하기 위해 적절한 용량이 정확한 경로로 접속되고 연결되어야 한다.

나. 각 전기 장비에 과부하 보호가 제공되어야 한다. 보호 장치에 의해서 비행 안전에 필수적인 회로는 보호되어야 한다.

Subpart E 장비

5. 장비

5.1 기능 및 장착

가. 장착된 장비의 각 품목은 다음의 기준을 만족하여야 한다.

1) 소요 기능에 대해 적합하게 설계되어야 하고 적절한 종류이어야 한다.

2) 각자의 장비의 식별, 기능, 운용한계 또는 이들 항목 중 해당 사항의 조합을 나타내는 표찰을 부착하여야 한다.

3) 해당 장비품에 규정된 제한사항에 따라서 장착하여야 한다.

4) 장착 후 기능이 정상적으로 작동하여야 한다.

나. 기능을 수행 할 때 설치된 장비의 어떤 항목은 임의의 다른 장비의 기능에 불안정한 조건을 유발시키는 영향이 없어야 한다.

다. 장비, 시스템, 그리고 설치가 가능한 오작동 또는 고장 시에 기구 위험을 예방하도록 설계되어야 한다.

Subpart F 운용제한사항 및 정보

6. 운용제한사항 및 정보

6.1 일 반

가. 다음 정보를 설정하여야 한다.

1) 본 규정에 따라 결정된 최대 중량을 포함한 각 운영 제한

2) 정상 및 비상절차

3) 다음 내용이 포함된 안전 운영에 필요한 기타 정보

    가) 본 규정에 따라 결정된 공허중량

    나) 본 규정에 따라 결정된 상승률, 그리고 성능을 결정하기 위해 사용되는 절차 및 조건

    다) 최대 수직 속도, 그 속도를 달성하는데 필요한 고도 강하, 그리고 본 규정에 따라 결정된 강하 속도로부터 회복하는데 필요한 고도 강하, 그리고 성능을 결정하기 위해 사용되는 절차 및 조건

4) 기구의 운용 특성에 대한 적절한 정보를 제공하여야 한다.

나. 가.항에 따라 확정된 정보는 다음과 같은 방법으로 제공되어야 한다.

1) 기구 비행 매뉴얼 또는

2) 기구에 조종사가 명확하게 볼 수 있는 플래카드

6.2 계속감항을 위한 지침서

신청자는 항공 당국에서 인정하는 본 규정의 부록 A에 따라 계속감항을 위한 지침서를 기구의 첫 납품일 또는 안전성인증서 발급일 전까지 마련하여야 한다.

6.3 잘 보이는 표지

구피 외부면은 운영 중 눈에 확실하게 보이는 색상 또는 대비되는 색상이어야 한다. 그러나 비행 중 기구가 눈에 잘 띄게 하며, 색상 대조가 충분하고, 보여 줄 수 있을 만큼의 넓은 경우, 여러 가지 색깔의 배너 또는 깃발은 수락 가능하다.

6.4 필수 기본 장비

운용의 특정 종류에 대해 본 절에서 제시한 필요한 장비 이외에, 다음과 같은 장비가
필요하다.

가. 모든 기구류에 대하여 고도계와 승강계

나. 열기구의 경우 다음의 장비

　　1) 연료량 계기, 연료통을 사용하는 경우에는 비행하는 동안 반드시 승무원에게
　　　 각 연료통의 연료량을 보여 주는 방법을 포함한다. 방법은 적절한 단위 또는
　　　 연료통 용량의 백분율로 표시하여야 한다.

　　2) 구피 온도계

다. 가스 기구를 위한 나침반

Subpart G 외국의 기술기준

7. 외국의 기술기준

7.1 인정할 수 있는 외국의 기술기준

기구류 관련 비행안전을 위한 기술상의 기준과 동등하다고 인정할 수 있는 외국의
기술기준은 다음과 같다.

- 미국 항공규정 FAR part. 31(Airworthiness Standards : Manned Free Balloons)
- 유럽연합 항공규정 EASA CS-31TGB(Certification Specifications and Acceptable Means of Compliance for Tethered Gas Balloons)
- 유럽연합 항공규정 EASA CS-31HB(Certification Specifications and Acceptable Means of Compliance for Hot Air Balloons)
- 유럽연합 항공규정 EASA CS-31GB(Certification Specifications and Acceptable Means of Compliance for Free Gas Balloons)
- 미국 LSA 항공규정 ASTM F2355(Standard Specification for Design and Performance Requirements for Lighter-Than-Air Light Sport Aircraft)

7.2 외국기술기준의 적용

외국기술기준이 우리나라 기술기준과 다를 경우 우리나라 기술기준을 우선한다.

부록 A 계속감항지침서

A.1 일 반

A.1.1 이 부록은 본 규정 6.2항의 계속감항지침서의 준비에 대한 요구조건을 지정한다.

A.1.2 각 기구에 대한 계속감항지침서는 기구 부품들의 상호작용 관계에 대한 필요한 정보, 그리고 이 규정에서 필요로 하는 모든 기구 부품의 계속감항을 위한 지침을 포함하여야 한다. 계속감항지침서를 기구 부품에 대해 부품 제조자가 제공되지 않는 경우, 기구의 계속감항지침서에는 기구의 감항성 유지에 필수적인 정보가 포함되어 있어야 한다.

A.1.3 신청자는 감항당국에 신청인 또는 기구 부품의 제조업체에서 생산한 제품의 계속 감항성에 대한 지침에 대한 변경이 분배되는 방법을 보여 주는 프로그램을 제출해 야합니다.

A.2 서 식

A.2.1 계속감항지침서는 준비된 자료의 양에 적절한 매뉴얼 또는 매뉴얼 서식이어야 한다.

A.2.2 매뉴얼 또는 매뉴얼 서식은 실용적인 배열을 제공한다.

A.3 내 용

매뉴얼은 한국어 또는 영어로 준비하여야 한다.

계속감항지침서에는 다음과 같은 정보가 포함되어야 한다.

A.3.1 유지보수 및 예방정비를 위해 필요한 범위에 대한 자료와 기구의 형상에 대한 설명을 포함하는 지침정보

A.3.2 기구와 시스템 및 설치에 대한 설명

A.3.3 기본 조종 및 기구와 구성품, 그리고 시스템에 대한 운영정보

A.3.4 사용정보는 운영되는 동안 가열기 노즐 포함, 연료 탱크 및 밸브, 기구 구성품, 사용에 대한 자세한 내용을 다룬다.

A.3.5 기구의 각 부품에 대한 정비 정보, 그리고 구피, 제어, 리깅, 바스켓 구조물, 연료 시스템, 계기, 그리고 가열기 조립품에 대하여 청소하여야 하는 권장 주기, 청결, 조절, 시험, 윤활, 적용가능 허용 오차, 권장 주기에 따른 정비 등급에 대한 정보. 전문정비기술, 시험 장비, 또는 전문지식을 필요로 하고 예외적으로 매우 높은 수준을 가지고 있음을 보여 주는 경우, 신청자는 이 정보를 근거로 부속품, 계기, 또는 장비 제작자에 문의할 수 있다. 매뉴얼의 감항성 제한 부분에

필요한 상호 참조와 권장 오버홀 기간이 포함되어야 한다. 또한, 신청자는 기구의 계속감항성을 제공하는데 필요한 검사의 빈도와 범위를 포함하는 검사 프로그램을 포함하여야 한다.

A.3.6 결함 가능성을 설명하는 정보, 어떻게 그 결함을 인식하고, 그 결함에 대한 교정조치에 대한 내용

A.3.7 하드 랜딩 후 어떻게 검사하여야 하는지에 대한 세부 사항

A.3.8 어떠한 보관 제한을 포함하여 보관 준비에 대한 설명

A.3.9 기구 구피와 트래피즈 또는 바스켓의 수리에 대한 설명

A.4 감항성 한계 부분

계속감항지침서는 문서의 나머지 부분에서 분리하고 명확하게 구별하여 감항성 한계 부분이 있어야 한다. 감항성 한계 부분에서는 안전성인증에 필요한 각 필수 교체시기, 구피 구조물 무결성 포함, 구조 검사 간격 및 관련 구조 검사 절차를 설정하여야 한다. 계속감항지침서가 여러 개의 문서로 구성되는 경우 감항성 한계 부분에서 필요로 하는 내용은 주매뉴얼에 포함되어야 한다.

별표 4 낙하산류에 대한 기술기준

Subpart A 일 반

1. 일 반

1.1 적용 범위

가. 이 규정은 스카이다이빙에 사용되는 낙하산류 조립품들에 대한 최소 성능 표준에 대한 안전성인증서 발행 및 변경에 적합한 기술기준을 규정하고 있다.

나. 낙하산류의 안전성인증을 신청 또는 변경을 하고자 하는 자는 본 규정의 해당 요구조건에 대한 적합성을 입증하여야 한다.

다. 이 규정에서 기술되어 있지 않은 낙하산류 설계 특성 또는 운용 특성의 경우 추가적인 요구조건을 통하여 적합성 입증을 요구할 수도 있다.

라. 이 규정은 다음의 3가지 형식에 대한 각각의 낙하산 조립품들 및 운영 제한을 포함한다.

   1) 1인용 하네스(Single Harness) 예비 낙하산 조립품 및 구성품

   2) 비상 낙하산(Emergency Parachute) 조립품 및 구성품

   3) 2인용 하네스(Dual Harness) 예비 낙하산 조립품 및 구성품

1.2 최대운용한계(Maximum Operating Limits)

 1.2.1 일 반

 낙하산 조립품 또는 구성품은 220lb(100kg) 이상의 운용중량한계 및 150KEAS(277.8km/h) 이상의 팩(Pack) 개방 속도에 대하여 인증된 것이어야 한다.

 1.2.2 2인용 하네스(Dual Harness) 예비 낙하산 조립품

 각각의 하네스에 대한 최대 운용중량이 동일할 필요는 없다. 그러나 하네스의 최대 운용한계가 400lb(181.4kg)(개개의 경우 200lb(90.7kg)) 및 175KEAS(324.1km/h) 미만이어서는 아니 된다.

Subpart B 참조 및 정의

2. 참조 및 정의

2.1 참 조

 본 기술기준의 목적상, 낙하산 조립품은 다음의 주요 구성품으로 이루어진다.

   가. 산개 개시 장치(파일럿 슈트(Pilot Chute), 드로그(Drogue) 또는 기능이 동일한 것) ; 적용 가능한 경우 브리들(Bridle)

   나. 산개 제어 장치(슬리브(Sleeve), 산개낭(Bag), 디아퍼(Diaper) 또는 기능이 동일한 것)

다. 캐노피(산줄, 연결 링크, 리핑(Reefing)장치 포함)

라. 라이저(Riser)(하네스 및 캐노피와 포함되지 아니한 경우)

마. 컨테이너(Stowage Container)

바. 하네스(Harness)

사. 1차 작동 장치(RSL(Reserve Static Line)를 포함한 립코드(Ripcord) 또는 기능이 동일한 것)

2.2 정 의

가. "1인용 하네스 예비 낙하산 조립품"이란 인증된 낙하산 조립품(예비 산개 개시 장치, 산개 제어 장치, 캐노피, 라이저, 컨테이너, 하네스, 작동장치 포함), 즉 계획적인 점프에 사용되는 주낙하산 조립품과 함께 결합된 것

나. "주낙하산 조립품"이란 계획적인 점프를 위한 1차 낙하산 조립품(사용을 위하여 의도된 것)처럼 인증된 낙하산 조립품과 함께 결합되어 있는 미인증된 낙하산 조립품(예비 산개 개시 장치, 산개 제어 장치, 캐노피, 라이저, 컨테이너, 하네스, 작동장치 제외)

다. "비상 낙하산 조립품"이란 비상용 및 비계획의 경우에 사용하기 위한 인증된 낙하산 조립품

라. "2인용 하네스 예비 낙하산 조립품"이란 낙하산 (각각의 하네스를 갖는)조종자와 동승자를 위한 2인용 계획된 점프에 사용되는 인증된 낙하산 조립품으로 하나의 주낙하산 조립품 및 하나의 예비 낙하산 조립품

마. "낙하산 조립품 또는 구성품의 결함"이란 감항성에 악영향을 미치는 조립품 및 구성품의 어떠한 변경

바. "기능적 개방(Functionally Open)"이란 4.3.7(강하율 시험)에 명시된 한계 이하의 강하율을 제공하도록 충분하게 산개된 낙하산

사. "예비정적라인(RSL ; Reserve Static Line)"이란 주캐노피 절단에 따라 예비 낙하산을 작동시키는 주캐노피에 연결된 장치

아. "최대 운용중량"이란 개인 또는 더미(Dummy) 및 그에 따른 장비의 총중량

자. "최대 운용속도"란 KEAS로 표시된 최대 팩(Pack) 개방 속도와 동일한 속도

Subpart C 재료 및 제작품

3. 재료와 제작품

재료와 제작품은 낙하산 제작에 적합함을 증명하는 경험 및 시험을 증명하는 품질이어야 한다. 모든 재료는 −40 ～ 200°F(−40 ～ 93.3°C) 및 상대 습도 0 ～ 100%에서 기능을 유지할 수 있어야 한다. 모든 철제 금속 부품은 수소 취성을 최소화하기 위한 처리를 하여야 한다.

Subpart D 상세 요구조건

4. 상세 요구조건

4.1 설계 및 제작

4.1.1 재 료

모든 재료는 항복점 내에서 해당 사양, 도면 또는 기준에 명시된 증명 하중을 견딜 수 있도록 설계되어야 한다. 특수재료에 대한 해당 사양, 도면 또는 기준이 없는 경우, 4.3의 성공적인 시험완료는 적합성의 충분한 증거로 간주한다.

4.1.2 재봉질 형태

재봉질은 망가진 경우 엉클어지지 않는 형태이어야 한다.

4.1.3 주낙하산 조립품

장착되고 산개되지 않은 경우에, 주낙하산 조립품은 예비 낙하산 조립품의 적절한 기능을 방해하지 않아야 한다.

4.1.4 1차 작동 장치/립코드(Ripcord)/RSL

모든 연결 부분을 포함하여, 1차 작동 장치/립코드/RSL은 결함 없이 4.3.1의 하중시험을 통과하여야 하고, 그리고 4.3.2의 기능적 요구조건을 만족하여야 한다.

4.1.5 하네스 분리

하네스는 예비 캐노피 그리고/또는 하네스 조립품으로부터 낙하산 조종자와 별도의 장치 없이도 분리되도록 제작되어야 한다.

2인용 하네스 예비 낙하산 조립품 : 낙하산 주조종자는 본인 및 탑승객을 예비 캐노피 그리고/또는 하네스 조립품으로부터 별도의 장치 없이 분리시킬 수 있어야 한다.

4.1.6 주낙하산 분리

예비 낙하산 조립품의 하네스로부터 주낙하산 조립품을 분리할 수 있는 장치는 선택사항이다. 사용하는 경우 주낙하산 조립품 분리는 4.3.2의 해당 기능 요구조건을 만족하여야 한다.

4.1.7 2인용 하네스 예비 낙하산 조립품, RSL(Reserve Static Line)

예비 RSL 또는 기능이 같은 장치는 2인용 하네스 예비 낙하산 조립품에 요구된다.

4.1.8 2인용 하네스 낙하산 조립품, 드로그(Drogue) 분리

2인용 하네스 낙하산 조립품의 드로그 사용은 선택 사항이다. 드로그가 사용된 경우 4.3.2의 기능적 요구 사항을 만족하여야 한다.

4.2 표 시

다음 사항을 제외하고, 소실될 가능성이 가장 적은 위치의 각 주요 구성품에 다음의 정보가 읽기 쉽고 영구적으로 표시되어야 한다.

가. 부품번호, 대시(-) 번호 포함

나. 제작자 성명과 주소

다. 제작 날짜(연, 월)와 일련 번호

라. FAA TSO-C23()

마. 최대 운용한계(참조 1.2 및 4.3.4)

주기 : 모든 적절한 정보가 영구적으로 표시되고 쉽게 이용가능하다면, 이러한 항목들이 구성품의 동일 위치에 표시될 필요는 없다.

4.2.1 컨테이너(Stowage Container)

4.2의 정보는 낙하산 컨테이너 외부에 표시되거나 부착되어야 하고, 4.2.3의 정보를 표시할 수 있는 공간이 있어야 한다.

조립품(캐노피, 하네스 등)의 구성품에 대한 가장 작은 최대 운용중량 및 가장 낮은 최대 운용속도는 이용자가 낙하산 조립품의 착용 과정에서 쉽게 볼 수 있고, 이용 중에 제거될 가능성이 가장 적은 위치인 컨테이너 외부에 표시되어야 한다.

이러한 표시는 높이(27 포인트타입)가 3/8in(9.5mm) 이상의 크기로 네모난 면에 있어야 한다. 필요한 경우 4.2, 4.2.3 및/또는 4.2.4에서 요구하는 기타 정보는 다른 위치에 표시되어야 한다. 추가적으로 컨테이너는 낙하산 데이터 카드 주머니를 제공하여 카드를 분실되지 않으면서 손쉽게 접근할 수 있도록 하여야 한다.

4.2.2 1차 작동 장치/립코드(Ripcord)

다음의 정보는 1차 작동 장치/립코드(Ripcord)에 표시되어야 한다.

가. 부품번호, 대시(-) 번호 포함

나. 제작자 확인

다. KTSO-C23d

라. 묶음 품목, 일련번호, 제작날짜(연, 월)

4.2.3 캐노피

4.2에 추가하여 다음 사항을 캐노피에 표시하여야 한다.

가. 4.3.4 시험에서 측정된 평균 피크(Peak) 강도

나. 4.3.6.2에 규정된 시험을 통과하지 못한 캐노피에 대해서는 "Approved for use with emergency parachute assemblies and single harness reserve parachute assemblies without main parachute release only(단지 주낙하산 분리 없이 사용이 승인된 비상 낙하산 조립품 및 1인용 하네스 예비 낙하산 조립품)"

다. 4.3.6.2에 규정된 시험을 통과한 캐노피에 대해서는 "Approved for use with single harness reserve parachute assemblies equipped with or without a main parachute release(주낙하산 분리와 관계없이 사용이 승인된 1인용 하네스 예비 낙하산 조립품)"

라. 4.3.6.2에 규정된 시험을 통과한 캐노피에 대해서는 "Approved for use with dual harness reserve parachute assemblies equipped with a main parachute release(주낙하산 분리가 장착된 사용이 승인된 2인용 하네스 예비 낙하산 조립품)"

4.2.4 하네스

4.2 표시에 추가하여, 다음의 데이터는 하네스에 표시되어야 한다. 4.3.4 시험 중 측정된 평균 피크(Peak) 강도

4.3 품질시험

다음의 최소 성능 기준을 충족하여야 한다. 이 규정의 어떠한 요구조건에 대한 품질시험 기간 중 결함이 있어서는 아니 된다. 결함이 있는 경우 원인을 발견하고, 교정하고, 모든 관련 시험을 반복한다. 포장방법은 규정되어야 하고, 동일한 포장방법은 모든 시험에 사용되어야 한다.

4.3.1 1차 작동 장치/립코드(Ripcord) 시험

모든 연결부품을 포함한 립코드(Ripcord)는 인장강도시험 300lbf(1,337.7N)의 하중에서 3초 이내에서 결함이 없어야 한다. RSL이 사용되는 경우 인장강도시험 600lbf(2,667.3N)의 하중에서 3초 이내에서 결함이 없어야 한다. 정적 라인(Static Line)이 작동된 립코드(Ripcord)의 경우 시험은 600lbf(2,667.3N)에서 3초 이하여서는 아니 된다. 핀(Pin)이 사용된 경우 핀(Pin)의 축 수직 케이블에 적용되는 하중 8lbf(35.6N) 이하에서 3초 이내에 항복하지 않아야 한다. 핀(Pin)은 케이블 접속부 끝 지점에서 최대 0.5in(12.7mm)을 지탱해야 한다. 1차 작동 장치/립코드가 4.3.2.4의 규정한 시험을 통과한 부품인 경우에는 해당 핀(Pin)은 본 시험을 통과한 것으로 간주할 수 있다.

4.3.2 인적요소 및 작동력 시험

예정된 사용자 그룹으로부터 개별의 인체측정학적 여러 그룹은 4.3.2의 모든 인적요소 시험을 위해 사용된다.

4.3.2.1 1차 작동 장치/립코드, 인적요소 시험

1차 작동 장치/립코드는 실험 대상자 남녀 각 6명 이상의 대표 사용자에 의해 지상 시험을 하여야 한다. 그들은 별다른 어려움 없이 작동 장치를 작동할 수 있어야 한다. 립코드(Ripcord) 또는 이와 동등한 것은 본 시험을 위해 제조업체의 권고에 따라 봉인된 것이어야 한다.

가. 1인용 하네스 예비 낙하산 조립품은 주구성품과 같이 빈 상태와 충만한 상태 모두에 대하여 시험되어야 한다. 본 시험은 라이저에 의해 매달린 하네스에서 사용자(남자 3/여자 3)에 의해 실시, 그리고 똑바로 서 있는 상태에서 (남자 3/여자 3) ; (총 24회 시험)

나. 비상 낙하산 조립품은 똑바로 서 있는 상태에서 시험한다(남자 6/여자 6) ; (총 12회 시험).

다. 2인용 하네스 예비 낙하산 조립품은 탑승객과 함께 다음 시험을 하여야 한다. 주구 성품의 빈 상태와 충만한 상태 모두에 대하여 ; 라이저에 의해 매달린 하네스(남자 3/여자 3)와 함께, 드로그(Drogue) 브리들(Bridle)에 의해 매달린 사용자(남자 3/여자 3)와 함께 그리고 똑바로 서 있는 상태에서(남자 3/여자 3) 이들 시험은 부착된 승객이 없는 상태에서도 반복되어야 한다(총 72회 시험).

4.3.2.2 주캐노피 분리, 인적요소 시험

주캐노피 분리를 사용하는 경우 시험 대상자 남녀 각 6명 이상의 대표 그룹에 의해 매달린 하네스 지상 시험을 하여야 한다(총 12회 시험). 그들은 어려움 없이 분리 장치를 작동할 수 있어야 한다. 2인용 하네스 예비 낙하산 조립품은 시험 대상자 남녀 각 6명 이상의 대표 그룹을 포함한 상태에서, 그리고 포함하지 않은 상태에서, 라이저에 의해 매달린 하네스 그리고 드로그(Drogue) 브리들(Bridle)에 의해 매달린 것에 대한 시험을 하여야 한다(총 48회 시험). 그들은 어려움 없이 분리 장치를 작동할 수 있어야 한다.

4.3.2.3 드로그(Drogue) 분리, 인적요소 시험

(사용하는 경우)드로그(Drogue) 분리는 시험 대상자 남녀 각 6명 이상의 대표 그룹에 의해 매달린 하네스 지상 시험을 하여야 한다. 그들은 어려움 없이 분리 장치를 작동할 수 있어야 한다. 드로그(Drogue)분리는 드로그 브리들에 의해 매달린 (남자 6명/여자 6명)시험 대상자와 함께 그리고 추가적 시험 대상자와 함께, 탑승객용 하네스를 사용하는 경우(남자 6명/여자 6명)에 대한 시험을 하여야 한다(총 24회 시험).

4.3.2.4 1차 작동 장치/립코드, 작동력 시험

립코드 손잡이 또는 동일한 것에 대한 정상설계작동 상태에서 최소 당김력을 주는 방향으로 5lbf(22.2N) 이상의 하중으로 모든 시험에서 확실하고 순간적인 산개가 결과를 보여야 한다. 최소 10회의 당김 시험이 요구된다. 가슴형식 낙하산 조립품의 경우 최대 당김력은 15lbf(66.7N)로 하여야 한다.

4.3.2.5 주캐노피 분리, 작동력 시험

(최대 작동중량의 2배에 해당하는 추가 밸러스트(Ballast)를 통하여) 매달린 하네스를 통하여, 주캐노피 분리 손잡이(사용된 경우) 또는 동일한 것에 대하여 최소 힘을 필요로 하는 방향으로 5lbf(22.2N) 이상, (정상설계작동에서 최대힘을 필요로 하는 방향으로) 22lbf(97.9N) 이하로 모든 시험에서 주캐노피는 확실하고 순간적인 산개가 결과를 보여야 한다. 최소 12회의 당김 시험이 요구된다.

4.3.2.6 드로그(Drogue) 분리, 작동력 시험

최대 운용중량을 매단 상태에서 드로그 분리 손잡이(사용된 경우) 또는 동일한 것에 대한 힘은 최소 힘을 필요로 하는 방향으로 5lbf(22.2N) 이상, (정상설계작동에서 최대 힘을 필요로 하는 방향으로) 22lbf(97.9N) 이하로, 모든 시험에서 드로그의 확실하고 순간적인 분리 결과를 보여야 한다. 최소 12회 시험이 요구된다.

4.3.3 압축된 팩(Pack) 및 환경 시험

시험에 앞서 낙하산 조립품이 다음의 전제조건을 수행하는 것을 제외하고는, 3회 낙하는 4.3.6의 적용가능한 최저 낙하 속도이어야 한다(이 시험은 다른 시험과 연계할 수 있다).

가. 전제조건, 93.3℃ 이상에서 16시간, 안정된 대기와 낙하 시험

나. 전제조건, 영하 40℃ 이하에서 16시간, 안정된 대기와 낙하 시험

다. 전제조건, 200lbf(889.6N) 이상 또는 실제사용에서 발생될 가능성이 높은 유사한 방식에서 팩(Pack) 압축 이상에서의 연속 400시간 이상

하중을 제거하고 1시간 이내에 낙하 시험

4.3.4 강도 시험

충격하중을 감소하는 재료 또는 장치 없이 그리고 낙하산 조립품 또는 구성품의 통합부분이 아닌 것은 인증된 것을 사용하여야 한다. 시험은 전체 낙하산 조립품 또는 분리된 구성품을 통하여 수행할 수 있다. 감항성에 영향을 주는 재료, 재봉질, 또는 기능적 결함이 없어야 한다. 동일한 캐노피, 하네스, 구성품 및/또는 라이저는 4.3.4의 모든 시험에 사용되어야 한다. 개방력은 4.3.4의 모든 시험에서 측정되어야 한다. 낙하산은 4.3.6 시험에서 계산된 시간(초) 이내에 기능적으로 개방되어야 한다. 낙하산 조립품은 다음에 따라야 한다.

가. 시험 중량 = 최대 운용중량한계×1.2

나. 시험 속도 = 최대 운용속도한계×1.2

그러나 예비 및 비상 낙하산 조립품에 대하여 시험 중량은 264lb(119.7kg) 미만이 아니어야 하고, 시험 속도는 180KEAS(333.4km/h) 미만이 아니어야 한다. 2인용 하네스 낙하산 조립품에 대한 시험 중량은 480lb(217.7kg) 미만이 아니어야 하고, 시험 속도는 210KEAS(388.9km/h) 미만이 아니어야 한다.

4.3.4.1 비상 낙하산 조립품

4.3.4에 따른 중량과 속도로 3회 낙하를 하여야 한다. 쉽게 분리 가능한 금속 부품류(걸쇠와 고리 등)는 캐노피 또는 라이저를 하네스에 연결하는데 사용되는 반면에, 교차연결기(Cross Connector)는 사용되어야 하고, 위의 낙하 중 한번은 교차연결기와 하드웨어를 시험하는 것과 병행하여 하나의 부착을 가지고 수행되어야 한다.

4.3.4.2 1인용 또는 2인용 하네스 예비 낙하산 조립품과 함께 사용되는 캐노피(4.3.4.1 대체 시험)

4.3.4에 따른 매달린 중량과 속도로 3회 낙하를 하여야 한다. 시험 차량을 사용할 수 있다.

캐노피, 산개 장치(사용하는 경우), 파일럿 슈트(사용되는 경우) 및 라이저(사용하는 경우)는 하나의 단위로 시험되어야 한다. 라이저 또는 이와 동등한 것은 하네스에 연결하기 위한 것과 같은 방식으로 시험 차량에 고정해야 한다. (걸쇠와 고리 등) 쉽게 분리 가능한 하드웨어는 캐노피 또는 라이저를 하네스에 연결하는데 사용되는 반면, 위의 낙하 중 한번은 교차연결기와 하드웨어를 시험하는 것과 병행하여 하나의 부착을 가지고 수행되어야 한다.

4.3.5 기능 시험(꼬임 라인(Twisted Lines))

최소 5회의 낙하시험이 각 하네스에 사람 또는 더미의 최대 운용중량을 초과하지 않는 중량으로 수행되어야 한다. 팩(Pack) 개방 시 대기속도는 60KEAS(111.1km/h)로 한다. 동일한 방향으로 3회(각 360°) 꼬임은 캐노피에 가장 낮은 지점에 연결된 산줄에 의도적으로 포장되어야 한다. 낙하산은 팩(Pack) 분리 시간으로부터 4.3.6 시험에 대하여 계산된 시간 +1초 내에 기능적으로 개방되어야 한다.

4.3.6 기능 시험(모든 타입의 보통 팩(Pack))

4.3.6의 모든 시험에 대하여, 250lb(113.4kg) 또는 보다 적은 최대 운용중량으로 낙하산 캐노피에 대한 최대 허용개방 시간은 팩(Pack) 개방시점으로부터 3초이다. 250lb(113.4kg) 이상의 최대 운용중량의 낙하산의 경우 최대 허용개방 시간은 250lb(113.4kg) 초과에서 최대 운용중량까지의 각 파운드에 0.01초씩 증가한다.

시간을 대체하여 고도 손실을 측정할 수 있고, 다음의 방법으로 최대 허용고도 손실을 계산한다.

4.3.6의 모든 시험에 대하여, 250lb(113.4kg) 미만의 최대 운용중량 낙하산의 최대 허용고도 손실은 팩(Pack)개방 고도로부터 300ft(91.5m)이다. 250lb(113.4kg) 이상의 최대 운용중량 낙하산의 최대 허용고도 손실은 250lb(113.4kg) 초과에서 최대 운용중량까지의 각 파운드에 1ft씩 증가한다.

주기 : 고도 손실 측정은 단지 수직 궤적을 따라 측정되어야 한다. 그러나 20FPS(6.1m/s) 미만의 수직 속도로 주낙하산 강하 시 활공에 의한 수직 편차는 허용된다.

4.3.6.1 직접 낙하 시험

최대 운용중량보다 크지 않은 중량으로 최소 48회 낙하하여야 한다. 최대 운용중량으로 더미 낙하를 최소 6회하여야 한다. 팩(Pack) 개방 시의 대기속도는 시험표에 KEAS(km/h)로 표시한다. 낙하산 캐노피는 팩(Pack) 개방시간으로부터 4.3.6의 시간 이내에 기능적으로 개방되어야 한다.

4.3.6.2 이탈(Breakaway) 낙하 시험

8회 낙하는 최대 운용중량 이하인 사람에 의해 개방에서 이탈, 이탈 시 20FPS(6.1m/s) 이하의 수직속도로 주낙하산 캐노피가 정상적으로 작동, 이탈 2초 이내에 예비 팩(Pack) 작동되면서 실시되어야 한다. RSL이 조립품인 경우 4회 이상의 이탈 낙하는 예비 팩(Pack)을 작동시키는 RSL과 함께 수행되어야 한다. 낙하산 캐노피는 이탈시간으로부터 4.3.6에서 얻은 시간에서 +2초 또는 고도 이내에서 기능적으로 개방되어야 한다.

4.3.6.3 비상 낙하산 조립품

비상 낙하산 조립품들은 최대 운용중량 이하의 중량으로 최소 48회의 낙하가 있어야 한다. 최대 운용중량 상태에서 최소 6회의 더미 낙하가 있어야 한다. 팩(Pack) 개방 상태에서의 대기속도는 표에 기록한다. 낙하산 캐노피는 팩(Pack) 개방 시간에서 4.3.6에서 얻은 시간 내에 기능적으로 개방되어야 한다. 대기 속도는 KEAS(km/h)로 나타낸다.

	KEAS(km/h) 60(111.1)	KEAS(km/h) 60(111.1)	KEAS(km/h) 60(111.1)	
포화상태 주구성품	7	7	7	사람 또는 더미
빈상태 주구성품	7	7	7	사람 또는 더미
포화상태 주구성품	1	1	1	더 미
빈상태 주구성품	1	1	1	더 미

주 : 주구성품 포화상태와 빈 상태에 대한 참조는 비상 낙하산 조립품에는 적용하지 않음

4.3.7 강하율 시험, 모든 형식

최대 운용중량 보다 적지 않은 무게를 각 하네스에 사람 또는 더미를 통하여 부과하고 최소 6회의 낙하를 하여야 한다. 이전의 산개 형상과 다르지 않으며, 평균 해발 고도 상태로 수정한 후에, 평균 강하율은 24ft/s(7.3m/s)를 초과하지 않아야 하고, 총속도는 36ft/s(11.0m/s)를 초과하지 않아야 한다. 강하율 측정은 100ft(30.5m)의 최소 간격으로 수행되어야 한다. 이 시험은 이 규정의 다른 시험과 연계될 수 있다.

4.3.8 안정성 시험, 모든 형식

최대 운용중량의 1/2 더미 중량으로 6회보다 적지 않은 낙하가 있어야 한다. 배치 후 형상이 달라지지 않은 상태에서 진동은 수직에서 15°를 초과하지 않아야 한다. 이 시험은 이 규정의 다른 시험과 연계될 수 있다.

4.3.9 실제 낙하 시험, 모든 형식

각 하네스에 최대 운용중량보다 많지 않은 중량의 사람으로 적어도 4회 실제낙하 시험을 하여야 한다. 3초 미만의 자유낙하 2회를 포함하며, 20초 이상의 자유낙하 2회를 포함하여야 한다. 이 시험은 기능 및/또는 실제 강하율과 함께 수행할 수 있다. 사용자는 개방 충격에서 심각한 불편함이 없어야 하고, 착륙 후 하네스로부터 독자적으로 자신을 분리할 수 있어야 한다. 이 시험을 위하여 표준 하네스는 인증된 예비 낙하산 조립품(이하 하네스)의 부착이 가능하도록 변경될 수 있으며, 이러한 변경은 시험 대상인 낙하산 조립품의 정상적인 작동을 방해하지 않아야 한다. 2인용 하네스 예비 낙하산 조립품을 제외하고, 예비 낙하산 조립품은 빈 상태 및 채운 상태에서의 주구성품과 함께 시험하여야 한다.

Subpart E 구성품 품질보증

5. 구성품 품질보증

낙하산은 완전한 조립품 또는 분리된 구성품(캐노피, 컨테이너, 팩(Pack), 라이저 등)으로 품질 보증되어야 한다.

각각 인증된 비순정품을 포함하여 낙하산 조립품의 감항성은 낙하산 조립품에 대한 인증시험을 수행하는 제작자의 책임이다.

제작자는 인증된 조립품 또는 구성품과 결합하여 시험할 때 4.3의 시험을 통과한 상호 호환 가능한 구성품 목록을 공표하고 이용가능토록 해야 한다.

가. 산줄 포함 캐노피 : 4.3.3, 4.3.4.1(또는 4.3.4.2), 4.3.5, 4.3.6, 4.3.7, 4.3.8, 4.3.9

나. 산개장치 : 4.3.3, 4.3.4.1(또는 4.3.4.2), 4.3.5, 4.3.6, 4.3.9

다. 파일럿 슈트(브리들 포함) : 4.3.3, 4.3.4.1(또는 4.3.4.2), 4.3.5, 4.3.6, 4.3.9

라. 컨테이너(팩(Pack)) : 4.3.2.1, 4.3.2.3, 4.3.3, 4.3.6, 4.3.4.1(또는 4.3.4.2), 4.3.5, 4.3.9

마. 하네스 : 4.3.4.1, 4.3.6, 4.3.9

바. 작동장치(립코드 및/또는 RSL) : 4.3.1, 4.3.2, 4.3.6.2, 4.3.9

사. 작동장치(RSL) : 4.3.1, 4.3.6.2

아. 라이저 : 4.3.4.1(또는 4.3.4.2), 4.3.6, 4.3.9

Subpart F 외국의 기술기준

6. 외국의 기술기준

6.1 인정할 수 있는 외국의 기술기준

낙하산류 관련 비행안전을 위한 기술상의 기준과 동등하다고 인정할 수 있는 외국의 기술기준은 다음과 같다.

- Aerospace Standard AS8015-B Minimum Performance Standards for Parachute Assembles and Components, Personnel
- 미국 항공규정 FAA(Federal Aviation Agency) Technical Standard Order TSO-C23d
- 유럽연합 항공규정 EASA(European Aviation Safety Agency) European Technical Standard Order ETSO-C23d

6.2 외국기술기준의 적용

외국기술기준이 우리나라 기술기준과 다를 경우 우리나라 기술기준을 우선한다.

별표 5 동력비행장치, 회전익비행장치, 동력패러글라이더 인증 기술기준

가. 기술상의 안전기준

1) 강관구조·목재구조·판금구조 등의 공작방법, 볼트·너트의 사용방법, 기타 비행장치 전반의 공작방법, 계기 및 장비품의 작동시험, 비행장치의 정비작업 기준과 설계기준, 비행시험에 대하여는 제작사에서 제공한 기준을 준용한다.

2) 날개의 스파(Spar), 주요한 부착용 부품, 볼트, 너트, 동체, 구조부재 등은 설계도 및 부품표에 있는 자재를 사용하여야 한다.

3) 화재위험을 줄이기 위한 안전조치를 하여야 한다.

4) 무게중심의 위치가 허용범위 안에 있어야 한다.

5) 탑승자용 안전벨트가 장착되어 있어야 한다.

6) 비상 착륙 시 탑승자에게 중대한 부상을 입힐 수 있는 부분이 없어야 하며, 부상을 예방할 수 있는 조치가 강구되어 있어야 한다.

7) 수상을 비행하는 비행장치는 구명장비(조끼)를 구비하여야 한다.

8) 비행장치는 다음 사항 점검 시 이상이 없어야 한다.

가) 동력비행장치

　(1) 착륙장치 연결 부위

　(2) 날개의 연결 부위

나) 회전익비행장치(초경량자이로플레인, 초경량헬리콥터)

　(1) 주회전날개(Main Rotor)와 꼬리회전날개(Tail Rotor)의 연결 상태

　(2) 주회전날개 및 꼬리회전날개의 피치(Pitch) 조절상태

다) 동력패러글라이더

　(1) 동력패러글라이더 구성 부분인 글라이더(Canopy) 및 산줄(Line)의 강도, 라이저(Riser) 연결부의 안전성

　(2) 익형을 형성하는 날개(천, Sail)의 강도 및 익형의 안전성

　(3) 하네스(Harness)의 구성 부품 및 재료의 강도 및 안전성

　(4) 보조낙하산 구성 부품 및 재료의 강도 및 안전성(별표 2의 Part 4 기준을 따르며 항공레저스포츠사업용에 한함)

　(5) 날개장치가 비행성능에 적합

　(6) 동력비행에 적합한 조종장치 및 날개부와 동력부의 연결상태

　(7) 항공레저스포츠사업용에 사용되는 패러글라이더의 안전성은 별표 2의 Part 1, Part 2 기준을 따른다.

9) 비행장치는 다음의 구분에 따라 장비품을 장착하여야 한다.

가) 대기속도계 및 고도계(동력패러글라이더의 경우 필요시)

나) 발동기 회전계(동력패러글라이더의 경우 필요시)

다) 윤활유 압력계 또는 경보등(윤활유 압송계통이 있을 경우에 한한다. 동력패러글라이더의 경우 필요시)

라) 지상운전 및 비행 중에 연료량을 확인하는 장치

나. 시험비행 심사기준

1) 외국에서 키트로 구입한 경우에는 그 제작국 정부 또는 제작자가 정한 시험비행 방법 등을 준수하여야 한다.

2) 키트제작국 또는 키트제작자가 시험비행 방법을 명시하지 않거나 국내에서 설계·제작된 경우에는 다음 사항에 따라 수행하여야 한다.

가) 지상운전(정지 상태)

(1) 저속에서 최대 출력까지 예상되는 비행자세에서

(가) 발동기 예열을 포함한 2시간 이상의 발동기 지상시운전 중 지장 없이 운전되어야 한다. 동력패러글라이더의 경우 최소 10분 이상 엔진 최대 출력 및 아이들링 회전수에 대하여 최소 3회 이상 상태점검 실시

(나) 시운전 중 진동으로 인한 각 구조, 계통의 장착 부분, 기능 등에 고장이 없어야 한다.

(2) 3개의 블레이드를 가진 초경량자이로플레인에서는 지상 공진이 발생하지 아니하여야 한다.

(3) 연료는 발동기 제작자가 권고한 등급의 연료를 사용하여야 한다.

나) 지상활주

(1) 최초 비행 전에 적어도 1시간 이상의 저속활주를 하여야 한다. 이 경우 저속 활주는 사람이 걷는 속도 정도로 진행하며, 브레이크 시스템 및 방향전환 상태를 확인하여 이상이 없어야 한다. 초경량헬리콥터의 경우 공중정지비행(Hovering) 유지상태를 점검한다.

(2) 고속활주는 8회 이상 실시하여야 한다. 이 경우 고속활주는 브레이크 시스템 및 Rudder 페달, Elevator 계통의 작동상태를 확인하여 이상이 없어야 한다.

(가) 앞바퀴 또는 뒷바퀴만 뜬 상태의 지상활주

(나) 스키드가 뜬 상태의 지상활주

(다) 동력패러글라이더의 경우 기울기 5° 미만의 100×100m 범위의 평지에서 최소 5회 이상 지상주행(가속상태) 실시

(3) 비행 후 점검결과 이상이 없어야 한다.

(가) 조종계통·동력장치계통 등을 포함한 비행장치 전반

(나) 프로펠러·발동기·주익·미익·회전익·동체·착륙장치·글라이더(Canopy) 등의 장착부 및 이들에 대한 조작계통의 접속부

(다) 주요 장착볼트의 장착상태 점검(필요한 경우에 토큐렌치에 의한 조임 (Torque)상태 점검을 포함한다)을 포함하여 전반적으로 점검을 수행하여야 하며, 조임상태 점검 시 과도한 조임으로 볼트가 파손되는 일이 없도록 하여야 한다.

다)장주 공역에서의 장주비행 또는 이에 준하는 비행

(1) 점프비행 또는 이에 준하는 비행결과 제반장치에 이상이 없이 장주공역 내의 비행이 가능하여야 한다.

(2) 직선비행·선회비행 및 고단계 비행을 순차적으로 각 10회 이상하여야 한다.

(3) 비행 시마다 조종계통의 반응에 유의하여 다음 단계의 비행에 대한 운항상의 제한 및 조작상 발견되는 사항을 확인 점검하여야 한다.

(4)급선회·반전 등의 곡기비행, 급강하 등 급격한 운동을 하여서는 아니 된다.

(5) 비행 후 점검결과 이상이 없어야 한다.

(가) 조종계통·동력장치계통 등을 포함한 비행장치 전반

(나) 프로펠러·발동기·주익·미익·회전익·동체·착륙장치·글라이더(Canopy) 등의 장착부 및 이들에 대한 조작계통의 접속부

(다) 주요 장착볼트의 장착상태 점검(필요한 경우에 토큐렌치에 의한 조임 (Torque)상태 점검을 포함한다)을 포함하여 전반적으로 점검을 수행하여야 하며, 조임상태 점검 시 과도한 조임으로 볼트가 파손되는 일이 없도록 하여야 한다.

3) 외국에서 완제기나 중고 비행장치를 도입한 경우에는 다음 사항에 따라 수행하여야 한다.

가)지상운전(정지상태)

(1) 저속에서 최대 출력까지 예상되는 비행자세에서

(가) 30분 이상의 발동기 지상시운전 중 지장 없이 운전되어야 한다. 동력패러 글라이더의 경우 최소 10분 이상 엔진 최대 출력 및 아이들링 회전수에 대하여 최소 3회 이상 상태점검 실시

(나) 시운전 중 진동으로 인한 각 구조, 계통의 장착 부분, 기능 등에 고장이 없어야 한다.

(2)3개의 블레이드를 가진 초경량자이로플레인에서는 지상 공진이 발생하지 아니하여야 한다.

(3) 연료는 발동기 제작자가 권고한 등급의 연료를 사용하여야 한다.

나) 지상활주

(1) 최초 비행 전에 적어도 20분 이상의 저속활주를 하여야 한다. 이 경우 저속활주는 사람이 걷는 속도 정도로 진행하며 브레이크 시스템 및 방향전환 상태를 확인하여 이상이 없어야 한다. 초경량헬리콥터의 경우 공중정지비행(Hovering) 유지상태를 점검한다.

(2) 고속활주는 3회 이상 실시하여야 한다. 이 경우 고속활주는 브레이크 시스템 및 Rudder 페달, Elevator 계통의 작동상태를 확인하여 이상이 없어야 한다.

(가) 앞바퀴 또는 뒷바퀴만 뜬 상태의 지상활주

(나) 스키드가 뜬 상태의 지상활주

(다) 동력패러글라이더의 경우 기울기 5° 미만의 100×100m 범위의 평지에서 지상주행(가속상태) 실시

(3) 비행 후 점검결과 이상이 없어야 한다.

(가) 조종계통·동력장치계통 등을 포함한 비행장치 전반

(나) 프로펠러·발동기·주익·미익·회전익·동체·착륙장치·글라이더(Canopy) 등의 장착부 및 이들에 대한 조작계통의 접속부

(다) 주요 장착볼트의 장착상태 점검(필요한 경우에 토큐렌치에 의한 조임(Torque)상태 점검을 포함한다)을 포함하여 전반적으로 점검을 수행하여야 하며, 조임상태 점검 시 과도한 조임으로 볼트가 파손되는 일이 없도록 하여야 한다.

다) 장주 공역에서의 장주비행 또는 이에 준하는 비행

(1) 직선비행·선회비행 및 고단계 비행을 순차적으로 각 2회 이상하여야 한다.

(2) 비행 시 마다 조종계통의 반응에 유의하여 다음 단계의 비행에 대하여 운항에 관련된 제한사항과 조작 중에 발견되는 사항을 확인 점검하여야 한다.

(3) 급선회·반전 등의 곡기비행, 급강하 등 급격한 운동을 하여서는 아니 된다.

(4) 비행 후 점검결과 이상이 없어야 한다.

(가) 조종계통·동력장치계통 등을 포함한 비행장치 전반

(나) 프로펠러·발동기·주익·미익·회전익·동체·착륙장치·글라이더(Canopy) 등의 장착부 및 이들에 대한 조작계통의 접속부

(다) 주요 장착볼트의 장착상태 점검(필요한 경우에 토큐렌치에 의한 조임(Torque)상태 점검을 포함한다)을 포함하여 전반적으로 점검을 수행하여야 하며, 조임상태 점검 시 과도한 조임으로 볼트가 파손되는 일이 없도록 하여야 한다.

다. 운용기준

1) 초경량비행장치별 조작·제어방법·긴급조치 및 운용한계와 필요한 장비 및 장비 점검에 관한 운용규정이 있어야 한다.

2) 초경량비행장치의 외부에 다른 장치를 부착하는 경우에는 명확하게 식별될 수 있는 것이어야 하며, 운항에 장애가 되어서는 아니 된다.

3) 기술기준에 적합하지 아니하는 손상·퇴화 등이 확인된 경우에는 비행을 중지하고 신속하게 수리하여야 한다.

별표 6 무인비행장치 인증 기술기준

가. 기술상의 안전기준

1) 강관구조, 목재구조, 판금구조 등의 공작방법, 볼트·너트의 사용방법 기타 비행장치 전반의 공작방법, 계기 및 장비품의 작동시험, 비행장치의 정비작업 기준과 설계기준에 대하여는 제작사에서 제공한 기술기준을 준용한다.

2) 제작자는 일반 조종자의 기술을 지닌 자이면 누구나 이륙, 상승, 하강 착륙을 안전하게 제어 조종할 수 있다는 사실을 증명할 수 있어야 한다.

3) 무인비행선의 구피는 비행 중 식별이 용이하여야 하고, 부양 가스는 비폭발성가스만 사용한다.

4) 무인비행장치는 다음의 구분에 따라 점검되어야 한다.

　가) 무인비행기

　　(1) 지상에서 연료유량을 확인하는 장치(연료를 사용하는 엔진을 장착한 경우에 한한다)

　　(2) 착륙장치 및 날개의 연결부분

　나) 무인회전익비행장치

　　(1) 지상에서 연료유량을 확인하는 장치(연료를 사용하는 엔진을 장착한 경우에 한한다)

　　(2) 주회전날개(Main Rotor) 및 꼬리회전날개(Tail Rotor)의 연결상태

　　(3) 주회전날개 및 꼬리회전날개의 피치(Pitch) 조절상태

　다) 무인비행선

　　(1) 지상에서 연료유량을 확인하는 장치(연료를 사용하는 엔진을 장착한 경우에 한한다)

　　(2) 구피와 조종실의 연결 부분

나. 시험비행 심사기준

1) 외국에서 키트를 구입한 경우에는 그 제작국 정부 또는 제작회사에서 정한 시험비행 방법 등을 준수하여야 한다.

2) 키트 제작국 정부 또는 키트 제작회사에서 시험비행 방법을 명시하지 않거나 국내에서 설계·제작된 경우 또는 외국에서 완제기나 중고 비행장치를 도입한 경우에는 다음 각 호를 수행하여 한다.

　가) 지상운전(정지상태)

　　(1) 저속에서 최대 출력까지 예상되는 비행자세에서 5분 이상의 발동기 지상시운전 중 지장 없이 운전되어야 한다.

466 ◇ PART 3 부록

  (2) 시운전 중 진동으로 인한 무선조종장치 및 각 구조의 기능에 이상이 없어야 한다.

  (3) 연료는 발동기 제작자가 권고한 등급의 연료를 사용한다.

  (4) 메인블레이드가 장착된 비행장치에서는 지상 공진이 발생하지 않아야 한다.

나) 지상활주

  (1) 최초의 비행 전에는 적어도 1회 이상의 지상활주를 하여야 한다. 지상활주에는 고속 지상활주가 포함되어야 한다. 무인회전익비행장치의 경우 공중정지비행(Hovering) 유지 상태를 점검한다.

  (2) 무선조종장치, 동력장치, 조종계통을 포함한 기체 전반에 관한 점검 결과에 이상이 없어야 한다.

다) 장주공역에서의 장주비행 또는 이에 준하는 비행

  (1) 상승하강, 직선비행, 선회비행 등 이에 준하는 비행결과 제반 장치에 이상이 없이 비행이 가능하여야 한다.

다. 설계 및 구조 기준

1) 기계제작은 계산 또는 이에 준하는 방법에 의한 시험으로 안전성을 증명하여야 한다.

2) 임의의 결함이나 손상이 발생되어도 그로 인하여 구조적인 안전성이 훼손되어서는 아니 된다.

라. 운용기준

1) 운용한계 및 기본적 설비

무인비행장치의 조작·제어방법·긴급조치 및 운용한계와 필수 장비 및 장비 점검에 관한 운용규정이 있어야 한다.

2) 식별성

무인비행장치의 외부에 다른 장치를 부착할 경우에는 명확하게 식별될 수 있는 것이어야 하되, 운항에 장해가 되어서는 아니 된다.

3) 수 리

무인비행장치 점검 시 기술기준에 적합하지 아니하는 손상·퇴화 등이 확인된 경우에는 비행을 중지하고 신속하게 수리하여야 한다.

별표 7 새로운 형태의 비행장치 시험비행 운용기준

1. **일 반**

  1.1 적 용

    가. 이 규정은 제2조 제4호에 따라 연구·개발 중에 있는 새로운 형태의 초경량비행장치를 위한 시험비행의 허가요건과 절차에 관한 세부적인 사항을 규정한다.

  1.2 정 의

    이 규정에서 사용하는 용어의 정의는 다음과 같다.

    가. "시험비행"이란 규칙 제304조 제1항 제1호에 따른 연구·개발 중에 있는 비행장치의 안전성을 평가하기 위한 비행을 말한다.

    나. "시험비행 심의위원회"란 국토교통부장관에게 신청된 비행장치의 안전성에 대해 전문가의 심의가 필요하다고 판단될 시 운영하는 전문가 위원회를 말한다.

    다. "위험도 평가"란 국토교통부장관이 시험비행을 신청한 비행장치의 위험도를 평가하여 제7조에 따라 운용범위 등을 제한하기 위한 평가절차를 말한다.

    라. "순차적 비행시험"이란 비행장치의 위험도를 감안하여 무인비행시험 후 유인시험비행 등 순차적으로 시험비행을 하는 절차를 말한다.

2. **시험비행 허가의 요건 및 절차**

  2.1 시험비행의 신청 등

    가. 규칙 제304조 제1항 제1호에 따라 연구·개발 중인 새로운 형태의 비행장치의 시험비행을 허가 받으려는 자는 이 규정 제6조 제3항 각 호의 자료에 규칙 별지 119호의 신청서를 첨부하여 국토교통부장관에게 제출하여야 한다.

    나. 국토교통부장관은 시험비행 허가를 위한 구비서류의 미비 등 흠이 있는 경우에는 보완에 필요한 상당한 기간을 정하여 지체 없이 신청인에게 보완을 요청하여야 한다.

    다. 국토교통부장관은 신청인이 기간 내에 보완을 하지 아니하였을 때에는 그 이유를 구체적으로 밝혀 신청을 반려할 수 있고, 이 경우 신청인의 요청이 있으면 신청서를 되돌려 보내야 한다.

  2.2 시험비행 심의위원회의 구성

    가. 국토교통부장관은 이 규정에 따른 시험비행의 허가와 관련하여 해당 비행장치의 안전성에 대해 신청자가 제출한 입증서류를 객관적이고 전문적으로 평가하고 평가된 위험도에 따라 시험비행의 제한사항 부여 등을 위하여 시험비행 「심의위원회」 (이하 "위원회"라 한다)를 구성하여 허가여부를 심의하게 할 수 있다.

나. 위원회는 다음 각 호의 자 중에서 국토교통부장관이 위촉한 3인 이상 5인 이내의 위원으로 구성하고, 위원회의 위원장은 위원 중 1명을 선출하며, 간사는 국토교통부 소속 담당 공무원으로 한다.

    1) 4년제 대학에서 전임강사 이상으로 5년 이상의 관련분야 연구경력이 있는 자

    2) 국공립 연구기관의 관련분야 박사급 이상인 자

    3) 검사관 등의 자격이 있는 자로서 관련분야에 경험이 풍부한 자

    4) 전문검사기관 등에서 10년 이상 해당 분야에 근무한 자

    5) 정부기관, 법령에 의한 인증업무 수행기관 등에서 해당 분야와 관련된 보직에 있는 자

    6) 기타 위와 동등 이상의 자격이 있다고 국토교통부장관이 인정하는 자

2.3 심의위원회의 운영

가. 위원회의 회의는 국토교통부장관이 소집하고, 위원장을 포함하여 최소 3인 이상의 출석으로 개의하되, 참석위원의 과반수 이상의 합의로 의결한다.

나. 위원회는 표 1의 위험도 평가의 기준에 따라 시험비행의 안전성을 심의하고 결과를 신청일로부터 70일 이내에 국토교통부장관에게 제출하여야 한다.

다. 위원회는 필요시 관련 전문검사기관 등에 기술자문을 요청할 수 있다.

라. 위원장은 심의를 위해 필요하다고 판단되면 신청인 또는 이해관계자의 의견청취 및 시험비행 대상인 비행장치를 검사 할 수 있다.

마. 위원회 확인결과 시험비행을 위해 제출된 자료 이외에 불안전 요인이 추가로 발견되었을 시에는 재심의를 할 수 있으며, 이 경우 재심의에 소요되는 기간은 허가처리기간에 산입하지 아니한다.

2.4 심의위원회의 공정성 보장 등

가. 위원회 위원이 신청인과 동일기관에 속해있거나, 신청일 당시 공동연구를 진행하는 등 위원회의 공정성과 독립성에 영향을 미칠 우려가 있는 경우 위원 활동에 참여할 수 없다.

2.5 시험비행의 허가

가. 국토교통부장관은 2.3의 나.에 따라 위원회에서 제출한 심의결과가 적합한 경우에는 정해진 기간 이내에 시험비행 허가여부를 신청자에게 알려야 한다. 다만, 비행장치의 위험도 평가에 추가시간이 필요할 경우 신청자와 협의하여 시험비행 허가 처리기간을 연장할 수 있다.

나. 국토교통부 장관은 이 규정 제7조 제1항에 따라 비행장소 및 고도, 안전확인을 위한 순차적 비행절차, 기타 안전사항 등을 제한하여 시험비행을 허가할 수 있다.

2.6 시험비행 허가서 변경 및 연장

　가. 시험비행 허가서의 비행계획을 변경하거나, 유효기간을 연장하고자 하는 사람은 신청서 및 변경사항을 증명하는 서류를 첨부하여 국토교통부장관에게 제출하여야 하며, 허가절차는 신규 신청 시와 같다.

2.7 시험비행 허가취소

　가. 국토교통부장관은 시험비행 중 제한사항을 위반하거나, 신고치 않은 위험요소가 발견되었을 때에는 시험비행 허가를 취소할 수 있으며 이 경우 허가를 받은 자에게 지체 없이 통보하여야 한다.

　나. 국토교통부장관은 가.항에 따라 허가 취소 여부를 검토하기 위해 필요한 경우 위원회의 심의 절차를 거칠 수 있다.

3. 수 당

3.1 위원회 등에 참여한 관계 전문가 등에게는 예산의 범위에서 수당·여비, 그 밖에 필요한 경비를 지급할 수 있다. 다만, 공무원이 그 소관 업무와 직접적으로 관련되어 업무를 수행한 경우에는 그러하지 아니하다.

■ [표 1] 새로운 형태의 비행장치에 대한 위험도 평가점검표

구 분	순번	위험도 평가항목	배 점	매우 높음	높 음	중 간	낮 음	매우 낮음
비행장치 안전	1	비행장치가 비행이 가능한 최대 이륙중량으로 설계되고, 안정된 자세로 비행가능토록 설계되었는가?	15					
	2	비행장치는 설계와 일치되게 제작되었는가?	10					
	3	비행 시 하중이 집중되는 부분(동력장치 연결부위, 인원탑승부위 등)의 구조적 안전성에 문제가 없는가? * 최대 이륙중량 이상의 하중이 가해져도 변형이 없어야 함	10					
	4	조종시스템은 시험비행 예정지역 환경 및 비행거리 범위에서 안정되게 작동됨(지상점검)이 확인되는가?	10					
	5	지상에서의 작동시험 결과 비정상작동은 없는가?(의도치 않은 진동 및 오작동 등)	10					
	6	주요부품(동력장치, 프로펠러, 비행조종 시스템 등)에 대한 신뢰성은 확보 되었는가?(주요부품별 작동시험 결과서 제출)	5					
	7	작동 중 부품폭발 등으로 인한 피해가능성이 있는가?(폭발가능성이 있는 부품에 대한 해당부품관련 전문검사기관의 인증서 또는 자체시험 검사서 제출)	5					

구 분	순번	위험도 평가항목	위험도 평가점수					
			배 점	매우 높음	높 음	중 간	낮 음	매우 낮음
시험 비행 안전	1	조종자는 조종절차에 대해 충분히 숙련되었는가?(모의 비행훈련 수행결과 제출)	10					
	2	시험비행계획은 안전을 고려하여 수립 되었는가?(비행항로 및 기상 등 환경분석, 비상착륙에 대한 대비책, 지상 시험 후 비행시험계획 등)	5					
	3	비상상황 발생 시 대처방안은 수립 되었는가?(지상 감시인원 배치, 구급차 및 소방차 대기 등)	5					
	4	탑승자 안전대책은 수립 되었는가? (안전벨트 및 보호장구, 비상착륙 낙하산 장착 등)	5					
	5	비상상황에 대한 안전대책은 실효성 있게 마련되어 있는가?(조종불가 상황 시 자동 착륙 및 외부 조종 기능 등)	10					
평가결과			100					

※ 각 평가항목 별 배점을 5등분하여 평가점수를 부여함

▎[표 2] 위험도 평가결과에 따른 시험비행 운용기준

위험도 평가결과	허가 판정	위험도 평가결과에 따른 시험비행 허가 제한사항
60점 이하	시험비행 불가	불안전요소 수정조치 후 자료 보완 제출(불안전요소 수정사항에 대해 재심의 필요)
61 ~ 70점	시험비행 가능	• 인구밀집지역이 없는 지역에서 비행 가능 • 지상작동 시험과 무인시험비행 결과 비행안전에 문제가 없는 경우에 한하여 유인시험비행 가능
71 ~ 80점		• 주변에 인구밀집지역은 있으나, 비상통제실 등 일정요건을 갖춘 시험장에서 비행가능 • 지상작동과 무인비행 결과 비행안전에 문제가 없는 경우에 한하여 유인시험비행 가능(단, 고고도 비행불가)
81 ~ 90점		• 드론 전용 비행시험장 등 주변 인구밀집지역은 있으나, 비상통제실 등 일정요건을 갖춘 시험장에서 비행가능 • 지상작동과 무인비행 후 유인시험비행 가능(고고도 비행가능)
91 ~ 100점		인구 밀집지역 주변에 위치하고 있으나, 외부간섭이 없는 건축물 안에서의 시험비행 가능

※ 모든 시험비행은 2.5 나.항에 의해 부여된 비행제한사항 준수 하에 비행하여야 하며, 표 1에 따른 평가결과 총점 60점 이상으로 시험비행이 가능하더라도 심의위원회 판단결과 안전에 심각한 영향을 줄 수 있다고 판단될 시에는 시험비행을 제한 할 수 있다.

3 ✈ 초경량비행장치 안전성인증 업무 운영세칙(19.06.24 개정)

초경량비행장치 안전성인증 업무 운영세칙

2017.10.30. 제정
2018.02.27. 개정
2018.06.05. 개정
2018.07.06. 개정
2019.06.24. 개정

제1장 총 칙

제1조(목적) 이 초경량비행장치 안전성인증 업무 운영세칙(이하 "세칙"이라 한다)은 항공안전법(이하 "법"이라 한다) 제124조에 따라 초경량비행장치의 안전성인증 신청 절차, 안전성인증 방법 및 안전성인증서 등에 관하여 필요한 사항을 규정함을 목적으로 한다.

제2조(정의) 이 세칙에서 사용하는 용어의 정의는 다음과 같다.

1. "안전성인증"이란 초경량비행장치가 국토교통부장관이 정하여 고시한 "초경량비행장치의 비행안전을 확보하기 위한 기술상의 기준(이하 "기술기준"이라 한다)"에 적합함을 증명하는 업무로서 초경량비행장치의 비행안전을 확보하기 위하여 제작자가 제공한 서류와 설계, 제작 및 정비관련 기록, 초경량비행장치의 상태 및 비행성능 등을 확인하여 인증하는 것으로 다음과 같이 구분된다.

   가. 초도인증 : 국내에서 설계·제작하거나 외국에서 국내로 도입한 초경량비행장치의 안전성인증을 받기 위하여 최초로 실시하는 인증

   나. 정기인증 : 안전성인증의 유효기간 만료일이 도래되어 새로운 안전성인증을 받기 위하여 실시하는 인증

   다. 수시인증 : 초경량비행장치의 비행안전에 영향을 미치는 대수리 또는 대개조 후 기술기준에 적합한지를 확인하기 위하여 실시하는 인증

   라. 재인증 : 초도, 정기 또는 수시인증에서 기술기준에 부적합한 사항에 대하여 정비한 후 다시 실시하는 인증

2. "검사원"이란 항공안전기술원(이하 "기술원"이라 한다) 원장이 초경량비행장치의 안전성인증 업무를 위하여 제5조에서 정한 기준에 따라 임명한 사람을 말한다.

3. "위촉검사원"이란 기술원 원장이 검사원 이외의 사람을 제6조에서 정하는 기준에 따라 위촉한 사람을 말한다.

4. "안전성점검표"란 초경량비행장치 종류별로 안전성인증 업무의 표준화와 효율적인 업무수행을 위하여 안전성인증을 위한 점검항목을 구체적으로 정한 표를 말한다.

5. "대수리(Major Repair)"란 초경량비행장치, 발동기, 프로펠러 및 장비품 등의 고장 또는 결함으로 중량, 평형, 구조강도, 성능, 발동기 작동, 비행특성 및 기타 품질에 상당하게 작용하여 감항성에 영향을 주는 것으로 간단하고 기초적인 작업으로는 종료할 수 없는 수리를 말한다.

6. "접수일"이란 신청자가 안전성인증 등의 신청서와 해당 첨부 서류를 빠짐없이 제출하고 수수료 납입을 완료한 날을 말한다.

7. "대개조(Major Alteration)"란 초경량비행장치, 발동기, 프로펠러 및 장비품 등의 설계서에 없는 항목의 변경으로써 중량, 평형, 구조강도, 성능, 발동기 작동, 비행특성 및 기타 품질에 상당하게 작용하여 감항성에 영향을 주는 것으로 간단하고 기초적인 작업으로 종료할 수 없는 개조를 말한다.

8. "안전성인증시스템"이란 신청자가 컴퓨터 및 정보통신망을 활용하여 이 세칙에서 규정하고 있는 방법 및 서식에 따라 안전성인증을 신청할 수 있으며, 기술원이 해당 신청서의 접수(반려), 인증 결과 처리 및 관련 자료를 보관할 수 있는 정보시스템 일체를 말한다.

9. "사업용 초경량비행장치"란 항공사업법 제70조 제4항 및 같은 법 시행규칙 제70조 제4항에 따른 초경량비행장치사용사업, 항공기대여업 및 항공레저스포츠사업에 사용되는 초경량비행장치로 영리용으로 신고된 것을 말한다.

10. "농업기계의 검정"이란 농업기계화 촉진법 제9조 및 같은 법 시행규칙 제3조에 따라 농림축산식품부령으로 정하는 농업기계에 대하여 농림축산식품부장관으로부터 받는 검정을 말한다.

11. "농업용 무인항공살포기"란 농업기계화 촉진법 시행규칙 제3조의2에 따른 액제 또는 입제 등의 살포장치를 부착하여 농약이나, 비료살포, 또는 파종 등의 농작업을 수행할 수 있도록 제작된 무인항공살포기를 말한다.

제3조(적용범위) ① 초경량비행장치 안전성인증의 시행 및 관리에 관하여 다른 법령이 정하는 것을 제외하고는 이 세칙을 따른다.

② 이 세칙에서 정하는 안전성인증 대상은 항공안전법 시행규칙(이하 "규칙"이라 한다) 제305조 제1항에 따른 초경량비행장치를 말한다.

제4조(서식의 통일) 안전성인증에 사용되는 서식은 특별한 경우를 제외하고는 이 세칙에서 정한 서식을 사용하여야 한다.

제2장 비행장치 안전성인증

제5조(검사원자격 및 임명) ① 초경량비행장치의 안전성인증 업무를 수행하는 검사원은 법 제31조 제2항 각 호의 어느 하나에 해당하는 사람 또는 항공관련 이공계열 학사 이상의 학위를 취득한 사람이어야 한다.

② 기술원 원장은 제1항에 해당하는 사람 중에서 검사원을 임명하여야 한다.

③ 제2항에 따른 검사원은 기술원 원장이 정하는 교육을 이수하여야 한다.

④ 검사원은 기술원 임직원 행동강령을 숙지하고 준수하여야 하며, 기술원에서 실시하는 윤리·청렴교육을 매년 최소 1회 이상 이수하여야 한다.

제6조(위촉검사원) ① 기술원 원장은 제5조 제1항에 해당하는 전문가를 위촉검사원으로 위촉하여 초경량비행장치 안전성인증 업무를 수행하게 할 수 있다.

② 기술원 원장은 제1항에 따라 위촉된 위촉검사원이 다음 각 호의 어느 하나에 해당하는 때에는 그 위촉을 취소할 수 있다.

1. 허위 또는 그 밖에 부정한 방법으로 위촉을 받은 때

2. 과실로 인하여 주요한 항공사고를 발생시킨 때

3. 법 또는 법에 의한 명령이나 처분에 위반한 때

4. 안전성인증 업무를 위한 지원 요청을 정당한 사유 없이 3회 이상 거부한 때

제7조(검사원 또는 위촉검사원의 업무) 검사원 또는 위촉검사원은 초경량비행장치 안전성인증 업무를 수행할 때 다음 각 호의 사항을 확인하여야 한다.

1. 해당 초경량비행장치의 제원 및 성능에 관한 사항

2. 해당 초경량비행장치의 안전성에 관한 사항 등

제8조(안전성인증) ① 기술기준에 적합하다는 안전성인증(이하 "안전성인증"이라 한다)을 받고자 하는 자는 별지 제1호 서식의 초경량비행장치 안전성인증 신청서를 작성하여 기술원 원장에게 신청하여야 한다.

② 기술원 원장은 제1항에 따른 안전성인증 신청을 받은 때에는 별지 제2호 서식의 초경량비행장치 안전성인증 신청서 접수대장을 작성하여 갖춰두거나, 안전성인증시스템에 해당 접수대장의 내용을 작성·보관하고 이를 관리하여야 한다.

③ 제1항에 따라 안전성인증을 신청하는 경우에는 해당 인증에 필요한 다음 각 호의 서류(한글 또는 영어로 작성된 서류)를 첨부하여야 한다. 다만, 제1호 및 제2호의 서류를 기술원이 보유하고 있는 경우에는 제출하지 않아도 된다.

1. 초경량비행장치 설계서 또는 설계도면

2. 초경량비행장치 부품표

3. 별지 제3호부터 제4호까지 서식 중 해당되는 비행 및 주요 정비 현황

4. 별지 제5호부터 제11호까지 서식 중 해당되는 성능검사표

5. 별지 제12호 서식의 초경량비행장치의 비행안전을 확보하기 위한 기술상의 기준 이행완료 제출문(초경량비행장치 비행안전을 확보하기 위한 기술상의 기준에 적합함을 인정할 수 있는 별도의 서류를 제출한 경우에는 제외한다)

6. 별지 제13호 서식의 작업 지시서(단, 해외에서 완제기로 도입하거나 행글라이더, 패러글라이더 및 낙하산류는 제외한다)

7. 별지 제13호의2 서식의 성능개량을 위한 변경 항목 목록표(해당되는 경우)

④ 신청서는 안전성인증시스템을 통해 제출하며, 시스템에 로그인한 신청자의 경우 신청 서명을 생략할 수 있다. 다만, 신청자가 안전성인증시스템 사용이 어렵거나, 안전성인증시스템의 수리 등으로 신청이 불가한 경우 우편, 전자우편 또는 팩스(FAX)를 이용하여 제출할 수 있다.

⑤ 초도 안전성인증을 받고자 하는 자는 제3항 제1호, 제2호, 제5호, 제6호 및 제7호의 서류를 제출하고, 이를 근거로 발급되는 별지 제14호 서식의 초경량비행장치 임시 안전성인증서를 받아 시험비행을 실시한 후 제3항 제4호의 서류를 제출하여야 하며, 사용하던 초경량비행장치를 도입한 경우에는 제3항 제3호의 서류도 함께 제출한다.

⑥ 정기 안전성인증을 받고자 하는 자는 제3항 제3호, 제4호 및 제7호의 서류를 제출하여야 한다.

⑦ 안전성인증 유효기간이 경과하여 인증을 받고자 하는 자는 제3항 제3호의 서류를 근거로 발급되는 별지 제14호 서식의 초경량비행장치 임시 안전성인증서를 받아 시험비행을 실시한 후 제3항 제4호 서류를 작성하여 제출하여야 한다.

⑧ 수시 안전성인증을 받고자 하는 자는 제3항 제1호, 제2호, 제5호, 제6호 및 제7호의 서류를 근거로 발급되는 별지 제14호 서식의 초경량비행장치 임시 안전성인증서를 받아 시험비행을 실시한 후 제3항 제4호의 서류를 작성하여 제출하여야 한다.

⑨ 무인멀티콥터의 경우 성능에 영향을 주는 항목(별지 제13호의3의 성능개량을 위한 항목)을 교환하여 성능개량이 이루어진 경우에는 별지 제13호의2 서식의 성능개량을 위한 변경 항목 목록표를 제출하여야 한다. 다만, 그 외 부품교환 시에는 부품교환에 따른 재안전성인증을 필요로 하지 아니한다.

제9조(검사원 지정) 기술원 원장은 검사원 또는 위촉검사원 중에서 안전성인증 업무를 수행할 2명을 지정하여야 한다. 다만, 검사원 또는 위촉검사원의 부족 등 불가피한 경우에는 1명만 지정할 수 있다.

제10조(서류심사 및 안전성인증 일정 통보) ① 기술원 원장은 제8조에 따른 안전성인증 신청을 받은 경우에는 제출된 서류의 이상 유무를 확인하고 문제점이 없다고 판단되는 경우에는 안전성인증 접수일로부터 5근무일 이내에 안전성인증 일정을 신청자에게 통지하여야 한다. 다만, 기술원의 인증시설(검사소 등)에 입고하여 인증을 받는 경우에는 통지를 생략할 수 있다.

② 기술원 원장은 안전성인증 접수일로부터 7근무일 이내에 안전성인증을 실시하여야 한다. 다만, 부득이하여 신청자와 인증일정을 별도로 협의하여 정한 경우에는 예외로 한다.

제11조(안전성인증 준비) 초경량비행장치 안전성인증을 받고자 하는 자는 필요한 경우 인증 장소 및 장비 등을 제공하여야 하며, 해당 초경량비행장치에 대한 다음 각 호의 자료를 제시하여야 한다.

1. 초경량비행장치의 제원 및 성능 자료
2. 제작자의 기술도서 및 조종 설명서
3. 초경량비행장치의 설계서 또는 설계도면, 부품표 자료
4. 외국정부 또는 국제적으로 공인된 기관의 안전성인증 관련 자료(해당되는 경우만 제시한다)

제12조(안전성인증 기준) 기술원 원장이 초경량비행장치 안전성인증을 하고자 하는 때에는 국토교통부장관이 고시한 기술기준에 따라 별지 제15호부터 별지 제23호까지의 서식 중 해당되는 안전성점검표를 작성하고 적합 여부를 판단하여야 한다.

제13조(안전성인증 및 판정기준) ① 검사원 또는 위촉검사원은 별지 제15호부터 별지 제23호까지의 서식 중 해당되는 안전성점검표에 따라 각 항목별로 점검을 실시하고 적합 또는 부적합 판정을 하여야 한다.

② 인증 대상별 안전성인증의 합격 기준은 다음 각 호와 같다.

1. 안전성 등이 기술기준에 적정할 것
2. 성능 및 품질이 기술기준에 의한 설계목적에 부합될 것
3. 구조 및 규격이 기술기준에 의한 설계와 동일할 것
4. 사용된 부품 및 원재료가 제출된 부품표의 품목과 동일할 것
5. 규칙 제5조에 따른 중량 이내일 것
6. 삭제

③ 초경량비행장치를 인증한 검사원 2명 중 1명이 해당 초경량비행장치에 대하여 불합격 판정을 하였을 경우에는 불합격으로 처리하여야 한다.

제14조(재인증) ① 기술원 원장은 부적합한 사항 등으로 안전성인증 결과 불합격으로 판정한 초경량비행장치에 대하여 3근무일 이내에 별지 제24호 서식의 초경량비행

장치 안전성인증 재인증 통지서에 그 사유와 정비·수정 및 보완 또는 추가확인이 요구되는 사항 등을 포함한 안전성인증 결과를 신청자에게 통지하여야 한다.

② 제1항의 통지를 받은 자는 해당 초경량비행장치의 불합격 판정을 받은 부적합 항목에 대하여 정비·수정 및 보완을 한 후 기술원 원장에게 별지 제1호 서식의 초경량비행장치 안전성인증 재인증 신청서를 작성하여 불합격 통지일로부터 6개월 이내에 신청하여야 한다.

③ 기술원 원장은 제2항에 따른 재인증 신청을 받은 경우에는 접수일로부터 7근무일 이내에 재인증을 하여야 한다. 다만, 부득이 하여 신청자와 안전성인증 일정을 별도로 협의한 경우에는 예외로 한다.

④ 재인증은 해당 초경량비행장치의 불합격 판정을 한 부적합 항목에 국한하여 안전성인증 및 점검하는 것을 원칙으로 하되, 제2항에 따른 재인증 신청기간을 경과하여 재인증 신청을 하는 경우에는 정기 안전성인증 항목에 불합격된 항목을 포함하여 안전성인증을 실시한다.

제15조(수시 안전성인증) ① 초경량비행장치 소유자가 안전성인증의 유효기간 이내에 초경량비행장치의 비행안전에 영향을 미치는 대수리 또는 대개조를 하였을 경우에는 기술원 원장으로부터 수시 안전성인증을 받아야 한다. 다만, 같은 부품으로 교환하는 경우에는 수시 안전성인증 대상에서 제외한다.

② 제1항에 따른 수시 안전성인증에 관하여는 제8조부터 제14조까지를 준용한다.

제16조(안전성인증서 발급 등) ① 기술원 원장은 안전성인증 결과 초경량비행장치가 기술기준에 적합하다고 판정을 하였을 때에는 별지 제25호 서식의 초경량비행장치 안전성인증서를 신청자에게 발급하여야 한다. 다만, 검사원은 신청자의 편의를 도모하기 위하여 미리 초경량비행장치 안전성인증서 등을 휴대하여 현지에서 교부할 수 있다. 이 경우 기술원 원장은 안전성인증 완료일로부터 3근무일 이내에 신청자에게 초경량비행장치 안전성인증서가 발급되었음을 통지하여야 한다.

② 안전성인증의 유효기간은 영리용의 경우 발급일로부터 1년으로 하고, 비영리용의 경우 2년으로 한다.

③ 정기 안전성인증의 경우 안전성인증 유효기간 만료일 전 30일 이내에 접수하여 합격판정을 받은 경우에는 종전 안전성인증 유효기간 만료일의 다음날부터 기산한다.

④ 수시 안전성인증에 대한 안전성인증의 유효기간은 종전의 안전성인증 유효기간으로 한다.

⑤ 초경량비행장치의 소유자가 초경량비행장치 안전성인증서를 분실 또는 훼손 등의 사유로 재발급을 받고자 하는 경우나 영문 안전성인증서를 발급받고자 하는 경우에는 기술원 원장에게 별지 제26호 서식의 초경량비행장치 안전성인

증서 발급 신청서를 제출하여야 한다.

⑥ 기술원 원장은 제5항에 따른 초경량비행장치 안전성인증서 재발급 신청서를 접수한 때에는 그 내용을 확인하여 타당하다고 인정되는 경우 3근무일 이내에 초경량비행장치 안전성인증서를 재발급하여야 한다.

제17조(임시로 발급할 수 있는 안전성인증서 등) ① 기술원 원장은 다음 각 호에 해당하는 초경량비행장치가 시험비행(안전성인증을 위한 이동비행을 포함한다) 등을 위하여 안전성인증을 신청한 경우 신청자가 제시한 운용범위 등을 검토하여 안전하게 비행할 수 있다고 판단되는 경우에는 별지 제14호 서식 안전성인증서(임시)를 발급할 수 있다.

1. "초경량비행장치 비행안전을 위한 기술상의 기준"에 따라 국내 또는 국외에서 제작되어(제작 중인 것을 포함한다) 최초로 안전성인증을 신청한 초경량비행장치

2. 안전성인증서의 효력을 상실하였거나 유효기간이 경과하여 정기·수시·재인증을 신청한 초경량비행장치

② 임시로 발급하는 초경량비행장치 안전성인증서의 유효기간은 10일 이내로 하며, 다음 각 호의 제한사항을 명시하여 발급하여야 한다. 다만, 제1항 제1호의 초도 안전성인증의 경우는 30일 이내로 한다.

1. 비행지역 및 경로

2. 비행목적 외의 비행 금지

3. 그밖에 안전한 비행을 위해 필요한 사항

③ 임시로 발급하는 안전성인증서의 유효기간이 경과한 후에 비행 점검 등이 추가적으로 필요한 경우 1회에 한하여 안전성인증서를 임시로 발급할 수 있다. 다만, 기상악화 등 시험비행이 불가한 경우에는 추가적으로 발급할 수 있다.

제18조(서류보존) 기술원 원장은 초경량비행장치 안전성인증 신청서 접수대장은 10년, 신청 관련 구비서류는 5년간 보존하여야 한다. 다만, 안전성인증시스템과 같이 컴퓨터 등 전산정보처리장치로 보관·관리가 가능한 경우는 해당 장치로 보존할 수 있다.

제19조(농업기계의 검정과 관련된 사항) ① 무인동력비행장치 중 농업기계화촉진법에 따라 "농업기계의 검정" 대상인 "농업용 무인항공살포기"는 안전성인증 신청 시 농업기계화촉진법 시행규칙 별지 제2호 서식 "농업기계 검정신청서"를 기술원으로 함께 제출할 수 있다.

② 기술원 원장은 안전성인증 신청과 함께 농업기계 검정신청서가 제출된 경우 해당 농업기계 검정 신청서를 검정기관인 농업기술실용화재단으로 송부한다.

③ 신청자가 안전성인증과 농업기계 검정을 동시 또는 연계하여 받을 것을 요청하는 경우 기술원 원장은 제10조에 따른 서류심사가 완료된 이후 신청자 및 농업기술실용화재단과 협의하여 일자 및 장소를 신청자에게 통지하여야 한다. 다만, 신청자 및 인증·검정기관이 일자 및 장소 등의 변경을 요청할 경우 재협의를 통해 이를 변경할 수 있다.

제3장 수수료 등

제20조(수수료) ① 초경량비행장치 안전성인증과 관련된 수수료는 항공안전법 제136조 및 같은 법 시행규칙 제321조에 따른다. 다만, 안전성인증서(임시)의 발급 수수료는 면제한다.

② 안전성인증을 위하여 현지출장이 필요한 때에는 그 출장에 드는 여비를 신청자가 납부하여야 한다. 이 경우 여비의 기준은 기술원의 "여비규정"에 따른다.

③ 제14조 제2항에 따른 재인증 신청기간을 경과하여 신청하는 경우에는 정기 안전성인증 수수료를 납부하여야 한다.

제21조(수당 등) ① 기술원 원장은 위촉검사원이 안전성인증을 수행한 경우에는 소요경비(운임, 일비, 식비, 숙박비(해당하는 경우에 한함)) 및 수당을 지급할 수 있다.

② 제1항의 소요경비 및 수당은 기술원의 "여비규정" 및 "전문가활용비지급지침"을 준용한다.

부 칙

제1조(시행일) 이 세칙은 2017년 11월 03일부터 시행한다.

부 칙

제1조(시행일) 이 세칙은 2018년 02월 27일부터 시행한다.

부 칙

제1조(시행일) 이 세칙은 2018년 06월 05일부터 시행한다.

제2조(용어) 제1조의 시행일로부터 항공안전법 등 관련법령에 따라 "안전성인증검사업무" 등을 "안전성인증 업무" 등으로 적용하여 이 세칙을 시행한다.

부 칙

제1조(시행일) 이 세칙은 2018년 07월 06일부터 시행한다.

부 칙

제1조(시행일) 이 세칙은 2019년 06월 24일부터 시행한다.

별지 제1호 서식

(앞 면)

초경량비행장치 안전성인증 신청서
(□초도 · □정기 · □수시 · □재인증)

소유자	① 성 명(명 칭)		② 신 고 번 호	
	③ 연 락 처			
초경량비행장치	④ 종 류		⑤ 형 식	
	⑥ 제 작 번 호		⑦ 발 동 기 형 식	
	⑧ 제 작 일 자			
	⑨ 제 작 자 주 소			
	⑩ 제 작 자			
	⑪ 키 트 제 작 자			
	⑫ 설 계 자			
	⑬ 인 증 희 망 장 소			

위의 초경량비행장치는 항공안전법 제124조 및 같은 법 시행규칙 제305조에 따라 초경량비행장치 안전성인증을 받고자 관계서류를 첨부하여 신청합니다.

년   월   일

신청자 :   (서명 또는 인)

연락처 :

항공안전기술원장 귀하

구비서류	수수료
1. 초도인증 　가. 초경량비행장치 설계서 또는 설계도면 　나. 초경량비행장치 부품표 　다. 비행 및 주요 정비 현황(해당 시 별지 제3호 또는 제4호 서식) 　라. 성능검사표(별지 제5호부터 제11호 서식 중 해당되는 서식) 　마. 초경량비행장치 비행안전을 확보하기 위한 기술상의 기준 이행완료제출문 　　　(별지 제12호 서식) 　바. 작업 지시서(별지 제13호 서식) 　사. 성능개량을 위한 변경 항목 목록표(해당 시 별지 제13호의2 서식) 2. 정기인증 : 제1호 중 다목, 라목 및 사목(해당 시)의 서류 3. 수시인증 : 제1호 중 다목을 제외한 해당되는 서류 4. 재인증 : 제1호 중 라목 및 바목의 서류	초경량비행장치 안전성인증 업무 운영세칙 제20조

이 신청서는 아래와 같이 처리됩니다.

(뒷 면)

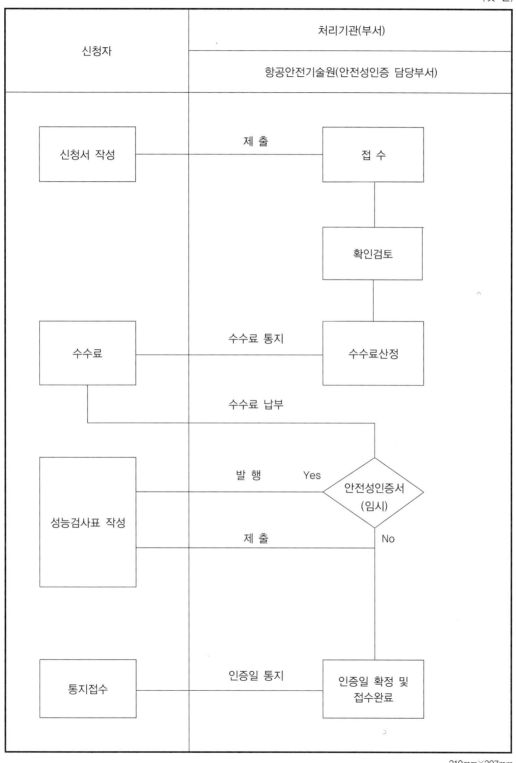

210mm×297mm
모조지 54g/m² 이상

별지 제2호 서식

초경량비행장치 안전성인증 신청서 접수대장

신청 번호	신청일	접수 번호	접수일	성명/ 회사	신고 번호	종 류	형식명	인증 구분	인증 일자	인증 장소	인증 결과	인증서 번호

210mm×297mm
모조지 54g/m^2 이상

별지 제3호 서식

비행 및 주요 정비 현황

(동력 및 회전익비행장치, 동력패러글라이더, 무인동력비행장치, 무인비행선)

비행현황

최근 인증 이후 비행시간		누적 비행시간	

주요 정비 현황

순 번	정비내역	실시일자	기체시간	비 고
			발동기시간	

210mm×297mm

모조지 54g/m^2 이상

별지 제4호 서식

비행 및 주요 정비 현황

(기구류, 행글라이더, 패러글라이더, 낙하산)

비행현황

최근 인증 이후 비행시간 (낙하산 강하횟수)		누적 비행시간 (낙하산 강하횟수)	

주요 정비 현황

순 번	정비내역	실시일자	기체시간 (강하횟수)	비 고

210mm×297mm
모조지 54g/m² 이상

별지 제5호 서식

성능검사표
(동력 및 회전익비행장치)

설계자 Aircraft Designer						
시험비행 조종자 성명 Test Pilot						
자체중량 Basic Empty Weight			최대 이륙중량 MTOW			
무게중심 위치 Center of Gravity (정기 제외 단, 형상변경 및 장비 추가장 착으로 현저한 무게 변화의 경우)	허용범위 Range	전방 Forward			후방 Rear	
	근거 Reference					
	측정위치 Position	하중 Weight		거리 Length	모멘트 Moment	
	전륜/후륜 Nose/Tail Wheel					
	주륜 Main Wheel					
	총무게 Total Weight			총모멘트 Total Moment		

구조한계 Structural Limitation	극한하중계수 Ultimate 'G' Load Factor	양/음 Pos/Neg	+ / −

조종면/회전익 작동각도 Control Deflections (정기 제외)	승강타/회전익 Elev/Rotor	상향 Up		하향 Down	
	방향타 Rudder	우향 Right		좌향 Left	
	도움날개 Ailerons	우측상향 R/H Up		우측하향 R/H Down	
		좌측상향 L/H Up		좌측하향 L/H Down	
	보조날개 Flaps	이륙 T/O		착륙 L/D	

지시속도 Speed Indicated	실속속도 Stall Speed	Vs	
	순항속도 Cruise Speed	Vc	
	최대 상승률 Best Rate of Clamb	RoC	
	이륙속도 Take Off Speed	V1	
	착륙진입속도 Approach Speed	Vat	
	최대 기동속도 Indicated Max Maneuvering Speed	Va	
	초과금지속도 Indicated Never Exceed Speed	Vne	

※ 신청자(또는 소유자)는 지상활주 및 장주비행 또는 이에 준하는 비행을 하여 성능검사표를 작성·제출한다(해당되지 않는 항목의
경우 "해당무"로 표기한다).

별지 제5호의2 서식

성능검사표
(동력패러글라이더)

설계자 Aircraft Designer						
시험비행 조종자 성명 Test Pilot						
자체중량 Basic Empty Weight (가장 무거운 캐노피 기준)		착륙장치 유무(트라이크) Landing Gear(Trike)		☐ 유 Yes		☐ 무 No

구조 한계 Structural Limitation	극한하중계수 Ultimate 'G' Load Factor		양/음 Pos/Neg	+ / −

발동기 제작자 Motor Maker		모델번호 Model		일련번호 Serial #	
프로펠러 제작자 Prop. Maker		모델번호 Model		일련번호 Serial #	

캐노피 #1 Canopy #1	제작자 Manufacturer		인증규격/등급※ Application Standard/Classes	
	모델/사이즈 Model/Size		일련번호 Serial Number	
	제작일자(연월) Year and Month of Manufacture		비행 최대 중량 Maximum Total Weight in Flight	
캐노피 #2 Canopy #2	제작자 Manufacturer		인증규격/등급※ Application Standard/Classes	
	모델/사이즈 Model/Size		일련번호 Serial Number	
	제작일자(연월) Year and Month of Manufacture		비행 최대 중량 Maximum Total Weight in Flight	
캐노피 #3 Canopy #3	제작자 Manufacturer		인증규격/등급※ Application Standard/Classes	
	모델/사이즈 Model/Size		일련번호 Serial Number	
	제작일자(연월) Year and Month of Manufacture		비행 최대 중량 Maximum Total Weight in Flight	
비상낙하산※ Emergency Parachute	제작자 Manufacturer		인증규격※ Application Standard	
	모델/사이즈 Model/Size		일련번호 Serial Number	
	제작일자(연월) Year and Month of Manufacture		비행 최대 중량 Maximum Total Weight in Flight	
	하강률 Descent Rate.		최근 재포장 일자 Latest Repacking Date	

※ 신청자(또는 소유자)는 지상활주 및 장주비행 또는 이에 준하는 비행을 하여 성능검사표를 작성·제출한다(해당되지 않는 항목의 경우 "해당무"로 표기한다).

※ 영리용의 경우 비상낙하산을 갖추어야 하며, 캐노피와 비상낙하산은 기술기준에 따라 인증된 제품이어야 한다.

별지 제6호 서식

성능검사표
(무인동력비행장치)

설계자 Aircraft Designer					
시험비행 조종자 성명 Test Pilot	내부조종사			외부조종사	
자체중량 Basic Empty Weight			최대 이륙중량 MTOW		
항속시간 Endurance			항속거리 Range		
무게중심 위치 Center of Gravity (멀티콥터류 및 정기 제외 단, 형상변경 및 장비 추가장착으로 현저한 무게 변화의 경우는 표기)	허용범위 Range	전방 Forward		후방 Rear	
	근거 Reference				
	측정위치 Position	하중 Weight	거리 Length	모멘트 Moment	
	전륜/후륜 Nose/Tail Wheel				
	주륜 Main Wheel				
	총무게 Total Weight		총모멘트 Total Moment		

구조한계 Structural Limitation	극한하중계수 Ultimate 'G' Load Factor		양/음 Pos/Neg	+ / −

조종면/회전익 작동각도 Control Deflections (정기 및 멀티콥터류 제외)	승강타/회전익 Elev/Rotor	중립 Neutral	상향 Up		하향 Down	
	방향타 Rudder	중립 Neutral	우향 Right		좌향 Left	
	도움날개 Ailerons	우측상향 R/H Up		우측하향 R/H Down		
		좌측상향 L/H Up		좌측하향 L/H Down		
	보조날개 Flaps	이륙 T/O		착륙 L/D		

발동기 제작자 Motor Maker		모델번호 Model		일련번호 Serial #	
프로펠러 제작자 Prop. Maker		모델번호 Model		일련번호 Serial #	
회전익 제작자 Rotor Maker		모델번호 Model		일련번호 Serial #	

통신장비 Communication Devices	송수신기 인가 여부 Certification		☐ Yes		☐ No			
	송신기 Trans.	내부조종자 Internal	제작자 Maker		모델명 Model		일련번호 SN	
		외부조종자 External	제작자 Maker		모델명 Model		일련번호 SN	
	수신기 Receiver		제작자 Maker		모델명 Model		일련번호 SN	
	운용주파수(G/Mhz) Operation Frequency							
	운용채널 수 No. of Channels							
	최대 운용반경(km) Max. Range							
제어장치 Controller	비행제어장치 Flight Controller		제작자 Maker		모델명 Model		일련번호 SN	
	서보모터 수 No. of Servos							
	비행기록장치 Flight Data Logger		☐ Yes		☐ No			
기타 장착장비 Optional Devices								

조종방식 Control Type	☐ 조종자에 의한 제어방식 Remote Controlled by Pilot	☐ 프로그램에 의한 자동비행 Autonomous Flight by Program
추진방식 Propulsion	☐ 엔진 Engine	☐ 전동기 Electric Motor

※ 신청자(또는 소유자)는 지상활주 및 장주비행 또는 이에 준하는 비행을 하여 성능검사표를 작성·제출한다(해당되지 않는 항목의 경우 "해당무"로 표기한다).

별지 제7호 서식

성능검사표
(기구류)

설계자 Aircraft Designer		시험비행 조종자 성명 Test Pilot	
자체중량 Basic Empty Weight		최대 이륙중량 MTOW	
최대 상승률 Best Rate of Climb		최대 구피온도 Maximum Envelope Temp.	
적용 해외 기술기준 Application Airworthiness Standard	☐ FAR.31　☐ CS-31HB　☐ CS-31TGB　☐ CS-31GB ☐ 기타(OTHER) :		

구피 Envelopes	분류 Category	☐ 열기구 Hot Air Balloon ☐ 가스기구 Gas Balloon	크기(지름×높이) Dimension(D × H)	
	모델번호 Model Number		무게 Weight	
	일련번호 Serial Number		고어 수 Number of Gores	
	체적 Volume		재질 Envelope Fabric	
탑승설비 Basket / Gondola	모델번호 Model Number		크기 Dimension 폭(지름) × 높이 × 길이 W(D) × H × L	
	일련번호 Serial Number		무게 Weight	
	탑승인원 Number of Passengers		재질 Materials	
연료용기 Fuel Cylinder	제작자 Cylinder Maker		연료 총용량 Fuel Capacity	/　cyl
	모델번호 Model Number		연료압력 Fuel Pressure	
	일련번호 Serial Number		총무게 Weight	
	연료종류 Fuel		재질 Materials	
부력가스 Lifting Gas	부력가스종류 Gas		평균 가스누출량 Avg. Gas Porosity	/ month
가열기 Burner	제작자 Burner Maker		일련번호 Serial Number	
	모델번호 Model Number		형식/출력 Type/Output	/　kW
계류운영성능 Tethered Performance	계류도달고도 Ascension Height		운영(상승/하강)속도 Ascent/Descent Speed	m/s m/s
	시간당 운영횟수 No of Cycles/Hour		유압구동모터 성능 Winch Power	kW /　ton

※ 신청자(또는 소유자)는 지상활주 및 장주비행 또는 이에 준하는 비행을 하여 성능검사표를 작성·제출한다(해당되지 않는 항목의 경우 "해당무"로 표기한다).

별지 제8호 서식

성능검사표
(무인비행선)

설계자 Aircraft Designer					
시험비행 조종자 성명 Test Pilot	내부조종사		외부조종사		
자체중량 Basic Empty Weight		최대 이륙중량 MTOW			
항속시간 Endurance		항속거리 Range			

구피 Envelopes	모델번호 Model Number		일련번호 Serial Number	
	체적 Volume		무게 Weight	
	높이 Height		재질 Envelope Fabric	
	최대 지름(폭) Max. Diameter(Width)		길이 Length	
부력가스 Lifting Gas	부력가스종류 Gas		평균 가스누출량 Ave. Gas Porosity	/ month

조종면/회전익 작동각도 Control Deflections (정기 제외)	승강타/회전익 Elev/Rotor	상향 Up		하향 Down	
	방향타 Rudder	우향 Right		좌향 Left	

발동기 제작자 Motor Maker		모델번호 Model		일련번호 Serial #	
프로펠러 제작자 Prop. Maker		모델번호 Model		일련번호 Serial #	

통신장비 Communication Devices	송수신기 인가 여부 Certification		☐ Yes ☐ No						
	송신기 Trans.	내부조종자 Internal	제작자 Maker		모델명 Model		일련번호 SN	
		외부조종자 External	제작자 Maker		모델명 Model		일련번호 SN	
	수신기 Receiver		제작자 Maker		모델명 Model		일련번호 SN	
	운용주파수(G/Mhz) Operation Frequency							
	운용채널 수 No. of Channels							
	최대 운용반경(km) Max. Range							
제어장치 Controller	비행제어장치 Flight Controller		제작자 Maker		모델명 Model		일련번호 SN	
	서보모터 수 No. of Servos							
	비행기록장치 Flight Data Logger		☐ Yes ☐ No						
기타 장착장비 Optional Devices								

조종방식 Control Type	☐ 조종자에 의한 제어방식 Remote Controlled by Pilot	☐ 프로그램에 의한 자동비행 Autonomous Flight by Program
추진방식 Propulsion	☐ 엔진 Engine	☐ 전동기 Electric Motor

※ 신청자(또는 소유자)는 지상활주 및 장주비행 또는 이에 준하는 비행을 하여 성능검사표를 작성·제출한다(해당되지 않는 항목의 경우 "해당무"로 표기한다).

별지 제9호 서식

성능검사표
(행글라이더)

설계자 Aircraft Designer			시험비행 조종자 성명 Test Pilot		
자체중량 Basic Empty Weight	합계 Sum	날개 Sail	조종자 하네스 Pilot Harness	탑승자 하네스 Passenger Harness	비상낙하산 Emergency Parachute
적용 해외 기술기준 Application Airworthiness Standard	☐ HGMA ☐ EAPR ☐ DHV ☐ 기타(OTHER) :				

날개 Sail	모델 Model		제작일자(연월) Year and Month of Manufacture	
	인증규격 Application Standard		인증등급 Wing Classes	
	일련번호 Serial Number		비행 최대 중량 Maximum Total Weight in Flight	
	사이즈 Size		날개면적 Wing Area	
	날개스팬길이 Sail Span		날개코드길이 Sail Chord	
하네스 Harness (조종자용)	제작자 Manufacturer		인증규격 Application Standard	
	모델/사이즈 Model/Size		일련번호 Serial Number	
	제작일자(연월) Year and Month of Manufacture		최대 중량 Max. Weight of Pilot	
하네스 Harness (탑승자용)	제작자 Manufacturer		인증규격 Application Standard	
	모델/사이즈 Model/Size		일련번호 Serial Number	
	제작일자(연월) Year and Month of Manufacture		최대 중량 Max. Weight of Passenger	
비상낙하산 Emergency Parachute	제작자 Manufacturer		인증규격 Application Standard	
	모델/사이즈 Model/Size		일련번호 Serial Number	
	제작일자(연월) Year and Month of Manufacture		비행 최대 중량 Maximum Total Weight in Flight	
	하강률 Descent Rate.		최근 재포장 일자 Latest Repacking Date	

※ 신청자(또는 소유자)는 지상활주 및 장주비행 또는 이에 준하는 비행을 하여 성능검사표를 작성·제출한다(해당되지 않는 항목의 경우 "해당무"로 표기한다).

별지 제10호 서식

성능검사표
(패러글라이더)

설계자 Aircraft Designer			시험비행 조종자 성명 Test Pilot		
자체중량 Basic Empty Weight	합계 Sum	캐노피 Canopy	조종자 하네스 Pilot Harness	탑승자 하네스 Passenger Harness	비상낙하산 Emergency Parachute

캐노피 Canopy	모델/사이즈 Model/Size		제작일자(연월) Year and Month of Manufacture	
	인증규격 Application Standard		인증등급 Paraglider Classes	
	일련번호 Serial Number		비행 최대 중량 Maximum Total Weight in Flight	
	날개길이 Projected Span		날개투영면적 Projected Area	
	셀의 수 Number of Cells		라이저의 수 Number of Risers	
	트리머(유/무) Trimmers		액셀레이터(유/무) Accelerator	
하네스 Harness (조종자용)	제작자 Manufacturer		인증규격 Application Standard	
	모델/사이즈 Model/Size		일련번호 Serial Number	
	제작일자(연월) Year and Month of Manufacture		최대 중량 Max. Weight of Pilot	
하네스 Harness (탑승자용)	제작자 Manufacturer		인증규격 Application Standard	
	모델/사이즈 Model/Size		일련번호 Serial Number	
	제작일자(연월) Year and Month of Manufacture		최대 중량 Max. Weight of Passenger	
비상낙하산 Emergency Parachute	제작자 Manufacturer		인증규격 Application Standard	
	모델/사이즈 Model/Size		일련번호 Serial Number	
	제작일자(연월) Year and Month of Manufacture		비행 최대 중량 Maximum Total Weight in Flight	
	하강률 Descent Rate.		최근 재포장 일자 Latest Repacking Date	

※ 신청자(또는 소유자)는 지상활주 및 장주비행 또는 이에 준하는 비행을 하여 성능검사표를 작성·제출한다(해당되지 않는 항목의 경우 "해당무"로 표기한다).

별지 제11호 서식

성능검사표
(낙하산)

설계자 Aircraft Designer			시험비행 조종자 성명 Test Pilot		
자체중량 Basic Empty Weight	합계 Sum	주낙하산 Parachute	조종자 하네스 Pilot Harness	탑승자 하네스 Passenger Harness	비상낙하산 Emergency Parachute
적용 해외 기술기준 Application Airworthiness Standard	☐ TSO-C23 ☐ ETSO-C23 ☐ AS8015-B ☐ 기타(OTHER) :				

	☐ 원형낙하산 Round canopy		☐ 사각형낙하산 Ram Air Canopy	
캐노피 Canopy	모델/사이즈 Model/Size		제작일자(연월) Year and Month of Manufacture	
	인증규격 Application Standard		일련번호 Serial Number	
	최대 산개속도 Max. Deployment Speed		비행 최대 중량 Maximum Total Weight in Flight	
하네스 Harness (조종자용)	제작자 Manufacturer		모델 Model	
	사이즈 Size		일련번호 Serial Number	
	제작일자(연월) Year and Month of Manufacture		최대 중량 Max. Weight of Pilot	
하네스 Harness (탑승자용)	제작자 Manufacturer		모델 Model	
	사이즈 Size		일련번호 Serial Number	
	제작일자(연월) Year and Month of Manufacture		최대 중량 Max. Weight of Passenger	
비상낙하산 Emergency Parachute	제작자 Manufacturer		인증규격 Application Standard	
	모델/사이즈 Model/Size		일련번호 Serial Number	
	제작일자(연월) Year and Month of Manufacture		비행 최대 중량 Maximum Total Weight in Flight	
	최대 산개속도 Max. Deployment Speed		최근 재포장 일자 Latest Repacking Date	

※ 신청자(또는 소유자)는 지상활주 및 장주비행 또는 이에 준하는 비행을 하여 성능검사표를 작성·제출한다(해당되지 않는 항목의
경우 "해당무"로 표기한다).

별지 제12호 서식

초경량비행장치의 비행안전을 확보하기 위한

기술상의 기준 이행완료 제출문

다음의 초경량비행장치에 대하여, 국토교통부 고시 "초경량비행장치의 비행안전을 확보하기 위한 기술상의 기준"에 따라 초경량비행장치 기술기준을 이행완료 하였음을 서면으로 제출합니다.

년   월   일

제작자 :   (인)

소유자 :   (인)

초경량비행장치의 종류	☐ 동력비행장치 ☐ 행글라이더 ☐ 패러글라이더 ☐ 기구류(자유기구) ☐ 기구류(계류식기구) ☐ 무인비행장치(무인비행기) ☐ 무인비행장치(무인멀티콥터) ☐ 무인비행장치(무인헬리콥터) ☐ 무인비행장치(무인비행선) ☐ 회전익비행장치 ☐ 동력패러글라이더 ☐ 낙하산류
초경량비행장치 좌석의 수 (무인비행장치인 경우 제외)	
초경량비행장치 자체중량	
초경량비행장치 연료 탑재량 (배터리를 탑재한 경우 배터리 용량 및 규격)	

※ 초경량비행장치 비행안전을 확보하기 위한 기술상의 기준에 적합함을 인정할 수 있는 별도의 서류를 제출한 경우에는 제외한다.

별지 제13호 서식

(   )작업 지시서

초경량비행장치 종류		형 식	
제작번호		작업장소	
관련자료			

순 번	작업내용	일 자	확인자	비 고

별지 제13호의2 서식

성능개량을 위한 변경 항목 목록표
(무인멀티콥터에 한함)

신고번호 Reg. No.		형식 Aircraft Type		
번호 No.	성능개량 항목 Change Item	변경내역 Description	적용일자 Applied Date	확인자 Inspector
1				
2				
3				
4				
5				
6				
7				
8				
9				
10				

※ 제작자는 별지 제13호의3 서식에 의한 모든 성능개량 항목을 순서대로 기술하여 작성한다.

※ 적용일자 및 확인자는 해당 성능개량 항목이 기체에 적용된 경우에만 기록한다.

※ 변경항목 누적 10건 초과 시 시험비행 대상(별개형식)

별지 제13호의3 서식

(앞 면)

성능개량 항목 변경 확인서
(무인멀티콥터에 한함)

형식 Aircraft Type		성능개량 목록번호 Change No.			
변경일자 Change Date		성능개량 항목 Change Item			
변경내역 Description		시험비행허가 여부 Permit to Test Flight	□완료 Comp.	□해당 없음 N/A	
변경사유 Change Reason					

변경 전 Before	변경 후 After

위의 초경량비행장치는 항공안전법 시행규칙 제304조 제1항 제2호에 따라 상기 항목에 대한 성능개량을 실시하였음을 확인하고 이를 서면으로 제출합니다.

년   월   일

제작자 :   (서명 또는 인)

연락처 :

※ 제작자는 성능개량 항목에 따른 변경내역을 설계서 또는 설계도면, 부품표, 운용규정 등의 제작자 기술자료에 반영하고 이를 제출한다(작성내용이 많은 경우 별도 서식 제출 가능).
※ 성능개량 항목 형식별 최초 1회에 한해서만 제출한다.

(뒷 면)

무인멀티콥터 성능개량을 위한 항목 변경 시 인증기준

성능개량 항목	인증절차
자체중량의 증·감	동일 형식명을 사용하여 수시 안전성인증 진행 (항공안전기술원)
모터위치(모멘트 암)의 변경	
외부형상의 변경	
센터플레이트/프레임의 형상 변경	
배터리의 용량 변경	
비행제어기(FC) 변경	새로운 형식명을 사용하여 시험비행(국토교통부) 후 안전성인증(항공안전기술원) 진행
로터/프로펠러 변경	새로운 형식명을 사용하여 시험비행(국토교통부) 후 안전성인증(항공안전기술원) 진행 (단, 동일 성능임을 입증하는 근거자료 제출 시 동일 형식명을 사용하여 안전성인증 진행)
모터/엔진 변경	
모터/엔진 장착방향 변경 상(Tractor) ↔ 하(Pusher)	
변속기/트랜스미션 변경	
최대 이륙중량의 증·감	

※ 제작자는 성능개량 항목에 따른 변경내역을 설계서 또는 설계도면, 부품표, 운용규정 등의 제작자 기술자료에 반영하고 이를 제출한다(작성내용이 많은 경우 별도 서식 제출 가능).

※ 성능개량 항목 형식별 최초 1회에 한해서만 제출한다.

별지 제14호 서식

초경량비행장치 안전성인증서(임시)

인증서 번호 :

1. 종　　　　류		2. 신　고　번　호	
3. 형　　　　식		4. 발　동　기　형　식	
5. 제　작　번　호		6. 제　작　일　자	
7. 제　작　자　주　소			
8. 제　　작　　자			
9. 키　트　제　작　자			
10. 설　　계　　자			
11. 인　증　서　만　료　일			
12. 비　　　　고			

위의 초경량비행장치는 항공안전법 제124조 및 같은 법 시행규칙 제305조, 초경량비행장치 안전성인증 업무 운영세칙 제17조 규정에 따라 임시로 안전성인증을 받았음을 증명합니다.

년　　월　　일

항공안전기술원장　인

210mm×297mm
모조지 54g/m² 이상

별지 제15호 서식

동력비행장치 안전성점검표

[1] 비행장치 제원(REGISTRATION AND CERT INFO)

신고번호 Reg. No.		☐ 영리 ☐ 비영리 Profit Non-profit		인증 접수번호 Receipt No.	
비행장치 형식 Aircraft Type				비행장치 일련번호 Aircraft SN	
소유자 Owner				제작일자 Manufacture Date	
제작자 Manufacturer				키트 제작자 Kit Manufacturer	
제작자 주소 Manufacturer Address					
인증일자 Certification Date				인증구분 Certification Type	

발동기 제작자 Motor Maker		모델번호 Model		일련번호 Serial #	
프로펠러 제작자 Prop. Maker		모델번호 Model		일련번호 Serial #	
회전익 제작자 Rotor Maker		모델번호 Model		일련번호 Serial #	

탑재 계기(INSTALLATION INDICATOR)

R.P.M		C.H.T		W / Temp.		E.G.T		Oil Pressure	
Oil Temp.		M.A.P		F/flow Ind.		F/quantity Ind.		Hour Meter	
Air Speed Ind.		V/Speed Ind.		Alt. Meter		Heading Ind.		Slip Ind.	
Turn & Slip		Mag. Compass		Ver. Compass		Attitude Ind.		G-meter	
Voltmeter		Suction Ind.		Trim Ind.		Flap Ind.		O.A.T	

탑재 장비 및 장치(SPECIAL EQUIPMENT & FEATURES)

Radio Com.		Transponder		Flap Ele/Manu		Nav. Light		Anti-collision Lt.	
Ailerons Trim		Elevator Trim		Rudder Trim		Taxing Light		Rescue Sys.	

기타(OTHERS)

비행장치 분류 Gear Type			☐ 육상기 ☐ 수상기 ☐ 수·륙양용 Land Float Amphibian				
연료 총탑재량 Fuel Capacity	좌측 L/H		우측 R/H			중앙 Center	
발동기 출력 Engine HP			감속기어 비율 Reduction Rate				
스파크플러그 Spark Plug			점화계통 방식 Ignition System				
윤활유 등급 Engine Oil	동절기 Winter		하절기 Summer		냉각방식 Cooling Sys.		

※ 주날개 제작자(Wing Maker)는 체중이동형에 해당

[2] 성능 검사

설계자 Aircraft Designer					
자체중량 Basic Empty Weight			최대 이륙중량 MTOW		
무게중심 위치 Center of Gravity (정기 제외 단, 형상변경 및 장비 추가장 착으로 현저한 무게 변화 경우)	허용범위 Range	전방 Forward		후방 Rear	
	근거 Reference				
	측정위치 Position	하중 Weight	거리 Length	모멘트 Moment	
	전륜/후륜 Nose/Tail Wheel				
	주륜 Main Wheel				
	총무게 Total Weight		총모멘트 Total Moment		

구조한계 Structural Limitation	극한하중계수 Ultimate 'G' Load Factor	양/음 Pos/Neg	+ / −

조종면 작동각도 Control Deflections (정기 제외)	승강타 Elevator	상향 Up		하향 Down	
	방향타 Rudder	우향 Right		좌향 Left	
	도움날개 Ailerons	우측상향 R/H Up		우측하향 R/H Down	
		좌측상향 L/H Up		좌측하향 L/H Down	
	보조날개 Flaps	이륙 T/O		착륙 L/D	

지시속도 Speed Indicated (수검자 제출 성능검사표 확인)	실속속도 Stall Speed	Vs	
	순항속도 Cruise Speed	Vc	
	최대 상승률 Best Rate of Clamb	RoC	
	이륙속도 Take Off Speed	V1	
	착륙진입속도 Approach Speed	Vat	
	최대 기동속도 Indicated Max Maneuvering Speed	Va	
	초과금지속도 Indicated Never Exceed Speed	Vne	

※ 주) 정기 제외, 수검자제출 성능검사표 확인

[3] 안전성 점검표(신고번호 :   )

동력비행장치(타면조종형 · 체중이동형)

판 정	

구분 / 순번	검사 항목	적 합	부적합	비 고
일 반 사 항				
1	신고번호를 표시하였는가?			
2	자체 중량이 기준치 이내인가?(정기 제외) *기준치 115kg 이내			
동 체				
3	벌크헤드, 스트링어 등의 리벳 장착상태, 균열 등이 없는가?			
4	외피가 들뜨거나(Delamination) 부식(Corrosion)이 없는가?			
5	창이나 캐노피에 균열이나 어긋나지 않았는가?			
6	출입문이나 캐노피의 잠금장치가 확실한가?			
7	탑승자의 안전벨트(시트벨트, 어깨걸이 벨트)의 장착상태와 작동상태가 양호한가?			
8	방화벽에 변형이나 균열은 없는가?			
9	조종케이블과 풀리의 장착 및 작동상태는 양호한가?			
무게중심				
10	허용 무게중심의 위치가 허용범위 안에 들어 있는가? (정기 제외 단, 형상변경 및 장비추가장착으로 현저한 무게 변화 경우)			
날 개				
11	조종면의 균형무게(Balance Weight)는 안전하게 장착되어 있는가?			
12	조종면의 힌지, 베어링의 작동상태 및 장착볼트, 핀 등의 상태가 양호한가?			
13	조종케이블, 로드, 풀리의 조절 및 장착, 작동상태는 양호한가?			
14	트림 조종/조절 상태는 양호한가?			
15	표면이 들뜨거나 부식이 없는가? Fabric 소재의 경우 재봉상태는 양호한가?			
16	동체와 날개의 장착상태는 양호한가?			
연료계통				
17	연료관에 마찰, 마모, 누설, 고정상태는 이상이 없는가?			
18	연료탱크 및 필터에 물이나 기타 불순물이 있는가 확인하여 이상이 없는가?			
19	연료 주입구 뚜껑(Cap)이 안전하게 잠기는가?			
20	연료계통의 밸브, 통기장치 등의 기능이 제대로 작동하는가?			
착륙장치계통				
21	스트러트의 장착 및 팽창상태는 양호한가?			
22	바퀴의 장착은 정상적으로 되어 있는가?(Alignment)			
23	바퀴와 타이어의 상태는 양호한가?			
24	브레이크 작동유의 누설 등 이상이 없는가?			
25	착륙장치와 동체 및/또는 날개의 연결부분의 상태는 양호한가?			

구분 순번	검사 항목	적 합	부적합	비 고
26	착륙장치에 부식, 균열, 변형 등 이상이 없는가?			
꼬리부분				
27	수직 안정판, 수평 안정판의 장착상태는 양호한가?			
28	승강타 및 방향타의 장착상태는 양호한가?			
29	작동 케이블과 힌지, 풀리 등의 장착 및 작동상태는 양호한가?			
30	외피의 손상이나 부식이 없는가?			
전기장치				
31	전기배선 상태는 양호한가?			
동력장치				
32	오일의 상태는 양호한가?			
33	기화기 플로터 체임버 내부를 점검하여 이상이 없는가?			
34	점화 케이블의 상태는 양호한가?			
35	스파크 플러그의 갭과 청결상태는 양호한가?			
36	발동기 장착 마운트와 부싱 등은 양호한가?			
37	오일쿨러에서 누설 등 상태가 양호한가?			
38	기어박스에서 오일누설은 없는가?			
39	발동기오일계통 및 기어박스의 통기장치는 양호한가?			
40	카울링의 상태(장착고정)와 균열 등 이상이 없는가?			
41	압축 테스트를 실시하고 밀봉상태(Seal)가 양호한가?			
프로펠러				
42	균열, 손상 또는 나무나 복합소재인 경우 들뜨거나(Delamination) 변형(Deformation)된 부분이 없는가?			
43	프로펠러 볼트의 토큐치는 양호한가?			
44	스피너와 프로펠러 장착판의 상태는 양호한가?			
45	프로펠러 궤도(Track) 및 균형(Balance)상태는 정상인가?			
발동기상태				
46	오일압력/온도가 기준치 이내인가?(해당 시)			
47	공회전 회전수(rpm) 및 혼합비(Mixture)는 정상인가?			
48	정속 회전수(Static rpm)가 정상인가?			
49	마그네토(Magneto) 점검 시 이상은 없는가?			
50	오일, 작동유, 연료 누설이 없는가?			
장착 장비품 점검				
51	대기속도계 및 고도계			
52	발동기 회전계			
53	윤활유 압력계 또는 경보 등(해당 시)			
54	연료량계			

구분 순번	검사 항목	적 합	부적합	비 고
지상운전(정지상태)				
55	완속에서 최대 출력까지 예상되는 비행자세에서 10분 이상의 발동기 지상시운전 중 지장 없이 운전되는가?			
지상활주				
56	최초 비행 전에 적어도 2회 이상의 지상활주를 실시하여 본 결과 이상은 없는가? 이 경우 지상활주에는 고속지상활주(앞바퀴 또는 뒷바퀴만 뜬 상태로 활주한 것을 포함한다)가 포함되어야 한다.			
57	조종계통·동력장치계통, 브레이크계통 등을 포함한 기체 전반에 관한 점검결과 이상이 없는가?			
58	프로펠러·발동기·주익·미익·회전익·동체·착륙장치 등의 장착부 및 이들에 대한 조작계통의 접속부를 점검하여 본 결과 이상은 없는가?			
장주 공역에서의 장주비행 또는 이에 준하는 비행 **(초도 및 비행성능에 영향을 주는 변경이 있는 경우의 정기)**				
59	직선비행·시행비행 및 고단계 비행을 순차적으로 각 10회 이상하여 이상이 없는가?(정기 시 2회 실시)			
60	비행 시마다 조종계통의 반응에 유의하여 다음 단계의 비행에 대한 운항상의 제한 및 조작상 발견되는 사항을 확인 점검하여 이상이 없는가?			
61	급회전·반전 등의 곡기비행, 급강하 등 급격한 운동을 하지 않는가?			
운용규정				
62	초경량비행장치별 조작·제어방법·긴급조치 및 운용한계와 필요한 장비 및 장비 점검에 관한 운용규정을 준수하는가?			
63	초경량비행장치 및 발동기의 운영규정에 명시된 주기점검 항목은 주기적으로 점검되고 있는가?			
기타 사항				
64	구명장비(조끼)를 구비하고 있는가?(수상을 비행하는 경우)			
검사원 의견 :				

검사원 : _____   서명 : _____

검사원 : _____   서명 : _____

※ 해당되지 않는 항목의 경우 "해당무"(N/A)로 표기한다.

별지 제16호 서식

무인동력비행장치 안전성점검표

[1] 비행장치 제원(REGISTRATION AND CERT INFO)

신고번호 Reg. No.		☐ 영리 ☐ 비영리 Profit Non-profit	인증 접수번호 Receipt No.	
비행장치 형식 Aircraft Type			비행장치 일련번호 Aircraft SN	
소유자 Owner			제작일자 Manufacture Date	
제작자 Manufacturer			키트 제작자 Kit Manufacturer	
제작자 주소 Manufacturer Address				
인증일자 Certification Date			인증구분 Certification Type	

발동기 제작자 Motor Maker		모델번호 Model		일련번호 Serial #	
프로펠러 제작자 Prop. Maker		모델번호 Model		일련번호 Serial #	
회전익 제작자 Rotor Maker		모델번호 Model		일련번호 Serial #	

탑재 장비 및 장치(SPECIAL EQUIPMENT & FEATURES)

통신장비 Communication Devices	송수신기 인가 여부 Certification		☐ Yes ☐ No					
	송신기 Trans.	내부조종자 Internal	제작자 Maker		모델명 Model		일련번호 SN	
		외부조종자 External	제작자 Maker		모델명 Model		일련번호 SN	
	수신기 Receiver		제작자 Maker		모델명 Model		일련번호 SN	
	운용주파수(G/Mhz) Operation Frequency							
	운용채널 수 No. of Channels							
	최대 운용반경(km) Max. Range							
제어장치 Controller	비행제어장치 Flight Controller		제작자 Maker		모델명 Model		일련번호 SN	
	서보모터 수 No. of Servos							
	비행기록장치 Flight Data Logger		☐ Yes ☐ No					
기타 장착장비 Optional Devices								

조종방식 Control Type	☐ 조종자에 의한 제어방식 Remote Controlled by Pilot	☐ 프로그램에 의한 자동비행 Autonomous Flight by Program
추진방식 Propulsion	☐ 엔진 Engine	☐ 전동기 Electric Motor

기타(OTHERS)

비행장치 분류 Gear Type		☐ 육상기 ☐ 수상기 ☐ 수·륙양용 Land Float Amphibian				
연료·배터리 총탑재량 Fuel·Battery Capacity			연료·배터리 형식 Fuel·Battery Type			
발동기 출력(추력) Motor HP(Thrust)			배기량 Displacement			
스파크플러그 Spark Plug			점화계통 방식 Ignition System			
윤활유 등급 Engine Oil	동절기 Winter		하절기 Summer		냉각방식 Cooling Sys.	
운영시간 Operation Hours	기체 Airframe		엔진 Engine		적산시간계 Hour Meter	

[2] 성능 검사

설계자 Aircraft Designer					
자체중량 Basic Empty Weight			최대 이륙중량 MTOW		
항속시간 Endurance			항속거리 Range		
무게중심 위치 Center of Gravity (멀티콥터류 제외)	허용범위 Range	전방 Forward		후방 Rear	
	근거 Reference				
	측정위치 Position	하중 Weight	거리 Length	모멘트 Moment	
	전륜/후륜 Nose/Tail Wheel				
	주륜 Main Wheel				
	총무게 Total Weight		총모멘트 Total Moment		

구조한계 Structural Limitation	극한하중계수 Ultimate 'G' Load Factor	양/음 Pos/Neg	+ / −

조종면/회전익 작동각도 Control Deflections (정기 및 멀티콥터류 제외)	승강타/회전익 Elev/Rotor	중립 Neutral		상향 Up		하향 Down	
	방향타 Rudder	중립 Neutral		우향 Right		좌향 Left	
	도움날개 Ailerons	우측상향 R/H Up		우측하향 R/H Down		
		좌측상향 L/H Up		좌측하향 L/H Down		
	보조날개 Flaps	이륙 T/O		착륙 L/D		

※ 주) 정기 제외, 수검자제출 성능검사표 확인

[3] 안전성 점검표(신고번호 :   )

무인동력비행장치(무인멀티콥터 · 무인헬리콥터 · 무인비행기)

판 정	

구분 순번	검사 항목	적 합	부적합	비 고
	일 반 사 항			
1	신고번호를 표시하였는가?			
2	최대 이륙중량 및 자체중량이 기준치 이내인가?(정기 제외) *최대 이륙중량 25kg 초과, 자체중량 150kg 이하			
3	내/외부 조종자의 상호 통신은 가능한가?			
4	구조 및 규격이 제출된 설계서와 동일한가?			
5	사용된 부품이 부품표의 품목과 동일한가?			
	동 체			
6	벌크헤드, 스트링어 등의 리벳 장착상태, 균열 등이 없는가?			
7	외피가 들뜨거나(Delamination) 부식(Corrosion)이 없는가?			
8	방화벽에 변형이나 균열은 없는가?			
9	날개 고정부분 상태는 양호한가?			
10	각 서보모터의 장착상태가 양호한가?			
11	토크판의 장착상태는 양호한가?			
	무게중심			
12	허용 무게중심의 위치가 허용범위 안에 들어 있는가? (정기 제외, 단 형상변경 및 장비추가장착으로 현저한 무게 변화의 경우)			
	날개(무인비행기)			
13	조종면의 균형무게(Balance Weight)는 안전하게 장착되어 있는가?			
14	조종면의 힌지, 베어링의 작동상태 및 장착볼트, 핀 등의 상태가 양호한가?			
15	조종케이블, 로드 등이 제대로 조절되어 있는가?			
16	표면이 들뜨거나 부식이 없는가? Fabric 소재의 경우 재봉상태는 양호한가?			
17	동체와의 결합 부위 상태는 양호한가?			
18	동체와 날개장착상태는 양호한가?			
	회전날개(Main/Tail Rotor)(무인헬리콥터)			
19	메인로터(Main Rotor) 및 테일로터(Tail Rotor)의 장착상태는 양호한가?			
20	메인로터 및 테일로터 동력전달계통의 장착상태는 양호한가?			
21	균형무게(Balance Weight)는 안전하게 장착되어 있는가?			
22	힌지, 베어링의 작동상태는 양호한가?			
23	조종케이블, 로드 등이 제대로 조절되어 장착되어 있는가?			
24	들뜨거나(Delamination) 변형(Deformation)된 부분, 부식은 없는가?			
	꼬리부분			
25	수직 안정판, 수평 안정판의 장착상태는 양호한가?			

구분 순번	검사 항목	적 합	부적합	비 고
26	승강타 및 방향타의 장착상태는 양호한가?			
27	작동 케이블과 힌지, 풀리 등의 장착 및 작동상태는 양호한가?			
28	외피의 손상이나 부식이 없는가?			
착륙장치계통				
29	스트러트의 장착상태는 양호한가?			
30	바퀴의 장착은 정상적으로 되어 있는가?(Alignment)			
31	바퀴와 타이어의 상태는 양호한가?			
32	브레이크의 작동상태는 양호한가?			
33	착륙장치와 동체 및/또는 날개의 연결부분의 상태는 양호한가?			
34	착륙장치에 부식, 균열, 변형 등 이상이 없는가?			
35	접이식 착륙장치의 작동상태는 양호한가?(해당 시)			
프로펠러(무인비행기)/로터(무인멀티콥터)				
36	균열, 손상 또는 나무나 복합소재인 경우 들뜨거나(Delamination) 변형(Deformation)된 부분이 없는가?			
37	프로펠러/로터 장착볼트의 토큐치는 양호한가?			
38	스피너와 프로펠러 장착판의 상태는 양호한가?			
39	프로펠러/로터의 궤도(Track) 및 균형(Balance)상태는 정상인가?			
전기장치				
40	전기배선 상태는 양호한가?			
연료계통				
41	연료관의 마찰, 마모, 누설, 고정상태는 이상이 없는가?			
42	연료탱크 및 필터상태는 양호한가?			
43	연료 주입구 뚜껑(Cap)이 안전하게 잠기는가?			
44	연료계통의 밸브, 통기장치 등의 기능이 제대로 작동하는가?			
동력장치				
45	발동기오일의 상태는 양호한가?			
46	점화 케이블의 상태는 양호한가?			
47	스파크 플러그의 갭과 청결상태는 양호한가?			
48	발동기 장착 마운트와 부싱 등은 양호한가?			
49	기어박스에서 오일누설은 없는가?			
50	발동기오일계통 및 기어박스의 통기장치는 양호한가?			
51	카울링의 상태(장착고정)와 균열 등 이상이 없는가?			
52	소음기의 부착상태는 양호한가?			
발동기상태				
53	공회전 회전수(rpm) 및 혼합비(Mixture)는 정상인가?			
54	정속 회전수(Static rpm)는 정상인가?			
55	오일, 작동유, 연료 누설이 없는가?			

구분 순번	검사 항목	적 합	부적합	비 고
송 · 수신장비				
56	송신기 작동상태가 양호한가?			
57	송신기 안테나상태가 양호한가?			
58	송신기 전원상태는 양호한가?			
59	수신기 안테나의 장착상태는 양호한가?			
60	수신기 장착상태는 양호한가?			
61	수신기 전원 및 배터리 장착상태는 양호한가?			
62	조종기는 내부조종자와 외부조종자가 동시 또는 분리하여 사용할 수 있는가?			
63	내부조종자와 외부조종자의 조종기는 서로 간섭현상은 없는가?			
작동상태				
64	스로틀 스틱 및 트림 조작 시 작동상태가 양호한가?			
65	보조익 스틱 및 트림 조작 시 작동상태가 양호한가?			
66	승강타 스틱 및 트림 조작 시 작동상태가 양호한가?			
67	방향타 스틱 및 트림 조작 시 작동상태가 양호한가?			
68	송신기 안테나를 접은 상태에서 10m 이상의 거리에서 작동상태가 양호한가?			
지상운전(정지상태)				
69	완속에서 최대 출력까지 예상되는 비행자세에서 5분 이상의 발동기 지상시운전 중 지장 없이 운전되는가?			
안전대책				
70	전파방해 등의 이유로 통신이 불가능할 경우를 대비하여 안전대책이 마련되어 있는가?			
지상활주				
71	최초 비행 전에 적어도 2회 이상의 지상활주를 실시하여 본 결과 이상은 없는가? 이 경우 지상활주에는 고속지상활주(앞바퀴 또는 뒷바퀴만 뜬 상태로 활주한 것을 포함한다)가 포함되어야 한다.			
72	조종계통 · 동력장치계통, 브레이크계통 등을 포함한 기체 전반에 관한 점검결과 이상이 없는가?			
73	프로펠러 · 발동기 · 주익 · 미익 · 회전익 · 동체 · 착륙장치 등의 장착부 및 이들에 대한 조작계통의 접속부를 점검하여 본 결과 이상은 없는가?			
시험 비행 **(초도 및 비행성능에 영향을 주는 변경이 있는 경우의 정기 인증)**				
74	이륙상승 비행상태는 양호한가?			
75	수평비행상태는 양호한가?			
76	착륙 접근 비행상태는 양호한가?			
77	프로그램에 의한 자동비행상태가 양호한가? (안전대책에 의한 비행 제외)			
78	무인헬리콥터 및 무인멀티콥터의 경우 공중정지비행(Hovering)을 유지하는가?			
79	연료 재보급 또는 배터리 재충전 없이 설계된 항속시간을 만족하는가?			

구분 순번	검사 항목	적 합	부적합	비 고
	운용규정			
80	초경량비행장치별 조작·제어방법·긴급조치 및 운용한계와 필요한 장비 및 장비 점검에 관한 운용규정을 준수하는가?			
81	초경량비행장치 및 발동기의 운영규정에 명시된 주기점검 항목은 주기적으로 점검되고 있는가?			
	기타 사항			
82	외부 장착장비의 상태는 양호한가?			
검사원 의견 :				

검사원 : _____   서명 : _____

검사원 : _____   서명 : _____

※ 해당되지 않는 항목의 경우 "해당무"(N/A)로 표기한다.

별지 제17호 서식

회전익비행장치 안전성점검표

[1] 비행장치 제원(REGISTRATION AND CERT INFO)

신고번호 Reg. No.		☐ 영리 ☐ 비영리 Profit Non-profit	인증 접수번호 Receipt No.	
비행장치 형식 Aircraft Type			비행장치 일련번호 Aircraft SN	
소유자 Owner			제작일자 Manufacture Date	
제작자 Manufacturer			키트 제작자 Kit Manufacturer	
제작자 주소 Manufacturer Address				
인증일자 Certification Date			인증구분 Certification Type	

발동기 제작자 Motor Maker		모델번호 Model		일련번호 Serial #	
프로펠러 제작자 Prop. Maker		모델번호 Model		일련번호 Serial #	
회전익 제작자 Rotor Maker		모델번호 Model		일련번호 Serial #	

탑재 계기(INSTALLATION INDICATOR)

R.P.M		C.H.T		W / Temp.		E.G.T		Oil Pressure	
Oil Temp.		M.A.P		F/flow Ind.		F/quantity Ind.		Hour Meter	
Air Speed Ind.		V/Speed Ind.		Alt. Meter		Heading Ind.		Slip Ind.	
Turn & Slip		Mag. Compass		Ver. Compass		Attitude Ind.		G-meter	
Voltmeter		Suction Ind.		Trim Ind.		Flap Ind.		O.A.T	

탑재 장비 및 장치(SPECIAL EQUIPMENT & FEATURES)

Radio Com.		Transponder		Flap Ele/Manu		Nav. Light		Anti-collision Lt.	
Taxing Light		Rescue Sys.							

기타(OTHERS)

비행장치 분류 Gear Type		☐ 육상기 ☐ 수상기 ☐ 수·륙양용 Land Float Amphibian					
연료 총탑재량 Fuel Capacity		좌측 L/H		우측 R/H		중앙 Center	
발동기 출력 Engine HP			감속기어 비율 Reduction Rate				
스파크플러그 Spark Plug			점화계통 방식 Ignition System				
윤활유 등급 Engine Oil	동절기 Winter		하절기 Summer		냉각방식 Cooling Sys.		

[2] 성능 검사

설계자 Aircraft Designer					
자체중량 Basic Empty Weight			최대 이륙중량 MTOW		
무게중심 위치 Center of Gravity (정기 제외 단, 형상변경 및 장비 추가장 착으로 현저한 무게 변화 경우)	허용범위 Range	전방 Forward		후방 Rear	
	근거 Reference				
	측정위치 Position	하중 Weight	거리 Length	모멘트 Moment	
	전륜/후륜 Nose/Tail Wheel				
	주륜 Main Wheel				
	총무게 Total Weight		총모멘트 Total Moment		

구조한계 Structural Limitation	극한하중계수 Ultimate 'G' Load Factor	양/음 Pos/Neg	+ / −

조종면/회전익 작동각도 Control Deflections (정기 제외)	방향타 Rudder	우향 Right		좌향 Left	
	회전익 Rotor	상향 Up		하향 Down	

지시속도 Speed Indicated (수검자 제출 성능검사표 확인)	실속속도 Stall Speed	Vs	
	순항속도 Cruise Speed	Vc	
	최대 상승률 Best Rate of Clamb	RoC	
	이륙속도 Take Off Speed	V1	
	착륙진입속도 Approach Speed	Vat	
	최대 기동속도 Indicated Max Maneuvering Speed	Va	
	초과금지속도 Indicated Never Exceed Speed	Vne	

※ 주) 정기 제외, 수검자제출 성능검사표 확인

[3] 안전성 점검표(신고번호 :   )

회전익비행장치(초경량헬리콥터 · 초경량자이로플레인)

판 정	

구분 순번	검사 항목	적 합	부적합	비 고
	일 반 사 항			
1	신고번호를 표시하였는가?			
2	자체 중량이 기준치 이내인가?(정기 제외) *기준치 115kg 이내			
	동 체			
3	벌크헤드, 스트링어 등의 리벳 장착상태, 균열 등이 없는가?			
4	외피가 들뜨거나(Delamination) 부식(Corrosion)이 없는가?			
5	창이나 캐노피에 균열이나 어긋나지 않았는가?			
6	출입문이나 캐노피의 잠금장치가 확실한가?			
7	탑승자의 안전벨트(시트벨트, 어깨걸이 벨트)의 장착상태와 작동상태가 양호한가?			
8	방화벽에 변형이나 균열은 없는가?			
9	조종케이블과 풀리의 장착 및 작동상태는 양호한가?			
	무게중심			
10	허용 무게중심의 위치가 허용범위 안에 들어 있는가? (정기 제외 단, 형상변경 및 장비추가장착으로 현저한 무게 변화 경우)			
	회전날개(Rotor)			
11	균형무게(Balance Weight)는 안전하게 장착되어 있는가?			
12	힌지, 베어링의 작동상태는 양호한가?			
13	조종케이블, 로드 등이 제대로 조절되어 장착되어 있는가?			
14	트림의 조절상태는 양호한가?			
15	들뜨거나(Delamination) 변형(Deformation)된 부분 또는 부식은 없는가?			
	연료계통			
16	연료관에 마찰, 마모, 누설, 고정상태는 이상이 없는가?			
17	연료탱크 및 필터에 물이나 기타 불순물이 있는가 확인하여 이상이 없는가?			
18	연료 주입구 뚜껑(Cap)이 안전하게 잠기는가?			
19	연료계통의 밸브, 통기장치 등의 기능이 제대로 작동하는가?			
	착륙장치계통			
20	스트러트의 장착 및 팽창상태는 양호한가?			
21	바퀴 또는 스키드 장착은 정상적으로 되어 있는가?(Alignment)			
22	바퀴와 타이어 또는 스키드의 상태는 양호한가?			
23	브레이크 작동유의 누설 등 이상이 없는가?			
24	착륙장치와 동체 및/또는 날개의 연결부분의 상태는 양호한가?			
25	착륙장치에 부식, 균열, 변형 등 이상이 없는가?			

구분 순번	검사 항목	적 합	부적합	비 고
	꼬리부분			
26	수직 안정판, 수평 안정판의 장착상태는 양호한가?			
27	승강타 및 방향타의 장착상태는 양호한가?			
28	작동 케이블과 힌지, 풀리 등은 이상이 없는가?			
29	외피의 손상이나 부식이 없는가?			
	전기장치			
30	전기배선 상태는 양호한가?			
	동력장치			
31	오일의 상태는 양호한가?			
32	기화기 플로터 체임버 내부를 점검하여 이상이 없는가?			
33	점화 케이블의 상태는 양호한가?			
34	스파크 플러그의 갭과 청결상태는 양호한가?			
35	발동기 장착 마운트와 부싱 등은 양호한가?			
36	오일쿨러에서 누설 등 상태가 양호한가?			
37	기어박스에서 오일누설은 없는가?			
38	발동기오일계통 및 기어박스의 통기장치는 양호한가?			
39	카울링의 상태(장착고정)와 균열 등 이상이 없는가?			
40	압축 테스트를 실시하고 밀봉상태(Seal)가 양호한가?			
	프로펠러			
41	균열, 손상 또는 나무나 복합소재인 경우 들뜨거나(Delamination) 변형(Deformation)된 부분이 없는가?			
42	프로펠러 볼트의 토큐치는 양호한가?			
43	프로펠러 장착판의 상태는 양호한가?			
44	프로펠러 궤도(Track) 및 균형(Balance)상태는 정상인가?			
	발동기상태			
45	오일압력/온도가 기준치 이내인가?(해당 시)			
46	공회전 회전수(rpm) 및 혼합비(Mixture)는 정상인가?			
47	정속 회전수(Static rpm)가 정상인가?			
48	마그네토(Magneto) 점검 시 이상은 없는가?			
49	오일, 작동유, 연료 누설이 없는가?			
	장착 장비품 점검			
50	대기속도계 및 고도계			
51	발동기 회전계			
52	윤활유 압력계 또는 경보 등(해당 시)			
53	연료량계			
	지상운전(정지상태)			
54	완속에서 최대 출력까지 예상되는 비행자세에서 10분 이상의 발동기 지상시운전 중 지장 없이 운전되는가?			

구분 순번	검사 항목	적 합	부적합	비 고
55	3개의 블레이드를 가진 자이로플레인에서 지상 공진이 발생하지 아니한가?			
	지상활주			
56	최초 비행 전에 적어도 2회 이상의 지상활주를 실시하여 본 결과 이상은 없는가? 이 경우 지상활주에는 고속지상활주(바퀴 또는 스키드가 뜬 상태로 활주한 것을 포함한다)가 포함되어야 한다.			
57	초경량헬리콥터의 경우 공중정지비행(Hovering)을 유지 하는가?			
58	조종계통·동력장치계통, 브레이크계통 등을 포함한 기체 전반에 관한 점검결과 이상이 없는가?			
59	프로펠러·발동기·주익·미익·회전익·동체·착륙장치 등의 장착부 및 이들에 대한 조작계통의 접속부를 점검하여 본 결과 이상은 없는가?			
	장주 공역에서의 장주비행 또는 이에 준하는 비행 **(초도 및 비행성능에 영향을 주는 변경이 있는 경우의 정기)**			
60	점프비행 또는 이에 준하는 비행결과 제반장치에 이상이 없이 장주공역 내의 비행이 가능 하는가?			
61	직선비행·시행비행 및 고단계 비행을 순차적으로 각 10회 이상하여 이상이 없는가?(정기 시 2회 실시)			
62	비행 시 마다 조종계통의 반응에 유의하여 다음 단계의 비행에 대한 운항상의 제한 및 조작상 발견 되는 사항을 확인 점검하여 이상이 없는가?			
63	급회전·반전 등의 곡기비행, 급강하 등 급격한 운동을 하지 않는가?			
	운용규정			
64	초경량비행장치별 조작·제어방법·긴급조치 및 운용한계와 필요한 장비 및 장비 점검에 관한 운용규정을 준수하는가?			
65	초경량비행장치 및 발동기의 운영규정에 명시된 주기점검 항목은 주기적으로 점검되고 있는가?			
	기타사항			
66	구명장비(조끼)를 구비하고 있는가?(수상을 비행하는 경우)			

검사원 의견 :

검사원 : _____   서명 : _____

검사원 : _____   서명 : _____

※ 해당되지 않는 항목의 경우 "해당무"(N/A)로 표기한다.

별지 제18호서식

동력패러글라이더 안전성점검표

[1] 비행장치 제원(REGISTRATION AND CERT INFO)

신고번호 Reg. No.		☐ 영리 ☐ 비영리 Profit Non-profit	인증 접수번호 Receipt No.	
비행장치 형식 Aircraft Type			비행장치 일련번호 Aircraft SN	
소유자 Owner			제작일자 Manufacture Date	
제작자 Manufacturer			키트 제작자 Kit Manufacturer	
제작자 주소 Manufacturer Address				
인증일자 Certification Date			인증구분 Certification Type	

발동기 제작자 Motor Maker		모델번호 Model		일련번호 Serial #	
프로펠러 제작자 Prop. Maker		모델번호 Model		일련번호 Serial #	

캐노피 #1 Canopy #1	제작자 Manufacturer		인증규격/등급※ Application Standard/Classes	
	모델/사이즈 Model/Size		일련번호 Serial Number	
	제작일자(연월) Year and Month of Manufacture		비행 최대 중량 Maximum Total Weight in Flight	
캐노피 #2 Canopy #2	제작자 Manufacturer		인증규격/등급※ Application Standard/Classes	
	모델/사이즈 Model/Size		일련번호 Serial Number	
	제작일자(연월) Year and Month of Manufacture		비행 최대 중량 Maximum Total Weight in Flight	
캐노피 #3 Canopy #3	제작자 Manufacturer		인증규격/등급※ Application Standard/Classes	
	모델/사이즈 Model/Size		일련번호 Serial Number	
	제작일자(연월) Year and Month of Manufacture		비행 최대 중량 Maximum Total Weight in Flight	
비상낙하산※ Emergency Parachute	제작자 Manufacturer		인증규격※ Application Standard	
	모델/사이즈 Model/Size		일련번호 Serial Number	
	제작일자(연월) Year and Month of Manufacture		비행 최대 중량 Maximum Total Weight in Flight	
	하강률 Descent Rate.		최근 재포장 일자 Latest Repacking Date	

※ 주) 영리용의 경우 의무사항

탑재 계기(INSTALLATION INDICATOR)

R.P.M		C.H.T		W / Temp.		E.G.T		Oil Pressure	
Oil Temp.		M.A.P		F/flow Ind.		F/quantity Ind.		Hour Meter	
Air Speed Ind.		V/Speed Ind.		Alt. Meter		Heading Ind.		Slip Ind.	
Turn & Slip		Mag. Compass		Ver. Compass		Attitude Ind.		G-meter	
Voltmeter									

탑재 장비 및 장치(SPECIAL EQUIPMENT & FEATURES)

Radio Com.		Transponder		Anti-collision Lt.		Rescue Sys.			

기타(OTHERS)

착륙장치 유무 Landing Gear	□ 유 Yes	□ 무 No	좌석수 Seats			
연료 총탑재량 Fuel Capacity		좌측 L/H		우측 R/H	중앙 Center	
발동기 출력 Engine HP			감속기어 비율 Reduction Rate			
스파크플러그 Spark Plug			점화계통 방식 Ignition System			
윤활유 등급 Engine Oil	동절기 Winter		하절기 Summer		냉각방식 Cooling Sys.	

[2] 성능 검사

설계자 Aircraft Designer	
자체중량 Basic Empty Weight (가장 무거운 캐노피 기준, 정기 제외)	

구조한계 Structural Limitation	극한하중계수 Ultimate 'G' Load Factor	양/음 Pos/Neg	+ / −

캐노피 공기투과도 Canopy Porosity	캐노피번호 Canopy No.	중앙상판 (Center/Upper Skin)	좌측상판 (Left/Upper Skin)
	#1		
	#2		
	#3		

※ 주) 정기 제외, 수검자제출 성능검사표 확인

[3] 안전성 점검표(신고번호 :   )

동력패러글라이더

판 정	

구분 순번	검사 항목	적 합	부적합	비 고
	일 반 사 항			
1	신고번호를 표시하였는가?			
2	자체 중량이 기준치 이내인가?(정기 제외) *기준치 115 kg이내			
	동 체			
3	프레임 또는 트라이크의 손상 여부 및 장착상태 등이 이상이 없는가?			
4	하네스의 장착상태 및 잠금상태 등이 이상이 없는가?			
5	주구조재(Main Structure) 부식(Corrosion)이 없는가?			
6	착륙장치의 연결상태는 양호한가?(해당 시)			
	날개(Canopy)			
7	동력비행에 적합한 조종장치 및 날개부와 동력부의 연결상태가 안전하게 장착되어 있는가?			
8	조종케이블, 로드 등이 제대로 조절되어 장착되어 있는가?			
9	라이저(산줄)의 꼬임 및 손상 여부, 장착상태가 양호한가?			
10	익형을 형성하는 날개(천, Sail)의 강도 및 익형의 안전성은 이상이 없는가?			
11	하네스 연결부분의 상태는 양호한가?			
	연료계통			
12	연료관에 마찰, 마모, 누설, 고정상태는 이상이 없는가?			
13	연료탱크 및 필터에 물이나 기타 불순물이 있는가 확인하여 이상이 없는가?			
14	연료 주입구 뚜껑(Cap)이 안전하게 잠기는가?			
15	연료계통의 밸브, 통기장치 등의 기능이 제대로 작동하는가?			
	전기장치			
16	전기배선 상태는 양호한가?			
	동력장치			
17	오일의 상태는 양호한가?			
18	기화기 플로터 체임버 내부를 점검하여 이상이 없는가?			
19	점화 케이블의 상태는 양호한가?			
20	스파크 플러그의 갭과 청결상태는 양호한가?			
21	발동기 장착 마운트와 부싱 등은 양호한가?			
22	오일쿨러에서 누설 등 상태가 양호한가?			
23	기어박스에서 오일누설은 없는가?			
24	발동기오일계통 및 기어박스의 통기장치는 양호한가?			
25	카울링의 상태(장착고정)와 균열 등 이상이 없는가?			

구분 순번	검사 항목	적 합	부적합	비 고
26	압축 테스트를 실시하고 밀봉상태(Seal)가 양호한가?			
	프로펠러			
27	균열, 손상 또는 나무나 복합소재인 경우 들뜨거나(Delamination) 변형(Deformation)된 부분이 없는가?			
28	프로펠러 볼트의 토큐치는 양호한가?			
29	프로펠러 장착판의 상태는 양호한가?			
30	프로펠러 궤도(Track) 및 균형(Balance) 정상인가?			
	발동기상태			
31	오일압력/온도가 기준치 이내인가?(해당 시)			
32	공회전 회전수(rpm) 및 혼합비(Mixture)는 정상인가?			
33	정속 회전수(Static rpm)가 정상인가?			
34	오일, 작동유, 연료 누설이 없는가?			
	장착 장비품 점검(해당 시)			
35	대기속도계 및 고도계			
36	발동기 회전계			
37	윤활유 압력계 또는 경보 등			
38	연료량계			
	지상운전(정지상태)			
39	최소 10분 이상 발동기 최대 출력 및 아이들링 회전수에 대하여 최소 3회 이상 상태점검 실시 결과 이상이 없는가?			
	지상활주			
40	기울기 5° 미만의 100×100m 범위의 평지에서 최소 3회 이상 지상주행(가속상태)을 실시하여 본 결과 이상은 없는가?			
41	조종계통·동력계통 등을 포함한 기체 전반에 대한 점검결과 이상이 없는가?			
42	프로펠러·발동기·날개(Canopy)·동체·착륙장치 등의 장착부 및 이들에 대한 조작계통의 접속부를 점검한 결과 이상은 없는가?			
	장주 공역에서의 장주비행 또는 이에 준하는 비행 **(초도 및 비행성능에 영향을 주는 변경이 있는 경우의 정기)**			
43	직선비행·선회비행 및 고단계 비행을 순차적으로 각 2회 이상하여 이상이 없는가?			
44	비행 시 마다 조종계통의 반응에 유의하여 다음 단계 비행에 대한 운항상의 제한 및 조작상 문제점을 점검한 결과 이상이 없는가?			
45	급회전·반전 등의 곡기비행, 급강하 등 급격한 운동을 하지 않는가?			
	운용규정			
46	초경량비행장치별 조작·제어방법·긴급조치 및 운용한계와 필요한 장비 및 장비 점검에 관한 운용규정을 준수하는가?			

구분 순번	검사 항목	적 합	부적합	비 고
47	초경량비행장치 및 발동기의 운영규정에 명시된 주기점검 항목은 주기적으로 점검되고 있는가?			
	기타 사항			
48	비상시 사용할 보조낙하산이 장착되었는가?(초경량비행장치 사용사업 및 항공레저스포츠사업에 사용되는 경우)			
49	구명장비(조끼)를 구비하고 있는가?(수상을 비행하는 경우)			
검사원 의견 :				

검사원 :_____ 서명 :_____

검사원 :_____ 서명 :_____

※ 해당되지 않는 항목의 경우 "해당무"(N/A)로 표기한다.

별지 제19호 서식

기구류 안전성점검표

[1] 비행장치 제원(REGISTRATION AND CERT INFO)

신고번호 Reg. No.		☐ 영리 ☐ 비영리 Profit Non-profit	인증 접수번호 Receipt No.	
비행장치 형식 Aircraft Type			비행장치 일련번호 Aircraft SN	
소유자 Owner			제작일자 Manufacture Date	
제작자 Manufacturer			키트 제작자 Kit Manufacturer	
제작자 주소 Manufacturer Address				
인증일자 Certification Date			인증구분 Certification Type	

필수 기본 장비(Required Basic Equipment)

Alt. Meter		Rate of Climb Indicator	Fuel Quantity Gauge	Envelope Temp Indicator	Compass	
Envelope Press Gauge		Variometer	Ballast	Drag Rope		

기타 장비(Expanded Equipment)

Aircraft Radio		Transponder	Barograph	Navigation Lights	Navigational Maps	
Fan / Control Box		Wind Speed Meter				

[2] 성능 검사

설계자 Aircraft Designer				
자체중량 Basic Empty Weight		최대 이륙중량 MTOW		
최대 상승률 Best Rate of Climb		최대 구피온도 Maximum Envelope Temp.		
적용 해외 기술기준 Application Airworthiness Standard	□ FAR.31 □ CS-31HB □ CS-31TGB □ CS-31GB □ 기타(OTHER) :			

구피 Envelopes	분류 Category	□ 열기구 Hot Air Balloon □ 가스기구 Gas Balloon	크기(지름×높이) Dimension(D × H)	
	모델번호 Model Number		무게 Weight	
	일련번호 Serial Number		고어 수 Number of Gores	
	체적 Volume		재질 Envelope Fabric	
탑승설비 Basket / Gondola	모델번호 Model Number		크기 Dimension 폭(지름) × 높이 × 길이 W(D) × H × L	
	일련번호 Serial Number		무게 Weight	
	탑승인원 Number of Passengers		재질 Materials	
연료용기 Fuel Cylinder	제작자 Cylinder Maker		연료총용량 Fuel Capacity	/ cyl
	모델번호 Model Number		연료압력 Fuel Pressure	
	일련번호 Serial Number		총무게 Weight	
	연료종류 Fuel		재질 Materials	
부력가스 Lifting Gas	부력가스종류 Gas		평균 가스누출량 Avg. Gas Porosity	/ month
가열기 Burner	제작자 Burner Maker		일련번호 Serial Number	
	모델번호 Model Number		형식/출력 Type/Output	/ kW
계류운영성능 Tethered Performance	계류도달고도 Ascension Height		운영(상승/하강)속도 Ascent/Descent Speed	m/s m/s
	시간당 운영횟수 No of Cycles/Hour		유압구동모터 성능 Winch Power	kW / ton

※ 주) 정기 제외, 수검자제출 성능검사표 확인

[3] 안전성 점검표 (신고번호 :   )

기구류

판 정	

구분 순번	검사 항목	적 합	부적합	비 고
	일 반 사 항			
1	신고번호를 표시하였는가?			
	구 피			
2	구피 및 보조기낭(Ballonet)에 구멍, 파열된 곳은 없고, 보수한 부분은 적절한 방법으로 처리되어 있는가?			
3	로드 테이프(Load Tape)의 손상, 마모는 없는가?			
4	구피 내의 온도를 알기 위한 구피온도계 또는 온도 퓨즈는 적정한가?			
5	구피 천의 장력은 적당한가?			
6	구피, 가열기, 탑승설비 접속부에 열에 의한 손상, 변형, 부식 등이 없는가?			
7	구피외면 그물(Net)에 손상된 부분이 없으며 적절하게 연결되어 있는가?			
	가열기(열기구에 해당)			
8	가열기는 정확하게 점화되고 연소, 작동되는가?(소리, 색깔 등)			
9	코일 등 금속부의 파손이나 부식, 깨짐은 없는가?			
10	호스의 손상은 없는가?			
11	각 밸브의 작동은 원활한가?(모든 결합부분에 가스의 누출은 없는가?)			
12	노즐의 막힘과 손상부분은 없는가?			
13	신속, 확실하게 소화되고 재점화할 수 있는가?			
14	연료 압력계기는 정확하게 작동하는가?			
	탑승 설비			
15	탑승설비(Basket / Gondola)의 외형에 손상은 없는가?			
16	탑승설비(Basket / Gondola)의 출입문이 있는 경우 잠금장치가 확실한가?			
17	와이어의 손상은 없는가?			
18	탑승설비 바닥의 손상, 변형은 없는가?			
19	가열기, Load Ring 및 연결 구조물(Rod, Wire 등)이 휘어지거나 손상은 없는가?			
20	연료용기 고정 벨트(Belt)는 적절하고 손상이 없는가?			
21	탑승설비(Basket / Gondola)가 구피와 독립적으로 회전하지 않는가?			
22	탑승자에게 부상을 줄 수 있는 탑승설비(Basket / Gondola) 돌출 부위에 대해 패딩(Padding)이 되어 있는가?			
23	탑승설비(Basket / Gondola) 이외의 경우 탑승자를 위한 안전벨트, 하네스 또는 탑승자를 구속하기 위한 방법이 있는가?			
24	계류식기구 탑재 전원장치 운용 중 전력 제공에 사용되는 시스템은 탑승자가 감전되거나 화재 위험이 없도록 장착되었는가?			
	연료 계통 (열기구에 해당)			
25	연료용기 본체가 파손되거나 부식된 부위는 없는가? (이상 확인 시 가스 배출 후 연료용기 폐기)			
26	연료용기는 안전성 확인을 필하였는가?			

구분 순번	검사 항목	적 합	부적합	비 고
27	밸브는 단단히 닫혀지는가?			
28	연료량을 측정하고 표시하는 계기가 부착되어 있고 정확히 작동하는가?			
제어 방식				
29	방출장치(Parachute Valve, Gas Valve 등)의 개폐는 잘되는가?			
30	방출장치의 연결부분에 마모는 없으며, 필요한 경우 밀폐가 잘 유지되는가?			
31	도르래는 유연하게 움직이는가?			
32	각 밸브 작동 케이블은 얽히지 않고 열에 의한 손상이 없는가?			
33	밸러스트를 장착한 경우 투하 시에 지상에 위험을 주지 않는 재료인가?			
34	계류식으로 운용될 경우 필요한 지상연결 장비(Mooring Rope, Retrieval Cable, Winch 등)가 정확하게 연결 및 운용되고 있는가?			
35	기구에 송풍기(Fan)가 장착된 경우 원활하게 작동하고 전기배선 및 장착상태가 양호한가?			
36	드래그 로프(Drag Rope)를 사용하는 경우 밖으로 늘어진 로프의 끝부분은 로프가 엉키지 않도록 빳빳한 상태인가?			
37	립코드(Rip Cord)의 끝부분은 빨간색으로 표시되어 있는가?			
38	립코드(Rip Cord)의 길이는 구피를 수직으로 하였을 때의 길이보다 10% 이상인가?			
39	회전방출코드(Turning Vent Cords)의 경우, 좌측 선회 코드는 검은색, 우측 선회 코드는 녹색으로 표시되어 있는가?			
기구 장비품 점검				
40	고도계			
41	상승계			
42	연료량계(열기구)			
시험 비행 **(초도 및 비행성능에 영향을 주는 변경이 있는 경우의 정기)**				
43	계류비행에 관계되는 운영제한에 대하여 기구 및 비행 매뉴얼에 기록되어 있는가?			
44	운항 중 연료계통 및 부력 가스의 누출은 없는가?			
45	탑승설비는 운항 중 탑승자 및 가스 용기를 보호할 수 있는가?			
46	구피 내의 배기용 방출장치는 조작이 쉽고 정확하게 작동되는가?			
47	각 밸브의 작동 케이블은 비행 중에 엉키지 않고 열에 의한 손상을 받지 않는가?			
48	주요 장착볼트의 장착상태(필요한 경우 토큐렌치에 의한 조임상태 점검) 점검 시 과도한 조임으로 파손된 볼트가 없는가?			
49	기구에 광고가 부착될 경우에는 운항에 장해가 되지 않고 무게중심이 고려되었는가?			
50	상승 속도가 정상적으로 나오는가?			
51	계류식기구의 경우 충돌방지등은 설치되어 있는가?			
운용규정				
52	기구의 조작·제어방법·긴급조치 및 운용한계와 필요한 장비 및 장비 점검에 관한 운용규정을 준수하는가?			
53	구피 온도계가 없는 경우 무게·고도·대기온도 등의 상관관계 비교표가 있는가?			
54	지상연결 장비(Mooring Rope, Retrieval Cable, Winch 등)에 대한 운용규정상의 점검 항목은 주기적으로 점검되고 있는가?			

구분 순번	검사 항목	적 합	부적합	비 고
55	기구의 운용규정과 가열기 및 가스관련 안전점검 사항에 명시된 점검 항목은 주기적으로 점검되고 있는가?			
검사원 의견 :				

검사원 : _____ **서명 :** _____

검사원 : _____ **서명 :** _____

※ 해당되지 않는 항목의 경우 "해당무"(N/A)로 표기한다.

별지 제20호 서식

무인비행선 안전성점검표

[1] 비행장치 제원(REGISTRATION AND CERT INFO)

신고번호 Reg. No.		☐ 영리 ☐ 비영리 Profit　Non-profit	인증 접수번호 Receipt No.	
비행장치 형식 Aircraft Type			비행장치 일련번호 Aircraft SN	
소유자 Owner			제작일자 Manufacture Date	
제작자 Manufacturer			키트 제작자 Kit Manufacturer	
제작자 주소 Manufacturer Address				
인증일자 Certification Date			인증구분 Certification Type	

발동기 제작자 Motor Maker		모델번호 Model		일련번호 Serial #	
프로펠러 제작자 Prop. Maker		모델번호 Model		일련번호 Serial #	

탑재 장비 및 장치(SPECIAL EQUIPMENT & FEATURES)

통신장비 Communication Devices	송수신기 인가 여부 Certification		☐ Yes　　☐ No					
	송신기 Trans.	내부조종자 Internal	제작자 Maker		모델명 Model		일련번호 SN	
		외부조종자 External	제작자 Maker		모델명 Model		일련번호 SN	
	수신기 Receiver		제작자 Maker		모델명 Model		일련번호 SN	
	운용주파수(G/Mhz) Operation Frequency							
	운용채널 수 No. of Channels							
	최대 운용반경(km) Max. Range							
제어장치 Controller	비행제어장치 Flight Controller		제작자 Maker		모델명 Model		일련번호 SN	
	서보모터 수 No. of Servos							
	비행기록장치 Flight Data Logger		☐ Yes　　☐ No					
기타 장착장비 Optional Devices								

조종방식 Control Type	☐ 조종자에 의한 제어방식 Remote controlled by pilot	☐ 프로그램에 의한 자동비행 Autonomous flight by program
추진방식 Propulsion	☐ 엔진 Engine	☐ 전동기 Electric Motor

기타(OTHERS)

비행장치 분류 Gear Type	☐ 육상기 ☐ 수상기 ☐ 수·륙양용 Land Float Amphibian				
연료·배터리 총탑재량 Fuel·Battery Capacity			연료·배터리 형식 Fuel·Battery Type		
발동기 출력 Motor HP			배기량 Displacement		
스파크플러그 Spark Plug			점화계통 방식 Ignition System		
윤활유 등급 Engine Oil	동절기 Winter		하절기 Summer	냉각방식 Cooling Sys.	

[2] 성능 검사

설계자 Aircraft Designer			
자체중량 Basic Empty Weight		최대 이륙중량 MTOW	
항속시간 Endurance		항속거리 Range	

구피 Envelopes	모델 번호 Model Number		일련번호 Serial Number	
	체적 Volume		무게 Weight	
	높이 Height		재질 Envelope Fabric	
	최대 지름(폭) Max. Diameter (Width)		길이 Length	
부력 가스 Lifting gas	부력 가스 종류 Gas		평균 가스 누출량 Ave. Gas Porosity	/ month

조종면 작동각도 Control Deflections (정기 제외)	승강타 Elevator	상향 Up		하향 Down	
	방향타 Rudder	우향 Right		좌향 Left	

※ 주) 정기 제외, 수검자제출 성능검사표 확인

[3] 안전성 점검표 (신고번호 :   )

무인비행선

판 정	

구분 순번	검사 항목	적 합	부적합	비 고
	일 반 사 항			
1	신고번호를 표시하였는가?			
2	자체 중량이 기준치 이내인가?(정기 제외) *기준치 12 ~ 180kg			
3	비행선 길이가 기준치 이내인가?(정기 제외) *기준치 7 ~ 20m			
4	내/외부 조종자의 상호 통신은 가능한가?			
	구피 및 동체			
5	구피 및 보조구피(Ballonet)에 구멍, 파열된 곳은 없고, 보수 부분이 있는 경우 적절한 방법으로 보수가 되어 있는가?			
6	구피 천의 장력은 적당한가?			
7	구피 및 곤돌라 접속부에 손상, 변형, 부식 등이 없는가?			
8	벌크헤드, 스트링어 등의 리벳 장착상태, 균열 등이 없는가?			
9	곤돌라, 조종면 등을 장착하기 위한 구조물의 상태는 양호한가?			
10	각 서보모터의 장착상태가 양호한가?			
11	토크판의 장착상태는 양호한가?			
	꼬리부분			
12	수직 안정판, 수평 안정판의 장착상태는 양호한가?			
13	승강타 및 방향타의 장착상태는 양호한가?			
14	조종면의 힌지, 베어링의 작동상태 및 장착볼트, 핀 등의 상태가 양호한가?			
15	작동 케이블과 힌지, 풀리 등의 장착 및 작동상태는 양호한가?			
16	외피의 손상이나 부식이 없는가?			
	착륙장치계통			
17	착륙장치와 동체/곤돌라의 연결부분 상태는 양호한가?			
18	착륙장치에 부식, 균열, 변형 등 이상이 없는가?			
19	바퀴 및 타이어 혹은 스키드의 상태가 양호한가?			
	전기장치			
20	전기배선 상태는 양호한가?			
	프로펠러			
21	균열, 손상 또는 나무나 복합소재인 경우 들뜨거나(Delamination) 변형(Deformation) 된 부분이 없는가?			
22	프로펠러 볼트의 토큐치는 양호한가?			
23	스피너와 프로펠러 장착판의 상태는 양호한가?			
24	프로펠러 궤도(Track) 및 균형(Balance)상태는 정상인가?			
	연료계통			
25	연료관에 마찰, 마모, 누설, 고정상태는 양호한가?			

구분 순번	검사 항목	적 합	부적합	비 고
26	연료탱크 및 필터상태는 양호한가?			
27	연료 주입구 뚜껑(Cap)이 안전하게 잠기는가?			
28	연료계통의 밸브, 통기장치 등의 기능이 제대로 작동하는가?			
동력장치				
29	발동기오일의 상태는 양호한가?			
30	점화 케이블의 상태는 양호한가?			
31	스파크 플러그의 갭과 청결상태는 양호한가?			
32	발동기 장착 마운트와 부싱 등은 양호한가?			
33	기어박스에서 오일누설은 없는가?			
34	발동기오일계통 및 기어박스의 통기장치는 양호한가?			
35	카울링의 상태(장착고정)와 균열 등 이상이 없는가?			
36	소음기 부착상태는 양호한가?			
발동기상태				
37	공회전 회전수(rpm) 및 혼합비(Mixture)는 정상인가?			
38	정속 회전수(Static rpm)는 정상인가?			
39	오일, 작동유, 연료 누설이 없는가?			
송 · 수신장비				
40	송신기 작동상태가 양호한가?			
41	송신기 안테나상태가 양호한가?			
42	송신기 전원상태는 양호한가?			
43	수신기 안테나의 장착상태는 양호한가?			
44	수신기 장착상태는 양호한가?			
45	수신기 전원 및 배터리 장착상태는 양호한가?			
46	지상조종장비의 조종기는 내부조종자와 외부조종자가 동시 또는 분리하여 사용할 수 있는가?			
47	내부조종자와 외부조종자의 조종기는 서로 간섭현상은 없는가?			
작동상태				
48	스로틀 스틱 및 트림 조작 시 작동상태가 양호한가?			
49	승강타 스틱 및 트림 조작 시 작동상태가 양호한가?			
50	방향타 스틱 및 트림 조작 시 작동상태가 양호한가?			
51	발동기 틸팅(Tilting) 작동상태는 양호한가?			
52	송신기 안테나를 접은 상태에서 10m 이상의 거리에서 작동상태가 양호한가?			
지상운전(정지상태)				
53	완속에서 최대 출력까지 예상되는 비행자세에서 5분 이상의 발동기 지상시운전 중 지장 없이 운전되는가?			
안전대책				
54	전파방해 등의 이유로 통신이 불가능할 경우를 대비하여 안전대책이 마련되어 있는가?			
시험 비행 **(초도 및 비행성능에 영향을 주는 변경이 있는 경우의 정기)**				
55	공중 정지자세를 유지하는가?			

구분 순번	검사 항목	적 합	부적합	비 고
56	이륙상승 비행상태는 양호한가?			
57	수평비행상태는 양호한가?			
58	착륙접근 비행상태는 양호한가?			
59	프로그램에 의한 비행상태가 양호한가?			
60	비행 후 조종계통·동력장치계통 등을 포함한 기체 전반에 관한 점검결과 이상이 없는가?			
61	두 개 이상의 발동기를 가진 경우 1개의 발동기로 기동이 가능한가?			
운용규정				
62	초경량비행장치별 조작·제어방법·긴급조치 및 운용한계와 필요한 장비 및 장비 점검에 관한 운용규정을 준수하는가?			
63	초경량비행장치 및 발동기의 운영규정에 명시된 주기점검 항목은 주기적으로 점검되고 있는가?			
기타사항				
64	외부 장착장비의 상태는 양호한가?			
검사원 의견 :				

검사원 : _____   서명 : _____

검사원 : _____   서명 : _____

※ 해당되지 않는 항목의 경우 "해당무"(N/A)로 표기한다.

별지 제21호 서식

행글라이더 안전성점검표

[1] 비행장치 제원(REGISTRATION AND CERT INFO)

신고번호 Reg. No.		☐ 영리 ☐ 비영리 Profit Non-profit	인증 접수번호 Receipt No.	
비행장치 형식 Aircraft Type			비행장치 일련번호 Aircraft SN	
소유자 Owner			제작일자 Manufacture Date	
제작자 Manufacturer			키트 제작자 Kit Manufacturer	
제작자 주소 Manufacturer Address				
인증일자 Certification Date			인증구분 Certification Type	

[2] 성능 검사

설계자 Aircraft Designer					
자체중량 Basic Empty Weight	합계 Sum	날개 Sail	조종자 하네스 Pilot Harness	탑승자 하네스 Passenger Harness	비상낙하산 Emergency Parachute
적용 해외 기술기준 Application Airworthiness Standard	☐ HGMA ☐ EAPR ☐ DHV ☐ 기타(OTHER) :				

	모델 Model		제작일자(연월) Year and Month of Manufacture	
날개 Sail	인증규격 Application Standard		인증등급 Wing Classes	
	일련번호 Serial Number		비행 최대 중량 Maximum Total Weight in Flight	
	사이즈 Size		날개면적 Wing Area	
	날개스팬길이 Sail Span		날개코드길이 Sail Chord	
하네스 Harness (조종자용)	제작자 Manufacturer		인증규격 Application Standard	
	모델/사이즈 Model/Size		일련번호 Serial Number	
	제작일자(연월) Year and Month of Manufacture		최대 중량 Max. Weight of Pilot	

하네스 Harness (탑승자용)	제작자 Manufacturer		인증규격 Application Standard	
	모델/사이즈 Model/Size		일련번호 Serial Number	
	제작일자(연월) Year and Month of Manufacture		최대 중량 Max. Weight of Passenger	
비상낙하산 Emergency Parachute	제작자 Manufacturer		인증규격 Application Standard	
	모델/사이즈 Model/Size		일련번호 Serial Number	
	제작일자(연월) Year and Month of Manufacture		비행 최대 중량 Maximum Total Weight in Flight	
	하강률 Descent Rate.		최근 재포장 일자 Latest Repacking Date	

※ 주) 정기 제외, 수검자제출 성능검사표 확인

[3] 안전성 점검표 (신고번호 :   )

행글라이더

판 정	

구분 순번	검사 항목	적 합	부적합	비 고
	일 반 사 항			
1	신고번호를 표시하였는가?			
2	자체 중량이 기준치 이내인가?(정기 제외) *기준치 70kg 이내			
	날개 및 동체			
3	세일(Sail)의 익형은 적당한가?			
4	킬 튜브(Keel Tube)의 손상, 변형, 부식 등이 없는가?			
5	앞전 튜브(Leading Edge Tube)의 손상, 변형, 부식 등이 없는가?			
6	바텐(Battens)은 날개의 형상 및 세일의 장력을 유지하고 있는가?			
7	행 포인트(Hang Point) 위치의 변경이 없는가?			
8	행 포인트(Hang Point)의 손상, 변형, 부식 등이 없는가?			
9	조종간(Control Frame)의 손상, 변형, 부식 등이 없는가?			
10	조종간(Control Frame)과 킬 튜브(Keel Tube) 연결부의 손상, 변형, 부식 등이 없는가?			
11	와이어(Wires)들은 장력을 유지하고 있는가?			
12	와이어(Wires)들의 손상, 변형, 부식 등이 없는가?			
13	마스트(Mast) 및 연결부분의 손상, 변형, 부식 등이 없는가?			
14	코판(Nose Plates)의 손상, 변형, 부식 등이 없는가?			
15	트림 조종/조절상태는 양호한가?(해당 시)			
	하네스			
16	하네스 연결부분의 상태는 양호한가?			
17	하네스 연결부분의 단층(Slipping)이 없는가?			
18	하네스의 모든 주요 구조 부분은 파손이 없는가?			
19	하네스의 모든 주요 구조 부분의 재봉질상태는 양호한가?			
	플래카드(Placard)			
20	플래카드(Placard)는 눈에 잘 띄는 장소에 있는가?			
21	플래카드(Placard)는 외관상 손상되거나 불분명하지 않는가?			
22	플래카드(Placard)에는 최소 권장 하중에서의 최대 속도, 최대 권장 하중에서의 실속 속도는 명확하게 기록되어 있는가?			
23	플래카드(Placard)에는 행글라이더에서 제한된 조작의 종류(견인 등) 또는 설치된 장비(예를 들면 견인봉, 플로트 등)에 의해 금지된 조작에 대하여 명확하게 기록되어 있는가?			
24	플래카드(Placard)에는 승인된 곡예 기동 목록에 대하여 명시하고 있는가?			
25	플래카드(Placard)에는 권고된 조종자 중량 범위가 명시되어 있는가?			

구분 순번	검사 항목	적 합	부적합	비 고
26	플래카드(Placard)에는 행글라이더의 등급에 요구되는 기술 등급에 대하여 명시되어 있는가?			
27	플래카드(Placard)에는 권고된 V_a 속도가 명시되어 있는가?			
28	플래카드(Placard)에는 권고된 Vne 속도가 명시되어 있는가?			
운용규정				
29	행글라이더의 조작·제어방법·긴급조치 및 운용한계와 필요한 장비 및 장비 점검에 관한 운용규정을 준수하는가?			
30	행글라이더의 운영규정과 안전점검 사항에 명시된 점검 항목은 주기적으로 점검되고 있는가?			
31	하네스 운용한계와 필요한 장비 및 장비 점검에 관한 운용규정을 준수하는가?			
32	하네스의 운영규정과 안전점검 사항에 명시된 점검 항목은 주기적으로 점검되고 있는가?			
33	비상낙하산의 조작·제어방법·긴급조치 및 운용한계와 필요한 장비 및 장비 점검에 관한 운용규정을 준수하는가?			
34	비상낙하산의 운용규정과 안전점검 사항에 명시된 점검 항목은 주기적으로 점검되고 있는가?			
기타 사항				
35	비상낙하산이 준비되어 있고 인가된 제품인가?			
36	비상낙하산은 정상 비행상태에서 조종자가 쉽게 산개(Deploy)할 수 있는가?			
37	산개 시스템 부품의 손상 여부, 장착상태가 양호한가?			
38	비상낙하산(표준 외부 용기에 포함되고 사용자 매뉴얼 지침에 따라 포장)의 장착상태가 양호한가?			
39	밸러스트를 장착한 경우 안전하게 고정되어 있는가?			
검사원 의견 :				

검사원 :   서명 :

검사원 :   서명 :

※ 해당되지 않는 항목의 경우 "해당무"(N/A)로 표기한다.

별지 제22호 서식

패러글라이더 안전성점검표

[1] 비행장치 제원(REGISTRATION AND CERT INFO)

신고번호 Reg. No.		☐ 영리 ☐ 비영리 Profit Non-profit	인증 접수번호 Receipt No.	
비행장치 형식 Aircraft Type			비행장치 일련번호 Aircraft SN	
소유자 Owner			제작일자 Manufacture Date	
제작자 Manufacturer			키트 제작자 Kit Manufacturer	
제작자 주소 Manufacturer Address				
인증일자 Certification Date			인증구분 Certification Type	

[2] 성능 검사

설계자 Aircraft Designer					
자체중량 Basic Empty Weight	합계 Sum	캐노피 Canopy	조종자 하네스 Pilot Harness	탑승자 하네스 Passenger Harness	비상낙하산 Emergency Parachute

	모델/사이즈 Model/Size		제작일자(연월) Year and Month of Manufacture	
캐노피 Canopy	인증규격 Application Standard		인증등급 Paraglider Classes	A, B, C, D
	일련번호 Serial Number		비행 최대 중량 Maximum Total Weight in Flight	
	날개길이 Projected Span		날개투영면적 Projected Area	
	셀의 수 Number of Cells		라이저의 수 Number of Risers	
	트리머(유/무) Trimmers		액셀레이터(유/무) Accelerator	
하네스 Harness (조종자용)	제작자 Manufacturer		인증규격 Application Standard	
	모델/사이즈 Model/Size		일련번호 Serial Number	
	제작일자(연월) Year and Month of Manufacture		최대 중량 Max. Weight of Pilot	

하네스 Harness (탑승자용)	제작자 Manufacturer		인증규격 Application Standard	
	모델/사이즈 Model/Size		일련번호 Serial Number	
	제작일자(연월) Year and Month of Manufacture		최대 중량 Max. Weight of Passenger	
비상낙하산 Emergency Parachute	제작자 Manufacturer		인증규격 Application Standard	
	모델/사이즈 Model/Size		일련번호 Serial Number	
	제작일자(연월) Year and Month of Manufacture		비행 최대 중량 Maximum Total Weight in Flight	
	하강률 Descent Rate.		최근 재포장 일자 Latest Repacking Date	

캐노피 공기투과도 Canopy Porosity	중앙상판 (Center/Upper Skin)	좌측상판 (Left/Upper Skin)	우측하판 (Right/Lower Skin)

※ 주) 정기 제외, 수검자제출 성능검사표 확인

[3] 안전성 점검표 (신고번호 :   )

패러글라이더

판 정	

구분 순번	검사 항목	적 합	부적합	비 고
	일 반 사 항			
1	신고번호를 표시하였는가?			
2	자체 중량이 기준치 이내인가?(정기 제외) *기준치 70kg 이내			
	패러글라이더			
3	산줄의 꼬임 및 손상 여부, 장착상태가 양호한가?			
4	산줄의 끝부분의 봉제상태가 양호한가?			
5	라이저의 손상 여부, 장착상태가 양호한가?			
6	외피의 손상은 없는가?			
7	내부 격막(Rib)의 손상은 없는가?			
8	익형을 형성하는 셀(Cells)의 안전성은 이상이 없는가?			
9	하네스 연결부분의 상태는 양호한가?			
10	액셀러레이터(Accelerator)의 손상 여부, 장착상태가 양호한가?			
11	트림(Trim)의 손상 여부, 장착상태가 양호한가?			
	하네스			
12	모든 웨빙, 스트랩과 버클에 손상이 없으며 착용에 문제가 없는가?			
13	카라비너 연결 부분의 손상은 없는가?			
14	시트부의 손상은 없는가?			
15	비상낙하산 연결 부분은 패러글라이더 연결 부분 보다 낮게 위치하지 않는가?			
16	모든 주요 구조 부분이 단층(Slipping)에 의한 파손은 없는가?			
17	모든 주요 구조 부분의 박음질상태가 양호한가?			
18	하네스가 비상낙하산의 일부이거나 비상낙하산을 포함한 경우에 비상낙하산 기술기준의 요구사항을 만족하는가?			
19	하네스의 장착상태 및 잠금상태 등은 이상이 없는가?			
20	2인승 전용 연결 브라이들의 상태는 양호한가?			
	운용규정			
21	패러글라이더의 조작·제어방법·긴급조치 및 운용한계와 필요한 장비 및 장비 점검에 관한 운용규정을 준수하는가?			
22	패러글라이더의 운용규정과 안전점검 사항에 명시된 점검 항목은 주기적으로 점검되고 있는가?			
23	하네스의 운용한계와 필요한 장비 및 장비 점검에 관한 운용규정을 준수하는가?			
24	하네스의 운영규정과 안전점검 사항에 명시된 점검 항목은 주기적으로 점검되고 있는가?			

구분 순번	검사 항목	적 합	부적합	비 고
25	비상낙하산의 조작·제어방법·긴급조치 및 운용한계와 필요한 장비 및 장비점검에 관한 운용규정을 준수하는가?			
26	비상낙하산의 운용규정과 안전점검 사항에 명시된 점검 항목은 주기적으로 점검되고 있는가?			
기타 사항				
27	비상낙하산은 준비되어 있고 인가된 제품인가?			
28	비상낙하산은 정상 비행상태에서 조종자가 쉽게 산개(Deploy)할 수 있는가?			
29	산개 시스템 부품의 손상 여부, 장착상태가 양호한가?			
30	비상낙하산(표준 외부 용기에 포함되고 사용자 매뉴얼의 지침에 따라 포장)의 장착상태가 양호한가?			
검사원 의견 :				

검사원 : _____   서명 : _____

검사원 : _____   서명 : _____

※ 해당되지 않는 항목의 경우 "해당무"(N/A)로 표기한다

별지 제23호 서식

낙하산 안전성점검표

[1] 비행장치 제원(REGISTRATION AND CERT INFO)

신고번호 Reg. No.		☐ 영리 ☐ 비영리 Profit　Non-profit	인증 접수번호 Receipt No.	
비행장치 형식 Aircraft Type			비행장치 일련번호 Aircraft SN	
소유자 Owner			제작일자 Manufacture Date	
제작자 Manufacturer			키트 제작자 Kit Manufacturer	
제작자 주소 Manufacturer Address				
인증일자 Certification Date			인증구분 Certification Type	

[2] 성능 검사

설계자 Aircraft Designer					
자체중량 Basic Empty Weight	합계 Sum	주낙하산 Parachute	조종자 하네스 Pilot Harness	탑승자 하네스 Passenger Harness	비상낙하산 Emergency Parachute
적용 해외 기술기준 Application Airworthiness Standard	☐ TSO-C23　　☐ ETSO-C23　　☐ AS8015-B ☐ 기타(OTHER) :				

	☐ 원형낙하산 Round canopy		☐ 사각형낙하산 Ram Air Canopy	
캐노피 Canopy	모델/사이즈 Model/Size		제작일자(연월) Year and Month of Manufacture	
	인증규격 Application Standard		일련번호 Serial Number	
	최대 산개 속도 Max Deployment Speed		비행 최대 중량 Maximum Weight in Flight	
하네스 Harness (조종자용)	제작자 Manufacturer		모델 Model	
	사이즈 Size		일련번호 Serial Number	
	제작일자(연월) Year and Month of Manufacture		최대 중량 Max. Weight of Pilot	

하네스 Harness (탑승자용)	제작자 Manufacturer		모델 Model	
	사이즈 Size		일련번호 Serial Number	
	제작일자(연월) Year and Month of Manufacture		최대 중량 Max. Weight of Passenger	
비상낙하산 Emergency Parachute	제작자 Manufacturer		인증규격 Application Standard	
	모델/사이즈 Model/ Size		일련번호 Serial Number	
	제작일자(연월) Year and Month of Manufacture		비행 최대 중량 Maximum Total Weight in Flight	
	최대 산개 속도 Max Deployment Speed		최근 재포장 일자 Latest Repacking Date	

※ 주) 정기 제외, 수검자제출 성능검사표 확인

[3] 안전성 점검표 (신고번호 :   )

낙하산

판 정	

구분 순번	검사 항목	적 합	부적합	비 고
	일 반 사 항			
1	신고번호를 표시하였는가?			
	낙하산(Parachute)			
2	사용 전 180일 이내에 포장되었는가?			
3	낙하산의 포장, 유지관리 및 개조에 대한 정보는 적절한가?			
4	적재컨테이너(Container)는 제작된 낙하산 데이터 카드가 포켓에 있는가?			
5	낙하산 연결 및 분리장치의 손상 여부, 장착상태가 양호한가?			
6	1차 작동장치(RSL ; Reserve Static Line)의 연결상태가 낙하산 제작회사의 지시대로 되었는가?			
7	드로그(Drogue) 분리 손잡이(사용된 경우)의 손상 여부, 장착상태가 양호한가?			
8	재료, 재봉질, 감항성에 영향을 주는 기능 장해는 없는가?			
	개방 장치			
9	개방 손잡이의 주머니 상태는 양호한가?			
10	던짐방식 보조낙하산은 정확하게 주머니에 들어 있는가?			
11	스프링 방식의 보조낙하산은 전개낭 위에 정확하게 수직으로 얹혀 있는가?			
	기구 장비품 점검			
12	고도계(Altimeter)			
13	고도계의 바늘과 흔들림의 상태(디지털 고도계는 제작자의 매뉴얼 참조)			
14	고도경보계(Alarm)			
15	자동산개기(AAD ; Automatic Activate Device)			
	하네스			
16	모든 웨빙, 스트랩과 버클에 손상이 없으며 착용에 문제가 없는가?			
17	카라비너 연결 부분의 손상은 없는가?			
18	금속 케이블의 비금속제 보호 튜브(Coat)는 적절하고 손상이 없는가?			
19	모든 주요 구조 부분이 단층(Slipping)에 의한 파손은 없는가?			
20	모든 주요 구조 부분의 박음질 상태가 양호한가?			
21	하네스가 비상낙하산의 일부이거나 하네스가 비상낙하산을 포함한 경우 비상낙하산 기술기준의 요구사항을 만족하는가?			
22	하네스의 장착상태 및 잠금상태 등이 이상이 없는가?			
23	주구조부(Main Structure)에 부식은 없는가?			
24	2인승 전용 연결 브라이들의 상태는 양호한가?			
	운용규정			
25	낙하산 조작·제어방법·긴급조치 및 운용한계와 필요한 장비 및 장비 점검에 관한 운용규정을 준수하는가?			

구분 순번	검사 항목	적 합	부적합	비 고
26	낙하산의 운용규정과 안전점검 사항에 명시된 점검 항목은 주기적으로 점검되고 있는가?			
27	하네스의 운용한계와 필요한 장비 및 장비 점검에 관한 운용규정을 준수하는가?			
28	하네스의 운영규정과 안전점검 사항에 명시된 점검 항목은 주기적으로 점검되고 있는가?			
39	비상낙하산의 조작·제어방법·긴급조치 및 운용한계와 필요한 장비 및 장비 점검에 관한 운용규정을 준수하는가?			
30	비상낙하산의 운용규정과 안전점검 사항에 명시된 점검 항목은 주기적으로 점검되고 있는가?			
기타 사항				
31	비상낙하산은 준비되어 있고 인가된 제품인가?			
32	비상낙하산은 정상 비행상태에서 조종자가 쉽게 산개할 수 있는가?			
33	산개 시스템 부품의 손상 여부, 장착상태가 양호한가?			
34	비상낙하산(표준 외부 용기에 포함되고 사용자 매뉴얼의 지침에 따라 포장)의 장착상태가 양호한가?			

검사원 의견 :

검사원 : _____   서명 : _____

검사원 : _____   서명 : _____

※ 해당되지 않는 항목의 경우 "해당무"(N/A)로 표기한다.

별지 제24호 서식 〈개정 2018.06.05.〉

초경량비행장치 안전성인증 재인증 통지서

소유자	1. 성 명(명 칭)			
	2. 연 락 처			
초경량 비행장치	3. 신 고 번 호		4. 종 류	
	5. 형 식		6. 제 작 번 호	

초경량비행장치 안전성인증 업무 운영세칙 제14조 제1항의 규정에 따라 아래와 같이 불합격 사유를 통지하오니 수정 후 재인증을 받으시기 바랍니다.

불합격 사유

년 월 일

항공안전기술원장 인

210mm×297mm
모조지 54g/m² 이상

별지 제25호 서식

초경량비행장치 안전성인증서

인증서 번호 :

1. 종 류		2. 신 고 번 호	
3. 형 식		4. 발 동 기 형 식	
5. 제 작 번 호		6. 제 작 일 자	
7. 제 작 자 주 소			
8. 제 작 자			
9. 키 트 제 작 자			
10. 설 계 자			
11. 인 증 서 만 료 일			
12. 비 고			

이 안전성인증서는 「항공안전법」 제124조에 따라 위의 초경량비행장치가 운용기준을 준수하여 정비하고 비행할 경우에만 안전성이 있음을 증명합니다.

년   월   일

항공안전기술원장   인

210mm×296mm
모조지 54g/m^2 이상

■별■지■ 제25호의2 서식

Ultra-Light Vehicle Safety Certificate

Certificate No. :

1. ULV Type		2. Reg. No.	
3. Make / Model		4. Motor Model	
5. Mfg. S/N		6. Mfg. Date	
7. Manufacturer Address			
8. Manufacturer			
9. Kit Manufacturer			
10. Type Designer			
11. Expiration Date			
12. Remarks			

This Certificate is issued pursuant to Article 124 of the Aviation Safety Act of the Republic of Korea in respect of the above-mentioned vehicle which is considered to be airworthy when maintained and operated in accordance with the operational regulations and it's manuals.

Issue Date(yy-mm-dd) :   .   .   .

President of Korea Institute of Aviation Safety Technology

210mm×296mm
모조지 54g/m^2 이상

별지 제26호 서식

(앞 면)

초경량비행장치 [　]국문 [　]영문 안전성인증서 발급 신청서

소유자	① 성 명(명 칭)			
	② 연 락 처			
초경량비행장치	③ 종 류		④ 신 고 번 호	
	⑤ 제 작 자			
	⑥ 제 작 번 호		⑦ 제 작 일 자	
	⑧ 보 관 처			
⑨ 재발급신청사유 (재발급의 경우)				

항공안전법 제124조 및 같은 법 시행규칙 제305조, 초경량비행장치 안전성인증 업무 운영세칙 제16조 제5항에 따라 위의 초경량비행장치의 안전성인증서 발급을 신청합니다.

년　　　월　　　일

신청자 :　　　　　　　　　　　　　　　　　(서명 또는 인)

연락처 :

항공안전기술원장 귀하

	수수료
구비서류: 영문 안전성인증서 재발급 신청 시 [별지 제25호의2 서식]에 영문으로 작성하여 제출 ※ 재발급의 경우는 사유를 기입할 것	초경량비행장치 안전성인증 업무 운영세칙 제20조

이 신청서는 아래와 같이 처리됩니다.

(뒷 면)

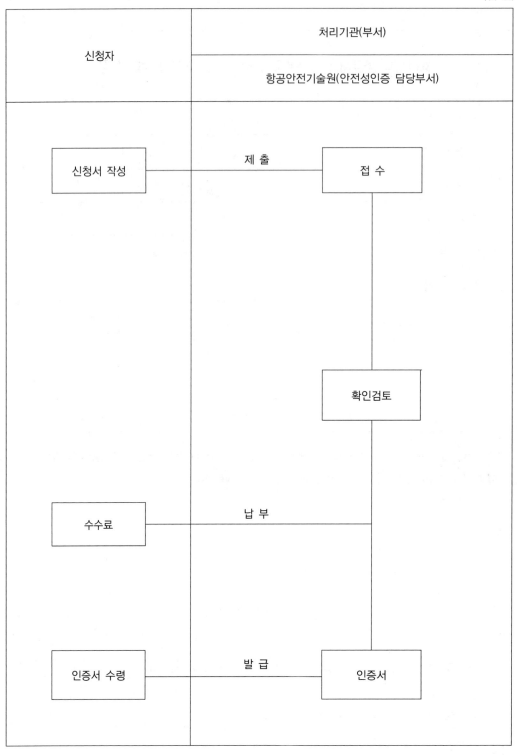

210mm×297mm
모조지 54g/m^2 이상

◆참고◆ 초경량비행장치 안전성인증 신청절차

① 신청절차

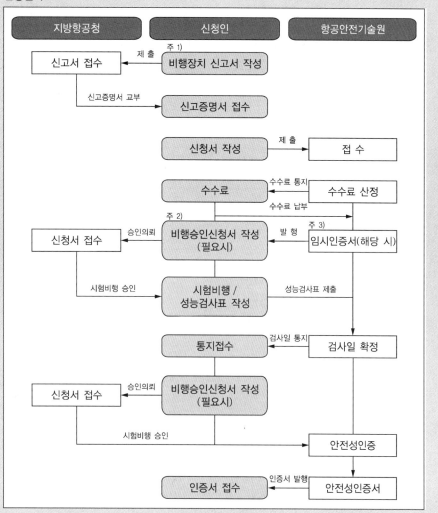

주 1) : 초도인증일 경우 관할 지방항공청에 비행장치 신고를 완료한 후 안전성인증을 신청함
주 2) : 비행제한공역에서 비행을 하고자 할 경우 지방항공청에 관할 비행계획 승인 요청
주 3) : 초도인증 또는 안전성인증서 유효기간 경과 시 안전성인증서(임시) 발행 후 시험비행

② 구비서류

㉠ 신청서 작성 시 필요서류

구비서류	초도인증	정기인증	수시인증	재인증
1. 설계도서 또는 설계도면	○		○	
2. 부품표	○		○	
3. 비행 및 주요정비 현황	○(해당 시)	○		
4. 성능검사표	○	○	○	○
5. 비행안전을 확보하기 위한 기술상의 기준 이행완료제출문	○		○(해당 시)	
6. 작업 지시서	○(해당 시)		○(해당 시)	○
7. 운용지침	○			
8. 정비교범	○			
9. 수입신고필증	○			
10. 정비서류	○	○		
11. 비상낙하산 재포장카드	○	○	○	
12. 송수신기 인가여부를 확인할 수 있는 서류	○			
13. 성능개량을 위한 변경 항목 목록표 및 확인서	○	○	○	
14. 국토부 시험비행허가 서류	○			

※ 초도인증 시 외국에서 제작되어 시험비행 후 이동을 위해 분해하여 국내에서 재조립한 비행장치는 6, 7호 서류 제외

㉡ 안전성인증(신청자) 준비 내용

• 장소 및 장비 : 비행장치 안전성인증을 받고자 하는 자는 안전성인증에 필요한 장소 및 장비 등을 제공(단, 검사소 입고 시는 제외)

• 해당 비행장치의 자료
  – 비행장치의 제원 및 성능 자료
  – 제작회사의 기술도서 및 운용 설명서
  – 비행장치의 설계서 및 설계도면, 부품표 자료
  – 외국정부 또는 국제적으로 공인된 기술기준인정 증명서(해당 시)

◆참고◆ 초경량비행장치 안전성인증 수수료

구 분		초도인증 수수료	정기인증 수수료	수시인증 수수료	재인증 수수료	인증서 재발급 수수료
동력비행장치	타면조종형	220,000원	165,000원	99,000원	99,000원	22,000원
	체중이동형	220,000원	165,000원	99,000원	99,000원	22,000원
동력패러글라이더		220,000원	165,000원	99,000원	99,000원	22,000원
기구류	유인자유기구 (열기구)	220,000원	165,000원	99,000원	99,000원	22,000원
	유인자유기구 (가스기구)	220,000원	165,000원	99,000원	99,000원	22,000원
	계류식기구	220,000원	165,000원	99,000원	99,000원	22,000원
무인비행장치	무인비행기	220,000원	165,000원	99,000원	99,000원	22,000원
	무인헬리콥터	220,000원	165,000원	99,000원	99,000원	22,000원
	무인멀티콥터	220,000원	165,000원	99,000원	99,000원	22,000원
무인비행선		220,000원	165,000원	99,000원	99,000원	22,000원
회전익비행장치	초경량헬리콥터	220,000원	165,000원	99,000원	99,000원	22,000원
	초경량자이로플레인	220,000원	165,000원	99,000원	99,000원	22,000원
패러글라이더		165,000원	110,000원	99,000원	99,000원	22,000원
인력활공기		165,000원	110,000원	99,000원	99,000원	22,000원
낙하산류		165,000원	110,000원	99,000원	99,000원	22,000원

CHAPTER 5

초경량비행장치 신고요령
[서울지방항공청훈령 제472호]

1 초경량비행장치 신고요령

제1조(목적) 이 요령은 항공안전법 제122조, 제123조 및 같은 법 시행규칙 제301조 및 제302조에서 규정된 초경량비행장치(이하 "비행장치"라 한다)의 신고에 관하여 위임된 사항과 그 시행에 필요한 사항을 규정함을 목적으로 한다.

제2조(신고) ① 항공안전법 제122조에 따라 비행장치를 소유하거나 사용할 수 있는 권리가 있는 자(이하 "초경량비행장치 소유자 등"이라 한다)는 "국토교통부와 그 소속기관 직제 시행규칙" 제25조(관할구역)에 따라 서울지방항공청장(이하 "청장"이라 한다)에게 신고하여야 한다.

② 관할구역은 해당 비행장치의 보관처를 기준으로 한다.

③ 초경량비행장치 소유자 등은 항공안전법 시행규칙 별지 제116호 서식의 초경량비행장치신고서와 다음 각 호의 서류를 첨부하여 청장에게 제출하여야 한다.

   1. 비행장치를 소유하고 있음을 증명하는 서류(영수증, 계약서 등)

   2. 비행장치의 제원 및 성능표

   3. 비행장치의 사진(가로 15cm×10cm의 측면사진)

제3조(비행장치의 보관처) 비행장치의 보관처라 함은 비행장치 신고를 항공에 사용하지 아니할 때 비행장치를 보관하는 지상의 주된 장소를 말한다.

제4조(비행장치신고증명서의 번호) 항공안전법 시행규칙 제301조에 따른 별지 제117호 서식에 의한 초경량비행장치 신고증명서(이하 "신고증명서"라 한다)의 번호는 S(SEOUL)에 해당년도 및 접수번호(예 제 S13-01호)를 표기한다.

제5조(신고번호의 부여방법) ① 비행장치의 신고번호는 별표 1에 따라 부여한다.

② 제1항의 신고번호는 장식체가 아닌 알파벳 대문자와 아라비아숫자로 표시하여야 한다.

③ 제1항 및 제2항의 규정에 의한 신고번호의 부여방법은 별표 1과 같다.

제6조(신고번호의 표시방법 등) ① 신고번호는 내구성이 있는 방법으로 선명하게 표시되어야 한다.

② 신고번호의 색은 신고번호를 표시하는 장소의 색과 선명하게 구분되어야 한다.

③ 신고번호의 표시장소는 별표 2와 같다.

④ 신고번호의 각 문자 및 숫자의 크기는 별표 3과 같다.

⑤ 제3항 내지 제4항의 규정 외에 청장이 사유가 있다고 인정하는 경우에는 별도로

정할 수 있다.

제7조(비행장치의 제시요구) 청장은 필요하다고 인정하는 때에는 초경량비행장치 소유자 등에게 대하여 해당 비행장치의 제시를 요구할 수 있다.

제8조(변경신고) ① 초경량비행장치 소유자등은 항공안전법 제123조에 따라 비행장치의 용도, 초경량비행장치 소유자 등의 성명이나 명칭 또는 주소, 보관처 등이 변경된 경우 그 변경일로부터 30일 이내에 항공안전법 시행규칙 별지 제116호 서식(초경량비행장치 신고서)에 그 사유를 증명할 수 있는 서류를 첨부하여 청장에게 변경신고를 하여야 한다.

② 청장은 보관처 변경에 따라 관할 지방항공청이 변경되는 경우 초경량비행장치 소유 자 등이 변경된 보관처를 관할하는 지방항공청장에게 변경신고를 하도록 안내하고, 해당 지방항공청장은 변경신고를 수리한 경우 그 사실을 기존의 관할 지방항공청장 에게 통보하여야 한다.

③ 청장은 제1항의 규정에 따라 변경신고를 수리한 경우 신고대장 뒷면의 사항란에 신고사유, 신고연월일, 접수번호, 변경사항 등을 기재하고 날인하여야 한다.

제9조(이전신고) ① 초경량비행장치 소유자 등은 항공안전법 제123조에 따라, 비행장치의 소유권이 이전된 경우 항공안전법 시행규칙 별지 제116호 서식(초경량비행장치신고서) 에 그 사유를 증명할 수 있는 서류(매매계약서 등)를 첨부하여 소유권이 이전된 날로부 터 30일 이내에 청장에게 이전신고하여야 한다.

② 청장은 소유권 이전에 따른 보관처 변경으로 지방항공청이 변경되는 경우 소유자가 보관처를 관할하는 지방항공청장에게 이전신고를 하도록 안내하여야 한다.

③ 제1항 규정에 따라 이전신고를 수리한 경우 신고대장의 뒷면 사항란에 신고사유, 신고연월일, 접수번호, 이전사항 등을 기재하고 담당공무원이 날인하여야 하며, 그 사실을 기존의 관할 지방항공청장에게 통보하여야 한다.

제10조(최초신고일의 기재) 청장은 비행장치의 이전·변경신고로 인해 새로운 신고증명서 를 교부하는 때에는 신고증명서 발행연월일의 기재란 아래에 최초 신고연월일을 기재 하여야 한다.

제11조(말소신고) ① 초경량비행장치 소유자 등은 신고 된 비행장치에 대하여 다음 각 호에 해당되는 경우 그 사유가 발생한 날로부터 15일 이내에 청장에게 말소신고를 하여야 한다.

1. 비행장치가 멸실되었거나 해체된 경우
2. 비행장치의 존재 여부가 2개월 이상 불분명한 경우
3. 비행장치가 외국에 매도된 경우 등

② 초경량비행장치 소유자 등이 제1항에 따른 말소신고를 하지 아니하면 청장은 30일

이상의 기간을 정하여 말소신고를 할 것을 해당 비행장치의 소유자에게 최고(催告)하여야 한다.

③ 최고를 한 후에도 해당 초경량비행장치 소유자등이 말소신고를 하지 아니하면 청장은 직권으로 그 신고번호를 말소할 수 있으며, 신고번호가 말소된 때에는 그 사실을 해당 초경량비행장치 소유자 등에게 최고 하여야 한다. 다만, 최고(催告)를 할 해당 초경량비행장치 소유자 등의 주소 또는 거소를 알 수 없는 경우에는 말소신고를 할 것을 관보에 고시하고, 국토교통부 홈페이지에 공고하여야 한다.

④ 초경량비행장치 소유자 등은 말소신고를 하는 경우 항공법 시행규칙 별지 제116호 서식(초경량비행장신고서)에 말소사유를 기재하여 청장에게 제출하여야 한다.

⑤ 청장은 말소신고를 수리한 경우 신고대장(앞면)에 붉은색으로 "X"를 표기하고, 뒷면 해당란에 말소 사유, 신고연월일, 접수번호 등을 기재한 후 담당공무원이 날인하여야 한다.

제12조(신고증명서의 재교부) ① 신고증명서를 훼손 또는 분실하여 재교부를 받고자 할 경우에는 별표 4 서식의 비행장치 신고증명서 재교부 신청서와 훼손된 신고증명서(분실의 경우에는 그 사유서)를 첨부하여 청장에게 제출하여야 한다.

② 청장은 초경량비행장치 소유자 등으로부터 비행장치 신고증명서 재교부 신청서가 접수된 경우 5일 이내에 신청인에게 재발급해야 한다.

제13조(신고대장의 관리) ① 청장은 항공안전법 시행규칙 제301조에 별지 제118호 서식에 의한 초경량비행장치 신고대장(이하 "신고대장"이라 한다)을 작성하여 갖추어 두어야 한다.

② 초경량비행장치 신고대장은 전자적 처리가 불가능한 특별한 사유가 없으면 전자적 처리가 가능한 방법으로 작성·관리하여야 한다.

③ 신고대장을 포함한 비행장치 신고관련 서류의 보존기간은 다음 각 호와 같다.

1. 신고대장 : 영구
2. 신고서 및 부속서류 : 신고서 접수일부터 5년

제14조(유효기간) 이 훈령은 「훈령·예규 등의 발령 및 관리에 관한 규정」에 따라 이 훈령을 발령한 후의 법령이나 현실 여건의 변화 등을 검토하여야 하는 2021년 8월 8일까지로 한다.

부 칙

①(시행일) 이 요령은 2018년 8월 9일부터 시행한다.
②(경과조치) 이 요령 시행 당시 종전의 규정에 의하여 신고한 초경량비행장치에 관하여는 종전의 예에 의한다.

별표 1 초경량비행장치의 신고번호 부여방법

구 분			신고번호
초경량비행장치	동력비행장치	체중이동형	S1001 – 1999
		타면조종형	S2001 – 2999
	회전익비행장치	초경량자이로플레인	S3001 – 3999
	동력패러글라이더		S4001 – 4999
	기구류		S5001 – 5999
	회전익비행장치	초경량헬리콥터	S6001 – 6999
	무인비행장치	무인동력비행장치	S7001 – 7999
		무인비행선	S8001 – 8999
	패러글라이더, 낙하산, 행글라이더		S9001 – 9999

주) 위의 초경량비행장치 종류별 신고번호가 소진 될 경우, 숫자 다음에 A~R까지 알파벳 부호(예 : S7001A ~ S7999R)를 붙여 부여한다.

별표 2 신고번호의 표시위치

구 분			표 시 장 소	비 고
동력비행장치 – 체중이동형 – 타면조종형			오른쪽 날개의 상면과 왼쪽 날개의 하면에, 날개의 앞전과 뒷전으로부터 같은 거리 * 다만, 조종면에 표시되어서는 아니 된다.	1. 신고번호는 왼쪽에서 오른쪽으로 배열함을 원칙으로 한다. 2. 신고번호를 날개에 표시하는 경우에는 신고번호의 가로부분이 비행장치의 진행방향을 향하게 표시하여야 한다. 3. 신고번호를 동체 등에 표시하는 경우에는 신고번호의 가로부분이 지상과 수평하게 표시하여야 한다. 다만, 회전익비행장치의 동체 아랫면에 표시하는 경우에는 동체의 최대 횡단면 부근에, 신고번호의 윗부분이 동체 좌측을 향하게 표시한다.
행글라이더			• 오른쪽 날개의 상면과 왼쪽 날개의 하면에, 날개의 앞전과 뒷전으로부터 같은 거리 • 하네스에 표시	
회전익비행장치 – 초경량자이로플레인 – 초경량헬리콥터			동체 아랫면, 동체 옆면 또는 수직꼬리날개 양쪽면	
동력패러글라이더, 패러글라이더, 낙하산			캐노피 하판 중앙부 및 하네스에 표시	
기구류			선체(Balloon 등)의 최대 횡단면 부근의 대칭되는 곳의 양쪽면	
무인비행장치	무인비행선		동체 옆면 또는 수직꼬리날개 양쪽면	
	무인동력비행장치	무인비행기	• 오른쪽 날개의 상면과 왼쪽 날개의 하면에, 날개의 앞전과 뒷전으로부터 같은 거리 • 동체 옆면 또는 수직꼬리날개 양쪽면 * 다만, 조종면에 표시되어서는 아니 된다.	
		무인회전익비행장치	동체 옆면 또는 수직꼬리날개 양쪽면	
		멀티콥터 형태인 무인동력비행장치	• 좌우 대칭을 이루는 두 개의 프레임 암 * 다만, 동체가 있는 형태인 경우 동체에 부착	

별표 3 신고번호의 각 문자 및 숫자의 크기

구 분		규 격	비 고
가로 세로비		2 : 3의 비율	아라비아숫자 1은 제외
세로길이	주날개에 표시하는 경우	20cm 이상	
	동체 또는 수직꼬리날개에 표시하는 경우	15cm 이상	회전익비행장치의 동체 아랫면에 표시하는 경우에는 20cm 이상
선의 굵기		세로길이의 1/6	
간 격		가로길이의 1/4 이상 1/2 이하	

* 장치의 형태 및 크기로 인해 신고번호 크기를 규격대로 표시할 수 없을 경우 가장 크게 부착할 수 있는 부위에 최대 크기로 표시할 수 있다.

별지

접수번호	초경량비행장치 신고증명서 재교부 신청서		처리기한
※			5 일

비행장치	종 류		신고번호	
	제 작 자			
	제 작 번 호		제작년월일	
	보 관 처			
소유자	성 명·명 칭			
	주 소			
	생 연 월 일 (사업자등록번호)		전화번호	
재 교 부 신 청 사 유				

상기와 같이 초경량비행장치 신고증명서를 재교부 신청합니다.

년   월   일

신청인 주소
성명·명칭   (서명 또는 인)

서울지방항공청장 귀하

* 구비서류
1. 훼손된 비행장치 신고증명서
2. 분실했을 경우에는 그 사유서 1부
* 작성 시 유의사항 : ※ 표시란은 기재하지 아니합니다.

군(軍) 관할 공역 내 초경량비행장치 비행 승인
[국방부 비행승인 업무지침서 2016.12.19.]

제1장 총 칙

제1조(목적)

이 지침은 「항공법」에 따른 초경량비행장치의 비행승인 절차에 대한 올바른 해석과 「행정권한의 위임 및 위탁에 관한 규정(대통령령)」에 따라 국방부 장관에게 위탁된 국방부장관이 관할하는 공역(이하 군 관할 공역) 내의 민간 초경량비행장치 비행승인 업무에 대한 지침 제공을 목적으로 한다.

제2조(적용범위)

이 지침은 초경량비행장치 비행계획에 대한 승인 및 비행통제업무를 수행하는 전 부대(서)와 군 관할공역 내에서의 초경량비행장치를 이용하여 비행 또는 기타 항공활동을 하고자 하는 모든 기관, 단체 및 개인에게 적용된다.

제3조(용어 정의)

이 지침에서 사용하는 용어의 정의는 다음과 같다.

1. 초경량비행장치란 항공기와 경량항공기 외에 비행할 수 있는 장치로서 「항공법」으로 정하는 동력비행장치, 인력활공기, 기구류, 무인비행장치 등을 말한다.

2. 초경량비행장치 사고란 초경량비행장치의 비행과 관련하여 발생한 다음의 어느 하나에 해당하는 것을 말한다.

   가. 초경량비행장치에 의한 사람의 사망·중상 또는 행방불명

   나. 초경량비행장치의 추락·충돌 또는 화재 발생

   다. 초경량비행장치의 위치를 확인할 수 없거나 초경량비행장치에 접근이 불가능한 경우

3. 군 관할 공역이란 「항공법」에서 정하는 관제공역, 통제공역, 주의공역 중 국방부 소속의 부대(서)가 통제권을 행사하는 공역을 말한다.

4. 관제권이란 비행장과 그 주변 5NM 이내의 범위에서 비행장 표고로부터 5,000ft 이내의 범위에서 국토부 장관이 지정한 공역으로서 항공교통의 안전을 위하여 해당 비행장의 관제탑이 관할하는 공역을 말한다.

5. 비행금지구역이란 국가 주요 시설물 보호, 국방상, 그 밖의 이유로 항공기의 비행을 금지하는 공역이다.

6. 비행제한구역이란 항공사격, 대공사격 등으로 인한 위험으로부터 항공기의 안전을 보호하거나 그밖의 이유로 비행허가를 받지 않는 항공기의 비행을 제한하는 공역이다.

7. 초경량비행장치 비행구역이란 초경량 비행장치의 안전을 확보하기 위하여 국토교통부 장관이 지정한 초경량비행장치 비행활동을 보장하는 공역을 말한다.

8. 초경량비행장치 비행제한구역이란 제7호의 초경량비행장치 비행구역 이외의 구역으로 초경량비행장치의 비행활동을 제한하는 공역을 말한다.

9. 항공레저스포츠란 취미·오락·체험·교육·경기 등을 목적으로 하는 비행(공중에서 낙하하여 낙하산류를 이용하는 비행을 포함한다) 활동을 말한다.

10. 항공기대여업이란 다른 사람의 수요에 맞추어 유상으로 항공기, 경량항공기 또는 초경량비행장치를 대여하는 사업(항공레저스포츠사업에 적용되는 대여서비스는 제외한다)을 말한다.

11. 초경량비행장치사용사업이란 다른 사람의 수요에 맞추어 초경량비행장치(무인비행장치에 한한다)를 사용하여 유상으로 비료, 농약, 씨앗 뿌리기 등 농업지원, 사진촬영, 측량, 관측, 탐사, 조종교육 등을 제공하는 사업을 말한다.

12. 항공레저스포츠사업이란 타인의 수요에 맞추어 유상으로 다음의 어느 하나에 해당하는 서비스를 제공하는 사업을 말한다.

　가. 항공기(비행선과 활공기에 한한다), 경량항공기, 초경량비행장치(인력활공기, 기구류, 착륙장치가 없는 동력패러글라이더, 낙하산류에 한한다)를 사용하여 조종교육, 체험 및 경관조망을 목적으로 사람을 태워 비행하는 서비스

　나. 다음 중 어느 하나를 항공레저스포츠를 위하여 대여 해 주는 서비스

　　1) 항공기(비행선과 활공기에 한한다)

　　2) 경량항공기

　　3) 초경량비행장치

　다. 경량항공기 또는 초경량비행장치에 대한 정비, 수리 또는 개조 서비스

13. 이착륙장이란 비행장 외에 경량항공기 또는 초경량비행장치의 이륙 또는 착륙을 위하여 사용되는 육지 또는 수면의 일정한 구역으로서 「항공법규」로 정하는 것을 말한다.

제4조(방침)

1. 국방부 장관은 「행정권한의 위임 및 위탁에 관한 규정」에 따라 국토교통부 장관으로부터 위탁받은 군 관할공역 내에서의 초경량비행장치의 비행승인에 관한 권한을 제17조에 따른 군 공역별 비행승인 업무 관할부대(서)의 장에게 위임하며, 권한을 위임받은 부대(서)장은 본 지침서에 따라 해당 관할공역 내에서의 초경량비행장치의 비행승인에 관한 제반업무를 수행한다.

2. 각급 부대(서)는 이 지침을 시행하기 위하여 필요한 절차를 마련하여 관련 규정 또는 비행정보간행물(FLIP), 항공정보간행물(AIP)에 명시할 수 있다.

3. 수도권 비행금지구역(P73) 및 비행제한구역(R75) 내에서 비행승인을 받아 비행

시에는 수도방위사령관이 별도로 정하여 통보하는 보안절차(보안점검, 경로·고도 변경지시 및 운항 제한 등)를 따라야 한다.

4. 군 관할공역 내에서의 민간 초경량비행장치의 비행승인 절차 및 제한사항은 「항공법」에서 정한 바를 준용하되, 비행승인 업무 시 민원처리 기한은 군 공역별 관할부대(서)의 해당 공역 사용계획(각종 항공작전) 수립기간을 고려하여 별도로 정한다.

5. 「행정권한의 위임 및 위탁에 관한 규정」제41조 제6항의 초경량비행장치 비행계획의 승인과 「항공법」 제23조 제2항의 비행승인의 차이는 「항공법」 개정〈2014. 1. 14.〉에 따라 발생한 것으로 본 지침서에서는 비행승인으로 단일화하여 적용한다.

6. 이 지침서에서 규정하지 않은 초경량비행장치의 비행승인에 대한 기준은 「항공법」을 따른다.

제2장 관련법규 해설

제5조(「항공법」)

1. 「항공법」제23조에 따라 초경량비행장치를 이용하여 비행하려는 사람에 대하여 비행장치 신고, 비행승인, 조종자 증명, 안정성인증, 사용목적의 제한 및 보험가입, 사고보고, 조종자 준수사항, 구조활동을 위한 장비 구비 등의 의무사항을 규정

2. 「항공법」 제172조 및 제182조 ~ 제183조의4에 따라 초경량비행장치의 불법사용 등의 죄 및 과태료 부과기준을 규정

3. 「항공법」 시행령 제14조 및 「동법」 시행규칙 제16조의2~3, 제65조~제68조2에 따라 동법에서 정하고 있는 의무사항에 대한 예외 사항 등을 규정

> 국토교통부 장관의 권한하 초경량비행장치 비행승인 및 안전관리절차 명시
> * 초경량비행장치 비행승인 및 안전관리절차 : 제3장 ~ 제7장 참조

제6조(「행정권한의 위임 및 위탁에 관한 규정(대통령령)」)

1. 「동 규정」 제41조 제6호에 따라 국토교통부 장관의 「항공법」에 따른 권한 중 국방부 장관이 관할하는 공역에서의 「항공법」 제23조 제2항에 따른 초경량비행장치 비행승인 권한을 국방부 장관에게 위탁

2. 「동 규정」 제54조 제3항에 따라 국토교통부 장관의 「항공법」에 따른 권한 중 「대한민국과 미합중국 간의 상호방위조약」 제4조에 따라 주한미군사령관 또는 국토교통부 장관이 지정하는 비행장 설치자가 관할하는 공역에서의 「항공법」 제23조 제2항에 따른 초경량비행장치 비행승인 권한을 주한미군사령관 또는 비행장 설치자에게 각각 위탁

> 국토교통부 장관의 「항공법」에 따른 초경량비행장치 비행승인 권한을 각 공역별 관할기관의 장에게 위탁

제7조(「국가정보원법 및 보안업무규정(대통령령)」)

1. 「국가정보원법」 제3조 및 「보안업무규정(대통령령)」 제37조에 근거한 국가보안시설 및 보호장비 관리지침(국가정보원 발행)을 마련하여 항공사진 촬영 허가 업무수행에 관한 필요사항을 규정

2. 「보안업무규정(대통령령)」 제37조에 따라 국방정보본부(보안암호정책과)에서 항공사진 촬영 지침서(부록 제1호)를 발행하고 이에 따라 항공촬영 허가 업무를 수행

   ※ 「보안업무규정」 제37조 (측정의 실시)
   ② 국가보안시설 및 보호장비를 관리하는 기관 등의 장이나 그 감독기관의 장은 국가정보원장이 시설 및 장비의 보호를 위하여 요구하는 보안대책을 성실히 이행하여야 한다.

> 초경량비행장치 등을 이용한 항공사진 촬영의 신청 및 허가기준 명시
> * 항공사진 촬영 신청·허가 절차 : 부록 제1호 참조

제3장 초경량비행장치의 이해

제10조(초경량비행장치를 이용한 영리행위의 유형)

1. 초경량비행장치를 이용한 영리행위는 제11조 제1호에 따른 사업등록과 제11조 제2호에 따른 보험에 가입한 경우에 한해 가능하다.

2. 초경량비행장치를 이용할 수 있는 영리행위는 항공기대여업, 항공레저스포츠사업, 초경량비행장치사용사업으로 구분한다.

   가. 항공기대여업(이하 대여업) : 초경량비행장치를 유상으로 대여 (항공레저스포츠사업에서 사용되는 대여 서비스는 제외)

   나. 초경량비행장치사용사업(이하 사용사업) : 무인비행장치를 사용하여 유상으로 농약, 씨앗뿌리기 등 농업지원, 사진촬영, 관측, 조종교육 등을 제공

   다. 항공레저스포츠사업 (이하 레저사업) : 인력활공기, 기구류, 착륙장치가 없는 동력패러글라이더, 낙하산류를 사용하여 유상으로 다음의 서비스를 제공

   1) 조종교육, 체험 및 경관조망을 목적으로 사람을 태워 비행

   2) 항공레저스포츠를 위하여 초경량비행장치를 대여

   3) 초경량비행장치에 대한 정비, 수리 또는 개조

3. 영리행위(등록사업)별 이용 가능한 초경량비행장치의 종류는 다음과 같다.

▌ 표 3-2 : 등록사업별 이용 가능한 초경량비행장치

구 분		사업별 이용 가능한 초경량비행장치		
		대여업	사용사업	레저사업
1	동력비행장치	○	×	×
2	인력활공기	○	×	○
3	기구류	○	×	○
4	회전익비행장치	○	×	×
5	동력패러글라이더 착륙장치가 있는 것	○	×	×
	착륙장치가 없는 것	○	×	○
6	무인비행장치	○	○	×
7	낙하산류	○	×	○

제11조(안전관리 제도)

초경량비행장치 비행제한구역에서 비행하려는 사람은 비행계획 이전에 「항공법」에서 정한 바에 따라 소유한 비행장치를 등록 및 보험에 가입(영리 목적으로 비행 시)하고 안전성인증, 보유 신고 및 조종자 증명을 발급받아 공역별 관할기관(지방항공청 또는 관할 군부대 등)으로 부터 비행승인을 받아 비행하여야 하며, 비행 중에는 조종자 준수 사항을 준수하고 사고발생 시에는 관련절차에 따라 지방항공청장에게 보고하여야 한 다. 안전관리 제도의 세부사항은 다음과 같다.

▌ 표 3-3 : 초경량비행장치 안전관리제도 개요

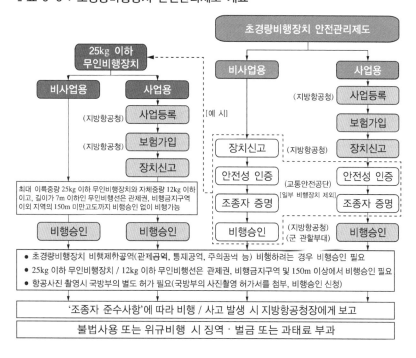

1. 사업 등록

　가. 초경량비행장치를 이용하는 항공기대여업, 항공레저스포츠사업, 초경량비행장치사용사업을 경영하려는 사람은 국토교통부 장관에게 등록하여야 한다.

　나. 등록방법은 「항공법 시행규칙」 제311조, 제311조의2, 제313조를 따른다.

2. 보험 가입

　가. 영리목적으로 초경량비행장치를 사용하여 비행하려는 사람은 보험 또는 공제에 가입하여야 한다.

　나. 보험 또는 공제 보상금액 범위는 「항공법 시행규칙」 제66조의3을 따른다.

　다. 비행 시 보험가입 증명서가 요구되는 초경량비행장치는 다음과 같다.

　　1) 항공기 대여업에 사용하는 모든 초경량비행장치

　　2) 초경량비행장치 사용사업에 사용하는 모든 초경량비행장치

　　3) 항공레저스포츠사업에 사용하는 모든 초경량비행장치

3. 초경량비행장치의 신고

　가. 초경량비행장치를 소유한 사람은 지방항공청장에게 신고하고 신고번호 및 신고증명서(별지 제6호 서식) 발급받아 비행 시 휴대하여야 한다.

　나. 신고방법은 「항공법 시행규칙」 제65조를 따른다.

　다. 신고대상이 되는 초경량비행장치는 다음과 같다.

초경량비행장치의 구분			신고 대상	
			비사업용	사업용
1	동력비행장치		○	○
2	인력활공기	행글라이더	×	○
		패러글라이더	×	○
3	기구류	자유기구	○	○
		계류식기구 유 인	○	○
		계류식기구 무 인	×	○
4	회전익비행장치	초경량자이로플레인	○	○
		초경량헬리콥터	○	○
5	동력패러글라이더		○	○
6	무인비행장치	무인동력비행장치 계류식	×	○
		무인동력비행장치 비계류식 12kg 초과	○	○
		무인동력비행장치 비계류식 12kg 이하	×	○
		무인비행선 계류식	×	○
		무인비행선 비계류식 12kg, 7m 초과	○	○
		무인비행선 비계류식 12kg, 7m 이하	×	○
7	낙하산류		×	○
8	• 연구기관이 시험·조사·연구·개발을 위해 제작한 비행장치 • 판매되지 않고 비행에 사용되지 않는 비행장치		×	×

4. 초경량비행장치의 안전성인증

가. 초경량비행장치를 사용하여 비행하려는 사람은 교통안전공단 등 초경량비행장
치 안전성인증기관으로부터 안전성인증(별지 제7호 서식)을 받아야 한다.

나. 안전성인증의 발급 방법은 「항공법」 제23조 제4항을 따른다.

다. 비행 시 안전성인증이 요구되는 초경량비행장치는 다음과 같다.

	초경량비행장치의 구분			안전성인증 대상	
				비사업용	사업용
1	동력비행장치			○	○
2	인력활공기			×	레저사업 ○
3	기구류	자유기구	유 인	○	○
			무 인	×	×
		계류식기구	유 인	○	○
			무 인	×	×
4	회전익비행장치			○	○
5	동력패러글라이더			○	○
6	무인비행장치	무인동력비행장치	(최대 이륙중량)25kg 초과	○	○
			(최대 이륙중량)25kg 이하	×	×
		무인비행선	(자체중량)12kg, 7m 초과	○	○
			(자체중량)12kg, 7m 이하	×	×
7	낙하산류			×	레저사업 ○
8	연구·개발 중인 비행장치의 시험비행 (시험비행 사전에 안전성 입증자료, 국토부에 제출 필요)			×	×

5. 초경량비행장치의 조종자 증명

   가. 초경량비행장치를 사용하여 비행하려는 사람은 교통안전공단 등 초경량 비행장치 조종자 증명기관으로부터 조종자 증명을 발급받아야 한다.

   나. 조종자 증명의 발급 방법은 「항공법」 제23조 제3항을 따른다.

   다. 비행시 조종자 증명이 요구되는 초경량비행장치는 다음과 같다.

	초경량비행장치의 구분			조종자 인증 대상	
				비사업용	사업용
1	동력비행장치			○	○
2	인력활공기	행글라이더		×	레저사업 ○
		패러글라이더		×	레저사업 ○
3	기구류	자유기구	유 인	○	○
			무 인	×	×
		계류식기구		×	×
4	회전익비행장치	초경량자이로플레인		○	○
		초경량헬리콥터		○	○
5	동력패러글라이더			○	○
6	무인비행장치	무인동력비행장치	(자체중량)12kg, 7m 초과	×	사용사업 ○
			(자체중량)12kg, 7m 이하	×	×
		무인비행선	(자체중량)12kg, 7m 초과	×	사용사업 ○
			(자체중량)12kg, 7m 이하	×	×
7	낙하산류			×	레저사업 ○

6. 초경량비행장치의 비행승인 신청

   가. 초경량비행장치를 이용하여 초경량비행장치 비행제한구역을 비행하려는 사람은 비행승인을 받아야 한다.

   나. 비행승인 신청 및 승인절차는 제5장에 정한 바를 따른다.

제12조(조종자 준수사항)

1. 조종자 금지사항

   가. 인명이나 재산에 위험을 초래할 우려가 있는 낙하물을 투하하는 행위

   나. 인구가 밀집된 지역이나 그 밖에 사람이 많이 모인 장소의 상공에서 인명 또는 재산에 위험을 초래할 우려가 있는 방법으로 비행하는 행위

   다. 제16조에 따른 초경량비행장치 비행승인 대상공역에서 비행승인 없이 비행하는 행위.

   라. 안개 등으로 인하여 지상목표물을 육안으로 식별할 수 없는 상태에서 비행하는 행위(무인비행장치 적용 제외)

   마. 별지 제3호에 따른 비행시정 및 구름으로부터의 거리기준을 위반하여 비행하는

행위(무인비행장치 적용 제외)

바. 일몰 후부터 일출 전까지의 야간에 비행하는 행위. 다만, 150m 미만의 지상고도
에서 운영하는 계류식기구 또는 연구·개발 중에 있는 초경량비행장치의 비행성
능 및 안전성 등을 평가하기 위해 허가를 받아 시험비행하는 경우는 제외한다.

사. 주류, 마약류, 환각물질 등의 영향으로 조종업무를 정상적으로 수행할 수 없는
상태에서 조종 또는 비행 중 주류 등을 섭취하거나 사용하는 행위

아. 그 밖에 비정상적인 방법으로 비행하는 행위

2. 조종자 유의사항

가. 항공기 또는 경량항공기를 육안으로 식별하여 미리 피할 수 있도록 주의하여
비행하여야 한다.

나. 모든 항공기, 경량항공기 및 동력을 이용하지 아니하는 초경량비행장치에 대하
여 진로를 양보하여야 한다.

다. 무인비행장치는 육안으로 확인할 수 있는 범위 내에서 조종하여야 한다.
다만, 연구·개발 중에 있는 초경량비행장치의 비행성능 및 안전성 등을 평가하
기 위해 허가를 받아 시험비행 하는 경우는 제외한다.

라. 항공레저스포츠사업에 종사하는 초경량비행장치 조종자는 다음의 사항을 준수
하여야 한다.

1) 비행 전에 해당 비행장치를 점검하고, 이상이 있을 경우에는 비행 중단

2) 비행 전에 비행안전을 위한 주의사항에 대하여 동승자에게 충분히 설명

3) 비행장치의 제작자가 정한 최대 이륙중량을 초과하지 아니하도록 비행

4) 동승자에 관한 인적사항(성명, 생연월일 및 주소)을 기록 유지

제13조(사고의 보고 등)

1. 초경량비행장치 사고를 일으킨 조종자 또는 그 초경량비행장치의 보유자는 다음의
사항을 지방항공청장에게 보고하여야 한다.

가. 조종자 및 그 초경량비행장치 소유자의 성명 또는 명칭

나. 사고가 발생한 일시 및 장소

다. 초경량비행장치의 종류 및 신고번호

라. 사고의 경위

마. 사람의 사상 또는 물건의 파손 개요

바. 사상자의 성명 등 사상자의 인적사항 파악을 위하여 참고가 될 사항

2. 초경량비행장치를 사용하여 초경량비행장치 비행제한공역에서 비행하려는 사람은 안
전한 비행과 사고 시 신속한 구조활동을 위하여 다음의 장비를 장착하거나 휴대하여야
한다. 단, 인력활공기, 계류식기구, 동력패러글라이더, 무인비행장치는 제외한다.

가. 위치추적이 가능한 표시기 또는 단말기

나. 조난구조용 장비(위치추적이 가능한 장비를 갖출 수 없는 경우만 해당)

제14조(초경량비행장치 불법사용 및 위규비행 시 처벌 및 과태료)

1. 초경량비행장치 불법 사용 등의 죄

    가. 초경량비행장치의 신고를 하지 아니하고 비행을 한 자, 6개월 이하의 징역 또는 500만원 이하의 벌금

    나. 초경량비행장치를 사용하여 국토교통부 장관이 고시하는 초경량비행장치 비행제한공역을 승인 없이 비행한 자, 200만원 이하의 벌금

    다. 초경량비행장치 조종자 증명 및 안정성인증을 받지 않고 영리를 목적으로 타인을 탑승시켜 비행한 자, 1년 이하의 징역 또는 1천만원 이하의 벌금

    라. 초경량비행장치를 제10조 제2호에 따른 영리목적 이외의 영리목적으로 사용한 자, 6개월 이하 징역 또는 500만원 이하의 벌금

2. 초경량비행장치 위규사용 시 과태료

    가. 초경량비행장치의 안전성인증을 받지 아니하고 비행한 자, 500만원 이하 과태료 부과(제1호 다.항이 적용되는 경우는 제외)

    나. 초경량비행장치를 보험에 가입하지 않고 제10조 제2호에 따른 영리목적으로 사용한 자, 500만원 이하의 과태료 부과

    다. 초경량비행장치 조종자 증명을 받지 아니하고 비행한 자, 300만원 이하의 과태료 부과(제1호 다.목이 적용되는 경우는 제외)

    라. 제12조에 따른 비행 시 조종자 준수사항에 따르지 아니하고 초경량비행장치를 이용하여 비행한 자, 200만원 이하 과태료 부과

    마. 다음 각 호의 어느 하나에 해당하는 자, 100만원 이하의 과태료 부과

        1) 제11조 제3호에 따른 신고번호를 표시하지 않거나 거짓으로 표시한 자

        2) 제13조 제2호에 따라 구조를 위한 위치추적기 등의 장비를 장착하거나 휴대하지 않고 비행한 자

    바. 다음 각 호의 어느 하나에 해당하는 자, 30만원 이하의 과태료 부과

        1) 제13조 제1호의 초경량비행장치 사고를 보고하지 아니하거나 거짓으로 보고한 초경량비행장치의 조종사 또는 초경량비행장치의 소유자

        2) 초경량비행장치의 변경신고, 이전신고, 말소신고를 하지 아니한 자

3. 초경량비행장치 불법사용 및 위규비행 시 처벌·행정처분 기준은 다음과 같다.

▌표 3-4 : 초경량비행장치 불법사용 및 위규비행의 유형별 처벌 개요

불법사용, 위규비행의 유형		처벌 및 행정처분 기준		
		징 역	벌 금	과태료
① 장치 신고	미신고	6개월 이하	500만원 이하	
	신고번호 미표시 또는 거짓표시			100만원 이하
② 비행승인 없이 비행 시			200만원 이하	
③ 안전성인증 없이 비행 시				500만원 이하
④ 조종자증명 없이 비행 시				300만원 이하
⑤ 영리목적 사용 (제10조 제2호)	등록사업 이외	6개월 이하	500만원 이하	
	보험 미가입			500만원 이하
⑥ 조종자 준수사항 미준수 시				200만원 이하
⑦ 구조활동 보조장비 미구비				100만원 이하
⑧ 사고 미보고 또는 거짓보고				30만원 이하
⑨ 상기 ③, ④, ⑤ 위반하고 사람을 탑승시켜 영리비행 시		1년 이하	1,000만원 이하	

5. 제14조 제1호에 따른 불법사용 등의 죄에 해당하는 경우는 경찰에서 의법조치하고, 제14조 제2호에 따른 과태료는 국토교통부 장관이 부과·징수한다.

제4장 공역의 구분

제15조(공역의 구분) 본 지침서에 적용되는 공역은 인천 비행정보구역 내에서 항공법에 따른 공역위원회의 의결을 거쳐 국토교통부 장관이 지정 공고한 공역으로써 「항공법」 에서 정한 사용목적에 따른 공역의 구분을 적용하며, 공역의 구분은 다음과 같다(관제 공역·통제공역·주의공역의 범위 및 요도 : 별지 제1호 참조).

▌표 4-1 : 공역의 구분

구 분		내 용
관제공역	관제권	비행장과 그 주변 공역으로 시계비행 및 계기비행 항공기에 대하여 항공교통관제업무를 제공하는 공역
	관제구	인천 비행정보구역의 300m(1,000ft) 이상의 공역 중 시계비행 및 계기비행 항공기에 대하여 항공교통관제업무를 제공하는 공역
	비행장 교통구역	– 교통량이 많은 헬기장 등과 그 주변 공역으로 시계비행을 하는 항공기 간에 교통정보를 제공하는 공역
비관제공역	조언구역	– 영공의 300m(1,000ft) 미만, 공해상의 1,650m(5,500ft) 미만 공역으로 비행정보업무(악기상, 공역통제 정보 등)가 제공되도록 지정된 비관제공역
	정보구역	* 현재, 조언구역(항공교통조언업무 제공 등)은 미지정 상태임
통제공역	비행금지구역	안전, 국방상, 그 밖의 이유로 비행을 금지하는 공역
	비행제한구역	항공사격·대공사격 등으로 인한 위험으로부터 항공기의 안전을 보호하거나 그 밖의 이유로 비행허가를 받지 않은 항공기의 비행을 제한하는 공역
	초경량비행장치 비행제한구역	초경량비행장치의 비행안전을 확보하기 위하여 초경량비행장치의 비행활동에 대한 제한이 필요한 공역 * 국토교통부 장관이 지정한 초경량비행장치 비행구역 이외의 공역
주의공역	훈련구역	민간항공기의 훈련공역으로서 계기비행항공기로부터 분리를 유지할 필요가 있는 공역
	군작전구역	군사작전을 위하여 설정된 공역으로서 계기비행항공기로부터 분리를 유지할 필요가 있는 공역
	위험구역	항공기의 비행 시 항공기 또는 지상시설물에 대한 위험이 예상되는 공역
	경제구역	대규모 조종사의 훈련이나 비정상 형태의 항공활동이 수행되는 공역

제16조(초경량비행장치의 비행승인 대상공역)
1. 비사업용 초경량비행장치(취미활동, 레저활동 등에 적용)
    가. 모든 초경량비행장치는 초경량비행장치 비행 제한구역에서 비행을 계획할 경우 관할기관의 승인을 받아야 한다(「항공법」 제23조 제2항).
    나. 다만, 다음의 경우는 비행승인 없이 비행할 수 있다(「항공법 시행규칙」 제66조, 제68조).

1) 관제공역, 통제공역, 주의공역 이외 지역에서 인력활공기의 비행

2) 관제공역, 통제공역, 주의공역 이외 지역에서 무인 계류식기구의 운영

3) 관제공역, 통제공역, 주의공역 이외 지역에서 150m 미만 지상고도에서의 유인 계류식기구의 운영

4) 관제권, 비행금지구역을 제외한 지역의 150m 미만 지상고도에서 최대 이륙중량 25kg 이하 무인비행장치와 자체중량 12kg 이하이고 길이가 7m 이하인 무인비행선의 비행

5) 군 비행장을 제외한 민간비행장 및 이착륙장의 중심 반경 3km, 지상고도 150m의 범위 내에서는 비행장을 관할하는 항공교통관제기관의 장 또는 이착륙장 관리자와 사전에 협의가 된 경우 비행승인 불필요

> ※ 「항공법」관련조항 해설
> – 인력활공기, 무인 계류식기구, 계류식 무인비행장치, 낙하산류, 자체중량 12kg 이하이고 길이가 7m 이하인 무인비행선, 150m 미만 고도에서 계류식기구, (관제권, 통제공역 이외의 공역에서)농업지원 사업용 및 방역업무에 사용되는 무인비행장치와 최대 이륙중량 25kg 이하의 무인비행장치는 비행승인 대상에서 제외하고 있으나(항공법 시행규칙 제66조)
> – 조종자 준수사항으로 관제공역·통제공역 · 주의공역에서 비행을 계획 시 관할기관의 허가를 받도록 정하고 있어, 「항공법 시행규칙 제66조」에 따른 비행승인 제외사항은 관제공역·통제공역·주의공역을 제외한 비관제공역에서 적용 가능하며(시행규칙 제68조)
> – 예외적으로 최대 이륙중량 25kg 이하의 무인비행장치와 자체중량 12kg 이하이고 길이가 7m 이하의 무인비행선에 대하여는 관제권 및 비행금지공역을 제외한 지역의 150m 미만 고도에서 비행은 관할기관의 허가없이 비행할 수 있도록 정하고 있음(항공법 시행규칙 제68조)

2. 사업용 초경량비행장치 (제10조 제2항의 대여업, 레저사업, 사용사업에 적용)

　가. 모든 초경량비행장치는 초경량비행장치 비행 제한구역에서 비행을 계획할 경우 관할기관의 승인을 받아야 한다(「항공법」 제23조 제2항).

　나. 다만, 다음의 경우는 비행승인 없이 비행할 수 있다(「항공법 시행규칙」 제66조, 제68조).

1) 관제공역, 통제공역, 주의공역 이외 지역에서 지상고도 150m 미만에서 계류식기구 운영

2) 관제공역, 통제공역, 주의공역 이외의 지역에서 비료, 농약, 씨앗 뿌리기 등 농업에 사용하는 무인비행장치 비행

3) 관제공역, 통제공역, 주의공역 이외의 지역에서 가축전염병 예방·확산방지를 위한 소독·방역업무에 긴급하게 사용하는 무인비행장치

4) 관제권, 비행금지구역을 제외한 지역의 150m 미만 지상고도에서 최대 이륙중량 25kg 이하 무인비행장치와 자체중량 12kg 이하이고 길이가 7m 이하인 무인비행선의 비행

5) 군 비행장을 제외한 민간비행장 및 이착륙장의 중심 반경 3km, 지상고도

150m의 범위 내에서는 비행장을 관할하는 항공교통관제기관의 장 또는 이착

륙장 관리자와 사전에 협의가 된 경우 비행승인 불필요

※「항공법」관련조항 해설
　－150m 미만 고도에서 계류식기구와 관제권, 비행금지구역, 비행제한구역 이외의 지역에서
　　농업지원과 가축전염병 방역업무에 사용하는 무인비행장치 및 최대 이륙중량 25kg
　　이하의 무인비행장치 운영은 비행승인 대상에서 제외하고 있으나(「항공법 시행규칙」
　　제66조)
　－예외적으로 최대 이륙중량 25kg 이하의 무인비행장치와 자체중량 12kg 이하이고 길이가
　　7m 이하의 무인비행선에 대하여는 관제권 및 비행금지공역을 제외한 지역의 150m
　　미만 고도에서의 비행은 관할기관의 허가없이 비행할 수 있도록 정하고 있음(항공법
　　시행규칙 제68조)

3. 초경량비행장치 유형별 비행승인 필요공역의 세부내용은 별지 제2호를 적용한다.

제17조(공역별 비행승인 업무 관할부대(서)) 공역별 비행승인 업무 관할부대(서)는

「항공법」에 따른 공역위원회의 의결을 거쳐 국토교통부 장관이 지정공고한 공역별

관할기관을 적용하며, 관할공역 내의 초경량비행장치에 대한 비행승인 업무를 담당

한다.

1. 관제공역(도면 : 별지 1 참조)

가. 관제권

구 분		공역범위	관할기관	연락처
1	인 천	별지 1 참조	서울지방항공청 (항공안전과)	전화 : 032-740-2153 팩스 : 032-740-2149
2	김 포			
3	양 양			
4	울 진		부산지방항공청 (안전운항과)	전화 : 051-974-2153 팩스 : 051-971-1219
5	울 산			
6	여 수			
7	정 석			
8	무 안			
9	제 주		제주지방항공청 (안전운항과)	전화 : 064-797-1745 / 팩스 : 064-747-8211
10	광 주		광주기지(계획처)	전화 : 062-940-1110~1 / 팩스 : 062-941-8377
11	사 천		사천기지(계획처)	전화 : 055-850-3111~4 / 팩스 : 055-850-3173
12	김 해		김해기지(작전과)	전화 : 051-979-2300~1 / 팩스 : 051-979-3750
13	원 주		원주기지(작전과)	전화 : 033-730-4221~2 / 팩스 : 033-747-7801
14	수 원		수원기지(계획처)	전화 : 031-220-1014~5 / 팩스 : 031-220-1167
15	대 구		대구기지(작전과)	전화 : 053-989-3211~2 / 팩스 : 064-747-8211
16	서 울		서울기지(작전과)	전화 : 031-720-3230~3 / 팩스 : 031-720-4459
17	예 천		예천기지(계획처)	전화 : 054-650-4114 / 팩스 : 054-650-5757
18	청 주		청주기지(계획처)	전화 : 043-200-2111~2 / 팩스 : 043-200-3747
19	강 릉		강릉기지(계획처)	전화 : 033-649-2021~2 / 팩스 : 033-649-3790
20	충 주		중원기지(작전과)	전화 : 043-849-3084~5 / 팩스 : 043-849-5599
21	해 미		서산기지(작전과)	전화 : 041-689-2020~3 / 팩스 : 041-689-4455
22	성 무		성무기지(작전과)	전화 : 043-290-5230 / 팩스 : 043-297-0479
23	포 항		포항기지(작전과)	전화 : 054-290-6322~3 / 팩스 : 054-291-9281
24	목 포		목포기지(작전과)	전화 : 061-263-4330~1 / 팩스 : 061-263-4754
25	진 해		진해기지 (군사시설보호과)	전화 : 055-549-4231~2 / 팩스 : 055-549-4785
26	이 천		항공작전사령부 (비행정보반)	전화 : 031-644-3000 (교환) → 3706 E-MAIL : avncmd3685@army.mil.kr (발송 후 유선연락)
27	논 산			
28	속 초			
29	오 산		미공군 오산기시	선화 : 0505-784-4222 문의 후 신청
30	군 산		미공군 군산기지	전화 : 063-470-4422 문의 후 신청
31	평 택		미육군 평택기지	전화 : 0503-353-7555 문의 후 신청

나. 관제구

공역 범위	관할기관	연락처
관제권, 비행장교통구역 및 통제공역, 주의공역을 제외한 인천 비행정보구역의 300m(1,000ft) 이상의 고도 * 공해상 1,650m(5,500ft) 이상	서울지방항공청	(전화 : 032-740-2153 / 팩스 : 032-740-2149)
	부산지방항공청	(전화 : 051-974-2153 / 팩스 : 051-971-1219)
	제주지방항공청	(전화 : 064-797-1745 / 팩스 : 064-747-8211)
	※ 해당 지역에 대한 비행승인절차 : 제19조 적용	

다. 비행장 교통구역

구 분		공역 범위	관할기관	운영시간	연락처
1	가 평	별지 1 참조	육군 항공작전 사령부 (비행정보반)	월 / 화 / 수 / 목 / 금요일 07:00~22:00	전화 : 031-644-3000 (교환) → 3706 E-MAIL : avncmd3685@army.mil.kr (발송 후 유선연락)
2	양 평				
3	홍 천				
4	현 리				
5	전 주				
6	덕 소				
7	용 인				
8	춘 천				
9	영 천				
10	금 왕				
11	조치원				
12	포 승		해군 6항공전단 (포승관제탑)	24시간	전화 : 031-685-6263 문의 후 신청
13	태 안		한서대학교 (태안관제탑)	24시간	전화 : 041-671-6011 팩스 : 041-673-6019

※ 운영시간 : 월/화/수/목/금요일 07:00 ～ 22:00

2. 비관제공역

공역범위	관할기관	연락처
관제권, 비행교통구역 및 통제공역, 주의공역을 제외한 인천 비행정보구역의 300m(1,000ft) 미만의 고도 ※ 공해상 1,680m (5,500ft) 미만	서울지방항공청 (항공안전과)	전화 : 032-740-2153 / 팩스 : 032-740-2149
	부산지방항공청 (항공운항과)	전화 : 051-974-2153 / 팩스 : 051-971-1219
	제주지방항공청 (안전운항과)	전화 : 064-797-1745 / 팩스 : 064-747-8211

3. 통제공역(도면 : 별지 1 참조)

　　가. 비행금지구역

구 분		공역 범위	관할기관	연락처
1	P73 (서울 도심)	별지 1 참조	수도방위사령부 (화력과)	전화 : 02-524-3353 , 3419, 3359 팩스 : 02-524-2205
2	P518 (휴전선 지역)		합동참모본부 (항공작전과)	전화 : 02-748-3294 / 팩스 : 02-796-7985
3	P61 A (고리원전)		합동참모본부 (공중종심작전과)	전화 : 02-748-3435 팩스 : 02-796-0369
4	P62 A (월성원전)			
5	P63 A (한빛원전)			
6	P64 A (한울원전)			
7	P65 A (원자력연구소)			
8	P61 B (고리원전)		서울지방항공청 (항공운항과)	전화 : 032-740-2153 팩스 : 032-740-2149
9	P62 B (월성원전)			
10	P63 B (한빛원전)			
11	P64 B (한울원전)		부산지방항공청 (항공운항과)	전화 : 051-974-2153 팩스 : 051-971-1219
12	P65 B (원자력연구소			

　　나. 비행제한구역

구 분		공역 범위	관할기관	연락처
1	R75 (수도권 지역)	별지 1 참조	수도방위사령부 (화력과)	전화 : 02-524-3353, 3419, 3359 팩스 : 02-524-2205
2	기 타		공군작전사령부 (공역관리과)	전화 : 031-669-7095 팩스 : 031-669-6669

　　다. 초경량비행장치 비행제한구역

> ─ 구역 : 국토교통부 장관이 지정 공고한 초경량비행장치 비행구역(UA, 2016.12월
> 　현재 28개 구역)을 제외한 지역으로 인천비행정보구역의 전체에 해당함(별지 1
> 　참조)
> ─ 관할기관 : 인천비행정보구역 내 구분된 공역별 관할기관이 적용됨

4. 주의공역(도면 : 별지 1 참조)

	구 분	공역 범위	관할기관	연락처
1	훈련공역	별지1 참조	지방항공청	전화 : 032-740-2353 / 팩스 : 032-740-2149
2	군 작전구역		공군작전사령부 (공역관리과)	전화 : 031-669-7095 팩스 : 031-669-6669
3	위험구역			
4	경계구역			

제5장 비행승인 신청 및 승인절차

제18조(비행승인 신청 및 승인절차 일반)

1. 초경량비행장치 비행제한공역에서 비행을 하려는 사람은 별지 4 서식에 따른 초경량비행장치 비행승인 신청서를 제17조에 따른 공역별 관할기관에 제출하여야 한다. 다만, 승인기관이 군기관(부대)인 경우 신청서와 함께 다음 사항을 제출하여야 한다.

   가. 제11조에 따른 초경량비행장치의 안전관리 제도에 부합하는 증명서. 단, 제11조에 따른 증명서별 발급 대상인 초경량비행장치에 한함

      1) 초경량비행장치를 이용하는 사업등록증 사본(별지 8 서식)

      2) 초경량비행장치 조종자 증명서 사본

      3) 초경량비행장치 신고 증명서 사본(별지 6 서식)

      4) 초경량비행장치 안전성인증서 사본(별지 7 서식)

      5) 초경량비행장치 보험가입 증명서 사본(「자동차손해배상 보호법 시행령」 제3조 제1항에 따른 금액(대인 1억) 이상을 보장하는 보험 또는 공제)

   나. 초경량비행장치의 제원, 성능표, 사진(신고증명서 상의 신고번호를 확인 가능한 가로 15cm × 세로 10cm의 크기)

   다. 항공촬영이 목적인 경우, 부록 1에 따른 항공촬영허가서 사본

2. 원전지역에 설정된 비행금지구역(A공역, 반경 2NM)은 국가중요시설 보호목적으로 지정된 공역으로, 비행신청은 국가기관 또는 「통합방위법」에 따른 원전국가중요시설 관리자인 원자력안전위원회(한국수력원자력)의 직접 신청을 원칙으로 한다. 단, 개인 및 민간비행업체의 비행신청은 다음의 사항을 적용한다.

   가. 국가기관에 의한 신원조회 등의 보안성 검토를 필하고 공공업무를 대행하는 민간업체의 경우는 직접 비행신청할 수 있다.

나. 기타 지역 특수성에 따른 정당한 목적으로 비행하고자 하는 개인 및 민간업체는 원자력안전위원회(한국수력원자력)를 통하여 비행신청할 수 있다.

이 경우 원자력안전위원회(한국수력원자력)는 해당 비행에 대한 보안대책(기체 보안점검, 현장통제, 동승비행 등) 강구하여야 하며, 원자력발전소별 해당 업무를 담당하는 부서는 다음과 같다.

원자력발전소	담당부서	연락처
P61A(고리원전)	고리본부 재난안전팀 / 예비군 대대	051-726-2885 / 2902
P62A(월성원전)	월성본부 방재대책팀 / 예비군 대대	054-779-2035 / 2901
P63A(한빛원전)	한빛본부 방재대책팀 / 예비군 대대	061-357-2035 / 2902
P64A(한울원전)	한울본부 방재대책팀 / 예비군 대대	054-785-2035 / 2901

3. 공역별 관할기관은 제1항에 따라 제출된 신청서를 검토하여 비행안전 및 국가 주요 시설 보호, 국방, 그밖의 공역별 설정 목적에 지장을 주지 않는다고 판단되는 경우에는 이를 승인하여야 한다. 신청서의 검토기준은 제21조를 따른다.

4. 초경량비행장치의 비행승인은 1회 비행에 대한 승인을 원칙으로 하되, 동일지역에서 반복적으로 이루어지는 비행에 대하여는 30일의 범위에서 비행기간을 명시하여 승인할 수 있다.

* 「항공법」상의 반복비행 허가기간은 6개월(기존 30일 이내)로 개정('16.7.4.) 되었으나, 군 관할공역 내 반복비행 승인기준은 현행(30일 범위) 유지(비행감독 및 관리측면 고려)

5. 초경량비행장치 비행승인 신청서는 서류, 팩스 또는 정부 민원시스템(원스톱비행승인) 등 정보통신망을 이용하여 제출할 수 있으며, 신청서 제출시한은 다음과 같다.

▌표 5-2 : 초경량비행장치 비행승인 신청서 제출 및 승인 시한

관할기관(제17조 적용)	비행승인 대상공역	비행승인 요청서(근무일 기준) 제출시한	승인시한
서울/부산/제주 지방항공청	제17조 적용	3일 전	1일 전
수도방위사령부	P73A	5일 전	1일 전
	P75B, R75	3일 전	1일 전
관제권 관할 군기지	관제권	3일 전	1일 전
비행장교통구역 관할 군기지	비행장교통구역	3일 전	1일 전
공군작전사령부	제17조 적용	7일 전	1일 전
합동참모본부	원전지역 반경 3.6km	3일 전	1일 전
	휴전선 일대(P518)	4일 전	3일 전
	NLL 일대(P518E/W)	7일 전	5일 전

6. 재난구호 활동 등 정부기관에서 공익목적으로 긴급하게 초경량비행장치를 비행하여야 할 때는 군 공역별 관할기관에 유선으로 비행신청하고, 승인기관은 이를 검토한 후 긴급 비행승인할 수 있다. 다만, 긴급 비행승인 신청자는 해당 비행 종료 후 제1항에서 명시한 신청서를 사후 제출하고, 승인기관은 관련 근거를 유지하여야 한다.

제19조(공역별 관할기관 중복 시 승인 및 협조 절차)

1. 초경량비행장치 비행제한공역 중 공역별 관할기관(지방항공청, 군부대 등)이 다른 공역(수평, 수직범위)에 걸쳐 비행하려는 사람은 별지 4 서식의 초경량비행장치 비행승인 신청서를 관할 지방항공청에게 비행계획일의 7일 전까지 제출하여야 한다.

   ※ 예시 1) 이착륙장에서 비행을 시작하여서 군 관할공역에 착지하는 경우 등
   　　　 2) 군 관할공역에서 비행을 시작하여 이착륙장 등에 착지하는 경우 등
   　　　 3) 낙하산류를 사용하여 군 관할 주의공역 및 통제공역의 고도에서 스카이다이빙하여 군 관할공역 이외의 비관제공역에 착지하는 경우

2. 제1항의 비행승인 신청서를 접수한 각 지방항공청은 관할공역에 대한 비행승인 여부에 대해 검토하고, 관할공역 이외의 공역에 대하여는 해당 공역을 관할하는 기관(군부대)으로 검토 의뢰하고 회신결과를 종합하여 승인 여부를 최종 결정하여 비행승인 신청자에게 회신한다.

제6장 비행승인 단계별 검토기준

제20조(접수단계)

1. 공역별 관할기관은 접수된 초경량비행장치의 비행승인 신청서 및 첨부 서류가 제11조에 따른 안전관리 요건의 충족 및 제18조에 따른 제출서류 요건의 충족 및 이상 유무를 확인한다.

   가. 지방항공청
      1) 초경량비행장치의 비행승인 신청서
      2) 신청서 상의 각종 증명자료는 등록대장을 통해 이상 유무 확인
      3) 항공촬영이 목적인 경우, 부록 1에 따른 항공촬영허가서 사본
   나. 군 관할부대
      1) 초경량비행장치의 비행승인 신청서
      2) 신청서상의 각종 증명자료 사본(신고 증명서, 안전성인증서, 사업등록증, 조종자 증명서, 보험가입 증명서)

3) 초경량비행장치의 제원, 성능표, 사진(신고증명서 상의 신고번호를 확인 가능한 가로 15cm × 세로 10cm의 크기) – 통제 시 식별자료로 활용

4) 항공촬영이 목적인 경우, 부록 1에 따른 항공촬영허가서 사본

2. 공역별 관할기관은 초경량비행장치의 비행승인 신청구역에 대한 관할기관의 중복 여부를 확인하고, 중복 시 제19조에 따른 협조절차를 수행한다.

제21조(검토단계)

제출된 비행승인 신청서 및 증명자료가 이상이 없을 경우 다음 사항을 검토하여 비행승인 여부를 결정한다.

1. 제12조 제1호에 따른 초경량비행장치 조종자의 금지사항 저촉 여부
2. 작전성 검토 및 기타 비행계획 등을 비교 제한 여부
3. 휴전선과의 충분한 이격 여부(군사분계선 인근 No Fly Zone 침범 가능성)
4. 관제권, 비행금지구역 내는 공익목적 외의 상업 또는 여가 목적의 비행은 승인되지 않는다. 다만, 다음사항에 해당하는 경우 승인할 수 있다.
   가. 관할기관·학교·단체의 통제하에 이루어지는 훈련비행으로 해당 공역을 관할하는 부대(서)의 장과 사전에 협의된 경우
   나. 관할기관 또는 경찰이 직접 현장통제를 하거나, 이에 준한 보안대책 마련을 조건으로 이루어지는 비행
5. 각 관할기관(부대)에서 관리하는 공역 내에 위치한 국가 보호시설에 대한 보호대책의 여부
6. 항공기 또는 기타 비행체로부터 초경량비행장치의 접근을 적극적으로 통제할 필요가 있는 공역(관제공역 등)에서의 경우, 초경량비행장치를 식별 및 적극적 통제가 가능한 방책의 수립 여부(육안식별, 공지통신, 트랜스폰더 등)

제22조(회신단계)

제출된 비행승인 신청서에 대해 검토한 결과를 회신 시 다음의 사항을 포함하여야 하며, 비행승인 권한 내부위임에 따른 적법한 행정행위를 위해 별지 제5호 서식의 초경량비행장치 비행승인 검토결과 통보서를 사용하여 비행승인 여부를 회신하여야 한다.

1. 제출된 비행승인 신청서가 제21조에 따라 검토한 결과 이상이 없는 경우, 제12조에 따른 조종사 준수사항 및 다음의 비행안전의 유의사항을 포함하여 제18조에 따른 승인시한에 맞춰 승인내용을 회송한다.
   가. 관할지역의 통제기관과 통화가 가능한 연락수단(주파수, 전화 등)
   나. 비행 중 비상주파수 청취(무선통신 수단이 있는 경우에 한함)
   다. 관할공역 내의 비행 중 유의사항(항공고시보 사항 등)

라. 관할공역 통제기관의 지시사항 이행 등

마. 기타 필요한 사항

2. 제출된 비행승인 신청서가 제21조에 따라 검토한 결과 비행승인이 불가한 경우, 비행승인 불가사유를 첨부하여 불승인을 회신한다.

제23조(비행승인 이후 안전관리 단계)

초경량비행장치의 비행승인 이후 안전관리를 위해 다음 각 호의 사항을 수행해야 한다.

1. 비행승인 기관(부대)은 초경량비행장치의 비행을 승인을 한 경우 해당 승인 내용을 다음의 기관(부대)에 통보하여야한다.

가. 지방항공청 : 해당지역 항공교통관제기구

나. 군 관할부대

  1) 해당 지역 항공교통관제기구

  2) 해당 지역 관할 군부대

  3) 공군작전사령부 전투운영과 및 방공관제사령부 제31, 32전대 작전계

2. 비행 승인내용을 통보 받은 기관(부대)은 다음 사항을 조치한다.

가. 항공교통관제기관은 관할 관제공역 내 항공교통관제 모니터링을 통해 초경량비행장치와 비행중인 항공기의 안전분리를 위한 조치를 취한다.

나. 해당 지역 관할 군부대는 필요시 비행승인지역에 군 보안요원을 배치하여 안전조치 및 감독한다(불승인 초경량비행장치 식별 및 단속 포함).

다. 공군작전사령부 및 방공관제기구(MCRC)는 조언 중인 군용기와의 안전 분리를 위한 경보업무를 수행한다.

제24조(초경량비행장치 비행승인 관리대장 유지)
초경량비행장치 비행승인기관(부대)은 별지 9 서식에 따른 초경량비행장치 비행승인 관리대장을 5년간 유지한다.

제7장 위규비행 관리

제25조(위규비행 발생 시 조치절차)

비행승인 및 유관기관(부대)는 제14조의 초경량비행장치의 불법사용 또는 위규비행을 발견 시 다음과 같이 조치한다.

1. 초경량비행장치의 불법사용 및 위규비행 현장을 사진촬영하거나 위규비행을 한 사람의 신변을 확보(대공 용의점 확인 차원)하여 관할 경찰에 합동 현장조사를 의뢰한다.

2. 합동 현장조사 결과 또는 경찰조사 결과가 불법사용의 죄에 해당하는 경우 경찰에게 위법에 따른 조치를 의뢰하고 경찰의 처리결과를 확인한다.

3. 합동 현장조사 결과 또는 경찰조사 결과가 과태료에 해당하는 경우 관할기관(부대) 또는 관할지역의 경찰은 지방항공청으로 위규비행에 따른 행정처분을 의뢰하고 결과를 확인한다.

제26조(비행안전장해 처리)

제17조의 공역별 비행승인 업무 관할 부대(서)는 다음과 같은 초경량비행장치의 비행으로 인한 비행안전장애 내용을 확인 한 경우 해당자의 차기 비행승인 요청 시 불승인 사유로 적용할 수 있다.

1. 제14조에 따른 불법사용 등의 죄 또는 위규비행 시 과태료 대상 항목에 해당하는 경우

2. 초경량비행장치의 위치, 속도 및 거리가 다른 항공기와 충돌위험이 있었던 것으로 판단되는 근접비행이 발생한 경우 또는 500ft 이내 근접한 경우

3. 초경량비행자치가 다른 항공기나 장해물, 차량, 장비 또는 동물과 접촉·충돌한 경우

4. 관할기관이 발부한 비행안전의 유의사항을 이행하지 않은 경우

5. 그 밖에 항공안전을 해칠 요인이 감지된 경우

제27조(초경량비행장치 비행안전 장해사항 기록유지)

초경량비행장치의 비행승인기관(부대)은 초경량비행장치 비행안전 장해사항을 기록하여 5년간 유지한다.

제8장 행정사항

제28조(시행일)

이 지침서는 2016년 12월 19일부터 시행하며, 2015년 10월 1일부로 발행된 '군 관항공역 내 민간 초경량비행장치 비행승인 업무 지침서'를 대체한다.

별지 1 관제공역·통제공역·주의공역의 범위 및 요도(제4장 관련)

※ 세부 공역정보(본인 위치에 해당하는 공역 등)는 다음의 인터넷 정보로 검색가능
 – 국가지도서비스(www.vworld.kr) ＞ 항공교통 ＞ 항공정보도(공역), 또는
 – 항공정보간행물(www.ais.casa.go.kr) ＞ ENR 5, 6

1. 관제공역

가. 관제권

구 분		수평범위	수직범위	통제기관
1	인 천	372745N 1262621E 반경 5NM	SFC～3,000ft AGL	서울지방항공청
2	김 포	373325N 1264751E 반경 5NM	SFC～3,000ft AGL	
3	양 양	380341N 1284009E 반경 5NM	SFC～3,000ft AGL	
4	울 진	364637N 1292742E 반경 5NM	SFC～2,500ft AGL	부산지방항공청
5	울 산	353536N 1292108E 반경 5NM	SFC～3,000ft AGL	
6	여 수	345032N 1273702E 반경 5NM	SFC～3,000ft AGL	
7	정 석	332354N 1264247E 반경 5NM	SFC～3,000ft AGL	
8	무 안	345929N 1262258E 반경 5NM	SFC～3,000ft AGL	
9	제 주	345929N 1262258E 반경 5NM	SFC～3,000ft AGL	제주지방항공청
10	광 주	333044N 1262934E 반경 5NM	SFC～4,000ft AGL	한국공군
11	사 천	350519N 1280414E 반경 5NM	SFC～4,000ft AGL	
12	김 해	351050N 1285617E 반경 5NM	SFC～3,000ft AGL	
13	원 주	372617N 1275737E 반경 5NM	SFC～5,000ft AGL	
14	수 원	371422N 1270025E 반경 5NM	SFC～4,000ft AGL	
15	대 구	355338N 1283932E 반경 5NM	SFC～4,000ft AGL	
16	서 울	372645N 1270652E 반경 5NM	SFC～4,000ft AGL	
17	예 천	363754N 1282118E 반경 5NM	SFC～5,000ft AGL	
18	청 주	364259N 1272957E 반경 5NM	SFC～5,000ft AGL	
19	강 릉	374513N 1285638E 반경 5NM	SFC～4,000ft AGL	
20	충 주	370148N 1275307E 반경 5NM	SFC～4,000ft AGL	
21	해 미	364216N 1262910E 반경 5NM	SFC～4,000ft AGL	
22	성 무	363309N 1272909E 반경 5NM	SFC～4,000ft AGL	
23	포 항	355916N 1292507E 반경 5NM	SFC～3,000ft AGL	한국해군
24	목 포	344532N 1262252E 반경 5NM	SFC～3,000ft AGL	
25	진 해	350829N 1284146E 반경 5NM	SFC～3,000ft AGL	
26	이 천	371204N 1272819E 반경 5NM	SFC～3,000ft AGL	한국육군
27	논 산	361609N 1270646E 반경 5NM	SFC～2,000ft AGL	
28	속 초	380836N 1283553E 반경 5NM	SFC～2,500ft AGL	
29	오 산	370526N 1270147E 반경 5NM	SFC～2,300ft AGL	주한 미공군
30	군 산	355414N 1263657E 반경 5NM	SFC～3,000ft AGL	
31	평 택	365744N 1270153E 반경 5NM	SFC～3,000ft AGL	주한 미육군

▌관제권(Control Zone)

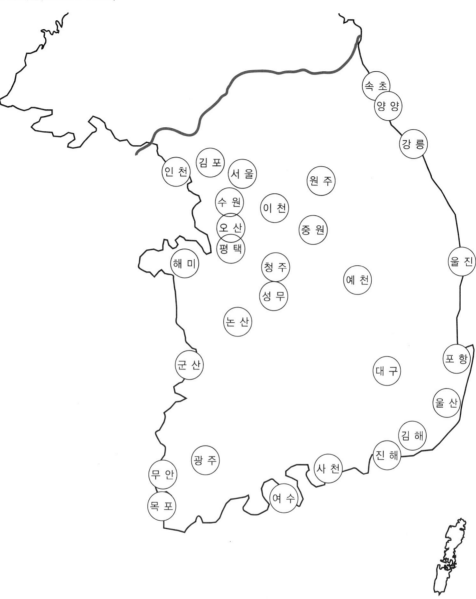

나. 비행장교통구역

	구 분	수평범위	수직범위	통제기관
1	가 평	374842N 1272124E 반경 3NM	SFC~1,500ft MSL	한국육군
2	양 평	372959N 1273748E 반경 2NM	SFC~1,500ft MSL	
3	홍 천	374212N 1275421E 반경 2NM	SFC~1,500ft MSL	
4	현 리	375723N 1281859E 반경 3NM	SFC~1,500ft MSL	
5	전 주	355242N 1270712E 반경 2NM	SFC~1,500ft MSL	
6	덕 소	373625N 1271308E 반경 2NM	SFC~1,000ft MSL	
7	용 인	371713N 1271332E 반경 3NM (R35 중첩구역은 제외)	SFC~1,500ft MSL	
8	춘 천	375545N 1274526E 반경 3NM (P518 중첩구역은 제외)	SFC~1,500ft MSL	
9	영 천	360132N 1284908E 반경 3NM	SFC~1,500ft MSL	
10	금 왕	370008N 1273345E 반경 3NM	SFC~1,500ft MSL	
11	조치원	363427N 1271744E 반경 3NM	SFC~1,500ft MSL	
12	포 승	365929N 1264827E 반경 3NM	SFC~1,000ft MSL	한국해군
13	태 안	Area 1 363746N 1261510E to 363657N 1261555E to 363552N 1261555E to 363410N 1261753E to 363239N 1261738E to 태안비행장 중심(ARP) 3NM 반시계방향 원호(Arc) to 363431N 1262116E to 363520N 1261949E to 363717N 1261807E to 363839N 1261734E to 태안비행장 중심(ARP) 3NM 반시계방향 원호(Arc)	SFC~1,500ft MSL	한서대학교 (태안관제탑)
		Area 2 363839N 1261734E to 태안비행장 중심(ARP) 3NM 시계방향 원호(Arc) to 363431N 1262116E to 363520N 1261949E to 363717N 1261807E	SFC~1,000ft MSL	

▌비행장 교통구역(Aerodrome Traffic Zone)

2. 통제공역

가. 비행금지구역

구 분		수평범위		수직범위	통제기관
1	P73A	373500N 1265900E	반경 2NM	SFC~UNLTD	수도방위사령부
	P73B		반경 2~4.5NM	SFC~UNLTD	
2	P518	373900N 1261000E to 374300N 1264100E to 373800N 1265300E to 375800N 1274000E to 380400N 1283100E to 380800N 1283200E to 381200N 1283600E		SFC~UNLTD	합동참모본부
	P518E	383800N 1282200E to 383800N 1283800E to 382200N 1284700E to 381600N 1283300E		SFC~UNLTD	
	P518W	380000N 1240900E to 380000N 1245100E to 374255N 1260633E to 374213N 1260951E to 373900N 1261000E to 373000N 1255000E to 373000N 1243800E		SFC~UNLTD	
3	P61A	351900N 1291800E	반경 2NM	SFC~10,000	합동참모본부
	P61B		반경 2~10NM	SFC~FL180	부산지방항공청
4	P62A	354200N 1292800E	반경 2NM	SFC~10,000	합동참모본부
	P62B		반경 2~10NM	SFC~FL180	부산지방항공청
5	P63A	352429N 1262429E	반경 2NM	SFC~10,000	합동참모본부
	P63B		반경 2~10NM	SFC~FL180	부산지방항공청
6	P64A	370600N 1292300E	반경 2NM	SFC~8,000	합동참모본부
	P64B		반경 2~10NM	SFC~FL180	부산지방항공청
7	P65A	362536N 1272211E	반경 1NM	SFC~8,000	합동참모본부
	P65B		반경 1~10NM	SFC~FL180	서울지방항공청

▌ 비행금지구역(Prohibited Areas)

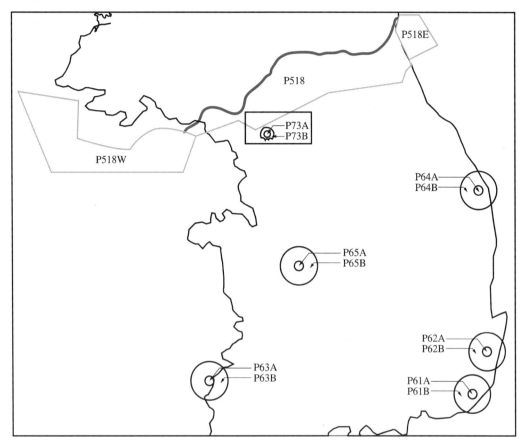

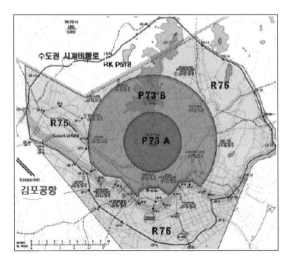

〈P73 인근지역 확대도〉
- 비행금지구역 : P73A, B
- 비행제한구역 : R75

나. 비행제한구역

구 분		수평범위	수직범위	통제기관
1	R1	373100N 1272800E to 373200N 1273100E to 373100N 1273200E to 373100N 1272800E	SFC~6,000ft MSL	한국육군
2	R10	373200N 1274100E to 373200N 1274800E to 373700N 1274700E to 373900N 1274400E to 373800N 1274100E	SFC~5,000ft MSL	
3	R14	350900N 1264200E to 350900N 1264400E to 350800N 1264600E to 350500N 1264500E to 350600N 1264100E to 350746N 1264117E to 350806N 1264056E	BY NOTAM	한국공군
4	R17	372010N 1273552E 반경 5NM	SFC~FL150 MSL	
5	R19	363640N 1271328E 반경 2NM	SFC~3,400ft MSL	한국육군
6	R20	362836N 1274700E 반경 2NM	SFC~5,000ft MSL	
7	R21	353118N 1290430E 반경 2NM	SFC~5,000ft MSL	
8	R35	372138N 1271523E 반경 2NM	SFC~2,500ft MSL	
9	R75	373949N 1264824E to 373752N 1264813E to 373701N 1264754E to 373530N 1264817E to 373409N 1264824E to 372653N 1265722E to 372653N 1270338E to 373233N 1270647E to 373447N 1270930E to 373656N 1270830E to 373827N 1270800E to 374033N 1270513E to 374136N 1270317E to 374200N 1270140E to 373758N 1265259E	SFC~10,000ft MSL	수도방위사령부
10	R81	362410N 1281652E 반경 5NM	SFC~FL220 MSL	한국공군

구 분		수평범위	수직범위	통제기관
11	R89	355600N 1292100E to 355700N 1292400E to 355700N 1292600E to 355200N 1292000E	SFC~1,000ft MSL	한국해병
12	R90A	355536N 1292547E to 355521N 1292717E to 355325N 1293116E to 355310N 1293101E to 355340N 1292826E to 355330N 1292634E	SFC~2,000ft MSL	
13	R90B	355330N 1292634E to 355340N 1292826E to 355310N 1293101E to 355026N 1292645E to 355012N 1292745E	SFC~5,500ft MSL	
14	R110	371300N 1284100E to 371300N 1290300E to 365500N 1290300E to 365500N 1284138E	SFC~FL250 MSL	한국공군
15	R114	373420N 1274707E to 373420N 1275142E to 373335N 1275232E to 373150N 1275212E to 373100N 1274942E to 373200N 1274812	SFC~3,000ft MSL	한국육군
16	R122	372215N 1272641E to 372202N 1272823E to 371919N 1272543E to 372005N 1272445E to	SFC~3,700ft MSL	
17	R127	345326N 1271825E 반경 0.75NM	SFC~3,000ft MSL	
18	R129	352059N 1264007E to 352124N 1264119E to 352105N 1264233E to 351649N 1264240E to 351720N 1264120	SFC~3,500ft MSL	
19	R138	362011N 1263153E 반경 0.7NM	SFC~5,400ft MSL	한국공군
20	R139	365026N 1272425E 반경 0.7NM	SFC~5,400ft MSL	한국공군

※ 상기 내용은 비행제한구역 중 지표면부터 시작하는 비행제한구역 만을 정리한 것임

▌비행제한구역(Restricted Areas)

※ 상기 내용은 비행제한구역 중 지표면부터 시작하는 비행제한구역만을 정리한 것임

다. 초경량비행장치 비행구역

구 분		수평범위	수직범위	통제기관
1	UA2 구성산	354421N 1270027E 반경 1.0NM		
2	UA3 약산	354421N 1282502E 반경 0.4NM		
3	UA4 방화산	353731N 1290532E 반경 2.2NM		
4	UA5 덕두산	352441N 1273157E 반경 2.4NM		
5	UA6 금산	344411N 1275852E 반경 1.1NM		
6	UA7 홍산	354941N 1270452E 반경 0.7NM		
7	UA9 양평	373010N 1272300E to 373010N 1273200E to 372700N 1273200E to 372700N 1272300E		
8	UA10 고창	352311N 1264353E 반경 1NM		
9	UA14 공주	363225N 1265617E to 363045N 1265746E to 363002N 1270713E to 362604N 1270553E to 362805N 1265427E to 363141N 1265417E		
10	UA19 시화	371715N 1264215E to 371724N 1265000E to 371430N 1265000E to 371315N 1264628E to 371245N 1264029E to 371244N 1263342E to 371414N 1263319E	SFC~500ft AGL	지방항공청
11	UA20 성화대	344157N 1263101E 반경 3.0NM		
12	UA21 방장산	352658N 1264417E 반경 1.6NM		
13	UA22 고흥	343640N 1271221E 반경 3.0NM		
14	UA23 담양	352030N 1270148E 반경 3.0NM		
15	UA24 구조아	332841N 1264922E 반경 1.5NM		
16	UA25 하동	350147N 1282419E to 372410N 1282810E to 372153N 1282610E to 372211N 1282331E		
17	UA26 장암산	372338N 1282419E to 372410N 1282810E to 372153N 1282610E to 372211N 1282331E		
18	UA27 미악산	331800N 1263316E 반경 0.7NM		
19	UA28 서운산	365550N 1271659E 반경 1.1 NM		
20	UA29 오천	365711N 1271716E 반경 1.1 NM		

구 분		수평범위	수직범위	통제기관
21	UA30 북좌	370242N 1271940E 반경 1.1 NM		
22	UA31 청라	373354N 1263730E to 373400N 1263744E to 373351N 1263750E to 373345N 1263736E		
23	UA32 토천*	372800N 1271809E 반경 0.2 NM		
24	UA33 변천천*	363904N 1272103E to 363902N 1272111E to 363850N 1272106E to 363852N 1272059E		
25	UA34 미호천*	363710N 1272048E to 363705N 1272105E to 363636N 1272049E to 363650N 1272033E		
26	UA35 김해*	352057N 1284815E to 352101N 1284825E to 352047N 1284833E to 352043N 1284823E		
27	UA36 밀양*	352801N 1284642E to 352729N 1284714E to 352717N 1284659E to 352750N 1284627E		
28	UA37 창원*	352238N 1283856E to 352238N 1283931E to 352216N 1283931E to 352213N 1283856E		

※ 도표상의 초경량비행장치 비행구역(UA) 외의 전지역은 초경량비행장치의 비행제한구역에 해당함

❚ 초경량비행장치 비행구역(Ultralight Vehicle Flight Areas)

3. 주의공역(훈련구역, 군작전구역, 위험구역, 경계구역)

구 분	수평범위	수직범위	통제기관
훈련구역 (CATA)	※ 국가지도서비스 참조 (www.vworld.kr) > 항공교통 > 항공정보도(공역) > 위험 · 경계 · 군 훈련구역 등 또는 세부정보는 항공정보간행물(AIP) 참조 (www.ais.casa.go.kr) > ENR 5, 6 > MOA · Alert area 등 * 주의공역은 대부분 3,000ft 이상의 고도에 설정 * 초경량비행장치 비행신청 지역이 기타 주의공역에 해당 　될 것으로 판단 시 공군작전사령부 　(공역관리과 : 031-669-7095)로 문의 후 비행승인 신청		항공교통센터
군작전구역 (MOA)			공군작전사령부
위험구역 (Danger Area)			
경계구역 (Alert Area)			

별지 2 초경량비행장치 유형별 비행승인 대상 공역(제16조 제3항 관련)

1. 비사업용 초경량비행장치

(범례 : ☐ 비행승인 면제　▨ 고도제한)

구 분			비행승인 대상공역							
			관제공역			비관제공역	통제공역			주의공역
			관제권	관제구	비행장교통구역		금지	제한	UA	
1	동력비행장치		○	○	○	○	○	○	×	○
2	인력활공기	행글라이더	○	○	○	×	○	○	×	○
3	기구류	자유기구	○	○	○	○	○	○	×	○
		계류식 기구	○	○	○	150m↑○ 150m↓×	○	○	×	○
		무인계류식	○	○	○	×	○	○	×	○
4	회전익비행장치		○	○	○	○	○	○	×	○
5	동력페러글라이더		○	○	○	○	○	○	×	○
6	무인비행장치 무인동력비행장치 계류식	최대이륙중량 25kg 초과	○	○	○	×	○	○	×	○
		최대이륙중량 25kg 이하	○	150m↑○ 150m↓×	150m↑○ 150m↓×	×	○	150m↑○ 150m↓×	×	150m↑○ 150m↓×
	무인동력비행장치 비계류식	최대이륙중량 25kg 초과	○	○	○	○	○	○	×	○
		최대이륙중량 25kg 이하	○	150m↑○ 150m↓×	150m↑○ 150m↓×	×	○	150m↑○ 150m↓×	×	150m↑○ 150m↓×
	무인비행선 계류식	자체중량 12kg 초과	○	○	○	×	○	○	×	○
		자체중량 12kg, 7m 이하	○	150m↑○ 150m↓×	150m↑○ 150m↓×	×	○	150m↑○ 150m↓×	×	150m↑○ 150m↓×
	무인비행선 비계류식	자체중량 12kg 초과	○	○	○	○	○	○	×	○
		자체중량 12kg, 7m 이하	○	150m↑○ 150m↓×	150m↑○ 150m↓×	×	○	150m↑○ 150m↓×	×	150m↑○ 150m↓×
7	낙하산류		○	○	○	×	○	○	×	○
8	기 타	농업지원, 가축병 방역 등	○	○	○	×			×	○

* UA(Ultralight Vehicle Flight Area) : 국토부 장관이 지정한 초경량비행장치 비행구역

* 군 비행장을 제외한 민간비행장 및 이착륙장의 중심 반경 3km, 지상고도 150m(500ft)의 범위 내에서는 비행장을 관할하는 항공교통관제기관의 장 또는 이착륙장 관리자와 사전에 협의가 된 경우 비행승인 불필요

2. 사업용 초경량비행장치

(범례 : ▨ 비행승인 면제 ▨ 고도제한)

구분			비행승인 대상공역							
			관제공역			비관제공역	통제공역			주의공역
			관제권	관제구	비행장교통구역		금지	제한	UA	
1	동력비행장치		○	○	○	○	○	○	×	○
2	인력활공기	행글라이더	○	○	○	○	○	○	×	○
3	기구류	자유기구	○	○	○	○	○	○	×	○
		계류식 기구	○	○	○	150m↑○ 150m↓×	○	○	×	○
		무인계류식	○	○	○	○	○	○	×	○
4	회전익비행장치		○	○	○	○	○	○	×	○
5	동력페러글라이더		○	○	○	○	○	○	×	○
6	무인비행장치 · 무인동력비행장치 · 계류식	최대이륙중량 25kg 초과	○	○	○	×	○	○	×	○
		최대이륙중량 25kg 이하	○	150m↑○ 150m↓×	150m↑○ 150m↓×	×	○	150m↑○ 150m↓×	×	150m↑○ 150m↓×
	무인동력비행장치 · 비계류식	최대이륙중량 25kg 초과	○	○	○	○	○	○	×	○
		최대이륙중량 25kg 이하	○	150m↑○ 150m↓×	150m↑○ 150m↓×	×	○	150m↑○ 150m↓×	×	150m↑○ 150m↓×
	무인비행선 · 계류식	자체중량 12kg 초과	○	○	○	×	○	○	×	○
		자체중량 12kg, 7m 이하	○	150m↑○ 150m↓×	150m↑○ 150m↓×	×	○	150m↑○ 150m↓×	×	150m↑○ 150m↓×
	무인비행선 · 비계류식	자체중량 12kg 초과	○	○	○	○	○	○	×	○
		자체중량 12kg, 7m 이하	○	150m↑○ 150m↓×	150m↑○ 150m↓×	×	○	150m↑○ 150m↓×	×	150m↑○ 150m↓×
7	낙하산류		○	○	○	○	○	○	×	○
8	기타	농업지원, 가축병 방역 등	○	○	○	×	○	○	×	○

* UA(Ultralight Vehicle Flight Area) : 국토부 장관이 지정한 초경량비행장치 비행구역
* 영리 목적으로 사용 시 UA를 제외한 전공역에서 비행승인 필요(단, 최대 이륙중량 25kg 이하 무인비행장치와 자체중량 12kg 이하이고, 길이가 7m 이하인 무인비행선의 경우는 비사업용과 같이 관제권, 비행금지구역을 제외한 150m 이하 고도에서 비행승인 없이 운행할 수 있도록 항공법 개정 / 2016. 7. 4. 부)
* 군 비행장을 제외한 민간비행장 및 이착륙장의 중심 반경 3km, 고도 150m(500ft)의 범위 내에서는 비행장을 관할하는 항공교통관제기관의 장 또는 이착륙장 관리자와 사전에 협의가 된 경우 비행승인 불필요

별지 3 비행시정 및 구름으로부터의 거리(제12조 제1항 관련)

고 도	비행시정	구름으로부터의 거리
1. 해발 3,050m(10,000ft) 미만에서 해발 900m(3,000ft) 또는 장애물 상공 300m(1,000ft) 중 높은 고도 초과	5,000m	수평 1,500m, 수직 300m
2. 해발 900m(3,000ft) 또는 장애물 상공 300m(1,000ft) 중 높은 고도 초과	5,000m	수평 1,500m, 수직 300m
	5,000m	지표면 육안 식별 및 구름을 피할 수 있는 거리

별지 4 초경량비행장치 비행승인 신청서(제18조 제1항 관련)

초경량비행장치 비행승인신청서

※ [   ]에는 해당되는 곳에 ∨표를 합니다.

접수번호		접수일자	처리기간	
신 청 인	성명/명칭		생년월일	
	주 소			
비행장치	종류/형식		용 도	
	소유자 (전화 :)			
	① 신고번호		② 안전성인증서번호 (유효만료기간) (, ,)	
비행계획	일시 또는 기간(최대 30일)		구 역	
	비행목적/방식		보 험 [ ] 가입 [ ] 미가입	
	경로/고도			
조 종 자	성 명		생년월일	
	주 소			
	자격번호 또는 비행경력			
③ 동 승 자	성 명		생년월일	
	주 소			
탑재장치	무선전화송수신기			
	2차 감시레이더용트랜스폰더			

「항공법」 제23조 제2항 및 같은 법 시행규칙 제66조 제2항에 따라 비행승인을 신청합니다.

년   월   일

신고인   (서명 또는 인)

관할기관(부대)   귀하

작성방법	
1. 「항공법 시행령」 제14조에 따른 신고를 필요로 하지 않는 초경량비행장치 또는 「항공법 시행규칙」 제66조의2 제2항에 따른 안전성인증의 대상이 아닌 초경량비행장치의 경우에는 신청란 중 제①법(신고번호) 또는 제②법(안전성인증서번호)을 적지 않아도 됩니다. 2. 항공레저스포츠사업에 사용되는 초경량비행장치인 경우에는 제③법(동승자)을 적지 않아도 됩니다.	**수수료** 없음

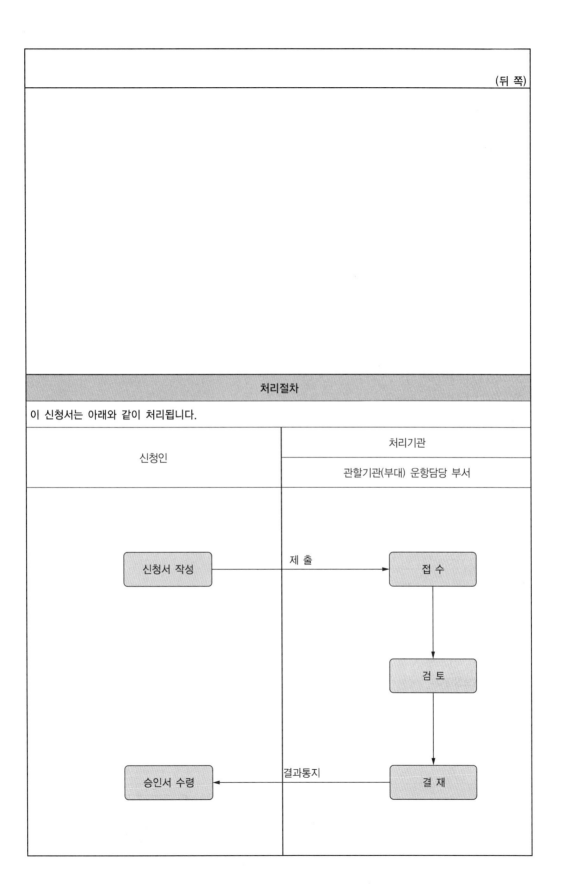

(뒤 쪽)

처리절차	

이 신청서는 아래와 같이 처리됩니다.

신청인	처리기관
	관할기관(부대) 운항담당 부서

신청서 작성 —— 제 출 ——▶ 접 수

검 토

승인서 수령 ◀—— 결과통지 —— 결 재

별지 5 초경량비행장치 비행승인 신청서 검토결과 통보서(제22조 관련)

초경량비행장치 비행승인신청서 검토결과 통보서

접수번호		접수일자		승인 불승인	
비행승인	조종자 성명/명칭			비행장치 종류/형식	
	조종자 연락처			신고 번호	
	일시 또는 기간(최대 30일)			구 역	
	비행목적/방식				
	경로/고도				
조종자 유의사항					
불승인 사유					

「항공법」 제23조 제2항 및 같은 법 시행규칙 제66조 제2항에 따라 비행승인 신청서 검토결과를 통보합니다.

년   월   일

국 방 부 장 관

직인
(생략)

별지 6 초경량비행장치 신고 증명서(제11조 제3항 관련)

제   호

대 한 민 국
국토교통부

초경량비행장치 신고증명서

1. 신고번호 :

2. 종 류 및 형 식 :

3. 제작자 및 제작번호 :

4. 용도 : ☐ 비영리   ☐ 영 리

5. 소유자 성명 또는 명칭 :

6. 소유자 주소 :

「항공법」 제23조 제1항 및 같은 법 시행규칙 제65조 제2항에 따라 초경량비행장치의 소유에 대한 신고를 하였음을 증명합니다.

년   월   일

○ ○ 지 방 항 공 청 장 | 직인 |

210mm×297mm[보존용지(1종) 120g/m^2]

별지 7 초경량비행장치 안전성인증서(제11조 제4항 관련)

초경량비행장치 안전성인증서

증서 번호 :

1. 종 류		2. 신 고 번 호	
3. 형 식		4. 발 동 기 형 식	
5. 제 작 번 호		6. 제 작 일 자	
7. 제 작 자 주 소			
8. 제작자성명(명칭)			
9. 키 트 제 작 자 성명(명칭)			
10. 설 계 자 성명(명칭)			
11. 인증서 만료일			
12. 비 고			

이 안전성인증서는 「항공법」 제23조 따라 위의 초경량비행장치가 운용기준을 준수하여 정비하고 비행할 경우에만 안전성이 있음을 증명합니다.

년   월   일

한국교통안전공단 이사장   인

별지 8 초경량비행장치 사업 등록증(제18조 제1항 관련)

제   호

□ 소 형 항 공 운 송 사 업
□ 항 공 기 사 용 사 업
□ 항 공 기 취 급 업
□ 항 공 기 정 비 업   등록증
□ 항 공 기 대 여 업
□ 항 공 레 저 스 포 츠 사 업
□ 초경량비행장치사용사업

1. 상 호(법 인 명)

2. 성 명(대 표 자)

3. 생년월일(법인등록번호)

4. 주 소(소 재 지)

5. 사 업 범 위

6. 사 업 소

7. 등 록 연 월 일

「항공법」	□ 제132조	에 따라 위와 같이	□ 소형항공운송사업	을
	□ 제134조		□ 항공기사용사업	
	□ 제137조		□ 항공기취급업	
	□ 제137조의2		□ 항공기정비업	
	□ 제140조		□ 항공기대여업	
	□ 제140조의2		□ 항공레저스포츠사업	
	□ 제141조		□ 초경량비행장치사용사업	

등록합니다.

년   월   일

국 토 교 통 부 장 관
지 방 항 공 청 장   직인

210mm×297mm[보존용지(1종) 120g/m²]

별지 9 초경량비행장치 비행승인 관리대장(제18조 제1항 관련)

접수 번호	비행일시	비행공역	조종자	기종 (신고번호)	목 적	승 인	비 고
1	9.1. 15:00~17:00	R75 광나루	홍길동	무인비행장치 (S1234)	취미활동	○	
2	9.2. 1300~15:00	P73A	강드론	드론(12kg 이하)	취미촬영	×	공익목적 외
3	9.3. 05:00~07:00	P73B	이상무	드론(12kg 이하)	항공촬영 (보도자료)	○	수방사 현장통제
4	9.4. 09:00~11:00	P518 의정부일대	박항공	드론(12kg 이하)	취미활동	○	군부대 현장통제
5							
6							
7							
8							
9							
10							

부록 1 항공사진 촬영 지침서

1. **목 적**

   이 지침은 국가정보원법 제3조 및 보안업무규정 제37조의 규정에 의한 국가보안시설 및 보호장비 관리지침 제32조, 제33조의 항공사진촬영 허가업무수행에 관하여 필요한 사항을 규정함을 목적으로 한다.

2. **적용범위**

   이 지침은 책임지역 부대장 및 기무사령부와 항공촬영 업체 및 기관이 항공촬영 업무를 수행하는 때에 적용한다.

3. **보안책임**

   가. 이 지침의 적용을 받는 업체 및 기관의 대표는 보안업무규정을 적용받는 분야에 대한 전반적인 보안책임이 있으며, 소속인원은 부여된 업무와 관련하여 보안책임을 지며 비밀사항을 지득하거나 점유 시 이를 보호할 책임이 있다.

   나. 국군기무사령관 및 책임지역부대장은 국방부 장관의 명을 받아 이 지침의 적용을 받는 업체 및 기관의 효율적인 보안업무 수행에 필요한 지원임무를 수행할 책임이 있다.

4. **항공촬영 신청 및 허가**

   가. 항공사진 촬영신청자는 촬영 7일전(천재지변에 의한 긴급보도 등 부득이한 경우는 제외)까지 국방부 장관에게 촬영대상·일시·목적·촬영자 인적사항 등을 명시한 항공사진 촬영허가신청서(첨부 1 서식)를 제출한다.

   ※ 항공사진 촬영 허가관련 문의 : 국방부 정보본부 보안정책과
   　– 전화(02-748-2344), FAX(02-796-0369)[확인 : 02-748-0543]
   ※ 지역별 항공사진 촬영 승인업무 책임부대 : 첨부 2 참조

   나. 책임부대 부대장은 촬영목적·용도 및 대상시설·지역의 보안상 중요도 등을 검토하여 항공촬영 허가 여부를 결정하되, 다음 각 호에 해당되는 시설에 대하여는 항공사진 촬영을 금지한다.

   1) 국가보안시설 시설 및 군사보안보안 시설

   2) 비행장, 군항, 유도탄 기지 등 군사시설

   3) 기타 군수산업시설 등 국가안보상 중요한 시설·지역

   다. 감독기관의 장은 촬영금지 시설에 대하여 국익목적 또는 국가이익상 촬영이 필요할 때에는 그 사유를 첨부하여 해당 책임부대장에게 촬영협조를 요청할 수 있다. 이 경우 국방부 장관(정보본부장)에게 보고하고 국방부 장관(정보본부장)은 국정원장과 협의하여 그 제한을 완화할 수 있다.

라. 국방부 장관은 항공촬영 허가 시 관련 기관 및 업체의 업무를 고려하여 촬영허가 기간을 관공서(최장 3개월), 촬영업체 / 개인 (최장 1개월) 이내에서 허가할 수 있다.

5. 항공촬영 보안조치

가. 국군기무사령관은 항공촬영을 위한 항공기 이착륙 시 승무원·탑승자의 신원과 촬영 필름의 수량을 확인하고 촬영 불가지역 고지 등 보안조치를 하며, 필요시 담당관을 탑승시켜 이를 확인하게 할 수 있다.

나. 국군기무사령관은 항공 촬영한 필름에 대하여 촬영 금지시설과 지형정보를 삭제하는 등 필요한 보안조치를 한 후 사진을 인화토록 하고, 필요시 항공사진 및 필름 취급기관(업체)으로 하여금 적정등급의 비밀로 분류·관리토록 하여야 한다.

다. 각 지역 책임부대장은 초경량비행장치(드론, 무인UAV, 열기구 등)를 이용하여 촬영 시 조정 및 촬영자의 신원을 항공사진 촬영허가 신청인원과 동일 여부를 확인하고 촬영 전 보안교육 및 촬영 후 영상(사진)에 대해서 보안조치를 실시한다.

6. 비행승인

가. 항공촬영을 위한 비행 시에는 항공촬영 허가와 별도로 국토교통부에 신고하여야 한다. 다만, 비행금지구역을 비행할 경우 항공촬영 신청자는 해당 지역의 공역(空域)관리기관(합참·수방사 등)의 별도 승인을 얻은 후 국토교통부에 신고하여야 한다.

나. 군사작전 지역 내 비행 및 군 시설 이용이 필요할 경우 사전에 관할 군부대와 협조하여야 한다.

7. 행정사항

항공촬영 업체 및 기관에서 부득이한 사정으로 촬영일정, 촬영대상, 촬영관계자, 항공기 이착륙지 등 촬영 허가된 내용을 변경(3차까지 가능) 할 경우에는 촬영 종료 5일 전까지 승인한 부대에 재허가를 받아야 한다.

▌첨부 1 : 항공사진 촬영허가 신청서

사진의 용도 (구체적으로)		촬영구분 (정·동·사각 등)			
촬영장비 명칭 및 종류		규 격		수 량	미리 통
항공기종		항공기명			
이륙 일시·장소		착륙 일시·장소			
촬영지역 (행정구역명으로 정확히 기재)				목표물	
촬영고도		좌 표			
항 로		순항 고도		항 속	

촬영 관계 인적 사항				
구 분	성 명	생년월일	소 속	직 책
기 장				
승무원				
촬영기사				
기 타				

– 담당자 연락처 :
– 수신받을 Fax 번호 :

▌첨부 2 : 항공촬영 승인업무 책임부대 연락처

구 분	연락처	FAX 번호
서울(강동, 송파, 서초, 강남, 관악, 동작, 영등포구로, 금천, 양천, 강서)	02-801-6205	02-898-4647
서울(마포, 용산, 중구, 은평, 서대문, 종로, 강북, 성북, 광진, 동대문, 성동, 노원, 도봉, 중랑)	02-380-6204	02-381-2113
강원도(화천, 춘천)	033-249-6213	033-242-8232
강원도(인제, 양구)	033-460-7701	3corps2210@army.mil.kr
강원도(고성, 양양, 속초, 동해, 삼척)	033-670-6221	033-671-8031
강원도(원주, 횡성, 평창, 홍천, 영월, 정선, 태백)	033-741-6204	033-732-5897
광주 / 전남	062-260-6204	062-264-9830
대전 / 충남 / 세종	042-829-6205	044-853-0112
전 북	063-640-9205	063-644-8978
충 북	043-835-6205	043-835-6979
경남(진해 제외)	055-259-6204	055-259-6113
대구 / 경북	053-320-6204~5	053-321-2014
부산 / 울산 / 양산	051-730-6205	051-746-6432
파주, 고양, 연천군	031-981-2213	1corps2210@army.mil.kr
포천(일동면, 이동면), 철원	031-531-0555 교환 → 2215	5corps2210@army.mil.kr
포천(일동면, 이동면 제외 전지역), 연천, 동두천, 양주, 의정부	031-530-2214	031-530-1560
남양주(별내면)	031-640-2215	7corps2212@army.mil.kr
김포(양촌, 대곶면), 인천, 부천	032-510-9204	032-518-8470
안양, 화성, 수원, 평택, 광명, 시흥, 안산, 오산, 군포, 의왕, 과천	031-290-9209	031-294-7746
용인, 이천, 하남, 광주, 성남, 안성, 여주, 양평, 남양주(별내면 제외 전지역)	031-329-6220	031-339-8083
포 항	054-290-3222	054-290-7398
김포(양촌면, 대곶면 제외 전지역), 강화도	032-454-3222	032-454-3010
제 주	064-905-3211	064-905-3008
진해(부산신항 구역 포함)	055-549-4172~3	055-549-4698

부록 2 자주 묻는 질문

Q 1. 25kg 이하 무인비행장치는 제약없이 마음대로 날릴 수 있다?

A 1. No (X)

25kg 이하 무인비행장치라도 모든 조종자가 반드시 준수해야 할 사항을 「항공법」에 정하고 있습니다.

조종자는 장치를 눈으로 볼 수 있는 범위 내에만 조종해야 하며, 특히 관제권 내 또는 150m 이상의 고도에서 비행하려는 경우는 지방항공청장의 허가를 받아야 하며, 비행 금지구역 에서의 비행은 국방부장관의 허가가 필요합니다. 조종자 준수사항을 위반할 경우 항공법에 따라 최대 200만 원의 과태료가 부과됩니다.

Q 2. 취미용 무인비행장치는 안전관리 대상이 아니다?

A 2. No (X)

취미활동으로 무인비행장치를 이용하는 경우라도 조종자 준수사항은 반드시 지켜야 합니다. 이는 타 비행체와의 충돌을 방지하고 무인비행장치 추락으로 인한 지상의 제3 자 피해를 예방하기 위한 최소한의 안전장치이기 때문입니다.

Q 3. 초경량비행장치로 취미생활을 하고 싶은데 우리나라에는 자유롭게 비행할 만한 공간이 없다 ?

A 3. No (X)

시화, 양평 등 경기권을 포함한 전국 각지에 총 28개소의 초경량비행장치 전용공역이 설치되어 자유롭게 비행할 수 있습니다.

Q 4. 항공사진 촬영 승인신청과 허가절차는 어떻게 합니까 ?

A 4. 항공사진 촬영 허가권자는 국방부 장관이며, 각 책임지역 담당부대에서 업무를 담당 하고 있습니다.

촬영 7일 이전에 국방부로 항공사진촬영 허가신청서를 전자문서(공공기관의 경우), 팩스(일반업체의 경우), 또는 정보통신망을 이용하여 신청하면, 촬영 목적과 보안상 위해성 여부 등을 검토 후 허가합니다.

※ 각 책임지역 담당부대별 연락처 : 별지 참조
※ 공공기관, 신문방송사 사용목적인 경우, 대행업체(촬영업체 등)가 아닌 직접 신청만 가능합니다.
※ 일반업체의 경우 원발주처의 신청을 원칙으로 하되, 촬영업체가 신청하는 경우 계약서 등을 첨부하면 됩니다.

Q 5. 모든 지역 및 대상에 대하여 촬영허가를 받아야 합니까 ?

A 5. 명백히 주요 국가/군사시설이 없는 곳이며, 비행금지구역이 아닌 곳은 국방부가 규제
하지 않습니다.

> ※ 항공사진 촬영이 금지된 곳은 다음과 같습니다.
>   - 국가/군사보안목표 시설, 군사시설
>   - 군수산업시설 등 국가안보상 중요한 시설 및 지역
>   - 비행금지구역(공익 목적 등인 경우 제한적으로 허가)

Q 6. 항공촬영 허가를 받으면 비행승인을 받지 않아도 됩니까?

A 6. 항공촬영 허가와 비행승인은 별도입니다. 비행승인 신청 시 항공사진 촬영 목적의
비행계획 시, 먼저 국방부로부터 항공사진 촬영 허가를 받고, 이를 첨부하여 비행승
인신청서를 공역별 관할기관으로 제출하여야 합니다.

7 미국연방항공청(FAA)

1 ✈ 조직 / 임무

미국 연방정부 교통부(U.S. Department of Transportation) 산하에 연방항공청 또는 연방항공국으로 불리는 FAA(Federal Aviation Administration)라는 조직이 있다. 엄밀히 따지면 연방 항공국(Bureau)이지만 흔히 청으로 불린다. National Aviation Authority—즉, 항공당국이 된다.

FAA는 1997년, 미국 내 항공사고를 획기적으로 줄인다는 계획하에 국제항공안전평가프로그램(IASA ; International Aviation Safety Assessment Program)을 제도를 만들어 1998년부터 시행하였는데 1차적으로 당시 세계 97개국을 대상으로 항공안전부문에 대해 면밀한 평가를 실시하고 등급을 나누는 평가작업부터 벌이기 시작하였다.

미국 정부가 실시하는 항공안전평가란 자국민들의 안전을 확보하기 위해 미국(미국이 관리하는 영토를 포함)을 출발, 도착 또는 경유하는 모든 항공사와 그 소속 국가의 안전도를 다각도로 평가하기 위한 기준이다.

항공안전도 판정은 카테고리 I (1등급)과 카테고리 II (2등급)로 나눠지며 2등급 판정을 받으면 미국에 취항하거나 증편 또는 미국 항공사와의 상무협정을 통한 편명공유(Code-share) 등에 아무런 제약 없이 자유롭게 운항할 수 있으나, 대신 2등급에 해당될 경우 국제민간항공기구(ICAO)가 정한 최소안전감독기준(Minimum Safety Oversight Standards)에 미달하는 것으로 지목되어 판정 당시의 운항횟수 외에 추가 취항이나 증편, 기종변경, 편명공유가 금지돼 해당국 항공사들이 직접적으로 피해를 입게 된다. 또 한편으로는 국가신인도마저 떨어져 다른 나라와의 노선신설 협상이나 증편에도 어려움을 겪을 수가 있다.

2 ✈ IASA(International Aviation Safety Assessment Program)

국제항공안전평가프로그램란 어떤 것인가? 항공안전등급 판정을 위한 평가는 각 항공사를 대상으로 하는 것이 아니라 항공사가 소속된 국가를 대상으로 하고 있다. 즉, 각국 정부의 항공안전 감독체계를 평가하는 것이다. 다시 말하면 '학생을 평가하는 게 아니라 학부형을 평가하고 그 학부형이 시원찮으면 가정교육이 부실하다고 보고 자녀들에게 불이익을 주는 것'과 별 차이가 없다는 것이다.

그렇다면 국제항공안전평가프로그램이란 무엇을 어떻게 평가하는 것인가? FAA가 각 나라의 항공관련 업무를 관장하는 CAA(Civil Aviation Authority, 우리나라의 경우 국토교통부 항공정책실에 해당)에 대한 평가항목은 크게 나누어 5항목인데 이들 중 결격사항이 하나 이상 확인되는 경우 가차 없이 2등급으로 판정하고 있다.

① 국제기준에 적합한 항공운송 및 항공안전관련 업무를 관리, 감독할 법률 또는 규칙이 없거나 결여되어 있는 경우

② 항공운송을 관리, 감독하는 조직, 전문기술, 시스템이 결여되어 있는 경우

③ CAA(CASA)가 숙달된 전문기술인력을 보유하지 않고 있는 경우

④ 국제기준에 적합한 검사지침을 갖추고 시행하고 있지 않는 경우

⑤ 항공운송에 대한 각종 증빙서류, 관리감독 기록을 비치하고 있지 않는 경우

위에서 보듯, 특정 나라의 실제 항공기사고 발생 여부에 기준을 두고 있는 것이 아니라 안전관리를 위한 각종 제도나 종사자에 대한 자격요건, 교육훈련 등에 집중되어 있다는 것에 주목할 필요가 있다. 우리나라는 2000년 6월과 7월, 국제민간항공기구(ICAO)로부터 항공안전점검을 받았는데 그때 28개 사항에 대해 시정권고를 받았지만 이를 시정하지 않았다.

이어 2001년 5월에는 FAA측이 예비조사를 한 결과 8개 주요 평가 항목에 걸쳐 국제기준에 미달한다는 판정을 내리고 우리나라 국토교통부에 경고했는데 대수롭지 않게 여기고 있던 중 인천공항 개항으로 온 나라가 들떠 있던 2001년 8월17일 FAA는 우리나라에 대해 최종적으로 항공안전 2등급이라는 충격적인 판정을 내렸다.

훗날 감사원이 이에 대한 감사를 실시한 결과 국토교통부는 주미 한국대사관으로부터 99년 8월 23일, 같은 해 12월 7일, 2000년 6월 2일 등 3차례에 걸쳐 '미국이 항공안전관리를 강화하고 있어 우리 정부도 이에 대한 대책을 최우선적으로 마련해야 한다.'는 경고를 받았지만 그냥 지나쳤으며, 또 2000년 7월과 8월 FAA 직원이 항공안전평가를 협의하기 위해 한국을 방문했을 때도 FAA 항공안전평가의 시기 내용 방법 등을 알아보지 않고 그해 연말까지의 개선이행계획만 수립해 놓는 등 안일하게 대처했기 때문에 이는 필연적인 결과였다.

당초 FAA의 지적사항은 항공종사자의 교육훈련 프로그램 부족, 법령 체계가 허술한 점, 항공전문인력이 부족하다는 점이었다. 그래서 정부가 서둘러 항공법과 시행령. 시행규칙의 개정과 전문인력 충원 및 세부 교육진행, 항공관련 조직 개편을 실행하였다.

우선 FAA가 태어나게 된 배경부터 살펴본다면, 원래 미국에는 1926년 상무부 내 항공담당국(Aeronautic Branch)이라는 기관이 있었고 이후 CAB(민간항공국, Civil Aviation Bureau)로 이름을 바꾸어 항공운송 부문을 담당하고 있었으나, 1956년 6월 30일, 그랜드 캐년(Grand Canyon)의 동쪽 상공에서 트랜스월드항공 소속 TW002편 여객기와 유나이티드항공 소속 UA718편이 공중 충돌을 일으켜 추락(Grand Canyon Collision)했으며, 양 항공기에 타고 있던 승객, 승무원 128명 전원이 사망하는 사고가 발생했다.

사고가 계기가 되어 항공운송에 있어서 안전문제가 심각하게 제기됐고 1958년 연방항공법이 제정되었는데 이법에 의거해 항공수송 안전을 유지하는 기관으로서 연방항공국(FAA, Federal Aviation Agency)이 설립되었다. 이후 1967년 이 조직은 교통부 산하 연방항공국(FAA, Federal Aviation Administration)으로 개편, 편입되었다. FAA는 91년부터 자국민의 안전을 위한다는 명분으로 미국에 취항하는 여객기를 보유한 국가(당시 105개국)를 대상으로 2년마다 국제민간항공기구(ICAO) 기준을 바탕으로 안전도를 평가해 오다가 위에서 나왔듯이 1998년부터는 이를 강화해 국제항공안전평가프로그램(IASA)이라는 제도를 만들어 시행하고 있다. 워싱턴 소재의 본부(Headquarter)와 4개의 지역담당국(Regional Directorate)으로 구성되어 있는데 지역담당국은 미국 전역을 크게 4등분하여 지역적으로 분할하여 업무를 수행하고 있다.

FAA는 홈페이지에서 'Our mission is to provide the safest, most efficient aerospace system in the world(우리의 임무는 세계에서 가장 안전하고 가장 효율적인 항공우주시스템을 제공하는 것이다).' 라고 소개하고 있다. 2006년 연말까지만 해도 'We are the FAA. We are 44,000 people whose Mission is to provide the fast, most efficient aerospace system in the world.'였는데 2007년부터 the fast (가장 빠른)에서 the safest (가장 안전한)로 바뀌었다.

주요 업무는 다음과 같다.
① 항공관제 업무(미국 공역 통제, 군용, 민간 항공기의 Control System 운용)
② 민간항공기의 안전성 향상을 위한 각종 조치(항공기 설계, 기체 정비계획, 승무원의 교육훈련)
③ 민간 항공기술의 개발 지원
④ 민간 및 국가 우주 항공에 관한 기술개발
⑤ 로켓 및 인공위성 통제
(FAA-AST, Administrator for Commercial Space Transportation)

이 중에서도 안전성이 조직의 핵심을 이룬다. 미국에서 항공기를 개발하거나 제조, 운항, 수리를 하기 위해선 모두 FAA의 승인을 받아야 하는데 그 절차가 까다롭기로 정평이 나 있다. 자동차에 대한 안전도 검사와는 비교할 수 없을 정도로 항공기에는 매우 엄격한 안전기준을 적용하고 있다. 우리나라로 말하면 항공법, 항공법 시행령 및 항공법 시행규칙 일체를 관장하고 인허가를 집행하는 부서이다. 그러나 단지 FAA의 경우는 그 활동무대가 미국 국내뿐만이 아니라 전 세계에 걸쳐 있고 사실상 항공관련 모든 국제표준규격을 독점하고 있다.

우리나라도 항공기 부품이나 기타 항공관련 제품을 외국에 수출하거나 항공종사자가 외국에서 일하려면 교육훈련과정에서 각종 자격 체크에 이르기까지 FAA의 규정에 따라 상호협정을 맺을 수밖에 없는 게 현실이다.

FAA 조직은 항공기 부문과 로켓·인공위성 부문(FAA-AST ; FAA-Administrator for Commercial Space Transportation)으로 나누어져 있다. 항공기에 대한 심사기준은 매우 엄격한데 비해 같은 FAA 소속이라도 로켓·인공위성 부문을 맡고 있는 FAA-AST는 비교적 덜하기 때문에 요즈음 캘리포니아 남부지역을 중심으로 일어나고 있는 민간 벤처기업에 의한 우주선 개발-벤처우주선 개발에 대한 심사는 FAA-AST가 맡아야 한다고 주장하고 있다.

FAA는 46,000명의 직원을 거느리는 방대한 조직으로 하루 20만회에 달하는 이착륙을 관제하고 연간 7억여명의 항공여객을 움직이고 있다. ICAO(국제민간항공기구)가 직원수 740여명에 불과한 것과 비교해 보면 참으로 흥미롭다.

FAA는 홈페이지를 통해 각종 자료 및 보고서들을 쏟아내고 있는데 그 내용은 항공기 (Aircraft), 공항/항공교통(Airports & Air Traffic), 자료/통계(Data & Statistics), 교육/점검 (Education & Research), 면허/증명서(Licenses & Certificates), 규칙/정책(Regulations & Policies), 안전(Safety) 등 다방면에 걸쳐 실로 방대하다.

기타 관련 법규

1 항공안전법 시행규칙 제313조의2(국가기관 등 무인비행장치의 긴급비행)

(1) 법 제131조의2 제2항에서 국토교통부령으로 정하는 공공목적이란 다음의 목적을 말한다.
　① 산불의 진화·예방
　② 응급환자를 위한 장기(臟器) 이송 및 구조·구급활동
　③ 산림 방제(防除)·순찰
　④ 산림보호사업을 위한 화물 수송
　⑤ 대형사고 등으로 인한 교통장해 모니터링
　⑥ 시설물 붕괴·전도 등으로 인한 재난·재해 발생 또는 우려 시 안전진단
　⑦ 풍수해 및 수질오염 등이 발생하는 경우 긴급점검
　⑧ 테러 예방 및 대응
　⑨ 그 밖에 ①부터 ⑧까지에서 규정한 사항과 유사한 목적의 업무수행

(2) 법 제131조의2 제2항에 따른 안전관리방안에는 다음의 사항이 포함되어야 한다.
　① 무인비행장치의 관리 및 점검계획
　② 비행안전수칙 및 교육계획
　③ 사고 발생 시 비상연락·보고체계 등에 관한 사항
　④ 무인비행장치 사고로 인하여 지급할 손해배상 책임을 담보하기 위한 보험 또는 공제의 가입 등 피해자 보호대책
　⑤ 긴급비행 기록관리 등에 관한 사항

찾 / 아 / 보 / 기

참 / 고 / 문 / 헌

- 국토교통부 표준교재 「초경량비행장치 조종자」 (2019)

- 국토교통부 표준교재 「정비사 항공법규」 (2017)

- 국토교통부 관제사 표준교재 「ACT01 항공법규」 (2018)

[참고사이트]

- 국가법령정보센터 홈페이지(http://www.law.go.kr)

  - 항공안전법, 항공사업법, 항공·철도 사고 조사에 관한 법률 외

- 법원도서관 법률백과사전(http://gopenlaw.scourt.go.kr/view/index.jsp)

서일수

現 아세아무인항공교육원 원장
現 육군 정책발전 자문위원
• 충남대학교 대학원 평화안보학 석사
• 감항인증 교육 17-4기 수료
• 육군 예비역 중령(정보학교 초대 드론 교육원장/전투실험처장)
• 합참 수집운영과 ISR 계획장교/정보학교 UAV 중대장
• 한·미 ISR 관계관 회의, 美태평양사령부
• 제2회 드론컨퍼런스 연사(드론전문부대 운용방안)
• 제2회 로보유니버스 연사(4차 산업혁명에 기반한 드론 활용안)
• 제33회 SPRI 포럼 연사(4차 산업혁명에 기반한 드론/소프트웨어 활용안)
• 주요 기업(군인공제회, 중앙항업, LIG 넥스원) 강의(드론원리/활용안)
• 군 장병(육군사관학교, 3사관학교, 2작전사령부, 30사단) 강의(드론원리/활용안)
• KT 무인비행선 조종자 이론 강의(비행선 원리/활용안)
• DX Korea 2018 연사(4차 산업혁명에 기반한 군드론 적용안)

[자격]
• 초경량비행장치(무인회전익) 지도(교관) 조종자/실기평가 조종자
• 지도(교관)조종자/실기평가조종자 1기 수료
• 무인회전익 비행시간 500시간 이상
• 육군/공군 자문위원(드론봇 전투단/드론 교육원/무인기 총람)
• 산업인력공단 NCS(국가직무능력표준) 개발위원 – 드론콘텐츠제작

[연구개발 및 논문]
• '드론 전문부대 운용 방안' 연구, 육군본부
• '스카이레인저/SWID(멀티콥터)' 전투실험 및 개발 참여, SIS
• '대대급 UAV(리모아이)' 전투실험/사고조사위원 활동/Field Test, 육군본부/유콘시스템
• 국방 무인비행장치 자격 신설 연구

[저서]
• 드론 무인비행장치 필기 한권으로 끝내기
• 드론 무인멀티콥터 실기편 교육용 교본
• 산업인력공단 NCS(국가직무능력표준) – 드론콘텐츠제작
• 항공종사자(유인·무인조종사)를 위한 항공기상

송경호   예비역 육군 대령

現 Hilco Industrial Korea 한국지사장
• 국방대학교 PKO센터장(초대) 역임
• 레바논 동명부대장 역임
• 이라크파병사단 초대 작전참모, 민사여단 참모장 역임
• 30 기계화사단 대대장, 26기계화사단 여단장 역임
• 세종대, 카네기 정책과정 수료

김진수   예비역 육군 준장

現 극동대학교 연구재단 교수(드론/4차산업)
現 명지대학교 특임교수 및 드론봇 연구소장
現 퍼스텍(주) 사외이사
• 육군정보학교 교장 역임(군 최초 드론교육원 개원)
  – 2016년 첨단 국방산업전 정보전투 발전세미나 주관(대전 컨벤션센터)
  – 2017년 국방 NCS(국가표준자격화)제도 대토론회 발표(육군본부)
  – 2017년 제2회 드론전투 컨퍼런스 주관(정보학교)
• 육본 정보처장, 1군사령부 정보처장, 777사령부 참모장 역임
• 서울대 · 고려대 정책과정, 아주대 NCW학과 박사과정 수료

[자격]   • 초경량비행장치(무인멀티콥터) 조종자
          • 초경량비행장치(무인멀티콥터) 지도조종자

[연구개발   • 북한의 정치 사회화와 통제정책에 관한 연구, 한남대/석사
 및 논문]   • 무인기 운용 육군규정 제정, 육군본부
          • 군사급 무인기 운용 및 효율적 운용방안 연구, 군사령부
          • 미래 무인기 운용 관련 조직 및 발전방안 연구, 육군본부
          • 미래 드론전문부대 운용 및 전투실험방안 연구, 육군정보학교
          • 드론 용어집 연구 · 발간, 육군정보학교
          • 전자전 보호 기능이 우수한 미상 레이더의 Up, Down Sliding PRI 식별 알고리즘, 한국통신학회지

이영기   예비역 육군 소장

現 사)군사정보발전연구소 부소장
  – 북한 및 정보교리, 훈련기법, 정보자산 포함 무기체계 연구
  – 2018, 2019년 국방부주관 군부대 안보 초빙교육 수주
現 통일연구원 초청연구위원
• 정보사령관, 정보단장 역임(다양한 정보 수집자산 운용)
  – 2017년 드론 등 첨단 정보수집자산 전력화 세미나 주관(정보사령부)
  – 2017년 빅데이터 활용한 정보처리 프로그램 ISP 연구(정보사령부)
• 합참 북한부장, 정보융합실장 역임(국가위기관리, 한 · 미정보관리)
• 제1야전군사령부 정보처장 역임
• 서울대학교 국제대학원 최고위정책과정 수료

[자격]   • 초경량비행장치(무인멀티콥터) 조종자
          • 드론 조립 및 정비사(아세아무인항공교육원 '18-13기)

[연구개발   • 東西 군축협상과 한반도 군축에 관한 연구, 경희대/석사
 및 논문]   • 군단급 이하 무인기 운용 및 효율적 운용방안 연구, 군사령부
          • 對국민 안보책자 '북한의 실체 일문일답' 발간, 합동참모본부
          • '북핵 · 미사일 위협분석'연구서 및 김정은 시대 군사정책 변화 연구, 통일연구원

황창근

現 아세아무인항공교육원 수석교관(비행시간 3,000시간 이상)

- 초경량비행장치(무인회전익) 지도(교관) 조종자
- 국내 20여개 드론교육원 원장/교관 배출
- 국내 무인기 업체 조종사 배출(한화테크윈, 대한항공, 한전, KAI, 숨비 등)

김재철

現 아세아무인항공교육원 수석교관(비행시간 3,000시간 이상)

- 초경량비행장치(무인회전익) 지도(교관) 조종자
- 초경량비행장치(무인회전익) 평가교관 조종자(내부)

MEMO

좋은 책을 만드는 길
독자님과 함께하겠습니다.

도서나 동영상에 궁금한 점, 아쉬운 점, 만족스러운 점이
있으시다면 어떤 의견이라도 말씀해 주세요.
시대고시기획은 독자님의 의견을 모아 더 좋은 책으로 보답하겠습니다.

www.sidaegosi.com

항공법규

초 판 발 행	2020년 01월 10일 (인쇄 2019년 11월 18일)
발 행 인	박영일
책 임 편 집	이해욱
편 저	서일수 외
편 집 진 행	윤진영, 박형규
표 지 디 자 인	조혜령
편 집 디 자 인	심혜림, 정경일
발 행 처	(주)시대고시기획
출 판 등 록	제10-1521호
주 소	서울시 마포구 큰우물로 75 [도화동 538 성지 B/D] 9F
전 화	1600-3600
팩 스	02-701-8823
홈 페 이 지	www.sidaegosi.com
I S B N	979-11-254-6099-2(13550)
정 가	25,000원